U0247353

PRINCIPLES OF
POLYMER CHEMISTRY

聚合物化学原理

〔美〕保罗·约翰·弗洛里　著

朱平平　何平笙　译

中国科学技术大学出版社

安徽省版权局著作权合同登记号:第 12171793 号

图书在版编目(CIP)数据

聚合物化学原理/(美)保罗・弗洛里(P.J.Flory)著;朱平平,何平笙译.—合肥:中国科学技术大学出版社,2019.9(2024.11 重印)

ISBN 978-7-312-04425-0

Ⅰ.聚… Ⅱ.①保… ②朱… ③何… Ⅲ.高分子化学—高等学校—教材 Ⅳ.O63

中国版本图书馆 CIP 数据核字(2018)第 189068 号

出版	中国科学技术大学出版社
	安徽省合肥市金寨路 96 号,230026
	http://press.ustc.edu.cn
	https://zgkxjsdxcbs.tmall.com
印刷	合肥华苑印刷包装有限公司
发行	中国科学技术大学出版社
开本	787 mm×1092 mm 1/16
印张	30.25
字数	717 千
版次	2019 年 9 月第 1 版
印次	2024 年 11 月第 2 次印刷
定价	168.00 元

内 容 简 介

本书是诺贝尔化学奖得主、高分子科学家 Paul J. Flory 著述的经典之作,被尊称为高分子科学的"圣经".该书在缩聚反应过程中的分子量分布、自由基聚合反应的链转移、体型缩聚反应的凝胶化、非晶态聚合物本体构象概念、半晶聚合物的分子形态、液晶聚合物、橡胶弹性、高分子溶液热力学、高分子链的构象统计、溶液黏度与分子结构关系等高分子科学领域都有原创性的论述,很多高分子化学和高分子物理的研究起源都能从中寻找到.

本书是高分子科学工作者的必读书目,也可以作为高分子学科本科生和研究生的推荐参考书.

译 者 序

  Paul J. Flory(1910～1985)是世界著名高分子科学家,1974年诺贝尔化学奖得主,在缩聚反应过程中的分子量分布、自由基聚合反应的链转移、体型缩聚反应的凝胶化、非晶态聚合物本体构象概念、半晶聚合物的分子形态、液晶聚合物、橡胶弹性、高分子溶液热力学、高分子链的构象统计、溶液黏度与分子结构关系等几乎所有的高分子化学、高分子物理领域都有原创性的贡献,是高分子科学理论的主要开拓者和奠基人之一.

  1953年,Flory把他多年的科研工作积累写成了这本不朽的经典之作——《聚合物化学原理》.本书被世人尊称为高分子科学的"圣经".尽管本书出版已逾半个世纪,但在许多高分子领域仍有极大的现实指导意义,很多高分子化学和高分子物理的研究起源都能从中找到.本书是高分子科学工作者的必读书目,也被我国乃至欧美各国的众多高校和科研院所选为高分子学科各级研究生的必读参考书之一.

  Flory的这本《聚合物化学原理》已被译成多国文字出版,但迄今未有中文版问世.2012年,出版该书的美国康奈尔(Cornell)大学代表团访问我校,谈及此事,深感不解,并表示愿提供版权,望能把此书译成中文出版.这是我们翻译此书的原委.

  本书的内容博大而精深,文字优美而古典.我们深感任务艰巨.洋洋672页的书稿翻译,历时4年多才告完成,如释重负.但毕竟译者学术造诣不深,中文水平有限,即使历经多次认真校阅,未能精确表达原著深奥含义之处仍在所难免,望读者不吝指正.但愿此书中文版的出版对我国高分子科学的发展和我国研究生教学水平的提高有所裨益.由于历史的原因,原文中的数据(特别是其中许多实验数据图)没能换算成当今的标准单位.如有必要进行数据比较,敬请读者自行换算.

  全书翻译分工如下:何平笙译序言、主要符号索引以及第1～6章和第11章,朱平平译第7～10章和第12～14章.

  感谢美国康奈尔大学对本书版权的提供,也感谢中国科学技术大学研究生院为该书的翻译提供部分经费支持.

朱平平 何平笙

中国科学技术大学高分子科学与工程系

2016年12月

序　言

　　作者有幸于 1948 年春季在康奈尔大学化学系举办的乔治·费希尔·贝克讲座中做客座讲师.在那个时候本书就有了雏形.从这以后,书稿曾短暂被搁下了一段时间,直至 1951 年作者也没有重启本书的写作.而正是在这几年时间里,有很多新的素材呈现在日益增多的文献中,因此有必要对书稿和大纲作重大的修订.二战后,各实验室在加聚动力学方面开展的工作取得了长足的进展.而将在本书后几章中涉及的聚合物稀溶液素材方面,则将面对现代理论和实验而得到彻底的改写和扩展,因此,本书在涉及的范围和新进展的结论方面都将超越贝克讲座的内容.

　　聚合物科学的领域确实大大拓展了,已不可能要求一册单卷本的书来囊括该领域中各个分支所有优秀的研究内容.即使所拟订的目标并不宏大,对所含内容的筛选也是极其困难的,一定的任意性在所难免.作者的素材选择首要考虑的是原理问题.得益于过去二十多年来,特别是最近十年里,众多科研工作者大量的研究工作,已经出现了一些严格定义的结论.人们感到已到了把它们汇集到一本书中的时候了.按照这个目标,实验结果的引入主要用来说明原理和形成这些原理的基础.除非对上述的目标有用,对具体聚合物性能的描述和对所积累数据进行广泛的编撰都将不属于本书的预设范围.本书总结了一些重要的实验方法,但这里并不会详述其装置或程序.

　　即使在那些已被确认达到了原理地位的内容的选择中,作者也自认为武断到了一个可能引起非议的程度.特别是,他可能被批评为目光短浅,只专注于自己的工作.真要指责起来,总能找到根据,不过他还是要关注在这样一本书中观点的统一,他并不奢望维持一个从别人的角度看来是正确的观点.然而,不可否认的事实是一些重要的主题被忽略了.力学性能和动态行为都一起被省略了.原本曾仔细考虑过撰写有关该主题的一章,但在完成第 14 章前,本书已大大超过了计划的篇幅和作者的耐性.所以他寻求似乎站得住脚的自我安慰:一方面动态特性还处在迅速发展的过程中,另一方面它们也尚缺乏理论的解释,或许应把它们放在其他的单卷本中,或可能的话,放到本书的再版本中——或许这还将由其他作者来完成.

　　本书中有属于引言性质的两章.第 1 章呈现的是对早期进展的说明,尽管对某些读者来说它可能是并不必需的点缀,但对作者而言是受益匪浅的.主要为初学者撰写的第 2 章意在阐明基本定义和基本概念.接下来的 3 章论述聚合和共聚反应的机理和动力学.第6~9章涵盖了聚合物构造的广阔领域,包括结构、分子量测定和分子分布.最后5章处理的是分子构象、聚合物及其溶液的有关性能.阅读本书的前提是要熟知有机化学、物理化学、物理学和微积分,以及后几章中涉及的一些热力学和统计力学的知识.作者通常不对隶属于这些领域的标准主题作什么解释,更可取的办法是读者据其所需来查阅教科书.并不需要有关聚合物的前期知识,各章主要是写给初学者的.同时,希望某些素材也能对实验工作者有用.一般读者兴趣可能不大的某些推导列于一些章节的附录中.除通常的索引外,本书还有使用广泛的符号一览表.

作者衷心感谢他的许多同事慷慨相助.特别要感谢 P. Debye 教授,是他正式向贝克讲座提交了邀请;虽然 T. G. Fox 博士、L. Mandelkern 博士和 A. R. Shultz 博士是作者的正式合作者,并在书中被多次提及,但仍要感谢他们的专业研究;感谢 R. M. Fouss 对手稿作的许多评论,感谢 H. A. Scheraga 教授和 L. Mandelkern 博士审读部分手稿和提出指正意见;感谢 Helen Bedon 博士、T. E. Dumitru 和 A. T. McIntyre 先生的校对和帮助做出索引.

还要特别感谢下列期刊和出版社特许使用版权,它们是 Academic Press, Inc., Annual Reviews, Inc., *Canadian Journal of Research*, *Chemische Berichte*, *Die Makromolekulare Chemie*, *India Rubber World*, *Industrial and Engineering Chemistry*, Interscience Publishers, Inc., *Journal of the American Chemical Society*, *Journal of Applied Physics*, *Journal of Chemical Physics*, *Journal of the Chemical Society*(London), *Journal of Colloid Science*, *Journal of Polymer Science*, *Journal of Research of the National Bureau of Standards*, *Transactions of the Faraday Society*, Williams and Wilkins Company,以及 *Zeitschrift für physikalische Chemie*.

P. J. 弗洛里

纽约伊萨卡

1953 年 9 月 3 日

目　　录

译者序 ……………………………………………………………………………（ⅰ）

序言 ………………………………………………………………………………（ⅲ）

第1章　历史简介 …………………………………………………………………（1）

1.1　天然聚合物的早期研究 ……………………………………………………（2）

1.2　与缩聚物的早期邂逅 ………………………………………………………（6）

1.3　烯类聚合物 …………………………………………………………………（11）

1.4　大分子假设的兴起 …………………………………………………………（12）

参考文献 …………………………………………………………………………（15）

第2章　聚合物的类型:定义和分类 ……………………………………………（19）

2.1　基本定义 ……………………………………………………………………（19）

2.2　聚合物的分类 ………………………………………………………………（24）

2.3　缩聚物和缩聚反应 …………………………………………………………（26）

2.4　由不饱和单体得到的加成聚合物 …………………………………………（34）

2.5　环状化合物的聚合 …………………………………………………………（39）

2.6　非常规的缩聚 ………………………………………………………………（42）

2.7　无机聚合物 …………………………………………………………………（43）

2.8　关于高聚物结构与性能的结论性评述 ……………………………………（44）

参考文献 …………………………………………………………………………（45）

第3章　分子尺寸和化学反应性,缩聚原理 ……………………………………（48）

3.1　同系列单体化合物的化学反应性 …………………………………………（48）

3.2　大分子反应性的理论 ………………………………………………………（52）

3.3　缩聚动力学 …………………………………………………………………（54）

3.4　缩聚物的降解动力学 ………………………………………………………（57）

3.5　线形缩聚物的分子量 ………………………………………………………（63）

3.6　环的形成与链式聚合 ………………………………………………………（66）

3.7　总结和结论:所有官能团的等反应性原理 ………………………………（71）

参考文献 …………………………………………………………………………（72）

第4章 不饱和单体的自由基聚合 ·········· （74）

4.1 单体到聚合物的转化 ·········· （76）

4.2 链长 ·········· （92）

4.3 单个步骤速率常数的绝对值 ·········· (104)

4.4 阻聚和缓聚 ·········· (113)

参考文献 ·········· (121)

第5章 共聚、乳液聚合和离子聚合 ·········· (126)

5.1 加成共聚物的组成 ·········· (126)

5.2 加成共聚的速率 ·········· (142)

5.3 乳液聚合 ·········· (145)

5.4 离子聚合 ·········· (154)

参考文献 ·········· (161)

第6章 烯类聚合物的结构 ·········· (164)

6.1 单烯类单体所得聚合物中单元的排列 ·········· (164)

6.2 双烯类聚合物中单元的结构和排列 ·········· (168)

6.3 聚合物链中的空间位阻 ·········· (174)

6.4 烯类聚合物宏观结构的非线形 ·········· (182)

6.5 小结 ·········· (185)

参考文献 ·········· (186)

第7章 分子量的测定 ·········· (189)

7.1 渗透压法 ·········· (191)

7.2 光散射法测定高分子的分子量和尺寸 ·········· (201)

7.3 超速离心法测定分子量 ·········· (216)

7.4 与高聚物分子量相关的特性黏数 ·········· (219)

参考文献 ·········· (224)

第8章 线形聚合物的分子量分布 ·········· (226)

8.1 缩聚物 ·········· (227)

8.2 加聚物 ·········· (238)

8.3 聚合物分级 ·········· (242)

参考文献 ·········· (246)

第9章 非线形聚合物的分子量分布和凝胶理论 ·········· (247)

9.1 无限网状结构形成的临界条件 ·········· (247)

9.2 多官能团缩合反应中的分子分布 ·········· (256)

9.3　交联体系的分子分布 ………………………………………………（268）

9.4　乙烯类加成聚合物中的支化和交联 ………………………………（273）

9.5　总结 …………………………………………………………………（279）

附录 A　双官能团与多官能团单体无规缩合所形成的分子分布的推导 …………（280）

附录 B　复杂度分布 ……………………………………………………（281）

参考文献 …………………………………………………………………（283）

第 10 章　高分子链构象 ………………………………………………（285）

10.1　末端距的统计分布 …………………………………………………（286）

10.2　对不同结构高分子链平均尺寸的计算 ……………………………（295）

10.3　稀溶液中高分子的构象 ……………………………………………（302）

附录 A　一维空间无规行走链的高斯分布函数推导 ……………………（304）

附录 B　对自由联结链（或等效链）的准确处理 ………………………（305）

附录 C　链单元到质心距离的均方值 …………………………………（306）

参考文献 …………………………………………………………………（307）

第 11 章　橡胶弹性 ……………………………………………………（309）

11.1　橡胶弹性热力学 ……………………………………………………（310）

11.2　硫化橡胶的结构 ……………………………………………………（324）

11.3　橡胶弹性的统计理论 ………………………………………………（331）

11.4　硫化橡胶在适中伸长时的实验应力-应变行为 …………………（336）

11.5　高伸长下的应力-应变曲线 …………………………………………（345）

附录 A　恒定伸长时的力-温度系数 ……………………………………（350）

附录 B　溶胀网的形变 …………………………………………………（352）

参考文献 …………………………………………………………………（353）

第 12 章　高分子溶液统计热力学 ……………………………………（355）

12.1　高分子溶液的一般热力学关系式 …………………………………（356）

12.2　高分子的稀溶液 ……………………………………………………（372）

附录　一对分子相互作用自由能的积分 ………………………………（386）

参考文献 …………………………………………………………………（387）

第 13 章　聚合物体系相平衡 …………………………………………（389）

13.1　液相系统的相平衡 …………………………………………………（389）

13.2　半结晶体系的相平衡 ………………………………………………（405）

13.3　网状结构的溶胀 ……………………………………………………（415）

附录 A　对由溶剂和单一聚合物组分所组成的两组分体系相图的

　　　　稳定单相极限线的计算 …………………………………………（425）

附录 B　聚电解质凝胶中的 Donnan（唐南）平衡 ……………………………………（426）

　参考文献 ………………………………………………………………………………（428）

第 14 章　高分子在稀溶液中的构象和摩擦性质 ……………………………………（430）

　14.1　分子内相互作用与平均分子扩展 ………………………………………………（430）

　14.2　溶液中高分子的摩擦特性 ………………………………………………………（434）

　14.3　实验结果处理:非离子型聚合物的特性黏数 …………………………………（441）

　14.4　实验结果处理:摩擦系数 ………………………………………………………（452）

　14.5　线形聚电解质 ……………………………………………………………………（455）

　参考文献 ………………………………………………………………………………（460）

主要符号一览表 ………………………………………………………………………（463）

第1章 历 史 简 介

高聚物由共价键结构构成,比简单化合物中呈现出的结构大了很多倍,单凭这个特点就能把高聚物与其他物质形式区分开来.这些假说在很大程度上是高分子化学和高分子物理近年来有目共睹的迅猛发展的关键.但在 1930 年前这个基本概念并没得到广泛的认可,从那时候算起的十数年里,相反的观点仍然残存着.年长的学者深信较小的分子通过起源不详的分子间力的作用而生成的胶体聚集是导致高聚物特殊性能的原因,但被这个假说否定了.像高黏度、长程弹性和高强度这样的特性是高聚物共价键结构的尺寸和构造的直接结果.如在单体化合物中所起的作用一样,分子间作用力对高聚物的性能有深刻的影响,但它们不是分子水平上区分聚合物与它们简单同类的主要特征.作为这个主流观点的必然结果,可以确认高聚物原子彼此键合起来的力,即共价键,与类似单体物质中呈现的是完全等当的;同样,分子间作用力也有类似的性质.

上述概念的含义对当代聚合物的研究趋向影响深远.如果把聚合物与其他化合物的差异归因为它们"主价键"结构的广度和排列,那么对它们的理解应包含两个层次.首先,需要提供合适的手段,无论是实验上的还是理论上的,来阐明它们的大分子结构以及对它们的定量表征.其次,必须建立起表示物化性能与所鉴定的结构之间恰当的依赖关系.难以置信的是,在如此重要的领域中,1930 年前竟然没有什么有意义的研究是从这个显而易见的观点出发做的,一些重要的进展主要是从 1940 年开始才出现的.推理方法的演变耽搁了对高聚物的研究,其原因很难用一两句话说清楚.然而,通过对 20 世纪 30 年代初期关于聚合物质的主价键观点最终被接纳情况的调查,可能会对它们以及关于最近的研究进展观点有深入的了解①.

最早从上述观点出发并有重要意义的聚合物研究由彼此独立的两批研究人员完成.一方面,有一批学者关心天然聚合物——淀粉、植物纤维材料(纤维素)、蛋白质和橡胶的物理和化学构造.另一批学者由 19 世纪后叶的合成有机化学家所组成,尽管他们的主要兴趣并不在聚合物身上,但在其他课题的工作中偶然遇到了合成聚合物.似乎没有哪一批学者意识到在这些天然存在的聚合物中偶然报道的聚合产物合成的真正意义.下面来看看从这两个领域中获得的结果.

---

① 在上面的论述中,有意回避了"分子"这个术语,其原因是术语"分子"并不适用于一类重要的由无限网络结构所组成的聚合物.即使在由有限的分子组成的线形聚合物(尽管在许多情况中它们仍然是极其巨大的)的情况中,更值得强调的是结构的连续性而不是分子的个体.这一点在涉及本体聚合物性能时更为真实.

1.1 天然聚合物的早期研究

把天然高分子独特性能归因于物质构造类型不同的癖好几乎与现代化学一样古老. Thomas Graham[1] 在 1861 年就特别关注某些聚合物在溶液中缓慢的甚至是可忽略的扩散速率,以及它们没有能力透过半透膜. 对这些物质,他创造了生动的术语"胶体(colloids)",表示"像胶一样"的物体. 而多数情况下能以宏观结晶形式得到的其他化学物种则被分类为"晶体(crystalloids)". 这个区分是正当的,在各种材料的单一类别里包含有现在称之为聚合物的材料更是难能可贵的.

随后,胶体化学家(特别是 Wo. Ostwald)拓展了物质胶体**状态**的概念[2]. 按照这个观点,对几乎任何物质都可得到它们的胶体状态,就像它们可以因条件不同而存在有气、液和固态一样. 如果把胶体溶液定义为这样的一个溶液,在这个溶液里分散的颗粒是由许许多多化学分子组成的,那么这是可以接受的;事实上,可以设想任何分子物质在适宜的条件下都可以聚集成颗粒,不过尺寸不大,即为胶体尺度的颗粒. 但是,随后并没有出现作为物体状态显示度的胶体颗粒概念所暗示的逆命题. 也就是说,已知许多胶体物质(如 Graham 原先定义的)并不会在不发生化学变化的情况下转变为"晶体". 这样,按 Graham 定义的含义,纤维素和高分子量聚苯乙烯的单个分子是典型的胶体,但根据状态物理变化的方法都不能把它们的聚集体打开,所以得不到这些物质的"晶体溶液". 因此,作为构造的纯物理状态,胶体态的概念对原本选择术语"胶体"的很多物质是不适用的. 多年来研究人员很少涉及或很少意识到由很多通常大小尺寸的分子通过这样或那样的分子间"次价键"力维系在一起的胶体颗粒与通过唯一共价键把原子联结在一起所组成的聚合物**分子**之间的差别.

由于对该术语的这个延伸和更迭,与大分子物质只有很少共同点的其他物质形式最终也挤进来被定名为胶体. 在分散颗粒很大这一点上,金溶胶、皂液和鞣酸的胶体溶液与高聚物的溶液相类似. 但这些颗粒的内在构造与高聚物的相差甚远,把高聚物指定为胶体最终导致了令人遗憾的误解.

在广泛使用 Ostwald 及其他人的胶体内涵前稍早一点的时间,研究人员在若干实例中看来已经形成了有利于认为纤维素、淀粉、橡胶等是聚合物的观点,所用的术语在许多意义方面也与现在一样了. 蛋白质和糖类是聚合物的概念至少可追溯到 Hlasiwetz 和 Habermann[3],早在 1871 年他们就认为这些物质包含了大量同分异构和聚合的个体,这些个体在**分子**的凝聚程度方面彼此各不相同. 有意思的是 Hlasiwetz 和 Habermann 进一步从"不溶和有序的"(如纤维素和角蛋白)成员中区分出了它们"可溶的和无序的"成员(如糊精和白蛋白),这可以看作是当今非晶和结晶聚合物区分的萌芽.

在 Raoult[4] 开发测定可溶性物质分子量的冰点降低法(1882～1885),以及 van't Hoff[5] 溶液定律公式提出之前,还没有任何方法能定量测定溶液中物质的分子量. 蒸气密度法显然是不能用的,除非是分子量非常低的聚合物. 即使怀疑是聚合,手头也没有什么方法可用来判定聚合的状态.

为回答诸如淀粉和糊精是否是单糖同分异构的形式或是聚合的形式这样的问题,Musculus 和 Meyer[5]于 1881 年测定了它们的扩散速率.他们得出了糊精分子肯定比糖分子大很多的结论.这个证据显然不能令人信服,Brown 和 Morris[7]于 1888 年把 Raoult 方法誉为解决同样争论的一个手段.在接下来的那一年他们通过水溶液的冰点降低法测得了由淀粉水解生成的"淀粉糊精"的分子量约为 30000[8].与同时代的其他研究者一样,这些作者担忧 Raoult 方法对胶体溶液并不适用.基于对已知具有胶体本质的溶液进行的其他测试,Brown 和 Morris 得出结论:这个方法是可用的.

Lintner 和 Düll[9]于 1893 年给出了一个淀粉糊精的化学式:$(C_{12}H_{20}O_{19})_{54}$.聚合度是依据冰点法测得的分子量 17500 而定的.Rodewald 和 Kattein[10]于 1900 年进行了碘化淀粉溶液的渗透压测定,得到了稍微高一点的分子量 39700,以及淀粉的分子量 36700.1900 年 Nastukoff[11]由沸点升高法测得了硝基苯溶液中硝化纤维素的分子量为 10000.他意识到了把他的测定外推到零浓度的重要性,这是一个即使 40 年后还被其他研究者忽视的必要步骤.

在 Brown 和 Morris[7,8]关于淀粉及其降解产物(糊精)分子复杂性研究的同时,Gladstone 和 Hibbert[12]把 Raoult 方法应用到了橡胶,得到不同样品的分子量:从 6000 到"至少 12000……如果该方法仍然有效的话".考虑到橡胶的非晶性、对热敏感、溶解速度缓慢以及分子量高,他们得出了天然橡胶属于胶体类,以及"胶体分子"含有非常大数目原子的结论.现在知道,他们测得的分子量值太低了,因为,至少部分是,作者没有把他们的测定外推到零浓度.不过,分子量值表明橡胶分子含有几百个异戊二烯单元,这看来是太大了,以至于那个时代的研究者还不能接受这一点.

上述引文已清楚表明,为数不多的早期研究者依据他们的实验已形成了有利于纤维素、淀粉和橡胶是由非常大的分子所组成的观点.如果对他们分子量测定的结果深信不疑,巨大分子结构的概念应在 20 世纪 30 年代前很久就能确立了.实际上,由于好几个原因(其中的一些已间接提到过了)它们并没被接受.首先,这些天然存在的材料原先就是被 Graham 归为胶体的那几个.随着下述观点的出现,即像这样典型的胶体物质,区分它们仅仅依靠在被称为胶体状态的条件中存在特殊倾向,在它们身上物理化学定律的适用性是受到质疑的[13].对各种不同的胶体溶液都观察到了微小的冰点降低和沸点升高.在物质能以分子大小分散的溶剂中,这个行为是"正常的"[14].两个结论中无论哪一个都表明:或者溶液定律本来就不能应用于胶体溶液,或者微小的冰点降低进一步证明了胶体的大尺寸聚集.看来首选的应该是前者,胶体溶液的行为在许多方面是不规则的,那些对普通溶液有效的定律往往不能用于胶体.此外,Raoult 法是新的方法,并且发生在另一些物质(如电解质溶液)上的 Raoult 法的显著偏差更证明了它的不可靠性.

第二个与此有关的重要因素是 19 世纪 90 年代到 20 世纪头几年在强调分子的次级缔合中发现的.配位复合物、"部分共价键"的概念和范德瓦耳斯力引起了广泛的关注,同时也使得按字面来解释 Kekulé 及其继承者所发展的分子构造的化合价为之失色.Ramsay 和 Shields[15]于 1893 年发表了著名的摩尔表面能温度系数的表达式,以及他们观察到缔合液体显示出异常大的表面能温度系数值,从而提供了一个探测缔合和估算缔合程度的方法.后续的研究者很快利用这个手段来深入理解液态的本质.不幸的是分子缔合被误认为是聚合.在缔合聚合上的兴趣如此之大以至于当把它用于化合物时,这个术语的意义就与原本由Berzelius[16]提出的定义相一致了,而大约从1895年到1920年这一直是模糊的.在这期间聚合物和聚合的文献索引几乎总是指在物理上缔合的物质.

除在术语方面有所混淆外,分子缔合还成为物理化学家最喜欢的研究课题.物理化学家甚至建议大多数物理和化学变化只不过是上述物理含义上的聚合倾向的各种不同表现[17].这个时期的许多作者却不能把通过小分子间次价力形成的缔合与大共价键结构清楚区分开来,这是一方面;另一方面,在刊物上作者的用语也是模糊不清的①,其差别往往被一并忽视了,这也并不奇怪.而时常出现的对配位化合物和液体缔合的过分强调成了聚合物同样由小分子**物理**缔合组成的观点的支撑点.

同样应该提及的是化学家们并不情愿去考虑与物理方法测定分子量得到的结果相称的分子尺寸.普通大小的分子与比它大数百倍(实际上是数千倍)的聚合物之间的差别实在是太大了,以至于不可能一蹴而就.有机化学家渴望得到简洁的化学式和分离纯物质("纯"这个术语与"相同分子的"完全同义,且总是暗指适当大小的化学式),并受此所激励.因此对纤维素分子和橡胶分子的探索一直延续着.我们将在下一节对合成聚合物的讨论中详细阐述这一点.

在Harries[18]于1904年开始研究橡胶以前,人们对它的构造一无所知.1826年Faraday推测橡胶的经验式为C_5H_8,1860年Williams通过橡胶的干馏得到了异戊二烯.尽管C_5H_8被认为是橡胶结构的构成单元,但它的状况仍然很神秘.曾猜想它与萜烯有关,诸如$(C_5H_8)_x$或$(C_{10}H_{16})_x$那样的化学式经常被用在橡胶上,而后一个化学式正表明它是一个"聚合的萜烯".

Harries[18]在橡胶的臭氧化物水解时得到了乙酰丙醛和乙醛丙酸,证明在"橡胶分子"中有循环的

$$\overset{\qquad\qquad\qquad CH_3}{=\!CH\!-\!CH_2\!-\!CH_2\!-\!\overset{|}{C}\!\!-}$$

结构.按照异戊二烯分子相应的原子次序,完全表述出了如下的橡胶结构单元:

$$\overset{\qquad\quad CH_3}{-\!CH_2\!-\!\overset{|}{C}\!=\!CH\!-\!CH_2\!-}$$

显然这些单元既可以以环状结构也能以开链的形式相连接.选择开链形式会带来解释端基的问题,化学方面的证据看来排除了端基的存在:每一个单元恰好有一个双键,其组分与化学式C_5H_8精确地相符.如果链极长,就不会有这些困难,但这个可能性对多数化学家并没有吸引力,原因已见上述.并且,Harries测定橡胶臭氧化物的分子量只有区区的几百.因此,他得出了橡胶**分子**是环状二聚体(二甲基环辛二烯)的结论[18],许多这样的分子通过"部分共

---

① 譬如,见 Lebedev S V, Merezhkovaskii B K. J. Russ. Phys. Chem. Soc.,1913,45:1249.

价键"的作用结合成大得多的聚集体.这个想法可用化学式

$$
\left[
\begin{array}{c}
\quad\quad CH_3 \\
\quad\quad | \\
CH_2{-}CH{=}C{-}CH_2 \\
|\quad\quad\quad\quad\quad | \\
CH_2{-}CH{=}C{-}CH_2 \\
\quad\quad | \\
\quad\quad CH_3
\end{array}
\right]_x
$$

表示.随后 Harries[19] 于 1914 年认定这是 5 个(偶尔是 7 个)异戊二烯单元的大环.

Pickles 反对 Harries 的缔合二甲基环辛二烯化学式,其依据是高温下不能从所假定的聚集体中把母体分子蒸馏出来,并且双键与溴结合的饱和性也没有破坏物质的胶体特征.他认为"链"一定至少含有 8 个单元,或许还多得多,但坚持认为链的两个端头相连接形成了一个环.几年后 Caspari[21](1914)报道了橡胶稀溶液的渗透压测定,表明当外推至无限稀释时分子量约为 100000.受浓度对表观分子量极大影响的困惑,他竟然完全抛弃了分子量的渗透压判断.

Seeligmann、Torrilhon 和 Falconnet[22] 于 1896 年在法国出版了一本关于橡胶的论著,其中记录了早期关于**溶胶**和**凝胶**(现在知道,大多数未降解的生胶中都存在)组分的有趣的重大发现.他们把这两个组分称为橡胶的"同分异构的碳氢化物",一个是"黏结性要素",另一个是"回弹性要素".用新鲜溶剂组分反复处理橡胶,后者也不溶解,并且当用不同的溶剂提取其可溶组分时,这个成分的百分比也大致相同.作者也注意到了"回弹性碳氢化物"溶胀能力极强.硫化被归因为硫与黏结性要素的反应,从而抑制了黏结性要素的特性,或使之消失.

今天,我们承认在这些早期的解释中有值得正视的真理.但是在英吉利海峡的对岸,Weber[23] 猛烈抨击其不溶组分在任何情况下都与硫化有关这样的观点,他说道(部分):"天然橡胶中不溶组分存在的事实激发我们法兰西同事想象力的程度才是真正值得惊讶的."

很早就推论说纤维素和淀粉的组分近乎一致,化学式均为 $C_6H_{10}O_5$,但是无法在无水条件下得到该聚合物常常遮掩了这个化学式的精确原义①.在 20 世纪第一个 10 年才证明化学式 $C_6H_{10}O_5$ 精确代表了纤维素的组成,在这以后很短时间里,证明可以得到纤维素降解的终端产物葡萄糖,其产量就如结构单元与该单糖唯一关系所示的那样,几乎达到定量收率[24,25].水解甲基纤维素[26]和甲基淀粉[27]确实得到三甲基葡萄糖,进一步阐明了纤维素和淀粉中所存在结构单元的性质.

但是,这些观察并没有解决环状和链状化学式之间的矛盾.环状化学式受到压倒性的欢迎,因为(就像橡胶的情况一样)它避免了解释表观上完全不存在的端基的所有困难,而这在纤维素中是极易探测到的,因其特征会由于足够多端基的存在而有所减弱.在那个时代这个观点曾被普遍接受,见 Heuser[28] 于 1922 年的如下论述:"按照最新的研究,链式化学式必须要废弃."他做出了纤维素或许由脱水纤维二糖的环状二聚体所组成的结论.胶体特征归因

---

① 当代对纤维素构造了解的历史在 C. B. Purves 撰写的《纤维素和纤维素衍生物》一书(Emil Ott 主编,纽约 Interscience 出版社出版,1943)的第 ⅡA 章 29~53 页中有详尽的描述.作者很高兴确认这个来源.

为部分共价键或其他的残余吸引力,它们可导致相对简单的环状分子缔合在一起.

这里我们不想对另一类重要天然高聚物蛋白质的有关概念的早期历史做什么综述.大多数蛋白质被认为是由单一分子种类或范围很窄的类似分子种类组成的.因此,该领域的先驱者并不为它们多变的性能所困惑,或许这仅是不同制备方法得到的平均分子量差别很大所引起的,就像在其他天然和合成聚合物中发生的一样.虽然更近的工作表明,许多先前认为是“纯”的蛋白质其实是由两个或更多个非常不同的组分组成的,但坚信蛋白质是由多个化学个体组成的也并无大错.氨基酸组分(以及在血红蛋白情况中的铁)复杂的排列表明分子量很大.如此估算的值不如我们现在知道的那样大,也不是他们通常所能接受的,但是对蛋白质聚合本质的认可像肽理论一样古老.Emil Fischer[29]认为他的第 18 个编号的多肽在分子量上与大多数天然蛋白质类似,尽管他承认所含的氨基酸不同,以及它们沿链的序列也并不与蛋白质中的相对应.他的多肽理论得到了充分的认可,但他对链长的估算在数值上小了 1~4 个量级(取决于蛋白质不同).

1.2　与缩聚物的早期邂逅

结构有机化学的基本概念暗示存在有无限大共价键结构的可能性.当早期的有机化学家没有强调这一点的时候,在研究的进程中他们偶然不经意地涉及了导致聚合物的反应.数不清的聚合物被当作讨厌的焦油或不能分馏的残渣丢弃了,很少有人对它们的组分感兴趣.它们只是那些固执而失意的有机化学家的副产物,有机化学家追求的是高产率的纯化合物.然而,为数不多的合成聚合物确实吸引了 19 世纪研究者的注意.被认为最早记录的具有某种程度正确性的合成链状聚合物构造的实例比 Kekulé 的苯环(1865)还早了好几年.

1860~1863 年 Lourenço[30] 报道了在二卤化乙烯存在时乙二醇的缩合,合成了化学式① 为 $HO(C_2H_4O)_nH$ 的聚乙二醇②,并分馏出了一系列直至 $n=6$ 的单个成员.其黏度没有随 n 增加,Lourenço 给出的理由是在更为猛烈的条件下得到的具有高黏度的未蒸馏产物一定更为复杂,即 n 可能比 6 大很多.他注意到随化学式中的 n 增至无限大,其化学组分接近环氧乙烷的组分.他对所得聚合产物本质的极为精确的理解有下述的结论为证:

我们已经表明[羟基的]百分组分,甚至化学反应对测定某些化合物的化学分子是不够的.并且一定存在有相同表观百分组分的有机物或无机物,呈现出相同的反应却有完全不同的缩合度.

Lourenço[32] 也通过加热乙二醇与丁二酸制备了聚乙二醇丁二酸酯:

---

① Lourenço[30] 用了如下当时惯用的形式来表示他的化学式:

$$\left.\begin{array}{c}n(C^2H^4)\\H^2\end{array}\right\}O^{n+1}$$

尽管这不是一个明确的结构表示,但 Lourenço 很明白这个产物的复杂性.

② Wurtz[31](1859)通过缩合环氧乙烷制备了缩合度较低的聚乙二醇.

$$\text{---}[OCH_2CH_2OCOCH_2CH_2CO]_x$$

但很少关注它的构造.据推测,他把它归为"高度缩合"材料中的一个.31 年后 Vorländer[33]
把它认定为由两个单元组成的环状化学式(十六元环).同一年 Roithner[34]不顾由冰点降低
和沸点升高测定的近似经验化学式$(C_2H_4O)_{30}$,竟提出由环氧乙烷制得的聚合物有环状四
聚的化学式.

在 Kekulé 提出苯的环状结构仅 4 年后,以及在水杨酸构象确定以前,Kraut[35]在充分
的化学证据基础上做出了这样的结论,即加热乙酰水杨酸得到的产物具有由分子间酯化形
成的链式结构.由此得到的两个产物被认为有二聚和四聚的化学式:

$$HOC_6H_4COOC_6H_4COOH$$

和

$$HOC_6H_4COOC_6H_4COOC_6H_4COOC_6H_4COOH$$

对 1853 年 Gerhardt 通过三氯氧磷与水杨酸钠作用得到的"水杨醛"$C_{14}H_8O_4$,Kraut[35]认定
具有类似八聚体的链式化学式,认为它是水杨酸缩合的终极产物.这个在分离的步骤中从一
个中间体到两倍聚合度的另一个中间体而不生成其他物种缩合的奇思妙想已反复出现过,
甚至在最近一些年里也还有.像多年后的研究者一样,Kraut 忽视了这样的事实:八聚物,即
他的"三水杨酰水杨酸",是聚合物种的混合物.尽管如此,在他的工作中确认链式聚合结构
的本质还是十分清楚地表达出来了①.

聚水杨醛的聚合物异构体是 Schiff[39]于 1882 年从 m-苯甲酸和 p-苯甲酸制得的,同年
Klepl[40]也独立制得了它们.像 Kraut 一样,对他的不同产物,Schiff 认定它们具有二聚体、
四聚体和八聚体的链式化学式,因为主要是根据碳、氢的分析,所以意义有限.除了缩合度较
低的缩合物外,还得到了一个产物 $C_7H_4O_2$,Klepl 推断这一定是"高分子量"的.1883 年在
Schiff 实验室工作的 Piutti[41]从 m-氨基苯甲酸制备得到了类似的聚合物.这或许代表了第
一个合成的聚酰胺.

在这个合成有机化学的早期阶段,聚合物的制备看来并不罕有.但是,一定不能得出结
论说对它们的聚合物本质已有所理解.在绝大多数情况下并非如此.

1862 年 Märcker 报道了在 103 ℃熔融生成了化学式为 C_6H_4O 的水杨醛热解产物[42].
Kraut[35]也证实了这些观察,并命名该产物为苯醚.这无可非议是聚合物,但像大多数其他
偶遇的聚合物一样,从来没有这样研究过.

1863 年 Husemann[43]通过硫化钠与溴化乙烯反应制得了一个中间体,他认为其化学式
为 C_2H_4S.蒸馏它得到了环状二聚体二噻烷.1886 年,Mansfeld[44]重新研究了这个中间体,
并得出这是一个聚合物的结论.但是,正如那个时代"聚合物"这个术语所暗指的那样,Mans-
feld 认为该中间体有环状三聚体的化学式(现在知道这是个线形聚合物).其他由 Mans-
feld[45](1863)制备的类似聚合物包括甲硫醚$[CH_2\text{---}S]_x$和乙撑三硫代碳酸酯$[CH_2\text{---}$
$S\text{---}CS\text{---}S]_x$.它们当中的哪一个都没有被确认是聚合物,因为从来没有从这个观点出发来

---

① 有关聚水杨醛的工作从 1853 年到现在(指 1953 年——译者注)一直断断续续地继续着.除线形聚
合物外,环状二聚体和四聚体也一直有所报道.

研究它们.

直到 20 世纪 10 或 20 年代,甚至还略晚一点,从 Lourenço 和 Kraut 的早期工作算起,缩聚本质的确认也没有显著的进展.事实上,反而有一些退步的迹象.可用更多一些的例子来阐明流行在世纪更替之际的事态.

Birnbaum 和 Lurie[46] 于 1881 年把间苯二酚与光气的缩合产物(存有吡啶时)认定为具有环状化学式:

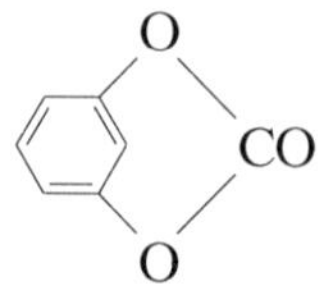

Einhorn[47] 重复了这个工作,并把它应用到对苯二酚,他于 1898 年坚持由该法得到的产物是聚合物.他选择了

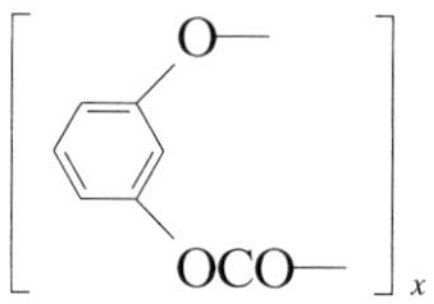

这样的化学式,因为他没有详细说明结构是由环(或许是大环)还是开放的链组成的,使得这个化学式稍微有点不确定.除二羟酚的碳酸酯外,1902 年 Bischoff 和 von Hedenström[48] 还制备了草酸酯和琥珀酸酯.它们如下的化学式

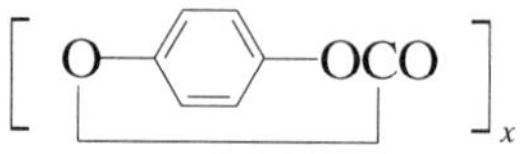

几乎同样模棱两可.(在当时,甚至在那以后,这种类型的化学式并不少见.)毫无疑问,作者认为单一的酸酐化学式能方便地表示以观察或实验为依据的组分以及官能团本质.考虑这样的事实,若在这些化合物的性能与从单一的化学式所期望的不符,就祈求以某种聚合来解释这个矛盾.但应用链式化学式必须交代有关端基的本质,某些作者选择环状化学式可能仅仅就是为了避免端基这个不可思议的东西.但是,在其他的例子中有些作者看来已经贴近环状化学式真正的意义,聚合的特征可能是通过部分共价键或缔合力叠加到基本结构上的.Bischoff 和 von Hedenström 的化学式中显著存在的问题可以作为这个时期许多作者思想中不确定性的一个象征.

Bischoff 和 Walden[49] 于 1893 年证明,先前通过加热氯乙酸的钠盐制备得到的乙交酯"异构体"实际上是一个聚合物,从这个聚合物可以分馏出环状二聚体乙交酯:

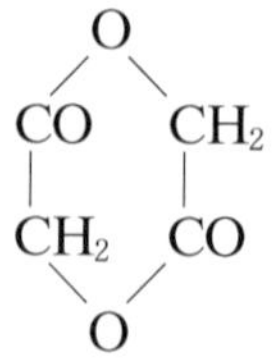

他们也观察到通过加热或有氯化锌存在时二聚体会转化为聚合物.1903 年 Fichter 和 Beiss-wenger[51] 观察到也是六元环的 δ-戊内酯相类似的可逆聚合.他们认为这个聚合物的化学式为 $(C_5H_8O_2)_n$;由沸点升高法测定估算得 $n = 5 \sim 7$(这个值无疑太低了).虽然他们没有特意

把这个聚合物描述为环状结构,但所给出的经验化学式加上低的 n 值显然与链式结构并不匹配. 另一方面,Blaise 和 Marcilly[52]于 1904 年对由羟基特戊酸得到的低分子量聚酯给出链式化学式,以及 Blaise[53](1906)指出二元酸 $HOOC(CH_2)_n COOH$ 系列(这里 $n=4\sim8$)的酸酐一定是链状聚合物①.

特别有意思的是由甘氨酸及其衍生物制得的多肽. Curtius[56]观察到甘氨酸乙酯降解为甘氨酸的环状二聚的酸酐(即环缩二氨酸)和缩二脲碱. Schwarzschild[57]于 1903 年得出结论:后一个物质是线形七聚体,即甘氨酸六甘氨乙酰酯(hexaglycylglycinate,$H(HNCH_2C(O)NHCH_2CO)_5NHCH_2C(O)NHCOOC_2H_5$),但 Curtius[58](1904)宣布这是一个线形四聚体. 类似的合成多肽也由 Balbiano[59](1901)和 Maillard[60](1914)通过在甘油中加热甘氨酸得到. Maillard 对最高缩合的产物提出了八聚环的化学式.

Leuchs[61]及其同事(1906~1908)通过降解 α-氨基酸的 N-羧酸酐制备了各种不同的多肽,但他们并没有为其产物提出链式化学式. 他们反倒认为其形成了一个三元环的结构,如下面的方程所示:

$$\begin{array}{c} CO \\ RCH \qquad\qquad O \\ NH \\ CO \end{array} \longrightarrow \left[\begin{array}{c} NH \\ R-CH \\ CO \end{array}\right]_x + CO_2$$

为了解释非挥发性、不熔性和有限的溶解度,Leuchs 提出了"基础型"环状化合物聚合的假定,正如他在上述化学式中用 x 表示的那样. 现在公认线形多肽是由 α-氨基酸的 N-羧酸酐降解得到的,并且在适宜条件下链可能是相当长的. Leuchs 赞成这样的观点:变形了的环(即五元或六元以外的环②)有通过某种类型的"次价键"而聚合的天生倾向. 为支持这个观点,Leuchs 提醒人们注意几乎同时由 von Braun[62]从 ε-氨基己酸和从 ζ-氨基庚酸合成得到缩合产物具有聚合的本质. Leuchs 假定这些产物也是由单一的内酰胺所组成的,并评论说制备他的未聚合形式的三元内酰胺就像 von Braun 得到七元和八元同系列一样困难. 实际上 von Braun 在给出他的产物确切的结构方面并没有走得多远;他用没有明确意义的化学式

$$\left[\begin{array}{c} CO- \\ (CH_2)_5 \\ NH- \end{array}\right]_x \quad 和 \quad \left[\begin{array}{c} CO- \\ (CH_2)_6 \\ NH- \end{array}\right]_x$$

来表述它们的结构. 现在知道这些都是线形聚酰胺,或许还是高分子量的.

大多数线形缩聚物以结晶形式存在,它们的熔点很少是明确的,特别是当测定非常精细,且分子量也高时. 它们可以再结晶纯化,熔点也可重复. 毫无疑问,这些特征使得许多研究者误解了所企望的环状化合物. 在这个时期文献中报道的具有罕见尺寸的各种环状结构中,似乎许多是线形聚合物[63],有的聚合度或许还相当高. 其中的一些见表 1.1.

---

① Voerman[54]争论说所有从这个系列的二元酸得到的酸酐是单一分子的. 也见 Staudinger 和 Ott[55]关于二甲基丙二酸聚合酸酐的论述.

② Sachse 较早时认为大环是非平面的,因此没有应变,这个观点直到 10 年以后也没有被 Mohr 推翻.

表 1.1 1900 年前后报道的一些环状结构

报道的化学式	熔点/℃	文献和年份
C_6H_4S(大部分产物是从 分离出来的,但产率不高)	295	[64],1897
	305	[65],1910
R＝—CH₂—,—(CH₂)₂—,—(CH₂)₃— 或 —CH₂—⬡—CH₂—	55~193	[66],1900
	254	[67],1909
	218	[68],1912
		[69],1899
		[70],1926
		[71],1912

这里没有一个(也没有其他在化学文献中能找出证据是聚合物的)是作为聚合的物质来研究的.

总之,在结构有机化学事实上的开始时刻就得到的 Lourenço 或 Kraut 推论到考虑长得多的链式分子,再到实现这样的产物,似乎是短短的一步,必定包括了很难分离的各种分子种类的混合物.倘若追寻这些观察的含义,合成聚合物化学的发展可能会早得多.但是由于种种原因,化学并没有在这个方向上有所进展.

看来化学家头脑中最主要的期望是制得或分离得到纯物质,纯物质被定义为这样一种物质,它仅仅由唯一的(在纯度的标准界线范围内)单一分子组分所组成.在 20 世纪转变之际这个目标已具体化到一门支配合成有机化学的学科.为能有资格被化学这个王国接纳,一种新合成的物质或天然来源的材料必须能以一个分子式来表征的状态分离出来.研究者被迫引证元素分析的数据来确认其组分,并辅以分子量的测定来达到如下的目的,即这些物质不会比所提化学式更为复杂.另外,其工作成就也并没有提高到在化学这个总科目中受尊敬的地位.合成有机化学在创造成千上万个不同原子的组合和排列方面的成功一定不能被低估.在创造性成就的大小上,它几乎超过任何其他的科学领域.

这个学科在取得引人注目的成功的同时,也限制了同时代研究者的视野.他们开始相信每个明确的物质都能依据简单确定的、能以简明化学式表达的分子来加以分类.这个观点不单为有机化学家持有,或许在物理化学家的头脑中也有.理论化学家把他们的注意力集中在作为实体的**分子**上,从而封堵了对物质所有观察到的物理和化学性能的讨论.他们特别偏爱用比原子尺寸略大的球体这样的理想分子来构建定律,满足于以分子力学的充分理解来解释一切.这个观点本身并无大错,仅仅是忽略了自然界中存在着大量重要的天然物质以及众多的合成物质,它们不能被归为特定分子式.分子作为基本实体的概念在解释这类物质中的价值是有限的.(金属和许多无机材料也可包括在这个范畴里.)

在结构化学基础中隐含着形成线形链、支化链或网状结构组成的巨大化学结构可能性时,对于放弃作为他们主要研究目标的分子,化学家往往踌躇不前.

1.3 烯类聚合物

对氯乙烯和丁二烯这些易聚的乙烯基单体聚合的观察,几乎可追溯到每个单体第一次被分离出来、记录在案的时候.Simon[72] 于 1839 年报道了苯乙烯到凝胶物质的转变,Berthelot[73] 于 1866 年把聚合这个术语用在了这个过程.Bouchardat[74] 令异戊二烯聚合,得到了类橡胶状的物质.也常常提及烯类聚合物加热到高温会解聚成其单体(以及其他产物)[73,75].Lemoine[76] 认为苯乙烯的这些转变可以比拟为可逆的分解,这是一个普遍持有的观点.聚合和解聚这些术语的这个解释是十分普遍的,而人们对聚合物的构造却几乎一无所知.

聚甲基丙烯酸是 1880 年由 Fittig 和 Engelhorn[77] 制得的.Mjöen[78] 通过沉淀法分离出了聚合物,并企图用冰点降低法和沸点升高法来测定它的分子量.他认为这是一种胶体,并认为其产物是一个八聚体,但没有得出结论说它的构造与曾经认为的八元酸化学式

$C_{24}H_{40}(COOH)_8$ 有什么差别.

1910 年 Stobbe 和 Posnjak[79] 注意到聚苯乙烯溶液的沸点升高值极为微小,从而得出了聚苯乙烯是一个"胶体"的结论.他们提出了由 4 个、5 个或可能更多个结构单元组成的环状化学式,如

$$
\begin{array}{c}
\overset{\displaystyle C_6H_5}{} \\
C_6H_5-CH-CH_2-CH-CH_2 \\
C_6H_5-CH-CH_2-CH-CH_2 \\
\underset{\displaystyle C_6H_5}{}
\end{array}
$$

丁二烯是 1911~1913 年间分别由 Lebedev[80] 和 Harries[81] 聚合的.根据在臭氧化得到的产物中识别出的琥珀酸,他们两个最初都认为聚丁二烯有环辛二烯的结构:

$$
\left[
\begin{array}{c}
CH_2-CH=CH-CH_2 \\
CH_2-CH=CH-CH_2
\end{array}
\right]_x
$$

并假定环状单元由"部分共价键"或其他的作用力缔合在一起,与设想的天然橡胶结构完全类似.随后 Lebedev[82,83] 对聚丁二烯和橡胶提出了如下的链式结构:

$$
\left(CH_2-CH=CH-CH_2-CH_2-CH=CH-CH_2\right)_x
$$

当 Lebedev[82,83] 确认聚合物是高分子量的时候,他得出了错误的结论[82],即聚合物是由单体通过接连不断聚集的渐进历程形成的,整个过程就像分子间的缔合.

尽管 Pickles[20] 提出了橡胶大主价键结构的假设,以及 Lebedev[82] 对聚丁二烯提出了略显含糊的假设,流行的观点仍然偏爱说烯类和二烯类聚合物是尺寸适度的环.纤维素和橡胶类似的环结构通常也被广为采纳.

1.4 大分子假设的兴起

在 1920 年发表的一篇重要论文中,Staudinger[84] 强烈反对把聚合的物质构想成用"部分共价键"结合在一起的缔合物这个当时流行的倾向.他明确提出了聚苯乙烯和聚甲醛(多聚甲醛)的链式化学式(当时已被人们接纳):

$$
\begin{array}{c}
-CH_2-CH-CH_2-CH-\cdots \\
\overset{\displaystyle |}{C_6H_5}\overset{\displaystyle |}{C_6H_5}
\end{array}
$$

$$
-CH_2-O-CH_2-O-CH_2-O-\cdots
$$

他也倡议橡胶具有长链的化学式.这些物质的胶体特性完全归因为它们主价分子的尺寸,他推测其大小可能为数百单元的量级.Staudinger 巧妙地处理了端基的问题,他简单地提出不需要以端基来饱和长链端头的价键.由于分子尺寸的原因,极长的长链端头的自由基将没有反应性,这个假设在那个时代看来是难以置信的.他也提醒说,把实际上是链式聚合物的物质指认为相对简单的环状结构通常是错误的,例子有二甲基丙二酸酐[55]、己二酸酐和乙

交酯.

在随后的几年里 Staudinger 不懈地支持分子的(或主价键的)观点.他观察到橡胶的加氢以及它到其他衍生物的转化并不破坏其胶体的性能[85],以此来支持他独特的论点.与缔合的胶体相反,高聚物(或他本人选择的称呼**大分子**[86])在所有能溶解它的溶剂中都显示出胶体的性能[87].他对聚甲醛进行了深入的研究[88],对它们线形聚合本质怀疑的基础荡然无存.

Staudinger 的观点并没有马上被广泛接受,大多数研究者仍坚持认为由环状化学式提供的有限的确定性要比长度不明的链那样难以预测的行为要好①[89].分子量测定[91]得到的偏低的分子量值,现在知道是有严重误差的[92],但看来是支持这个观点的.对于纤维素和淀粉,则提倡是由一个或几个 $C_6H_{10}O_5$ 单元组成的环状化学式[93-97].X 射线衍射表明结晶的橡胶和纤维素的单元晶胞在尺寸上与简单物质的尺寸类似[98,99],以此认定分子必定也是小的.早就指明,分子不能比单元晶胞更大的假定是荒谬的[100,101],但 Sponsler 和 Dore[102] 在 1926 年仍然说纤维素纤维 X 射线衍射的结果是与由无限大数目的单元组成的链式化学式相一致的.结构单元占据的角色与其晶胞中的单一物质的分子占据的角色类似.纤维素分子通过晶格从一个晶胞延伸到下一个晶胞.这个解释使得征召来支持缔合环理论的最后一个论据归于无效.这一点很快推论到了具有特征 X 射线纤维图样的线形聚合物.

早期提倡聚合物是长链共价结构的重要人物 Meyer 和 Mark 保留了部分缔合假设的内容,即他们把结晶认为是聚合物分子因聚集而形成的离散单元或"胶束"[103,104].1928 年他们开始从 X 射线衍射点的宽度来估算结晶的尺寸,以此推导出纤维素胶束长度[103]和橡胶胶束长度[104]为 50~150 单元.胶束的长度被认为是与分子的长度一致的,由此估算出的分子量约为 5000 这个量级.从橡胶稀溶液渗透压的精心测定得出了大得多的值 150000~400000,这被归因为溶剂化的作用,后又被引用来作为证明 X 射线观察到的胶束存留在溶液中的证据[105].

Staudinger 所持的反对观点"结晶尺寸与聚合物分子尺寸无关"已大部分被证实了②.这样,单元晶胞的尺寸和完全结晶的尺寸都不与聚合物链长相关(至少不直接相关),聚合物分子可以穿过许多晶胞从结晶一端到另一端,然后蜿蜒通过非晶区进入到另一个结晶中,等等.Staudinger[107] 在 1929 年把他的共价键结构推进了一大步,从非线形聚合物或**网状**结构聚合物中区分出了线形聚合物.他把网状结构聚合物不溶、不熔的特征归因为大网状结构的形成.Meyer 和 Mark[104] 在一年前已提出硫化橡胶的性能是由于共价交联的形成,这个观点随后得到了确认.

1929 年 Carothers[108,109] 进行了一系列卓越的研究工作,非常成功地建立了分子观点以及消除了在该领域流行的谬论.这些研究者的课题一开始就清楚地表明希望通过使用确定

---

①　Duclaux[90]于 1923 年宣称根据橡胶分子结构来寻求对其性能的解释是不行的,因为橡胶应该被认为是一种物理状态,而不是一种化合物.

②　作为一方的 Staudinger 观点与作为另一方的 Meyer 和 Mark 观点实际上并没有如他们争论要点所示的那么远.他们同意高聚物基本的大分子本质看来有助于实质上抛弃当时广为接纳的简单环状化学式.

的有机化学反应来制备明确结构的聚合分子[108]，并进一步研究这些物质的性能是如何依赖于构造的. Carothers 及其同事最大的贡献是在聚酯、聚酰胺等缩聚物的领域. 在某种意义上，Carothers 延续了由 Emil Fischer 强调的合成路线（在 Lourenço 工作早得多的时候就有所提示），但抛弃了对纯化学个体的不必要的和严重拖后腿的坚持，而这正是 Fischer 及其同事们孜孜不倦努力工作的课题.

当理论化学家开始介入这个领域时，高聚物结构共价键链式的概念几乎找不到根. 1930 年 Kuhn[110] 发表了第一篇应用统计方法解决聚合物问题的论文. 他假定单元间链的断裂是无规的，从而导出了表述已降解的纤维素分子量分布的化学式.

后来，统计方法在处理聚合物构造、反应和物理性能方面扮演着主导的角色. 对于企图由构成分子的详细结构机械地直接推论出其性能来说，高聚物过于复杂了；聚合物的构造即使对精确的描述来说也过于复杂了. 这导致聚合物及其性能合理解释任务的极端复杂性，竟然为统计程序的应用提供了理想的平台.

长链分子的平均尺寸和形状赋予了通过绕共价键的旋转以实现各种构象的能力，理论化学家和物理学家对此着迷已有多年. 1934 年 Guth 和 Mark[111] 以及 Kuhn[112] 彼此独立论述了这个问题，并得到了类似的解. 这些理论研究为诸如高聚物稀溶液呈现出的高黏度[112]、流动双折射[112] 以及橡胶弹性[111,113] 那样的问题提供了严格的背景.

在聚合物结构定量表征方法建立之前，不可能对聚合物的构造以及作为理论方法必然对应物的聚合物的行为做出定量的处理. 在建立正确的分子量测定方法前，有明显分子量依赖性的各种聚合物性能也不能令人满意地说清楚. 随后还有表征分子量分布的有关问题. Staudinger 强调线形聚合物的分子量与其稀溶液的黏度直接相关[114]，很值得称赞. 溶液黏度是一个容易测定的量，因而这样的测定在技术上被广泛应用. 这样，无论在纯学术上还是在应用研究方面，聚合物溶液黏度和聚合物分子量间的关系都相当实用. 但是，Staudinger 错误地得出结论：现在称之为特性黏数的量与分子量之间存在正比的关系，即

$$\left(\frac{\eta_r - 1}{c}\right)_{c\to 0} = KM$$

这里 η_r 是浓度为 c 的聚合物溶液的相对黏度，K 是一个表征特定聚合物系列的常数，M 是分子量. Staudinger 公式的广泛使用引导了分子量的测定工作，但所测分子量一般太低，有时候会相差 10 倍或更多. 这个情况直到 20 世纪 40 年代中期还没有得到完全纠正①. 目前给人印象深刻的是已被定量测定分子量的各种聚合物系列的数目，且在许多情况下已建立起了可信赖的溶液黏度与 M 的关系.

直到 20 世纪 40 年代才有了合适的方法，无论是实验上的还是理论上的，能把聚合物的结构，包括非线形的、网状类型的，有效地简化到容易定量处理. 因为这些手段是定量处理聚合物性能与结构关系的一个先决条件，否则在该方向上的进展必然被推迟.

---

① 经验上估算的各种不同聚合物系列的分子链长与它们特性黏数之间的关系已由 Goldfinger、Hohenstein 和 Mark[115] 总结.

参 考 文 献

[1] Graham T. Trans. Roy. Soc.（London），1861，151：183.

[2] Ostwald W. Kolloid Z.，1907，1：331；Z. Chem. Ind. Kolloide，1908，3：28；An Introduction to Theoretical and Applied Colloid Chemistry. 2nd Amer. ed. New York：John Wiley and Sons，1922. 还可参见其他作者的文献，如 Thomas A W. Colloid Chemistry. New York：McGraw-Hill，1934：1-8.

[3] Hlasiwetz H，Habermann J. Ann. Chem. Pharm.，1871，159：304.

[4] Raoult F M. Compt. Rend.，1882，95：1030；Ann. Chim. Phys.，1884，2（6）：66；Compt. Rend.，1885，101：1056.

[5] van't Hoff J H. Z. Physik. Chem.，1887，1：481；Phil. Mag.，1888，26（5）：81.

[6] Musculus F，Meyer A. Bull. Soc. Chim. France，1881，35（2）：370.

[7] Brown H T，Morris G H. J. Chem. Soc.，1888，53：610.

[8] Brown H T，Morris G H. J. Chem. Soc.，1889，55：465.

[9] Lintner C J，Düll G. Ber.，1893，26：2533.

[10] Rodewald H，Kattein A. Z. Physik. Chem.，1900，33：579.

[11] Nastukoff A. Ber.，1900，33：2237.

[12] Gladstone J H，Hibbert W. J. Chem. Soc.，1888，53：688；Phil. Mag.，1889，28（5）：38.

[13] Paterno E. Z. Physik. Chem.，1889，4：457；Gazz. Chim. Ital.，1889，19：195.

[14] Sabanseff A. J. Russ. Phys. Chem. Soc.，1890，22：102.

[15] Ramsay W，Shields J. J. Chem. Soc.，1893，63：1089. Trans. Roy. Soc.（London），1893，A184：647.

[16] Berzelius J J. Jahresbericht，1833，12：63.

[17] Harcourt V. J. Chem. Soc.，1897，71：591.

[18] Harries C. Ber.，1904，37：2708；ibid.，1905，38：1195，3985.

[19] Harries C. Ann.，1914，406：173；Harries C，Evers F. Chem. Abstracts，1922：16：3232.

[20] Pickles S S. J. Chem. Soc.，1910，97：1085.

[21] Casperi W A. J. Chem. Soc.，1914，105：2139.

[22] Seeligmann T，Torrilhon G L，Falconnet H. Le caoutchouc et la gutta percha. Paris，1896.

[23] Weber C O. The Chemistry of India Rubber. London：Charles Griffin and Co.，1902：48 ff.

[24] Willstätter R，Zechmeister L. Ber.，1913，46：2401.

[25] Irvine J C，Souter C W. J. Chem. Soc.，1920，117：1489；Irvine J C，Hirst E L. ibid.，1922，121：1585.

[26] Irvine J C，Hirst E L. J. Chem. Soc.，1923，123：518.

[27] Irvine J C，MacDonald J. J. Chem. Soc.，1926，129：1502.

[28] Heuser E. Textbook of Cellulose Chemistry. West C J，Esselen G J 译. New York：McGraw-Hill，1924：183.

[29] Fischer E. J. Am. Chem. Soc.，1914，36：1170.

[30] Lourenco A-V. Compt. Rend. , 1860,51:365; Ann. Chim. Phys. , 1863,67(3):273.

[31] Wurtz A. Compt. Rend. , 1859,49:813; 1860,50:1195.

[32] Lourenço A-V. Ann. Chim. Phys. , 1863,67(3):293.

[33] Vorländer D. Ann. 1894,280:167.

[34] Roithner E. Monatsh. , 1894,15:665.

[35] Kraut K. Ann. , 1869,150:1.

[36] Gerhardt C. Ann. , 1853,87:159.

[37] Anschütz R. Ber. , 1892,25:3506; Ann. , 1893,273:79; Ber. , 1919,52:1875; ibid. , 1922,55:680; Ann. , 1924,439:1. Schroeter G. Ber. , 1919,52:2224.

[38] Anschütz L, Neher R. J. Prakt. Chem. , 1941,159:264.

[39] Schiff H. Bet. , 1882,15:2588.

[40] Klepl A. J. Prakt. Chem. , 1882,25(2):525; ibid. , 1883,28:193.

[41] Piutti A. Ber. , 1883,16:1319.

[42] Märcker C. Ann. , 1862,124:249.

[43] Husemann A. Ann. , 1863,126:280.

[44] Mansfeld W. Ber. , 1886,19:696. .

[45] Husemann A. Ann. , 1863,126:292.

[46] Birnbaum K, Lurie G. Ber. , 1881,14:1753.

[47] Einhorn A. Ann. , 1898,300:135.

[48] Bischoff C A, von Hedenström A. Ber. , 1902,35:3435.

[49] Bischoff C A, Walden P. Ber. , 1893,26:262; Ann. , 1894,279:45.

[50] Norton T H, Tehernjak J. Bull. Soc. Chim. France, 1878,30(2):102.

[51] Fichter F, Beisswenger A. Ber. , 1903,36:1200.

[52] Blaise E E, Mareilly L. Bull. Soc. Chim. France, 1904,31(3):308.

[53] Blaise E E. Bull. Soc. Chim. France, 1906,35(3): 665.

[54] Voerman G L. Rec. Trav. Chim. , 1904,23:265.

[55] Staudinger H, Ott E. Ber. , 1908,41:2208.

[56] Curtius T. Ber. , 1883,16:753.

[57] Schwarzschild M. J. Chem. Soc. , Abstracts, 1903, 84(Ⅰ):780.

[58] Curtius T. Ber. , 1904,37:1284.

[59] Balbiano L. Ber. , 1901,34:1501.

[60] Maillard L-C. Ann. Chim. , 1914,1(9):519.

[61] Leuchs H. Ber. , 1906,39:857; Leuchs H, Manasse W. ibid. , 1907,40:3235; Leuchs H, Geiger W. Ber. 1908,41:1721.

[62] von Braun J. Ber. , 1907,40:1834;Manasse A. ibid. , 1902,35:1367.

[63] Carothers W H. Chem. Rev. , 1931,8:353.

[64] Genvresse P. Bull. Soc. Chim. France, 1897,17(3):599.

[65] Hilditch T P. J. Chem. Soc. , 1910,97:2579.

[66] Kötz A, Sevin O. J. Prakt. Chem. , 1901,64(2):518; Ber. , 1900,33:730.

[67] Autenrieth W, Beuttel F. Ber. , 1909,42:4349.

[68] von Braun J, Gawrilow W. Ber. , 1912,45:1274.

[69] Limpricht H. Ann. , 1899,309:120.

[70] Tilitcheev M D. Chem. Abstracts, 1927,21:3358.

[71] Zincke T, Krüger O. Ber. , 1912,45:3468.

[72] Simon E. Ann. , 1839,31:265.

[73] Berthelot M. Bull. Soc. Chim. France, 1866,6(2):294.

[74] Bouchardat G. Compt. Rend. , 1879,89:1117.

[75] Wagner G. Ber. , 1878,11:1260.

[76] Lemoine G. Compt. Rend. , 1897,125:530; 1899,129:719.

[77] Fittig R, Engelhorn F. Ann. , 1880,200:65.

[78] Mjöen J A. Ber. , 1897,30:1227.

[79] Stobbe H, Posnjak G. Ann. , 1910,371:259.

[80] Lebedev S V, Skavronskya N A. J. Russ. Phys. Chem. Soc. , 1911,43:1124.

[81] Harries C. Ann. , 1913,395:211.

[82] Lebedev S V, Merezhkovskii B K. J. Russ. Phys. Soc. , 1913,45:1249.

[83] Lebedev S V. J. Russ. Phys. Chem. Soc. , 1913,45:1296; Chem. Abstracts, 1915,9:798.

[84] Staudinger H. Ber. , 1920,53:1073.

[85] Staudinger H, Fritschi J. Helv. Chim. Acta, 1922,5:785.

[86] Staudinger H. Ber. , 1924,57:1203; Kautschuk, 1927,63.

[87] Staudinger H. Ber. , 1926,59:3019; Staudinger H, Frey K, Starek W. ibid. , 1927,60:1782.

[88] Staudinger H, Lüthy M. Helv. Chim. Acta, 1925, 8: 41; Staudinger H. ibid. , 1925, 8: 67; Staudinger H, Johner H, Signer R, et al. Z. Physik. Chem. , 1927,126:434.

[89] Pummerer R, Burkard P A. Ber. , 1922,55:3458.

[90] Duclaux J. Rev. Gen Colloides, 1923,1:33.

[91] Pummerer R, Nielsen H, Gündel W. Ber. , 1927,60:2167.

[92] Gee G. Trans. Faraday Soc. , 1942,38:109.

[93] Karrer P. Polymere Kohlenhydrate. Leipzig:Akademische Verlagsgesellschaft m. b. H. , 1925.

[94] Hess K, Weltzein W, Messmer E. Ann. , 1924,435:1.

[95] Bergmann M. Ber. , 1926,59:2073.

[96] Pringsheim H. Naturwissenschaften, 1925,13:1084.

[97] Herzog R O. Naturwissenschaften, 1924,12:955; J. Phys. Chem. , 1926,30:457.

[98] Ott E. Physik. Z. , 1926,27:174.

[99] Ott E. Naturwissenschaften, 1926,14:320;Hauser E A, Mark H. Kolloidchem. Beihefte, 1926,22:94.

[100] Polanyi M. Naturwissenschaften, 1921,9:288.

[101] Herzog R O. Physik. Z. , 1926,27:378.

[102] Sponsler O L. J. Gen Physiol. , 1926,9:677; Sponsler O L, Dore W H. Colloid Symposium Monograph. New York: Chemical Catalog Co. , 1926:Ⅳ, 174.

[103] Meyer K H, Mark H. Ber. , 1928,61:593.

[104] Meyer K H, Mark H. Ber. , 1928,61:1939; Meyer K H, Naturwissenschaften, 1928,16:781.

[105] Meyer K H. Naturwissenschaften，1929，17：255；Mark H. Ber.，1926，59：2997.

[106] Staudinger H. Ber.，1928，61：2427.

[107] Staudinger H. Angew. Chem.，1929，42：67.

[108] Carothers W H. J. Am. Chem. Soc.，1929，51：2548.

[109] Mark H，Whitby G S. Collected Papers of Wallace Hume Carothers on High Polymeric Substances. New York：Interscience Publishers，1940.

[110] Kuhn W. Ber.，1930，63：1503.

[111] Guth E，Mark H. Monatsh.，1934，65：93.

[112] Kuhn W. Kolloid Z.，1934，68：2.

[113] Kuhn W. Kolloid Z.，1936，76：258.

[114] Staudinger H，Heuer W. Ber.，1930，63：222；Staudinger H，Nodzu R. ibid.，1930，63：721；Staudinger H. Die Hochmolekularen Organischen Verbindungen. Berlin：Verlag von Julius Springer，1932.

[115] Goldfinger G，Hohenstein W P，Mark H. J. Polymer Sci.，1947，2：503.

第2章　聚合物的类型:定义和分类

2.1　基　本　定　义

聚合物的构造通常用它的**结构单元**来描述.可以用最普通的术语把结构单元定义为带有两个或两个以上价键的基团;小小的例外是在聚合物端头的最末端的单元,在那里它们只有一个价键.结构单元在聚合物分子或聚合物结构内彼此以共价键相连.虽然聚合物的结构变化很大,但几乎所有我们所关注的聚合物都可以表示为有限的几个不同结构单元的组合;在许多情况下,单一类型的结构单元就足够来代表整个聚合物分子.这一特征,即通过一个或几个基本单元的重复循环产生一个完整的分子,是聚合物的基本特征,正如术语**聚合物**(也即"许多")在语源学上所暗示的那样.

结构单元可以以任何可能的方式连接在一起.在所有聚合物中最简单的是**线形聚合物**,它们的结构单元以线形的顺序一个接一个地连接.这样的聚合物可以用典型的分子式表示为

$$A' {-} A {-} A {-} A {-} \cdots {-} A'' \quad 或 \quad A' {\left(\!\! {-} A {-} \!\!\right)}_{x-2} A''$$

这里的主要结构单元用 A 表示,x 是**聚合度**,即分子中结构单元的数目.除末端的单元 A' 和 A'' 外,这里的结构单元一定要是二价的.基团 A' 与 A'' 可以相同,也可以不同,但它们绝不会与 A 相同.在许多情况中,端基与主链单元组成相同,但它们的结构一定是不同的,因为前者是单价的.

聚合物的结构单元可以连接在一起形成**线形的**或**支化的**这样那样的结构.至少其中有一些结构单元的化合价大于 2.典型的非线形聚合物结构显示如下(以 Y 代表三价的支化单元):

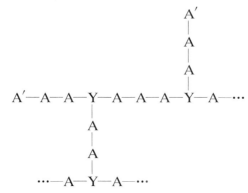

当然,支化单元也可以超过三价.通过支化结构的进一步增长可以形成高度分叉的分子片段.事实上,它自身就能相连产生**网状**的结构.形成一个与石墨类似的**平面网**肯定不成问题,另外形成一个与金刚石类似的三维**空间网**也是可以料想到的.但是,聚合过程的本质是无规的,以至于单元在结构中的集合未必是规则的.通常遇到的非线形聚合物**空间网状**结构是高度不规则的大迷宫.结构也可能充斥着"闭合的环",它是由一个指定的连接通过线形链和多官能团连接的顺序再返回到这个指定的连接,但是这些环状的路径变化无穷,一般会牵涉到很多根链和很多个多官能团连接.因此结晶物质中任何类似闭合连接的空间排列很可能会令人误解.

结构单元代表了制备聚合物所用单体化合物的残余物.通常,单体与结构单元之间有直接对应的关系.几个线形聚合物中存在的结构单元实例如表 2.1 所示.

表 2.1 若干线形聚合物的结构单元

聚合物	单体	结构单元
聚苯乙烯	$CH_2{=}CH$ $\|$ C_6H_5	$-CH_2-CH-$ $\|$ C_6H_5
顺式-1,4-异戊二烯 (天然橡胶)	CH_3 $\|$ $CH_2{=}C-CH{=}CH_2$	CH_3 $\|$ $-CH_2-C{=}CH-CH_2-$
聚癸二酸酐	$HOCO(CH_2)_8COOH$	$-OCO(CH_2)_8CO-$
聚己二酸己二胺 (尼龙)	$H_2N(CH_2)_6NH_2$ $+ HOCO(CH_2)_4COOH$	$-NH(CH_2)_6NH-$ $-CO(CH_2)_4CO-$

在前两个实例中,结构单元与其源单体(假设是天然橡胶的情况)具有相同的原子,占据的相对位置也相似,只是在单体到结构单元的转变中涉及电子的重排.在后两个实例中,从单体到结构单元的转换中消除了水的成分.在最后一个实例中,单体反应物有两种,从而导致了附加的两个结构单元沿聚合物链交替排布.在这种情况中,可方便地把一对交替的结构单元定义作为链的**重复单元**.这样,聚己二酸己二胺的重复单元

$$-NH(CH_2)_6NH-CO(CH_2)_4CO-$$

含有两个**结构**单元.在含有一个结构单元的聚合物中,结构单元通常也就是重复单元.

表 2.1 中的聚合物以及所有其他的线形聚合物都是由以两个(也仅仅是两个)键与其他结构单元相连的单体所形成的.对应这个陈述的就是前面所说的线形聚合物结构单元一定要是二价的.单体的链接能力通常一眼就能从其结构看出,这一点在表 2.1 的第三和第四个实例中就已清楚指出来了,每个单体都有两个可缩合的官能团.烯键额外的电子对参与两个键的形成能力赋予了苯乙烯同样的链接能力.与 Carothers[1,2]引入的**官能度**概念一致,所有在聚合时能与两个(也仅仅是两个)其他单体相连接的单体叫双官能度单体.类似地,一个**双官能度单元**是这样的单元,它能连接两个其他的单元.由此得出结论:线形聚合物仅由双官能度单元所组成(末端单元除外)①.

非线形聚合物是由具有超过两个官能度的单体(至少某些是这样)得到的.换句话说,非线形聚合物可以定义为这样的聚合物,它们含有某些**多官能度**的单元,这个多官能度的术语有官能度超过二的含义.这样,三官能度试剂丙三醇与双官能度试剂邻苯二甲酸的缩聚产生了包含如下结构的非线形聚合物:

$$
\begin{array}{l}
\qquad\qquad\qquad\qquad\qquad\qquad\qquad\qquad CH_2OH \\
HOCOC_6H_4CO\!-\!OCH_2CHCH_2O\!-\!COC_6H_4CO\!-\!OCH \\
\qquad\qquad\qquad\quad |\qquad\qquad\qquad\qquad\qquad\quad | \\
\qquad\qquad\qquad\quad O\qquad\qquad\qquad\qquad\qquad CH_2O\!-\!\cdots \\
\qquad\qquad\qquad\quad | \\
\qquad\qquad\qquad\quad CO \\
\qquad\qquad\qquad\quad | \\
\qquad\qquad\qquad\quad C_6H_4 \\
\qquad\qquad\qquad\quad | \\
\qquad\qquad\qquad\quad CO \\
\qquad\qquad\qquad\quad | \\
\qquad\qquad\qquad\quad O\qquad\qquad\qquad\qquad\qquad\qquad H \\
\qquad\qquad\qquad\quad |\qquad\qquad\qquad\qquad\qquad\qquad O \\
\qquad\qquad\qquad\quad CH_2\qquad\qquad\qquad\qquad\qquad\quad | \\
\qquad\qquad\qquad\quad CHO\!-\!COC_6H_4CO\!-\!OCH_2CHCH_2O\!-\!\cdots \\
\qquad\qquad\qquad\quad | \\
\qquad\qquad\qquad\quad CH_2 \\
\qquad\qquad\qquad\quad | \\
\qquad\qquad\qquad\quad O \\
\qquad\qquad\qquad\quad COC_6H_4CO\!-\!\cdots
\end{array}
$$

如果缩聚过程足够充分,很容易形成网状结构.类似地,少量二乙烯基己二酸与乙酸乙烯酯共聚[3]产生非线形聚合物,其中双官能团的乙酸乙烯酯单元之间由**四官能团**的二乙烯基己二酸单元架起了桥,即**交联**:

---

① 上面的定义把烯类单体(如苯乙烯)认为是双官能度的,这与有机化学传统的定义有悖,因为根据有机化学传统的定义,烯类的连接代表的是单官能度.这种与先例的偏离在应用于聚合物和聚合时是有道理的,普遍适用于几乎所有聚合物的官能度定义.

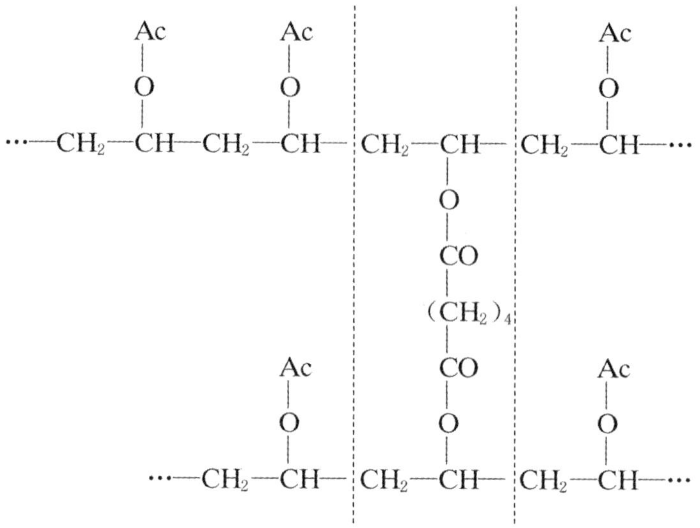

二乙烯基己二酸单元被包在竖直的虚线之间.这里再一次形成了网状结构.

一个由原线形聚合物交联而成的非线形聚合物的例子是硫化天然橡胶.在用硫和促进剂的普通硫化过程中,在聚异戊二烯链中偶发的单元之间(约 100 个中有 1 个)会引入不同类型的交联.下面是一些这样类型的键[4,5]:

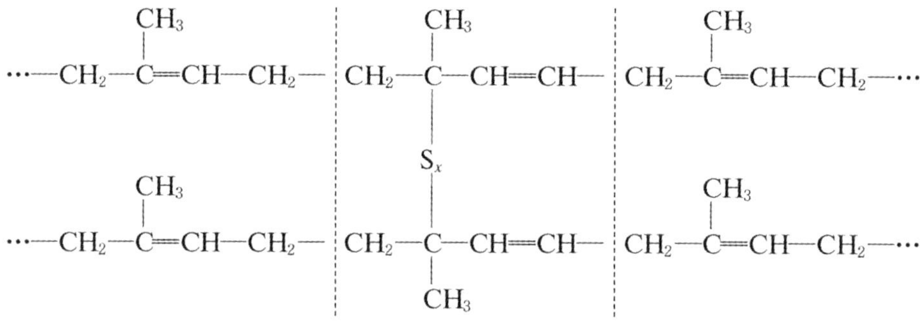

与前述例子完全类似,竖直虚线间显示的结构由两个异戊二烯的残余物组成,由硫原子相连,代表了单一的四官能度单元;聚合物结构另外的四个独立部分直接与这个单元相键合.指定高官能度的非线形聚合物的结构部分的选择显然是有点随意的.在这种情况中,四官能度单元也可以认为是两个三官能度的异戊二烯单元通过硫彼此键合在一起形成的.因为这些三官能度的异戊二烯单元是成对出现的,如果把这一对异戊二烯单元和与其交联的硫考虑为单一的一个单元——四官能度单元,那么这样的结构的定量处理极为简单.

非线形聚合物中官能度超过 4 的结构单元也是有的.通过扩展前面提出的术语的定义可以很容易来包容它们.应该进一步指出的是,各种不同官能度的单元可以共存于相同的结构中,同样,双官能度单元也能与多官能度单元共存.

至于线形和非线形聚合物的正规区分,将以存在或不存在多官能度单元为基础.要指出的是,如果严格应用这个区分法,会把线形聚合物归入可接近但却永远无法实现的理想状态.因有痕量多官能度单元的假象而致使聚合物失去线形聚合物的资格.在实践中,根据化学原理通过占压倒性优势的双官能团互联反应,并尽量限制未知副反应的任何支化而制得的聚合物都被认为是线形聚合物,除非其性能给出了非线形性存在的确切证据.这样,由乙二醇与二元酸缩聚得到的聚酯、由二元胺与二元酸制得的聚酰胺以及从不饱和单体得到的各种乙烯基聚合物就是通常的线形聚合物.某些乙烯基聚合物[6,7],像聚乙酸乙烯酯,可能会有偶发性的支化——或许在 1000 个单元中有 1 个发生支化,这是聚合过程中由自由基副反应导致的.如果分子量非常大,很小的支化度就会极大地改变分子的模式.如果这样的支化发生在聚苯乙烯中,它的程度是如此之小以至于对聚合物的性能没有可识别的影响.因此,聚苯乙烯通常被包括在线形聚合物这一类别中.另一方面,二烯烃的聚合通常能产生部分不溶产物,由此推定它们是非线形聚合物.

即使在非线形聚合物中,许多有意义的材料也是由占优势的双官能度单元所组成的,带有少量多官能度单元.这一点适用于硫化橡胶,在那里只有不多于 1% 或 2% 的异戊二烯单元是交联的.这也适用于淀粉的支链部分,它由平均约 20 个葡萄糖单元构成的链所组成,这些链通过三官能度的单元彼此相连,产生不规则的支化阵列;对于羊毛,它是由多肽链通过胱氨酸(即二氨基二元酸,胱氨酸在羊毛中是四官能度的单元)的 S—S 连接而交联的;还适用于合成的二烯类聚合物,在这些聚合物中由于一个单体的两个双键偶尔参与了聚合,从而产生了一个四官能度的单元.这样许多非线形聚合物原则上是由单元的线形序列所组成的,它们仅仅在宽广的区间里被更高官能度的单元所隔断.但绝对不能由此得出少量多官能度单元是无足轻重的结论.它们可能会带来某些性能的巨大变化,就像它们能改变聚合物的结构架构,从有限的线形链变为"无限的"空间网络类型的结构.

在某些高度支化的聚合物中,结构单元的概念尚欠准确.实例有邻苯二甲酸甘油酯(见前)、酚醛树脂(见表 2.2)、脲醛树脂(见表 2.2)以及干性油的聚合物(在那里成对的三甘油酯不饱和酸自由基以不规则形式结合在一起).在这些例子中确定的单体剩余物作为单、双、三或有时更高官能度单元进入聚合物中,此外还呈现有非等效的反应性单元(譬如,丙三醇或苯酚邻位和对位的伯羟基和叔羟基).因为组分的结构单元多种多样,故已不能如此方便地表达出构造的平面图来.但是,连接的类型是能详细说明的,结构可能的复杂排列对定量解释不是一个严重的阻碍.

聚合度用 x 表示,代表在一个给定聚合物中结构单元的数目,但当用到由许多聚合物分子组成的实际试样时,立即就会引起歧义了,因为它们不能用相同的 x 来表征.高聚物(**可能一些天然聚合物除外**)总是由不同聚合度的分子所组成的,通常聚合度的范围相当宽.**分子大小分布**或**分子量分布**(认为分子量正比于 x)的形态在许多涉及聚合物构造和物理性能的问题上是很重要的.需要提及的是这个潜在的危害能用**平均聚合度**来避免,只要确定是什么样的平均.除非另加说明,术语**平均聚合度**是指最普通的平均(**数均**,见第 7 章),是结构单元的总数除以分子总数.类似地,**平均分子量**(更确切地说是**数均分子量**)表示的是试样的质量除以它所含有的分子数.如果不产生任何混淆,**平均**这个限制性的形容词可忽略不提.但是,在讨论聚合物所有现象时必须承认它们固有的分子不均匀性.

在前面的讨论中自始至终用了一般意义上的术语**聚合物**,即该物质在本质上是聚合的,不管它们是含有单个结构单元还是含有多个不同的结构单元.这个术语和它衍生的术语有时却用在狭义的聚合物上,即它们只含有单一的重复单元(除了末端单元).那么,具有两个或更多结构单元,几乎无序结合在一起的聚合物则用术语**共聚物**来区分.有两个双官能度单元 A 和 B 的共聚物可以表示如下:

$$—A—B—B—A—A—A—B—A—B—B—A—\cdots$$

结构单元可以是无序的,在这里可能有数量占优的相似单元的长程序列,或有可能两个类型单元交替地排序.不管怎样,它们都包括在术语**线形共聚物**表示的意思里了.但是,如果单元完全有规律地交替,更合适的是可以把这个物质认为是重复单元—AB—的聚合物.这种类型的实例有由二胺和二元酸形成的聚酰胺.尽管这些物质可以看作是二胺和二元酸**结构单元**的**共聚物**,但更合适的是把它们归类为由两个反应物的残基所组成的重复单元的**聚合物**.

譬如,由苯乙烯与甲基丙烯酸甲酯共聚,或由丁二烯与丙烯腈共聚得到的是典型的共聚物.由两个重复单元组成的共聚酰胺是通过两个二胺与一个二元酸,或一个二胺与两个二元酸共聚而得的.当然也可使用更高官能度的反应物,这时重复单元的变化相应也增加了.术语"共聚"本身就暗示混合的单体在同一个聚合物链中相互结合在一起.如果单体分别聚合形成在分子上明显独立的片段,每个片段含有不同的单元,产物将是聚合物的混合物,而不是共聚物.

应该注意,像具有不对称碳原子的聚苯乙烯那样的乙烯基聚合物通常将由 D 构型和 L 构型的结构单元的混合物所组成.如果严格应用前述术语的定义,应把聚苯乙烯归为共聚物.类似地,含有不少于 4 个严格区分的结构单元(1、4 单元的顺式和反式构型)的丁二烯的聚合物

$$—CH_2—CH=CH—CH_2—$$

以及 1、2 单元的 D 构型和 L 构型的丁二烯的聚合物

$$—CH_2—CH— \atop \quad\quad | \atop \quad\quad CH=CH_2$$

事实上也是共聚物,尽管无论是聚苯乙烯还是聚丁二烯通常都不是这样认定的.这些物质的每一个都是由单一的单体**聚合**而成的,而不是由多个单体**共聚**而得的.因此可以说,习惯性地把受限制的术语"聚合物"用于这样的例子中还是有一定道理的.

2.2 聚合物的分类

1929 年,Carothers[8]提出了一个粗略的,却普遍适用的两大类聚合物区分法:**缩聚物**和**加聚物**.缩聚物的结构单元(或单元)的分子式中缺少了形成它们的单体中带有的某些原子,或单体被化学手段所降解了;加聚物的结构单元(或单元)的分子式与形成它们的单体是一样的.缩聚物可以通过带有两个或更多反应性基团的单体而形成,这些反应性基团的特征是分子间能缩合在一起,并消除副产物(通常是水).上面说的聚酰胺和聚酯提供了缩聚物最好的例子.聚酯是由合适的醇酸(羟基酸)发生如下的反应形成的:

$$x\,HO\text{—}R\text{—}COOH \longrightarrow HO\!\!\left[\!R\text{—}COO\!\right]_{x-1}\!R\text{—}COOH + (x-1)H_2O$$

缩聚物的分子式不是单体分子式的整倍数,因为有副产物(这里是水)被除掉了.最重要的一类加聚物是由不饱和单体得到的物体所组成的,像乙烯基类化合物:

$$CH_2\!\!=\!\!CH \longrightarrow \ \text{—}CH_2\text{—}CH\text{—}CH_2\text{—}CH\text{—}\cdots$$

这里 X 可以是苯基、卤素、乙酰氧基等.聚合物的分子式是单体分子式的 x 倍.这个术语也可应用在聚合物的形成过程.这样,这两个反应的前者是**缩聚反应**,后者是**加聚反应**.

　　结构单元在组分上与生成它们的单体相同还是不同已经没有实际意义了.缩聚物和加聚物(缩聚反应和加聚反应)之间的主要差别在于它们的形成过程有明显差异.缩聚是分子间官能团一步一步的缩合;而加聚通常是以这种或那种活性中心的连锁机理进行的.因而,这两种类型聚合的差异是如此之大,以至于有必要对它们分别考虑.两种类型聚合物的链结构上的差异也为区分它们提供了进一步的依据.缩聚物的结构单元通常由一种或另一种单元间的官能团(如酯基或胺基)相连接而得;而大多数加聚物在其主链上并不带有官能团,尽管它们可能作为侧基而存在.线形缩聚物通常(尽管不一定总是)符合下面类型的分子式:

$$\text{—}R\text{—}X\text{—}R\text{—}X\text{—}\cdots$$

这里 R 是二价的原子团,X 是极性官能团(如—OCO—、—O—、—NHCO—、—S—S—),能很容易被水或醇这样的试剂所裂解.在线形缩聚物的分子链中存在的在空间中规则穿插排列的极性基团赋予了这些聚合物具有与通常只由碳原子组成链骨架的加聚物不一样的化学和物理性能.

　　自 Carothers[8] 基于单体与聚合物组分差异来区分缩聚物和加聚物以来,已找到了许多聚合过程的例子,它们在形式上与缩聚类型类似,但没有副产物逸出.如乙二醇和二异氰酸酯发生的分子间反应如下:

$$x\,HO\text{—}R\text{—}OH + x\,OCN\text{—}R'\text{—}NCO \longrightarrow$$

$$HO\!\!\left[\!R\text{—}\overset{\overset{O}{\|}}{O}CNH\text{—}R'\text{—}NH\overset{\overset{O}{\|}}{C}O\!\right]_{x-1}\!R\text{—}O\overset{\overset{O}{\|}}{C}NH\text{—}R'NCO$$

过程通过成对的官能团反应进行,它们结合在一起造就了聚氨酯单元间的连接.从机理和所得的结构类型两者来看,做出这个是缩聚类型例子的结论显然是令人期望的.本章稍后还将列举出必须认定是由加聚过程形成的聚合物,但在它们聚合物链中却有循环的易水解官能团.这种情况很是常见,由一个或多个结构单元组成的环状化合物可能转化为一个聚合物,它与通常由双官能团单体分子间缩聚而得的是一样的,如丙交酯就可以转化为线形聚合物:

$$\underset{\underset{\underset{O}{}}{CO\quad CHCH_3}}{\overset{\overset{\overset{O}{}}{CH_3CH\quad CO}}{}} \longrightarrow \left[\!OCHCO\!\right]_x \overset{CH_3}{}$$

25

而它也可以由乳酸脱水而得.

正如这些例子所指出的,如果逐一按字面意思来应用 Carothers 关于区分缩聚物和加聚物(缩聚和加聚)的原始标准,常常会有所失望.因此,接下来我们将牺牲明确的定义,而按某个类型代表性成员的相似之处,罗列出各种类型的各种聚合反应和聚合物.一般通过成对的官能团间的反应,形成原单体中不存在的一类单元间官能团的**聚合过程**将被认为是缩聚.如果反应过程仅仅打开了单体中的键,并与其他单体再次形成类似的连接(如不饱和单体双键的打开或环状单体的开环),而没有副产物放出,这就叫做加聚.已经提过,常常可以由不同的反应过程(其中的一个是缩聚,另一个是加聚)形成相同的聚合物.如果因两个这样的聚合物归类于不同的类别中而引起混淆,可以通过把环状化合物转变为相同组分的非环结构单元的聚合物也包括在缩聚物中而加以避免,尽管该**过程**实际上是加聚的一种.这样,合适的做法是适当扩展缩聚物的定义,不但包括如上面定义的由缩聚过程形成的产物,也包括那些由化学降解(如水解)产生组分不同于结构单元的单体最终产物的聚合物.

正如先前所指出的,无论是缩聚物还是加聚物都可以从官能度超过二的单体制备得到,结果形成非线形的聚合物.因此,由线形和非线形聚合物(无论是缩聚物还是加聚物)之间的差别还可进一步细分出线形缩聚、非线形缩聚、线形加聚和非线形加聚四种类型聚合物.线形和非线形聚合物的区别不但要求它们结构式样有明显的差异,它们的性能也要有显著的不同.

2.3 缩聚物和缩聚反应[9]

表 2.2 列出了一些代表性的缩聚物.列表并不详尽,但足以展现各种各样用于聚合物合成的缩聚反应.尽管纤维素和蛋白质的合成不能在实验室里由缩聚来完成,然而它们也包括在缩聚物的定义中,理由是它们能通过添加水分子中的元素降解(用水解方法)成不同于结构单元的单体.表中用箭头方向指示,表明是解聚.

表 2.2 所给的例子表明,几乎任何缩聚反应都可用来制备聚合物.第一位的要求是单体,考虑到两个或两个以上的能缩合的基团或反应中心,应该是单体对.(像甲醛那样的单体是单官能度的,但它被认为是双官能度的,因为它与两个其他单体参与键的形成.)所牵涉到的反应的普遍性也是重要的.从这些化学反应得到的有机化学知识可帮助规范最优的聚合条件,以及在大多数情况下确定所得产物的确切结构.所有精确定义结构的高聚物都可以通过缩聚反应得到.

用通常的动力学来处理一系列缩聚反应过程,可能会呈现令人绝望的复杂情况.譬如,在羟基酸的聚酯化中,第一阶段是两个单体之间的分子内酯化反应,产生二聚体:

$$HORCOOH + HORCOOH \longrightarrow HORCOORCOOH + H_2O$$

紧随着这个阶段的是该二聚体与另一个单体反应形成三聚体,或与另一个二聚体反应形成

四聚体,以此类推.所有如

$$x \text{ 聚体} + y \text{ 聚体} \longrightarrow (x + y)\text{聚体}$$

这样的反应都不能忽略,这里假定 x 和 y 都是任何可能的正整数值.

如果一定要为缩聚中发生的上述反应来设计一个分立的速率常数 k_{xy} 的话,那么,动力学分析如果不是不可能的话,也将是极为困难的.但是,这些各不相同的阶段并不需要细加区分.所有阶段都牵涉到同一个过程,如酯化,正如将在第 3 章所显示的,不同阶段的速率常数没有太大的差别.从而整个聚合过程可以认为是官能团(如 OH 和 COOH)之间的反应.无数的分子种类和所牵涉到的多种形式的阶段都可不予理会.多分子间缩合的化学反应机理并不比类似的单官能团化合物的缩合更为复杂,这个观点已经被人们所接纳.譬如在聚酯化中,酯化速率类似于相同条件下普通酒精与乙酸的反应速率,这类似于酸催化(见第 3 章).类似地,聚酰胺化反应在速率、温度系数以及反应级数等方面都相当于单酰胺化反应.基本的差异仅仅在于反应物的官能性和所得产物的性质.

线形缩聚物的平均聚合度(相应的平均分子量)依赖于缩合反应的完全程度.为了得到通常希望的高分子量(约 10000 或更高,或聚合度 x 超过 50)产物,缩合过程必须是有效的反应.它一定要没有副反应,特别是没有那些消耗官能团而不产生分子间连接的副反应;反应的单体一定要纯,在 A—A + B—B 类型的聚合(如二胺与二元酸的共反应)中,所用反应物必须非常接近精确的化学计量学上的等当比例;所牵涉到的官能团之间的反应一定能进行到非常接近完成.这些要求与合成有机化学中为得到纯产物并有高产率的要求相一致.但是,这里将更为严格.条件合适时,酰胺化和酯化能充分满足上述需求.在最合适的条件下所得产物的分子量可超过 25000.

根据过程的本质,双官能团缩合必定会导致分子量为无限的产物.要求缩合反应按字面上说的来完成是不可能的,从这个观点来看,这里总会有某些尚未反应的基团.这些都标记在了线形分子的端头,因此,线形分子在长度上就是有限的.

另一方面,并不严格限制非线形缩聚物只在两个方向上生长.至少,由官能度大于 2 的反应物形成的某些分子可能是无限大的.这从表 2.2 中丙三醇与丁二酸反应的产物的结构中可见一斑.与一个分子上仍维持两个端官能基的线形聚合物正相反,当非线形聚合物分子长大时,它的官能度也增大.尽管非线形聚合物有某些官能团可能仍没起反应,但其他的都将结合在一起成为连续的结构.

为了以另一种方式来审视这种情况,考虑 2 mol 丙三醇与 3 mol 丁二酸的缩合.每个生成的酯基将减少现存的一个分子(不考虑在同一个聚合物分子上的两个官能团之间的反应).这样,如果在分子间形成了 5 mol 酯基,那么所有这些单元将结合成一个分子.但是这里起始是 6 mol 羟基和羧基.因此,如果有 5/6,或 83.4%的官能团进行的是分子间酯化,所有的单元将结合在一起形成一个分子;任何偶发的进一步反应一定是分子内的反应.达到这样一个阶段而不产生大尺寸结构的分子间反应是不可能的.只包含总体聚合混合物一部分的巨大结构只可能出现在缩聚的早期阶段;前述的论点只不过是确定了按化学式计量的上限.

这个计算表明,带有 2 个以上官能团的单体的缩聚有望在其过程的充分发展阶段生成无限大的聚合物结构.这些无限大的或"巨大"的结构将扩展至整个聚合材料.按说,它们的尺寸(取决于聚合的试样尺寸以及反应的程度)可以方便地用克来表示.在分子量尺度上,它们可以考虑为尺寸是无限大的,因此有**无限网络**这样的术语.

在这些非线形缩聚的物理特性中,最有意义的是一个尖锐的**凝胶点**.在聚合过程中一个定义明确的阶段发生在凝胶点处,缩聚物突然从黏滞的液体变为弹性的凝胶.在凝胶点前,所有的聚合物可溶于合适的溶剂中,且也可熔.过了凝胶点,它既不再能熔融,在溶剂中也完全不溶.相反,线形聚合物仍然能溶在合适的溶剂中,以及熔融为液体(除非其熔点在热分解温度以上),而不管缩聚的程度有多大.

凝胶化和与此相伴的不溶性在所有列于表2.2以及许多其他列表中的非线形聚合中都能遇到.本质上,这些特性已被归因为聚合物内无穷大三维或空间网结构的制约作用.这正是区分大多数非线形与线形聚合物的要点.

当然,通过限制缩聚的程度或使用远远超过化学计量学的反应物量有可能避免非线形聚合中的凝胶化.譬如,四分子丙三醇与三分子丁二酸不管酯化到什么程度都不会有凝胶.但是,如此得到的产物与线形缩聚物相似性很小,其平均分子量低,物理性能也差.因而虽然含高官能团反应物的体系不一定经历凝胶,但产物性能的本质仍然把它们从线形聚合物中区分出来.

包含在表2.2中的各种缩聚物的物理性能都总结在最后的两列中.线形缩聚物链结构的两个特征与这些物质的性能有重要关联:首先,结构单元通常不易遭受任何种类的异构化(譬如,它们没有不对称碳原子),因此,它们沿分子链完全规则地重复着;其次,在聚合物链中极性的连接一再重现.这两个特征都有利于产生**结晶**,通过部分聚合物链平行排列的方式排成一行(图2.1),它们整合在层内的极性连接横向于链轴.所谓晶态聚合物实际上仅是半晶的,因为总存在着非晶部分,它们布满在**微晶**之间或结晶区域之间.在长度上微晶或结晶区域通常比聚合物分子来得短;某个分子链可以穿越一个微晶体,以一个不规则的途径继续通过一个非晶区,然后再进入另一个微晶体,依此类推.半晶聚合物的形态如图2.2所示.

结晶聚合物通常是不透明或半透明的,尽管单个微晶体过于微小,还不会独立地散射可见光.结晶过程中许多微晶通常从普通的晶核迅速生长,由此产生的由许多微晶组成的"球晶"聚集体可能会足够大,以至于能在偏光显微镜中观察到.这些聚集体是造成结晶聚合物不透明的原因.

采取适当的措施,非常缓慢地加热,并用上与在简单有机化合物中没有什么不一样的方法,通过察看不透明的消失,可得到结晶聚合物特征的尖锐熔点.但是,必须牢记一个区别,在不透明最后消失时,聚合物一般是在一个温度范围内熔融.不透明的最后消失是尖锐确定的.当熔点这个术语用于聚合物时指的是这样的温度,在这个温度所有的结晶性都消失了(平衡时).一个粗略的近似熔化温度可以从观察这样的温度来求得,在这个温度聚合物软化了,尽管如此,得到的结果并不很可靠.

根据上述结构特征,在线形缩聚物中发生结晶是完全正常的,并为表2.2列举的例子所证实.由二甘醇制得的聚酯的非晶性是这个规则唯一的例外.发生在聚酰胺中极强的极性和

表2.2 代表性缩聚物及其性能

类型	单元间连接	例子	近似熔点/℃	特性
聚酯	$-\overset{\text{O}}{\underset{\|\|}{\text{C}}}-\text{O}-$	$HO(CH_2)_9COOH \longrightarrow HO[(CH_2)_9COO]_xH$	76	坚硬,似蜡的结晶体,分子量9000以上,可冷拉成纤[2.10]
		$HO(CH_2)_2O(CH_2)_2OH + HOOC(CH_2)_4COOH$ $\longrightarrow HO[(CH_2)_2O(CH_2)_2OCO(CH_2)_4COO]_xH$	非晶态	黏性的液体到类玻璃体,不能成纤[21]
		$HO(CH_2)_{10}OH + HOOC(CH_2)_4COOH$ $\longrightarrow HO[(CH_2)_{10}OCO(CH_2)_4COO]_xH$	80	坚硬,似蜡的,分子量10000以上,可冷拉成纤,强度好[12]
		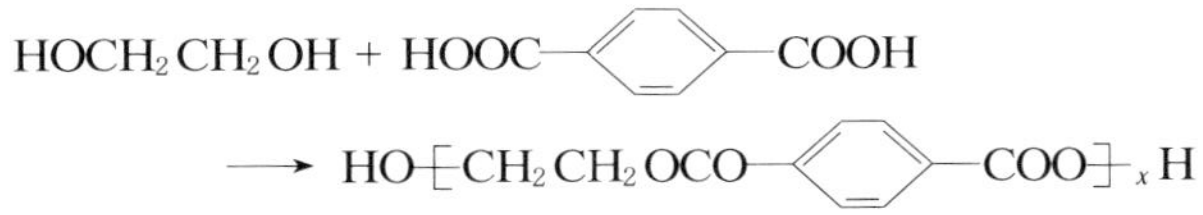 $HOCH_2CH_2OH + HOOC\text{—}\langle\bigcirc\rangle\text{—}COOH$ $\longrightarrow HO[CH_2CH_2OCO\text{—}\langle\bigcirc\rangle\text{—}COO]_xH$	267	坚硬的结晶体,分子量12000以上,可冷拉成纤,强度优[13]
		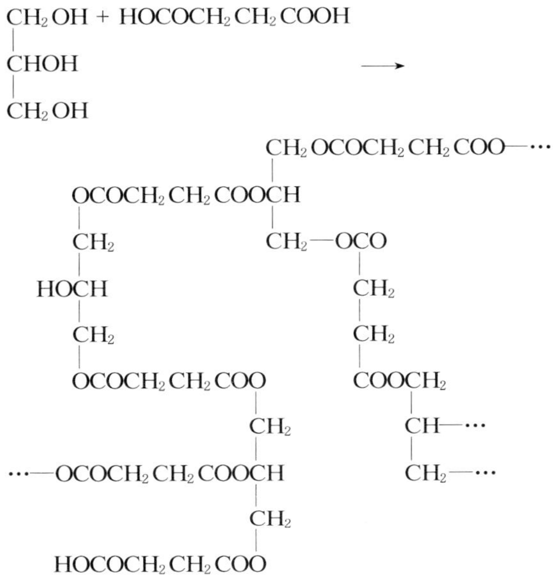 $\begin{array}{l}CH_2OH\\CHOH\\CH_2OH\end{array} + HOCOCH_2CH_2COOH \longrightarrow$ (交联结构)	非晶态	除非反应程度相当低,聚合物不溶不熔,没有纤维特性,强度适中

续表

类型	单元间连接	例子	近似熔点/℃	特性
聚酐	$\begin{array}{c}\ \ O\ \ \ \ \ O\\ \ \ \parallel\ \ \ \ \ \parallel\\ -C-O-C-\end{array}$	$HOOC(CH_2)_8COOH \longrightarrow HO\!\left[CO(CH_2)_8COO\right]_xH$	83	类似于结晶的聚酯，高分子量时能冷拉成纤，能为水所水解[14]
聚硫	$-S-$	$ClCH_2CH_2Cl + NaS \longrightarrow Cl\!\left[CH_2CH_2S\right]_xNa$	结晶体[15]	类橡胶物质，仅在拉伸时结晶
		$HSCH_2CH_2SH + [O] \longrightarrow HS\!\left[CH_2CH_2SS\right]_xCH_2CH_2SH$	约130[15]	
	$\begin{array}{c}S\ \ \ S\\ \parallel\ \ \ \parallel\\ -S-S-\end{array}$	$ClCH_2CH_2Cl + Na_2S_4 \longrightarrow Cl\!\left[CH_2CH_2\underset{\overset{\parallel}{S}}{\overset{\overset{S}{\parallel}}{S}}-S\right]_xNa$		
聚缩醛	$\begin{array}{c}\ \ \ \ \ \ H\\ \ \ \ \ \ \ \mid\\ -O-C-O-\\ \ \ \ \ \ \ \mid\\ \ \ \ \ \ \ R\end{array}$	$HO(CH_2)_{10}OH + CH_2(OBu)_2$ $\longrightarrow HO\!\left[(CH_2)_{10}OCH_2O\right]_x(CH_2)_{10}OH$	约60	高分子量时成纤
聚酰胺	$\begin{array}{c}O\\ \parallel\\ -C-NH-\end{array}$	$NH_2(CH_2)_5COOH \longrightarrow H\!\left[NH(CH_2)_5CO\right]_xOH$	225	分子量9000以上，可冷拉成纤，强度高[17]
		$NH_2(CH_2)_6NH_2 + HOOC(CH_2)_4COOH$ $\longrightarrow H\!\left[NH(CH_2)_6NHCO(CH_2)_4CO\right]_xOH$	260	同上
蚕丝纤维	$\begin{array}{c}O\\ \parallel\\ -C-NH-\end{array}$	$NH_2CH_2COOH + NH_2CHRCOOH$ $\longrightarrow H\!\left[NHCH_2CONHCHRCO\right]_xOH$	不熔且不降解	晶态，强度好
纤维素	$C-O-C$	$C_6H_{12}O_6 \longleftarrow -\left[C_6H_{10}O_4\right]-O-\left[C_6H_{10}O_4\right]-O-\left[C_6H_{10}O_4\right]-O-\cdots$	不熔且不降解	晶态，高度取向时强度优
酚醛树脂	$-CHR-$		非晶	黏性，可溶的热塑性塑料

续表

类型	单元间连接	例子	近似熔点/℃	特性
酚醛树脂	—CHR—	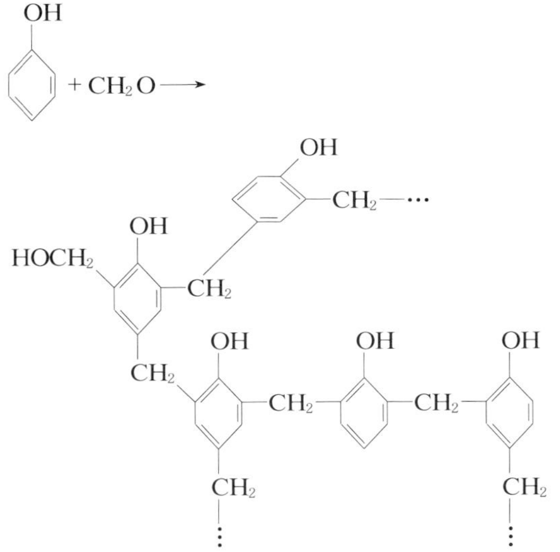 OH + CH_2O →（结构式）HOCH₂… OH、CH₂ 连接的酚醛网状结构（环间或许还含有 —CH₂—O—CH₂— 连接[15]）	非晶	表现出不溶不熔的树脂[18]
脲醛树脂	—NH—CHR—NH— —CHR—N—CHR— CHR	$NH_2CONH_2 + CH_2O$ (1:1) → —NHCONH—CH_2—NHCONH—CH_2—…	X 射线衍射表明是晶态	微溶,不溶不熔且不分解[19]
		$NH_2CONH_2 + CH_2O$ (过量 CH_2O) → —NHCONH—CH_2—NCONH—CH_2—… CH₂ NHCONH—…	非晶态	不溶,不熔,硬质热固性树脂[20]

续表

类型	单元间连接	例子	近似熔点/℃	特 性
聚硅氧烷	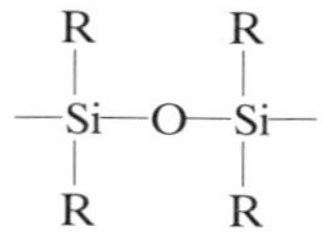 $\begin{array}{c}R\quad R\\ -Si-O-Si-\\ R\quad R\end{array}$	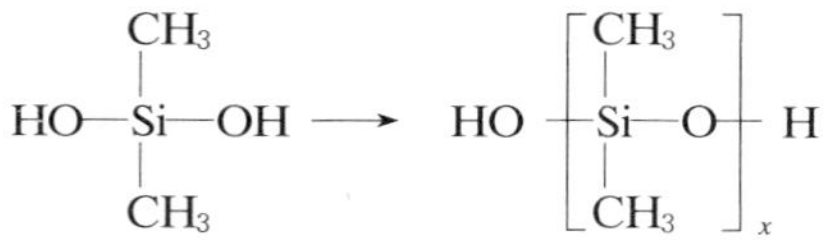 $\begin{array}{c}CH_3\\ HO-Si-OH\\ CH_3\end{array} \longrightarrow HO-\left[\begin{array}{c}CH_3\\ Si-O\\ CH_3\end{array}\right]_x-H$	非晶态	油状,从非常黏的液体到高弹性橡胶,取决于 x,其值可变,直至 10000[21,22]
	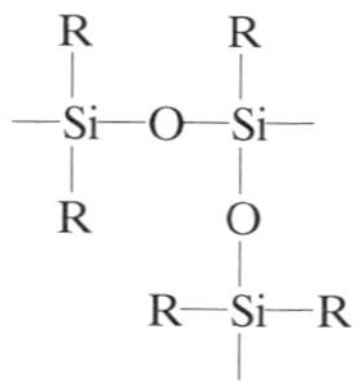 $\begin{array}{c}R\quad R\\ -Si-O-Si-\\ R\quad O\\ R-Si-R\end{array}$	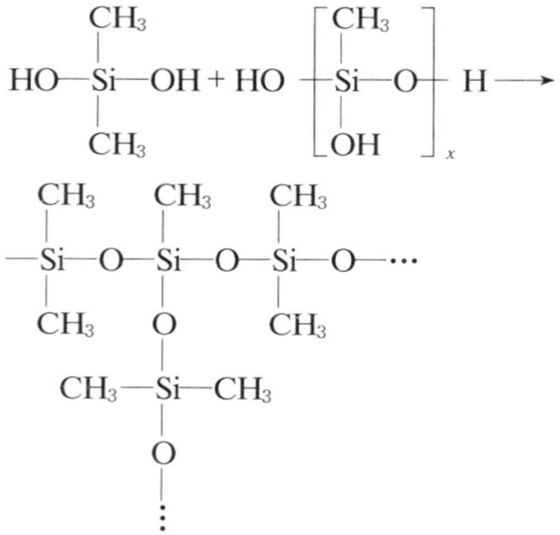 $\begin{array}{c}CH_3\\ HO-Si-OH+HO-\end{array}\left[\begin{array}{c}CH_3\\ Si-O\\ CH_3\end{array}\right]_x-OH$ 交联结构	非晶态	油状,从油脂到坚硬坚韧的热固性树脂合成物,取决于分子数均分子量和三官能度单元的性质[21]
聚氨酯	$\begin{array}{c}O\\ \parallel\\ -O-C-NH-\end{array}$	$HO(CH_2)_6OH + OCN(CH_2)_6NCO$ $\longrightarrow$ $\left[O(CH_2)_6OCONH(CH_2)_6NHCO\right]_x$	约 150	能成纤[23]
聚脲	$\begin{array}{c}O\\ \parallel\\ -NH-C-NH-\end{array}$	$NH_2(CH_2)_6NH_2 + OCN(CH_2)_6NCO$ $\longrightarrow$ $\left[NH(CH_2)_6NHCONH(CH_2)_6NHCO\right]_x$	270	能成纤[23]

酰胺键的氢键键合能力使它们的熔点很高,比它们类似的聚酯要高 100～150 ℃.

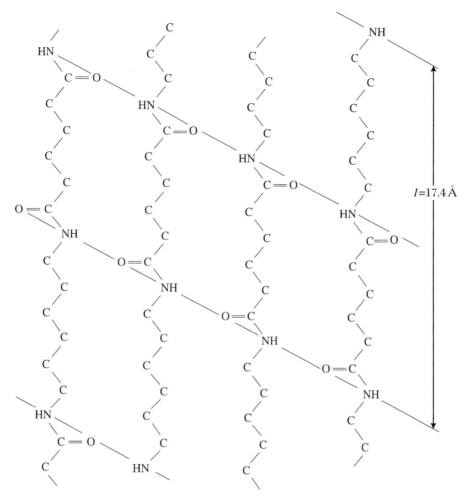

图 2.1　晶态聚己二酰己二胺聚合物链的示意图

层状结构源于横向的平行线表示的极性基团的缔结.（Baker, Fuller. J. Am. Chem. Soc., 1942, 64:2399.）

　　相比于其母体聚合物,共聚物的结晶性较差,从它们分子链较大的不规则性,这是完全可以预估到的.一般共聚降低其熔点,且大大降低结晶度,尽管结晶度不一定完全消失.高度非线形的缩聚物通常是非晶的,因为它们的不规则性更为明显.但是,如果多官能团单元的比例非常小,双官能团重复单元的结晶特性仍能维持,就像在"共-非线形"聚合物中的那样,从癸二醇-己二酸与非常小比例的丙三酸得到的就是这样的聚合物.

　　结晶对物理性能的影响极为显著.根据其分子量不同,非晶聚合物可以是浆汁状(1～100 P)、很难搅动的黏稠液体(10^2～10^4 P)或半橡胶的塑料(10^5 P 或更高).但是,如果聚合物稍有结晶,就不再显示有流动性;如果聚合物是高度结晶的,它将非常坚硬.高度结晶的聚酯和聚酰胺从表面上来看是蜡状的,但足够硬韧,以至于可以用车床来加工.含有对苯二酰基(—CO— ⬡ —CO—)的聚酯和聚酰胺极为坚硬.硬度以及其他相关力学性能上的变化对给定试样中结晶的数量、尺寸和排列的依赖程度至少与对结构单元特殊类型的依赖程度一样.如果分子量足够高,在合适的条件下聚合物的纤维或薄膜可被拉伸到其原长的3~5倍而取向("冷拉").在拉伸过程中,产生了排列,结晶被排成了一行,它们的链轴与纤维轴近似成平行,从而使试样的强度得到极大的提升.这个通过取向来开发高强度的潜力在结晶的缩聚物中总是存在的,只要它们的分子量足够大(通常 10000~15000 就够了).当加热聚合物到其熔点以上时,强度一点影子也没有了,更证明了结晶的影响显著.在某些情况下能产生高强度纤维的聚合物在其熔点以上甚至会像液体(非常黏稠的液体)那样倾泻.

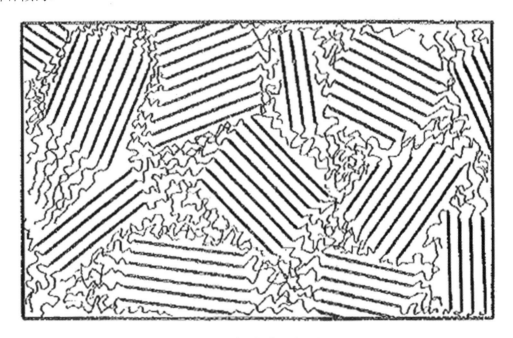

图 2.2　半晶聚合物的形态

现在讨论的物理结构与性能在这里只是作为审视各种不同聚合物特性的评估服务的延伸.聚合物中半晶状态的本质及其对它们物理性能的影响将在后面的章节中详加讨论.

2.4　由不饱和单体得到的加成聚合物

不饱和单体的加成聚合以连锁反应的机理进行,生成高分子量的产物.在一个单体 M(或单体对)起始活化后,紧随着的是其他单体接连不断的加成:

$$M \xrightarrow{\text{活化}} M^* \xrightarrow{+M} M_2^* \xrightarrow{+M} M_3^* \longrightarrow \cdots$$

直到增长的链最后失活,净结果是由 x 个单体生成了聚合物分子 M_x.增长的每个阶段都牵涉到与单体的反应.两个增长着的链的结合导致了失活.与大量发生的聚合物-聚合物相结合的缩聚不同,加成聚合中两个增长着的聚合物分子间的反应是终止反应而不是增长反应,生长成非常大的分子.位于分子生长端头的活化中心可以是自由基、带正电的有机离子(阳离子聚合)或带负电的有机离子(阴离子聚合).已详尽研究过的不饱和化合物的聚合(参见如乙烯基的聚合)大多数是按自由基机理进行的.自由基聚合通常是由过氧化物(通常称为催化剂)分解而释放的自由基所引发的.但是,起始的自由基也可以由光化学或热化学产生.由不饱和单体而得的加成聚合物的实例列于表2.3.

不管所涉及的详细链增长机理如何,从尚未反应的单体到单个聚合物分子的全合成发生在很短的时间内——常常为几秒甚至更短,而从单体全部转变成高产量的聚合物可能需要几个小时(见第4章).因而在聚合过程中的任何时刻,反应混合物几乎完全是由未反应的单体与高聚物所组成的,几乎不存在中间增长阶段的材料.含有的活性增长的链成分如此少,以至于不能为通常的化学方法所检测到.当聚合物的转化百分率增加时,已聚合部分的平均聚合度近似维持原样,或至少随聚合物转化程度没有相应地改变.

另一方面,通过缩聚合成特定聚合物分子,伴有一系列相互独立的缩合反应.与在相对短暂的单个时间段里发生的加聚不一样,它通常发生在聚合周期进行过程中的分散时间间隔里.在缩聚过程早期阶段中断缩聚,产生的是低分子量的聚合物.除非平均聚合度非常低(少于约10个单元),否则聚合的混合物只有极少量的单体(少于1%).反应继续,开始形成的低聚物进一步缩合,以致平均分子量持续增加.因此,在(线形)缩聚过程起始阶段,单体就已几乎耗尽,但是为了得到高的平均分子量,一定要持续聚合直到反应几乎完全完成.在烯类加成聚合中,在开始时刻就出现了高聚物;加聚过程的延续时间由所需求的聚合物产量所决定,而不是由所需分子量所决定.加聚物分子本来就对分子间彼此进一步聚合的反应没有回应.

上述所列烯类聚合的特征不用说是来自于下面的事实,即它们是动力学意义上的链式反应.只要条件合适,它们进行得十分迅速,通常不难得到分子量达10^5的聚合物.在某些情况下,分子量可以超过10^6,甚至10^7.离子机理的不饱和化合物的聚合特别迅速,即使在非常低的温度下(譬如,用BF_3催化的异丁烯在低至$-100\,℃$的聚合)反应也可能很猛烈.缩聚一般需要长得多的时间,特别是如果要达到满意的高分子量.对于线形缩聚物来说,很少有分子量比25000高很多的.

链式反应的烯类加成聚合比缩聚复杂得多,它们一般更易牵涉到一些小的副反应,导致支化和交联,因而聚合产物的结构更难确定.

正如已经提及的,非线形加聚物可以通过双烯类化合物(如二乙烯基苯)与乙烯基单体(如苯乙烯)共聚而得.这样得到的产物显示出不溶性和空间网状结构的其他特性,并且在结构上与多官能团化合物缩聚得到的空间网状聚合物完全类似.由于在乙烯基聚合中的链长的缘故,少至0.01%的二乙烯基化合物就足以导致凝胶的产生,形成空间网状聚合物,本来能溶解非网状结构聚合物的液体也不能溶解它.譬如,苯乙烯与很少量二乙烯基苯得到的共聚物在苯中会溶胀至原始体积的许多倍,最后达到溶胀极限(如果有足够的溶剂).过量的没被溶胀的凝胶吸收的溶剂中,没有察觉到有聚合物溶解在内.

表 2.3　由不饱和单体形成的代表性加聚物

单体	聚合类型	结构单元	近似熔点（T_m）或软化温度（T_g①）/℃	性能
乙烯	自由基：100~200℃和直至2000 atm的压力下，微量氧或氧化性过(二)硫酸盐作为催化剂	—CH₂—CH₂—	$T_m = 110\sim130$	蜡状，高度结晶，取向后强度很高，在远低于T_m的温度不溶于所有溶剂
氯乙烯	自由基：在本体或乳液中聚合；存在过氧化物时迅速发生本体或液乳液光化学聚合	—CH₂—CH— 　　　Cl	$T_g = 75$	大部分是非晶的，除非在拉伸时高度取向，坚硬，溶于丙酮和酯类溶剂中
乙酸乙烯酯	类似于上面的自由基聚合	—CH₂—CH— 　　　OCOCH₃	$T_g = 30$	即使在拉伸时仍是非晶的，溶于不同的溶剂中
苯乙烯	类似于上面的自由基聚合，也易在 -80℃由AlCl₃发生阳离子聚合，用碱金属或它们的氢化物发生阴离子聚合	—CH₂—CH— 　　　C₆H₅	$T_g = 100$	即使在拉伸时仍是非晶的，坚硬，溶于芳烃、高级醇和酯类溶剂中
甲基丙烯酸甲酯	类似于上面的自由基聚合	—CH₂—CH— 　　　COOCH₃	$T_g = 0$	即使在拉伸时仍是非晶的，若分子量很高，则是柔软橡胶体，易溶
甲基丙烯酸甲酯	类似于上面的自由基聚合，易由 RMgX 或在液氨中的 Na 发生迅速的阴离子聚合[25]	—CH₂—C(CH₃)— 　　　COOCH₃	$T_g = 90$	即使在拉伸时仍是非晶的，坚硬，溶于芳烃和二氧六环等溶剂中
丙烯腈	类似于上面的自由基聚合，但热聚合是不同的	—CH₂—CH— 　　　CN	直至250℃不熔	结晶并不完善，在拉伸纤维中显示取向结晶性，强度高，不溶于通用溶剂中，但溶于二甲基甲酰胺

① 软化温度 T_g 指的是这样的温度，在这个温度聚合物从玻璃态或脆性条件变为"液态"或"橡胶态"。所报告的 T_g 值强烈依赖于测定方法。表中给出的这些值仅仅是个近似值。

续表

单体	聚合类型	结构单元	近似熔点(T_m)或软化温度(T_g)/℃	性　能
甲基丙烯酸腈	自由基聚合，类似于丙烯腈．也易由 RMgX 或在液氨中的 Na 发生迅速的阴离子聚合[25]	$-CH_2-\underset{CN}{\overset{CH_3}{C}}-$	T_g约120(?)	非晶态，易溶于各种溶剂中[27]
乙烯基异丁基醚	自由基聚合缓慢，且仅能产得非常低的聚合物．在温度低至 -80 ℃，由 BF_3-醚络合物导致激烈的阴离子聚合	$-CH_2-\underset{OC_4H_9}{CH}-$	$T_g = -20$	如果分子量很高则是非晶的．当在低温下用受控的反应时，聚合物是半晶[28]
二氯乙烯	类似于氯乙烯那样的自由基聚合	$-CH_2-\underset{Cl}{\overset{Cl}{C}}-$	$T_m = 210$	高度结晶．拉伸取向后度非常高．在熔点温度下难溶解
异丁烯	不易发生自由基或阴离子聚合，但能由 BF_3，$AlCl_3$ 等导致阳离子聚合，甚至在 -100 ℃ 的低温聚合也极为迅速	$-CH_2-\underset{CH_3}{\overset{CH_3}{C}}-$	$T_g = -70$	除在高度拉伸取向时均为非晶的．柔软，类橡胶．分子量可高至 10^7．溶于烃类溶剂中
丁二烯	能进行自由基、阴离子和阳离子聚合	$-CH_2-CH=CH-CH_2-$ 和 $-CH_2-\underset{CH=CH_2}{CH}-$	$T_g = -88$	除 20 ℃ 或更低的温度下由自由基得到的聚合物外，均为非晶的．前者冷却或拉伸时能结晶．柔软，类橡胶．一般含有不溶（甚至在烃类溶剂中）的凝胶部分
四氟乙烯	60 ℃ 和约 50 atm 下在 H_2O 中存在 H_2O_2 时是自由基聚合[29]	$-CF_2-CF_2-$	$T_m = 327$	非常韧性，耐化学试剂和所有的溶剂．T_m 以上是橡胶态而非塑料[29]
乙酸烯丙酯	80 ℃ 下在大量过氧化物（过氧化苯甲酰）存在时发生缓慢的自由基聚合[30]	$-CH_2-\underset{CH_2OCOCH_3}{CH}-$		非晶态．分子量为 1000~2000 时是聚合油状物[30]

像丁二烯那样的二烯类聚合物通常含有很大一部分凝胶,这些凝胶部分不溶于良溶剂中,尽管它可以溶胀到原体积的 20～100 倍,甚至更大的倍数.这个由 90% 甚至更多的聚合物所组成的凝胶具有空间网状结构,它是因为偶尔出现的二烯单元(1000 个单元中有 1 个,或更少)提供的非常少量的交联剂所形成的,其两个双键都参与了聚合(见第 6 章).

碳原子上有两个取代基的取代乙烯(四氟乙烯除外)通常都不易聚合,尽管它们中的某些,像马来酸酯和富马酸酯,很容易与其他单体发生共聚.进一步的事实是(很少有例外),单体单元通过一个单体上的取代碳原子加成到未取代的碳原子上,下面的结构通式能代表几乎所有的烯类加成聚合物:

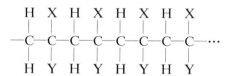

这里 X 和 Y 代表任何一类的取代基,包括氢.X 和 Y 可以相同,也可以不同(见表2.3).当 X 和 Y 不同时,对不对称原子没有指定的构象.重复单元与含有两个碳原子的结构单元是相同的.根据这一点,作为一个类别的烯类聚合物具有类似的结构.在缩聚物中,重复单元的结构可能变化很大.由 1,3-二烯形成的加聚物在结构上不同于从单烯化合物得到的加聚物,其主要结构单元含有四个原子,正如先前提到的那样.

查阅表2.3,可以注意到在由不饱和单体得到的加聚物中的结晶性比线形缩聚物的来得小.这在很大程度上是由于上述链的公式中取代基 X 和 Y 不相同时交替的链原子的不对称性.这样的聚合物实际上是 D 和 L 结构单元的共聚物.如果 Y＝H 且 X 又不太大,如在聚氯乙烯中那样,或如果属于不同分子的一对取代基 X 间的相互作用很大,如在聚丙烯腈或聚乙烯醇[31]中那样(没包括在表2.3内),那么不管链结构中 D、L 的异质性,结晶仍然会发生.当然产生的结晶区域排列会不太完整.当 X 是一个大取代基,且 Y＝H 时,几乎辨别不出有结晶性.

当 X＝Y 时,如在聚乙烯、聚四氟乙烯、聚异丁烯和聚二氯乙烯中那样,聚合物高度结晶,具有明确定义的熔点(聚异丁烯除外,它只在拉伸时结晶,而不是在冷却时结晶).与在结晶的缩聚物中完全一样,可得到高强度的取向试样.

对每一非晶聚合物,总存在一个狭窄的温度区,它从该温度区之上的黏稠状态或类橡胶的状态变为(低于该温度区的)坚硬的、相对脆性的物体.这个转化等同于液体到玻璃的凝固,它不是一个相变.这样,如果分子量高,在大约 100 ℃ 以上聚苯乙烯是一个类橡胶的材料,如果分子量低,则是非常黏稠的液体;低于这个温度,无论是哪种情况,它都会迅速变为硬质玻璃(尽管如果分子量非常低,转变的临界温度有时会降低).在**玻璃化温度** T_g 附近不仅硬度和脆性发生迅速的变化,热容和介电常数(在极性聚合物的情况中)在不多的几度的温度间隔里也有显著的变化.T_g 也被认为是脆化温度、玻璃态的临界温度或二级转变温度,尽管正如上面提及的,这里并不牵涉有相变,因此提到转变时可能会令人误解.

表2.3中也包含了 T_g 的近似值,目的是标出聚合物从坚硬并稍有脆性的玻璃态转变为橡胶状或黏稠聚合物的特征性温度范围,在这个温度范围里链的一部分(通常称为链段)的

运动相对不受相邻链间的相互作用所限制.值得注意的是,有较高范德瓦耳斯相互作用的结构单元一般会赋予聚合物较高的 T_g 值.

玻璃态的聚合物的强度比温度在 T_g 以上时非晶聚合物的强度来的高,但是它们一般比取向结晶聚合物的强度低不少.

2.5　环状化合物的聚合

在 2.3 节中已提到,双官能团单体分子间缩合得到的聚合物常常也可通过具有相同组分的环状化合物(作为结构单元)的加聚制备而得.典型的例子已列在表 2.4 中.其过程可相应地认为是加聚.每一个这样的聚合物也可以通过合适的双官能团单体的缩聚而制得.譬如,正如表 2.2 中所指出的,二甲基硅氧烷聚合物可以通过二氯硅烷水解形成的二甲基二羟基硅烷缩聚而制得:

$$
\mathrm{HO{-}\underset{\underset{CH_3}{|}}{\overset{\overset{CH_3}{|}}{Si}}{-}OH} \longrightarrow \left[\underset{\underset{CH_3}{|}}{\overset{\overset{CH_3}{|}}{Si}}{-}O \right]_x + H_2O
$$

用这些不同方法制备而得的聚合物的化学和物理性能是相同的,除非它们受分子量不同的影响.基于每一次实际使用的合成方法对产物进行分类会引起混淆,为了避免这种混淆,已提议把该类物质指定为缩聚物,而不管在它的制备中是用了缩聚还是加聚过程.环状化合物归根结底是一个或多个双官能团化合物的缩聚产物,在这一点上由环状中间体得到的线形聚合物可以认为是双官能团单体聚合的衍生物.并且,表 2.4 所列的每个聚合物可以降解为有别于结构单元组分的双官能团单体,尽管聚环氧乙烷和聚硫醚的降解可能是困难的.除了任何特殊定义的要求,显然需要在缩聚中包括所有这些物质,因为它们在其聚合物链中含有循环的官能团.

环状化合物的聚合通常由诱导催化[16,35]的交换反应或存在少量能产生端基的物质[36,37]进行.譬如,少量的水会加速丙交酯、乳酸的环二聚体的聚合.毫无疑问水把丙交酯水解成了乳酰乳酸,然后由它与其他的丙交酯进行分子酯交换反应[37],这个反应的示意可以表示如下:

$$
\underset{\overset{|}{CO}}{\overset{\overset{CO}{|}}{CH_3CH}}\diagup\overset{O}{}\diagdown\underset{\overset{|}{CO}}{\overset{O}{}}\diagdown\overset{CHCH_3}{} \quad \xrightarrow{+\,H_2O} \quad HOCOCHOCOCHOH \; (CH_3,\,CH_3)
$$

$$
\xrightarrow{+\,\text{丙交酯}} \quad H{-}\left[OCOCH \overset{CH_3}{} \right]_4 OH \longrightarrow \cdots
$$

这里聚合物链的末端羟基在过程中加在了丙交酯上,它仅仅意味着酯交换.类似地,水加速了 ε-己内酰胺的聚合[38],推测起来也是通过类似的机理:

表 2.4 环状化合物的加聚反应

单体类型	例　子	反应条件	聚合物的性能
内酯	$O(CH_2)_5CO \longrightarrow [O(CH_2)_5CO]_x$	150 ℃，更易在有 K_2CO_3 时完成[32]	结晶，熔点为 51~53 ℃
内酰胺	$NH(CH_2)_5CO \longrightarrow [NH(CH_2)_5CO]_x$	200 ℃或更高，存在少量水[33]	结晶，熔点为 225 ℃
环酐	$\underset{O}{CO(CH_2)_8CO} \longrightarrow [CO(CH_2)_8COO]_x$	加热和/或存在极微量的水[14]	结晶，熔点为 82 ℃
环硫醚	$(CH_2)_3{=}S \longrightarrow [(CH_2)_3S]_x$	室温下在含有 HCl 的干燥环己烷中[34]	结晶，熔点为 80~100 ℃
环硅氧烷	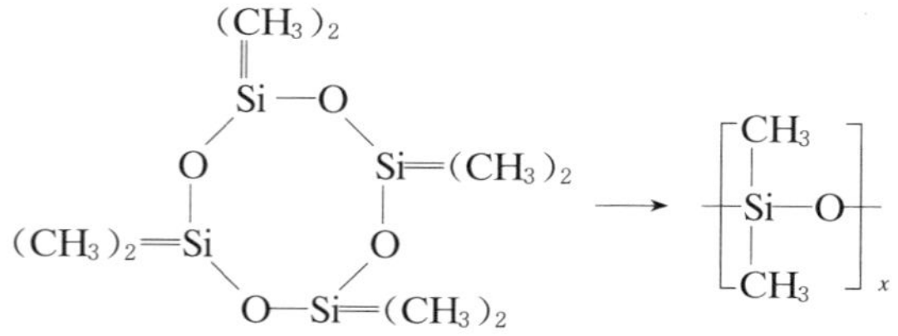 $\longrightarrow \left[\ \underset{CH_3}{\overset{CH_3}{Si}}{-}O\ \right]_x$	在含有 H_2SO_4 的无水介质中[35]	非晶（见表 2.2）
环氧乙烷	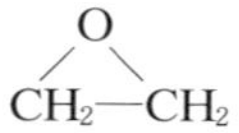 $\underset{O}{CH_2{-}CH_2} \longrightarrow (CH_2CH_2O)_x$	加热（需特别谨慎），存在酸性或碱性催化剂	结晶，熔点为 66 ℃

$$CO(CH_2)_5NH + H_2O \longrightarrow HOCO(CH_2)_5NH_2$$

$$\xrightarrow{\ +\ \text{内酰胺}\ } HOCO(CH_2)_5NHCO(CH_2)_5NH_2$$
$$\vdots$$

环氧乙烷聚合可以类似地由能通过与单体反应产生羟基的物质(醇、胺、硫醇)来引发[39]. 在强酸性或强碱性催化剂存在下,环氧乙烷分子的连续加成以下述方式快速进行:

$$ROH \xrightarrow[\ +\ CH_2CH_2\ (O)\ ]{} RO{-}CH_2CH_2OH$$

$$\xrightarrow[\ +\ CH_2CH_2\ (O)\ ]{} RO{-}CH_2CH_2O{-}CH_2CH_2OH \xrightarrow[\ +\ CH_2CH_2\ (O)\ ]{} \cdots$$

毫无疑问,α-氨基酸的 N-羧酸酐聚合成多肽[40]也是按类似的机理进行的:

$$\begin{array}{c} CO \\ CH_2 \\ NH \\ CO \end{array} O \longrightarrow \left[NHCH_2CO \right]_x + CO_2$$

少量水、醇或胺(或氨基酸)会加速聚合反应[41,42]. 这些物质通过下述的交换反应提供能打开单体环的官能团:

$$\begin{array}{c} CO \\ CH_2 \\ NH \\ CO \end{array} O + ROH \longrightarrow [ROCOCH_2NHCOOH] \longrightarrow ROCOCH_2NH_2 + CO_2$$

然后氨基酸酯的自由氨基与单体的其他分子发生类似的反应,等等. 聚合动力学也与这个机理相一致[42]. 最终的多肽可能含有多至 300 个或更多的结构单元[42]. 而 N-羧酸酐聚合与环氧乙烷以及其他的环状物质的加成聚合很是类似,不幸的是定义把它分类为缩聚,因为在过程中有二氧化碳被排出.

看来环状化合物的逐步聚合类似于乙烯基类的加成聚合,它们是通过单体(或环状二聚物)加成到链分子上来实现的(按所给出的机理). 如果支配单体分子连续加成的速率常数比第一阶段大很多(即比单体加成到引发物质上快很多),那么整个聚合可以认为有链式反应的特征. 但是,通常引发阶段和接下来的单体加成在本质上是类似的,并且可以期望以一个可比拟的速率进行,因此在动力学上它们不是链式反应. 可观察到聚合物分子的数目由一开始引入的引发片段(譬如 ROH)的数目所确定. 因此平均分子量将取决于聚合的单体数与所用的引发剂数之比率.

按上面逐步聚合机理进行的由环到链的聚合介于缩聚和乙烯基加聚之间. 分子生长仅通过环状反应物的加成而进行,在过程的中间阶段反应混合物应由聚合物和未反应的单体所组成,正如在加聚中的那样,聚合物的产生在聚合过程持续进行. 然而,也像缩聚一样,各种不同的聚合物分子在整个聚合过程中都经历或多或少的同步增长,并且聚合物的平均分子量也随过程的进展而增加.

在强酸或强碱且不存在任何水和醇条件下,环状化合物的聚合也可以按离子机理来进行.因此,存在强酸或电子受体(BF_3)时,环氧乙烷可以激烈地聚合.机理可能如下述所示(这里电子受体以氢离子表示):

$$H^+ + \overset{\displaystyle O}{CH_2CH_2} \longrightarrow HOCH_2CH_2^+ \xrightarrow{+\overset{\displaystyle O}{CH_2CH_2}} HOCH_2CH_2OCH_2CH_2^+ \longrightarrow \cdots$$

在存在强碱(或电子供体)的情况下,相应的阴离子机理似乎更为合理.其他的环状化合物容易以类似的离子机理来聚合.因为增长阶段一定极为迅速,因而表明这是链式反应,以及在这种情况下把它分类为乙烯基类型的加聚应该是合适的.

环状化合物,特别是那些包含六元或七元环的化合物,其聚合常常是可逆的(见第3章).

2.6 非常规的缩聚

以适当的方式提出一个基准来把各种各样的聚合方便地分类是有难度的,这些困难在本章前面部分已讨论过了,也提及了特别困难的几个边缘性例子.其中之一是 N-羧基-环内酸酐的聚合,它落在缩聚反应的定义之内,却以类似于乙烯基加聚的机理进行,产物具有典型缩聚物结构.我们调整了定义以允许二异氰酸酯与乙二醇或二胺的聚合可归在缩聚的类型之中.一个表面上看来类似的聚合例子是二巯基化物与二烯(更适宜的是非共轭的)的缩合,譬如[43]

$$HS-R-SH + CH_2{=}CH-R'-CH{=}CH_2 \longrightarrow$$
$$-S-R-S-CH_2CH_2-R'-CH_2CH_2-\cdots$$

在存在自由基源时这个反应很容易发生.按一致性的要求,这个过程也可以看作是一种缩聚.不幸的是,其反应机理与表征其他缩聚的官能团逐步偶联的相似性很小.它以自由基链式机理进行反应[44],巯基自由基加成到乙烯连接的 α-碳上,因此 β-碳从巯基分子移走一个氢原子,以此类推.这个链式反应不同于乙烯基的聚合,因为二烯两个端头的反应彼此完全无关.这个过程看来是自成一体的(一个类型);但是,聚合的产物根据实践中的定义有资格归为缩聚物这一类.

另外两个实例说明了缩聚和加聚之间差异的局限性,其中之一是卤代甲苯的聚合,即非常著名的反应:

$$C_6H_5CH_2Cl \longrightarrow \left[\!\!\left[C_6H_4CH_2 \right]\!\!\right]_x + HCl$$

它在少量 Friedel-Crafts 催化剂存在下很易发生.(在这个例子中**邻位**和**对位**两者都受到攻击,因此聚合物是非线形的.)尽管过程是缩聚,却有链式反应的参与[45].其他的例子有二卤化物与钠或镁那样的金属的缩聚,即[46]

$$Br(CH_2)_{10}Br + Na \longrightarrow \left[\!\!\left[(CH_2)_{10} \right]\!\!\right]_x + NaBr$$

原则上,相当于由乙烯类和二乙烯类单体得到的那些聚合物都可由这种方法合成而得.上例中的产物都具有像聚乙烯一样的链结构.尽管中间体可能是金属烷基,聚合过程应确切地认定为逐步缩聚.但是,其产物以及由 Friedel-Crafts 缩聚得到的那些产物缺少通常是缩聚物特征的周期性官能团.

上面提及的各种非典型的缩聚和加聚的存在并不一定非要破坏它们两者之间已经划定的区分的应用.提及它们仅仅是强调这样做出的不管哪一个聚合(或聚合物)类别的归纳都是有例外的.上面提及的这些分类上的例外实际上并不如上面强调的那样普遍,可能过分了些.

2.7 无机聚合物

形成长链分子的能力绝不仅限于有机物质.在前面讨论过的有机硅聚合物中,主链由交替的硅和氧原子组成,而碳原子仅出现在取代基中.表2.5列出了已知的具有聚合物链结构的代表性无机物.这些物质的物理性能很像典型的有机聚合物.三聚氯化磷腈和非晶态硫呈现出类似的橡胶弹性.前者显示出与硫化橡胶非常类似的应力-应变曲线[47].无论是拉伸结晶还是它们的晶态结构都用 X 射线衍射研究过[47,48].二硫化硅在如此高的温度下熔融以至于不能观察到可能的类橡胶性能,但是正如从它的结晶特征可预言的,已报道说它的拉伸强度非常高[50].考虑它们的结构与性能,把这些无机化合物包括在聚合物一般性讨论的范畴内是有道理的.

表 2.5 无机的链式聚合物[a]

化合物	制备方法	结构单元	物理性能
三聚氯化磷腈	150 ℃下 PCl$_5$ + NH$_4$Cl 或加热环状三聚体 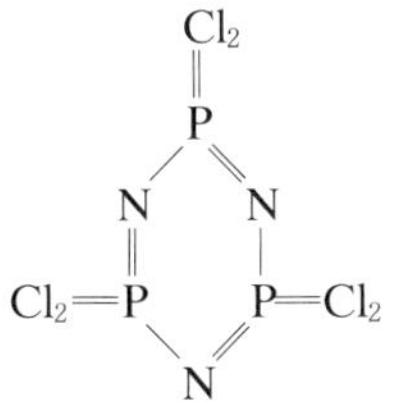	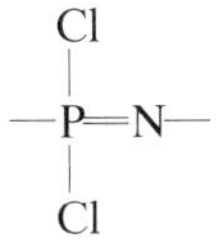	类橡胶状,拉伸时结晶[47],在苯中会溶胀
非晶态硫	熔融斜方硫并在约 150 ℃下加热	—S—	类橡胶状,拉伸时结晶[48]
三氧化硫	SO$_3$ 的类橡胶状形式,由 SO$_3$ 在 SO$_2$ 的溶液中沉淀而得[49]	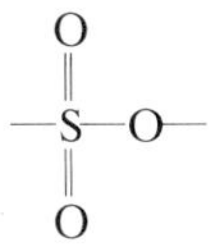	低熔点纤维状形式,31.5 ℃熔融

续表

化合物	制备方法	结构单元	物理性能
二硫化硅	1200 ℃ 下 $Al_2S_3 + SiO_2$	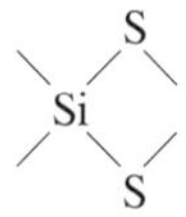 (S—Si—S 结构, 菱形)	纤维状结晶. 升华而没有熔点. 可水解[50]

a K. H. Meyer[51] 详尽地讨论过各种结晶的无机物结构的聚合物本质.

按本章开场白所说,聚合物可以描述为这样的物质,它由许多结构单元所组成,相互之间由价键以**任何**可能的式样所连接.如果这些语句被解释为一个定义(它的目的不是这样的),那么一大群加成的无机物质可以归为聚合物.大多数硅酸盐矿物、复合磷酸盐以及硼酸盐和硅酸盐玻璃都应归为聚合物,原子是以共价键连续阵列形式连接在一起的许多晶态物质也是[61].在后面的一类中,还应包括如石墨、氮化硼以及原子成纸片形(这些片由范德瓦耳斯力维系在一起)连接的黑磷.滑石、云母和各种不同的黏土也有类似的组成,除非层间的黏接是由离子提供的.这些物质可以认为是"层状"聚合物.而金刚石、各种硅酸盐以及大量的其他物质应该包括在三维网聚合物里.事实上,像氯化钠那样的普通离子晶体似乎同样有资格被归入高聚物之中,唯一与晶体物质的实质性不同只是刚才提到过的键的离子性.显然这把定义的边界扯得太远了.

把硅酸盐和复合磷酸盐包括在代表性聚合物质中还是有充分理由的,但是把二维或三维中规则键合的结构也包括在内就不对了.它们与传统的非线形或网状聚合物很少有共同之处.后者的结构不符合设定的模式,很大程度上受随机定律所支配.聚合物网中绕圈的连接可以有各种形式,但包含在封闭回路中的单元数有很大的不同,一般还相当的大.这个情况与石墨和金刚石整体结构中以完美的规则重复着的六元环形成了鲜明对比.网状聚合物的物理性能与在二维或三维中规则成长的价键结构的标准结晶物质没有什么相似之处①.因此把这样的物质包括在聚合物术语的本义里就既不合理,也不可取.

硅酸盐玻璃的结构是以稍微不规则的方式连接到另一个的,它们是否应该视为高聚物是有争议的.这些连接的短暂性正如它们的近似空间规律性所表现的那样使人对这样做的意愿产生怀疑.

2.8 关于高聚物结构与性能的结论性评述

以不同高聚物表现出来的性能多样性(一些是黏稠的液体,一些是类橡胶的物质,还有

---

① 如果共价键仅仅沿一个方向连接结构单元,如在二硫化硅中的那样,把该物质视为聚合物是可取的.如果键合结构替代任何结晶排列,也就是如果该物质能熔融而不严重破坏单元间连接的连续性,这将一定是适当的.

一些非常坚硬和坚韧)的观点来看,问题就来了,就是它们最明显的物理性能是如何与它们的结构和组分相关联的.值得注意的是它们中没有一个属性被认为是一定结构单元的聚合物的不变特性.取决于温度和分子链长,或更一般地取决于单元连接的方式,从几乎任何结构单元(或几个单元)出发,就可以令人信服地构建出聚合物来,这些聚合物可以是油状物、橡胶或纤维.因此,与没有详述分子构造、温度和压力就声称含有某些元素的化合物是气态的相比,把类橡胶特性归因为给定单体所得的聚合物更适合.另一方面,聚合物变成脆性的温度对于给定的结构单元是确定的(假定分子量很高).类似地,结晶聚合物的熔点直接与其重复单元的对称性和相互作用有关.

其他如溶解度、黏度(T_g 和 T_m 以上)、弹性模量和强度等性能高度依赖于聚合物的构造或单元之间相互连接的形式.换句话说,这些性能的变化受分子量和交联度变化影响极大.

考虑可以采取什么步骤来定性确定给定聚合物质的结构类型和物理状态是有益的.为此,人们应该首先确定该物质在溶剂中是否可溶且不降解,是否在加热时软化成为有流动性的液体.任一试验得到的肯定结果能确保该物质是线形的,或者说是非网状的类型.否定的结果却并不一定能证明网状结构的存在:熔点有可能超过了降解温度,在这个情况中,溶解度看来是可忽略的了.在最好的候选者中,在良溶剂中的高度溶胀(比原先的体积大好几倍甚至更多)预示有稀松的网状结构,如硫化橡胶那样.如果在这些试验基础上聚合物被定性为要么是线形,要么是稀松的网状结构,就应该测定它变硬(或变软)的温度.在这个温度是发生结晶还是脆化通常能够从透明性(表示结晶性的不透明度)或由 X 射线衍射精确地推断出来.

如果聚合物坚硬,不溶不熔,也不降解,且它在任何溶剂中都不易溶胀,那么或者它是高度结晶的,熔点在其分解温度以上,或者它具有紧密的相互连接的网状结构(如高度反应的邻苯二甲酸甘油酯或酚醛聚合物那样).根据 X 射线衍射,可切实可行地区分这两种可能性.

从这种性质的试验结果,通常能够推断出在一个给定聚合物中存在的结构类型.紧跟着这个定性的观察,合乎逻辑的下一步就是测定化学组成和结构了.如果聚合物可溶,在构造的定量研究中第一步就是测定平均分子量和分子量分布.如果由于网状结构而不溶,先前的物理化学方法显然是不能用的.但是,网状结构中交联度的某些信息还是可以从平衡溶胀比的测定来获得.用于聚合物的定性的物理方法将在以后的章节中涉及.

参 考 文 献

[1] Carothers W H. Trans. Faraday Soc., 1936,32:39.

[2] Carothers W H. Chem. Revs., 1931,8:353.

[3] Walling C. J. Am. Chem. Soc., 1945,67:441.

[4] Farmer E H. Advances in Colloid Science. New York：Interscience Publishers，1946：299，"Vulcanization".

[5] Bloomfield G F，Naylor R F. Proceedings of the Ⅺth International Congress of Pure and Applied Chemistry// Vol. Ⅱ "Organic Chemistry，Biochemistry". 1951：7.

[6] Schulz G V. Z. Physik. Chem.，1939，B44：227；Flory P J. J. Am. Chem. Soc.，1947，69：2893.

[7] Wheeler O L，Ernst S L，Crozier R N. J. Polymer Sci.，1952，8：409.

[8] Carothers W H. J. Am. Chem. Soc.，1929，51：2548.

[9] Mark H，Whitby G S. Collected Papers of Wallace Hume Carothers on High Polymeric Substances. New York：Interscience Publishers，1940. 其第 1 部分包括 28 页缩聚反应,其中有许多这一领域的重要内容.另见参考文献[2].

[10] Carothers W H，Van Natta F J. J. Am. Chem. Soc.，1933，55：4714.

[11] Flory P J. J. Am. Chem. Soc.，1939，61：3334.

[12] Evans R D. Mighton H R，Flory P J. J. Am. Chem. Soc.，1950，72：2018；Carothers W H，Arvin J A. ibid.，1929，51：2560.

[13] Whinfield J R. Nature，1946，158：930；Brit. Pat. 578079；Kolb H J，Izard E F. J. Applied Phys.，1949，20：564.

[14] Hill J W，Carothers W H. J. Am. Chem. Soc.，1932，54：1569.

[15] Patrick J C. Trans. Faraday Soc.，1936，32：347；Patrick J C，Martin S M，Jr.. Ind. Eng. Chem.，1936，28：1144.

[16] Hill J W，Carothers W H. J. Am. Chem. Soc.，1935，57：925.

[17] Carothers W H. U. S. Patents 2071253，1937 and 2130948，1938；另见 Coffman D D，Berchet G J，Peterson W R，et al. J. Polymer Sci.，1947，2：306.

[18] Megson N J L. Trans. Faraday Soc.，1936，32：336；Carswell T S. Phenoplasts. New York：Interscience Publishers，1947：Chap. Ⅱ.

[19] Dixon A E. J. Chem. Soc.，1918，113：238；Meyer K H. Trans. Faraday Soc.，1936，32：407；Smets G，Borzee A. J. Polymer Sci.，1952，8：371.

[20] Hodgins T S，Hovey A G. Ind. Eng. Chem.，1938，30：1021.

[21] Rochow E G. Chemistry of the Silicones. New York：John Wiley and Sons，1946.

[22] Scott D W. J. Am. Chem. Soc.，1946，68：1877；Barry A J. J. Applied Phys.，1946，17：1020.

[23] Catlin W E. U. S. Patent 2284637，1942；Hanford W E. U. S. Patent 2292443，1942；Schlack P. U. S. Patent 2343808，1944.

[24] British Patent 471590；Brooks R E，Peterson M D，Weber A G. U. S. Patent 2388225，1945.

[25] Beaman R G. J. Am. Chem. Soc.，1948，70：3115.

[26] Kern W，Fernow H. J. Prakt. Chem.，1942，160：281.

[27] Mertens E，Fonteyn M. Bull Soc. Chim. Belges，1936，45：438.

[28] Schildknecht C E，Gross S T，Davidson H R，et al. Ind. Eng. Chem.，1948，40：2104.

[29] Hanford W E，Joyce R M. J. Am. Chem. Soc.，1946，68：2082.

[30] Bartlett P D，Altschul R. J. Am. Chem. Soc.，1945，67：812，816.

[31] Bunn C W，Peiser H S. Nature，1947，159：161；Bunn C W. ibid.，1948，161：929.

[32] Van Natta F J，Hill J W，Carothers W H. J. Am. Chem. Soc.，1934，56：455.

[33] Hanford W E. U. S. Patent 2241322,1941; Schaefgen J R, Flory P J. J. Am. Chem. Soc., 1948, 70:2709.

[34] Bost R W, Conn M W. Ind. Eng. Chem., 1933,25:526.

[35] Patnode W I, Wilcock D F. J. Am. Chem. Soc., 1946,68:358; Hunter M J, Warrick E L, Hyde J F, et al. ibid., 1946,68:2284; Wilcock D F. ibid., 1947,69:477.

[36] Carothers W H, Dorough G L, Van Natta F J. J. Am. Chem. Soc., 1932,54:761.

[37] Flory P J. J. Am. Chem. Soc., 1942,64:2205.

[38] Schlack P. U. S. Patent 2241321,1941; Hanford W E. U. S. Patent 2241322,1941; Joyce R M, Ritter D M. U. S. Patent 2251519,1941.

[39] Hibbert H, Perry S Z. Can. J. Research, 1933,8:102; Flory P J. J. Am. Chem. Soc., 1940, 62:1561.

[40] Leuchs H. Ber., 1906,39:857; Leuchs H, Geiger W. ibid., 1908,41:1721.

[41] Wessely F. Z. Physiol. Chem., 1925,146:72; Sigmund F, Wessely F. ibid., 1926,157:91; Hanby W E, Waley S G, Watson J. J. Chem. Soc., 1950, 3009.

[42] Waley S G, Watson J. Proc. Roy. Soc. (London), 1949,A199:499.

[43] Marvel C S, Chambers R R. J. Am. Chem. Soc., 1948,70:993; Marvel C S, Aldrich P H. ibid., 1950,72:1978; Marvel C S, Nowlin G. ibid., 1950,72:5026; Marvel C S, Markhart A H, Jr.. J. Polymer Sci., 1951,6:711.

[44] Mayo F R, Walling C. Chem. Revs., 1940,27:387; Vaugham W E, Rust F F. J. Org. Chem., 1942,7:473.

[45] 未发表结果.

[46] Carothers W H, Hill J W, Kirby J E, et al. J. Am. Chem. Soc., 1930,52:5279.

[47] Meyer K H, Lotmar W, Pankow G W. Helv. Chim. Acta, 1936,19:930.

[48] Trillat J J, Forestier H. Bull. Soc. Chim. France, 1932,51:248; Meyer K H, Go Y. Helv. Chim. Acta, 1934,17:1081.

[49] Gerding H, Moerman N F. Z. Physik. Chem., 1937,B35:216; Naturwissenschaften, 1937,25:251.

[50] Zintl E, Loosen K. Z. Physik. Chem., 1935,A174:301.

[51] Meyer K H. Natural and Synthetic High Polymers. New York: Interscience Publishers, 1942: Chap. B, 51.

第3章 分子尺寸和化学反应性,缩聚原理

在后面的一段时间里,将要建立起高聚物是分子量非常高的物质,但它们的化学反应性往往相当低的观念.这个结论首先是建立在直观的基础上的,这样硕大的结构的运动一般是迟缓的,化学变化的速率应该相应低下.尽管某些实验证据好像(至少从表面上看)确认了这个观点,但支持它的论据主要来自理论.公认的看法是,如此大的"质点"的碰撞速率一定很小,因为其动力学理论速度低下,且由聚合物分子组成的液体介质黏度很高,将进一步抑制这个速率.反应基团被屏蔽在它们所在分子的卷曲链中,这也常被用作聚合反应物低位置因素的有利证据.面对所有这些推测而来的障碍,高聚物的化学反应仍能以相当的速率进行,或者,就此而言,高聚物分子真的可以由化学反应制造出来,确实了不起.

聚合物科学发展历程中最幸运的是这些想象中的复杂性几乎完全是虚幻的.正如本章的内容将要显示的,在几乎所有的聚合反应中,分子尺寸和分子复杂性对它们化学反应的影响都可以不予理会.如果不是这样的话,就很难应用聚合反应动力学和聚合物降解反应动力学的原理,并且会因如此的复杂性而将无果而终.不仅聚合反应动力学受到伤害,聚合物构造(即分子量分布和通过非线形聚合形成的网状聚合物的构造)理论也将受到伤害,因为它们是直接以参与最终产物合成的各种中间体反应性特征为基础的.对高聚物构造的了解是解释它们各种不同物理性能的先决条件.因此(直接或间接地)支配聚合物反应的原理对当今解释大部分聚合物现象至关重要.

3.1 同系列单体化合物的化学反应性

同系列反应速率的研究是反应动力学最早考察的内容[1].研究结果表明,当链长增加时给定系列各成员的反应速度常数(在可比条件下测定)渐渐趋于一个界限.表 3.1 中列出了有关酯化、皂化、醚化的某些结果.四个竖列给出的一组速率常数是指下面的四个反应,即:

(A) $H(CH_2)_n COOH + C_2H_5OH \xrightarrow[(HCl)]{} H(CH_2)_n COOC_2H_5 + H_2O$

它在含超大过量的 HCl 的乙醇中进行(Bhide 和 Sudborough[2]).

(B) $(CH_2)_n(COOH)_2 + C_2H_5OH \xrightarrow[(HCl)]{} (CH_2)_n \begin{matrix} COOC_2H_5 \\ \diagup \\ \diagdown \\ COOH \end{matrix} + H_2O$

$$\downarrow + C_2H_5OH$$

$$(CH_2)_n \diagdown \begin{matrix} COOC_2H_5 \\[6pt] COOC_2H_5 \end{matrix} \qquad + H_2O$$

反应条件同(A)(Bhide 和 Sudborough[2]).第一阶段和第二阶段没什么区别.速率以单位时间消耗的羧基当量计.

(C) $H(CH_2)_nCOOC_2H_5 + KOH \longrightarrow H(CH_2)_nCOOK + C_2H_5OH$

在 50 ℃ 和 85% 的乙醇中发生皂化(Evans,Gordon 和 Watson[3]).

(D) $H(CH_2)_nI + NaOCH_2C_6H_5 \longrightarrow H(CH_2)_nOCH_2C_6H_5 + NaI$

反应在 30 ℃ 和乙醇中发生(Haywood[4]).

表 3.1　单系列的速率常数[a]

链长 n	25 ℃ 下的 $k_A/10^{-4}$ (单元酸的酯化)[2]	25 ℃ 下的 $k_B/10^{-4}$ (双元酸的酯化)[2]	50 ℃ 下的 $k_C/10^{-4}$ (双元酸的皂化)[3]	30 ℃ 下的 $k_D/10^{-4}$ (醚化)[4]
1	22.1		38.7	26.6
2	15.3	6.0	24.7	2.37
3	7.5	8.7	12.2	0.923
4	7.4[5]	8.4	13.3	0.669
5	7.4[2]	7.8	14.5	
6		7.3	12.7	
7			13.3	0.668
8	7.5			0.667[5]
9	7.4[7]			
更长	7.6[b]			0.690[c]

a　所有速率常数的单位是升/(克当量·秒).

b　对 $n=11,13,15,17$,平均是 ± 0.2.

c　$n=16$ 的测定值.

　　在任何情况下,速度常数只在低 n 区域才随链长有明显的变化.链长增加,速度常数很快接近一个渐近值.在同系列中较大分子的反应较为缓慢这样不寻常的印象可能起因于大分子链的稀释效应,当反应是通过直接混合反应物而没有调节相应的摩尔浓度进行时,这个效应肯定是要考虑的.有时候这个系列中较高级的成员的有限溶解度可能是表观上反应速率慢的原因.根据同系列连续的成员的均相反应速率常数的比较,一定会导出上面所说的结论.

　　特别有意义的是双官能团化合物的反应动力学与聚合物反应的关系.表 3.1 中第三列显示的同系列二元酸的酯化速率常数与单元酸的差别并不大.增加分隔羧基的链长,这些差别几近消失.

或许更为重要的是这样的事实,即二元酸转化为二酯的每一个连续的步骤都有相同的速率常数:

$$(CH_2)_n(COOH)_2 + C_2H_5OH \xrightarrow[(H^+)]{} (CH_2)_n \begin{matrix} COOC_2H_5 \\ \diagup \\ \diagdown \\ COOH \end{matrix} + H_2O$$

$$(H^+) \downarrow + C_2H_5OH$$

$$(CH_2)_n(COOC_2H_5)_2 + H_2O$$

这里较方便的做法是以每升中反应的官能团(在这里就是 COOH)的克当量为单位来表示速率常数,而不是用习惯的每升反应物的物质的量;表 3.1 就是用这个形式的.这样第一阶段和第二阶段的速率分别被写成

$$\frac{d[单酯]}{dt} = k_1[COOH]''[H^+]. \tag{3.1}$$

$$\frac{d[二酯]}{dt} = k_2[COOH]'[H^+] \tag{3.2}$$

这里 $[COOH]''$ 和 $[COOH]'$ 分别代表属于未反应酸的羧基浓度和单酯的羧基浓度①.如在上面引用过的实验那样,醇过量很多,因此用了二级反应速率表达式.如果二元酸中一个羧基的反应性并不会因另一个羧基的酯化而改变,那么 k_1 和 k_2 将相等,我们可以把酯基形成的总速率表示为

$$\frac{d[酯基]}{dt} = k[COOH][H^+] \tag{3.3}$$

这里 $[COOH]$ 表示的是羧基的总浓度.多亚甲基二元酸(这里 n 是 1 或更大)的酯化反应都可应用方程(3.3).在整个酯化过程中 k 值没有明显的变化,二元酸和单酯的独立的酯化速率测定产生了相同的速率常数(在实验误差范围内).只有在草酸的情况中,第一阶段和第二阶段速率之间才有很大的差别[5].

从乙二醇二乙酸酯水解速率(k_1)和乙二醇乙酸酯水解速率(k_2)得到的结果列于表 3.2 的第一行中.k_1 和 k_2 的值对碱解来说是相同的(在误差范围内)[7],对酸解来说也相差无几[6].类似地,丙三醇三乙酸酯、丙三醇二乙酸酯和丙三醇乙酸酯酯键的碱催化水解也以几乎相等的速率进行.尽管丙三醇二乙酸酯和丙三醇乙酸酯是异构体组成的混合物[7],这些结果仍然表明分子中一个官能团的反应性不会轻易地影响近邻基团的反应性.

---

① 当使用摩尔浓度而不是当量浓度时,k_1 的值将是原先得到的一半.速率常数将普遍地按上述惯例表达.

表 3.2　乙二醇的酯、丙三醇的酯与琥珀酸的酯的水解速率[a]

酯	酸解[6]		碱解[7]		
	$k_1/10^{-4}$	$k_2/10^{-4}$	k_1	k_2	k_3
乙二醇二乙酸酯和乙二醇乙酸酯	0.793	0.786	0.272	0.272	
丙三醇三乙酸酯、丙三醇二乙酸酯和丙三醇乙酸酯(异构体混合物)			0.280	0.297	0.287
琥珀酸二乙酯和琥珀酸乙酯	0.192	0.202	~0.25	0.027	

a　速率常数的单位是升/(克当量·秒).

　　一定不能得出羧基或酯基的反应性不会受到像羧基或酯基那样的极性基团的存在对近邻碳原子影响的结论.譬如,在可比的条件下,乙二醇二乙酸酯或乙二醇乙酸酯的酸解比乙酸乙酯水解快好几倍.在丙三醇的情况中,仲羧基的反应性比相邻伯位上的低一点.上面提到的结果仅仅表明多官能团分子中指定官能团的一般反应性能有一个确定的值,它在反应过程中不会变化.这个反应性可能受近邻取代基的影响很大,但在迄今为止讨论过的任何一个实例中,一个官能团对另一个官能团的影响对它们之一的反应是不敏感的.并且一个官能团对其他官能团的影响随分子中分隔的距离迅速消减.

　　正如表 3.2 最后一行中所显示的,琥珀酸二乙酯的酸催化水解遵循上述法则[6],但是碱催化水解却呈现出不同的情况[7].琥珀酸二乙酯的碱催化的速率常数与脂肪族酯的正常值相近,但是琥珀酸乙酯的速率要小一个量级.这应归因于琥珀酸乙酯中羧酸酯离子与反应的羧基离子之间的静电推力:

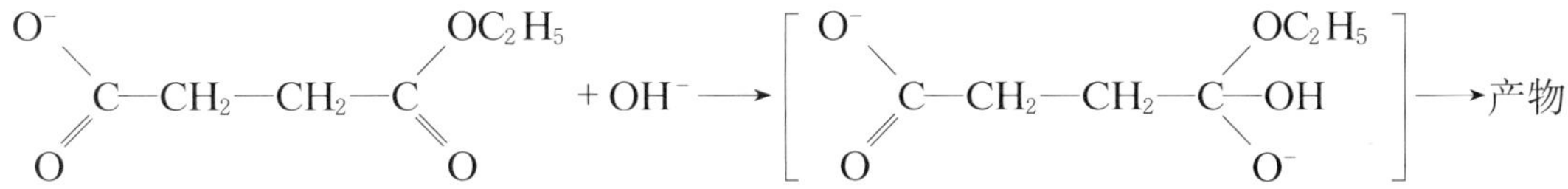

到目前为止,所讨论的反应中并没有包括成对带电片段间的相互作用,但这却是 Kirkwood 和 Westheimer[8] 所指的另一个静电效应的情况,它是造成二元酸的第一电离常数和第二电离常数不一致的原因[9],也是造成羧酸酯离子对 α-氨基酸碱性度影响的原因[9],还是造成离子化合物反应性差异的原因(与酸催化或碱催化反应[10]中类似的非离子片段相比).

　　表 3.3 的第二列中给出了同系的二元酸的二酯和单酯在碱性介质中水解的速度常数的近似比率[11].表 3.3 的第三列是这个比率的对数值,可与由酸的第一离解常数 K_1 和第二离解常数 K_2 得到的 ΔpK 值相比较[9].这里 K_1 和 K_2 是用传统的摩尔单位表示的,因此必须除以对称系数 4,因为分子中两个羧基都可以在第一次电离时产生一个氢离子,且在第二次平衡逆转时两个羧酸酯离子都可以与氢离子相结合[9].除最低的 n 值以外,$\log(k_1/k_2)$ 与 ΔpK 有相当好的关联,随 n 增加两者逐步接近于零,正如静电效应预测的那样.

表 3.3　25 ℃下二元酸的二乙基酯和乙基酯中的羧基的皂化速率的比较[a]

$$HOCO(CH_2)_n COOH$$

n	k_1/k_2	$\log(k_1/k_2)$	$\Delta pK = \log(K_1/4K_2)$
0	8000	3.9	2.36
1	40	1.60	2.26
2	3.5	0.55	0.8
3	3	0.47	0.47
6	1.5	0.18	0.28
7	1.4[5]	0.16	0.26
8	1.4	0.14[5]	

a　第二和第三列中给出的数据来自 Skrabel 和 Singer[11]. 酸的离解 pK 值取自 Westheimer 和 Shookhoff 发表的数据表[9].

受到另一个离子攻击时, 离子取代基对官能团反应性的静电效应在比未离子化取代基大得多的中间链长度上持续着 (与表 3.1 中第二列相比). 当然这也是遵守库仑定律的. 从聚合物反应的观点来看, 重要的是要记住当带电的基团参与时, 官能团的反应性不可能与分子中其他基团的状态完全无关. 但是, 与通常的聚合物尺寸相比, 静电效应的影响范围毕竟是小的.

3.2　大分子反应性的理论

上面的结果表明, 反应速率不依赖于其所连接分子的尺寸, 至少在所研究的单体体系范围内是这样. 这个结论外推到聚合物, 包括非常高分子量的聚合物, 根据似乎并不充分. 然而, 根据不会有很大风险的假设仍可做出结论, 就是官能团**本征反应性**仍然与分子尺寸无关, 当然, 除非分子很小. 在一个聚合物链端头带有反应性基团的链的加长, 在本征反应性范围内, 可以认为等同于在聚合物分子的另一端引入一个取代基. 从上述结果可知, 正如当聚合物分子尺寸逐步增大时, 其本征反应性可能发生的变化那样, 这样的变化应该仅限于其生长的初期阶段, 当链长达到约 10 个碳原子时就会消失. 如果一个端头的离子基团参与了进去, 它的效应可能会持续得更远一点. 所以, 链进一步增长应该对本征反应性没有什么影响.

正如本章开始所指出的, 支持反应性随分子尺寸降低的论点通常来自对连接在大分子上的两个官能团相互作用机理的考虑, 而不是考虑官能团本身任何固有的反常特征. 大家公认大分子的扩散缓慢, 但是一定不能把官能团的碰撞速率与分子整体的扩散速率混为一谈. 末端官能基团的活动性应比宏观黏度 (黏度可达几千泊) 所预示的大很多. 在某个时间段里 (这个时间段与分子整体位移所需的时间相比是小的) 端基扩散的范围将受限于聚合物分子上的附属物, 不过, 基团会在一个相当大的区域内通过附近链段构象的重排来扩散. 它对最近邻的实际摆动能以在简单液体中常见（或不比它小很多）的频率发生. 这样，实际的碰撞频率与分子整体的活动性或宏观黏度将毫无关系.

正如 Rabinowitch 和 Wood 已证明的[12]，一对处于液态的近邻分子或一对官能团在扩散开来以前可以重复地碰撞. 扩散速率越低，官能团之间这一系列的碰撞就会延伸越久，但是在官能团扩散到一个新的位置前（这个新位置也紧挨着另一个近邻的官能团），它将成比例地更为长久. 紧跟着将发生另外一系列的碰撞，且这对官能团将因其中一个的扩散而分开，当然，除非在碰撞中的某个过程中化学反应已发生了（这是极为罕见的事件）. 这样，由于分子尺寸很大和（或）黏度很高，活动性的降低将改变给定官能团参与碰撞的时间分布，但是这应该不会在很大程度上影响碰撞速率（在一个时间段里的平均速率，这个时间段与从一个伴侣扩散到下一个所需的时间间隔相比要来得长）.

即使这个平均碰撞速率可能因内部活动性稍有降低（如在聚合进程中），碰撞状态的持续将成比例地延长. 因此足够靠近的成对官能团将允许发生缩聚反应（如果有可供使用的必要的活化能），其浓度与活动性无关. 用下面 Eyring 的反应速率理论[13]可更严格地建立起这个结论. 按 Eyring 理论，速度常数为

$$K = K^* \frac{kT}{h} \tag{3.4}$$

这里 k 是 Boltzmann 常量，T 是绝对温度，h 是 Planck 常量，K^* 是过渡活化复合物的平衡常数. 对双分子反应，

$$K^* = \frac{F_{ab}^*}{F_a F_b} \exp\left(- \frac{E_0}{kT}\right) \tag{3.5}$$

这里 F_a、F_b 和 F_{ab}^* 分别是两个反应物和活化复合物的配分函数，E_0 是活化复合物在绝对零度时的能量. 一个反应物或两个反应物的复杂性的增加将会对 F_{ab}^* 以及乘积 $F_a F_b$ 给予修正. 除非这个复杂性的增加涉及改变了最接近官能团处的分子，F_{ab}^* 以及乘积 $F_a F_b$ 对增加的自由度的修正因子将几乎相同，且观察不到平衡常数 K^* 有什么变化. 换句话说，在液体内部的活动性将不影响平衡：

反应物 ⇌ 活化复合物

因为反应速率正比于活化复合物的浓度，不受分子活动性、扩散速率或黏度的影响.

当分子活动性很低时，譬如，当反应物的分子量很大时且黏度格外高时，或当反应速率常数异常地大和活动性低时[12]，这些结论就有许多例外发生. 如果反应太快，或活动性太低，以至于不能允许维持液体中彼此近邻成对的反应物的平衡浓度，那么扩散将是控制速率的那一步. 缩聚反应进行的速率一般是如此适度，以至于 10^{13} 个反应物分子之间有不超过一个双分子的碰撞就算是效果好的了. 在这个碰撞数目的时间段里分子可能会发生可观的扩散，特别是它们端头官能团的扩散. 成对反应物的浓度应很容易维持实质上的平衡，即使在分子量和黏度都很高时（记住，末端官能团的活动性将比以黏度为标志的体系的宏观活动性大很多）.

加成聚合中，单体只加到正在生长的链端上，单体的活动性仅受周围聚合物分子的影响，且影响也相对较小，应足以保持在活化中心附近的平衡浓度. 即使在乙烯基聚合那样相对迅速的链增长过程中（每 10^9 次碰撞发生 1 次反应，见第 4 章），扩散预期将不再控制速

率.涉及连接着聚合物大分子的两个活性中心之间反应的链终止阶段,相当大的碰撞比例(约 10^6 次碰撞发生 1 次反应)发生在这样的两个中心之间.在某种情况下扩散不是不可能成为速率控制的,特别是当介质的黏度很大时(本课题的进一步讨论见第 4 章).

在有关聚合物反应性低的众多论据中,巨大的聚合物分子链的卷曲将屏蔽端基,因此它的反应速率将降低的论点仍有待处理.这样的效应在极稀溶液中是实实在在的,因为在极稀溶液里有足够的空间允许不规则卷曲的聚合物分子或多或少彼此独立存在.在聚合物浓溶液中聚合物链以最不规则的形式相互纠缠在一起.在所选择的环境中,一个给定的官能团并没有显示出对它自己的链单元有任何的偏爱,并且在一般情况下它们将被分属其他不同分子的单元所包围.这些链单元的作用就像是如此多的稀释剂,且可通过书写速率表达式时适当地用**单位体积**中参与反应的**官能团**浓度,而不用将分子或分子的摩尔分数考虑进去.

我们可以得出结论,还没有找到对一般聚合物体系中反常化学反应性有效的理论解释,所以可认为观察到的反应速率应与参与反应的聚合物类别的分子量无关.可以预言,这个归纳的例外仅仅是在这样的过程中,在那里比速率常数非常大,同时由于反应物分子的尺寸和(或)介质的黏度,扩散速率也低.于是,控制速率的就是扩散了,其结果是谈及的过程将比标准动力学外推所预言的慢得多.可以预期,连接在聚合物大分子上的官能团的屏蔽只有在极稀溶液中才会降低反应速率.

把这些原理应用于实际的聚合物反应,不合适的地方就是其先决条件是该反应为一个均相反应.在含有聚合物分子的体系中,偶尔发生的互溶性限制会造成同相中很难有反应物片段汇集在一起——这个困难在类似的单官能团反应中是从未遇到过的.

3.3　缩聚动力学

通过对反应混合物试样中未反应羧基的滴定,很容易来跟踪丙三醇和二元酸间聚酯形成的反应进程.众所周知,简单的酯化反应是酸催化的.不添加强酸,遭酯化的第二个酸分子就有催化剂的功能[14].这样,聚合酯化过程的速率应写成

$$- \frac{d[COOH]}{dt} = k[COOH]^2[OH]　　　　(3.6)$$

这里的浓度以官能团当量计,与本章较早建立的惯例一致.如此表示速率避免了对每一个分子类型与每一个其他分子类型的反应要一一书写独立速率方程带来的复杂化.但是采用这个程序,我们就认定了**所有**官能团速度常数 k 都一样,且平均分子量增加 k 也不变.有关缩聚动力学实验的根本宗旨就是考查这一假说.

如果羧基和羟基的浓度相等,都为 c,可以用三级反应的标准积分式替代方程(3.6):

$$2kt = \frac{1}{c^2} - 常数　　　　(3.7)$$

如果过程一律都是三级反应,全程速度常数不变,积分常数将是 $1/c_0^2$,这里 c_0 是官能团的起始浓度.这里方便的做法是(或许对其他目的也是这样)引入称之为**反应程度**的参数,记作

p,表示在 t 时间里最初存在的官能团中已起反应的分数.那么 $c = (1 - p)c_0$,且方程 (3.7)可用下式所替代:

$$2c_0^2 kt = \frac{1}{(1 - p)^2} - 常数 \tag{3.8}$$

在聚酯化过程中,p 直接由羧基滴定得到.166 ℃和 202 ℃下二甘醇与脂肪酸间聚酯化反应的结果画在图 3.1 中[15],符合三级反应方程(3.8).为比较起见,不生成聚合物的二甘醇与单元酸己酸的反应也一并列出.正如在这个区域里用曲线表示的那样,在 0%~80% ($1/(1 - p)^2 = 1\sim25$)酯化时并不服从方程(3.8).从 80% 到 93% 酯化,反应是三级反应.不生成聚合物的二甘醇与己酸(以及其他单酯化反应[15])反应也类似.仅仅用一个常数因子,通过调节所有的时间值,单官能度和多官能度的酯化曲线就是重叠的.二甘醇与己酸酯化速率较低,很大一部分原因是由于这个混合物中 c_0 较低.

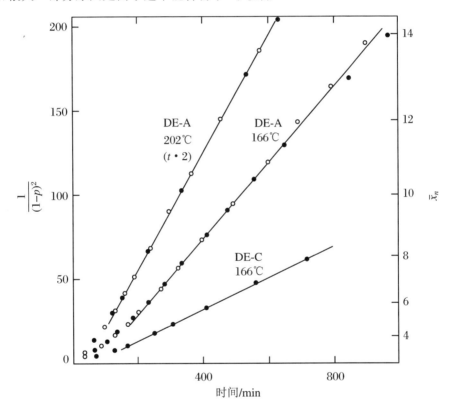

图 3.1 二甘醇与脂肪酸(DE-A)的反应和二甘醇与己酸(DE-C)的反应
202 ℃的时间值已乘以 2[15].

反应早期它们与三级反应规律不符合看来是由于有如此多的羧基和羟基消失,导致了介质的特性发生了巨大的变化[15]——离子催化反应对此变化很是敏感.无论这种行为的确切原因可能是什么,这是单酯化以及那些能导致聚合物生成的典型反应,因此它与正在反应的分子尺寸没有任何形式的关联.单酯化和聚酯化[15]过程的类似性提供了反应性不依赖分子尺寸的直接证据.

在唯一由双官能团单体参与的线形聚酯化中,羧基和羟基等量存在,因此只要没有副反应发生,未反应的羧基数目一定等于体系中还存在的分子数目,所以单位体积中的分子数目(以摩尔计)等于 $c_0(1-p)$.如果认为每一个由丙三醇和由二元酸而得来的残基是结构单元,那么结构单元的数目等于起始所用的双官能团单体的总数目,每个分子结构单元的平均数目或平均**聚合度**的数目将由下式给出:

$$\bar{x}_n = \frac{\text{单元的数目}}{\text{分子的数目}} = \frac{1}{1-p} \tag{3.9}$$

(这里,链的**重复单元**由两个这里定义的**结构单元**组成.)符号 $\bar{x}_n$ 上面的一条横杠指的是对分子中所有单元数目 x 的平均,而下标 n 是指**数均**,而不是其他的什么平均(参见第 7 章).数均分子量(定义为总质量除以总分子数)为

$$\bar{M}_n = \frac{M_0}{1-p} \tag{3.10}$$

这里 M_0 是结构单元的平均分子量.

图 3.1 右侧纵轴也显示了平均聚合度.因此这些结果表明,直至 $\bar{x}_n = 14$,反应性也不受分子尺寸影响.在方程(3.8)中代入式(3.10),发现除在反应早期阶段外,$\bar{x}_n$ 近似正比于 t 的平方根(对三级反应的缩聚).虽然生成低聚物很迅速,但分子量随时间增加的速率在三级反应进行时就慢慢减弱,要达到非常高的分子量需要的时间完全不切实际.由图 3.1 的 $\bar{x}_n$ 标尺来看这是很明显的.在直接酯化中聚合度提升速率的降低是酯化三级反应类型的结果,不应归因为大分子的反应性低下,正如在该领域早期研究所认为的那样.

在由少量强酸催化剂催化的聚酯化中,把动力学的测量延伸到较高的聚合度已获得了极大成功[16].在整个过程中催化剂的浓度是恒定的,可以应用二级反应速率表达式:

$$-\frac{\mathrm{d}c}{\mathrm{d}t} = k'c^2$$

这里催化剂浓度已包括在了二级反应速率常数 k' 中,那么

$$c_0 k' t = \frac{1}{1-p} - \text{常数} \tag{3.11}$$

且 $\bar{x}_n$ 随反应时间线性地增加,对得到更高的平均分子量极为有利,比没有催化的三级反应所得的要高很多.图 3.2 显示出了三个温度下由对甲基苯磺酸催化的癸二醇与己二酸缩合反应的结果.在这个所研究的范围内该过程整体是相当准确的二级反应.其他所报道的丙三醇与二元酸的酸催化聚酯化结果表明[15,16],至少直到聚合度为 90(相当于平均分子量约 10000)反应仍将是二级的.即使分子尺寸成倍增加以及介质黏度同时增加超过 2000 倍,也没有速度常数减少的迹象.

直到凝胶点前,包括丙三醇与邻苯二甲酰胺、丁二酸或其他二元酸的非线形聚酯化的反应过程都可通过羧基的滴定来跟踪.凝胶化后,因为有部分不溶,这个方法就不能再用了.Kienle 及其同事[17]通过测定水的生成速率来追踪凝胶点后的反应历程.由于丙三醇中伯羟基和仲羟基反应性的差别,以及酯化过程的独特之处(如先前讨论的直到 80% 酯转换时仍具有),对他们的结果确切的动力学解释就变得很复杂.这个研究最有意义的是这样的事实,即在通过凝胶点过程中和过了凝胶点后水的生成持续平稳,并没有在凝胶点处形成宏观网状结构,随之产生无限大黏度的任何异常.

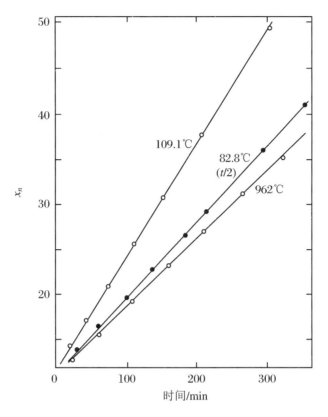

图 3.2　在图中所示的温度下,由 0.10 等当百分比的
对甲基苯磺酸催化的癸二醇与己二酸的反应

82.8℃下结果的时间尺度是乘以 2 的[15].

除了聚酯化外,有关缩聚动力学满意的数据并不多.但是已发现聚酰胺整体反应过程是关于官能团的二级反应,与单官能团的酰胺化一致[18].

3.4　缩聚物的降解动力学

3.4.1　纤维素及其衍生物的水解

纤维素溶解在强酸中,会通过纤维素链结构单元间的 β-配糖物连接键的水解分裂而降解:

用黏度法、偏振测定法或通过化学测定每个键分裂而产生的醛糖端基可跟踪这个过程.后两个方法在提供被水解的键数目的直接测定方面是等同的.前一个方法涉及利用前面建立的溶液黏度与分子量之间的经验关系,从其溶液黏度来推论部分水解聚合物的聚合度.从方程(3.9)可得到以这种方式测定的聚合度,即缩聚程度 p.如果 c_0 是体系中葡萄糖单元的总浓度,那么 $c_0(1-p)$ 就给出了聚合物分子的数目.这个量随反应时间的增加表示单元间键的水解速率.

Freudenberg、Kuhn 及其同事[19]把偏振测定法和化学端基法应用到在 18 ℃ 和 51% 的硫酸中较低级的聚糖(上面给出的公式中 $x=2,3,4$)的水解速率上.在 10%~100% 的水解范围里,纤维素中单元键连接的裂解的一级速度常数是增加的,相应于 $\bar{x}_n$ 从 10 降到 1.平均来说,几乎完全降解时留下来的连接键显然比起始存在的键更容易水解.纤维二糖($x=2$)的水解是严格按一级反应表达式进行的,而三聚糖和四聚糖中键裂解的速率常数随水解程度而增加.表 3.4 列出了以每分钟消失的单元间连接键的分数表示的起始速率常数值[19].

表 3.4　18 ℃ 下纤维素及其小分子同族在 51% 的硫酸中的水解速率

聚　　糖	结构示意式	起始速率常数/($\times 10^{-4}$ min^{-1})
纤维二糖	a	1.07
纤维三糖	a　b	0.64
纤维四糖	a　c　b	0.51
纤维素	a　[c]$_{x-3}$　b	0.305

Freudenberg、Kuhn 及其同事[19]证明,速度常数和这些不同聚合物的水解过程都能够用这样的假定来解释,即在这些不同的种类中,总有一个末端或两个末端连接键(表 3.4 中的 a 和 b)的水解比中间连接键 c 的快很多.可以假定所有的中间连接键 c 都以相同的速率水解.譬如,如果在 x 聚体中两个端头连接键中的一个(a 或 b)以与纤维二糖相同的速率(1.07×10^{-4})发生反应,其他 $x-2$ 个连接键的反应速率与纤维素($x \to \infty$)中键的起始平均水解速率一致(0.305×10^{-4}),于是,纤维三糖和纤维四糖起始速率的计算值分别是 0.69×10^{-4} 和 0.56×10^{-4},与观察值相符.并且纤维素水解的历程与 Kuhn 用上述假设预言的连续反应问题的数学分析符合良好[20].其结果同样可以解释为反应性的增强也许是由末端连接键 a 和 b 两者共享的.在任何一种情况中,纤维素的结果表明内部连接键 c 的反应性是常数,在所研究的范围里(即直到 $\bar{x}_n=10$ 的范围)与分子量无关.内部连接键反应性较小可以合理地归因为前面已讨论过的短程取代效应.

Wolfrom、Sowden 和 Lassettre[21]通过由每个断键形成的醛糖的连续缩硫醛化作用测定了甲基纤维素在 0 ℃ 下在发烟盐酸中的水解速率.降解程度较小时(相应于聚合度从 150 到 50 的变化)缩硫醛化程度随时间线性地增加.显然,伴随着这里 3 倍的分子量变化,反应性并没有明显的变化.

高分子量纤维素的降解最好是用黏度法来研究. 在降解的起始阶段，端基数目的变化太小以至于不能用化学法或偏振测定法来精确测定. Husemann、Schulz 等人[22]用黏度法研究了长度从 130 个单元到 1500 个单元的纤维素链的降解. 高分子量纤维素的低程度降解产生了这样的产物，用分步沉淀法分级发现它的分子量分布比由链的无规裂解所预料的还要窄. 他们的结果表明沿分子链约 500 个单元的间隔里存在有易水解的键，才引起了水解早期阶段这个分子片段长度过大①. 从聚合度约为 500 单元以下（但只要没有后期的降解，在那里就存在有 Freudenberg 及其同事发现的异常出现），连接键的水解是一级反应.

以上讨论的各种结果很清楚地表明，纤维素及其衍生物单元间内部连接键对水解的反应性是相同的，不管它们在链中的位置如何，也与链长无关，至少到聚合度 $\bar{x}_n = 500$ 是这样. 分子量更高时，由于偶尔的链单元的化学特性有特异性差异，会出现更弱的连接键. 直至 $\bar{x}_n = 1500$（分子量 = 250000）还没有证据说明分子量本身对反应性有什么影响.

3.4.2　聚酰胺的水解

氨基乙酸多肽

$$NH_2CH_2CO\text{---}[NHCH_2CO]_{x-2}NHCH_2COO^-$$

在碱性溶液中的水解[24]是按类似于在纤维素中观察到的式样进行的. 鉴于其结构单元长度较短和一个链末端带负电（在碱性溶液中），最靠近羧酸酯离子末端的单元之间的键的碱性水解速率将比中间的键来的慢. Kuhn、Freudenberg 及其同事[24]已证明 $\bar{x}_n = 8$ 的合成多聚甘氨酸水解历程可用一个设定的两个端头键（表 3.4 中用 a 和 b 表示）的平均速率来精确描述，它等于二甘醇二甲醚（$x = 3$）中缩氨酸键的水解速率，约是所有内部的键（表 3.4 中的 c 键）的速率的 3 倍. 这个图示也与三甘醇二甲醚（$x = 4$）中的中间和端头键的水解速率之比相符[24].

蛋白质胶原质以这样的方式水解成白明胶，表明存在着少量较易水解的键. Scatchard、Oncley、Williams 和 Brown[25]由此得出结论，它们在胶原质分子中以约 1200 个单元的间隔有规则地排列着.

这样的规律性在合成聚合物中还找不到对应之物. 在 50 ℃ 和 40% 的硫酸中，聚（ε-己内酰胺）

$$NH_3^+(CH_2)_5CO\text{---}[NH(CH_2)_5CO]_{x-2}NH(CH_2)_5COOH$$

从 $\bar{x}_n = 220$ 到 6 的整个范围里，水解以共价键的一级裂解反应方式进行[25].

3.4.3　聚酯的醇解

通过测定混合物的黏度（作为时间函数）研究了按

---

①　Husemann 和 Schulz[22]建议戊醛糖单元这些更易水解的连接键出现在沿分子链约 500 个单元的规则间隔里. 但是，可能不同于正常的 β-配糖物连接键，Schulz[23]已得到证据表明，这些连接键在氨的氢氧化铜溶液（铜氨溶液）中的氧化降解更为灵敏.

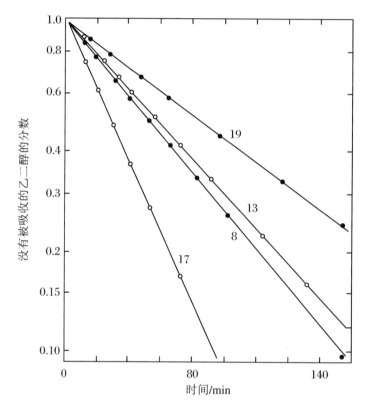

$$\text{———ORO—CR'C—ORO——} + R''OH \xrightarrow{(H^+)} \text{——OROH} + R''O—CR'C—ORO——}$$

进行的由数量有限的高级醇或乙二醇参与的聚己二酸癸二醇酯的部分降解反应（R 和 R′代表二价基团，譬如（CH_2)$_n$)[27].利用溶液黏度[1]与分子量的经验关系式，可从黏度来计算上述降解进行的程度.为了避免同时因端羟基和端羧基缩合而发生的聚合，在这个实验里是用了比二元酸稍有过量的乙二醇，直到缩合大体上完成.由此而得的聚合物的端基几乎只由羟基组成，因此几乎消除了进一步缩合的可能性.在进行降解反应时，只用了少量（相对于总的酯基）的醇 R″OH.所以，相对于添加的醇来说，过程应该是一级的.图 3.3 表明这是对的.在这些结果覆盖的区域，即从聚合度为 40 到 15，单元间的键的平均反应性没有什么变化.

图 3.3 109 ℃和 0.1 当量百分数对甲苯磺酸催化下己二酸癸二醇酯
聚合物与百分比很小的癸二醇(实验 8、13 和 17)或与月桂醇
(实验 19)的部分降解反应

添加的乙二醇分数或没有被吸收的乙醇分数由溶液黏度[2]测定间接计算而得，
并以对数坐标尺度画出.

---

① 原文是"By means of an empirical correlation between melt viscosity and molecular weight"，按高分子溶液的知识，这里不应该是 melt viscosity（熔体黏度），而应该是 solution viscosity（溶液黏度）.——译者注

② 原文为熔体黏度(melt viscosity)，应该是溶液黏度.——译者注

3.4.4　缩聚物中的交换反应

醇与聚酯间的交换反应极易发生这个事实同时表明带有羟基的聚酯分子应能彼此间发生如下的反应：

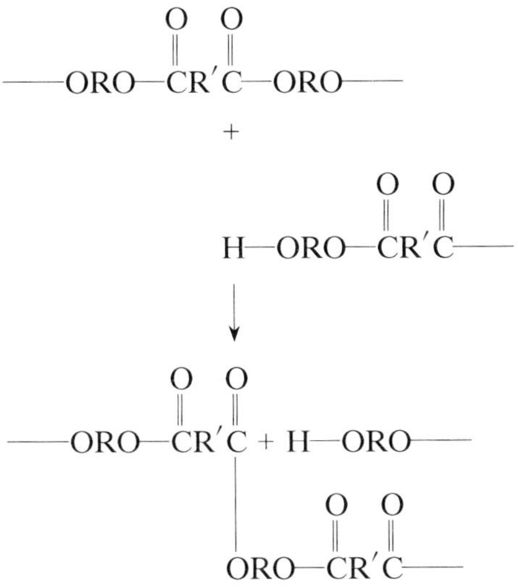

$$
\begin{array}{c}
\text{——ORO——CR'C——ORO——} \\[2pt]
+ \\[2pt]
\text{H——ORO——CR'C——} \\[2pt]
\downarrow \\[2pt]
\text{——ORO——CR'C + H——ORO——} \\[2pt]
\text{ORO——CR'C——}
\end{array}
\tag{ I }
$$

类似的交换反应可以在羧酸端基与酯之间发生，但已知这个反应的速率比上面给出的醇解反应慢很多．在这些聚合物分子间的交换反应中，单元间连接键的数目没有净的变化，反应式两边的分子数目相同．因此数均分子量不受交换反应的影响．但是，这样的过程将导致分子量分布的变化．譬如，两个有平均长度的分子可以反应产生一个比平均值更长的分子和一个比平均值更短的分子．相反，如果混合物是由两个个体组成的，一个很长，另一个短一些，不难想象它们可以彼此交换产生中等大小的聚合物．

为对缩聚物中这些交换过程的作用和重要性有一个令人满意的解释，有必要详细考察分子量分布这个话题，这些将在以后的章节中交代．就当前的讨论而言，这足以说明不管交换开始时刻的起始分子量如何分布，交换过程将导致到一个（动态）平衡的状态，这时每个个体的浓度维持恒定．这些浓度勾画了一定（固定）聚合程度或固定单元间连接键数的平衡分子量分布[28]．这个分布恰巧与分子间无规缩合且不存在同时或后续的交换反应直接得到的一样．虽然交换可以自由发生，但通常都将不影响缩聚物的分子量分布．当然在非线形聚合物中也发生类似的交换过程，但在大多数情况下也不改变分子的分布或结构．

把一个低分子量、一个高分子量的两个聚合物混合在一起，并在允许酯交换的条件下观察混合物的黏度，可用来证明线形聚酯间酯交换的存在．曾做过两个己二酸癸酯聚酯混合物的这样的实验[28]，它们每一个都带有羟基以防止同时发生进一步的缩合．在 109 ℃ 和存在对甲苯磺酸情况下，由于分子量分布的重新调整，其黏度快速下跌，最后逼近平衡分布的计算值，与在给定质量的聚合物中固定的分子数一致．

在合适的条件下，类似的交换过程也发生在其他缩聚物中．在有关聚酰胺的文献以及有关单体酰胺的文献中也有大量的证据[29]，发生胺-酰胺交换反应（Ⅱ）：

$$
\begin{array}{c}
\overset{O}{\overset{\|}{}}\ \overset{O}{\overset{\|}{}} \\
\text{——NHRNH——CR'C——NHRNH——} \\
+ \\
\overset{O}{\overset{\|}{}}\ \overset{O}{\overset{\|}{}} \\
\text{NH}_2\text{RNH——CR'C} \\
\downarrow \\
\overset{O}{\overset{\|}{}}\ \overset{O}{\overset{\|}{}} \\
\text{——NHRNH——CR'C} + \text{NH}_2\text{RNH——} \\
\overset{O}{\overset{\|}{}}\ \overset{O}{\overset{\|}{}} \\
\text{NH}_2\text{RNH——CR'C}
\end{array}
$$

（Ⅱ）

它类似于上面给出的聚酯交换反应（Ⅰ）.另一类交换反应,即两个酰胺连接键间的交换:

$$
\begin{array}{c}
\overset{O}{\overset{\|}{}}\ \overset{O}{\overset{\|}{}} \\
\text{——NHRNH——CR'C——} \\
+ \\
\overset{O}{\overset{\|}{}}\ \overset{O}{\overset{\|}{}} \\
\text{——CR'C——NHRNH——} \\
\downarrow \\
\text{——NHRNH} \quad \overset{O}{\overset{\|}{}}\ \overset{O}{\overset{\|}{}} \\
\quad\quad + \text{CR'C——} \\
\overset{O}{\overset{|}{}} \\
\text{——CR'C}={O} \quad \text{NHRNH——}
\end{array}
$$

（Ⅲ）

在聚酰胺中也是可能的.当由两个不同单体形成的聚酰胺(譬如,一个是由三甘醇二胺与己二酸形成的,另一个是由六亚甲基二胺与己二酸形成的),一起加热到 285 ℃约 30 min,它们缩合在一起,给出不同于起始聚合物的产物[29].正如用溶剂不能分离它们所表明的那样,这个产物已不只是两个原有化合物分子的混合物.只要少许起始聚合物分子仍然保持完整,这些过程(Ⅱ和Ⅲ)的任一个,或者两个过程都会发生明显的交换反应.产物与直接从单体制备的同样组分的共聚物不一样,因为直到单元以无规排列缩合在一起的平衡状态时,交换才不再继续.

在聚酯中,反应(Ⅲ)的对应反应,即酯-酯交换反应,或许不会进行到任何明显的程度.聚合的聚硫橡胶(聚硫橡胶型)

$$\text{——CH}_2\text{CH}_2\text{——S——S——CH}_2\text{CH}_2\text{——S——S——}\cdots$$

为这类交换反应提供了证据,正如从较低的 S——S 键强度可以预见的那样.这些聚合物是类橡胶的,可以通过硫化(即交联)来得到网状的结构.当固定拉伸试样的长度并加热时,能观察到由拉伸产生的应力会渐渐消失.这个松弛现象的出现是由于交换反应,它提供了改变交联网结构的手段,以有利于与对应的形变相一致的排列形成[30].

聚酐与羟基易发生与(Ⅰ)和(Ⅱ)类似的交换反应. 聚合的二甲基硅氧烷易在硫酸存在时发生交换反应[31], 机理被认为是阳离子型的. 在一些聚合物中单元间的连接键是如此稳定以至于不容易参与交换反应. 聚环氧乙烷就是这样的例子:

$$HO-\hspace{-0.3em}\left[CH_2CH_2O\right]_{x-1}\hspace{-0.3em}CH_2CH_2OH$$

在远低于其分解点的温度, 高聚物分子某些部分行动自如地重排, 以及随之而来的短暂存在的单个分子的概念本身就是有趣的. 正如上面所指出的, 在改变单体相同但平均分子量不同的两种聚合物人为混合而成的混合物的分布方面, 以及由不同单体聚合并随后一并加热而得的两种聚合物分子的共混方面, 这个过程是重要的. 还应该提及的是交换反应可用来由超量的乙二醇与二元酸生产高分子量的聚酯[32,33]. 由于乙二醇的超量, 最初产物的分子量低, 但在真空中进一步加热除去超量的乙二醇, 分子量会升高. 现在, 在乙二醇对二元酸超量 5% 摩尔分数(没有乙二醇的损失)的情况下, 酯化完成时残存的游离乙二醇量极少, 约为起始乙二醇量的 0.25%. 因为它是由蒸发除去的, 羟端基与最靠近链末端的酯基的连接键间的交换将趋于重建游离乙二醇的平衡浓度, 因此能除去更多的乙二醇, 平均聚合度也会逐渐增加.

3.5 线形缩聚物的分子量

在缩聚动力学的讨论中已指出了平均聚合度或平均分子量与反应程度之间的关系. 对于严格的线形缩聚或双官能团缩聚, 包括 A 基团与 B 基团精确等量的共反应, 在过程中的某阶段分子数一定等于未反应的 A 基团的浓度, 也等于未反应的 B 基团的浓度. 平均聚合度(具体而言是数均聚合度)和平均分子量与分子数成反比关系; 这个关系已在方程(3.9)和(3.10)中表述过了. 这些说明同样适用于纯的 A—B 单体的缩聚(譬如氨基酸或羟基酸):

$$A-B \longrightarrow A-BA-BA-\cdots \quad (\text{类型 ⅰ})$$

以及等当量的 A—A 与 B—B 的缩聚(譬如乙二醇加二元酸):

$$A-A + B-B \longrightarrow A-AB-BA-\cdots \quad (\text{类型 ⅱ})$$

如果单体很纯且没有副反应, 在类型 ⅰ 的聚合中当然必须考虑 A 和 B 是等当量存在的. 在类型 ⅱ 中, 如果应用方程(3.9)和(3.10), 也需要明确提出反应物以相当的比例存在.

在线形缩聚中, 达到可能最高分子量的问题变成了端基数减少到可能最低值的问题. 正如化学反应不可能进行到绝对完成一样, 在**双官能团**缩聚中能达到的分子量一定是有限的. 在利于官能团最有效的反应条件下能得到极大的分子量. 尽管几乎任何缩合反应在原则上都适合形成缩聚物, 只有那些能非常接近完成的、基本上没有不想要的副反应的缩合反应才是生产高分子量缩聚物的合适反应. "不想要的副反应"本来是指任何能产生单官能团单元的过程, 譬如一个官能团不是被与这个过程相对应的一个基团的缩合而消耗, 而是被某个反应消耗掉了. 单官能团单元, 无论是作为杂质而引入的还是由副反应形成的, 不再能提供与其他分子缩合的链末端单元, 因此这些链末端单元限制了最大分子量的获得. 在类型 ⅱ 中任何一个超量的反应物也起到同样的效果.聚合过程中某个组分很少一点的损耗可能会产生相同的情况,然而,它可以通过定量添补损耗的组分来克服.

由于反应物的不等当、单官能团的原料或在化学计量比上的非平衡导致的分子量降低可以定量地表示如下.假定在纯单体 A—B 或是 A—A 与 B—B 等物质的量混合物中添加少量表示为 B——B 的反应物;B——B 可能,也可能不与 B—B 相同.令

$$N_A = 起始存在的基团 A 的总数$$

$$N_B = 起始存在的基团 B 的总数$$

$$r = \frac{N_A}{N_B}$$

$$p = 在反应的某个阶段已经反应的基团 A 的分数$$

单元的总数是

$$\frac{N_A + N_B}{2} = \frac{N_A(1 + 1/r)}{2}$$

链末端的总数可以表示为

$$2N_A(1 - p) + (N_B - N_A) = N_A\left[2(1 - p) + \frac{1 - r}{r}\right]$$

它一定等于分子总数的两倍.因此,数均平均聚合度为

$$\bar{x}_n = \frac{单元数}{分子数} = \frac{1 + r}{2r(1 - p) + 1 - r} \tag{3.12}$$

$r=1$ 时这个方程回归为方程(3.9).在反应完成时($p=1$)

$$\bar{x}_n = \frac{1 + r}{1 - r} \tag{3.13}$$

$$= \frac{除 B——B 外的双官能团单元的物质的量}{B——B 的物质的量} + 1 \tag{3.13'}$$

只要 r 是定义为

$$r = \frac{N_A}{N_A + 2N_{B——}}$$

相同的方程能应用于含有少量单官能团反应物 B—— 的聚合物,方程(3.13′)不需要作什么修正.其他的特殊情况也可以类似地加以处理,譬如当同时应用两种或更多类型的加成物质时.

方程(3.13)和(3.13′)强调了少量单官能团杂质或其中之一的反应物稍许超量对最后得到的分子量的明显影响.譬如,在系统中摩尔分数为 1%的外来单元将把聚合度限制在约100 个单元之内.在类型 ii 的缩聚中,某一原料组分从反应混合物中挥发掉,损失 1%,或通过在任一缩聚类型中发生的副反应损失了类似的官能团,可以明显限制可能达到的分子量.

合成缩聚物的分子量通常由化学端基测定和现有组分的化学计量法求得.如果一个官能团的量是用分析测定的,且比率 r 已知,$\bar{x}_n$ 可由方程(3.12)计算得到.r 通常尽可能保持接近1,假定在这种情况下要用方程(3.9),且 r 精确等于1,从分析测定一个端基就可计算得到平均分子量.r 对1(或任何其他假定的值)有一个给定的很小偏离将在 $\bar{x}_n$ 中引入误差(尽管在低聚合度时这个误差较小),约为 $\bar{x}_n$ 的平方.**百分**误差直接随聚合度而增加,近似为

$$r\ \text{的百分误差} \times \frac{\bar{x}_n}{2}$$

因此,在 $\bar{x}_n = 200$ 时,只要双官能团反应物 A—A 或 B—B 中的某一个有 0.1% 的损耗没有计及,就会在计算所得的分子量上引入 10% 的误差.

缩聚体系可以含有极少量的高官能度的反应物,或通过某种副反应,少量的单体可以作为更高官能度的单元进入到聚合物内①. 这些复杂情况更难以一般的方式来对待. 然而,它们通常可以通过在第 9 章中应用讨论过的非线形聚合理论来考虑. 一般说来,明显地偏向更高的官能度一定伴随着凝胶化,这一点很容易由聚合物丧失流动性或它们不能完全可溶证实.

酰胺化就特别适合用作生成聚合物的缩聚反应. 在温度 180~200 ℃ 以上时反应很快,几乎没有副反应,也不需要催化剂(事实上,并不知道有哪种合适的催化剂),过程是二级反应,所以分子量直接随反应时间增加. 在合适的条件下不难得到 20000~30000 的分子量. 这对副反应敏感的特殊聚酰胺反应物是不正确的,譬如在二胺与戊二酸反应中,戊二酰胺单元固有的不溶性将会导致分解.

如果想要羟基与羧基的酯化或羟基通过与烷酯基酯交换的酯化反应朝着完成的方向进行,则需要某个催化剂. 酸催化剂往往在高温下会引起羟基的副反应(脱水或醚化),因此使用有限. 少量像醇钠(更宜与镁合并使用)的碱性物质在高温的酯交换过程中特别有效[35]. 在有利的情况下,通过乙二醇与二元酰氯的共反应可达到快速和有效的聚酯化[36]. 譬如,以这种方法进行纯癸二醇和纯对苯二甲酰氯的反应,在几个小时里分子量就可超过 35000.

二甲基硅氧烷(由二氯二甲基硅烷水解而得)的缩聚速率快而有效. 已有报道聚二甲基硅氧烷的分子量达百万量级[37],但这些分子量非常高的聚合物显然是通过低分子量环状聚合物之一的重排,或许就是(事先小心纯化的)环八甲基四硅氧烷重排,而不是用硅烷二醇来制得的.

通常更希望的是能得到比所能达到的最大分子量小一点的缩聚物. 当然,在所需的阶段中断缩聚反应可以控制分子量,但是如此制得的聚合物分子量会在加热过程中继续变化. 为了避免这个容易发生的进一步聚合,通常的做法是使一个双官能团反应物 A—A 或 B—B 稍微过量,或添加少量的单官能团反应物,以达到分子量的"稳定化". 然后,最终的分子量受抑制的程度取决于任何一个"稳定剂"的比例,正如上面所讨论的那样.

---

①　Staudinger 及其同事们提出[34],由于存在偶发性的原酸酯的连接键:

$$\begin{array}{c} ——\text{RO} \\ ——\text{RO}—\text{C}—\text{R}'—— \\ ——\text{RO} \end{array}$$

由双官能团反应物形成的聚酯是非线形的. 这是完全不可能的,因为这些聚酯可溶,且它们在其熔融态显示出的黏度也很有限. 上面类型的连接键即使只存在很少的量,也应该能观察到凝胶化现象,至少在聚合的后期是这样.

3.6 环的形成与链式聚合

反应物的多官能度本身不足以保证聚合物的形成,反应也可以在分子内进行从而形成环状的产物.譬如,加热醇醛时会产生内酯或线形聚合物(或两者都产生):

$$HORCOOH \longrightarrow R \begin{array}{c} CO \\ | \\ O \end{array}$$

$$H\text{--}(ORCO)_x\text{--}OH$$

反应的方向取决于特定的醇酸,其次取决于反应的条件.像乳酸那样的 α-羟基酸缩聚给出产物二聚环酯、丙内酯和线形聚合物都有:

$$HOCHCOOH \longrightarrow$$

$$H\text{--}(OCH(CH_3)CO)_x\text{--}OH$$

同样,氨基酸的缩聚可以产生环状的和(或)线形的聚合物.事实上所有多官能团缩合反应物都是这样.环状单体和二聚物(或其他环状低聚物)转变为线形聚合物已在先前的章节中讨论过了.逆反应也经常发生.这样,由双官能团单体缩聚产生的不寻常环状产物和链式产物通常是可互换的,但难易程度变化很大.

通过分子内缩合得到的环的大小是支配随后的双官能团反应进程的主要因素.如果环小于 5 个原子或大于 7 个原子,在一般条件下产物将几乎完全由开链的聚合物组成;如果能生成 5 个原子的环,唯一的产物就是这种五元环;如果环是 6 个或 7 个原子的,那么环状化合物或链式聚合物或两者都有可能形成.只有在特殊的条件下才会生成大环,譬如,在高度稀释条件下进行缩聚[38],这时将降低分子内的反应概率,或存在催化剂时在真空中加热聚合物,连续不断除去由分子内环化形成的环状产物[39].

在由难以环化的双官能团单体制备环状化合物方面,高度稀释法的成功源于这样的事实,即单体环的形成在这个反应物中是单分子的,而较高聚合度的缩聚物和链式聚合物的形成是双分子的.Stoll、Rouvé 和 Stoll-Comte[40]定义了一个环化常数 C,为这两个过程中单分子速率常数 k_1 和双分子速率常数 k_2 之比率.环化速率为 k_1c,链式聚合的速率是 k_2c^2,这里 c 是反应物的浓度.实验发现环化单体与链式聚合物之比 R 与浓度成反比,与以这个方式推得的关系式

$$R = \frac{k_1}{k_2 c} = \frac{C}{c}$$

相符.环化常数 C 可由观察给定浓度 c 下两个产物的比率估算出,它提供了一个给定双官能

团化合物环化趋势的度量.

$$HO(CH_2)_{n-2}COOH \longrightarrow (CH_2)_{n-2} \begin{array}{c} O \\ | \\ CO \end{array} + H_2O$$

图 3.4 是 ω-烃基酸在苯中和存在固定浓度强酸催化剂时内酯化的 $\log C$ 对环大小 n 的作图[41]. 环化常数从五元环的极大值降到 $n=9$ 时的极小值, 后者约为前者的 10^{-5}. 然后 C 缓慢地升至另一个分布宽广的极大值($n=18$ 附近), 这时 C 约为 $n=9$ 时的 10^3 倍. 过了这个极大值, 随环单元进一步变大, C 值渐渐降低(因是半对数作图, 这一点并不明显). 图 3.5 定性描述了有催化剂时通过加热各种不同化学式的聚酯(包括碳酸乙烯酯)

$$\begin{array}{c} \cdot O(CH_2)_2O{-}CO(CH_2)_nCO \end{array}{\cdot}_x$$

形成环酯的情况[42]. 图中也显示了关于二元酸环状酸酐聚合物的相对稳定性. 不同环状化合物系列的极小值的位置并不相同, 但曲线形状类似.

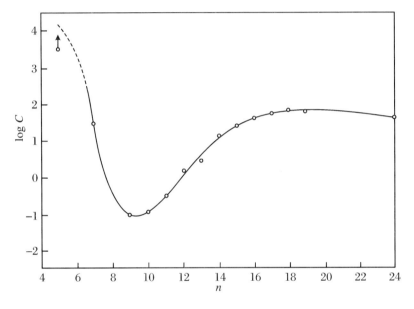

图 3.4　ω-烃基酸内酯化环化常数的对数对环的大小作图

$n=9$ 的点为极小值. (数据取自 Stoll 和 Rouvé[41])

　　用施加于键角上的张力很容易来解释为什么很难生成小于 5 个原子的环. 5 个原子的环实际上是无张力的(在对称的 5 个原子的环中键角是 $108°$). 通过非平面形式的假定(Sachse-Mohr 理论)可完全消除所有大环中键角的张力, 除非因取代基之间的空间干扰而引起的构造改变. 并且, 牵涉 7 个原子以上单元的双官能团的缩聚一般不会产生可观数量的环, 且正如图 3.4 和图 3.5 所示的那样, 即使高度稀释或在高温和真空并有催化剂存在也很难生成数目为 8～12 个原子的环.

　　考察主要由—CH_2—基团组成的环的标度模型, 可搞清楚在成环难度中这个极小值的原因. 在数目为 8～12 范围内, 将观察到众多氢原子被迫占据环内的位置, 在那里它们拥挤不堪[43,44]. 这些氢原子之间的排斥力阻止了双官能团分子有利于形成环的排列. 进一步还注意到氢原子之间的相互干扰减少了选择环构象的自由度,为了形成环状结构,键必须以一个特定的模式来排列.这个尺寸的结构单元能呈现出很多的构象,实际上它们之中的任一个都可形成聚合物链中的一个单元.因而形成闭合环所需的构象在统计上以及在能量上都是不利的[45].

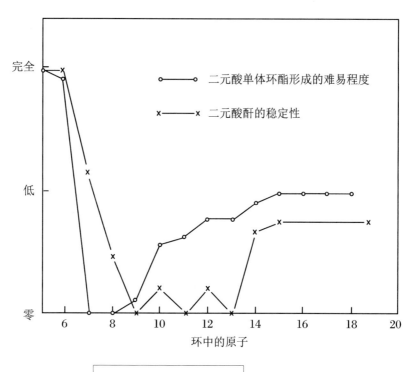

图 3.5 环酯 O(CH$_2$)$_2$O—CO(CH$_2$)$_{n-6}$—CO 形成的难易程度和环状酸酐

CO(CH$_2$)$_{n-1}$CO—O 的稳定性对环大小的作图(Spanagel 和 Carothers[42])

当环增至 12 个原子以上时,允许的环构象数也变多了,氢原子不必再拥挤留在环内[44].在这个范围内环的形成变得容易了.但是,在原来的双官能团缩聚中(没有稀释),由 12 个或更多数目(具有四面体的)单体(或二聚物)得到的主要产物几乎是清一色的线形聚合物.这个在统计上不可能的结果是由于共价键的自由内旋转,由它相连的长链原子的末端将会相遇.尽管对长链来说各种稳定的环构象都是可能的,但其他构象的总数更是巨大,即环的构象只是所有可能构象中的一小部分.统计学表明[46],非常长的长链两个末端占据彼此相邻位置的概率近似以链长或链原子数的 **3/2 次方**的倒数而变化(见第 8 章).一个分子的末端邻近另一个分子末端的概率将随它们的浓度而变化,因此是与链长的**一次方**倒数而变化.从而,当双官能团分子链变长时,分子内的反应逐渐越发不可能,实际上正如由图 3.4 中 18个原子以上的环的生成数据所指示的那样.

有理由认为,上面提出的原理能很好地解释一般条件下双官能团的缩聚,以及很好地解释少于 5 个或多于 7 个原子的单元成环为什么相对比较困难.但它们不能解释从 5 原子单元形成环状单体并完全排除线形聚合物的形成.这样,γ-烃基酸唯一缩合为如 I 那样的内酯,γ-氨基酸则给出内酰胺 II,丁二醛产生环醛 III,而碳酸乙烯酯以及甲缩醛乙二醇仅仅在环状形式的 IV 和 V 中出现[32].

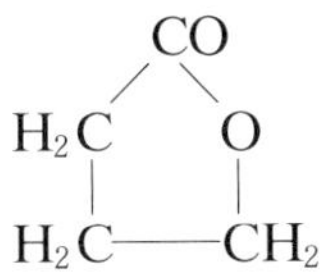

$$
\begin{array}{ccc}
\text{I} & \text{II} & \text{III}
\end{array}
$$

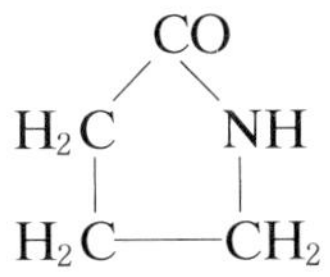

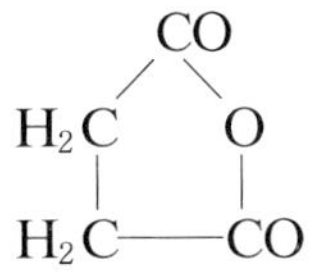

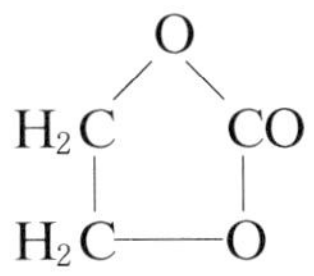

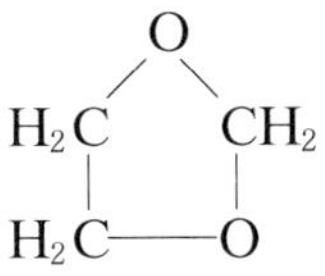

$$
\begin{array}{cc}
\text{IV} & \text{V}
\end{array}
$$

并且,这些产物比 6 个或 6 个以上链成员的线形聚合更易形成,它们对水解或其他开环反应更为稳定.

上面讨论的立体因素和构象因素表明,形成五元环应该比形成六元环或七元环更容易,但它们既不能解释分子间缩聚的完全排除,也不能解释五元单元分子内反应大得多的速率(与更大单元的分子间速率相比).进一步考虑氢的排斥作用可找出一个能部分解释这些五元环闭合的特性.氢原子在这些环的外围,因此它们彼此的排斥力最小.(在平面之字形的开链中,每个氢原子虽然从最近邻处稍稍移得远一点,但仍被比在平面环型内还要多的次近邻氢原子所包围.)

能够形成六元环或七元环的双官能团单体的缩聚变化多端,取决于特定的单体.表 3.5 列出了在没有稀释剂情况下各种单元长度为 6~7 个、具有代表性的缩聚产物.互换性这个术语指的是在环状和线形聚合物之间能可逆的转换.有好几个六元的单元(见表 3.5)特别偏爱成环,但它们中的大多数是形成环状和线形聚合物两者都有的产物,或环状物和长链产物能以任何速率轻易地相互转换.七元的单元不是本身产生线形聚合物,就是在通常条件下形成的环状单体转换为线形聚合物.

表 3.5　六元单元和七元单元的环的形成与链式聚合

类型	结构单元	双官能团缩聚产物	
		6 个成员的单元	7 个成员的单元
ω-烃基酸自酯	$-O(CH_2)_nCO-$	环状和聚合物自动相互转换[47]	主要是环,可相互转换
α-烃基酸自酯	$-OCHCO-OCHCO-$ 分别带 CH_3 侧基	线形聚合物或许是主要产物[48],很容易相互转换	
碳酸亚烃酯	$-(CH_2)_nOCOO-$	环状和线形聚合物都有,容易相互转换[47,49]	只有线形聚合物[49]
二元酸酐	$-(CH_2)_nCO-O-CO-$	只有环	线形聚合物,转换成环[50]

续表

类型	结构单元	双官能团缩聚产物	
		6 个成员的单元	7 个成员的单元
甲缩醛烷基二醇	$-(CH_2)_n OCH_2 O-$	只有环[51]	环状和线形聚合物都有，可相互转换[51]
自缩 ω-氨基酸聚酰胺	$-NH(CH_2)_n CO-$	只有环[32]	环状和线形聚合物都有，在高温时可相互转换[52]
自缩 α-氨基酸聚酰胺	$-NHCHCO-NHCHCO-$ 下带 R R	通常环状的占优，但某些线形聚合物能形成，相互转换较难	
烯化硫	$-CH_2CH_2S-CH_2CH_2S-$	线形聚合物，转换为环状有一定困难[53]	
硫化亚烃醚	$-CH_2CH_2O-CH_2CH_2S-$	线形聚合物[54]	

  羰基、氧或其他原子或原子团取代亚甲基有望用来改进成环的倾向.键角和键长只是稍有变化,但或许更为重要的是亚甲基被替代减少了起干涉的氢的数目.某些亚甲基被像氧那样体积较小的成员所取代,将极大压制五元单元分子内反应的趋向,以及减少八到十二元成环的困难.实验观察确认了后一个预言[55].

  先前的讨论仅仅适用于这样的结构单元,在这些结构单元中链的原子主要由碳以及周期表中第一列的类似的键合元素所组成.原子较大,键长也较长,键角也变,情况就有点不同了.譬如,在环状二甲基硅氧烷系列

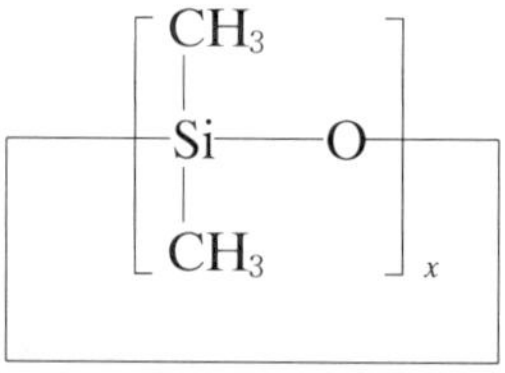

中,能以最高产率得到八元环($x=4$),而在达到平衡时只有痕量的环状三聚体(六元环)[56].只因 Si—O—Si 键角较大,后者的形成勉为其难[57],从而在少于 8 个原子的环中键角处在应变下①.与环状的碳化合物不同(见图 3.4),成环的难易程度随环的大小的增加(对 $x>4$)并不出现极小值,与 5 个和 6 个原子的碳环相反,最适宜大小的环($x=4$)不是压倒性的首选.x =4~8,每一种环的平衡丰度是环尺寸的均匀递降函数[56].Si—O 较大的键长和 Si—O—Si 较大的键角可以减轻取代基(在这里是—CH₃)之间的排斥力,而它在由—CH₂—基团组成

---

  ① 如果 O—Si—O 的键角取作 110°(毫无疑问,一定非常接近正确),为了说明六元的环状三聚体中可能的应变原因,必须假定 Si—O—Si 的键角要超过 130°.但是,Sauer 和 Mead 得到的 Si—O—Si 的键角为 160°肯定是太大了.(在一封私人通信中,L. K. Frevel 从 X 射线衍射得到的值是 130°±10°.)由此得知所有硅酮高环是褶皱的.

的环中被认为是强烈偏爱形成五元和六元环及特难形成八到十二元环的原因.二甲基硅氧烷环的丰度随环的变大(从 $x=4$ 起)而逐渐降低,也与所期望的定性结论相符.即使由于闭环概率随链长的增加在统计学上是降低的,而特殊的立构因素是次要的,这个趋势也是唯一的.

3.7　总结和结论:所有官能团的等反应性原理

缩聚反应动力学研究和不同聚合物导致链裂解的降解反应的综合结果很清楚地表明,一个官能团的化学反应性一般与它所连接的分子大小无关.只有当链是如此之短,以至于容许察觉到一个端基对其他基团的反应性有特殊的影响时,才出现例外.来自第三类聚合反应的证据,也就是聚合物链的侧取代基发生反应而不改变聚合度,也支持这个结论.譬如,聚乙酸乙烯酯的皂化速度与相同条件下乙酸乙烯酯的几乎一样[58].

在这些结果的基础上,再结合本章先前讨论的理论思考提供的保证,我们可以得出结论:**在聚合的所有阶段,每一个相同官能团的反应性都是相同的**.正如已经指出的,唯一的例外可能发生在聚合的混合物中聚合度非常低的个体中,且这些偏离通常都较小.这个**所有官能团等反应性原理**对于分析聚合物构造至关重要,因为它允许把简单的统计思维用于聚合过程中形成的、体系中现有结构单元中的键的分布问题.这个话题将在第 8 章和第 9 章中详加讨论.等反应性原理也可极大地简化聚合反应的动力学论述,因为它可以全然不顾参与聚合反应的**分子**的复杂组合.相反,比照它们连接的分子尺寸,可以把聚合过程仅仅看作是没有差异的官能团之间的反应.换句话说,不管在给定过程中所涉及分子的尺寸如何,速度系数可以认为是一样的.因此,速率表达式很容易以官能团的(而不是分子的)浓度方便地给出,且一个单一的速度系数可应用于所有牵涉到的相同化学过程的反应.

上面阐明的等反应性原理仅仅说明了所有尚未反应的相似官能团在过程**任何给定的阶段**都享有平等反应的机会.但它绝**不**表明反应性程度(即速度系数)在反应进行时必须要保持恒定.的确,已经表明在转化率从 0 到 80% 的反应进程里聚酯化速度系数是变化的.因为单酯化显示出了类似的扰动,已得出所生成的聚合物分子的尺寸不改变反应历程的结论,因此并不违反等反应性原理.

正如在本体酯化反应中观察到的,速度常数的变化只是一个例外而不是一个惯例.更受普遍关注的是伴随聚合的黏度剧增.理论和实验结果都表明这个因素一般是不重要的,除非在先前提及的极端条件下.因此,速度系数在整个聚合过程(或降解过程)中**通常保持恒定**.除了当速度系数对伴随聚合过程而出现的环境变化敏感的某些异常时,把化学动力学的一般方法应用于聚合反应和涉及聚合物分子的其他过程都是允许的.

参 考 文 献

[1] Menschutkin N. Ann. ，1879,197:220；Ber. ，1884,17:846；J. Prakt. Chem. ，1884,29(2):422,437；Ber. ，1898,31:1423.

[2] Bhide B V，Sudborough J J. J. Indian Inst. Science，1925,8A:89.

[3] Evans D P. Gordon J J，Watson H B. J. Chem. Soc. ，1938,1439.

[4] Haywood P C. J. Chem. Soc. ，1922,121:1904.

[5] Kailan A. Z. Physik. Chem. ，1913,85:706.

[6] Meyer J. Z. Physik. Chem. ，1909,66:81.

[7] Meyer J. Z. Physik. Chem. ，1909,67:257.

[8] Kirkwood J G，Westheimer F H. J. Chem. Phys. ，1938,6:506,513.

[9] Westheimer F H，Shookhoff M W. J. Am. Chem. Soc. ，1939,61:555.

[10] Westheimer F H，Shookhoff M W. J. Am. Chem. Soc. ，1940,62:269.

[11] Skrabal A，Singer E. Monatsh. ，1920,41:339.

[12] Rabinowitch E，Wood W C. Trans. Faraday Soc. ，1936,32:1381；Rabinowitch E. ibid. ，1937,33:1225.

[13] Laidler K J. Chemical Kinetics. New York：McGraw-Hill Book Co. ，1950.

[14] Goldschmidt H. Ber. ，1896,29:2208；Rolfe A C，Hinshelwood C N. Trans. Faraday Soc. ，1934,30:935.

[15] Flory P J. J. Am. Chem. Soc. ，1939,61:3334；1940,62:2261.

[16] Ivanoff N. Bull. Soc. Chim. France，1950,17(5):347.

[17] Kienle R H，van der Meulen P A，Petke F E. J. Am. Chem. Soc. ，1939,61:2258,2268；Kienle R H，Petke F E. ibid. ，1940,62:1053；1941,63:481.

[18] Flory P J. U. S. Patent 2244192,1941.

[19] Freudenberg K，Kuhn W，Dürr W，et al. Ber. ，1930,63:1510；Freudenberg K，Blomqvist G. ibid. ，1935,68:2070；Kuhn W. ibid. ，1930,63:1503.

[20] Kuhn W. Z. Physik. Chem. ，1932,A159:368.

[21] Wolfrom M L，Sowden J C，Lasseettre E N. J. Am. Chem. Soc. ，1939,61:1072.

[22] Husemann E，Schulz G V. Z. Physik. Chem. ，1942,B52:1；Schulz G V，Husemann E. ibid. ，1942,B52:23；Kleinert T，Mössmer V. Monatsh. ，1948,79:442.

[23] Schulz G V. J. Polymer Sci. ，1948,3:365.

[24] Kuhn W，Molster C C，Freudenberg K. Ber，1932,65:1179；Freudenberg K，Piazolo G，Knoevenagel C. Ann. ，1939,537:197.

[25] Scatchard G，Oncley J L，Williams J W，et al. J. Am. Chem. Soc. ，1944,66:1980.

[26] Matthes A. J. Prakt. Chem. ，1943,162:245.

[27] Flory P J. J. Am. Chem. Soc. ，1940,62:2255.

[28] Flory P J. J. Am. Chem. Soc. ，1942,64:2205；J. Chem. Phys. ，1944,12:425.

[29] Brubaker M M, Coffman D D, McGrew F C. U. S. Patent 2339237,1944; Beste L F, Houtz R C. J. Polymer Sci. , 1952,8:395.

[30] Stern M D, Tobolsky A V. J. Chem. Phys. , 1946,14:93.

[31] Patnode W, Wilcock D F. J. Am. Chem. Soc. , 1946,68:358; Scott D W. ibid. , 1946,68:2294.

[32] Carothers W H. Chem. Revs. , 1931,8:353.

[33] Carothers W H, Hill J W. J. Am. Chem. Soc. , 1932,54:1559.

[34] Staudinger H, Berndt F. Makromol. Chem. , 1947,1:22.

[35] Whinfield J R. Nature, 1946,158:930; Brit. Patent 578079,1946.

[36] Flory P J, Leutner F S. U. S. Patents 2589687 and 2589688,1952.

[37] Barry A J. J. Applied Phys. , 1946,17:1020; Scott D W. J. Am. Chem. Soc. , 1946,68:1877.

[38] Ruggli P. Ann. , 1912,392:92; Ziegler K, et al. Ann. , 1933,504:94; 1934,513:43; Salomon G. Helv. Chim. Acta, 1934,17:851.

[39] Hill J W, Carothers W H. J. Am. Chem. Soc. , 1933,55:5031; 1935,57:925; Spanagel E W, Carothers W H. ibid. , 1935,57:929; 1936,58:654.

[40] Stoll M, Rouvé A, Stoll-Comte G. Helv. Chim. Acta, 1934,17:1289.

[41] Stoll M, Rouvé A. Helv. Chim. Acta, 1935,18:1087.

[42] Spanagel E W, Carothers W H. J. Am. Chem. Soc. , 1935,57:929.

[43] Stoll M, Stoll-Comte G. Helv. Chim. Acta, 1930,13:1185.

[44] Carothers W H, Hill J W. J. Am. Chem. Soc. , 1933,55:5043.

[45] Salomon G. Trans. Faraday Soc. , 1938,34:1311; Bennett G M. ibid. , 1941,37:794.

[46] Jacobson H, Stockmayer W H. J. Chem. Phys. , 1950,18:1600.

[47] Carothers W H, Dorough G L, Van Natta F J. J. Am. Chem. Soc. , 1932,54:761.

[48] Van Natta F J, Hill J W, Carothers W H. J. Am. Chem. Soc. , 1934,56:455.

[49] Carothers W H, Van Natta F J. J. Am. Chem. Soc. , 1930,52:314.

[50] Hill J W. J. Am. Chem. Soc. , 1930,52:4110.

[51] Hill J W, Carothers W H. J. Am. Chem. Soc. , 1935,57:925.

[52] Carothers W H, Berehet G J. J. Am. Chem. Soc. , 1930,52:5289.

[53] Mansfeld W. Ber. , 1886,19:696.

[54] Patrick J C. Trans. Faraday Soc. , 1936,32:347; Martin S M, Jr, Patrick J C. Ind. Eng. Chem. , 1936,28:1144.

[55] Ziegler K, Holl H. Ann. , 1937,528:143.

[56] Scott D W. J. Am. Chem. Soc. , 1946,68:2294.

[57] Sauer R O, Mead D J. J. Am. Chem. Soc. , 1946,68:1794;Roth W L. ibid. , 1947,69:474; Acta Krist. , 1948,1:34; Aggarwal E H, Bauer S H. J. Chem. Phys. , 1950,18:42.

[58] Lee S, Sakurada I. Z. Physik. Chem. , 1939,A184:268.

第 4 章　不饱和单体的自由基聚合

　　不饱和单体转化为高分子量聚合物的过程具有典型链式反应的特征. 它们易受催化、光活化和阻聚的影响. 在液相中光活化聚合的光量子产率,即每吸收一个量子导致单体分子聚合的数目,可达 10^3 量级或更多[1]. 一些阻聚剂的效率也有类似的量级,一个阻聚剂分子可阻止几千个正在聚合的单体分子[2].

　　所谓的烯类聚合的其他共同特性表明,在整个增长阶段动力学链的活化中心都由单个的聚合物分子所持有. 这样,如在第 2 章所指出的,部分聚合的混合物就由高分子量聚合物和还没变化的单体所组成,几乎没有任何成分在增长的中间阶段. 事实上,在一开始,甚至在转化率只有开头的几个百分点期间里形成的聚合物,其分子量与聚合过程后期聚合物聚集体中聚合物分子的分子量相比已不相上下[3]. 我们立即就明白,在单个聚合物分子已长成时,大多数单体还保持不变. 相反,如果负责实现单体到聚合物转变的活化中心几乎每一步都没有差别地从一个分子转移到了另一个分子,那么在过程的所有阶段,所有的分子种类都将参与其他种类的化学结合. 那时,所有聚合物分子差不多同步生长,像二聚体、三聚体和四聚体那样较小的种类在聚合的早期将会非常普遍,且随聚合过程的进行它们的尺寸将会增加. 不仅一般无法觉察到这种性质的中间体,并且在苯乙烯的情况中,已知的二聚体和三聚体本身对进一步聚合也相当抗拒[4].

　　由以上这些考虑,再结合所生成的极高分子量聚合物这一事实,必然会导致结论:一个给定的分子是从产生一种或另一种活性中心出发,由连续的**单个**链式过程一步一步形成的. 显然,活性中心以某种方式通过一个生长着的聚合物链在每一次加成中从一个单体分子转移到下一个而保持下来. 单个聚合物分子的生长过程一定只占全部转变所需时间的很小一部分,且这样得到的聚合物分子不会对聚合过程后期的进一步生长有什么影响(这是有条件的,见第 6 章).

　　下述最早由 Taylor 和 Bates[5] 提出的用来解释气相中自由基导致乙烯聚合的自由基链式机理,以及由 Staudinger[6] 独立提出的液相聚合的自由基链式机理,能解释上面烯类聚合的一般特征.

$$R \cdot \xrightarrow{+ \ CH_2=CHX} R-CH_2-\underset{\displaystyle X}{CH} \cdot$$

$$\xrightarrow{+ \ CH_2=CHX} R-CH_2-\underset{\displaystyle X}{CH}-CH_2-\underset{\displaystyle X}{CH} \cdot \longrightarrow \cdots \tag{4.1}$$

这里 X 是取代基,可以是 C_6H_5、Cl、Br、$OCOCH_3$、$COOCH_3$ 或 H. 当然,也包括像二氯乙烯

或甲基丙烯酸甲酯的双取代的单体.链增长阶段一定包含有攻击单体双键碳原子之一的自由基.双键成对的电子中的一个与自由基的单个电子在自由基与这个碳原子之间形成了一个价键;双键上剩余的一个电子移到其他的碳原子上,然后就变成了一个自由基.活性中心就以这种方式唯一地转移到了新加的单体上,由此出现了加成另一个单体的能力,如此等等.像所有的链式反应一样,整个聚合至少包括了另两个过程:**链引发**,按上面的意思,它一定与把自由基引入系统的反应有关;以及**链终止**,即消灭正在生长的链末端自由基,或使其失去活性.这些过程的本性依赖于所应用的条件,一般说来它们比增长过程更说不清楚.

已证明,一批能产生自由基的物质对于苯乙烯、甲基丙烯酸甲酯、丁二烯和乙酸乙烯酯这些典型烯类单体的聚合是强有力的促进剂.大多数通用的引发剂(常常被看作是催化剂,但并不确切)是有机过氧化物,像过氧化苯甲酰.它们在 $50\sim100\ ℃$ 的温度缓慢分解,释放出自由基如下[7-9]:

$$(RCOO)_2 \longrightarrow 2RCOO\cdot \longrightarrow 2R\cdot + 2CO_2 \tag{4.2}$$

像叔丁基过氧化氢$(CH_3)_3COOH$那样的有机过氧化氢化物,通过它们分解时作为初级中间体而形成的自由基的作用,也能引起烯类单体的聚合.在一定温度下,下述化合物或某一类化合物经历缓慢的热分解,其机理被认为是涉及释放自由基的,也是有效的聚合引发剂:

N-亚硝基酰基苯胺[10]:

$$C_6H_5\text{—}\underset{\overset{|}{NO}}{N}\text{—}CO\text{—}R \longrightarrow C_6H_5\cdot + N_2 + R\text{—}\overset{O}{\overset{\|}{C}}\text{—}O\cdot \longrightarrow R\cdot + CO_2$$

p-溴苯重氮基羟化物[11]:

$$BrC_6H_4\text{—}N{=\!=}N\text{—}OH \longrightarrow BrC_6H_4\cdot + N_2 + HO\cdot$$

三苯甲基偶氮苯[12]:

$$(C_6H_5)_3C\text{—}N{=\!=}N\text{—}C_6H_5 \longrightarrow (C_6H_5)_3C\cdot + N_2 + C_6H_5\cdot$$

如偶氮双异丁腈那样的脂肪族偶氮双腈[13,14]:

$$(CH_3)_2\underset{\overset{|}{CN}}{C}\text{—}N{=\!=}N\text{—}\underset{\overset{|}{CN}}{C}(CH_3)_2 \longrightarrow (CH_3)_2\underset{\overset{|}{CN}}{C}\text{—}N{=\!=}N\cdot + \cdot\underset{\overset{|}{CN}}{C}(CH_3)_2$$

$$\longrightarrow (CH_3)_2\underset{\overset{|}{CN}}{C}\cdot + N_2$$

在许多更为近期的动力学研究中,不用过氧化苯甲酰而选用最后一个提及的化合物,主要是基于它能从像自由基引起分解这样的副反应中解脱出来而自由分解(见 78 页).它也充当近紫外辐射下的光引发剂,吸收光子后离解为自由基.100 ℃ 下稀溶液中的四苯基琥珀腈能**可逆地**离解为自由基:

$$(C_6H_5)_2\underset{\overset{|}{CN}}{C}\text{—}\underset{\overset{|}{CN}}{C}(C_6H_5)_2 \rightleftharpoons 2(C_6H_5)_2\underset{\overset{|}{CN}}{C}\cdot$$

离解度很小,但二苯基甲氰自由基能有效地导致苯乙烯聚合[15].甲基自由基或氢原子引起烯类单体在气相中聚合[16].过氧化氢在有亚铁离子时能通过产生羟基自由基(按 Haber-Weiss 提出的机理)引发在液相中的聚合,或在水乳液中的聚合:

$$H_2O_2 + Fe^{2+} \longrightarrow HO^- + Fe^{3+} + HO\cdot$$

自由基机理最终和确凿的证据是在聚合物中检测出引发剂的自由基碎片.譬如,用溴代过氧化苯甲酰制得的聚苯乙烯和聚甲基丙烯酸甲酯都含有溴,反复再沉淀也不能从聚合物中除去[18].溴苯基和溴苯甲酸酯基团都攻击聚合物链[19],它们的比例与聚合条件多少有点关系[20].这样,过氧化物分解的初级产物苯甲酸酯自由基和由它失去二氧化碳而形成的苯基自由基都能引发聚合物链.由 N-亚硝基酰基苯胺[10]得到的碎片同样与用它做引发剂制得的聚合物中的是一样的.像含[35]S 的过硫酸钾或含[14]C 的偶氮二异丁腈那样的放射性引发剂生成的聚合物,其放射碎片的浓度能定量地用放射化学的技术测定.正如按自由基产生机理所预言的那样,在液态介质中用过氧化氢和亚铁离子制备的聚甲基丙烯酸甲酯[17]和聚苯乙烯[28]含有羟基端基.一般发现自由基碎片约以每分子一个或两个的近似比率存在[17,18,21—24](见 4.1.3 小节).

尽管所有人试图寻找引发不饱和单体聚合的反应性自由基的来源,但所有引发剂都是自由基产物这个说法并不对.例如,像对电子有很强亲合力特征的 $AlCl_3$、BF_3 和 $SnCl_4$ 等强酸(Lewis 酸)能引起某些单体很快聚合.这些聚合也以链式机理进行.在这种情况中,增长中心是带正电的离子——碳正离子,它与自由基中心不同,后者不存在奇数电子.另外,链增长机理也类似.自由基链再生的特征被保留着,随着每一次单体的加成,一个新的碳正离子中心接替了加上了单体的前面那个,与在反应(4.1)中一模一样.碱金属及其盐以及某些烷基金属诱导了类似的**阴离子**聚合.在这种情况下,增长中心具有一对独享的电子,把一个单一的净负电荷给了末端的碳.离子聚合将在下一章中讨论,当前唯一关注的是自由基聚合中的反应机理和它们的动力学解释.这里形成的许多概念也能用于离子聚合.

4.1 单体到聚合物的转化

4.1.1 引发剂存在时聚合的动力学模式

可以认为链引发过程包括两步.第一步是引发剂(譬如,过氧化苯甲酰或偶氮二腈)I 的分解:

$$I \xrightarrow{k_d} 2R\cdot \tag{4.3}$$

第二步是单体 M 加成到**初级**自由基 R·上得到链自由基:

$$R\cdot + M \xrightarrow{k_a} M_1\cdot \tag{4.4}$$

由烯类单体形成的加成物是

$$R—CH_2CH\cdot \atop | \atop X$$

,这里表示为 M·.因为自由基具有奇数个电子,它们将成对地形成,按反应(4.4),它们中任一个或两者都可以引发聚合.但是,不是所有以步骤(4.3)释放的自由基必定按步骤(4.4)产生链自由基,它们中的一些会通过副反应而损耗掉.

按反应(4.1),单体连续地加成到 $M_1 \cdot$ 以及其后续者上和聚合物分子的增长可以表示为

$$M_1 \cdot + M \xrightarrow{k_p} M_2 \cdot$$

$$M_2 \cdot + M \xrightarrow{k_v} M_3 \cdot$$

或更一般地表示为

$$M_x \cdot + M \xrightarrow{k_p} M_{x+1} \cdot \tag{4.5}$$

与前一章中的结论一致,假定自由基的反应性与链长无关,那么每一个增长的步骤都有相同的反应速率常数 k_p.

在一成对的链自由基之间的双分子反应导致了活性中心的湮灭.两个明显的过程是链的**偶联**(或结合):

$$-CH_2CH \cdot + \cdot CHCH_2- \longrightarrow -CH_2CH-CHCH_2- \tag{4.6}$$

和通过氢原子的转移而发生的**歧化**:

$$-CH_2CH \cdot + \cdot CHCH_2- \longrightarrow -CH_2CH_2 + CH=CH- \tag{4.6'}$$

每个聚甲基丙烯酸甲酯和聚苯乙烯分子中两个羟基的每一个都能用过氧化氢-亚铁引发体系在水相中聚合,化学分析和平均分子量的测定确定了羟基的存在.用放射性[14]C 标记的偶氮二异丁腈聚合得的聚甲基丙烯酸甲酯表明,以每个分子对应两个的比率含有自由基片段 $(CH_3)_2C-$ (CN)[22]①.用含放射性同位素[35]S 的过硫酸钾乳液聚合而得聚苯乙烯的类似研究也显示每个分子有两个引发剂残余[21].结论是在链终止过程中偶联是支配性的,而发生歧化的程度充其量是很小的,这些观察为这个结论提供了直接的证据.虽然可能更容易得到错误的解释,但通过详细分析速率和聚合度的动力学数据也得出了相同的结论[25-27].在这一点上[25]有趣的是 α-烷基取代的苄基自由基只有发生偶联而没有歧化的证据[28].并且,在气相和适度的温度下乙烯基结合起来产生丁烷,只有很少一部分歧化而形成乙烯和乙烷[29].

为了动力学分析的目的,终止阶段可以写为

$$M_x \cdot + M_y \cdot \xrightarrow{k_{tc}} M_{x+y} \tag{4.7}$$

---

① 最近 Bevington、Melville 和 Taylor 在斯德哥尔摩国际理论与应用化学联合会 1953 年大分子学术报告会上报告了用[14]C 标记的偶氮二异丁腈形成的聚合物的引发剂片段数目的精确化学计量学测定.在 25 ℃下的苯乙烯聚合的情况中,他们发现每一个聚合物分子有两个片段,表明是偶联导致的终止;而甲基丙烯酸甲酯中平均是 1.2 个.后者的结果表明在这个情况中因歧化而终止在数量上占优.

如歧化不能忽略,我们也可写成

$$M_x \cdot + M_y \cdot \xrightarrow{k_{td}} M_x + M_y \qquad (4.7')$$

这里 M_x、M_y 和 M_{x+y} 代表的是由其下标所示单元数的没有活性的聚合物分子①.在很多时候,不管是偶联还是歧化占优,重要的是单独终止过程的双分子本质.因此我们将用 k_t 来表示终止的速率常数,除非希望特别强调涉及另一种双分子过程.奇数电子的自由基的湮灭一定是通过成对的反应发生的,根据同样的理由,它们一定是成对地生成的;只有以这种方式才有可能湮灭它们,而不再生成维持自由基特征的其他具有奇数电子的分子.当然,通过与其他分子反应,或通过某种令人信服的内部重排,链自由基可以转变为如此低活性的自由基,或被如此低活性的自由基所取代,来避免单体的进一步加成.对链自由基这种变化有影响的物质合起来成为一个叫阻聚剂的类别,容在后面讨论.暂且我们认为它们并不存在,因此自由基活性中心的湮没仅发生在双分子的对子之间.

方程(4.3)~(4.5)和(4.7)描述了遵从一般动力学处理形式的自由基引发聚合的机理.按方程(4.3)和(4.4),链自由基的引发速率可以写成

$$R_i = \left(\frac{d[M \cdot]}{dt}\right)_i = 2fk_d[I] \qquad (4.8)$$

这里 $[M \cdot]$ 代表所有的链自由基(不管它们的尺寸大小)的总浓度,而 $(d[M \cdot]/dt)_i$ 表示方程(4.4)那一步的速率.引发剂的浓度为 $[I]$,k_d 是每个分子分解为两个自由基 $R \cdot$ 的速率常数,因子 f 表示的是按方程(4.4)引发链的这些初级自由基的分数.当 f 接近 1 时,引发速率 R_i 应与单体浓度 $[M]$ 无关.但是,如果通过其他反应使很大部分的初级自由基趋于消失,分数 f 会随单体浓度而增加,这样引发速率应该与 $[M]$ 有关.效率通常与 $[M]$ 几乎无关,从而可简化动力学处理(见下述).

有机过氧化物和过氧化氢通过自诱导自由基链机理而部分分解,自动分解释放的自由基攻击过氧化物的其他分子[7,8].进攻的自由基与一部分过氧化物分子结合,同时释放出另一个自由基.因为引发所需的初级自由基数目是不变的,净结果是损耗了一个过氧化物分子.我们需要的速度常数 k_d 只是指自动分解的速率,并不是包括链分解的贡献或诱导分解的贡献在内的总分解速率.诱导分解通常用分解过程对一级反应动力学的偏离和速率对溶剂的依赖性来表示,特别是当它能聚合的单体组成时.常数 k_d 可以通过存在阻聚剂(它破坏自由基链载体)时的动力学测定独立地估算出.脂肪族的偶氮二腈不易诱发分解,在这一点上比过氧化苯甲酰还好.

无论是按方程(4.7)还是方程(4.7'),链终止的速率都可写为

$$R_t = -\left(\frac{d[M \cdot]}{dt}\right)_t = 2k_t[M \cdot]^2 \qquad (4.9)$$

这里加上因子 2 是因为每发生一个终止反应有两个自由基消失.在所有正常的条件下,将假定链自由基浓度是这样一个值,它们消失的速率等于它们生成的速率.因此,在这个"静态"

---

① 涉及链自由基和初级自由基之间反应的终止可以忽略,因为初级自由基的起始浓度由于它们按反应(4.4)快速地与单体反应而将保持在一个非常低的水准.

中,$R_t = R_i$,按方程(4.8)和(4.9)有

$$[M\bullet] = \left(\frac{fk_d[I]}{k_t}\right)^{\frac{1}{2}} \tag{4.10}$$

它表示链自由基的静态浓度.增长步骤(4.5)的速率是

$$R_p = k_p[M][M\bullet] \tag{4.11}$$

代入方程(4.10)得

$$R_p = k_p\left(\frac{fk_d[I]}{k_t}\right)^{\frac{1}{2}}[M] \tag{4.12}$$

因为相比于在增长步骤(4.5)中消失的那些,在步骤(4.4)中反应的单体分子数目可忽略不计,只要链很长,R_p 也可以近似(这个近似原先是被忽略的)被确定为聚合的速率,即

$$-\frac{d[M]}{dt} = R_p$$

因此,我们将用 R_p 来代表聚合速率以及增长速率.按方程(4.12),聚合速率应该随引发剂浓度的平方根而变化.如果 f 与单体浓度无关(如果 f 接近 1,这肯定是对的),那么单体转化为聚合物将是单体浓度的一级(反应).另一方面,如果 f 比 1 小很多,那么它将依赖于单体的浓度;在非常低效的极端情况,f 有望直接随[M]而变化,因此链自由基浓度变成正比于[M]$^{1/2}$,聚合速率应该是单体浓度的 3/2 次方关系.

只要用有效照射吸收强度 I_{abs}(单位取每秒每升吸收的(爱因斯坦)光量子的物质的量)代替 $k_d[I]$ 就可以在光化学聚合中采用前述的反应格式.此外因子 f 就解释为链引发光量子产率,即每吸收一个光量子产生的链自由基对的数目.让我们首先考虑单体直接吸收有效照射的情况.如果只吸收一小部分光①,I_{abs} 将正比于照射光强 I_0 和单体的浓度,即 $I_{abs} = \varepsilon I_0[M]$,这里 ε 是有效照射的摩尔吸收系数.一旦方程(4.12)中的 $k_d[I]$ 用 I_{abs} 替代,该条件下速率表达式变为

$$R_p = k_p\left(\frac{f\varepsilon I_0}{k_t}\right)^{\frac{1}{2}}[M]^{\frac{3}{2}} \tag{4.13}$$

这样,速率应该正比于单体浓度的 3/2 次方和入射强度的平方根.

如果照射被感光剂所吸收,感光剂分解为光活化的自由基,或以某种不一样的方式实现引发,那么对浓度很小的感光剂,有 $I_{abs} = \varepsilon c_s I_0$.速率表达式也类似于方程(4.12),$R_p$ 正比于 $c_s^{1/2}$ 和 $I_0^{1/2}$.

4.1.2　引发速率对引发剂浓度和单体浓度的依赖关系

所预言的聚合速率与引发剂浓度平方根之间的比例关系已为多对单体-引发剂的大量实验测定所确认②.甲基丙烯酸甲酯和苯乙烯引发聚合的速率对引发剂浓度的对数作图见图 4.1.所画斜率为 1/2 的直线就是理论给出的.引发剂浓度在两个量级的范围内都有非常

---

① 如果在通过反应室时大部分光都被吸收,I_{abs} 将在通过池时发生变化,不均匀的条件将占上风,不可能有整体动力学的简单分析.

② 更为详细的参考书目见后面的文献[30]103 页.

好的相符.Mayo、Gregg 和 Matheson 在 60 ℃ 下用过氧化苯甲酰使苯乙烯聚合时,在最低过氧化苯甲酰浓度出现了与平方根关系的偏差(图 4.1 中的线 2),明显是自引发或热引发的贡献所致.用过氧化苯甲酰引发的乙酸乙烯酯在苯中聚合[32]的引发速率和 d-仲丁基 α-氯代丙烯酸酯在二氧六环中聚合的引发速率[33]以及用偶氮二异丁腈引发苯乙烯聚合的引发速率[27]都精确地正比于引发剂浓度的平方根.Arnett[20]进一步证明,在相同浓度和温度下用不同的脂肪族偶氮二异丁腈引发甲基丙烯酸甲酯的聚合速率在偶氮二异丁腈浓度变化超过百倍的范围内正比于分解速率常数 k_d 的平方根.这些观察具体确认了终止过程的双分子本质,因为从方程(4.10)和(4.12)的导出就很明显了.附加的支持还来自于观察到乙酸乙烯酯[34,35]和甲基丙烯酸甲酯[36]直接光聚合时的速率与照射强度平方根之间的正比关系(见方程(4.13)).

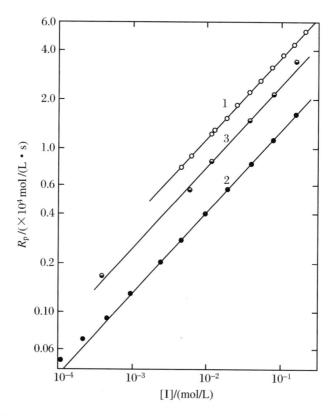

图 4.1 引发聚合速率 R_p(单位是 mol/(L·s))对引发剂浓度[I](单位是 mol/L)的双对数作图

直线 1:50 ℃ 下甲基丙烯酸甲酯用偶氮二异丁腈引发[25].直线 2:60 ℃ 下苯乙烯用过氧化苯甲酰引发[25].直线 3:50 ℃ 下甲基丙烯酸甲酯用过氧化苯甲酰引发[31].

表 4.1 是在引发剂浓度一定时,苯乙烯在苯中和甲基丙烯酸甲酯在同一种溶剂中不同浓度时聚合的引发速率与单体浓度的关系数据.如果初级自由基的使用效率 f 与单体浓度无关,最后一列中的量 $R_p/[I]^{1/2}[M]$ 应该是常数(见方程(4.12)).对于甲基丙烯酸甲酯的偶氮引发剂,在这些数据显示出的异常小的实验误差范围内,这的确是真的.甲基丙烯酸甲

酯与过氧化苯甲酰的结果表明,在稍宽的范围内 f 可能随稀释会有小小的下降. f 随稀释的确切下降为苯乙烯与过氧化苯甲酰所证明,Schulz 和 Husemann[38] 在他们(同一体系,27 ℃,甲苯中)的早期工作中也发现过类似的趋势.在二氧六环溶液中由过氧化苯甲酰引发 d-仲丁基 α-氯代丙烯酸酯的聚合也观察到(用旋光测定法)对单体浓度的精确正比关系[33,39].

表 4.1　聚合引发速率与单体浓度的依赖关系

[M]/(mol/L)	[I]/($\times 10^{-3}$ mol/L)	引发速率 R_p/($\times 10^{-4}$ mol/(L·s))	$R_p/[I]^{1/2}[M]$ /($\times 10^{-4}$)
77 ℃下甲基丙烯酸甲酯在苯中用偶氮二异丁腈(Arnett[20])			
9.04[a]	0.235	1.93	14.0
8.63	0.206	1.70	13.7
7.19	0.255	1.65	14.4
6.13	0.228	1.29	14.0
4.96	0.313	1.22	13.9
4.75	0.192	0.937	14.3
4.22	0.230	0.867	13.6
4.17	0.581	1.30	13.0
3.26	0.245	0.715	14.0
2.07	0.211	0.415	13.8
50 ℃下甲基丙烯酸甲酯在苯中用过氧化苯甲酰(Schulz 和 Harborth[37])			
9.44[a]	41.3	1.66	0.87
7.55	41.3	1.31	0.86
5.66	41.3	0.972	0.85
3.78	41.3	0.674	0.88
1.89	41.3	0.334	0.81
0.944	41.3	0.153	0.80
60 ℃下苯乙烯在苯中用过氧化苯甲酰(Mayo 等[25])			
8.35[a]	4.00	0.255	0.48

$[M]/(mol/L)$	$[I]/(\times 10^{-3}\ mol/L)$	引发速率 $R_p/(\times 10^{-4}\ mol/(L \cdot s))$	$R_p/[I]^{1/2}[M]/(\times 10^{-4})$
60 ℃下苯乙烯在苯中用过氧化苯甲酰(Mayo 等[25])			
5.845	4.00	0.1734	0.47
3.339	4.00	0.0930	0.44
0.835	4.00	0.01855	0.35
0.418	4.00	0.00838	0.32

a   未稀释单体的浓度.

4.1.3 引发剂效率

在好几个实例中都观察到严格遵守一级反应动力学(相对于单体),表明初级自由基的利用效率与稀释无关.从这一观察结果可以推断效率或许接近 1.在动力学指出 f 随稀释降低的其他情况下,这个降低也是相当小的,对于未稀释的单体效率很接近 1 是不能被排除的.

已证实还有好几个其他方法测定效率 f.最直接的方法依赖于聚合物引发剂片段的定量分析,然后把这些片段与所分解的引发剂作比较.Evans 先前做过的关于溶液中用过氧化氢和亚铁离子使苯乙烯聚合的工作表明[23],不仅如此形成的聚合物的每个分子含有两个羟基,并且在聚合物中羟基的物质的量与过氧化物分解的物质的量非常接近.因为按Haber-Weiss 机理,每分解一个过氧化物分子就释放一个羟基自由基,表明效率接近于 1.Arnett 和 Peterson[22]用 ^{14}C 标记偶氮二异丁腈,并把放射性的聚合物含量与聚合过程中引发剂消失的量进行比较,测定了引发剂的效率.甲基丙烯酸甲酯、乙酸乙烯酯、苯乙烯、氯乙烯和丙烯腈的引发效率处于 0.6~1.0 范围内,依次递增.该方法隐含的假设是引发剂专门以自发机理分解,引发剂诱导分解的消耗可忽略不计.偶氮腈的分解也是这样的.另外,必须用一些方法测定聚合条件下致使引发剂分解的比例,并从分解的引发剂总量中扣除它们.

直接定量测定与聚合物结合的引发剂碎片的数目只在相当例外的情况才切实可行,一般更为有用的方法是用适当的方法测定分子量①.那么,假定过程是偶联终止,就可计算聚合物分子的数目,结合在一起的初级自由基的数目为分子数的两倍.在接受这个计算结果前,必须弄清楚除链引发外没有什么其他过程会产生可察觉的链末端.正如马上将显示的,链转移反应通常是形成聚合物中相当一部分链末端的原因.因此必须引入合适的修正来增

---

①   需要的是数均分子量.这可以直接从对像渗透压这样的稀溶液依数性的测定中得到(见第 7 章).更为方便的是建立一个渗透压分子量与稀溶液黏度(即所谓的特性黏数)的经验关系式,这样从测定特性黏数对聚合产物的黏度依赖关系来估算分子量.

加由链转移过程产生的分子数.这个估算 f 的方法的应用将在 4.2.3 小节中呈现.这里要提一下,这样得到的在未稀释的苯乙烯和甲基丙烯酸甲酯中,过氧化苯甲酰的效率在 $0.6\sim1$ 的范围里[27],与其他观察到的指标相符.对偶氮腈引发的甲基丙烯酸甲酯聚合物分子量数据的分析得到的效率比 0.5 稍大一点[26],与更为直接的 ^{14}C 示踪法得到的结果相符(见表 4.2).

第三种测定效率的方法依赖于某些阻聚剂(已证明它们与自由基链的反应是按化学计量比进行的)的使用(见 4.4 节).稳定自由基 2,2-二苯基-1-苦基肼就是乙酸乙烯酯[40]和苯乙烯[41]的阻聚剂,每一个链自由基消耗一个阻聚剂分子.当把极少量的这种阻聚剂加到含有过氧化苯甲酰的乙酸乙烯酯时,在所有阻聚剂几乎都为由引发剂分解产生的链自由基消耗完前,都没探测到有聚合发生[40].正如从它的非诱导分解速率,即 $2k_d$ 计算得到的物质的量一样,在阻聚阶段引发剂释放出来的自由基的物质的量等于所添加的阻聚剂的物质的量(在估算前一个量的实验误差范围内).在 30 ℃ 和 60 ℃ 下由偶氮腈引发的苯乙烯聚合类似的阻聚中,由引发剂释放的自由基数目计算值(即 $2k_d$)与 2,2-二苯基-1-苦基肼自由基数目相符(在 10% 范围之内)[41].为对乙酸乙烯酯和苯乙烯在合适环境下引发的自由基数目"计数",也可以使用四甲基对苯醌[40]和苯醌[42](尽管反应性不如苦基肼).每一个阻聚剂分子消耗一个链自由基(见 4.4.1 小节),所得结果同样致使乙酸乙烯酯的效率接近 1.苯醌对甲基丙烯酸甲酯[43]不是一个定量的有效阻聚剂,对苯乙烯[44]的**热聚合**也不是(在那里自由基的浓度非常低).

作为一种测定速率(或是由引发剂,或是以这样的速率由光照把链自由基引入到体系中)的手段,阻聚剂方法有广泛的用途.但是,基于一些阻聚剂可能被初级自由基所消灭,实际上链自由基与初级自由基也没什么区别,即使不存在阻聚剂,一些初级自由基也不会引发链反应,从而有了以此为借口的批评.在阻聚剂浓度非常低($10^{-4}\sim10^{-3}$ mol)的场合,这样的事情不太可能发生.单体浓度至少是阻聚剂浓度的 10^4 倍,然而,初级自由基加成到单体上的反应速率常数可能仅为与阻聚剂结合的反应速率常数的 $10^{-2}\sim10^{-3}$.因此即使存在阻聚剂,可以预期大多数初级自由基将与单体反应,阻聚剂的作用主要是限制非常短的链自由基的终止[42].

让我们以过氧化苯甲酰为例更详细地考虑引发机理.假定如先前的反应(4.2)所指示的那样,一开始分解为苯(甲)酰自由基.由于分子在液态中的运动受限,溶液中形成的一对自由基在它们扩散分离前可能会在各自周围的分子组成的"笼子"中振摆很多次[45].这样,在其存活时间段里,它们作为中间的近邻很可能与原先的分子发生重建再结合.那么分解速率将不仅取决于引发剂分裂成为自由基的速率,也与它们随后扩散分开的速率有关.当然成对的苯(甲)酰自由基也可能复合来产生分解产物,即苯甲酸苯酯和二氧化碳,而不是反应物.

根据这个想法,分解可以示意如下:

$$(C_6H_5COO)_2 \underset{(a')}{\overset{(a)}{\rightleftharpoons}} [2C_6H_5COO\cdot] \overset{(b)}{\longrightarrow} [C_6H_5COOC_6H_5 + CO_2]\ 或其他产物$$

$$(c)\ \updownarrow\ (c')$$

$$C_6H_5COO \cdot + C_6H_5COO \cdot$$

$$(d) \downarrow$$

$$C_6H_5 \cdot + CO_2$$

其中括弧里的是剩余在最初苯(甲)酰自由基"笼子"里的物质.其他引发剂的分解也可以用相应的示意图表示.(自由基导致的分解已被忽略.)如果每次碰撞时都发生自由基的复合,复合的速率(步骤 a′)将是 10^{13} s^{-1}.这是极不可能的.从聚合物链自由基终止速率常数(见4.3.2 小节)来判定,更为可能的近邻自由基复合速率值是在 10^9 s^{-1} 的量级,或近邻自由基对的平均寿命可能合理的量级为 10^{-9} s.逃出笼子的扩散估计以碰撞速度的很小的倍数——或许小于 10^{-2} 或 10^{-3}——发生.所以作为第一个近邻的自由基对存在的平均持续时间应为 $10^{-11} \sim 10^{-10}$ s.因此扩散是比复合更为迅速的过程,尽管这不可能总是真的.在一个"单跳"出起始的笼子后,自由基对仍然有相当大的概率回到相邻的位置(步骤 c′),这样将再一次有复合的可能.在两次或更多次跳离后就再不可能相遇了,切实保证存在有分离的自由基对.但在它们完全丧失作为成对的身份前,即在溶液中它们分离的间距等于到其他自由基的平均距离以前,已有约 10^6 次跳跃发生了(对聚合过程或引发剂分解实验中通常使用的自由基浓度,即约 10^{-8} mol,最邻近的自由基平均间距约为 10^4 Å).从自由基与起始伴侣的分离到它与另一个自由基无规复合的时间段里(约为秒的量级),其中一个或它们两者或许将失去二氧化碳.因而,由不同引发剂分子产生的自由基的复合通常意味着分解产物的产生而不是过氧化物分子的复原.类似的考虑也应适用于其他引发剂.

存在单体时,步骤 c 释放的自由基,或由步骤 d 转变而来的自由基在通过溶液的扩散过程中,在它们有机会与其他自由基结合之前的很长时间里会被单体所截获.初级自由基通常比由它们添加到单体上形成的链自由基更有活性[8].因此,在产生平均长度比几个单元还长的聚合物分子的所有条件下,事实上用上了这些被认为是与原先伴侣扩散分离的初级自由基.初级自由基加成到单体要比扩散慢得多(在纯单体中每个自由基 $<10^6$ s^{-1}),因此发生在起始笼子里寿命期间的活动不应该受单体的影响(除非单体影响了支配扩散的物理因素).基于此,可期望普遍的引发速率约为引发剂自发分解速率的两倍.当然,像步骤 b 这样的过程效率较低,但是作为一级近似,它出现的程度不应该为稀释所改变.效率通常近似为1的事实反驳了这个过程的正常发生.但是,它可用来解释甲基丙烯酸甲酯中偶氮二异丁腈仅为 $0.5 \sim 0.6$ 的效率(相当令人惊讶)[22,25].按溶液中起始聚合速率对一级反应动力学的偏离(见表4.1),更难解释的是随苯乙烯的稀释,过氧化苯甲酰效率**降低**的迹象.还没有完全满意的解释①.

4.1.4 参数的估算

量 $fk_d k_p^2/k_t$ 可根据方程(4.12)由聚合速率以及单体和引发剂浓度来计算:

$$\frac{fk_d k_p^2}{k_t} = \frac{R_p^2}{[I][M]^2} \qquad (4.14)$$

---

① 根据"笼子效应"并被广泛接受的 Matheson[46]的说明似乎是基于所涉及过程的速率的一种不切实际的解释.

如果引发剂自发分解的速率常数 k_d 为已知,且它的效率已经确定,那么结合方程(4.12)可以估算出重要的比率 k_p^2/k_t. 更为通用的是方程(4.8)结合方程(4.12)给出

$$\frac{k_p^2}{k_t} = \frac{2R_p^2}{R_i[M]^2} \tag{4.15}$$

R_i 可从引发剂分解速率辅以对效率 f 的了解来估算,或在把阻聚剂添加到体系中(当添加到系统的条件与不存在引发剂时相同时)后从阻聚剂消耗速率来估算. 然后从 R_p 和单体浓度就能计算得 k_p^2/k_t. 表 4.2 中比较了好几个温度下和不同引发剂(包括用紫外光照射引发的一种情况)引发的苯乙烯和乙酸乙烯酯聚合用这两个方法得到的结果. 比率 k_p^2/k_t 也可以按 4.2.3 小节中建立的方法从分析聚合度对速率的依赖关系中推导出,好几个用这个方式得到的值也列于表 4.2 中. 用第一种方法时,取效率为 1. 与乙酸乙烯酯所得结果相符,足以证明这个假定的正确性. 苯乙烯的结果则暗示效率可能比 1 小一点.

表 4.2　k_p^2/k_t 值的比较

单体	引发剂[a]	用来测定引发速率的方法[b]	温度/℃	$k_p^2/k_t/(\times 10^{-3}$ L/(mol·s))	文献
苯乙烯	Bz_2O_2	MW	27	0.105	41[c]
苯乙烯	Azo	I	30	0.125	41
苯乙烯	Azo	Inhib.	30	0.115	41
苯乙烯	Bz_2O_2	MW	50	0.39	41[c]
苯乙烯	Bz_2O_2	MW	60	1.19[d]	25,41
苯乙烯	Azo	MW	60	1.18	27
苯乙烯	Bz_2O_2	I	60	0.95(1.58)	25
苯乙烯	Azo	I	60	0.76(0.95)	41
苯乙烯	Azo	Inhib.	60	0.74	41
乙酸乙烯酯	Azo	I	25	30.4	47
乙酸乙烯酯	Azo	Inhib.	25	34.8	47
乙酸乙烯酯	Photo.	Inhib.	25	31.3	48
乙酸乙烯酯	Azo	I	50	125	47
乙酸乙烯酯	Azo	Inhib.	50	119	47

a　引发剂:Azo = 偶氮二异丁腈,Bz_2O_2 = 过氧化苯甲酰,Photo = 直接光化学引发.

b　基于引发剂分解速率的测定,假定 $f=1$,并记作 I.(括弧中给出的数值是对苯乙烯-Bz_2O_2 体系和苯乙烯-偶氮体系分别用 $f=0.6$ 和 $f=0.8$ 计算得到的,正如其他工作所显示的那样[8,22].)从阻聚剂方法得到的这些以 Inhib. 表示,从分子量(见 4.2.5 小节)分析得到的用 MW 标明.

c　由 Matheson 等[41]按 Schulz 和 Husemann[38] 的数据计算而得.

d　所给出的值是在 4.2.3 小节由 Mayo、Gregg 和 Matheson[25] 的结果推导而出的. 它与 Matheson 等人给出的值 (1.10×10^{-3})[41] 稍有不同.

按阿仑尼乌斯方程速率常数的表达式,有

$$k_p = A_p e^{-E_p/RT} \tag{4.16}$$

这里 E_p 和 A_p 分别是链增长的活化能和频率因子,方程(4.16)再结合相应的 k_t 表达式,我们有

$$\frac{k_p}{k_t^{1/2}} = \frac{A_p}{A_t^{1/2}} e^{-(E_p - E_t/2)/RT} \tag{4.17}$$

常用的方法是用 $\log(k_p/k_t^{1/2})$ 对 $1/T$ 作图,可以确定 $E_p - E_t/2$ 和 $A_p/A_t^{1/2}$.以这种方式处理苯乙烯得到的结果为[41]

$$E_p - E_t/2 = 6.5\,\text{kcal/mol}$$

乙酸乙烯酯的结果是[47]

$$E_p - E_t/2 = 4.7\,\text{kcal/mol}$$

由光聚合的温度系数可独立估算这些量.如果认定光引发的速率与温度无关,速率的增加一定完全是由于 $k_p/k_t^{1/2}$ 的变化(见方程(4.13)),因此光化学聚合的 $\log R_p$ 对 $1/T$ 作图应能求得 $E_p - E_t/2$.Burnett[49] 报道苯乙烯的值为 5.5 kcal/mol,而 Burnett 和 Melville[34] 发现乙酸乙烯酯的是 4.4 kcal/mol,与上面给出的值很好的相符.

按方程(4.12),由热降解导致的聚合速率的温度系数一定依赖于 $k_p/k_t^{1/2}$ 的温度系数以及 k_d 的温度系数.这个方程中的每一个速率常数代入阿仑尼乌斯公式,我们得到

$$\ln \frac{R_p}{[I]^{1/2}[M]} = \ln \frac{A_p(fA_d)^{1/2}}{A_t^{1/2}} - \frac{E_p + (E_d - E_t)/2}{RT} \tag{4.18}$$

这里假定 f 与温度无关.因此从速率的对数对 $1/T$ 作图的斜率可得到表观活化能 E_a 与单个活化能的关系如下:

$$E_a = \frac{E_d}{2} + \left(E_p - \frac{E_t}{2}\right) \tag{4.19}$$

过氧化苯甲酰自发分解的活化能是 30($\pm$1) kcal/mol[8,9],在实验误差范围内,同样的值也可用于偶氮腈[9,13].这样,用任何一种引发剂,苯乙烯聚合的表观活化能约为 22 kcal/mol.

4.1.5 单体到聚合物转化的过程,自加速

引发剂浓度[I]在聚合过程中的变化通常并不大.因此,如果效率 f 与单体浓度无关,可以期望单体转化为聚合物就是一级反应动力学.实验上,按 Schulz 和 Husemann[38] 的结果,在甲苯溶液中并存在过氧化苯甲酰时苯乙烯的聚合近似为一级反应,如图 4.2 所示.在二氧六环中由过氧化苯甲酰引发 d-仲丁基 α-氯代丙烯酸酯的聚合,以及在二氧六环中由过氧化苯甲酰引发 l-2-苯丁酸乙烯酯的聚合,直至很高的转化率都精确地是一级反应.图 4.3 是后一个单体的聚合结果.

没有稀释的单体或在浓溶液中单体的聚合得到的结果具有十分不同的特征.图 4.4 显示了由 Schulz 和 Harborth[37] 得到的没有稀释的甲基丙烯酸甲酯以及在苯中不同稀释情况下的聚合曲线,引发剂是过氧化苯甲酰.用来跟踪过程的是膨胀计测定的体积变化.这个广泛使用的方法能有很高的精度,是因为烯类单体聚合时伴随有显著的体积收缩.对于直到 40%的所有的单体浓度,反应程度对时间作图的曲线粗略地与起始浓度无关,这是一级反应

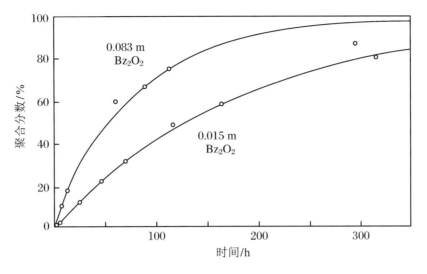

图 4.2 50 ℃下二氧六环中 40% 的苯乙烯由过氧化苯甲酰引发的聚合

过氧化苯甲酰的用量标注在图上(Schulz 和 Husemann[38]).

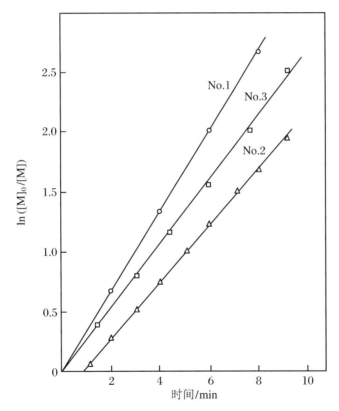

图 4.3 60 ℃下在二氧六环中由过氧化苯甲酰引发的乙烯基

l-2-苯丁酸乙烯酯聚合的一级反应作图

$[M]_0$ 和 $[M]$ 分别代表起始时刻和 t 时刻单体的浓度. 在实验 1、2 和 3 中，

$[M]_0$ 分别等于每 100 mL 二氧六环中有单体 2.4 g、7.28 g 和 5.97 g.

(Marvel、Dec 和 Cooke[39] 由偏振测定法得到的结果)

过程所必需的(曲线形状和它们随浓度的位移都表明其反应级数略大于一).在起始单体浓度较高时,在聚合的后期有一个明显的加速.约在相应于聚合物浓度为25%的地方每次都出现显著偏离一级反应的转化.同时,还观察到生成的聚合物平均分子量迅速增大,尽管这个增大与速率的加速不成比例(因为链转移对聚合度的限制效应,见4.2.3小节).如果在所实施的条件下没有采取聚合热的消散措施,自加速可导致温度的极大提升[31].但是,即使保持等热条件,异常也不会排除[37,50].譬如,在图4.4所示的Schulz和Harborth[37]实验中,温度的跃升是微不足道的.

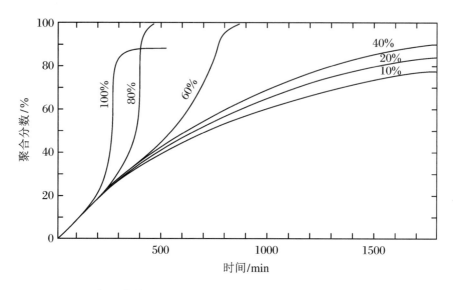

图 4.4 50 ℃下在苯中由过氧化苯甲酰引发的不同浓度的甲基丙烯酸甲酯
聚合曲线(Schulz 和 Harborth[37])

在其他单体中也发生有聚合速率的自加速[51].甲基丙烯酸或丙烯酸的自加速更为显著.没有稀释的甲基丙烯酸在聚合转化1%前就发生自加速了[51].它可以很容易地在爆聚中结束.自加速也发生在苯乙烯和乙酸乙烯酯中,但没有甲基丙烯酸或甲基丙烯酸甲酯中的那么厉害.然而,对未稀释单体(苯乙烯和乙酸乙烯酯)转化为聚合物时观察到的异常低的表观动力学反应级数,它可能是有责任的[52].

为了探索对这个现象的解释,人们要么得出这样的结论:自加速发生时速率方程(4.12)中常数的组合一定会有很大的增加;要么得出这样的结论:它们的聚合机理完全不同.如果能对事实有满意的解释,我们显然宁愿选择前者.k_df 的增加看来是靠不住的,自加速不是引发剂的函数.留给我们的只有比率 $k_p/k_t^{1/2}$ 了,需要它增加百倍之多.增加增长速率常数 k_p 或降低终止常数(或两者兼而有之)都能说明这个现象的原因.

Norrish 和 Smith[50]、Trommsdroff[53]以及随后的 Schulz 和 Harborth[37]做出结论,未稀释的甲基丙烯酸甲酯聚合速率的自加速和所生成的聚合物平均分子量的增大,只能用终止速率的降低来解释.他们把 k_t 的这个降低归因于先前形成的聚合物分子的浓度增大导致的介质高黏度.牵涉两个自由基复合的链终止是一个非常快速的反应,它的发生在自由基间的碰撞中占一个非常大的分数(约 10^4 次中有一次,见下).正如在前面一章中讨论的,当生长着的带有自由基末端的聚合物分子被包埋在由大比例的聚合物分子组成的高黏稠混合物中时,终止速率受扩散速率的控制.虽然可能没有自由基的内在反应,它与另一个自由基反应的机会变小了,这一点表现为 k_t 的减小.因此活性自由基的浓度将增大(见方程(4.10)),以及单体的消耗量一定成比例地增加(见方程(4.11)).聚合物分子的活性,或者说是带有自由基的链两端的活性,仅仅在足量的稀释剂或单体存在时,才足够维持正常的终止速率.另一方面,增长过程对介质的黏度并不敏感,原因有二.首先,它的速率常数低很多,即自由基与大量单体之间的碰撞分数仅为 10^{-9} 的量级,因此,在扩散过程中保持接近每一个自由基的平衡单体种群是次要的.其次,反应物之一是单体分子,其运动受到反应混合物中聚合物长链的妨碍并不严重.

由图 4.4 观察到自加速阶段结束时还明显达不到单体到聚合物的完全转化,也观察到在该曲线上渐近线的转化率是越稀释越高.温度低于 90 ℃,纯聚甲基丙烯酸甲酯是玻璃态的(见表 2.3).在任何一个更低的温度,聚合物和单体的混合物(或聚合物、单体和稀释剂的混合物)只在聚合物的百分比达到一个相当明确的高值时才转变为玻璃态.连单体分子也被冻结在玻璃态中它们的位置上.因此,对像苯乙烯或甲基丙烯酸甲酯这样的单体,在温度低于它们聚合物玻璃化转变温度 T_g (对聚苯乙烯约为 100 ℃)时,由于反应混合物变成了不能活动的玻璃,聚合过程的停止实际上还没完成.

甲基丙烯酸甲酯起始聚合速率成倍的增大支持了上述有关自加速现象的解释,这可由添加聚甲基丙烯酸甲酯或其他聚合物到单体中来实现[53,54].还发现单体中加入像丁硫醇那样的链转移剂(见 4.2.6 小节)而降低聚合物分子量时能观察到自加速被抑制或实质上的消除,这进一步支持了上述解释[51].不仅更短的自由基链更为活泼,并且在转化率一定时所生成的聚合物分子量较低致使黏度低几个数量级.这两个因素都有助于活性中心的扩散,从而倾向于消除自加速.这个解释的正确性,也是最后结论性的证据来自单个速率常数绝对值的测定(见 112 页)[51,55],它表明终止常数在聚合的自加速过程中确实降低为数百分之一甚至更少,但是 k_p 在实验误差范围内维持恒定.

一个特定单体的聚合对自加速的敏感性看来主要取决于所产生的聚合物分子的大小[51].与其他通用的单体相比,甲基丙烯酸的高增长常数和低终止常数导致聚合度非常大 $(>10^4)$,在这里,单单这个事实似乎就解释了 k_t 在非常低的转化率时的下降.

聚合中自加速现象的结果不止是很重要这么简单.活动性非常有限的聚合物,譬如在交联反应中形成的空间网状聚合物,在一定的条件下可获得诱导与之接触的单体聚合的能力,这个能力在相当长时间里会一直维持着.这种增殖聚合类型在像氯丁二烯[56]这样的二烯类中并非不常见,特别是当聚合是由紫外光诱发的时.Melville[57] 已发现甲基丙烯酸甲酯用波长为 2600 Å 的光聚合将引起额外的与单体接触的单体发生聚合,而无须额外的辐照或引发剂的帮助.潜在活性保持长达 2 d.显然,由于活性中心的双分子自毁被阻,在增殖聚合过程中产生的某些活性中心(即自由基)享有极长的寿命,而这种自毁是由其结构(活性中心是结构的一部分)所提供的.这是抑制活性的极端情况.

4.1.6　热聚合动力学

由于反应对会加速或减缓反应的微量物料非常灵敏,试图测定不添加引发剂的聚合速率常常会产生矛盾的结果.但是,已证实在苯乙烯的情况中,确有纯粹的热聚合[58].只要仔细纯化单体,在严格无氧条件下进行聚合[59](已表明氧是阻聚剂,而它产生的过氧化物可以起到引发剂的作用),可得到能重复的速率,没有欺骗性的诱导期.不同实验室测定的速率相符得都很好[58,60,61].Walling 和 Briggs[62] 采用精心纯化程序,并辅以少量对苯二酚(其作用为抗氧化而避免延迟聚合),成功地进行了 $100\sim150\ ℃$ 温度范围内甲基丙烯酸甲酯可重复的热聚合.对于苯乙烯,相同温度下观察到的速率是其 1/15.Bamford 和 Dewar[63] 把他们观察到的甲基丙烯酸甲酯的低热聚合速率归因为甲基丙烯酸甲酯中自发产生的阻聚剂,但是 Mackay 和 Melville[43,64] 未能确认这一点.看来这两个单体严格意义上的热聚合得到很好的确认了,尽管后者的热速率的值还拿不准.精心纯化的乙酸乙烯酯[65] 和氯乙烯[66] 在 100 ℃ 还检测不到有聚合.

在各种不同溶剂中苯乙烯热聚合的引发速率近似正比于单体浓度的平方[59,61,67].典型的一组结果列于表 4.3 中.此外,溶剂的性质对速率的影响并不大(只要溶剂是均质的).另一方面,根据如图 4.5 所显示的数据,未稀释的苯乙烯的聚合介于零级和一级反应之间[58,67].本体聚合和溶液聚合的这个差异无疑是初始自加速的迹象.可以假定本体聚合转化率较高时,由于活动性丧失而引起终止速率的受抑影响了表观动力学的级数.自加速在热聚合中并不明显,或许是因为它们活动性的增加需要较高的温度.

表 4.3　100 ℃下苯乙烯在甲苯中的热聚合(Schulz,Dinglinger 和 Husemann[60])

$[M]/(mol/L)$	引发速率 $R_p/(\times10^{-7}\ mol/(L\cdot s))$	$R_p/[M]^2/(\times10^{-7}\ L/(mol\cdot s))$
5.82	224	6.6
3.88	93.5	6.2
1.94	21.5	5.7
0.97	4.9	5.2
0.605	1.9	5.2

在探究热聚合的可能引发机理中,有必要丢弃像打开双键形成单体双自由基那样的单分子过程:

$$CH_2{=}CHX \longrightarrow \cdot CH_2{-}\overset{\displaystyle X}{\overset{\displaystyle |}{CH}}\cdot \qquad (4.20)$$

因为它需要很大的能量——约 50 kcal.分裂成一对自由基或一个自由基和一个氢原子需要更大的能量.从这一点看,与反应(4.20)类似的双分子反应

$$2CH_2{=}CHX \longrightarrow \cdot \overset{\displaystyle X}{\overset{\displaystyle |}{CH_2}}{-}CH_2{-}CH_2{-}\overset{\displaystyle X}{\overset{\displaystyle |}{CH}}\cdot \qquad (4.21)$$

是一个更具吸引力的可能性,因为这是一个仅需 20~30 kcal 的吸热反应[68].并且,它会导致令人满意的总反应的动力学.这样,引发速率应是二级的:

$$R_i = 2k_i[M]^2$$

这里 k_i 是反应(4.21)的速度常数.如果终止速率认定为双分子的,正如先前在单自由基引

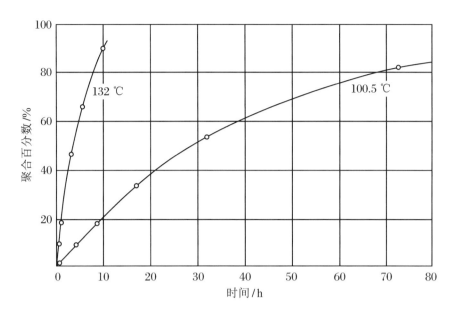

图 4.5　100.5 ℃和 132 ℃下纯苯乙烯在没有氧气情况下的聚合(Schulz 和 Husemann[67])

发聚合中的那样,那么从方程(4.9)和静态条件 $R_i = R_t$ 有

$$[\text{M} \cdot] = \left(\frac{k_i}{k_t}\right)^{\frac{1}{2}} [\text{M}] \qquad (4.22)$$

从而聚合速率为

$$R_p = k_p[\text{M} \cdot][\text{M}] = k_p\left(\frac{k_i}{k_t}\right)^{\frac{1}{2}} [\text{M}]^2 \qquad (4.23)$$

所推荐的机理导致单体热转换的二级反应速率,并与实验相符.

　　不幸的是上面的双分子双自由基机理还存在有缺陷,正是这个缺陷沉重打击了它.首先,一个双自由基在它生长早期的某个时刻几乎不可避免地发生环化.在三聚体阶段时最易环化.即使其幸免并增长超过了三聚体,考虑到链增长和链终止相对速率,统计计算也表明双自由基生长成为长链聚合物的概率极小[69].反而分子间会耦合生成由相对少的单元组成的环[69].(偶尔终止也将以一级过程开始,且这将**提升**聚合总的反应级数.)因此,看来有必要弃用双自由基引发机理,以及探索能生成一对单自由基的过程,同时保持总体上的二级反应动力学.但一个也没有找到.因此,在把速率方程(4.23)应用到热聚合时,我们不得不承认 k_i 所对应的过程的性质是未知的①.

　　从测定的热聚合速率和先前估算的比率 k_p^2/k_t,我们可以分配一个 k_i 值.这样,从表4.2给出的数据外推到 100 ℃,得到在这个温度下苯乙烯的 $k_p^2/k_t \approx 8.5 \times 10^{-8}$.按表 4.3 显示的数据,取 $R_p/[\text{M}]^2 = k_p(k_i/k_t)^{1/2} = 6 \times 10^{-7}$,我们得 $k_i = 4.2 \times 10^{-11}$ L/(mol · s).甲基丙烯酸甲酯的热聚合就慢得多,100 ℃下纯单体的引发速率仅为 6.2×10^{-7} L/(mol · s)(与表

---

　　①　F. R. Mayo(私人通信)发现证据,苯乙烯的热聚合可能确实为比二级反应还高的级数,即约为二级半.这就提出了三分子引发步骤.单自由基以这个形式产生,即从三个单体分子形成,从能量方面的标准观点来看是可接受的.

4.3 比较)[62]. 独立估算这个单体的 k_p^2/k_t, 发现 100 ℃ 的热引发速率常数是 0.35×10^{-15}[62], 比苯乙烯的小很多①. 在甲基丙烯酸甲酯中由热产生自由基的速率是非常小的.

聚合速率 R_p 的对数对 $1/T$ 作图, 由斜率得到的表观活化能将与单项的活化能有关, 类似于方程(4.19), 如下所示:

$$E_a = E_p + \frac{E_i - E_t}{2} \tag{4.24}$$

对于苯乙烯, 结果得 $E_a = 21$ kcal[61,67]. 因为先前得到 $E_p - E_t/2$ 是 6.5 kcal, 我们的结论是苯乙烯热引发的活化能 E_i 是 29 kcal, 对过程(4.21)来说, 它是完全可以接受的, 但基于其他理由也已被弃用. 对于甲基丙烯酸甲酯[62], $E_a = 16$ kcal, $E_p - E_t/2 = 5$ kcal. 因此 $E_i = 22$ kcal. 这些引发反应比具有类似活化能的其他正常反应要慢得多. 格外低的频率因子 A_i 显然是可靠的. 对于甲基丙烯酸甲酯, A_i 小于 1[62]. 若认为是双分子过程, 就意味着得到所需能量后在 10^{13} 次碰撞中只有 1 次碰撞是引发!

4.2 链　长

4.2.1 动力学链长和聚合度

动力学链长 ν 表示从引发到终止与给定的活性中心反应的单体平均数目, 将用增长速率 R_p 与引发速率 R_i 之比来表示. 或因为在静态条件下 R_i 一定等于终止速率 R_t, 有

$$\nu = \frac{R_p}{R_i} = \frac{R_p}{R_t} \tag{4.25}$$

那么, 从方程(4.9)和(4.11)有

$$\nu = \frac{k_p}{2k_t} \frac{[M]}{[M \cdot]} \tag{4.26}$$

用方程(4.11)消去自由基浓度, 得

$$\nu = \frac{k_p^2}{2k_t} \frac{[M]^2}{R_p} \tag{4.27}$$

方程(4.26)和(4.27)的应用与引发过程的本质无关, 仅要求增长过程和终止过程是二级反应. 它们强调动力学链长对自由基浓度, 从而对聚合速率非常普遍的逆依赖. 动力学链长可从表4.2给出的 k_p^2/k_t 和聚合速率计算得. 这样, 对60℃下的纯苯乙烯有

$$\nu \approx \frac{0.030}{R_p}$$

---

① 不同作者, 甚至同一作者在不同的场合, 所选择的引发和终止的定义也存在很大的混乱. 因子 2 表示这样的事实: 有两个自由基在各自的过程中被产生出来或被湮灭掉, 这个因子有时就包含在速率常数中. 这里我们一贯取 k_d、k_i 以及 k_t 表示原先写的**反应**, 因此 2 就**不**包括在速率常数中了, 否则表示的结果要转化到这个基础上.

对 50 ℃下的乙酸乙烯酯有

$$\nu \approx \frac{5.5}{R_p}$$

在聚合速率相同时,乙酸乙烯酯的动力学链长比苯乙烯的要大百倍以上,因为相对于乙酸乙烯酯的终止,其增长的速度较大.譬如在适宜的速率 10^{-4} mol/(L·s)下,在规定的条件下所产生的每个自由基链平均消耗约 5×10^4 个乙酸乙烯酯单元.

尽管我们在后面的讨论中宁愿选择通式(4.27),对引发和热聚合特别给出的表达式也是有兴趣的.在引发的情况中,自由基浓度由方程(4.10)给出.因此从方程(4.26)有

$$\nu = \frac{k_p}{2(fk_dk_t)^{\frac{1}{2}}}\frac{[M]}{[I]^{\frac{1}{2}}} \tag{4.28}$$

对于具有二级引发的聚合(正如热聚合已表明的),由式(4.22)和式(4.26)可得

$$\nu = \frac{k_p}{2(k_ik_t)^{\frac{1}{2}}} \tag{4.29}$$

即在这里动力学链长应与浓度无关.

如果还有目前考虑之外的其他反应,在它们还没有进行到一个明显的程度时,平均聚合度与动力学链长 ν 直接有关.正如先前所列实验所指出的,假定终止由自由基复合引起,单个自由基引发聚合形成的每个聚合物分子将由两个动力学链组成,而这两个动力学链是由另两个无关的初始自由基生长而成的,数均聚合度 $\bar{x}_n$ 应等于 2ν[①].未稀释苯乙烯用过氧化苯甲酰聚合,在适中的速率,发现按方程(4.27)或(4.28)计算得 $\bar{x}_n$ 将等于 2ν,但在引发剂浓度非常低或非常高时会出现很大的偏差[25].对某些引发剂来说,甲基丙烯酸甲酯(未稀释的单体)的聚合度非常接近 2ν,但对其他的单体绝不是都这样[27].对乙酸乙烯酯,所得聚合度比这个单体很大的动力学链长的两倍小不少[47].

如果聚合度直接正比于动力学链长,那么按方程(4.27),它应随 $[M]^2$ 而增加,相反随速率 R_p 而降低.为验证未稀释单体在恒定单体浓度条件下所观察到的甲基丙烯酸甲酯的 $\bar{x}_n$ 对速率的依赖性[27],聚合度(由特性黏数测定而得,并由渗透压分子量校正,见第 7 章)的倒数对 60 ℃下聚合速率作图,如图 4.6 所示.单个的点代表各种不同引发剂不同浓度的结果.聚合只进行到较低的转换率以使速率和浓度实质上保持它们起始的值.对所用的过氧化苯甲酰和偶氮腈两个引发剂,都观察到了正比的关系,表明 $\bar{x}_n$ 的确正比于方程(4.27)的 ν.在相同聚合速率情况下用氢过氧化物作引发剂,$1/\bar{x}_n$ 很大,且 $\bar{x}_n$ 不正比于 ν.量 $1/\bar{x}_n$ 是聚合物分子数的度量;更为确切地说,它是每个已聚合的单体单元聚合物分子的数目.那么,显然在有氢过氧化物的情况下发生了加成过程,增加了生成的分子数.

Mayo、Gregg 和 Matheson[25]在非常大的引发剂浓度范围内全面研究了过氧化苯甲酰引发聚苯乙烯的聚合,所得聚苯乙烯聚合度的倒数示于图 4.7.(图 4.1 的线 2 显示的是相同聚合的速率与引发剂浓度函数的关系.)这里列出了与方程(4.27)的两个偏差:第一,在速率

---

① 如果终止有一部分是由歧化而起的,$\bar{x}_n$ 仍然与 ν 成比例,但比例常数将处在 1 和 2 之间,它的精确值取决于由复合而起的终止所占的分数.假定上面考虑的反应不仅要满足对聚合速率的解释,也要满足对聚合度的解释,这样的假定需要任何情况下 $\bar{x}_n$ 都正比于 ν.

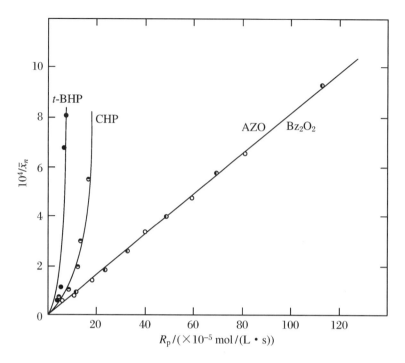

图 4.6 60 ℃下平均聚合度 $\bar{x}_n$ 的倒数对聚合速率 R_p 的作图

未稀释甲基丙烯酸甲酯,引发剂用的是偶氮二异丁腈(Azo)、过氧化苯甲酰(Bz₂O₂)、氢
过氧化枯烯(CHP)和叔丁基过氧化氢(t-BPH).(Baysal 和 Tobolsky[27])

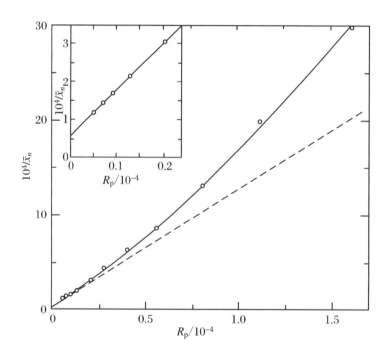

图 4.7 60 ℃下用过氧化苯甲酰,起始聚合度倒数对未稀释苯乙烯引发速率的作图

虚线相应于通过低引发剂浓度的点画的直线.这些低浓度的点用放大的标尺嵌在图中.(Mayo、
Gregg 和 Matheson 的结果[25])

为零时, $1/\bar{x}_n$ 将不会外推到零,表明分子形成过程与速率无关;第二,在高速率时, $1/\bar{x}_n$ 随 R_p 的增加较正比关系更快.

当单体浓度因溶剂的添加而变化时,更为突出的矛盾出现了.在二级反应的苯乙烯热聚合中的聚合度不再按方程(4.29)那样不受稀释影响,而是随稀释总是降低[60,61].下降的幅值与特定的溶剂密切相关(见 4.2.4 小节).Kamenskaya 和 Medvedev 发现在苯溶液中用过氧化苯甲酰作引发剂制得的聚乙酸乙烯酯的平均分子量随稀释而降低较方程(4.28)所预估的更为迅速.用其他一些溶剂得到的聚合物分子量更低.

4.2.2　链转移动力学

所列结果显示, $\bar{x}_n$ 与 2ν 之间还缺少关联,这是一个规则而不是个例外. $\bar{x}_n$ 通常比 2ν 小,且差异会很大,特别是溶剂中的聚合更是如此.换句话说,1 mol 单体聚合产生的聚合物的物质的量往往超过 $1/2\nu$ ——有时还差一大截.聚合物分子数增加的过程确实发生了,这些分子数超过了每一对引发自由基所引发的.不管这个过程的本质可能是什么,它们肯定对速率没有明显影响,因为 $\bar{x}_n$ 与 2ν 之间的不一致将不会以任何形式反映在速率对简单的链动力学的偏差中.自由基中心以某种方式从增长着的链转移到另一个分子(譬如溶剂或单体)的反应将可解释这些观察结果[68].由此原先带有自由基的链增长被终止,获得自由基的分子应能够开始一个新的链,且这个链将以同样的速率增长.这种性质的**链转移**反应机理包括了氢原子的链自由基从它所涉及的分子,即**转移剂**中移走.链分子丧失了进一步增长的能力,并且转移剂在后续的转移过程中获得了自由基的特性.因此,用 SH 代表的溶剂可以与增长的自由基反应如下:

$$M_x\cdot + SH \xrightarrow{k_{tr,S}} M_xH + S\cdot \tag{4.30}$$

假定溶剂自由基 S· 有足够的反应性,它将加成到单体上[①],生长新的链.如果存在卤素原子或不稳定的基团,有可能代替氢原子而发生类似的转移,结果是等价的.引发剂也可以有转移剂的功能.在过氧化苯甲酰的情况中可发生下面机理的链转移,自由基导致过氧化物的分解:

$$M_x\cdot + (C_6H_5COO)_2 \xrightarrow{k_{tr,I}} M_x—OCOC_6H_5 + C_6H_5COO\cdot \tag{4.31}$$

一定也要考虑单体是潜在的转移剂.在反应(4.30)中它可以履行溶剂的功能,一个原子从单体转移来使转移剂饱和.也许一个质子可从自由基链的 β 碳原子转移到不饱和的单体上,如下所示:

$$—CH_2—\overset{X}{\underset{|}{C}}H\cdot + CH_2=\overset{X}{\underset{|}{C}}H \longrightarrow —CH=CHX + CH_3\overset{X}{\underset{|}{C}}H\cdot \tag{4.32}$$

先前已形成的聚合物分子也可以发生链转移.后一种类型的转移不增加分子的净数目,因此我们这里不予考虑.它对聚合物结构的影响将在第 6 章中考虑.

(线形)聚合物分子的总数可以等于链末端对的数目,平均聚合度是聚合的单体总数与

---

① 如果它的反应性不强,SH 就是一个阻聚剂或缓聚剂,而不是转移剂(见 4.4 节).

这个对的数目的比值.在任何一个很短的时间段中形成聚合物的平均聚合度将由聚合速率 R_p 对链末端产生速率之比值给出.前述链转移的每一步都产生一对链的末端,因此增加了一个聚合物分子.假定终止只由耦合而起,唯一的其他链末端来源将发生在引发阶段.这样,如果**动力学链**是从引发剂释放的单自由基开始的,那么聚合度的倒数应为

$$\frac{1}{\bar{x}_n} = \frac{fk_d[\mathrm{I}] + k_{\mathrm{tr,M}}[\mathrm{M}][\mathrm{M}\cdot] + k_{\mathrm{tr,S}}[\mathrm{S}][\mathrm{M}\cdot] + k_{\mathrm{tr,I}}[\mathrm{I}][\mathrm{M}\cdot]}{R_p} \tag{4.33}$$

这里 $k_{\mathrm{tr,M}}$、$k_{\mathrm{tr,S}}$、$k_{\mathrm{tr,I}}$ 分别是单体、溶剂和引发剂的速度常数.直到通过歧化反应可以发生链终止的程度,在(上述分数的)分子里应包括附加的项 $k_{\mathrm{td}}[\mathrm{M}\cdot]^2$.热双自由基引发将对链末端对的数目没有贡献,但是单自由基引发过程不依赖于引发剂,需要在方程(4.33)中有附加的项.方程(4.33)中的自由基浓度可用方程(4.11)来消除,引发剂浓度可以用方程(4.12)消除,取而代之的是聚合速率.然后,按下面的方式进一步代入:

$$\frac{1}{\bar{x}_n} = C_M + C_S\frac{[\mathrm{S}]}{[\mathrm{M}]} + \frac{k_t}{k_p^2}\frac{R_p}{[\mathrm{M}]^2} + C_I\frac{k_t}{k_p^2 fk_d}\frac{R_p^2}{[\mathrm{M}]^3} \tag{4.34}$$

这里**转移常数**定义为

$$C_M = \frac{k_{\mathrm{tr,M}}}{k_p}, \quad C_S = \frac{k_{\mathrm{tr,S}}}{k_p}, \quad C_I = \frac{k_{\mathrm{tr,I}}}{k_p} \tag{4.35}$$

4.2.3 未稀释单体的链转移,参数的估算

没有溶剂时,式(4.34)就没有第二项,余下的是

$$\frac{1}{\bar{x}_n} = C_M + \frac{k_t}{k_p^2}\frac{R_p}{[\mathrm{M}]^2} + C_I\frac{k_t}{k_p^2 fk_d}\frac{R_p^2}{[\mathrm{M}]^3} \tag{4.36}$$

这个 R_p 的二次方程式是如图4.7所示的苯乙烯-过氧化苯甲酰的数据要求的形式.第一项相应于截距,代表的是通过单体转移产生的链末端.它出现在有独立聚合速率时.按方程(4.27),第二项相应于 $1/2\nu$,它代表在引发阶段产生的链末端对的数目①.它的系数由图4.7中直线的起始斜率给出.第三项表示的是在较高速率时的曲率,代表的是过氧化苯甲酰对链转移的贡献.这在较高速率时更为突出,因为存在较大量的引发剂.图4.6中氢过氧化物曲线的明显上翘同样也是由于甲基丙烯酸甲酯与这些引发剂的转移[27].对于甲基丙烯酸甲酯这个单体,偶氮腈类和过氧化苯甲酰的链转移可忽略不计.

在聚合速率正比于引发剂浓度平方根的范围内,适当地改变该项的系数,方程(4.36)中的 R_p 可以被 $[\mathrm{I}]^{1/2}$ 所取代.图4.8是60 ℃下用过氧化苯甲酰作引发剂时苯乙烯聚合中各种链末端来源的贡献(作为引发剂浓度函数)[25].最上面的曲线代表每升中聚合物分子的总数,依次下来的曲线之间的差异代表文字所指的各自过程的贡献.

图4.7中所示曲线的起始直线部分(见嵌图)是由方程

$$\frac{1}{\bar{x}_n} = 0.60 \times 10^{-4} + 12.0R_p$$

---

① 在引发剂浓度非常低时,热引发对苯乙烯聚合速率的贡献是可察觉的,正如早前我们指出的那样.因为速率 R_p 包括了来自热的和"催化"引发的贡献,**只要热引发包括了单自由基**,方程(4.36)的第二项仍维持有效.只要产生了双自由基,必将引入偏差,因为它不产生链的末端.

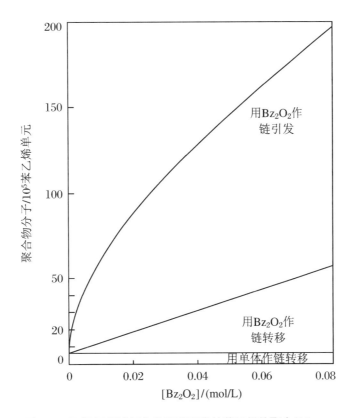

图 4.8　60 ℃下用过氧化苯甲酰引发的苯乙烯的聚合(Mayo、Gregg 和 Matheson[23])

给出的. 因此,与方程(4.36)比较,显然 $C_M = 0.60 \times 10^{-4}$,即 60 ℃下链自由基更喜欢加成到单体上,而不是与单体发生链转移,其因子为 $(1/0.60) \times 10^4$. 知道了 C_M 的值,就能再画出量$(1/\bar{x}_n - C_M)/R_p$ 对 R_p 的作图. 所得线性作图的斜率等于方程(4.36)中最后一项的系数,用这个方法,得到 60 ℃下纯苯乙烯用过氧化苯甲酰聚合的完整表达式为

$$\frac{1}{\bar{x}_n} = 0.60 \times 10^{-4} + 12.0 R_p + 4.2 \times 10^4 R_p^2$$

速率的单位是 mol/(L·s). 如果把单体浓度(在纯苯乙烯中是 8.35 mol)代入上式,得到 60 ℃下苯乙烯-过氧化苯甲酰更为普适的关系式:

$$\frac{1}{\bar{x}_n} = 0.60 \times 10^{-4} + 8.4 \times 10^2 \frac{R_p}{[M]^2} + 2.4 \times 10^7 \frac{R_p^2}{[M]^3} \tag{4.37}$$

然后,与方程(4.36)相比,得

$$\frac{k_t}{k_p^2} = 840 \tag{4.38}$$

和

$$C_I \frac{k_t}{k_p^2 f k_d} = 2.4 \times 10^7 \tag{4.39}$$

单位是 mol、L 和 s. 这样,在温度恒定和很宽速率范围内,由起始聚合度的测定可估算 k_p^2/k_t,它与任何有关引发效率或由阻聚剂导致的终止效率的假定都无关. 作为测定这个比

97

率的"分子量"方法的实例,方程(4.38)表示的结果已包含在表 4.2 中了.

用聚合速率和方程(4.12)可以把转移常数 C_I 从方程(4.39)中分离出来.按 Mayo、Gregg 和 Matheson[25]关于 60 ℃下用过氧化苯甲酰引发苯乙烯聚合的结果(见图 4.1)

$$R_p = 4.0 \times 10^{-4} [I]^{1/2}$$

因此从方程(4.12)并用$[M] = 8.35$ mol/L,有

$$\frac{f k_d k_p^2}{k_t} = \frac{R_p^2}{[I][M]^2} = 2.29 \times 10^{-9} \tag{4.40}$$

方程(4.39)乘以方程(4.40),得

$$C_I = 0.055$$

即苯乙烯链自由基加成到苯乙烯单体上将比它们与过氧化苯甲酰的转移快上 18 倍,如果它的浓度等于单体浓度的话.从方程(4.38)和(4.40)得

$$f k_d = 1.92 \times 10^{-5} \tag{4.41}$$

如果引发剂自动分解的速率常数 k_d 为已知,就能确定引发效率 f.(这是 4.1.3 小节中提出的分子量方法的改进.)按 Swain、Stockmayer 和 Clarke[8],60 ℃下在苯乙烯中过氧化苯甲酰的自动分解速率常数是 3.2×10^{-6} s^{-1}①.因此 60 ℃下苯乙烯用过氧化苯甲酰的聚合引发效率显示为 0.60.

4.2.4　与溶剂的链转移

在有溶剂或任何添加的能转移自由基的物质时,对存在的分子总数有主要贡献的是普适方程(4.34)中的第二项.为简化起见,需要把这一项从其他三项中分离出来.维持引发剂的低浓度,或更合适的是选择本身不易受链转移影响的像脂族偶氮腈那样的引发剂,方程(4.34)中的最后一项可忽略不计.通过调整引发剂的浓度来保持 $R_p/[M]^2$ 为常数,而溶剂的浓度$[S]$可变,右边的第三项可以保持恒定.在下面二级反应动力学的热聚合情况中,$R_p/[M]^2$对稀释是常数,无须调整.受制于所描述的条件,由此方程(4.34)中第四项可忽略,且第三项保持为常数,因此,我们可以写出

$$\frac{1}{\bar{x}_n} = \left(\frac{1}{\bar{x}_n}\right)_0 + C_S \frac{[S]}{[M]} \tag{4.42}$$

这里$(1/\bar{x}_n)_0$是没有溶剂(或添加少量调整剂)时聚合度的倒数,表示的是方程(4.34)中的第一和第三项.

图 4.9 是 100 ℃下在烃类溶剂中热聚合制备的聚苯乙烯聚合度的倒数对$[S]/[M]$的作图.转化率足够低以允许这个$[S]/[M]$比率是常数,且取其起始的值.像这样作图的线性关系(包括许多已被研究过的其他单体-溶剂对作图的线性关系)[70,73]是对链转移的普遍发生以及所假定的双分子机理最好的确认.有意义的是,与对聚合度的影响形成对照,溶剂对速率的特定影响很小[70,74,75],也就是对于不同溶剂,相同浓度时的速率大致是相同的,但这绝不是真正聚合度的测量,正如图 4.9 清楚显示的那样.

---

　①　Bawn 和 Mellish[9]找到了 60 ℃下在苯中过氧化苯甲酰分解的类似 k_d 值:2.8×10^{-6} s^{-1}.

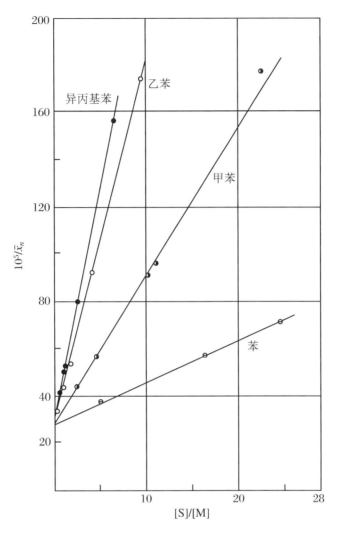

图 4.9　100 ℃下几个烃类溶剂对苯乙烯聚合度的影响

(Gregg 和 Mayo[70])

由这些图线(以及其他像这些一样的图线)的斜率得到的 60 ℃和 100 ℃时聚苯乙烯链自由基转移常数位于表 4.4 中的第二列和第三列中.几乎任何溶剂都易受生长中的自由基的攻击,即使是环己烷和苯也参与链转移,尽管参与的程度很低.100 ℃下这些溶剂中任何一个反应的转移比速仅为链自由基加成到苯乙烯单体的速率的 1/20000.需用苯稀释 15 倍来把分子量减半,即从纯苯乙烯的 $(1/\bar{x}_n)_0$ 将 $1/\bar{x}_n$ 加倍(见图 4.9)①.在通过链转移降低聚合度方面,其他烃类更为有效.

---

①　实验表明 100 ℃时 $(1/\bar{x}_n)_0 \approx 2.5 \times 10^{-4}$,它比其他实验显示的相同温度下纯苯乙烯的 C_M 值稍大.可用单体中存在有杂质致使链转移来解释这个差异.

表 4.4 各种不同物质中苯乙烯的转移常数[a]

转移剂	转移常数 $C_s/10^{-4}$		$(E_{tr,s}-E_p)/kcal$[b]	$\log(A_{tr,s}/A_p)$[b]	参考文献
	60 ℃	100 ℃			
环己烷	0.024	0.16	13	3	[70]
苯	0.018	0.184	15	4	[70]
甲苯	0.125	0.65	10	2	[70]
乙苯	0.67	1.62	6	−0.5	[70]
异丙苯	0.82	2.0	6	−0.5	[70]
叔丁苯	0.06	0.55	14	4	[70]
三苯甲烷	3.5	8.0	5	0	[70]
氯苯		约 0.5			[71]
正丁基氯	0.04	0.37	14	4	[75]
正丁基溴	0.06	0.35	11	2	[75]
正丁基碘	1.85	5.5	7	1	[75]
二氯甲烷	0.15				[75]
氯仿	0.5				[75]
二氯乙烯	0.32		15	5	[76]
二溴乙烯		6.6	10	2.5	[76]
四氯乙烷		18			[76]
四氯化碳	90	180	5	1	[74]
四溴化碳	13 600	23 500	3	2	[75]
五苯基乙烷	20 000				[70]

a 有关苯乙烯与范围更广的物质之间链转移的数据见 Gregg 和 Mayo 的文献.[75]

b 好几个温度下的大多数情况中的活化能之差和频率因子比率已由 C_s 的测定计算得,而不是只有这里列出的 60 ℃ 和 100 ℃ 的结果.

表 4.4 所有的例子中,苯和氯苯可能是个例外①,链转移是通过从溶剂中移去一个原子 (H 或 Cl) 来实现的,显然这是仿效反应(4.30)的式样. 在芳香烃中,最具有反应性的是那些具有苄基氢的. 其反应性随在 α 碳原子的取代的增加而增加(比较甲苯、乙苯和异丙苯),苯基取代基的影响比甲基取代基的要大得多. 这与已确定的取代基减小 C—H 键强度的影响一致[76]. 要指出的是,没有苄基氢的叔丁基苯没有什么反应性,尽管在它的甲基基团中有 9 个氢原子.

----

① Mayo[71]认为,不存在更具反应性的苄基氢时,进攻的自由基可能以下述方式加成到苯核上:

$$M\cdot + C_6H_6 \longrightarrow \text{（包括其共振结构）}$$

然后这个中间体可通过给单体分子赠予氢原子来完成链转移. 这后一步类似于过程(4.32),直接由链自由基转移到单体. 而前一步牵涉到某些芳香族阻聚剂的作用(见 4.4.1 小节).

烷基氯和烷基溴在链转移的反应性方面不比环己烷好多少,表明氯原子在这些化合物中实际上并不比氢更易受自由基的攻击.二氯甲烷、二氯乙烷和氯仿的转移常数稍微大一点,可能是由于卤素的取代导致余下的氢的反应性增加[76].但是,四氯化碳和四溴化碳的反应性却大得多,原因尚不清楚[75].分析存在四氯化碳时制得的聚苯乙烯表明,每个聚合物分子有四个氯原子[74,77],这个观察结果支持这样的观点,即在聚合物中来自一个溶剂分子的片段作为端基而存在,因此该聚合物可用下式表示:

$$CCl_3 \left[\begin{array}{c} C_6H_5 \\ | \\ CHCH_2 \end{array} \right]_x Cl$$

与假定的转移机理

$$CCl_3 - M_x \cdot + CCl_4 \longrightarrow CCl_3 - M_x - Cl + CCl_3 \cdot$$

$$CCl_3 \cdot \xrightarrow{+M} CCl_3 - M \cdot \xrightarrow{+M} \cdots \longrightarrow CCl_3 M_x \cdot$$

相符.也与牵涉自由基的双键加成时建立的类似机理相符[76].

表 4.5 比较了用不同聚合物自由基研究链转移的结果.在羰基溶剂中甲基丙烯酸甲酯自由基的链转移常数总是比苯乙烯自由基的略大一点.然而,在从已氯化了的溶剂中除氯方面,甲基丙烯酸甲酯自由基却远远不如苯乙烯自由基.乙酸乙烯酯链比其他两个聚合物自由基的链转移都容易得多.正如随后会呈现的,苯乙烯、甲基丙烯酸甲酯和乙酸乙烯酯的链增长常数 k_p 大致为 $1:2:20$.由甲苯的转移常数得出通过各自的链自由基除去苄基氢的速率常数 $k_{tr,s}$ 的比率是 $1:3.5:6000$.链转移研究提供了一个方便的比较自由基活性的手段,只要其绝对增长常数是已知的.

表 4.5　80 ℃ 下不同自由基链的转移常数的比较

溶　　剂	$C_S/10^{-4}$		
	苯乙烯[a]	甲基丙烯酸甲酯[b]	乙酸乙烯酯
苯	0.059	0.075	
氯己烷	0.066	0.10	
甲苯	0.31	0.52	92[c]
乙苯	1.08	1.35	
异丙苯	1.30	1.90	
乙酸乙酯		0.24	
四氯化碳	130	2.39	
四氯乙烷	18[d]	0.20	10^4 [e]

a　按阿伦尼乌斯方程,用表 4.4 中的数据计算而得的 80 ℃ 的值.

b　根据 Basu、Sen 和 Palit[72] 而得.

c　根据 Nozaki[78].

d　100 ℃ 时的值.

e　根据 Stockmayer、Clarke 和 Howard[73],从 60 ℃ 测定值转为 80 ℃ 的值.

4.2.5 聚合度的温度依赖性

提高温度几乎总是降低所得聚合物的分子量,不管分子链的长度是受链转移控制还是受链终止控制.如果可以忽略其他过程对链末端产生的贡献,链转移常数随温度的增加(见表4.4)是这个负温度系数的直接度量.根据 $\log C_S$ 对 $1/T$ 作图(如果链转移是控制分子量的主要过程, $-\log \bar{x}_n$ 对 $1/T$ 作图),活化能之差 $E_{tr,s} - E_p$ 和频率因子 $A_{tr,s}/A_p$ 就能分别由斜率和截距估算出.它们列在表4.4中的第4和第5列.正如所期盼的那样,低的转移常数从而低的速率常数 $k_{tr,s}$ 与高的活化能 $E_{tr,s}$ 密切相关.转移的频率因子往往超过增长的频率因子,因此相比于一般对链转移的较低速率负有责任的单体加成,链转移的活化能较高.

如果聚合度主要受链终止所控制,这样 $\bar{x}_n$ 正比于动力学链长,平均分子量的温度系数将依赖于引发过程.如果用引发剂,那么由方程(4.28)有

$$\frac{\mathrm{d}\ln \bar{x}_n}{\mathrm{d}T} = \frac{\left(E_p - \dfrac{E_t}{2}\right) - \dfrac{E_d}{2}}{RT^2}$$

通常所用引发剂的分解活化能 E_d 约为 30 kcal,而假定 $E_p - \dfrac{E_t}{2}$ 的值为 4~7 kcal.因此,在这个范围它是终止控制的,聚合度的温度系数是负的.类似地,对热聚合,相应的量 $E_p - \dfrac{E_t}{2} - \dfrac{E_i}{2}$ (见方程(4.29))是负的,同样的结论应该适用.从稍微不同的观点来看,增加温度提高了自由基的总数,与方程(4.26)中 $\dfrac{k_p}{k_t}$ 的增加不成比例.高温时虽然 k_p 随温度有(小的)增加,但终止的发生率也更为频繁,从而生长出较短的链.

光化学引导的聚合(分子量受终止控制)是平均聚合度随温度升高而减小规律的一个例外.固定流明强度的引发速率实质上与温度无关,因此 $\dfrac{\mathrm{d}\ln \bar{x}_n}{\mathrm{d}T} = \dfrac{E_p - \dfrac{E_t}{2}}{RT^2}$ 是一个正的量.

4.2.6 调节剂

四氯化碳,特别是四溴化碳和五苯基乙烷都比表4.4中其他物质对苯乙烯自由基的反应性大许多倍.这些比例很小的物质极大地抑制了聚合物的分子量.四溴化碳和五苯基乙烷实际上在对链自由基的反应性上超过了苯乙烯,即 C_S 超过了 1.转移常数为 1 或更大一点的化合物在控制聚合物分子量方面特别有用.只要很少的量就能把分子量抑制在几乎任何所想要的水准.当用作此目的时,它们被称作调节剂.脂肪族硫醇广泛用于包括丁二烯或其他二烯类的聚合,例如,在合成橡胶的制备中,它们可把聚合物链的长度降低到后续加工所需的合适范围.近似假定每 1 mol 所形成的聚合物消耗 1 mol 硫醇,硫在聚合物中也近似是每个分子一个原子的比率[79].与前面讨论的转移过程完全类似,下述反应很清楚:

$$\mathrm{M}_x \cdot + \mathrm{RSH} \longrightarrow \mathrm{M}_x\!-\!\mathrm{H} + \mathrm{RS} \cdot \xrightarrow{+\,\mathrm{M}} \mathrm{RS}\!-\!\mathrm{M} \cdot \xrightarrow{\cdots}$$

因为硫醇不降低聚合速率,转移剂自由基 RS· 明显与单体迅速发生反应,从而开始了一条新链.

调节剂转移常数可用先前讨论的"分子量方法"测定,这个方法取决于方程(4.42)的运用.假定浓度比[S]/[M]在这个方法中是常数,因此转换率一定非常低,除非 C_S 接近 1.对大于 5 的转移常数,要求有不切实际的低转换.第二个方法[60,61]取决于所反应的调节剂量的测定.调节剂反应速率为

$$-\frac{d[S]}{dt} = k_{tr,S}[S][M·]$$ (4.43)

除以方程(4.11)的聚合速率 $-d[M]/dt$,得

$$\frac{d[S]}{d[M]} = \frac{k_{tr,S}}{k_p}\frac{[S]}{[M]}$$

或

$$\frac{d\log[S]}{d\log[M]} = C_S$$ (4.44)

因此 $\log[S]$ 对 $\log[M]$ 作图的斜率一定等于 C_S.未反应硫醇调节剂的浓度[S]可以通过硝酸银的电流滴定来测定[80,82],或通过含有[35]S 硫醇的放射法来测定聚合物中的结合硫,未反应硫醇浓度[S]由差分法计算.类似地,四氯化碳的转移常数也可通过分析聚合物的氯来测定[74].

硫醇与好几个单体的转移常数列于表 4.6 中.上述两个方法结果的相符令人满意.与单体加成的速率(即转移常数)相关的硫醇反应速率对不同的链自由基有很大的不同.硫醇转移常数的温度系数非常小[80],这个事实表明从硫醇的巯基中去除一个氢原子所需的活化能几乎等于单体加成的活化能.

表 4.6　60 ℃下硫醇的转移常数

单体	转移剂	方法[a]	C_{RSH}
苯乙烯	正丁基硫醇[83]	2	22
苯乙烯	正十二烷基硫醇[80]	1	15
苯乙烯	正十二烷基硫醇[80]	2	19
苯乙烯	叔丁基硫醇[80]	1	3.7
苯乙烯	叔丁基硫醇[80]	2	3.6
苯乙烯	巯基乙酸乙酯[80]	2	58
甲基丙烯酸甲酯	正丁基硫醇[83]	2	0.67
甲基丙烯酸酯	正丁基硫醇[83]	2	1.7
乙酸乙烯酯	正丁基硫醇[83]	2	48

a　方法 1 指的是利用方程(4.42)从平均聚合度测定,方法 2 是指用方程(4.44)从硫醇消耗测定.

4.3 单个步骤速率常数的绝对值

在复杂的聚合过程中存在四个完全分开的反应:引发、增长、终止和链转移.最后提及的链转移可能还包括存在于聚合体系中好几个化合物的转移.分析聚合静态速率和有关聚合度的实验结果,只能为估计表征这些过程之一的链引发速率常数提供必要的信息,对链引发的值 fk_d(对热引发是 k_i)已经描述过了.到目前为止,其他速率常数仅出现在某些像 k_p^2/k_t 和各种不同链转移常数 $C = k_{tr}/k_p$ 那样的比率中.当我们成功赋予这些比率以数值时,迄今为止回避了估算速度常数.事实上仅仅通过测定静态条件下的聚合速率和聚合度是绝不可能完全解决单个速率常数问题的.需要额外测定相匹配的独立参数.满足这个需求之一的是活性中心的平均"寿命" τ_s,即从自由基链产生或引发到它最终消失的平均时间,而不管中间可能的转移过程.这个寿命一定等于链自由基的"群体"[M·]除以它们消失的速率.即

$$\tau_s = \frac{[\text{M}\cdot]}{2k_t[\text{M}\cdot]^2} = \frac{1}{2k_t[\text{M}\cdot]} \tag{4.45}$$

或从方程(4.11)得

$$\tau_s = \frac{k_p}{2k_t}\frac{[M]}{R_p} \tag{4.46}$$

如果 τ_s 是在聚合速率为 R_p 时以某种方式测定的,比率 k_p/k_t 就能由方程(4.46)计算得.有了前面得到的 k_p^2/k_t,马上就可能来求解单个速度常数的这些比率.

4.3.1 测定活化中心平均寿命的方法[34,55,84]

我们先前已经想当然地认为实验是限定在静态条件下测定的,在那里自由基消失的速率几乎精确地等于它们形成的速率.这样我们能够把 R_i 视同于 R_t,得到了方程(4.10).但是,在聚合的最初时刻,自由基的浓度为零,在它达到(或很接近)静态水平前需要一个有限的时间.因为聚合速率正比于自由基浓度,达到静态的时间段内一定以聚合的加速为特征.

为得到一个答案回答逐个加速的时间段长度以及确定在什么样的条件下有足够长时间来在实验中观察到这样重要的问题,我们将从反应动力学观点来考察非静态的时间段.不管用何种方法,我们假定聚合是光引发的,可以有光敏剂或没有光敏剂的协助.然后,把聚合池暴露在有效照射(通常是近紫外光)下,可以突然开始产生自由基,在温度到达平衡所需的相当长时间里,可以避免另外的引发聚合.这样,自由基产生速率(见 79 页)将是 $2fI_{abs}$,它们的消失速率是 $2k_t[\text{M}\cdot]^2$.因此

$$\frac{\text{d}[\text{M}\cdot]}{\text{d}t} = 2fI_{abs} - 2k_t[\text{M}\cdot]^2 \tag{4.47}$$

在静态,这个净速率是零,$[\text{M}\cdot]_s = (fI_{abs}/k_t)^{1/2}$,这里下标 s 特指静态.因此上面的方程可以写为

$$\frac{\mathrm{d}[\mathrm{M}\cdot]}{\mathrm{d}t} = 2k_{\mathrm{t}}([\mathrm{M}\cdot]_{\mathrm{s}}^2 - [\mathrm{M}\cdot]^2)$$

积分得

$$\ln \frac{1 + \dfrac{[\mathrm{M}\cdot]}{[\mathrm{M}\cdot]_{\mathrm{s}}}}{1 - \dfrac{[\mathrm{M}\cdot]}{[\mathrm{M}\cdot]_{\mathrm{s}}}} = 4k_{\mathrm{t}}[\mathrm{M}\cdot]_{\mathrm{s}}(t - t_0) \tag{4.48}$$

在这里以及下面的方程中 t_0 作为一个积分常数进入了方程,这样在 $t = t_0$ 时 $[\mathrm{M}\cdot] = 0$. 由方程(4.45),方程(4.48)右侧的 $2k_{\mathrm{t}}[\mathrm{M}\cdot]_{\mathrm{s}}$ 可以用静态寿命 τ_{s} 的倒数来替代. 作这个替代并重排,我们得到简明的关系式:

$$\operatorname{arth} \frac{[\mathrm{M}\cdot]}{[\mathrm{M}\cdot]_{\mathrm{s}}} = \frac{t - t_0}{\tau_{\mathrm{s}}} \tag{4.49}$$

或因为速率正比于自由基浓度,我们可以写出

$$\frac{R_{\mathrm{p}}}{(R_{\mathrm{p}})_{\mathrm{s}}} = \frac{[\mathrm{M}\cdot]}{[\mathrm{M}\cdot]_{\mathrm{s}}} = \tanh \frac{t - t_0}{\tau_{\mathrm{s}}} \tag{4.50}$$

在这些公式里,时间 t 可以等同于照射的时间. 如果 $t = t_0$ 时 $[\mathrm{M}\cdot] = 0$,那么 $t_0 = 0$;但是如果在照射开始时 $[\mathrm{M}\cdot] = [\mathrm{M}\cdot]_2 > 0$,就有

$$\frac{t_0}{\tau_{\mathrm{s}}} = -\operatorname{arth} \frac{[\mathrm{M}\cdot]_2}{[\mathrm{M}\cdot]_{\mathrm{s}}}$$

和

$$\operatorname{arth} \frac{[\mathrm{M}\cdot]}{[\mathrm{M}\cdot]_{\mathrm{s}}} - \operatorname{arth} \frac{[\mathrm{M}\cdot]_2}{[\mathrm{M}\cdot]_{\mathrm{s}}} = \frac{t}{\tau_{\mathrm{s}}} \tag{4.51}$$

图 4.10 中按方程(4.50)计算而得的曲线 OAE 显示了在自由基起始浓度为零(即 $t_0 = 0$)时,随照射开始自由基浓度升高的过程. 在静态前(即 $t \lesssim 2\tau_{\mathrm{s}}$)的时段中,观察聚合速率作为时间的函数将提供适合于估算 τ_{s} 的信息.

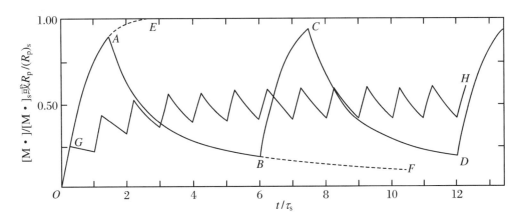

图 4.10　**在照射和黑暗交替的周期时间分别为 t 和 rt 时段中作为时间函数的自由基浓度对它的静态浓度之比**

曲线 $OABCD$ 描述了 $t/\tau_{\mathrm{s}} = 1.5$ 和 $r = 3$ 的情形;曲线 OGH 对应 $r = 3$ 和 $t/\tau_{\mathrm{s}} = 1/4$,在平均自由基浓度 $[\overline{\mathrm{M}\cdot}]/[\mathrm{M}\cdot]_{\mathrm{s}} = 1/2$ 附近波动.

当把灯关掉后,自由基浓度的衰减按下式进行:

$$\frac{\mathrm{d}[\mathrm{M}\cdot]}{\mathrm{d}t'} = -2k_\mathrm{t}[\mathrm{M}\cdot]^2$$

这里 t' 是测量得到的黑暗时段的时间,积分得

$$\frac{1}{[\mathrm{M}\cdot]} - \frac{1}{[\mathrm{M}\cdot]_1} = 2k_\mathrm{t}t' \tag{4.52}$$

这里 $[\mathrm{M}\cdot]_1$ 是黑暗时段开始时的自由基浓度. 乘以 $[\mathrm{M}\cdot]_\mathrm{s}$,再次对 $2k_\mathrm{t}[\mathrm{M}\cdot]_\mathrm{s}$ 代入 $1/\tau_\mathrm{s}$,得

$$\frac{[\mathrm{M}\cdot]_\mathrm{s}}{[\mathrm{M}\cdot]} - \frac{[\mathrm{M}\cdot]_\mathrm{s}}{[\mathrm{M}\cdot]_1} = \frac{t'}{\tau_\mathrm{s}} \tag{4.53}$$

按这个方程,自由基衰减由图 4.10 中曲线 ABF 描述. 随照射的中断立即观察聚合速率的衰减,提供了另一个测定 τ_s 的方法,因为由方程(4.53)得出比率 $(R_\mathrm{p})_\mathrm{s}/R_\mathrm{p}$ 对 t' 作图的斜率将等于 $1/\tau_\mathrm{s}$.

Bamford 和 Dewar[85] 已用后一个方法来推求 τ_s 的值,从而测定独立的速率常数 k_p 和 k_t. 他们选择测定黏度随时间的增加来观察聚合速率,为此目的用了特别设计的带有黏度计的反应池. 有了由单独的实验建立起来的特性黏数与分子量间的关系以及分子量与速率的依赖关系,他们成功地把观察到的黏度增加转换为聚合程度的增加. 通过观察静态照射速率和接下来的光化学后效,他们能得到作为时间函数的自由基浓度比值 $[\mathrm{M}\cdot]/[\mathrm{M}\cdot]_\mathrm{s}$,从而得到 τ_s. 但是为满意地处理数据,必须把所观察的浓度增加转换成有这样的效果,即聚合物的增量将限制单体的无限稀释. 只有黏度有中等增加时才可以精确地进行向无限稀释的外推. 从而,速率的测定一定要限制在非常低的转化率时(通常小于 1%). 并且,τ_s 应该至少有 10 min 光化学后效,为的是有足够的时间间隔来完成一系列黏度测量. 所以通过低强度照射,聚合速率一定要非常小(见方程(4.46)). 某些单体竞争热聚合的速率为光化学速率设定了一个可实际使用的下限. 总体来说,黏度法是比较死板的,所得结果的可靠性因复杂数据分析而受损.

通常(尽管不是经常),随照射的开始或在接下来的黑暗周期里的衰减,通往静态的途径对满意的测量来说还是太快了. 尽管如此,在这些情况中可观察到多次有规律交替的黑暗和光照循环后的聚合平均速率. 如果与 τ_s 相比,循环时间非常长,聚合的量将简单地正比于总的照射时间. 在极端情况中(图 4.10 中没显示),速率对时间的曲线将由一系列近乎矩形面积的隆起所构成. 如果黑暗与光照周期之比 r 譬如等于 3,以致试样只有 1/4 的时间被照射到,速率将非常接近静态照射速率的 1/4. 但是,如果缩短周期长度,以至于在黑暗阶段没有衰减完全,在照射阶段没有达到静态浓度(如图 4.10 中 $OABCD$ 中的那样),显然自由基浓度和在整数周期下的平均速率将超过它们静态值的 1/4. 这是真的,因为在黑暗阶段的衰减不会如照射过程中自由基积累的那样快. 如果缩短闪照时间,得到分段的曲线 OGH,在那里平均自由基浓度(和速率)接近于静态值的一半. 极短的闪照周期将把自由基浓度维持在近似恒定的水平. 这等同于强度仅为实际使用强度的 $1/(1+r)$ 的静态照射. 因为静态自由基浓度正比于 $I_\mathrm{abs}^{1/2}$,这样,如果 $r+1=4$,速率将是静态照射的一半. 因此当闪照频率 $1/(t+rt)$ 从非常低的值增加到非常高的值(与 $1/\tau_\mathrm{s}$ 相比)时,速率将从 $(R_\mathrm{p})_\mathrm{s}$ 的 1/4 升至 1/2.

在光化学引导的包括双分子终止在内的链反应中,Briers、Chapman 和 Walters 首先处理了间歇照射的问题[86,87],特别是在气相体系中.他们的方法也在这里用上了.在足够多次的照射循环完成以后,自由基浓度将在接下来的循环中均匀地振荡.令 $[M\cdot]_1$ 是时段 t 闪照终止和在时段 $t' = rt$ 的黑暗周期开始时刻的自由基浓度,$[M\cdot]_2$ 是闪照开始和黑暗周期终止时的自由基浓度,由方程(4.51)和(4.53)[34,55],我们有

$$\text{arth}\ \frac{[M\cdot]_1}{[M\cdot]_s} - \text{arth}\ \frac{[M\cdot]_2}{[M\cdot]_s} = \frac{t}{\tau_s} \tag{4.51$'$}$$

和

$$\frac{[M\cdot]_s}{[M\cdot]_2} - \frac{[M\cdot]_s}{[M\cdot]_1} = \frac{rt}{\tau_s} \tag{4.53$'$}$$

对于给定值的比率 $r = t'/t$ 以及比率 t/τ_s,自由基浓度之比 $[M\cdot]_1/[M\cdot]_s$ 和 $[M\cdot]_2/[M\cdot]_s$ 的极大值和极小值都能分别从这些方程来计算.在整个循环中平均自由基浓度 $\overline{[M\cdot]}$ 将为

$$\overline{[M\cdot]} = \left\{ \int_0^t [M\cdot] dt + \int_0^{rt} [M\cdot] dt' \right\} \frac{1}{t+rt}$$

这里,在第一个覆盖照射阶段积分中的 $[M\cdot]$ 由方程(4.51)给出,而在黑暗阶段循环的第二项积分中的 $[M\cdot]$ 由方程(4.53)给出.估算这些积分得到的结果是[34,55,87]

$$\frac{\overline{[M\cdot]}}{[M\cdot]_s} = (r+1)^{-1} \left\{ 1 + \frac{\tau_s}{t} \ln \frac{\dfrac{[M\cdot]_1}{[M\cdot]_2} + \dfrac{[M\cdot]_1}{[M\cdot]_s}}{1 + \dfrac{[M\cdot]_1}{[M\cdot]_s}} \right\} \tag{4.54}$$

这样,从方程(4.51$'$)和(4.53$'$)得到了出现在方程(4.54)对数项的争论中的比率后,就能计算得到平均自由基水平对静态自由基水平之比率.从而有可能把 $\overline{[M\cdot]}/[M\cdot]_s$(它等于 $R_p/(R_p)_s$)与量 t/τ_s 关联起来(在黑暗-照射周期之比 r 固定时).图 4.11 是平均自由基浓度比率对 $\log(t/\tau_s)$ 作图($r=3$)得到的曲线.自由基浓度比率从快速闪光速率(小的 t/τ_s)的 $1/2$ 降到慢速闪光的 $1/4$,正如我们先前已经看到的它一定是正确的.通过不同闪照频率(譬如,对不同的 t 的值)的实验测定的聚合速率对理论曲线的匹配,可建立 τ_s 的值①.

所需的间歇照明是由光束通道上插入的一个旋转扇区实现的,它由一个圆盘组成,这个圆盘中刻有一个或多个相等大小的扇区.圆盘由带有减速齿轮的同步马达驱动,以提供所需的恒定闪照频率.图 4.12 是由 Kwart、Broadbent 和 Bartlett[48]开发的装置示意图.由 85 W 汞灯发出的射线 B 用石英透镜 D 和 E 聚焦在 K 处.开口的虹膜 H 用来消除杂散的光.结果在 K 处形成一个光源的影像,与扇形 I 的开口相比这个影像非常小,在池 S 中从黑暗到光照的转换或从光照到黑暗的转换发生在闪照时间段 t 这样一个非常小的瞬间里.石英透镜 F 校准通过池的光束.G 是分离灯泡光谱中所需要的那部分的过滤器.P 是水热浴;N 是监测照射强度的光电管;L 和 L$'$ 是石英窗.通过观察附在石英池上的毛细管(没有具体的显示)中单体液面水平线变化的膨胀计方法来跟踪聚合.由聚合物和单体密度有很大差异的知识,池中毛细管水平线的变化很容易转换成已聚合的量.经仔细纯化的单体和光传感器(如果使用

---

① 上述分析中完全忽略了黑暗中的聚合速率.如果黑暗中的速率是可察觉的,τ_s 仍然可从不同闪照频率下的聚合速率估算得[55,57].但是,所需要的方程将相当复杂.

的话)被密封在池中,清除掉池内氧气.然后聚合速率可通过恒定的照射或部分的照射来测定.按每一个连续周期之所需,改变扇区的旋转速率.以这个方法得到了一系列固定圆盘比率 r 下的速率之比 $\overline{R_p}/(R_p)_s$,唯一的变数是决定闪照时间 t 的扇形速度.然后速率比对 $\log t$ 作图.对于相同 r 值的理论曲线,像图 4.11 中 $r=3$ 的曲线通过沿横轴位移叠加到实验点上,直至有最佳的拟合.因为对于理论曲线横轴的尺度表示 $\log t - \log \tau_s$,一个尺度相对于另一个的位移给出 $\log \tau_s$.

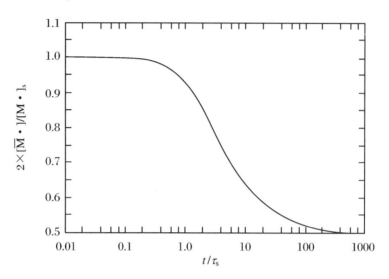

图 4.11 间歇照射的平均自由基浓度与静态照射的平均自由基浓度之比率对 $\log(t/\tau_s)$ 的作图

黑暗-闪光间隔比率 r 是 3.(Matheson、Auer、Bevilacqua 和 Hart[85])

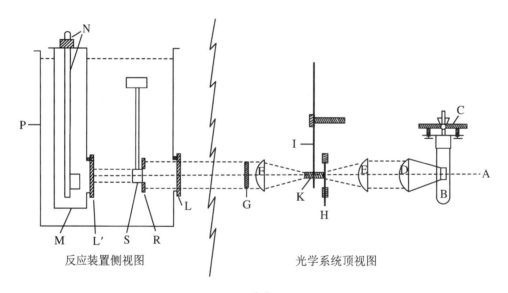

图 4.12 Kwart、Broadbent 和 Bartlett[48] 研究间隙照明聚合所用装置示意图

4.3.2　实验结果

表 4.7 和图 4.13 中显示的 Kwart、Broadbent 和 Bartlett[48]关于 25 ℃下乙酸乙烯酯光引发聚合的数据可图解这个方法.首先确认静态光照引发速率 $R_i = 2fI_{abs}$ 是**相对**入射光强度 $I_{0,rel}$ 和光敏剂二叔丁基过氧化物浓度 c_s 的函数.这里用上了终止剂,终止剂是四甲基对苯醌,先前已表明它在很低浓度时就很有效.这样,就确定了 R_i 与乘积 $c_s I_{0,rel}$ 间的比例常数.进行了两组不同敏感剂浓度和入射光强度的聚合速率测试,在表 4.7 中记作轮次 2 和轮次 3,从先前确定的比例计算出的引发速率列在表 4.7 中的第一行.然后测定静态光照下的聚合速率$(R_p)_s$,用方程(4.15)计算得到的 k_p^2/k_t 值列在该表第三行.最后,测定了用旋转圆盘的间隙照明的速率,圆盘刻出有 $120°$ 的扇形,从而 $r = 2$.通过调节圆盘旋转速度,使闪照频率在 10^5 范围内变化.图 4.13 是表示为快速闪照速率的百分数的这些结果,两组的实验点对应不同的引发速率.横轴的刻度由图 4.11 所用刻度反转而来,慢闪照计算出的速率是 $1/(r+1)^{1/2} = 1/\sqrt{3}$,为快闪照速率的 57.7%.图 4.13 中曲线已由方程(4.51′)、(4.53′)和(4.54)对 $r = 2$ 的情况做了计算,且每条曲线都在横向上有所位移以保证与两组实验点有最佳拟合.τ_s 的值可用上述所指方式的位移来推导.利用方程(4.46),从 τ_s 和 R_p 计算得比率 k_p/k_t.列在表 4.7 中靠近根部地方的独立的 k_p 和 k_t 值是从两个比率 k_p^2/k_t 和 k_p/k_t 计算而得的.表中最后一行的静态自由基浓度是用方程(4.45)由 τ_s 和 k_t 计算得的.

表 4.7　Kwart、Broadbent 和 Bartlett[48]所作的 25 ℃下乙酸乙烯酯聚合的绝对速率常数的估算

	轮次 2	轮次 3
$R_i/10^{-9}$	1.11	7.29
$(R_p)_s/10^{-4}$	0.450	1.19
$(k_p^2/k_t)/10^{-2}$	3.17	3.37
τ_s	4.00	1.50
$(k_p/k_t)/10^{-5}$	3.35	3.32
$k_p/10^3$	0.94	1.01
$k_t/10^7$	2.83	3.06
$[M\cdot]/10^{-8}$	0.44	0.54

注:单位均为 mol、L、s.

根据这些结果,在 25 ℃下未稀释单体中,一个单独的乙酸乙烯酯自由基的生长速率 $k_p[M]$ 约为 $10^4\ s^{-1}$.动力学链长 ν 等于这个速率与平均寿命的乘积(比较方程(4.26)和(4.45)),这样,在轮次 2 的条件下和静态照明时,它是 4×10^4.平均聚合度(没有包括在表 4.7 中)比 2ν 小很多[48],25 ℃时约为 3.5×10^3.这样在动力学链寿命期间链转移一定约平均放大十倍,且 $C_M \approx 1/\bar{x}_n \approx 2.5\times10^{-4}$(见 96 页).单体的链转移速率常数的绝对值可由 C_M 和 k_p 的绝对值来计算,对 25 ℃乙酸乙烯酯自由基与它单体的转移,$k_{tr,M} = C_M k_p = 0.25$,对自由基向单体转移来说这是一个非常大的值.譬如在 60 ℃下苯乙烯的情况中,由

$C_M = 0.6 \times 10^{-4}$（见 4.2.3 小节）和表 4.8 给出的 k_p 得到 $k_{tr,M} \approx 0.01$.

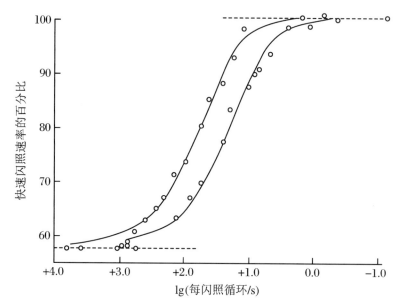

图 4.13 25℃下乙酸乙烯酯聚合的相对速率作为闪照频率的函数（$r = 2$）

两组实验点对应不同的强度（表 4.7 中的轮次 2 和轮次 3）. 理论曲线用水平位移法来与
实验点相拟合.（Kwart、Broadbent 和 Bartlett[48]）

　　各种不同单体的绝对增长和终止常数与这里已知的活化能和频率因子一起都收集在表 4.8 中. 丁二烯和异丁烯是例外，所列数据都是借助于旋转圆盘法测定的寿命推导出的，而丁二烯和异丁烯的增长常数是由乳液聚合实验得来的，在那里测定的是每个颗粒的生长速率（见第 5 章）. 大多数所列的其他结果均来自于 Matheson 及其同事的工作. 由 Kwart、Broadbent 和 Bartlett[48] 得到的乙酸乙烯酯的常数与 Matheson[47] 的几乎一样. Melville 和他的合作者[64,91] 也用了旋转圆盘法来研究所列的前三个单体的聚合，但其结果一般与 Matheson 和 Bartlett 及其同事的定量相符并不好. Bamford 及其同事[63,65] 用黏度法也得到了相同三个单体紧随光化学后效的 k_p 和 k_t 值. 这样得到的结果与从间歇光照实验（聚合速率是在很宽转化率范围内用膨胀计法跟踪的）得到的结果关联并不好.

表 4.8　链增长和链终止速率常数的绝对值[a]

单位	k_p		E_p/kcal	$A_p/10^7$	$k_t/10^7$		E_t/kcal	$A_t/10^9$
	30℃	60℃			30℃	60℃		
乙酸乙烯酯[47,48]	1240	3700	7.3	24	3.1	7.4	5.2	210
苯乙烯[41]	55	176	7.8	2.2	2.5	3.6	2.4	1.3
甲基丙烯酸甲酯[55]	143	367	6.3	0.51	0.61	0.93	2.8	0.7
丙烯酸甲酯[51] b	720	2000	~7.1	~10	0.22	0.47	~5	~15
丙烯酸丁酯[89]	14				0.0009[c]			
甲基丙烯腈[89]	~21				~2.7			

续表

单位	k_p		E_p/kcal	$A_p/10^7$	$k_t/10^7$		E_t/kcal	$A_t/10^9$
	30 ℃	60 ℃			30 ℃	60 ℃		
丁二烯[90]d		100	9.3	12				
异戊二烯[90]d		50	9.8	12				

a　所有速率常数的单位均为 L/(mol·s). 所列出的 30 ℃ 乙酸乙烯酯速率常数是从所报道的 25 ℃ 的值修正过来的. 为计算活化能和频率因子, 除 30 ℃ 和 60 ℃, 也包括了其他温度下的测试.

b　由于丙烯酸甲酯需要外推到小于 1% 转化率, 以避免与它的单体发生显著的自加速, 数据的精度比大多数所研究的单体要低.

c　用这里的符号并假定终止是耦合的, Melville 和 Bickel 的结果被重新计算过了.

d　丁二烯和异戊二烯的增长常数是从乳液聚合中每个颗粒的聚合速率测定的.

　　表 4.8 所列 7 个单体的增长速率常数变化范围几近百倍. 因为反应物 (自由基和单体) 在每个实例中都各不相同, 从这些结果中不能单独推出关于自由基或单体各自反应性的结论. 但下一章中讨论的共聚将为独立评价单体和链自由基的特征反应性提供合适的附加数据. 只要速率常数 k_p 是已知的, 链自由基反应性顺序也可从同一转移剂的不同自由基链转移常数推导出 (见 4.2.5 小节). 第 5 章将对单体和自由基反应性作更详细的讨论, 并将得到结论: 单体越活泼 (譬如苯乙烯和丁二烯), 其自由基活性越小, 反之亦然. 单体的反应性会被取代基 (它提供了共振稳定性) 所放大, 但是取代基这个效应甚至比链自由基活性的**降低**还要大. 所以, 反应性苯乙烯单体对苯乙烯自由基的增长常数原来是比对反应性小得多的乙酸乙烯酯 (它带有很高反应性的乙酸乙烯酯自由基) 的增长常数还要小 (见表 4.8), 后者缺少适当的共振稳定性. 当前我们将仅关心带有它自己自由基的单体的速率常数 k_p, 并不奢望解决源于个别反应物的影响.

　　除二烯外, 表 4.8 中给出的活化能 E_p 为 1~7 kcal/mol. 频率因子 A_p 的变化范围在 50 倍之内, 表明空间立构的效应有时比活化能更为重要. 作为对这个论述的支持, 在相同的乙烯碳上具有两个取代基的甲基丙烯酸甲酯的频率因子最低, 而像乙酸乙烯酯和二烯类等相对不受阻的单体 (及它们的自由基) 却有相当大的值. 虽然还缺少用来估算丙烯酸丁酯 A_p 的数据, 其相对说来较大的取代基引起的空间位阻被用来解释低的 k_p 值也有一定道理. 它对终止常数的影响甚至更为显著, 正如大取代基的存在对将在终止反应中结合在一起的每对自由基的碳原子所期望的影响那样.

　　或许有意思的是 A_p 的值比从碰撞速率计算得到的要低 (为其 10^{-3}). Harman 和 Eyring[92] 把这归因于单体双键中不成对电子的单态-三态转移 (这个转移的概率很低). Baxendale 和 Evans[93] 却更愿把低的 A_p 值认为是由于在活化状态单体自由度的丧失 (与独立分子原先在液态的状态相比). 可以证明类似的自由度丧失也应发生在其他耦合反应中, 特别是在 A_i 非常大的终止过程中. 因此 Baxendale 和 Evans 对低 A_p 值的解释是不能令人满意的.

　　Evans、Gergely 和 Seaman[94] 唤起了人们对活化能与反应热之间关系的关注. 对给定类型的反应来说,从反应物到产物的能量降低越多,活化能就越低.但是,活化能的变化应该比不同反应物的反应热差异要小.Evans 及其同事(从考虑位能曲线起始和终止状态的交集)估算前者的差异应比反应热差异的一半稍微小一点.在单体加到它同类的自由基上时,产物自由基和反应物自由基是相同的,因此反应热简单地代表了聚合物链的单元和单体分子之间的能量差.正如在第 6 章将充分讨论的那样,两个重要的因子影响着牵涉在单体聚合中的热:单体的乙烯基共振稳定和取代基之间空间的排斥力.两者都趋于降低所牵涉的热.空间排斥力在像甲基丙烯酸甲酯这样的双取代单元中特别大.但是,在活化的复合体中反应物的分离距离上,我们期望空间排斥力应该不会对能量有太多影响.如果忽略这些排斥力,对所有非共轭单体,聚合热应在 -20 kcal/mol 左右(见第 6 章).对于苯乙烯和丁二烯,由于单体的共振稳定性(它并不呈现在聚合物单元中),$-\Delta H_p$ 应该低 $2\sim3$ kcal.苯乙烯、丁二烯和异戊二烯较高的 E_p 值可以由此来解释,尽管实验上观察到的苯乙烯的增量并不十分醒目.甲基丙烯酸甲酯呈现出最低的 E_p 值,原因还不甚清楚.

链终止的活化能比链增长的来的小,但它们显然大于零.这可能不是所期望的,因为甲基自由基看来是在气相中结合的,没有能测量的活化能[95].

Matheson 及其同事发现通过改变引发速率来把聚合速率改变达 6 倍时,苯乙烯和甲基丙烯酸甲酯的速率常数 k_p 和 k_t 的变化也并不明显.因为在这些单体中链转移并不是主要的,聚合度近似与结合速率成反比地变化(见方程(4.36)),因此由给定温度下 k_p 和 k_t 不随聚合速率而变可推出这些过程的速率与链长无关这样的结论.但是,随着转化率较高时自加速的发生,τ_s 随速率的增加而同步增大.在加速的速率区测定 k_p^2/k_t 和 k_p/k_t(从 τ_s 和 R_p)表明,尽管 k_p 保持其在引发时的值(在试验误差内),在某些情况下 k_t 已降低为 1/100 甚至更少[41,51,55].这些结果支持了先前给出的对自加速的解释.

Norrish 和 Smith[50] 在甲基丙烯酸甲酯的工作以及 Burnett 和 Melville[35] 在乙酸乙烯酯的工作中观察了 k_t 与介质在表观上的相关依赖性.在劣溶剂中速率高,用旋转扇形法测定 τ_s 显示 k_t 在劣溶剂中出现了下降.这个 k_t 的表观降低说明聚合速率在增加.实际上,聚合物的沉淀似乎是造成这个效应的原因.增长的自由基变成被包埋在沉淀中的小滴(推测起来非常小)中.由于一个小滴中的链自由基与另一个中的是分隔开的,抑制了终止反应.这个"凝胶效应"在产生不溶于反应介质的聚合物体系中相当普遍[96].但是,比起均相聚合体系的自加速,它与将在下章讨论的乳液聚合现象更紧密相关.一个共有的特征是由反应环境导致的(表观的)k_t 的下降.但是环境因素显然是不一样的.

一旦测得了 k_p 和 k_t,就容易得到发生在聚合和共聚中其他反应速率常数的绝对值.正如先前已指出的,生长着的自由基和各个物种之间的链转移速率常数可以指定为 k_p 乘以适当的转移常数 C(见表 4.4~表 4.6).比较同一转移剂的不同自由基的 k_{tr} 可直接测定自由基反应性.到目前为止链转移的研究只涉及不同的转移剂和为数不多的自由基,因此对这个目的的作用有限.正如将在第 5 章呈现的那样,k_p 和 k_t 对交叉增长和终止过程(这在共聚中被认为是重要的)的速率常数的绝对值赋值是必不可少的.

4.4　阻聚和缓聚

如果添加一个能与链自由基反应,产生单自由基产物或低活性自由基(以至于不能再加成单体)的物质到单体中,那么正常的聚合物链的生长将会受到抑制.这个能如此有效地将聚合速率充分降为零的物质叫做**阻聚剂**.但是,如果它的作用不是非常有效,以至于只降低了速率和聚合度,而没有完全停止聚合,这样的物质就叫做**缓聚剂**.当然它们的差别仅仅是程度而已.图 4.14 是 Schulzs 例证苯乙烯热聚合中阻聚和缓聚的结果[97].在 0.10% 苯醌存在情况下(曲线Ⅱ),在整个诱导期(这时苯醌被认为能热解产生自由基)都没有可测出的聚合发生.从那以后聚合按不存在阻聚剂时的正常方式进行(曲线Ⅰ).大量硝基苯(曲线Ⅲ)抑制了聚合速率,但没导致出现诱导期.亚硝基苯(曲线Ⅳ)引起了阻聚,但在诱导期后,速率仍然比纯单体的来得低.由链自由基对产品的作用,亚硝基苯显然是一个缓聚剂.

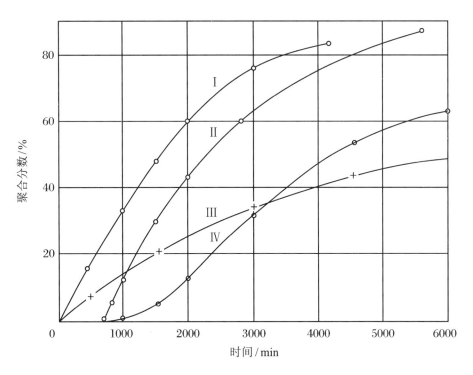

图 4.14　100 ℃ 下 0.1% 苯醌(曲线Ⅱ)、0.5% 硝基苯(曲线Ⅲ)和 0.2% 亚硝基苯(曲线Ⅳ)对苯乙烯热聚合的效应的比较

曲线Ⅰ代表的是纯苯乙烯的聚合.(Schulzs 的结果[97])

4.4.1　反应机理

如果阻聚剂本身就是一个自由基,则与链自由基反应的产物没有成对的电子,因此几乎

确定它是不能再加成单体的稳定分子.但是,选择作为阻聚剂的自由基一定是低反应性的,否则,它将像终止链一样引发链.稳定的自由基 2,2-二苯基-1-苦肼基

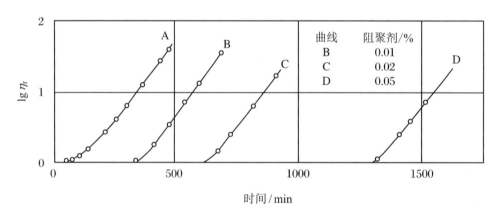

是一个极为有效的阻聚剂,没有证据显示它能导致引发[40].即使在浓度小于 10^{-4} mol 时,它也能完全阻止乙酸乙烯酯[40]或苯乙烯[41]的聚合.每消耗一个肼自由基都停止了一个链自由基[40,41].三苯基甲基也是一个阻聚剂,但是当加到纯苯乙烯中时,100 ℃下观察到的诱导期将比它应该有的(如果每个三苯基甲基自由基通过与一个热解产生的苯乙烯链相结合而消失)短很多[44].每个链自由基可消耗掉多至 77 个这样的自由基,而没有阻聚剂时这些自由基本应该能够呈现的.显然,高温时三苯基甲基对相对说来反应性好的单体也是一个阻聚剂.它导致了一个诱导期,因为引发它比终止链更快速.

更为普遍通用的阻聚剂是这样的分子,它们以某种方式与活性自由基发生反应,来产生活性低的产物自由基.经典的例子是苯醌①.少至 0.01%的苯醌事实上就完全抑制了苯乙烯或其他单体的聚合.这对热聚合和引发聚合都成立.Foord[99]用苯醌对苯乙烯热聚合的阻聚结果示于图 4.15.诱导期(在这个诱导期里苯醌转换为活性很小或没有抑制作用的产物[97,98])的长短正比于开始存在的苯醌的量[34,40,41,43,98—102].2,2-二苯基-1-苦肼基和其他苯醌类阻聚剂同样用于阻聚[103].所以阻聚剂消失的速率**与阻聚剂浓度无关**,仅依赖于自由基产生的速率,不管它们是由引发剂的作用产生的还是由热过程产生的,无论哪一种情况,它的进行与阻聚剂无关.这样,阻聚剂的消耗是零级反应(但是像三苯基甲基那样,诱导期的长度与阻聚剂的起始浓度成正比,因为它同时具有引发剂的功能).

图 4.15　90 ℃下苯醌对苯乙烯热聚合的阻聚作用

这里作为聚合度量的是纯单体黏度的对数.不存在苯醌时很短的诱导期大概是单体中寄生的阻聚剂存在的结果.

---

① 对苯二酚通常用作单体的"稳定剂".无氧时它不是一个阻聚剂,但在有氧时它的作用就如它被氧化为苯醌的结果.

Cohen[20]已明确证明苯醌主要通过捕获苯乙烯链自由基来阻聚,而不是截取引发剂释放的自由基来阻聚.初级自由基(如 $C_6H_5COO\cdot$ 或 $C_6H_5\cdot$)通常比链自由基反应性更好,因此在与浓度很小的阻聚剂毁灭性相遇前,可以认为它是加入的数量很多的单体分子中的一个分子.反应性较小的链自由基仅以相对适中的速率加成单体,因此在单体依次的加成阶段之间的时间段里,链自由基与阻聚剂分子有多次碰撞,即使阻聚剂的浓度非常低.如果链自由基与阻聚剂的反应速率常数 k_s 比 k_p 足够大,在非常早期的阶段呈现出链自由基被阻聚剂拦截,尽管它的浓度很小.这样微量阻聚剂就可以有效地终止单体的聚合.

下面列出的是苯醌与链自由基几个不同的反应机理:

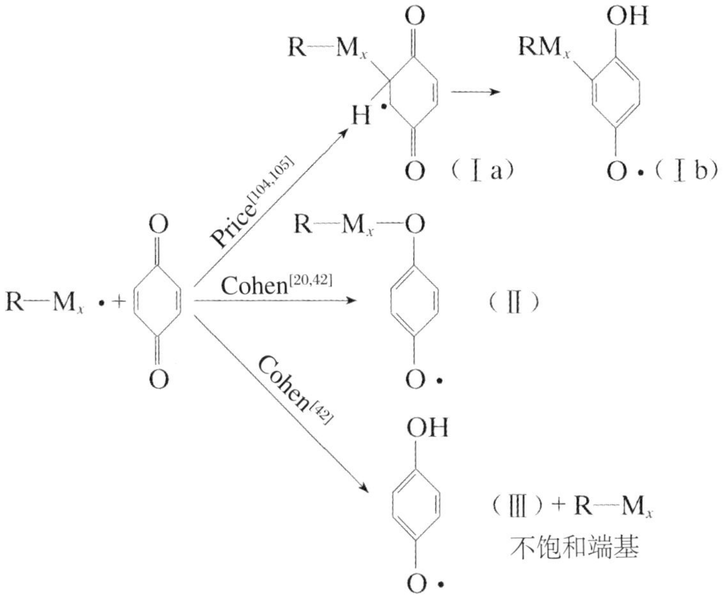

$$(4.55)$$

$$(4.56)$$

$$(4.57)$$

在自由基Ⅰa中氢原子的移动使它转换成更为稳定的对苯二酚自由基Ⅰb.由于共振(好几个共振结构在图上被省略了),类似的阻聚剂自由基Ⅰb、Ⅱ和Ⅲ应该是相对稳定的,因此不易通过加上单体再产生活性的链自由基.它们可能不是由于这些不活泼的自由基之间的反应,而是由特别类似于没有阻聚剂的聚合中正常的双分子链终止而消失①.如果认定这一性质的湮灭反应在关于阻聚剂自由基命运中的主导地位,链自由基的终止可以在反应(4.55)、(4.56)或(4.57)之一存在时获得成功,而不是在随后的阻聚剂自由基消失时.

让我们非常详细地来考察阻聚剂自由基对之间的湮灭反应②.歧化被认为比耦合的作用更重要.这样,氢原子可在像Ⅰb或Ⅲ那样的两个自由基间转换来产生苯醌和对苯二酚,它们中的一方或双方都将承担核取代基,如果Ⅰb自由基参与的话.当然,自由基Ⅰb可能把自己的氢原子转移到苯醌分子上,给出对苯二酚自由基Ⅲ和取代苯醌.对苯二酚是苯醌的阻

---

①　当然,阻聚剂自由基有可能终止其他的链自由基.从低浓度(相比于阻聚剂分子浓度)阻聚剂自由基观点来看,链自由基与阻聚剂的反应应该以比与阻聚剂自由基反应大得多的频率发生,因此后一个反应通常对体系中自由基的消失贡献很小(见 4.4.2 小节).

②　为了防止混淆链自由基与阻聚剂之间的反应,我们避免引用作为终止的成对阻聚剂自由基之间的反应,事实上这是终止必要的一步.

聚产物之一[98]. 当然,对苯二酚的单醚能通过对苯二酚或自由基Ⅰb或Ⅲ的氢转移到自由基Ⅱ上来形成,只要链自由基与苯醌之间的各种反应是同时发生的.通过光谱的和化学的方法,由苯乙烯[20]和烯丙基丙酮[102]得到的阻聚产物,其特征表明核取代和氧取代的产物两者都有,因此上述的反应(4.56)与(4.55)一定会发生,或许(4.57)也会发生.核加成和氧加成的比例一定为用作阻聚剂的苯醌的核取代所改变.这样按反应(4.56)[40],杜醌(四甲基对苯醌)似乎是主要反应.

成对的阻聚剂自由基通过歧化的消失导致苯醌或取代苯醌分子的再生.这个分子可以终止随后的一个链.因此,如果阻聚剂自由基只是因歧化而消失,终止的链与消耗的苯醌分子之比应该等于2.支持这个观点的证据已由Cohen获得[42],他发现用苯醌阻聚、过氧化苯甲酰引发的苯乙烯聚合的诱导期里分解的引发剂分子数非常接近等于苯醌的分子数,也即消失的每个苯醌分子将终止两个自由基.但是,在乙酸乙烯酯中有苯醌的情况里,每个链自由基消耗一个阻聚剂分子告诉人们,在这种情况下,形成的类型Ⅱ自由基是因耦合而消失的.

与上列Cohen关于含过氧化苯甲酰的苯乙烯聚合的苯醌阻聚的结果有鲜明对比的是,Mayo和Gregg[44]发现在100℃下苯乙烯热聚合中每产生一个链自由基就有17个或更多的苯醌分子消失.Schulz和Kämmerer[101]进一步证明,痕迹量的苯醌在降低所生成的聚苯乙烯分子量方面要比它们对聚合速率的降低厉害得多.这些事实毫无疑义地表明,在苯乙烯聚合中苯醌是一个转移剂,也是一个阻聚剂.在反应(4.55)、(4.56)或(4.57)之一中形成的自由基,尽管十分惰性,仍然可偶然加成上一个苯乙烯分子,从而产生动力学链①.分子量降低的事实表明,转移剂Ⅲ或由自由基Ⅰb或Ⅱ氢交换而形成的一个自由基也参与了链的再生.单体加成到自由基Ⅰa或Ⅰb上将产生与苯醌的共聚,分子量的降低不会比速率的降低大很多,与Schulz和Kämmerer的非常低的苯醌浓度的结果相反.Cohen的结果与Mayo和Gregg的结果之间表面上的矛盾是由于他们实验中实施条件的两个差异.第一是Mayo和Gregg做的实验在温度上稍高一点(与约70℃相比,是100℃),在这样高的温度下,与单体的反应更为迅速.第二是Cohen所用的引发剂大大增加了阻聚剂自由基的静态浓度,从而有利于它们彼此之间的相互反应.

从苯醌链转移剂潜在复杂性的观点来看,不能认为它是一个合适的确立苯乙烯引发速率的阻聚剂(按4.2.3小节描述的方法),尽管在像乙酸乙烯酯那样惰性的单体中,它看来还是不错的.一般说来,仅存在界限清楚的诱导期不应该被认为是在消耗的阻聚剂和消失的链自由基之间存在固定化学计量关系的有效证据.

像硝基苯和二硝基苯那样的芳香族硝基化合物(见图4.14)能使苯乙烯聚合速率减小,而又不完全抑制聚合和不引入诱导期[97,106],即它们是典型的缓聚剂[107].为使速率有很大的减缓和在整个聚合过程中一直持续有延迟,需要的缓聚剂的量较大.Price[104—106]认为链自由基是加成在芳香核上:

---

① 氯取代的苯醌.特别是氯醌(四氯代苯对醌),主要是转移剂而不是阻聚剂.如在反应(4.55)的第一步的核取代可能涉及并发的氯原子转移到单体分子[105].

$$\text{R—M}_x\cdot + \underset{(\text{IV})}{\text{（苯环-NO}_2\text{）}} \longrightarrow \text{R—M}_x\text{—（苯环 H · NO}_2\text{）} \qquad \text{（加上其共振结构）} \qquad (4.58)$$

Bartlett 及其同事得出了也会发生加成到硝基基团的结论[40,102]. Price 和 Read[105] 发现，相应于在苯乙烯缓聚中用作引发剂的对溴苯过氧化物的每一个片段，好几个间二硝基苯分子与聚合物相结合. 他们推断相应于 IV 的自由基以如下方式把它的氢原子转移到苯乙烯分子上：

$$\text{（IV）} + \text{C}_6\text{H}_5\text{CH}\!=\!\text{CH}_2 \longrightarrow \text{R—M}_x\text{—（苯环 NO}_2, \text{NO}_2\text{）} + \underset{\text{C}_6\text{H}_5}{\text{CH}_3\text{—CH ·}} \qquad (4.59)$$

反应 (4.58) 和 (4.59) 的顺序正相应于针对苯的链转移提出的机理[71]（见 100 页的脚注）. 但是，Price 和 Read 的实验结果并没排除阻聚剂自由基（譬如 IV 或由分子内重排而可能形成的片段）偶然加成上单体的可能性，从而引起缓聚剂有限的共聚.

　　对更具反应活性的乙酸乙烯酯链自由基，二硝基苯显示出阻聚剂的特性[40]. 在诱导期间两个自由基被一个二硝基苯分子所终止，表明阻聚剂自由基因歧化反应而消失.

　　作为众所周知的聚合反应阻聚剂[36,59]，氧产生一个相当惰性的过氧化物自由基[101]：

$$\text{M}_x\cdot + \text{O}_2 \longrightarrow \text{M}_x\text{—O—O ·} \qquad (4.60)$$

但是，它仍然能加成一个单体（苯乙烯、甲基丙烯酸甲酯或乙酸乙烯酯[59]）来与含氧聚合物最终产物再生一个正常的链自由基[108,109]：

$$\text{M}_x\text{—O—O ·} + \text{M} \longrightarrow \text{M}_x\text{—O—O—M ·} \qquad (4.61)$$

得到氧加成到单体的组分接近 1∶1 的聚合产物[59,109]，即

$$\text{—（M—O—O）}_x\text{—}$$

Barnes 及其同事[59] 通过所得乙二醇的加氢和识别确认了这个结构. 聚合度较低，约为 10～40. Bovey 和 Kolthoff[109] 发现在搅拌充分的苯乙烯乳液聚合中氧的消耗与氧的压力无关. 但是，其速率直接取决于引发剂（$\text{K}_2\text{S}_2\text{O}_8$）的浓度，是无氧时聚合速率的 1/1000. 这些事实再结合在限量氧存在下实现的热聚合或光化学聚合中诱导期实实在在的存在，证明鉴于反应 (4.60) 在速度上取代了单体的加成，反应 (4.61) 确实是非常缓慢的.

　　根据由氧引起诱导期的结论这一点，将以超过同等条件下纯单体聚合的速率而开始聚合. 聚合的过氧化物显然提供了自由基的来源. 因此，氧把阻聚剂、共聚单体以及（间接的）引发剂的作用都结合在了一起.

　　把可以修改自由基聚合过程的物质生硬地分类是很危险的，这一点已被所提及的阻聚剂和缓聚剂的实例很好地证明了. 一方面，很难清晰定义阻聚剂和缓聚剂间的区别；另一方面，共－单体或转移剂间的区别也难清晰定义. 此外，如果这个物质是自由基，它可以是潜在的引发剂或阻聚剂，像三苯基甲基，它可以实现这两者的功能. 如果不是一个自由基，而是一个能与自由基反应的分子，那么有三种可能性：① 加合物自由基与单体可以完全不起反应.

那么最终它们必定通过彼此的相互作用而消失,这取决于该物质与链自由基结合的效率,我们已有清晰的案例,不是**阻聚**就是**缓聚**.② 加合物可以加上单体(或许很勉强),结果是与之共聚(譬如,在苯乙烯情况中的氧).③ 从拦截到自由基再生次序中某一步,都可以发生原子或基团的转移,这样导致**链转移**(如在苯乙烯中的苯醌).尽管选择②和③都导致活性链自由基的再生,但仍然会观察到延缓,如果单体与阻聚剂自由基的反应缓慢的话.

4.4.2 阻聚和缓聚动力学

由阻聚或缓聚物质(记作 Z)导致的各种反应可以简化如下:

$$M \cdot + Z \xrightarrow{k_z} Z \cdot \tag{4.62}$$

$$Z \cdot + M \xrightarrow{k_{zp}} M \cdot \tag{4.63}$$

$$2Z \cdot \xrightarrow{k_{zt}} \text{非自由基产物} \tag{4.64}$$

这将足够来处理单体和阻聚剂的消耗速率.这里链自由基和阻聚剂分别简单地用 $M \cdot$ 和 $Z \cdot$ 来代表,没有进一步的描述.如果设想再生反应(4.63)是重要的,问题就来了:是否自由基转移发生在由(4.62)和(4.63)步骤组成的序列里? 如果是这样的,我们有了不是共聚而是链转移的例子.这个问题可以用独立测定聚合度来解决,但是它不涉及速率的分析.如果自由基阻聚反应(4.64)由阻聚剂自由基结合而发生,除那些在自由基再生反应(4.63)过程中消耗的以外,每个阻聚剂分子都将能使一个链自由基停止.如果机理是歧化的一种,则每个阻聚剂可以停止两个链.最后,终止反应

$$M \cdot + Z \cdot \longrightarrow \text{非自由基产物} \tag{4.65}$$

的可能性一定不可完全忽视,尽管它的存在通常是不可能的,因为存在重要的阻聚剂或缓聚剂时,浓度顺序如下:

$$[M \cdot] \ll [Z \cdot] \ll [Z]$$

同理,牵涉两个链自由基的正常终止反应也认为是完全不重要的.

忽略反应(4.65),只考虑反应(4.62)、(4.63)和(4.64),在静态条件引发速率为 R_i 时,我们有

$$\frac{d[M \cdot]}{dt} = R_i - k_z[M \cdot][Z] + k_{zp}[Z \cdot][M] = 0 \tag{4.66}$$

$$\frac{d[Z \cdot]}{dt} = k_z[M \cdot][Z] - k_{zp}[Z \cdot][M] - 2k_{zt}[Z \cdot]^2 = 0 \tag{4.67}$$

对两个自由基浓度,解这些方程得

$$[M \cdot] = \frac{R_i + k_{zp}(R_i/2k_{zt})^{1/2}[M]}{k_z[Z]} \tag{4.68}$$

$$[Z \cdot] = \left(\frac{R_i}{2k_{zt}}\right)^{1/2} \tag{4.69}$$

阻聚剂消耗的速率是

$$-\frac{d[Z]}{dt} = k_z[M \cdot][Z] - yk_{zt}[Z \cdot]^2 \tag{4.70}$$

如果阻聚过程(4.64)是由结合发生的,则这里的 y 可以设定为零;如果这个反应发生在释放一个分子的歧化反应中,y 将等于 1.那么从方程(4.68),有

$$-\frac{\mathrm{d}[Z]}{\mathrm{d}t} = \left(1 - \frac{y}{2}\right)R_\mathrm{i} + k_\mathrm{zp}\left(\frac{R_\mathrm{i}}{2k_\mathrm{zt}}\right)^{1/2}[M] \tag{4.71}$$

所以在给定条件下,引发剂的消耗速率应该是常数(即零级反应).不管阻聚剂自由基是否可能再生,也应用这个推论(反应(4.63)).要再一次强调的是,观察到清晰可辨的诱导期正比于起始存在的阻聚剂量,并不能保证被终止的自由基与所消耗的阻聚剂之间有简单的化学计量关系.我们将会观察到,对固定的阻聚剂量,阻聚剂的消耗速率从而诱导期的长短将仅与 R_i 有关,如果 $k_\mathrm{zp} = 0$ 的话;而如果 $k_\mathrm{zp} \neq 0$,它还与 $k_\mathrm{sp}/k_\mathrm{st}^{1/2}$ 有关.

如果认为由反应(4.65)代表的交联终止是重要的,阻聚剂的消耗速率将不再与其浓度无关.几乎普遍观察到的阻聚周期的长度与存在的阻聚剂量之间的正比关系确认了这样一个预期,即这个过程并不重要.

当有效地减少阻聚剂浓度时,将实现链自由基相当可观的增长,且聚合速率将不再可以忽略.随后聚合将与阻聚剂的消耗相竞争,聚合速率将朝着阻聚剂最后痕迹量被消耗时的正常值而增大.这个转变区域在 Foord 的结果中很是明显(图 4.15),这一点在温和型阻聚剂杜醌存在下乙酸乙烯酯聚合的图 4.16 中表现得更为清晰[102].由这个区域中阻聚剂和单体的相对反应速率有可能来推出速率常数之比 $k_\mathrm{z}/k_\mathrm{p}$.把方程(4.70)除以单体的消耗速率得

$$\frac{\mathrm{d}[Z]}{\mathrm{d}[M]} = \frac{k_\mathrm{z}}{k_\mathrm{p}}\frac{[Z]}{[M]}$$

这里我们假定 $y = 0$.积分得

$$\log\frac{[Z]}{[Z]_0} = \frac{k_\mathrm{z}}{k_\mathrm{p}}\log\frac{[M]}{[M]_0} \tag{4.72}$$

如果 $k_\mathrm{z}/k_\mathrm{p}$ 很大(对好的阻聚剂确实是这样的),按方程(4.72),在单体浓度有可感知的变化前,阻聚剂浓度将降低好几个量级;如果 $k_\mathrm{z}/k_\mathrm{p} \gg 1$,在明显的聚合开始前,阻聚剂就将几乎消耗殆尽.

假定 y 是零,由 $\log[Z]$ 对 $\log[M]$ 作图的斜率可求得 $k_\mathrm{z}/k_\mathrm{p}$ 的值.显然,应用这个方法所需要的数据将取自测量范围内发生的聚合,还要使阻聚剂不能完全耗尽,即处在完全阻聚与假设的正常速率之间过渡区内的数据(见图 4.16).在有效阻聚剂的情况中,其浓度在该转变区可能太小而不能精确地测定.但是,通过利用阻聚剂浓度与时间的线性关系可避免阻聚剂浓度的直接测定[40](在 R_i 恒定的条件下):

$$[Z] = [Z]_0 - 常数 \times t \tag{4.73}$$

只要聚合速率不超过正常速率的一小部分(即直到正常的终止为止要求可观的链自由基分数),这一定有效.通过使用方程(4.72)已得到的 $k_\mathrm{z}/k_\mathrm{p}$ 的值(无论是否借助于方程(4.73))均列于表 4.9 中.

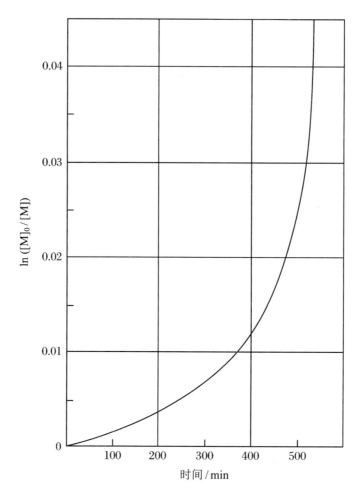

图 4.16 45℃下,9.3×10^{-4} mol 杜醌(四甲基对苯醌)和 0.2 mol 过氧化苯甲酰存在时乙酸乙烯酯的聚合(Bartlett、Hammond 和 Kwart[102])

表 4.9 阻聚速率比

阻聚剂或缓聚剂	k_z/k_p		
	乙酸乙烯酯 45℃	苯乙烯 90℃	乙酸烯丙酯 80℃
苯醌		560	50
对二甲苯醌		43	
杜醌	90	0.67	4.1
硝基苯	20		
邻硝基苯	95		
间硝基苯	105		
对硝基苯	265		

4.4.3　烯丙基的聚合,自阻聚

由于链转移和阻聚两者在整个过程中独特的相互作用,在本章早先部分就按下了暂不讨论烯丙基化合物聚合中一些令人关注的特点.乙酸烯丙基酯的聚合速率低得不正常,它的聚合度也是,在目前讨论过的所有单体中是个例外,它的聚合速率近似正比于引发剂浓度的**一次方**[110].链增长假定以下面的正常方式发生:

$$M_x \cdot + CH_2 {=} CH{-}CH_2{-}OCOCH_3 \longrightarrow M_x{-}CH_2{-}\dot{C}H{-}CH_2{-}OCOCH_3$$

$$(4.74)$$

缺乏共振稳定性,毫无疑问,链自由基反应性极好,但由于在转变态相应地缺乏共振结构,乙酸丙烯基酯是一个相对惰性的单体.这些因素有助于发生竞争反应:

$$M_x \cdot + CH_2 {=} CH{-}CH_2 OCOCH_3 \longrightarrow M_x H + \dot{C}H_2 {=} CH {=} \dot{C}H{-}OCOCH_3$$

$$(4.75)$$

在这里通过从单体中移掉一个 α 氢原子而形成一个烯丙基自由基.这些自由基因共振而过分稳定以至于不能加上单体,而是通过双分子结合而消失.Bartlett 和 Altschul[110] 把反应(4.75)认定为"降解的链转移",过程本身就像通常的链转移一样,但转移自由基反应性太差以至于不能再产生新的链.然后,反应(4.75)实际上等同于被阻聚剂(在这个情况中就是单体自己)所终止.在增长和阻聚反应中牵涉到同样的反应物,因此它们在动力学上是等同的.链长(80 ℃时约为 14)必定等于增长过程(4.74)的速率常数和终止过程(4.75)的速率常数之比,与诸如引发剂浓度等其他因素无关.因为链长与引发速率无关,聚合速率直接与引发剂浓度成正比,而不是像在其他烯类聚合中那样与它的平方根成正比.

乙酸异丙烯基酯[111]和烯丙基氯[110]的行为也类似.在烯丙基氯单体聚合中更容易通过除去氯原子来产生没有取代的丙烯基自由基 $\dot{C}H_2 {=} CH {=} \dot{C}H_2$ 能发生可降解的链转移,它偶尔有单体的加成.这一点可由每分解一个过氧化苯甲酰分子能形成平均聚合度为 6 个单元的三个聚合物分子来说明.

带有 α 甲烯的氢,如辛烯-1、丙烯和异丁烯,存在自由基时很难聚合,所得产物分子量低.Nozaki[78] 认为它们同样是通过类似于(4.75)的反应受到自阻聚.他把其他的像甲基丙烯酸甲酯和甲基丙烯腈也带有 α 氢的单体正常聚合的事实归因为它们取代基的稳定效应.取代基降低了自由基的反应性,从而降低链转移的倾向,同时它提高了单体加成的反应性.

参 考 文 献

[1] Taylor H S, Vernon A A. J. Am. Chem. Soc., 1931, 53: 2527; Melville H W. Proc. Roy . Soc. (London), 1938, A167: 99.

[2] Jeu K, Alyea H N. J. Am. Chem. Soc., 1933, 55: 575.

［3］Staudinger H，Kohlschütter H W. Ber.，1931,64:2091；Schulz G V，Husemann E. Z. Physik. Chem.，1937,B36:184.

［4］Staudinger H，Frost W. Ber.，1935,68:2351.

［5］Taylor H S，Bates J R. J. Am. Chem. Soc.，1927,49:2438；Taylor H S，Jones W H. ibid.，1930,52:1111.

［6］Staudinger H. Die Hochmolekularen Organischen Verbindungen. Berlin:Julius Springer，1932:151.

［7］Nozaki K，Bartlett P D. J. Am. Chem. Soc.，1946,68:1686；ibid.，1947,69:2299；Barnett B，Vaughan W E. J. Phys. Chem.，1947,51:926,942.

［8］Swain C G，Stockmayer W H，Clarke J T. J. Am. Chem. Soc.，1950,72:5426.

［9］Bawn C E H，Mellish S F. Trans. Faraday Soc.，1951,47:1216.

［10］Blomquist A T，Johnson J R，Sykes H J. J. Am. Chem. Soc.，1943,65:2446.

［11］Price C C，Durham D A. J. Am. Chem. Soc.，1942,64:2508.

［12］Schulz G V. Naturwissenschaften，1939,27:659.

［13］Lewis F M，Matheson M S. J. Am. Chem. Soc.，1949,71:747.

［14］Overberger C G，O'Shaughnessy M T，Shalit H. J. Am. Chem. Soc.，1949,71:2661.

［15］Schulz G V，Wittig G. Naturwissenschaften，1939,27:387,456；Schulz G V. Z. Electrochem.，1941,47:265.

［16］Jones T T，Melville H W. Proc. Roy. Soc. (London)，1946,A187:37；Melville H W，Tuckett R F. J. Chem. Soc.，1947,1211；Raal F A，Danby C J. ibid.，1949,2219.

［17］Baxendale J H，Evans M G，Park G S. Trans. Faraday Soc.，1946,42:155；Baxendale J H，Bywater S，Evans M G. J. Polymer Sci.，1946,1:237.

［18］Price C C，Kell R W，Krebs E. J. Am. Chem. Soc.，1942,64:1103；Price C C，Tate B E. ibid.，1943,65:517；Breitenbach J W，Schneider H. Ber.，1943,76B:1088.

［19］Bartlett P D，Cohen S G. J. Am. Chem. Soc.，1943,65:543.

［20］Cohen S G. J. Polymer Sci.，1947,2:511.

［21］Smith W V. J. Am. Chem. Soc.，1949,71:4077.

［22］Arnett L M，Peterson J H. J. Am. Chem. Soc.，1952,74:2031.

［23］Evans M G. J. Chem. Soc.，1947,266.

［24］Pfann H F，Salley D J，Mark H. J. Am. Chem. Soc.，1944,66:983.

［25］Mayo F R，Gregg R A，Matheson M S. J. Am. Chem. Soc.，1951,73:1691.

［26］Arnett L M. J. Am. Chem. Soc.，1952,74:2027.

［27］Johnson D H，Tobolsky A V. J. Am. Chem. Soc.，1952,74:938；Baysal B，Tobolsky A V. J. Polymer Sci.，1952,8:529.

［28］Kharasch M S，MeBay H C，Urry W H. J. Org. Chem.，1945,10:401.

［29］Steacie E W R. Atomic and Free Radical Reactions. New York:Reinhold Publishing Corp.，1946:329-336；LeRoy D J，Kahn A. J. Chem. Phys.，1947,15:816.

［30］Küchler L. Polymerisationskinetik. Berlin-Göttingen-Heidelberg:Springer Verlag，1951.

［31］Schulz G V，Blaschke F. Z. Physik. Chem.，1942,B51:75.

［32］Kamenskaya S，Medvedev S. Acta Physicochim. (U. R. S. S.)，1940,13:565.

［33］Price C C，Kell R W. J. Am. Chem. Soc.，1941,63:2798.

[34] Burnett G M, Melville H W. Proc. Roy. Soc. (London), 1947, A189:456.

[35] Burnett G M, Melville H W. Proc. Roy. Soc. (London), 1947, A189:494.

[36] Bagdasaryan K S. J. Phys. Chem. (U.S.S.R.), 1947, 21:25.

[37] Schulz G V, Harborth G. Makromol. Chem., 1947, 1:106.

[38] Schulz G V, Husemann E. Z. Physik. Chem., 1938, B39:246.

[39] Marvel C S, Dee J, Cooke H G. J. Am. Chem. Soc., 1940, 62:3499.

[40] Bartlett P D, Kwart H. J. Am. Chem. Soc., 1950, 72:1051.

[41] Matheson M S, Auer E E, Bevilacqua E B, et al. J. Am. Chem. Soc., 1951, 73:1700.

[42] Cohen S G. J. Am. Chem. Soc., 1945, 67:17; 1947, 69:1057.

[43] Mackay M H, Melville H W. Trans. Faraday Soc., 1950, 46:63.

[44] Mayo F R, Gregg R A. J. Am. Chem. Soc., 1948, 70:1284.

[45] Franck J, Rabinowitch E. Trans. Faraday Soc., 1934, 30:120.

[46] Matheson M S. J. Chem. Phys., 1945, 13:584.

[47] Matheson M S, Auer E E, Bevilacqua E B, et al. J. Am. Chem. Soc., 1949, 71:2610.

[48] Kwart H, Broadbent H S, Bartlett P D. J. Am. Chem. Soc., 1950, 72:1060.

[49] Burnett G M. Quarterly Reviews, 1950, 4:292.

[50] Norrish R G W, Smith R R. Nature, 1942, 150:336.

[51] Matheson M S, Auer R E, Bevilacqua E B, et al. J. Am. Chem. Soc., 1951, 73:5395.

[52] Cuthbertson A C, Gee G, Rideal E K. Proc. Roy. Soc. (London), 1939, A170:300.

[53] Trommsdorff E. Colloquium on High Polymers. Freiburg, 1944; Trommsdorff E, Köhle H, Lagally P. Makromol. Chem., 1948, 1:169.

[54] Rogovin Z A, Tsaplina L A. J. Applied Chem. (U.S.S.R.), 1947, 20:875.

[55] Matheson M S, Auer E E, Bevilacqua E B, et al. J. Am. Chem. Soc., 1949, 71:497.

[56] Carothers W H, Willams I, Collins A M, et al. J. Am. Chem. Soc., 1931, 53:4203.

[57] Melville H W. Proc. Roy. Soc. (London), 1937, A163:511.

[58] Walling C, Briggs E R, Mayo F R. J. Am. Chem. Soc., 1946, 68:1145.

[59] Barnes C E. J. Am. Chem. Soc., 1945, 67:217; Barnes C E, Elofson R M, Jones G D. ibid., 1950, 72:210.

[60] Schulz G V, Dinglinger A, Husemann A. Z. physik. Chem., 1939, B43:385.

[61] Suess H, Pilch K, Rudorfer H. Z. Physik. Chem., 1937, A179:361; Suess H, Springer A. ibid., 1937, A181:81.

[62] Walling C, Briggs E R. J. Am. Chem. Soc., 1946, 68:1141.

[63] Bamford C H, Dewar M J S. Proc. Roy. Soc. (London), 1949, A197:356.

[64] Mackay M H, Melville H W. Trans. Faraday Soc., 1949, 45:323.

[65] Breitenbach J W, Raff R. Ber., 1936, 69:1107; Cuthbertson C, Gee G, Rideal E K. Nature, 1937, 140:889.

[66] Breitenbach J W, Thury W. Experientia, 1947, 3:281.

[67] Schulz G V, Husemann E. Z. Physik. Chem., 1937, B36:184.

[68] Flory P J. J. Am. Chem. Soc., 1937, 59:241.

[69] Zimm B H, Bragg J K. J. Polymer Sci., 1952, 9:476; Haward R N. Trans. Faraday Soc., 1950, 46:

204.

[70] Gregg R A, Mayo F R. Faraday Soc. Discussions, 1947,2:328.

[71] Mayo F R. J. Am. Chem. Soc., 1943,65:2324.

[72] Basu S, Sen J N, Palit S R. Proc. Roy. Soc. (London), 1950,A202:485.

[73] Stockmayer W H, Clarke J T, Howard R O. 待发表.

[74] Gregg R A, Mayo F R. J. Am. Chem. Soc., 1948,70:2373.

[75] Gregg R A, Mayo F R. J. Am. Chem. Soc., 1953,75:3530.

[76] Bamford C H, Dewar M J S. Faraday Soc. Discussions, 1947,2:314.

[77] Breitenbach J W, Maschin A. Z. Physik. Chem., 1940,A187:175.

[78] Nozaki K. Faraday Soc. Discussions, 1947,2:337.

[79] Snyder R H, Stewart J M, Allen R E, et al. J. Am. Chem. Soc., 1946,68:1422; Wall F T, Banes F W, Sands G D. ibid., 1946,68:1429.

[80] Gregg R A, Alderman D M, Mayo F R. J. Am. Chem. Soc., 1948,70:3740.

[81] Smith W V. J. Am. Chem. Soc., 1946,68:2059.

[82] Kolthoff I M, Harris W E. Ind. Eng. Chem., Anal. Ed., 1946,18:161.

[83] Walling C. J. Am. Chem. Soc., 1948,70:2561.

[84] Swain C G, Bartlett P D. J. Am. Chem. Soc., 1946,68:2381.

[85] Bamford C H, Dewar M J S. Proc. Roy. Soc. (London), 1948,A192:309; Faraday Soc. Discussions, 1947,2:310; Dixon-Lewis G. Proc. Roy. Soc. (London), 1949,A198:510.

[86] Briers F, Chapman D L, Walters E. J. Chem. Soc., 1926,562.

[87] Noyes W A, Jr, Leighton P A. The Photochemistry of Gases. New York: Reinhold Publishing Corp., 1941:202.

[88] Melville H W, Bickel A F. Trans. Faraday Soc., 1949,45:1049.

[89] Copperman A, O'Shaughnessy M T. Meeting, American Chemical Society:1952,Sept.

[90] Morton M, Salatiello P P, Landfield H. J. Polymer Sci., 1952,8:215,279.

[91] Melville H W, Valentine L. Trans. Faraday Soc., 1950,46:210.

[92] Harman R A, Eyring H. J. Chem. Phys., 1942,10:557.

[93] Baxendale J H, Evans M G. Trans. Faraday Soc., 1947,43:210.

[94] Evans M G, Gergely J, Seaman E C. J. Polymer Sci., 1948,3:866.

[95] Gomer R, Kistiakowsky G B. J. Chem. Phys., 1951,19:85.

[96] Bengough W I, Norrish R G W. Proc. Roy. Soc. (London), 1950,A200:301.

[97] Schulz G V. Chem. Ber., 1947,80:232.

[98] Breitenbach J W, Springer A, Horeischy K. Ber., 1938,71:1438; 1941,74:1386.

[99] Foord S G. J. Chem. Soc., 1940,48.

[100] Goldfinger G, Skeist I, Mark H. J. Phys. Chem., 1943,47:578.

[101] Schulz G V, Kämmerer H. Chem. Ber., 1947,80:327.

[102] Bartlett P D, Hammond G S, Kwart H. Faraday Soc. Discussions, 1947,2:342.

[103] Breitenbach J H, Breitenbach H I. Ber., 1942,75:505; Z. Physik. Chem., 1942,A190:361.

[104] Price C C. Mechanisms of Reactions at Carbon-Carbon Double Bonds. New York:Interscience Publishers, 1946; Annals, N. Y. Acad. Sci., 1943,44:351.

[105] Price C C，Read D H. J. Polymer Sci.，1946,1:44.

[106] Price C C，Durham D A. J. Am. Chem. Soc.，1943,65:757；Price C C. ibid.，1943,65:2380.

[107] Kolthoff I M，Bovey F A. J. Am. Chem. Soc.，1948,70:791；Chem. Rev.，1948,42:491.

[108] Staudinger H，Lautenschläger L. Ann.，1931,488:1.

[109] Bovey F A，Kolthoff I M. J. Am. Chem. Soc.，1947,69:2143.

[110] Bartlett P D，Altschul R. J. Am. Chem. Soc.，1945,67:812,816.

[111] Hart R，Smets G. J. Polymer Sci.，1950,5:55.

第 5 章　共聚、乳液聚合和离子聚合

5.1　加成共聚物的组成

描述两个或多个单体共聚所需的反应组数目随参与的单体而成几何级数的增加. 所考虑的各种链自由基等于存在的单体数目, 链自由基反应的特征几乎完全由终端单体单元所决定, 而链末端单元前面单元的性质则是不重要的. 因此, 在两个单体的共聚中两个链自由基一定是可区分的, 两个单体加成到其中每个链自由基上将导致四个同时发生的增长反应. 一定要考虑自由基对之间三个不同的链终止反应, 各种不同的链转移步骤都有可能发生. 任何一个"活性"的单体都能引发链, 但如果存在对任何一个单体都有效的引发剂, 链自由基引发的另一种可能性就是微不足道的.

如果链很长, 共聚物的组成以及单元沿链的排列几乎完全由不同的链增长反应的相对速率所决定. 另一方面, 聚合速率不仅依赖于这些增长步骤的速率, 也取决于终止反应的速率. 共聚物的组成远比共聚的速率受到更大的关注. 本节将只考虑自由基机理形成的共聚物的组成.

5.1.1　在共聚中链增长的动力学

当存在两个单体 M_1 和 M_2 时, 所发生的链增长反应可以写成

$$
\left.
\begin{aligned}
M_1 \cdot + M_1 &\xrightarrow{k_{11}} M_1 \cdot \\
M_1 \cdot + M_2 &\xrightarrow{k_{12}} M_2 \cdot \\
M_2 \cdot + M_2 &\xrightarrow{k_{22}} M_2 \cdot \\
M_2 \cdot + M_1 &\xrightarrow{k_{21}} M_1 \cdot
\end{aligned}
\right\}
\tag{5.1}
$$

这里 $M_1 \cdot$ 和 $M_2 \cdot$ 分别代表带有单体 M_1 和 M_2 的自由基, 作为它们端头的带自由基的单元. 我们这里弃用先前的符号, 用下标来标示单元的类型, 而不是链中单元的数目 x. 速率常数的第一个下标是指反应的自由基, 第二个是指单体. 先前用来指示增长的下标 p 不用了.

M_1 类型的自由基是初级引发和上面的反应 (5.1) 中的第一个形成的. 它们在反应 (5.1) 中的第二个和终止反应中消亡. 一直到静态, 这些自由基的产生和消亡速率实际上是

相等的.如果链很长,与反应(5.1)相比,发生引发和终止是极为罕见的,因此当前我们只关注两种链自由基的相对浓度时,仅考虑后者就够了.静态条件在这个近似中减少到

$$k_{21}[M_2\cdot][M_1] = k_{12}[M_1\cdot][M_2] \tag{5.2}$$

当然,静态条件下同样的方程也可以类似地用于 $M_2\cdot$ 类型的自由基.单体 M_1 和 M_2 的消耗速率为

$$-\frac{d[M_1]}{dt} = k_{11}[M_1\cdot][M_1] + k_{21}[M_2\cdot][M_1] \tag{5.3}$$

$$-\frac{d[M_2]}{dt} = k_{12}[M_1\cdot][M_2] + k_{22}[M_2\cdot][M_2] \tag{5.4}$$

用方程(5.2)来消除掉一个自由基浓度,并以方程(5.4)来除方程(5.3),我们得

$$\frac{d[M_1]}{d[M_2]} = \frac{[M_1]}{[M_2]}\frac{\dfrac{r_1[M_1]}{[M_2]}+1}{\dfrac{[M_1]}{[M_2]}+r_2} \tag{5.5}$$

这里 r_1 和 r_2 是**单体竞聚率**,定义为

$$r_1 = \frac{k_{11}}{k_{12}}, \quad r_2 = \frac{k_{22}}{k_{21}} \tag{5.6}$$

这样 r_1 代表了类型 1 的自由基分别与单体 M_1 和 M_2 反应的速率常数之比.类似地,单体竞聚率 r_2 代表了 M_2 自由基对 M_2 的相对反应性(与 M_1 单体相比).方程(5.5)给出的量 $d[M_1]/d[M_2]$ 代表了当尚未反应的单体比为 $[M_1]/[M_2]$ 时形成聚合物的增量中两个单体之比.一般来说,前一个比率显然与后一个不同,因此未反应单体之比将随聚合的进程而变化,这将引起每一瞬间形成的聚合物组成的连续变化.

投入的单体组分和生成的聚合物组分可以用摩尔分数来表示,以替代上面使用的摩尔比.为此我们令 F_1 代表在给定的聚合阶段形成的共聚物增量中单体 M_1 的分数.这样

$$F_1 = \frac{d[M_1]}{d([M_1]+[M_2])} = 1 - F_2 \tag{5.7}$$

令 f_1 和 f_2 代表尚未反应的单体 M_1 和 M_2 的摩尔分数:

$$f_1 = \frac{[M_1]}{[M_1]+[M_2]} = 1 - f_2$$

从方程(5.5)我们得

$$F_1 = \frac{r_1 f_1^2 + f_1 f_2}{r_1 f_1^2 + 2f_1 f_2 + r_2 f_2^2} \tag{5.8}$$

如果单体竞聚率 r_1 和 r_2 为已知,从方程(5.8)很容易计算得到在单体组分为 $f_1(=1-f_2)$ 时生成的聚合物增量的组分.此外,一般情况下摩尔分数 F_1 显然不等于 f_1,因此 f_1 和 F_1 两者将随聚合的进程而变化.在有效的转化率范围内得到的聚合物将由日益增多的不同摩尔分数 F_1 的聚合物增量的总和所组成.

图 5.1 和图 5.2 是由方程(5.8)计算得到的参数 r_1 和 r_2 不同数值的曲线.纵坐标(F_1)代表从某个组分(f_1)的单体混合物形成的共聚物增量的组分,而横坐标正是这个单体混合物的组分.图 5.1 处理的情况是两个自由基显示出一个单体对另一个单体有相同的偏爱,即

$$\frac{k_{11}}{k_{12}} = \frac{k_{21}}{k_{22}}$$

或

$$r_1 r_2 = 1 \qquad (5.9)$$

如是,方程(5.5)和(5.6)导出

$$\frac{\mathrm{d}[M_1]}{\mathrm{d}[M_2]} = r_1 \frac{[M_1]}{[M_2]}$$

或

$$\frac{\mathrm{d}\ln[M_1]}{\mathrm{d}\ln[M_2]} = r_1 \qquad (5.10)$$

和

$$F_1 = \frac{r_1 f_1}{r_1 f_1 + f_2} \qquad (5.11)$$

图 5.1 中每条曲线上都标注了 $r_1 = 1/r_2$ 的值. $r_1 = 1$ 的直线代表了 $k_{11} = k_{12}$ 和 $k_{22} = k_{21}$ 的最通常的情况,即两个单体与每个自由基的反应性相等.(但是,两个自由基的反应性可以是不同的,即 k_{11} 不一定等于 k_{22}.)在此情况下,聚合物的组分在整个范围内都等于单体的组分.

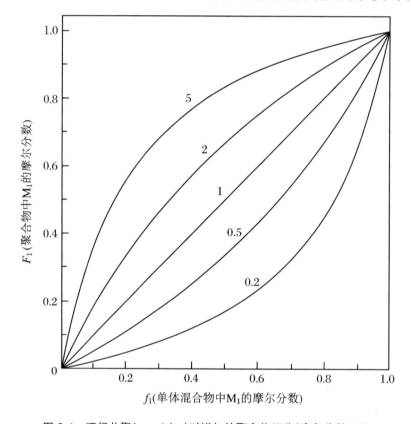

图 5.1　理想共聚($r_1 = 1/r_2$)时增加的聚合物组分(摩尔分数 F_1)

对单体组分(摩尔分数 f_1)的作图

r_1 的值已在图中标注.

Wall[4]第一个注意到共聚物-单体混合物组分关系与二元体系中气-液平衡之间的关系极为相似.对 $r_1 r_2 = 1$ 的情况,他认识到与理想液体混合物气-液平衡类似,引入了**理想共聚**这个术语.方程(5.11)中的单体竞聚率 r_1 相应于理想混合物中纯组分的蒸气压之比 (P_1^0/P_2^0),而 F_1 和 f_1 则相应于组分 1 分别在气相和液相中平衡时的摩尔分数.当 $r_1 > 1$ 时,聚合物("蒸气")在 M_1 中比在所投入的单体中更为富集,因此剩余的摩尔分数 f_1 一定随聚合("蒸馏")的进程而消失.当 $r_1 < 1$ 时,情况正好相反.

同样很明显的是,在理想共聚物中单体单元序列一定是无序的.这就是说 M_1 单元后面紧跟有 M_2 单元的可能性与 M_1 单元后面紧跟有 M_1 单元的可能性是相同的.链中任何单元在任何地方的概率总是等于理想共聚物中它的摩尔分数①.

如果两个自由基在它们的单体选择方面表现不同的选择性,那么 $r_2 \neq 1/r_1$ 或

$$r_1 r_2 = \frac{k_{11} k_{22}}{k_{12} k_{21}} \neq 1$$

临界量 $r_1 r_2$ 代表的是自由基与同类单体反应的速率常数乘积和自由基与异类单体交替反应的速率常数乘积之比率.如果 $r_1 r_2 > 1$,给定种类的自由基通过同类单元的加成使自己再生的趋势超过了它们交替的趋势.图 5.2 中起始斜率($f_1 = 0$)最低的两条曲线是这个至今尚是假设情况的实例.这样一个共聚物将含有比在相同组分的无规共聚物中更富集的同类单元序列,乘积 $r_1 r_2$ 越大,有利的序列也越大.在 k_{12} 和 k_{21} 两者都为零的极端情况,两个单体可以同时聚合,将得到两个聚合物的共混物而不是内含两者单元的共聚物.已经知道还没有这样的实例.事实上还没有 $r_1 r_2 > 1$ 的自由基增长共聚的确切实例.虽然在极少数例子中可接近理想共聚($r_1 r_2 = 1$),但乘积 $r_1 r_2$ 几乎总是小于1(**见下**).所以,在实践中交替的单体加成反应对同类单体的加成是占主宰地位的.图 5.2 是这个 $r_1 r_2 < 1$ 情况的四个例子.如果 r_1 和 r_2 两者均很小,相应于相对很小的 1,1 和 2,2 反应的速率常数,得到沿链近乎完整的单体交替的共聚物.马来酸酐与任一个二苯乙烯[5]或乙酸烯丙基酯[6]的共聚非常接近于这个情况.烯烃-二氧化硫共聚物[7]提供了更为异乎寻常的例子②.那么,摩尔分数 F_1 对所有单体组分都非常接近 1/2.这些例子都是极端情况.不管怎样,乘积 $r_1 r_2$ 的倒数在任何情况都提供了一个交替趋势的指标.

可观察到图 5.2 所示的好几条曲线与代表 $F_1 = f_1$ 的虚线相交.在交点,所生成的聚合物组分与单体混合物的组分相一致,因此聚合反应的进行并不改变组分.进一步与两相蒸馏类比,Wall[4]把这些临界的混合物称为**共聚恒沸物**.在方程(5.8)中令 $F_1 = f_1$ 并解之,我们找到临界浓度为

$$(f_1)_c = \frac{1 - r_2}{2 - r_1 - r_2} \tag{5.12}$$

---

①　这个仅仅适用于很窄转化率范围内生成的共聚物的增量,而不能适用于整个产物,它一般是由在逐渐变化的单体比率下生成的增量所组成的.

②　Barb[8] 以及 Dainton 和 Ivin[8] 已证明,由不饱和单体(正丁烯或苯乙烯)与二氧化硫生成的 1:1 的复合物(而不仅仅是后者二氧化硫),在烯烃类单体-二氧化硫聚合中扮演了共聚单体反应物的角色.这样,共聚物组分可以通过假定这个复合物与烯烃类或不饱和单体的共聚来解释.乙烯和一氧化碳的共聚也类似地涉及一个 1:1 的复合物(Barb[8],1953).

如果 r_1 和 r_2 两者都大于1或都小于1,$(f_1)_c$ 仅处在 $0<f_1<1$ 允许的范围之内.如果一个竞聚率超过1,而另一个小于1,就不存在临界组分(见图5.2).在两个竞聚率都大于1的迄今为止未知的情况(图5.2中 $r_1=2$ 和 $r_2=4$ 的曲线所示),共聚物("蒸气")对恒沸物显示出比单体混合物更大的偏离.这个行为相应于有极大沸点的二元液体混合物(即与理想状态有很强的负偏离).

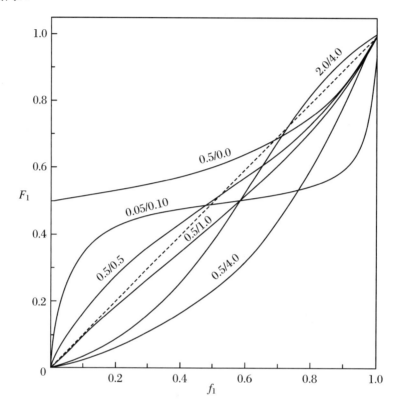

图 5.2 增量的聚合物组分 F_1 作为单体组分 f_1 的函数

竞聚率(r_1/r_2)的值已如图中所示.虚线表示 $F_1=f_1$(即 $r_1=r_2=1$).

相反情况的例子(r_1 和 r_2 两者都小于1)也有好几个.图5.2中的三条曲线就是这个类型的.共聚物的组分总是比单体组分更接近于恒沸物.这样,恒沸相应于极小沸点的二元液体混合物.随着聚合的进行,组分 f_1 和 F_1 越加偏离恒沸物.取决于起始组分相对于恒沸组分的定位,完全转化时最后生成的聚合物增量将由纯聚合物1或2所组成.如果单体竞聚率比1小很多,如在图5.2中 $r_1=0.05$ 和 $r_2=0.10$ 的情况,混合物毫无疑问是恒沸的,在很宽的 f_1 范围里共聚物组分近似于恒沸的组分,且两个单元沿链有规律的交替.

如果一个单体的反应性比另一个大很多,两个单体趋向于相继地聚合,所生成的第一个聚合物将主要由反应性更强的单体所组成,另一个单体只能在前者几乎都耗尽后才能聚合.苯乙烯(1)-乙酸乙烯酯(2)就是这样的体系,r_1 大于1,而 r_2 非常小(见表5.1),r_1r_2 小于1.图5.2中没有相应于这种情况的曲线.

多于两个单体的体系的共聚方程以及牵涉到三个单体共聚的实验研究均已有报道[1].处理三组分体系的组分需要6个竞聚率.我们的讨论将仅限于二元体系.

（在转化率有限的范围内得到共聚物的平均组分很容易用 Skeist[9] 方法来计算. 令 $[M]$ $=[M_1]+[M_2]$. 由于总的 $-d[M]$ mol 的单体转化为了聚合物, 聚合了的 M_1 的物质的量是 $-F_1d[M]$. 同时 f_1 变了 df_1, 且尚未反应的 M_1 的物质的量从 $f_1[M]$ 变为 $(f_1+df_1)([M]+$ $d[M])$. 因为 M_1 的物质的量的降低显然等于在新生成的聚合物中出现的数目:

$$f_1[M]-(f_1+df_1)([M]+d[M])=-F_1d[M]$$

给出

$$\frac{d[M]}{[M]}=\frac{df_1}{F_1-f_1} \tag{5.13}$$

这个结果可以转变为从投料起始组分的 $(f_1)_0$ 到某个 f_1 值的积分:

$$\ln\frac{[M]}{[M]_0}=\int_{(f_1)_0}^{f_1}\frac{df_1}{F_1-f_1} \tag{5.14}$$

对于给定的 r_1 和 r_2 值, 作为 f_1 函数的 F_1 可通过方程 (5.8) 来计算. 然后, 所示的积分可以用图解法来给出投料组分从 $(f_1)_0$ 变到 f_1 时所需的转化程度 (即 $1-[M]/[M]_0$). 通过选择合适的 f_1 值来重复这个过程, 有可能建立 f_1 与转化程度间的关系. 到一个给定的转化率为止所生成的聚合物集合体的完整组分很容易从在这个间隔内 f_1 的变化计算得到. 同样, 所生成的共聚物的增量组分也可以借助于方程 (5.5) 或 (5.8) 的帮助, 用图解法表示为转化率的函数.)

5.1.2　单体竞聚率的估算[1-3]

测定基本参数 r_1 和 r_2 有好几个步骤. 当然, 所有这些都取决于对一系列组分的单体混合物生成的共聚物的仔细分析. 因为组分随转化率而变化, 必须要么把共聚限制到非常小的单体混合物分数, 要么用上述方法来处理完整的组分. 后一个方法所需要的计算是非常难处理的, 因此通常宁愿实施满足前者需要的实验. 由低转化程度聚合制备得到的一系列共聚物的每一个摩尔分数组分都可以对所用的单体混合物组分作图. 这样可通过 r_1 和 r_2 的试验选择来找到与实验点有最好拟合的理论曲线. 尽管在原则上是可操作的, 但这样麻烦的曲线拟合几乎没什么吸引力, 在实践中它被其他方法所取代. 但是, 图 5.2 中的理论曲线表明, 在极端组分时所得的拟合对 r_1 和 r_2 的变化最为敏感, 曲线的拟合趋向于会聚在中间组分的区域. 因此在竞聚率值固定时, 对低浓度单体和高浓度单体做的实验最为有用. 显然, 如果竞聚率限定在很窄范围内, 共聚物组分的测定一定要有很高的精度. 这些考虑适用于从组分数据来推导 r_1 和 r_2 的特定程序.

由合适的共聚物组分数据来推导 r_1 和 r_2 的广泛使用的方法, 主要是把共聚物和单体的组成代入到单一的共聚方程 (5.8) (或在等同它的方程 (5.5)) 中, 以及把 r_2 作为 r_1 的函数作图. 这样的推导对好几个共聚都做过了. 如果没有实验误差, 所有的直线都将交于同一个点, 这个点就代表了正确的 r_1 和 r_2 值. 取交会点的平均作为代表 r_1 和 r_2 的最佳实验值. 发现在整个单体组成范围内, 由该式测定的 r_1 和 r_2 而计算得到的理论组成都与实验观察的共聚物组成相符[2]. 因此, 看来可合理地做出结论: 理论处理是正确的, 特别是在所有的组成中用上了相同的速率常数是正确的.

Fineman 和 Ross[10] 的方法代表了在共聚物数据简单分析方向方面值得考虑的改进. 在他们的方法中把方程 (5.8) 重排为线性的形式:

$$\frac{f_1(1-2F_1)}{(1-f_1)F_1} = r_2 + \frac{f_1^2(F_1-1)}{(1-f_1)^2F_1}r_1 \tag{5.15}$$

这里用 $1-f_1$ 替代了 f_2. 方程左侧的量和右侧的 r_1 的系数可以从每个共聚的组成 F_1 和 f_1 计算而得. 然后, 前者对后者作图, 用最小二乘法把点连成一条直线. 直线的截距和斜率分别等于 r_2 和 r_1. 当然, 方程也可以重排, 使得截距是 r_1, 斜率是 r_2.

表 5.1 列出了不多的几个已被研究过的共聚体系①. 所列的开头两个单体对行为近似是理想的, 即在实验误差范围内 $r_1 \approx 1/r_2$. 在这方面它们互为倒数. 在另一个极端, 马来酸酐-乙酸异丙烯酯共聚得到了一个 r_1r_2 数量级为 10^{-4} 的产物. 两个竞聚率都比 1 小很多, 这一对就是明显的恒比共聚. 在很宽广的单体组成范围内可得到在组成上非常接近 1:1 的、两个单体已接近完全规律交替的共聚物. 乙酸乙烯酯-马来酸二乙酯是略偏离一点的恒比共聚物, 在有马来酸酯时, 乙酸乙烯酯自由基显示出加成乙酸乙烯酯单体的明显趋势.

表 5.1 典型二元单体混合物共聚物组成的结果

单体 1	单体 2	℃	r_1	r_2	r_1r_2	参考文献
苯乙烯	丁二烯	60	0.78	1.39	1.08	[11]
苯乙烯	p-甲氧基苯乙烯	60	1.16	0.82	0.95	[12]
苯乙烯	乙酸乙烯酯	60	55	0.01		[13]
乙酸乙烯酯	氯乙烯	60	0.23	1.68	0.39	[13]
乙酸乙烯酯	马来酸二乙酯	60	0.17	0.043	0.007	[5]
马来酸酐	乙酸异丙烯酯	75	0.002	0.032	6×10^{-5}	[14]
丙烯酸甲酯	氯乙烯	50	9.0	0.083	0.75	[15]

对剩下的三个体系: 苯乙烯-乙酸乙烯酯、乙酸乙烯酯-氯乙烯和丙烯酸甲酯-氯乙烯, 一个竞聚率大于 1, 另一个竞聚率小于 1. 因此它们不是恒比共聚物. 并且, 因为 r_1 和 $1/r_2$ 两者都是要么大于 1, 要么小于 1, 两者的自由基都倾向于加成同类的单体. 换句话说, 相对于任何一个自由基, 同类的单体 (在这三个体系中分别是苯乙烯、氯乙烯和丙烯酸甲酯) 都比另一个的反应性更好. 这个倾向在苯乙烯-乙酸乙烯酯体系中最为极端, 在这个体系中苯乙烯对苯乙烯自由基的反应性比乙酸乙烯酯对苯乙烯自由基的反应性约大 50 倍; 乙酸乙烯酯自由基趋向于加成到苯乙烯为加成到乙酸乙烯酯的约 1/100. 因此相同数量的苯乙烯和乙酸乙烯酯混合物聚合, 起始的产物几乎是纯聚苯乙烯. 只有在大部分苯乙烯已聚合后, 才生成两者含量相当的苯乙烯与乙酸乙烯酯的共聚物. 当苯乙烯单体的比例很小时, 对乙酸乙烯酯的聚合来说苯乙烯的作用就像是一个缓聚剂. 由于 $1/r_2$ 的值很大, 不管苯乙烯浓度多低, 乙酸乙烯酯自由基都常常转化为苯乙烯自由基. 反应性较小的苯乙烯自由基转而很不情愿地加上乙酸乙烯酯, 因此链的增长被耽搁了[16,17].

---

① 单体竞聚率的完整列表读者可参考文献[1]~[3].

温度对单体竞聚率的影响相当小.在这几个以足够的精度考察过的为数不多的情况中[18],当温度增加时竞聚率总是向着 1 变化,这清楚表明活化能的差别对竞争反应的速率的差异是担负主责的,至少部分是这样.事实上活化能的差异看来是这些反应的主导因素.活化熵的差异通常不大,表明空间效应通常仅仅是第二位重要的.

5.1.3　单体反应性与结构的关系

竞聚率 r 的倒数表示"不同类"和"同类"单体与给定自由基的相对反应性.比较具有相同自由基的一系列单体竞聚率的倒数 $1/r$,有可能把它们的单体按它们与给定自由基的反应性来排序.如果单体对不同自由基的相对反应性相同,它们选择不同自由基的排序也相同.事实是 r_2 极少等于 $1/r_1$(通常差别确实很大),表明不能期望单体对不同自由基的反应性有相同的顺序.一系列单体的相对反应性不仅取决于单体,也取决于反应的自由基.然而,从现存的已广泛考察过的共聚数据来看[1,2],某些单体(譬如,苯乙烯)的反应性总是比其他单体(譬如,乙酸乙烯酯)更好,真的是很明显的.Mayo 和 Walling[1] 在表 5.2 中近似按**平均**反应性(通过比较一系列单体与在该表竖列的开头处的每一个自由基的 $1/r$ 值)递降的顺序排列出了 34 个单体.在每一竖列中,相对反应性($1/r$)从头到尾是降低的,但由于自由基对单体加成的特殊性,单体降低的次序并不规则.

Mayo 和 Walling[1] 从他们的列表(表 5.2)中得到如下结论:在增加单体攻击自由基反应性方面,1 位取代效果的顺序是 $—C_6H_5>—CH=CH_2>—COCH_3>—CN>—COOR>—Cl>—CH_2Y>—OCOCH_3>—OR$.第二个 1 位取代的效果大致是加和的.2-氯丁二烯和 2,3-二氯丁二烯(没列在表 5.2 中)是所考察的单体中反应性最好的.甲基通常是增加反应性的(甲基丙烯酸甲酯>丙烯酸甲酯,甲基丙烯腈>丙烯腈,甲基衍生物>烯丙基衍生物),两个氯原子的效果接近一个烷酯基.

由于增加了由取代提供的共振机会,上述反应性的次序可以与产物自由基

$$M_x—CH_2\overset{X}{\underset{|}{C}}H \cdot$$

的稳定性相关联[1].苯乙烯聚合中得到的取代苯自由基可写出三个醌式共振结构,譬如:

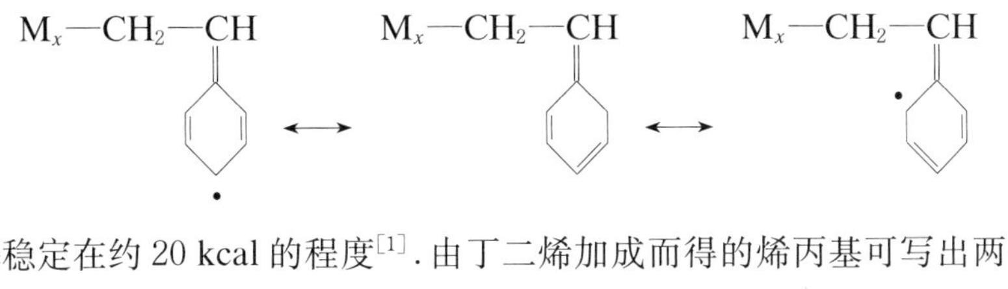

因此,自由基稳定在约 20 kcal 的程度[1].由丁二烯加成而得的烯丙基可写出两个能量几乎相等的结构:

$$M_x—CH_2—CH=CH—CH_2 \cdot \longleftrightarrow M_x—CH_2—\overset{\cdot}{C}H—CH=CH_2$$

共振稳定性的大小与苯基自由基类似.由带有与碳碳双键共轭的 C=O 或 C≡N 基团的单体生成的自由基中,相应的共振结构

表 5.2　60 ℃下单体对各种聚合物自由基的相对反应性($1/r$)

自由基 ＼ 单体	丁二烯[a]	苯乙烯	乙酸异丙烯酯	乙酸乙烯酯	乙酸烯丙酯	烯丙基氯	氯乙烯	氯丁二烯	2,5-二氯苯乙烯	甲基丙烯酸甲酯	偏二氯乙烯	丙烯酸甲酯	β-氯丙烯酸乙酯	甲基丙烯腈	丙烯腈	富马酸二甲酯	马来酸酐
氯丁二烯	16	19						(1.0)		12		12			22	40	
1,1-二苯基乙烯								0.32				10			36		
2,5-二氯苯乙烯	2.2	3.5[b]			>25[b]				(1.0)	2.3		7			5		
丁二烯[a]	(1.0)	1.3						0.3	2.2	4.0	>20	20			20		
α-甲基苯乙烯										2.0					17		
苯乙烯	0.7	(1.0)		>50	>50		30	0.12	0.3[b]	2.2	12	5.5	12	25	20	14	>100
苯乙炔											10				4		
甲基丙烯酸甲酯	1.3	1.9	60	70	>50			0.16	0.5[b]	(1.0)	4	1.6		17	5.5		50
甲基乙烯基酮		3.5					10[b]							6			
甲基丙烯腈	2.8	4		>50					0.44	1.5	1.8[b]			(1.0)	1.6		
丙烯腈	3	2.4		18		20	>15	0.19	0.5[b]	0.74	2.7		1.1	1.5	(1.0)		
β-氯丙烯酸乙酯		1.7		>5	>50				14			1.1	(1.0)				
丙烯酸甲酯	1.3	1.3		>30			12	0.09	0.3		1.0	(1.0)	1.2		1.1		
二氯乙烯	0.5	0.54		>50		4	5			0.4	(1.0)	1.2					
甲基乙烯基砜		0.4														22	50
甲基乙烯基硫醚		0.2								0.07		3					
甲代烯丙基氯		0.05		8			3			0.14	0.9						
异丁烯							0.5				0.7	0.18					
甲基丙烯醇乙酸酯	0.014									0.01	0.4		0.25				

续表

单体（自由基）	丁二烯[a]	苯乙烯	乙酸异丙烯酯	乙酸乙烯酯	乙酸烯丙酯	烯丙基氯	氯乙烯	氯丁二烯	2,5-二氯苯乙烯	甲基丙烯酸甲酯	偏二氯乙烯	丙烯酸甲酯	β-氯丙烯酸乙酯	甲基丙烯腈	丙烯腈	富马酸二甲酯	马来酸酐
氯乙烯		0.05	4	3.5			(1.0)			0.07	0.5	0.11			0.30	2.1	120
烯丙基氯		0.03		1.4		(1.0)				0.02	0.26				0.33		
乙酸乙烯酯		0.02	1.0	(1.0)	2.2	1.5	0.5			0.05	0.25	0.11		0.08	0.2	2.3	300
乙酸烯丙酯		0.01		1.7	(1.0)		0.9			0.04	0.17	0.2	0.18				
乙酸异丙烯酯			(1.0)	1.0			0.45			0.03		0.18					500
乙烯基乙醚		0.01	.	0.3			0.5[c]				0.3	0.3			0.2		
3,3,3-三氯丙烯		0.14		5.3	>130		3.5								0.082	0.90	
顺丁烯二酐		>20		18			8			0.15	0.1	0.36			0.16		
二甲基富马酸		3.3		90			1.3	0.15			0.08				0.12	(1.0)	
二乙基马来酸		0.17		6						0.05	0.025				0.08		
丁烯酸		0.05		3							0.03				0.05		
三氯乙烯		0.06		1.5						0.01		0.03			0.015		
反式二氯乙烯		0.03		1.0													
顺式二氯乙烯		0.005		0.17													
四氯乙烯		0.005		0.16								0.001			0.002		

a　包括异戊二烯的结果,因它与丁二烯的很难区分.

b　较新的值没有被 Mayo 和 Walling 列入.

c　乙烯基异丁基醚.

$$M_x\!-\!CH_2\!-\!CH \qquad\qquad 或 \qquad M_x\!-\!CH_2\!-\!CH$$

（上式左侧基团下方为 $\overset{|}{\underset{R}{C-O\cdot}}$，右侧为 $C\!=\!N\cdot$）

$$X$$

描述了比正常自由基结构 $M_x\!-\!CH_2\!-\!CH\cdot$ 更高能量的状态,因此共振能较小.当单体不含与乙烯基双键共轭的不饱和基团(如 $X=Cl$ 和 OR)时,唯一的共振结构是代表极性或非键合形式中的相当高能量的一个,譬如[1]

$$M_x\!-\!CH_2\!-\!\overset{\overset{\displaystyle H}{|}}{\underset{\underset{\displaystyle Cl\,\cdot\,^+}{|}}{C}}\!:\!^- \qquad 和 \qquad M_x\!-\!CH_2\!-\!\overset{\overset{\displaystyle H}{|}}{\underset{\underset{\displaystyle O\quad\cdot R}{\|}}{C}}$$

那么,稳定性仅为 1 或 2 kcal/mol[①].

取代也易于稳定单体.由于存在取代而引入的额外共振结构比单体中正常书写出来的结构中的键来得少,因此它们代表了更高的能量状态.这样由取代引起的共振稳定性在单体中比在相应的自由基中小很多.譬如,在苯乙烯或丁二烯中由于共轭而引起的稳定性约为 3 kcal/mol.由单体加成到自由基上而引起的能量变化可以表示为正常能量变化 $(\Delta H_p)_0$(在所有的取代共轭(或其他的)效应不存在时能观察到)与后者导致的修正的代数加和.这样

$$-\Delta H_p = -(\Delta H_p)_0 + U_P - U_M - U_A \qquad (5.16)$$

这里 U_A、U_M 和 U_P 分别是攻击的自由基、单体和产物自由基的共振稳定能[②].U 值为正,相应于稳定(与通常热力学选择的符号正相反).对放热的聚合反应,反应热 ΔH_p 被认为是负的.比较一系列单体和一个给定的自由基,U_A 是固定的,而量 $U_P - U_M$ 是变化的.正如上面已指出的,当 U_P 因嵌入稳定的取代基(如 $-C_6H_5$)而变大时,U_M 也增加了,但增加的量很小.因此,单体稳定性对产物自由基稳定效果的补偿是非常有限的.

反应速率不仅取决于反应热,也取决于过渡态的能量或活化复合物的能量(相对于反应物能量).可是,在一系列类似的反应中,这个活化能可与反应热相关联.这个关系的基础可从下述考虑中看出.单体加成反应包括反应物与同时打开的双键之间形成的键:

$$C\cdot + C\!=\!C \longrightarrow [C\cdots C\cdots C] \longrightarrow C\!-\!C\!-\!C\cdot$$
过渡态

在非键合的起始电子状态,当它接近单体碳原子时,自由基受到排斥,因此位能随间隔距离的减小而增加.图 5.3 中曲线 I 就是这个状态的示意图.曲线 II 代表的是最终状态的位能,它是新生成的键键长的函数.可以图解发生在交点 A 处从始键到终键排列的转变[19].然而,

---

① 但是,不能完全忽略的是,由事实(经结构研究证明,见第 6 章)所指出,自由基加成推测起来将择优地发生在未取代的碳原子上.在取代的碳原子上的加成将在未取代的碳原子上产生一个自由基,因此取代将没有效果.

② 这里忽略了通常由取代基间的斥力引起的很大空间效应(见第 6 章),因为到目前为止,当与过渡态有关时,我们感兴趣的仅仅是伴随单体加成的能量变化.在过渡态中间隔距离对大的空间斥力来说大概是太大了.

从一个状态到另一个状态的转变并不是如此界线清楚的,因为两个状态间的共振将会导致两曲线进入到对方.缔合共振能将降低过渡态的能量.但是我们可以忽视起始和最终的电子构象间的共振能(但不是其他的共振稳定源),因为类似的贡献在每个将要考虑的情况里都牵涉到了①.对于当前的目的,考虑曲线 I 的起始渐近线上 A 点的位移(在分离距离很大时)来代表活化能 E_p 就足够了.反应中所牵涉的热 $-\Delta H_p$ 是曲线 I 的渐近线与曲线 II 极小值之间的差值.

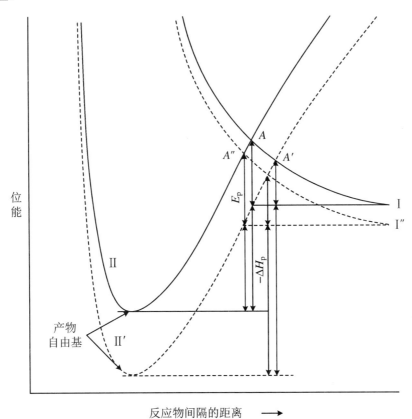

图 5.3　自由基-单体对的位能与它们间隔距离关系的示意图

详见正文说明.

　　如果新形成的自由基是共振稳定的,较低的曲线 II′将替代曲线 II.为了说明起见,假定同样的曲线 I 适用于反应物,过渡态的能量(用 A' 表示)将低于先前的情况.活化能将相应地降低,**但不像 $-\Delta H_p$ 增加的那么多**.现在,如果反应物自由基享有在产物自由基中不存在的稳定性(譬如,如果一个非共轭单体加上相对稳定的自由基),反应可以用与曲线 II 交叉的曲线 I″来描述.交点 $A″$ 出现在较低的绝对水平上,但 A 和 $A″$ 之差大体上要比 I″和 I 情况下的起始(渐近)能之差小.因此活化能**大于**反应 I 和 II.所牵涉的热 $-\Delta H_p$ 小得多.

　　鉴于这些随意列举出来的例子,我们可以概括如下:如果结构的变化仅仅影响位能曲线

---

　　①　作为一个坐标函数的位能表达,我们在图 5.3 中忽略了单体中的 C═C 键转为单键时长度的变化.为更精确地表达,应该加上另一个坐标来表示这个长度.这样,位能面[2]将代替图 5.3 中的曲线.

在纵向的位移,而对其形状改变不大,那么活化能的变化一定与 ΔH_p 的变化相平行.所包含的热($-\Delta H_p$)越大,活化能 E_p 越小,但 E_p 的差异比 ΔH_p 的小.因此,相应于方程(5.16),我们有

$$E_p = (E_p)_0 - \alpha\left[(U_P - U_M) - U_A\right] \tag{5.17}$$

这里 α 是一个因子,据 Evans 及其同事[19] 估计约为 0.4.

同类单体的加成再次产生了一个与攻击自由基相等同的产物自由基,因此 $U_P = U_A$,活化能就不仅仅依赖于 αU_M 项.譬如在苯乙烯的聚合中,由于苯基与双键的共轭而导致的共振稳定性约为 3 kcal,因此,按这个计算,活化能可**增加** 1 或 2 kcal.在前一章(111 页)我们已让大家注意这个共轭取代对增长阶段的预测效果.

当把一系列单体中的每一个与给定自由基的加成在表 5.2 中相比较时,U_A 是固定不变的,而方程(5.17)中的小括号里的量 $U_P - U_M$ 却是变化的.正如前面所指出的,产生很大 U_P 的取代效应在一定程度上被单体的稳定 U_M 所补偿,尽管后者比前者来的小.对苯乙烯或丁二烯,$U_P - U_M$ 的值约为 16~18 kcal,因此苯乙烯加成的活化能应该在 6 kcal 左右,小于非共轭单体加成到其同类自由基的活化能.与这个解释相符的是这样的事实,即 60 ℃ 附近苯乙烯单体的平均反应性超过了乙酸乙烯酯对同类自由基约 50 倍.正如先前所指出的,后者单体上的—OCOCH$_3$ 取代基尽管比苯基的有效性小很多,然而却对稳定性有相当程度的贡献.

通过观察到共轭取代在产物自由基中比在单体中的影响大很多的事实,可以概述它在单体中的效应.在性能方面处于反应物和产物之间的活化复合物比单体反应物有足够大的共振稳定性,尽管比产物自由基中的来得小.因此,取代降低了过程的活化能,从而提高了单体的反应性.

5.1.4　自由基反应性与结构的关系

单体竞聚率——各种单体对**同类**自由基的速率常数之比——并没有提供**各种**自由基对同类单体速率常数之比相互比较的基础.为了后一个目的,必须要用绝对增长速率常数.用在前一章中描述的方式测定的绝对速率常数 k_{11} 除以竞聚率 r_1 给出自由基 1 与单体 2 反应的速率常数 k_{12}.表 5.3 中汇集了四个自由基与其相应的单体反应的绝对速率常数.这样,可用来比较的自由基数目只能遗憾地局限在不多的几个已知有绝对增长常数的(见第 4 章).

表 5.3　60 ℃下绝对增长速率常数(L/(mol·s))(引自 Mayo 和 Walling[1])

单体	自由基			
	苯乙烯	甲基丙烯酸甲酯	甲基丙烯酸酯	乙酸乙烯酯
苯乙烯	176	789	11500	~370000
甲基丙烯酸甲酯	338	367		~250000
甲基丙烯酸酯	235		2100	~37000
乙酸乙烯酯	3.2	18.3	233	3700

自由基反应性的次序与单体的正好相反:苯乙烯自由基反应性最小,乙酸乙烯酯自由基的最大.与所期望的相符,共振稳定性降低反应性.并且,取代基在降低自由基反应性方面超过了它的单体反应性的增加.苯乙烯自由基与同类单体的反应性比乙酸乙烯酯自由基约高1000 倍(忽视了空间交替效应),但是苯乙烯单体只是乙酸乙烯酯与同类自由基发生反应性的 50 倍(表 5.2).这与方程(5.17)完全相符.对于一个所选择的与非同类自由基反应的单体,$U_P - U_M$ 是固定的,而在相反情况下比较各种单体与同类自由基的速率,U_A 的变化范围比量 $U_P - U_M$ 的更宽.因此正如先前所指出的,由于 U_P 对 U_M 的补偿效应,在后一个情况下只能观察到较小的变化范围.

5.1.5　交替效应

前面所做的对单体固有特性的单体反应性以及与其反应的自由基无关的讨论无疑是过于简单化了.如果按字面上的意义这个前提是正确的,则如表 5.2 所列的一系列单体与不同自由基的反应性将遵循相同的顺序.引人注目的例外是显而易见的.正如前面所说明的,这里所选的仅仅是不同自由基近似的平均值.如果不同自由基的相对反应性与单体无关,表5.3 每一列中的速率常数将彼此相同的比率.显然这在定量上是不正确的,尽管明白无误的对应还是明显的.

在自由基-单体反应中测定交替趋向和特殊性时都已经提及了 $r_1 r_2$ 对 1 的偏离.这个竞聚率乘积仅仅在这样的一个情况下会接近于 1,即单体的取代在它们的电子吸收或释放能力方面彼此比较接近.当这个不同点达到极端时,与理想共聚的偏离为最大.在上述意义上,某个单体的相对反应性$(1/r)$比其在表 5.2 中位置所指示的带有不同取代基的自由基的大不少.譬如,甲基乙烯基酮显示出与苯乙烯自由基异常高的反应性(是表中位于高位的苯乙烯单体反应性的 3.5 倍),但它与丙烯腈自由基的反应性很正常.取代基极性的特性提供了一个相似性准则,似乎是令人满意的.

在 Mayo 和 Walling[1] 给出的表 5.4 中,单体以对角线顺序排列,以至于乘积 $r_1 r_2$ 越小,在顺序上离开单体对越远.乘积 $r_1 r_2$ 置于一个单体之下,对面的是另一个单体.带正电性(即释放电子的)取代基的单体置于表的上部,而带负电性(即吸收电子的)取代基的单体置于表的底部.这样看来自由基-单体反应的特异性为不同取代基极化性质所青睐.相关性十分有规律[2],表明存在着半定量的关系.

Price[21] 第一个建议单体加成的特殊性是由于单体双键上静电的相互作用和由取代基极化引起的自由基上静电的相互作用.Alfrey 和 Price[22] 提出,与亲核取代基对芳香化合物反应性影响的 Hammett 方程类似,速率常数可以写为

$$k_{12} = P_1 Q_2 \exp(-e_1 e_2) \tag{5.18}$$

这里 P_1 和 Q_2 分别与自由基 $M_1 \cdot$ 和单体 M_2 的反应性有关,e_1 和 e_2 则被认为正比于各反应基团残留的静电荷.(特别地,如果 ε_1 和 ε_2 代表的是电荷,D 是介电系数,k 是玻尔兹曼常量,则 $e_1 e_2 = \varepsilon_1 \varepsilon_2 / r^* DkT$,这里 r^* 是活化复合物中电荷分隔的距离.)一个进一步的假定(这个假定只能以解释相对反应性最终方案的成功与否来判定)是在单体 M_j 和自由基 $M_j \cdot$ 两者上都用了相同的 e_j.

表 5.4　单体竞聚率的乘积(50~80 ℃,Mayo 和 Walling[1])

	α-甲基苯乙烯 (-0.6)	丁二烯 (-0.8)	苯乙烯 (-0.8)	乙酸异烯丙酯	乙酸乙烯酯 (-0.3)	氯乙烯 (0.2)	2-氯丁二烯	2,5-二氯苯乙烯	甲基丙烯酸甲酯 (0.4)
丁二烯 (-0.8)									
苯乙烯 (-0.8)	1.0								
乙酸异烯丙酯									
乙酸乙烯酯 (-0.3)			0.34	1.0					
氯乙烯 (0.2)			0.55		0.63				
2-氯丁二烯									
2,5-二氯苯乙烯	0.2		0.4		0.16		0.7		
甲基丙烯酸甲酯 (0.4)	0.19	0.24	0.2		0.16	0.5		1.0	
二氯乙烯 (0.6)	0.07	<0.1	0.16		<0.12	0.16			0.61

续表

	0.04	0.14			0.75	0.9	0.5		0.8	丙烯酸甲酯(0.6)						
		0.10									甲基乙烯基酮(0.7)					
		0.06								0.9		丙烯酸-乙基己酯(0.9)				
0.006	0.014	0.06		<0.24				0.43					甲基丙烯腈(1.0)			
0.006	0.02	0.02		<0.25	<0.13	0.24	0.015	0.24	0.34		1.1			丙烯腈(1.1)		
		0.02		0.004	0.06	0.17			0.56						富马酸二甲酯(1.5)	
			0.00006	0.0002	0.002			0.13		0.6						顺丁烯二酸酐

注:括号中的数值是指 Price 的 Q-e 图中 e 值.

$$k_{11} = P_1 Q_1 \exp(-e_1^2) \tag{5.19}$$

$$r_1 = \frac{Q_1}{Q_2} \exp[-e_1(e_1 - e_2)] \tag{5.20}$$

$$r_2 = \frac{Q_2}{Q_1} \exp[-e_2(e_2 - e_1)] \tag{5.21}$$

$$r_1 r_2 = \exp[-(e_1 - e_2)^2] \tag{5.22}$$

因此通过对单体组的每一个设定两个参数,一个 Q 和一个 e,有可能按这个体系来计算任何一对的竞聚率 r_1 和 r_2.在考虑单体对的数目(它们可从 n 个单体中选择,约 $n^2/2$ 对)时,在遍及每一对的整个共聚实验中这样的方案的优点是明显的.在 64 对共聚反应的基础上,Price[20] 赋予了 31 个单体的 Q 和 e 近似值.不幸的是,不确定性的范围还是很大的,它们更为精确的值又受制于实验数据的匮乏.然而,还是显示出了观察值与所预言竞聚率的近似相符.

我们将观察到,乘积 $r_1 r_2$ 仅依赖于两个反应物 e 值差异的大小.Price[20] 赋予的 e 值列在表 5.4 中单体后面的括号中.

在理论上 Q-e 体系极易受到非难.首先,静电荷在单体上和在由它产生的自由基上相同的假定没有先验的理由.此外,如果交替效应源于静电,它将依赖于反应的介质,即介质的介电系数.但还没有发现有这样的情况[1].甚至在介电系数差异很大的溶剂中,竞聚率在实验误差范围内也是相同的[23].比照这些批评,从理论观点来判定,上述方程的静电基础若没有严重的保留是不能被接受的.Q-e 体系更适宜看作是半经验的.尽管不应该期望它准确有效,但作为以明显满意的方式联系一大批支离破碎的不同数据的基础,这或许还是有用的.

尖锐批评 Q-e 体系的 Mayo 和 Walling[1] 指出,它在本质上只是表 5.2 的反应性系列和表 5.4 的极性系列方程式形式的另一个写法.不管解释的方式如何,共聚中单体的竞聚率显然依赖两个因素.其中之一是与单体(以及由它产生的活化复合物)的固有特性有关,因为它们有助于它在自由基上的加成.正如我们已经看到的,在确定单体反应性的总水平中,过渡态共振稳定的能力是最重要的.另一个要素与单体和自由基之间反应的特殊性有关.两个反应中心的极性差异越大,越有利于反应.第二个要素对第一个要素做的修改达到这样的程度,即半定量地依赖于这方面的差异.

5.2　加成共聚的速率

二元体系中共聚速率不仅取决于四个增长步骤的速率,也依赖于引发和终止反应的速率.为简单起见,选择能释放出与任一单体有效结合的初级自由基的引发剂,就可以做到引发速率与单体组成无关.进而,引发剂的自分解速率本质上应与介质无关,同样地,引发速率可随单体组分而变化.2-偶氮二异丁腈很符合这些要求[17].然后,$M_1 \cdot$ 和 $M_2 \cdot$ 两个类型的链自由基的引发速率 R_i 是固定的,且等于 $2fk_d[I]$,或等于引发剂 I 分解速率的两倍,如果效

率 f 等于 1(见第 4 章).在引发阶段产生的两个类型的链自由基的相对比例并不重要,因为它们将通过组(5.1)的两个交叉增长反应由一个转换为另一个.Melville、Noble 和 Watson[24] 第一个提出了适用于处理共聚速率问题的完整理论.Walling[17] 把这个理论换算为更为简明的形式,下面陈述如下.

这里应用到了两个静态条件:一个是总自由基浓度,另一个是独立的自由基 $M_1\cdot$ 和 $M_2\cdot$ 浓度.后者已经出现在方程(5.2)中,它说明两个相互转换过程的速率一定是相等的(非常接近).根据方程(5.2),自由基浓度之比 $[M_1\cdot]/[M_2\cdot]$ 正比于交叉增长反应速率常数之比 k_{21}/k_{12}.当静态条件应用到自由基总浓度时,要求终止的结合速率与引发的结合速率相等,即

$$R_i = 2k_{t11}[M_1\cdot]^2 + 2k_{t12}[M_1\cdot][M_2\cdot] + 2k_{t22}[M_2\cdot]^2 \tag{5.23}$$

这里 k_{t11} 和 k_{t22} 是同类自由基之间反应的双分子终止常数,k_{t12} 则是交叉反应的.遵照前章所用的符号,k_t 指的是终止**过程**,加上系数 2 是因为在过程的每一次终止消失两个自由基①.若用方程(5.2)把 $[M_2\cdot]$ 从方程(5.23)中消除,然后解 $[M_1\cdot]$,我们得

$$[M_1\cdot] = \left(\frac{R_i}{2}\right)^{\frac{1}{2}}\left\{k_{t11} + \frac{k_{t12}k_{12}}{k_{21}}\frac{[M_2]}{[M_1]} + \frac{k_{t22}k_{12}^2}{k_{21}^2}\frac{[M_2]^2}{[M_1]^2}\right\}^{-\frac{1}{2}} \tag{5.24}$$

通过方程(5.3)加上方程(5.4),然后用方程(5.2)消除 $[M_2\cdot]$ 得到的聚合总速率是

$$-\frac{d([M_1]+[M_2])}{dt} = [M_1\cdot]\left\{k_{11}[M_1] + 2k_{12}[M_2] + \frac{k_{22}k_{12}}{k_{21}}\frac{[M_2]^2}{[M_1]}\right\} \tag{5.25}$$

在方程(5.25)中代入(5.24),得

$$-\frac{d([M_1]+[M_2])}{dt} = \frac{(r_1[M_1]^2 + 2[M_1][M_2] + r_2[M_2]^2)\frac{R_i^{1/2}}{\delta_1}}{\left\{r_1^2[M_1]^2 + 2\frac{\phi r_1 r_2 \delta_2}{\delta_1}[M_1][M_2] + \left(\frac{r_2\delta_2}{\delta_1}\right)^2[M_2]^2\right\}^{\frac{1}{2}}} \tag{5.26}$$

这里

$$\delta_1 = \left(\frac{2k_{t11}}{k_{11}^2}\right)^{\frac{1}{2}},\quad \delta_2 = \left(\frac{2k_{t22}}{k_{22}^2}\right)^{\frac{1}{2}},\quad \phi = \frac{k_{t12}}{2k_{t11}^{1/2}k_{t22}^{1/2}}$$

δ 被认为是类似于第 4 章中突出强调的 $k_p^2/2k_t$ 比率倒数的平方根.符号 ϕ 代表交叉速率常数之半与牵涉同类自由基终止常数的几何平均数之比率.因子 1/2 出现在这个比率中是因为非同类自由基之间的反应(与同类片段之间的反应相比)在统计学上趋向因子 2.这样,在两个自由基浓度相等时,1,2 碰撞将为 1,1 碰撞或 2,2 碰撞的 2 倍.如果每一类型的碰撞反应概率都相等,我们就有 $k_{t12}=2k_{t11}=2k_{t22}$.因此,量 ϕ 比较了交叉终止速率常数与类似反应(指对交叉反应先天优势作适当校正的类似反应)的速率常数几何平均值.ϕ 值小于 1 将意味着非同类自由基之间的反应相对说来不易;其值超过 1 相应于更偏向交叉反应②.

---

① 我们的符号与 Walling[1,17] 的不同.他的 k_{t1} 和 k_{t2} 分别相当于我们的 $2k_{t11}$ 和 $2k_{t22}$.这里用的 $2k_{t12}$ 则与 Walling 符号中的一样.

② De Butts[25] 在共聚速率方程的积分中成功地得到了单体浓度与时间之间的关系.

如果只存在一个单体,方程(5.26)退化为

$$-\frac{\text{d}\ln[M_1]}{\text{d}t} = \frac{R_i^{1/2}}{\delta_1} \tag{5.27}$$

它相应于方程(4.15).在相同的引发条件下,均聚速率 $-\text{d}\ln[M_1]/\text{d}t$ 和 $-\text{d}\ln[M_2]/\text{d}t$ 之比等于 δ_2/δ_1.这样测定纯单体的速率产生了两个方程(5.26)所需要的量: $R_i^{1/2}/\delta_1$ 和 δ_2/δ_1.单体竞聚率 r_1 和 r_2 可以从共聚组分的研究中推得,留下未解决的仅仅是比率 ϕ.因此简单测定共聚速率原则上对得到 ϕ 值是有效的,只要测定了已提及的其他参量.更可取的是,应测定速率以得到一系列单体组分并计算得每个组分 ϕ 值的平均值.图5.4对苯乙烯-甲基丙烯酸甲酯体系的典型结果(Walling[17])与由方程(5.26)计算得到的理论曲线($\phi=1$ 和 13)做了比较.所选用的 r_1 和 r_2 值由表5.2中给出,纯单体的速率给定了量 $R_i^{1/2}/\delta_1$ 和 δ_2/δ_1.在这个特殊情况下 $\phi=1$ 的曲线碰巧接近于线性,而这并不是很典型的.然而,速率低于 $\phi=1$ 曲线的存在是典型的,它意味着 ϕ 大于1,即对于同类自由基的互相终止,交叉终止速率超过其几何平均.

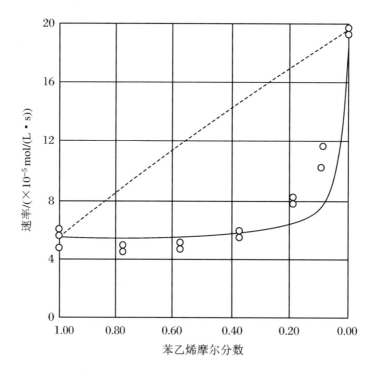

图5.4 60 ℃下存在 1 g/L 的偶氮二异丁腈时苯乙烯-甲基丙烯酸
甲酯共聚速率对苯乙烯摩尔分数的作图

虚线是假定 $\phi=1$,由方程(5.26)计算而得,实线表示由 $\phi=13$ 计算的曲线.(Walling[17])

表5.5总结了由共聚速率研究得到的结果.对所有研究的体系(类似的苯乙烯- p-甲氧苯乙烯对除外)交叉终止比率 ϕ 都超过1.并且 ϕ 越大, $r_1 r_2$ 值越小,也即对交叉终止的偏向看来与交叉链增长反应的偏向密切相关.极性上的差异可能对两者都有影响[26,28].但是将观

察到 ϕ 的变化范围比 $r_1 r_2$ 更宽广,表明终止反应对极性比增长过程更敏感[①].

表 5.5　交叉终止速率比

体系	研究者	ϕ	$r_1 r_2$
苯乙烯-甲基丙烯酸甲酯	Walling[17]	13	0.24
苯乙烯-甲基丙烯酸甲酯	Melville 和 Valentine[26]	14	
苯乙烯-丙烯酸甲酯	Walling[17,1]	50	0.14
苯乙烯-丙烯酸丁酯	Arlman 和 Melville[27]	~100	0.07
苯乙烯- p-甲氧苯乙烯	Melville 等[28]	1	0.95
甲基丙烯酸甲酯- p-甲氧苯乙烯	Melville 等[28]	~20	0.09

　　方程(5.26)没有提供相同引发速率下牵涉共聚速率与纯单体聚合速率相比较的简单概括.交替趋向强劲(低 $r_1 r_2$)意味着链增长更快,因为交叉增长阶段速率常数较高.然而,从所列的例子可知,这个加速了的链增长似乎抵消了相伴的很大的交叉终止速率.因此在引发速率固定时,在极性系列中彼此很好分隔的单体(表 5.4)发生共聚很可能比它们分别的平均聚合速率来得慢.

　　在引发速率也可随组分而变的热聚合中,一个异常的交叉**引发**速率可以对非加成行为有进一步的贡献.苯乙烯-甲基丙烯酸甲酯是唯一定量研究过的体系,Walling[17]测定了它们的热共聚速率.根据对单个单体、共聚物组分和在固定引发速率条件下的共聚速率的研究,出现在方程(5.26)中的速率比对这个体系就是已知的.因此一个热共聚速率的简单测定就得到 R_1 的值.从对任一单体单独的热引发速率(第 4 章)知道了 k_{i11} 和 k_{i22},就可以计算得双分子交叉引发速率常数 k_{i12}.人们发现 $60\,^{\circ}\mathrm{C}$ 时它是纯苯乙烯相同温度下的 2.8 倍,约为纯甲基丙烯酸甲酯的 3000 倍,这样的热交叉引发速率常数是纯单体速率常数几何平均的约 100 倍.这个对交叉引发的偏爱也归因为过渡态极性的相互作用[1,17].相比于终止反应,**热引发**反应好像对非同类反应物的极性相互作用更为灵敏.作为这个事实的结果,热共聚速率与固定引发速率的共聚相反,能很容易地超过任何一个单体单独时的速率.顺丁烯二酸酐与诸如丁二烯、苯乙烯和乙酸乙烯酯这样的单体极快的共聚(有时是爆聚)似乎是一个有利的交叉引发极端情况的代表.顺丁烯二酸酐单独的热聚合从未发生过,它在纯丁二烯或纯乙酸乙烯酯中也未发现过.顺丁烯二酸酐是一个强电子受体的单体,而那些与它进行自动聚合的单体都是电子给体的.因此极性相互作用确实非常大,这可以说明所提及的热共聚的快速性[1].

5.3　乳液聚合

　　烯类单体可以在含有乳化剂和水溶性引发剂的介质中以合适的速率发生聚合.典型的

---

①　事实上,$\sqrt{r_1 r_2}$ 应该与 ϕ 相比.在这个基础上交叉终止反应其至有更大的灵敏性.

简单"处方"由下述组成:它们(部分)以质量计的比例是 100 份单体、180 份水、2~5 份脂肪酸皂和 0.1~0.5 份过硫酸钾.阳离子皂(譬如,十二烷胺盐酸盐)可以用来代替脂肪酸皂,各种不同的引发剂(譬如,过氧化氢和铁离子或水溶性有机过氧化物)可用来代替过硫酸盐类.

乳液聚合不仅一如既往地比相同温度下的本体或溶液聚合来的快,并且令人惊讶的是产物的平均分子量要比相同速率下的本体聚合得到的高很多.按方程(4.27),在均相体系中聚合的动力学链长的两倍为

$$2v = \frac{k_p^2}{k_t}\frac{[M]^2}{R_p}$$

这代表了在速率 R_p 下得到的极大平均聚合度 $\bar{x}_n$.对低 k_p^2/k_t 的单体,譬如异戊二烯、甲基丙烯腈、丁二烯(程度较轻)以及苯乙烯(见表 4.8),如果要均聚得到的链长超过 10^4,就要求聚合速率非常低.可以证明这个方程并不适用于乳液聚合,在那里高速率与高聚合度并不矛盾.这个差别的基础基于这样的事实,即在典型的乳液聚合体系中,引发剂自由基是在水相中产生的,而增长和终止却发生在分散的油相中.乳液聚合的另一个优点在于乳液易于操作,这与极为黏稠的聚合物溶液正好相反(在未反应单体中或由本体或溶液聚合得到的溶剂中聚合物溶液都是很黏的).在规模化生产中这个优点特别重要.

5.3.1 定性的理论

当添加到水中的皂液超过低临界浓度一半时,会形成胶束聚集体[29,30].根据特殊的皂液和其他因素,它们可组成 50~100 个甚至更多的皂液分子[31].在低离子强度(即低盐浓度)时,存在的小胶束(50~100 Å)在当前仍然是不稳定的.McBain[29]提出由两层平行的皂分子组成的层状胶束,它们极性的"头"处在外表面,它们羧基链相聚在胶束的中心面.另一方面,Hartley[30]提出一个极性基团在外表面,而羧基链在内部有点不规则排列的球形胶束.从能量上来考虑,后者的结构更为有利,它与高盐浓度时盛行的类棒状大胶束的联系更为接近[32].根据光散射[32]和流动双折射测量[33],这些棒状胶束的长度在 1000~3000 Å 范围里,取决于盐的浓度;它们的直径约为除垢剂分子长度的两倍.推测起来皂分子的极性端头或多或少地平均分布在表面.无机盐的加入降低了极性层的静电能,这样能形成更大(即更长)的胶束[31].

由于存在皂或除垢剂,单体或其他难溶性有机物在水中的溶解度会有相当大的增加[34,35].X 射线和光散射测定[32]表明,单体的加入使胶束尺寸增大——这是"可溶性"单体在胶束中存在的清晰显示,推测起来应在烃链占据的内部.在乳液聚合混合物中起始存在的单体比例会比可能被皂胶束容纳的单体多很多,因此大多数单体以尺寸大得多的小滴(直径为微米或更大)存在,部分皂用来使它稳定.于是这样一个图像应运而生,即当大多数起始的单体以宏观的小滴存在时,大多数皂存在于胶束中.更为重要的是,胶束比小滴呈现了大得多的总表面积,尽管胶束总体积比小滴小不少.

在开始详细探究乳液聚合机理以前,一个马上必须解决的问题涉及在这样明显的复杂体系中发生聚合的所在地.可以想象,聚合可以发生在单体的小滴中,在水相,在胶束内,或在表面上,或在不同的阶段发生在不同的地方.聚合发生在单体小滴中是被排除在外的.由

于这样的事实：一旦在聚合的中间阶段中断搅拌，剩余的小滴会合并在一起，产生一层清液层，不含可测出量的聚合物．（在聚合进度达几个百分比后，因为由它形成的聚合物把皂从小滴中移走了，油滴变得不稳定；见下．）此外，Harkins[34]报道说，直接观察到单个的单体小滴尺寸随聚合进行而变小，没有留下超过起始小滴体积 0.1% 的聚合物剩余物．这样的观察导致早期的研究者得出结论：聚合发生在"水相"中，尽管对水溶液和胶束间的界线并不清楚．没有任何一种皂或甚至不存在液状单体的小滴会影响聚合．譬如，丁二烯或苯乙烯可经由蒸气相到含有引发剂的水溶液中得到补充．因此在不含乳化剂的均匀水介质中聚合物链的引发是可能的，并且链以某种方式生长而不管溶解单体的浓度有多低．但是必须注意的是在没有皂时，聚合会非常缓慢，而存在皂时，聚合随皂浓度而增加．典型的结果示于图 5.5.

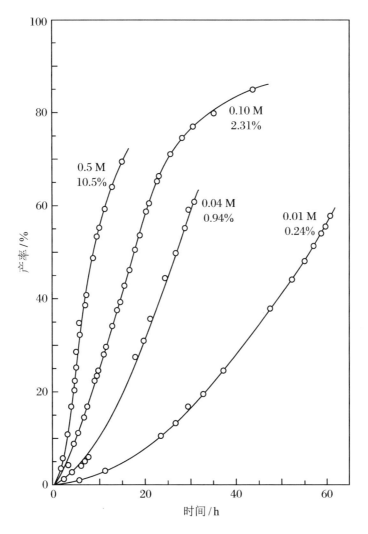

图 5.5　50 ℃下异戊二烯的乳液聚合

每 100 g 单体用了 0.3 g $K_2S_2O_3$，皂（月桂酸钾）的量以质量分数和质量摩尔浓度计.（Harkins[34]）

在仅有很小百分数的单体转换成聚合物后（存在乳化剂时），起始水性乳液很低的表面张力突然升高,表明在乳液水相中皂的浓度降低了.然后,皂的浓度是如此之低以至于不能再维持胶束,因此过了这一点,这个胶束就不再是进一步聚合的地点了.水相中皂损失的另一个证据是单体小滴不再稳定,一旦中止搅拌,就容易形成浮在表面的单体层.正如上面已提及的,在这一层中没有发现可测出量的聚合物.已生成的聚合物都在数目众多的聚合物颗粒中,在这个阶段这些聚合物颗粒的直径不会大于 $200\sim400$ Å. 即使在聚合的这个早期阶段,这些颗粒看来似乎也已捕获了几乎所有的大量吸附在聚合物颗粒表面的皂.电镜或光散射测定可以观察到乳液中的聚合物颗粒,未反应的单体已从乳液中"蒸发"("剥离")除去了.随聚合进一步进行,聚合物颗粒变大,但它们的数目仍然保持恒定.过了聚合的这个部分,即转化率从百分之几到 $60\%\sim80\%$,速率几乎是常数,如图 5.5 中的曲线所显示的那样(皂浓度最低的那个是例外).转化率在 $60\%\sim80\%$ 时所有单体已被聚合物颗粒所吸附,再没有残留下来形成表面上的浮层.然后随着进一步转化,速率迅速降低.最后的乳液由不连续的平均直径在 $500\sim1500$ Å[①],即大于起始胶束的 $40\sim80$ Å,但小于起始的单体小滴(10000 Å 或更大)的聚合物颗粒所组成.

从对如上所述的乳液聚合特征的简略批判性评估,Harkins[34] 做出结论:有必要假定两个主要的聚合时间点,一个在开始时刻,另一个是在乳液的特征已实质上改变了之后.有相对大量单体(与起始溶液的剩余物相比)的胶束通过在周围水性介质产生的自由基对链的引发提供有利的环境.当聚合在由此激活的胶束中进行时,通过周围的溶液来供给更多的单体.因此,在因第二个自由基的作用导致终止以前,聚合物链继续生长超过了原有胶束的尺寸.聚合物颗粒也可以在水相中产生,其程度取决于单体的溶解度以及皂的量.但是,在苯乙烯和 1% 皂浓度(或更多一点)的情况中,胶束扮演了聚合物颗粒的最主要形成地点.

当越来越多的胶束转化为聚合物颗粒时,它们迅速生长,大小将超过起始的胶束,聚合物颗粒快速捕获皂,水相中的皂浓度降到一个低水准,同时胶束消失.进一步的聚合几乎只发生在已存在的聚合物颗粒里.当考虑到聚合物颗粒比大(而不稳定的)单体液滴表面大很多时,是聚合物颗粒而不是单体小滴扮演主要的聚合场所就毫不奇怪了.紧随着的是水相中产生的自由基被聚合物颗粒有效地吸附(优先于单体小滴).进入到聚合物颗粒里的自由基引发溶解于聚合物颗粒的单体的聚合.单体通过水相从单体小滴扩散到聚合物颗粒中.这样,单体小滴充当了储藏库的作用,把单体提供给聚合物颗粒来补偿因聚合的消耗.聚合物颗粒中单体的浓度似乎受限于颗粒-水界面的表面张力,它对抗聚合物小颗粒的溶胀.否则,聚合物颗粒有望无限溶胀下去,直到把所有浮在表面的单体都吸收掉.在苯乙烯或丁二烯乳液聚合中的聚合物颗粒通常含有 $45\%\sim65\%$ 的单体,含量一定程度上取决于所用的乳化剂.在聚合的晚期,额外的单体供应已被耗尽,小滴中单体浓度必定降低,这一点反映在速率的变小上.

概括一下,Harkins[34] 理论把聚合物颗粒的形成阶段从后续的聚合中区分了出来.后者发生在聚合物颗粒中,自由基和单体都通过扩散从周围的介质进入到这些颗粒中.前者的那一步通常在不到 2% 或 3% 的单体聚合时就几乎完成了.因此几乎所有在高转化率时出现的

---

① 直径为 500 Å,密度为 1 的球形颗粒的分子量约为 4×10^7,即它足够大,可容纳众多的聚合物分子.

聚合物都是在聚合物颗粒中产生的. 为证实这个理论, Harkins 引用了这样的事实: 皂的用量越大, 单位体积颗粒的数目越多, 因此在规定转化率时它们的平均尺寸越小. 同样, 速率随皂浓度的增加可能归结为较多数目的聚合场所. 在其假设所引起的定量考虑中找到了 Harkins 理论的确切证据.

5.3.2 定量的理论[36,37]

上述定性解释引起了许多涉及不同过程的相对速率问题. 譬如, 考虑到单体在水性浆液中的低溶解度, 单体向聚合物颗粒的扩散能否足够快来跟上聚合? 在其他"命运"降临前, 是否有理由假定引发剂自由基一定能为聚合物颗粒 (当存在胶束时, 就是胶束) 所捕获? Smith 和 Ewart[36] 提出了一个理论, 回答了这些问题, 为定量处理乳液聚合提供了一个基础. 他们的理论的要点叙述如下.

在通常采用的条件下, 引发剂产生自由基的速率 ρ 约为 $10^{13}/(\text{mL} \cdot \text{s})$, 聚合物颗粒的数目约为每毫升 10^{14} 个 (每毫升 $10^{12} \sim 10^{15}$ 个将涵盖几乎所有的情况). 因此如果所有引发剂自由基都进入聚合物颗粒中, 平均来说在 10 s 里一个颗粒要有一个自由基. 现在, 很容易证明进入直径为 r 的球形颗粒的扩散流 I 为 $I = 4\pi r D \Delta c$, 这里 D 是扩散系数, Δc 是远离颗粒的扩散物浓度与颗粒表面的扩散物浓度之差. 假定表面的浓度为零, Δc 可用水性介质中的平衡自由基浓度 $[\text{R} \cdot]_{\text{aq}}$ 来代替. 这样

$$[\text{R} \cdot]_{\text{aq}} = \frac{I}{4\pi r D} \tag{5.28}$$

起始自由基的扩散系数一定在 10^{-5} cm^2/s 的量级, 直径 r 约为 5×10^{-6} cm, 正如我们看到的 $I \sim 10^{-1}$ s^{-1}. 因此 $[\text{R} \cdot]_{\text{aq}} \sim 10^8$ 个自由基/mL. 但是产生自由基的速率为 $10^{13}/(\text{mL} \cdot \text{s})$, 因此自由基从产生到被聚合物颗粒捕获的平均寿命仅为 10^{-5} s[37]. 因水相中两自由基间的反应而终止的速率 (在计算的平衡浓度为 10^8 个自由基/mL 时) 将由下式给出:

$$(R_t)_{\text{aq}} = 2k_t [\text{R} \cdot]_{\text{aq}}^2$$

以前发现的终止常数 (见表 4.8) 也是 3×10^7 L/(mol $\cdot$ s) 的量级, 比自由基产生速率小了好几个量级. 因此水相中的终止完全可以忽略, 可以有把握地假定几乎每一个初级自由基都进入聚合物颗粒 (或胶束). 并且在它进入一个聚合物颗粒前, 水相中链自由基的平均寿命 (即 10^{-5} s) 对于显然希望通过初级自由基对已溶单体分子进行加成来说太短了.

下面我们回来考虑聚合物颗粒中自由基的浓度. 体积为 V 的颗粒中的终止速率可以写为

$$(R_t)_{\text{颗粒}} = \frac{2k_t n(n-1)}{V}$$

这里 n 是颗粒中自由基的数目, k_t 又一次是比速率常数. 上述直径的颗粒将具有约 5×10^{-16} mL 的体积, 因此 $2k_t/V \approx 2 \times 10^2$ s^{-1}. 如果这个颗粒含有两个自由基, 可期望在这个量的两倍的倒数 (即 2.5×10^{-3} s) 的时间间隔里彼此终止. 事实上, 正是因为它是如此之小, 才使得一个进入已含有链自由基的颗粒中的自由基在其终止前有机会能加成到单体上. (这样在 50 ℃下对苯乙烯或丁二烯, $k_p \sim 100$ L/(mol $\cdot$ s). 因此, 在单体浓度为 5 mol/L 时, 单

体加成到自由基的速率是 2×10^{-3} s.)所以,一个很好的近似是,我们可以认为在任何一个给定的时间,**一个颗粒将没有自由基或只有一个自由基**;有两个自由基的短暂时间是被忽略的.随着第二个自由基的终止,一个给定的颗粒将休眠,直到另一个自由基的进入,即约 10 s 周期内.在具有相等的平均长度的间隔以后,第二个自由基将被捕获,于是发生了这一对自由基的相互终止,且这个循环一直重复着.任何给定的聚合物颗粒将在一半的时间内含有一个自由基,而在另一半的时间它将什么也没有.所以,在任何给定的情况,一半的颗粒将是活化的,它们中的每一个将含有一个单个生长着的自由基[36,37].

它还表明,单体从其浓度很低的水相中扩散能胜任保障聚合物颗粒充足的供应.正如先前在自由基扩散的讨论中那样,我们可以认为需要来保持扩散流 I(苯乙烯)的单体浓度 $[M]_{aq}$ 为 500/2 单体分子/秒,这是含有单个活化自由基的一个颗粒所需时间的一半.再次取 $D \sim 10^{-5}$ cm^2/s,按相应于方程(5.28)的方程,$[M]_{aq}$ 约为 4×10^{11} cm^{-3},或仅为 10^{-9} mol.因为单体在水中的饱和浓度总是远超这个值,很容易以这所需的速率向聚合物颗粒提供单体.

在任何给定的时间,一半的聚合物颗粒将含有一个正在生长的自由基,另一半将什么也没有,这个非常重要的推论首先是由 Smith 和 Ewart[36] 提出的.他们马上指出**每立方厘米水中的聚合速率**由下式给出:

$$R_p = k_p \frac{N}{2} [M] \tag{5.29}$$

这里 N 是每立方厘米水相中聚合物颗粒的数目,$[M]$ 代表在聚合物颗粒中单体的浓度.换句话说,速率应主要依赖于**颗粒的数目**,只要仍有过量的单体液滴,单体浓度的变化极小.它应**与通过引发剂产生自由基的速率无关**,也不依赖于颗粒的大小(对固定的颗粒数目来说),只要它们并不太大①.

Smith[37] 进行了一系列特别设计的重要实验来验证上述的预言.他首先提出的是在含有颗粒(其直径已由电镜测定)的聚苯乙烯乳液中加入一定量的苯乙烯单体使它进一步发生乳液聚合.不再提供额外的乳化剂.后续不同聚合程度的颗粒的直径的测定表明,每个颗粒体积的平均生长约等于最终聚合物和起始聚合物之比.甚至在扩大 70 倍时这个关系也是成立的.他得出的结论是,在没有胶束皂的聚合过程中,颗粒数目基本上保持不变.按方程(5.29),从这个恒定的 N 和聚合物颗粒中单体浓度近似不变(在单体液滴的供给没有被耗尽时)可以得出在很宽的转化范围内聚合速率近似恒定的结论(见图5.5).

Smith 随后证明在不含有胶束皂的种子胶液中,**每个颗粒**的聚合速率与下列因素无关:① 颗粒尺寸(在 25 倍颗粒体积范围内);② 颗粒数目($2 \times 10^{12} \sim 2 \times 10^{14}$ cm^{-3},在较高的颗粒浓度时观察到了下降,原因还没有满意的解释);③ 过硫酸盐引发剂的浓度(在 16 倍范围内).这样,简单的速率表达式(5.29)就被完全确认了.最明显的特征是缺少乳液聚合速率与引发剂浓度的依赖关系(在新的聚合物颗粒产生停止以后,见下).增加引发剂量仅增加了颗

---

① 显然,如果颗粒的体积比上面考虑的尺寸大好几个量级,那么它可以容纳两个或更多的自由基而不会立即终止.乳液聚合的典型特征消失,我们通常把它归为珠状聚合,就动力学而言,它类似于普通的本体聚合.

粒中活性和非活性之间交替的频率,但因为它只有一半的时间被激活(不管自由基消耗的频率),故对速率没有什么影响.

方程(5.29)包含了对测定增长反应速率常数绝对值方法的建议.它可从胶液中含有已知颗粒数目的乳液聚合速率直接计算得到.后一个量很难精确测定.然而 Smith[37] 成功地应用了该方法,该方法随后又被 Morton[38] 及其同事所应用,他们对丁二烯和异戊二烯的结果被摘录在表 4.8 中.

推测起来,每一个进入非活性颗粒中的初级自由基将开始一个新聚合物链的增长,且这个链几乎立即就被另一个自由基捕获而终止.如果认为链转移可忽略不计,在这样的条件下,平均聚合度应等于链增长速率与初级自由基捕获频率 ρ/N 之比,也即[36,37]

$$\bar{x}_n = \frac{k_p N[M]}{\rho} \tag{5.30}$$

聚合速率(方程(5.29))和聚合度都应该直接随颗粒数而变化,但与速率不同的是聚合度反而依赖于自由基生长的速率 ρ.为支持这个链终止机理,Smith[39] 在苯乙烯乳液聚合中用了放射性过硫化物示踪法,证明聚合物的每一个聚合物分子都含有两个引发剂自由基.他也证明在过硫化物浓度固定时,平均聚合度直接随含有不同颗粒浓度的胶乳中的聚合速率而变化.换句话说,每秒所形成的聚合物分子的数目仅仅依赖于 ρ(因此依赖于引发剂的浓度,而这个引发剂浓度在 Smith 的实验里是保持恒定的),而与颗粒数无关.这个观察确认了所提聚合物分子形成的机理.但是,在颗粒浓度非常高时的平均分子量($\bar{x}_n$ 超过 5×10^4)还是比上面预言的有点低.这个偏离被归因为苯乙烯单体的链转移,这个链转移确定了聚合度可达到的上限.

5.3.3　颗粒的数目

迄今为止我们考虑了乳液中作为一个独立变数的聚合物颗粒数.一般而言聚合物颗粒数将依赖于产生它们时的条件.特别是它们最终的数目将取决于乳化剂及其起始浓度,也依赖于初级自由基产生的速率.因为颗粒数 N 在测定速率和聚合度两方面起着如此重要的作用,简略深思一下 Smith 和 Ewart[36] 的理论估算是可取的.

为使问题简化,他们首选的是假定在聚合物颗粒变得如此众多而需要所有的皂包裹住它们的表面前,所有的初级自由基都进入了皂胶束,没有留下任一个来维持胶束.只要仍然还保持有胶束,在这些条件下颗粒的产生速率可以等于 ρ;胶束消失后这个速率当然可以忽略不计.尽管有上述巧妙的假定,存在的聚合物颗粒将获得足够分数的初级自由基,使它们每一个都以平均速率 $(k_p/2)[M]$ 来聚合.如果颗粒中单体的溶解度是这样的,它能维持单体的体积分数为 v_M,颗粒体积增加的速率 μ 将由下式给出:

$$\mu = \frac{k_p}{2}\frac{[M]V_u}{1-v_M} \tag{5.31}$$

这里 V_u 是单体单元的体积.时刻 τ 形成的颗粒在时刻 t 的体积将是 $\mu(t-\tau)$,假定颗粒是球形,它的表面积将是

$$a_{\tau,t} = \left[(4\pi)^{\frac{1}{2}}3\mu(t-\tau)\right]^{\frac{2}{3}}$$

存在于时刻 t 的所有颗粒之总表面积 $\mathscr{A}_t$,是所有从时刻 $t=0$ 到 τ 形成的所有颗粒表面积之和.或因为 $\rho\mathrm{d}\tau$ 的颗粒是在 τ 到 $\tau+\mathrm{d}\tau$ 的间隔里产生的,有

$$\mathscr{A}_t = \left[(4\pi)^{\frac{1}{2}}3\mu\right]^{\frac{2}{3}}\int_0^t (t-\tau)^{\frac{2}{3}}\rho\mathrm{d}\tau$$

积分并取 ρ 为常数,得

$$\mathscr{A}_t = \frac{3}{5}\left[(4\pi)^{\frac{1}{2}}3\mu\right]^{\frac{2}{3}}\rho t^{\frac{5}{3}} \tag{5.32}$$

假设在胶束皂耗尽时皂都用来形成连续的单分子层.如果我们令 a_s 代表 1 g 皂所占据的面积,在这个 t_1 时刻,$1\,\mathrm{cm}^3$ 中颗粒的总面积将是 $c_s a_s$,这里 c_s 是浓度,单位是 g/cm^3. $\mathscr{A}_t$ 就相当于 $t=t_1$ 时刻的这个量,由方程(5.32)我们有

$$t_1 = \frac{5^{\frac{3}{5}}}{3(4\pi)^{\frac{1}{5}}}\left(\frac{c_s a_s}{\rho}\right)^{\frac{3}{5}}\mu^{-\frac{2}{5}}$$

$$= 0.53\left(\frac{c_s a_s}{\rho}\right)^{\frac{3}{5}}\mu^{-\frac{2}{5}} \tag{5.33}$$

因此颗粒数应是

$$N = \rho t_1 = 0.53(c_s a_s)^{\frac{3}{5}}\left(\frac{\rho}{\mu}\right)^{\frac{2}{5}} \tag{5.34}$$

因为假定所有的初级自由基都进入了胶束(只要胶束还存在),这样计算出来的数目太大了. Smith 和 Ewart[36] 又作了另一个假定,即胶束和聚合物颗粒对自由基的竞争与它们各自的总表面积成正比,得到了另一个等同的表达式(除了较低的数字因数 0.37 外).因为这个假定在相反的方向上导入了一个误差①,在其他假定的限制之内,颗粒数可以取作

$$N = 0.4(c_s a_s)^{\frac{3}{5}}\left(\frac{\rho}{\mu}\right)^{\frac{2}{5}} \tag{5.35}$$

已有很好的精度.这样就解释了随起始皂浓度 N 的增加速率增加.定量的结果与所预言的 3/5 次方关系符合很好[37].聚合速率随 $\rho^{3/5}$ 增加的预言也为各种不同引发剂浓度的实验[37]所确认②.所有这些证明中最重要的是由方程(5.35)计算而得的颗粒实际数目 N 与观察到的在 2 倍因子之内是相符的.这样就很明显,由 Harkin[34] 与由 Smith 和 Ewart[36,37] 提出的乳液聚合理论在核算乳液聚合过程独有的特征方面有着引人注目的成功.

5.3.4 异相聚合的结论性评论

为了例证乳液聚合和本体聚合特征的巨大差异,让我们在对应的起始自由基产生速率 (R_i 和 ρ) 下,比较苯乙烯在两个体系中的聚合速率 R_p 和聚合度 $\bar{x}_n$. 60 ℃ 下的速率常数(见表4.8)是

$$k_p = 176\,\mathrm{L/(mol\cdot s)} = 3\times10^{-19}\,\mathrm{cm^3/(分子\cdot s)}$$

---

① 一个给定的小颗粒捕获自由基的速率将正比于它的直径而与其表面积无关(比较方程(5.28)).因此小胶束与聚合物大颗粒竞争将比这个计算导致人们所期望的更为有利.

② 这个随 ρ 的增加从而随引发剂浓度的增加并不是与先前速率和给定颗粒数目的 ρ 无关的断言不符.我们这里关注的是引发剂浓度对由原先单体乳液产生的颗粒数目的影响.

$$k_t = 3.6 \times 10^7 \text{ L/(mol} \cdot \text{s)} = 0.6 \times 10^{-13} \text{ cm}^3/(\text{分子} \cdot \text{s})$$

令在本体和乳液颗粒中的单体浓度$[M]$都是 5 mol. 对比如下：

60 ℃下苯乙烯的本体聚合：

如果

$$R_i = 8 \times 10^{-9} \text{ mol/(L} \cdot \text{s)} = 5 \times 10^{12} \text{自由基} /(\text{cm}^3 \cdot \text{s})$$

那么：

$$[M \cdot] = \left(\frac{R_i}{2k_t}\right)^{\frac{1}{2}} = 1.05 \times 10^{-8} \text{ mol/L} = 0.63 \times 10^{13} \text{自由基} /\text{cm}^3$$

$$R_p = k_p [M \cdot][M] = 0.93 \times 10^{-5} \text{ mol/(L} \cdot \text{s)} = 5.5 \times 10^{15} \text{分子} /(\text{cm}^3 \cdot \text{s})$$

$$\bar{x}_n = 2\nu = k_p \left(\frac{2}{k_t R_i}\right)^{\frac{1}{2}} [M] = 2.3 \times 10^3$$

（平均聚合度取作两倍动力学链长，即链转移忽略不计. 在这样的情况下，动力学链长约超过 10^4，这是不允许的，因为 $C_M \sim 5 \times 10^{-5}$，见方程(4.37). 所选的引发速率粗略相应于用 5×10^{-4} mol 过氧化苯甲酰得到的引发速率.）

60 ℃下苯乙烯的乳液聚合：

如果

$$\rho = 5 \times 10^{12} \text{自由基} /(\text{s} \cdot \text{cm}^3)$$

$$N = \begin{cases} 10^{13} \text{颗粒} /\text{cm}^3 \\ 10^{15} \text{颗粒} /\text{cm}^3 \end{cases}$$

那么

$$R_p = k_p \frac{N}{2} [M] = 440N = \begin{cases} 4.4 \times 10^{15} \text{分子} /(\text{cm}^3 \cdot \text{s}) \\ 4.4 \times 10^{17} \text{分子} /(\text{cm}^3 \cdot \text{s}) \end{cases}$$

$$\bar{x}_n = \frac{k_p N [M]}{\rho} = 1.76 \times 10^{-10} N = \begin{cases} 1.76 \times 10^3 \\ 1.76 \times 10^5 \end{cases}$$

（乳液聚合速率的单位是水相中每立方厘米表示的，苯乙烯的量通常小于水的量. 因此单位质量单体的速率将稍微比上面给出的数值大一点.）

因为在本体聚合和乳液聚合中都用上了相同的增长速率常数，当乳液颗粒数是本体聚合静态时自由基数目的两倍时，一定得到能相比较的聚合速率 R_p. 给定温度下本体速率的增加仅仅可能由引发速率从而自由基浓度的增加而实现. 但是这必然将使聚合度降低[1]. 另一方面，在乳液聚合中，自由基浓度增加可能仅仅是由于单位体积中颗粒数 N 的增加. 如果自由基产生的速率 ρ 保持恒定，聚合度也**增加**. 这样，在乳液颗粒中自由基各自分隔着，使得有可能来维持自由基数目很多而终止速率又不增加[48]. 当 ρ 固定，N 增加时，每个颗粒的终止速率事实上是降低的. 正是在离散的颗粒中自由基的这个隔离，避免了它们彼此间的终止，这又是乳液聚合优点所在. 要使速率高，需要单位体积中有较大的颗粒数（从而颗粒尺寸小）. 如果希望聚合度高，N 对 ρ 的比率一定要大，即对于一定的颗粒浓度，需要低的引发速

---

① 对于像乙酸乙烯酯或甲基丙烯酸甲酯这样 k_p^2/k_t 较大的单体，聚合度随速率增加而降低并不严重.

率.这似乎证明,如果重要的指标是很高的分子量,引发剂浓度就要低.但是一定要牢记在聚合过程中产生颗粒的阶段,低的 ρ 值(即低的引发剂浓度)对小的颗粒数有利.在这个意义上,在聚合反应进行的主要期间,大 N 和小 ρ 的需求是彼此对立的.

在非水介质(聚合物在其中是不溶的)中进行的聚合也显现了乳液聚合的特征.譬如,无论是乙酸乙烯酯[41]还是甲基丙烯酸甲酯[42]在聚合物的劣溶剂中聚合时,在聚合的进程中会有加速.这个加速(已被称为凝胶化效应[41])也许与被单体高度溶胀的聚合物小滴的沉淀有关.这些小滴可以提供聚合的地方(在那里单个链自由基与所有其他的链自由基隔离开了).甚至在纯单体的聚合中(在这里聚合物不溶于它自己的单体)观察到了类似的异相聚合.氯乙烯[44]、二氯乙烯[45]、丙烯腈和甲基丙烯腈在分散得非常好的分散相中聚合,聚合物的沉淀像它形成时一样快.随着这些聚合物颗粒的形成,反应速率加快.至少在氯乙烯的情况[44]中,由过氧化苯甲酰引发的聚合的单体聚合速率因添加先前形成的聚合物而加快.没有引发剂时单独的聚合物是没有这个效应的.如果用能溶解聚合物的溶剂稀释单体,会发生正常的聚合(存在引发剂时),并且没有加速的迹象.

上面的事实支持这样一个观点,即这些异相聚合很像乳液聚合.在引发剂能溶于聚合物颗粒中时,需记住,在颗粒中间分解的引发剂分子将释放出成对的自由基;并且,如果颗粒小,两个自由基将紧随着它们的产生而发生终止.因此在颗粒中自由基的数目(一个或是零个)将维持不变.在涉及速率的情况中,只有从周围溶剂中捕获单个自由基才是有意义的.因此在分隔开的颗粒中的单个自由基可以引起比均相体系中该有的浓度更高的自由基浓度.

5.4 离 子 聚 合

5.4.1 阳离子聚合

在极少量的用于 Friedel-Crafts 反应的催化剂作用下,某些烯类单体很容易发生聚合[46,47].这类有效的催化剂包括 $AlCl_3$、BF_3、$AlBr_3$、$TiCl_4$、$SnCl_4$、活性的黏土(凹凸棒石、蒙脱土、硅酸),有时候 H_2SO_4 也是.所有这些在 G. N. Lewis 专业术语中都是强酸,即它们是强的电子受体.用上面提及的催化剂,异丁烯、苯乙烯、α-甲基苯乙烯、丁二烯和烷基乙烯基醚都是极易转化为高分子量聚合物的单体类型中的代表.正如众所周知的那样,丙烯和其他烯烃可以在 Friedel-Crafts 催化剂存在时发生聚合,但产物的分子量非常低.前面提及的单体的取代是电子释放类型的(比较表5.4),因此它们的双键碳原子将趋向于朝着带有亲电子试剂的共享电子对趋近.换句话说,这些单体相对来说是碱性的.与由强亲电子试剂催化的其他反应的极性机理类似,清楚地指出了其机理牵涉到碳正离子.

低温下的高速率是所考虑的聚合的特征.通常催化剂和单体放在一起聚合进行得如此快速,以至于可能的均匀反应条件既不能建立,也不能维持.譬如,异丁烯[46]可以在 $-100\ ℃$,BF_3 或 $AlCl_3$ 作用下在小于 1 s 的时间里聚合成聚合度高达 10^5 的聚合物分子.为防温度升得过高,在其沸点的液体(如乙烯、丙烯或丁烯)可作为"内制冷剂",从而聚合热可通过部分稀释剂的蒸发而消散.温度系数低,有时候甚至是负值,速率实际上随温度升高而降低[47,49].在自由基增长的聚合中,平均聚合度随温度升高而降低.然而,室温以及室温以上的温度下得到的分子量要比自由基聚合得到的低不少.聚异丁烯的分子量作为聚合温度的函数示于图5.6.

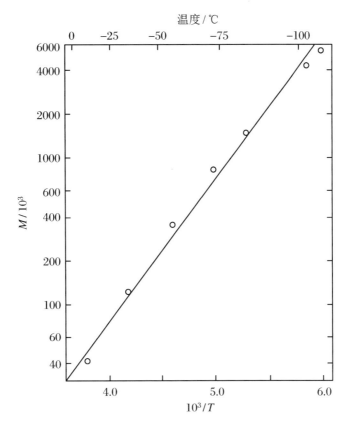

图 5.6 BF₃ 存在下异丁烯的聚合,其分子量对聚合温度倒数的
半对数作图

结果由 Thomas 等人的数据[48]重新计算而得.直线斜率相应于活化能之差
为 4.6 kcal/mol.

两个直接的证据支持这些聚合是通过碳正离子中心的作用而增长这个显然合理的观点.Eley 和 Richards[50]证明三苯基氯甲烷是乙烯基醚在间甲酚中聚合的催化剂,在那里催化剂电离产生三苯基碳正离子$(C_6H_5)_3C^+$.其次,A.G. Evans 和 Hamann[51]证明存在有三氟化硼(和外来的湿气)或四氯化锡和氯化氢时,1,1'-二苯基乙烯在 4340 Å 处出现了一个吸收带.这条谱带是三苯基碳正离子和二苯基甲基碳正离子两者的特征.而对能够聚合的单体①作的类似观察,在达到足够的浓度前因聚合的介入而被阻止了,在同样条件的苯乙烯中(也在某些其他单体中),一定有望形成类似的离子.因此,与自由基聚合相似,可以假定在单体到碳正离子上的加成中存在有不可缺的链增长阶段:

---

① 1,1'-二苯基乙烯不能聚合,推测主要是因为它那两个硕大的取代基需要过大的空间.见第6章.

$$\sim\!\!\text{CH}_2\!-\!\overset{\text{X}}{\underset{\text{Y}}{\text{C}}}{}^+ + \text{CH}_2\!\!=\!\!\overset{\text{X}}{\underset{\text{Y}}{\text{C}}} \longrightarrow \sim\!\!\text{CH}_2\!-\!\overset{\text{X}}{\underset{\text{Y}}{\text{C}}}\!-\!\text{CH}_2\!-\!\overset{\text{X}}{\underset{\text{Y}}{\text{C}}}{}^+ \qquad (5.36)$$

链引发可通过亲电子催化剂引起单体的极化来实现:

$$\text{BF}_3 + \text{CH}_2\!\!=\!\!\overset{\text{X}}{\underset{\text{Y}}{\text{C}}} \longrightarrow \text{F}\!-\!\overset{\text{F}}{\underset{\text{F}}{\text{B}}}{}^-\!-\!\text{CH}_2\!-\!\overset{\text{X}}{\underset{\text{Y}}{\text{C}}}{}^+ \qquad (5.37)$$

这样一个机理无论在理论上还是在实验上都有待改进. 阳离子聚合通常是在介电系数低的介质(其中的电荷分离)中进行,且当单体加到链上时它随后的增加将需要相当的能量. 此外,以这种方式生长的链的终止将是一个二级过程,包含两个独立的中心,像发生在自由基聚合中的一样. 实验证据表明终止过程是一个低一级的反应(见下). 最后,在没有像水、醇或乙酸等**共催化剂**时,卤化物催化剂的有效性看来是值得怀疑的. 这对异丁烯确实是真的[52,53],对其他单体可能也对.

更可能的是引发牵涉到了质子,或有可能是某些其他阳离子转移到了单体上. 这样,用 Evans 和 Polanyi[54] 以及其他人[52,55] 提出的机理来解释存在三氟化硼一水化合物时异丁烯的聚合,如下所述:

$$\text{BF}_3\cdot\text{OH}_2 + \text{CH}_2\!\!=\!\!\text{C(CH}_3)_2 \longrightarrow \text{CH}_3\!-\!\overset{\text{CH}_3}{\underset{\text{CH}_3}{\text{C}}}{}^+ + \text{BF}_3\text{OH}^- \qquad (5.38)$$

$$\text{CH}_3\!-\!\overset{\text{CH}_3}{\underset{\text{CH}_3}{\text{C}}}{}^+ + \text{BF}_3\text{OH}^- \xrightarrow{+\text{M}} \text{CH}_3\!-\!\overset{\text{CH}_3}{\underset{\text{CH}_3}{\text{C}}}\!-\!\text{CH}_2\!-\!\overset{\text{CH}_3}{\underset{\text{CH}_3}{\text{C}}}{}^+ + \text{BF}_3\text{OH}^- \qquad (5.39)$$

$$(\text{CH}_3)_3\text{C}\!\left[-\text{CH}_2\!-\!\overset{\text{CH}_3}{\underset{\text{CH}_3}{\text{C}}}\!-\right]_{x-1}^{+}\! + \text{BF}_3\text{OH}^- \xrightarrow{+\text{M}} (\text{CH}_3)_3\text{C}\!\left[-\text{CH}_2\!-\!\overset{\text{CH}_3}{\underset{\text{CH}_3}{\text{C}}}\!-\right]_{x}^{+}\! + \text{BF}_3\text{OH}^-$$

$$(5.40)$$

$$\sim\!\!\text{CH}_2\!-\!\overset{\text{CH}_3}{\underset{\text{CH}_3}{\text{C}}}{}^+ + \text{BF}_3\text{OH}^- \longrightarrow \sim\!\!\text{CH}_2\!-\!\overset{\text{CH}_2}{\underset{\text{CH}_3}{\text{C}}} + \text{BF}_3\cdot\text{OH}_2 \qquad (5.41)$$

引发是通过从催化剂复合物转移一个阳离子(在这里是质子)到单体而发生的. 链增长通过前面所指的过程(5.36)进行,除非在这里阴离子被指明在阳离子中心的空隙中. 由于在介电系数低的介质中需要很大的能量来把离子对完全分离开,反离子必须保持得很靠近. 因此,这样性质的离子有望来影响增长反应的速度,以及其他诸如链终止和链转移反应的发生率. 与自由基聚合中引发剂不管怎样对增长中心的"命运"都没有影响(除非在链与引发剂的转移很重要时)有明显差别,在它的整个寿命中,阳离子的终点依然在反离子复合物的影响之下.不同的催化剂复合物可以产生不同增长速率的链,在那里还有单元的结构异构机会(见第 6 章),不难想象,聚合物的链结构可随所用的特殊催化剂而稍微有所变化.不过,还缺少明确的证据.最后,在终止反应(5.41)中反离子移走了一个质子,留下一个不饱和的末端单元[55].也可能发生如下到单体的链转移:

$$
\text{~~~CH}_2-\underset{\underset{CH_3}{|}}{\overset{\overset{CH_3}{|}}{C^+}} + BF_3OH^- + CH_2=\underset{\underset{CH_3}{|}}{\overset{\overset{CH_3}{|}}{C}} \longrightarrow \text{~~~CH}_2-\underset{\underset{CH_3}{|}}{\overset{\overset{CH_2}{\|}}{C}} + CH_3-\underset{\underset{CH_3}{|}}{\overset{\overset{CH_3}{|}}{C^+}} + BF_3OH^-
$$

$$(5.42)$$

上述机理的严格证据已由 Dainton 和 Sutherland 的红外光谱得到了[46,55].他们在聚合度(约为 10)低的聚合物中检测到有相当丰度的 $(CH_3)_3C-$ 和 $-CH_2-\underset{\underset{CH_3}{|}}{C}=CH_2$ 端基.也出现有由 β-亚甲基移去质子形成的 $-CH=C(CH_3)_2$ 端基,以及从阴离子离解而得的氢氧根离子转移得到的 $-CH_2-\underset{\underset{CH_3}{|}}{\overset{\overset{CH_3}{|}}{C}}-OH$ 基团,但量要少得多[①].当使用 $BF_3 \cdot OD_2$ 复合物时[56],形成了含氘的聚合物,且催化剂复合物转换为 $BF_3 \cdot OH_2$.这也与上述机理相符.催化剂不与聚合物相结合,每个存在的催化剂分子会产生许多聚合物分子[53,56].这类研究只限于较低分子量的聚合产物,为的是有效地测定端基的数目.当然,当链的长度有好几千单元时,还可能有其他的机理,但目前没有证据表明这是真的.

与三氟化硼形成的复合物在反应中不溶于通常所用的介质.因此整个过程具有异相的特征[57].所以像 $SnCl_4$、$TiCl_4$ 和 $AlBr_3$ 这样的可溶性催化剂对动力学研究更为可取.为把上面呈现的机理普适化,令 M 代表单体,A 代表催化剂,$A \cdot SH$ 代表催化剂与共催化剂的复合物,那么单个的每步反应可以写为

$$A \cdot SH + M \longrightarrow HM^+ + AS^- \tag{5.38'}$$

$$M_x^+ + AS^- + M \overset{k_p}{\longrightarrow} M_{x+1}^+ + AS^- \tag{5.40'}$$

$$M_x^+ + AS^- \overset{k_t}{\longrightarrow} M_x + A \cdot SH \tag{5.41'}$$

$$M_x^+ + AS^- + M \overset{k_{tr}}{\longrightarrow} M_x + HM^+ + AS^- \tag{5.42'}$$

再一次假定质子的转移在引发和终止过程中都有.当然有时候也有其他阳离子被转移.

在一个均相体系中,引发速率应正比于催化剂复合物的浓度(它原本将不超过单体浓度

---

① M. St. C. Flett 和 P. H. Plesch(J. Chem. Soc.,1952:3355)发现了三取代乙烯端基存在的证据,以及 0 ℃下分别用 $TiCl_4$ 和 Cl_3COOH 作催化剂和共催化剂制备的低分子量聚异丁烯中三氯乙酸酯端基存在的证据.用 $TiCl_4$ 催化苯乙烯进行类似聚合的结果参见 Plesch P H. J. Chem. Soc.,1953:1653,1659,1662.

约 1%（摩尔分数））以及单体的浓度.复合物的本质往往是未知的.它的浓度更是知之甚少,因此人们被迫以起始催化剂或共催化剂之一的总浓度来表示引发速率,无论哪一个都呈现有计量上的不足.如果把这个浓度称为[C],引发速率要么为 $k_i[C]$,要么是 $k_i[C][M]$,取决于引发复合物 A·SH 在反应(5.38′)那一步中有或没有很大的转化.终止那一步应该是一级的,因为终止剂 AS⁻ 通过静电吸引保留在生长中心的邻近,主要由于这个原因,阳离子聚合动力学不同于在自由基聚合中通常观察到的这些.这样静态的活化中心的浓度变为

$$[M^+] = \frac{k_i}{k_t}[C][M]^{a-1} \tag{5.43}$$

这里 a 是 1 或 2,取决于引发动力学,已如上述.聚合速率为

$$R_p = k_p[M^+][M] = \frac{k_i k_p}{k_t}[C][M]^a \tag{5.44}$$

假定链终止(5.41′)优于链转移(5.42′),平均聚合度将是

$$\bar{x}_n = \frac{R_p}{R_t} = \frac{k_p}{k_t}[M] \tag{5.45}$$

然而,如果是链转移占优的过程,那么

$$\bar{x}_n = \frac{k_p}{k_{tr}} \tag{5.46}$$

即平均聚合度应该不仅与催化剂浓度无关,也与单体的浓度无关.

现有的动力学研究结果看来在整体上支持上面设定的机理.根据 Pepper[58],在 25 ℃ 下和在二氯乙烯中用 SnCl₄,苯乙烯的聚合将以与催化剂浓度和单体浓度的平方成正比的速率进行.平均分子量与催化剂浓度无关,按方程(5.45)将与单体浓度成正比.Eley 和 Richards[50] 也在间甲酚中,用 SnCl₄、AgClO₄、(C₆H₅)₃CCl 催化的烷基乙烯基醚的聚合中得到了类似的结果①.在苯乙烯和乙烯基醚两者的聚合中,在 SnCl₄ 不可缺少的复合物形成过程中可能会牵涉到蒸气[51],但这还没有被证明确实是这样的.催化剂与乙烯醚单体有可能结合在一起形成复合物,它能通过把阳离子转移到另一个单体分子而引发聚合.Pepper[59] 也证明,反应介质介电系数的增加加快了聚合速率和增加了聚合度.这与所期望的相一致,介电系数的增加,使那里发生了电荷的分离,应该加快引发速率(k_i),降低包括离子再结合的终止速率(k_t).

Plesch 从绝热的温升来估算 −90～0 ℃ 下,用 TiCl₄ 与水或者三氯乙酸作为共催化剂,异丁烯在正己烷中的聚合速率.他的结果与上述机理相符,速率正比于共催化剂浓度(存在超量的催化剂时)和正比于单体浓度的幂(一次方和二次方之间).但是,聚合度与单体浓度无关,表明链转移(5.42′)是到达了单体的.低温下用 SnCl₄ 和水,Norrish 和 Russell[52] 在氯乙烷里异丁烯的聚合中却得到了稍微不同的结果.他们在等热条件下测定的速率正比于水

---

① 用碘催化 2-乙基己基醚的聚合速率[50]正比于 $[I_2]^2[M]$,与引发速率控制过程相符:

$$2I_2 \longrightarrow I^+ + I_3^-$$

接着有

$$I^+ + M \longrightarrow I—M^+$$

的浓度(在 $SnCl_4$ 过量的情况下),但聚合度与水的浓度成反比.后一点观察结果很难被解释.它表明催化剂水合物可以以某种方式参与链转移.

5.4.2　阴离子聚合

带电负性取代基的单体,在存有能产生负碳离子的试剂时,很容易发生第三种类型的聚合.Beaman[60]证明钠在液氨中特别有效. $-75\ ℃$ 下把甲基丙烯腈加到这样的溶液中,立即发生聚合,形成高分子量的聚合物.变化之快速使人想起了低温下异丁烯的阳离子聚合.Beaman 证明,格林(Grignard)试剂和三苯基甲基钠也引起甲基丙烯腈的聚合,但分子量较低.丙烯腈和甲基丙烯酸甲酯也可在液氨中由钠来聚合;异丁烯和丁二烯不会聚合,但苯乙烯产生某些低聚物[60].众所周知[62],丁二烯和异戊二烯在存有金属钠和在通常温度下很容易聚合[63-65],但反应仅以中等速率进行.碱金属烷基广泛用于二烯烃的聚合[62,63,65].用铵离子 NH_2^- 能把苯乙烯转换为低聚物[66,67],但无论是丁二烯还是 α-甲基苯乙烯都不会发生聚合[68].

各种证据都可用来指明这些聚合中依据碳阴离子增长中心的机理:① 有效催化剂的性质;② 聚合过程中常常形成强烈的色彩;③ 一旦引入二氧化碳,钠催化聚合会及时停止[65],以及叔丁基邻苯二酚导致阻聚的失败[66];④ 在金属钠影响下,在异戊二烯聚合区内三苯甲烷转化为三苯甲基钠[65];⑤ 所得二烯聚合物的结构与自由基聚合物和阳离子聚合物的都不同(见第 6 章);⑥ 共聚速率也与自由基的和阳离子的速率不同(见 5.4.3 小节).与后者的聚合类似,单体加到碳阴离子上可发生如下的反应:

$$\sim\!\!\sim\!\!\text{CH}_2\!-\!\underset{\underset{Y}{|}}{\overset{\overset{X}{|}}{\text{C}}}:^- + \text{Na}^+ + \text{CH}_2\!=\!\!\underset{\underset{Y}{|}}{\overset{\overset{X}{|}}{\text{C}}} \longrightarrow \sim\!\!\sim\!\!\text{CH}_2\!-\!\underset{\underset{Y}{|}}{\overset{\overset{X}{|}}{\text{C}}}\!-\!\text{CH}_2\!-\!\underset{\underset{Y}{|}}{\overset{\overset{X}{|}}{\text{C}}}:^- + \text{Na}^+ \qquad (5.47)$$

推测起来,引发牵涉到了作为碳负离子初级源的金属烷基.对于用作催化剂的格林试剂、有机钠化合物或氨基钠,这些都是立即有效的;当使用碱金属本身或其在液氨中的溶液时,到单体上的加成可能发生在实际引发之前[65].

Higginson 和 Wooding[67]研究了在液氨中用氨基钾的苯乙烯聚合,观察到聚合速率正比于氨负离子的浓度以及单体浓度的平方.聚合度(在 5~35 之间)近似随苯乙烯浓度而增加,但与氨负离子无关.这些观察结果再结合每个分子中近似存在一个氮原子以及没有不饱和性,提供了对下述各步机理的强力支持,这个机理相应于上面阳离子聚合所指明的那样:

$$\text{KNH}_2 \Longleftrightarrow \text{K}^+ + \text{NH}_2^- \qquad (5.48)$$

$$\text{NH}_2^- + \text{M} \longrightarrow \text{NH}_2\!-\!\text{M}^- \qquad (5.49)$$

$$\text{NH}_2\!-\!\text{M}_x^- + \text{M} \longrightarrow \text{NH}_2\!-\!\text{M}_{x+1}^- \qquad (5.50)$$

$$\text{NH}_2\!-\!\text{M}_x^- + \text{NH}_3 \longrightarrow \text{NH}_2\!-\!\text{M}_x\!-\!\text{H} + \text{NH}_2^- \qquad (5.51)$$

(考虑到液氨的介电系数相当高,机理中已排除了反离子 K^+.)有关的动力学方程相当于方程(5.44)和(5.45).将观察到终止那一步(5.51)一定是与溶剂有关的链转移.类似的过程已在丁二烯和异丁烯的钠催化聚合(在甲苯中)中指出过了[64,65].机理似乎也牵涉到质子从溶剂中的转移,即

$$\mathord{\sim}\mathord{\sim}\mathord{\sim}CH_2{-\!\!-}CH{=\!\!=}CH{-\!\!-}CH_2:^- + Na^+ + CH_3C_6H_5$$

$$\longrightarrow \mathord{\sim}\mathord{\sim}\mathord{\sim}CH_2{-\!\!-}CH{=\!\!=}CH{-\!\!-}CH_3 + C_6H_5CH_2:^- + Na^+ \tag{5.52}$$

5.4.3 离子共聚

离子共聚往往与自由基增长的聚合差别更大.譬如,当苯乙烯和甲基丙烯酸甲酯的等摩尔混合物被四氯化锡或三氟化硼乙醚所聚合,在低转化率下得到的产物几乎是纯的聚苯乙烯;金属钠产生的聚合物含有超过99%的甲基丙烯酸甲酯单元的聚合物,用自由基聚合得到的共聚物,其组分与所投料的组分相近似[69].在丙烯腈与甲基丙烯酸甲酯的混合物中,前者单体由液氨中的钠所聚合,几乎完全排斥了后者[61].没有一个单体会受 Friedel-Crafts 催化剂而聚合[69],但用自由基就很容易得到共聚物.即使在没有其他证据的情况下,像这样的结果也会对三个聚合类型要求不同的增长机理.

因为许多单体对的共聚用离子机理很是牵强,竞聚率的测定必定限于相对来说不多的几个实例,按在5.1.2小节中讨论的方法得到的结果总结在表5.6中.我们首先注意到相比于自由基共聚 r_1r_2 的积往往接近1(比较第5和第6列),且在为数不多的几个例子中可能超过1. r_1r_2 的积接近1表明达到了方程(5.9)~(5.11)描述的理想共聚情况,如图5.1所示的那样.也意味着两个单体对不同的终止离子单元的相对反应性大致相同.从而不必参考带有碳正离子或碳负离子的特殊单元来解释单体的反应性.按表5.6给出的数据,有理由认为单体的反应性与先前在表5.4中给出的极性序列相符.最具正电性(释放电子的)的取代基(它给予不饱和碳原子以负电性)有利于阳离子聚合;位于靠近表5.4根部的那些带有电负性取代基往往从乙烯基中收回电子,有利于阴离子聚合.Mayo 和 Walling[68]得到了下列阳离子聚合中的反应性顺序:乙烯醚＞异丁烯＞α-甲基苯乙烯＞异戊二烯＞苯乙烯＞丁二烯;以及阴离子聚合的反应性顺序:丙烯腈＞甲基丙烯腈＞甲基丙烯酸甲酯＞苯乙烯＞丁二烯.苯乙烯和二烯烃类是仅有同时能容许阳离子和阴离子这两类离子型聚合的(当然也容许自由基聚合).但是它们位列每个顺序的底端.这个基于竞聚率的顺序仅仅是针对增长反应的,它们可能不会精确地对应于在给定催化剂时聚合的整体速率得到的顺序,尽管要求转换为后一个基准的修正是微小的.

表 5.6　离子共聚的结果[a]

单体(M_1)	单体(M_2)	r_1	r_2	r_1r_2	r_1r_2（自由基）[b]	参考文献
阳离子共聚						
苯乙烯	对氯苯乙烯	2.7($\pm$0.3)	0.35($\pm$0.05)	0.7~1.2	0.8	[70]
苯乙烯	2,5-二氯苯乙烯	15($\pm$2)	0.25($\pm$0.15)	1.3~7	0.16	[71]
α-甲基苯乙烯	对氯苯乙烯	28($\pm$2)	0.12($\pm$0.03)	2~5		[72]
间氯苯乙烯	间氯苯乙烯	0.03($\pm$0.005)	18($\pm$3)	0.4~0.7	<0.03	[73]
苯乙烯	丙烯酸甲酯	2.2($\pm$0.2)	0.4($\pm$0.2)	0.4~1.5	0.14	[74]
苯乙烯	甲基丙烯酸甲酯	10.5($\pm$0.2)	0.1($\pm$0.05)	0.5~1.5	0.24	[75]

160

续表

单体（M_1）	单体（M_2）	r_1	r_2	$r_1 r_2$	$r_1 r_2$（自由基）[b]	参考文献
阳离子共聚							
苯乙烯	乙酸乙烯酯	8.2(±0.1)	0~0.03	0~0.25		[75]
异丁烯	丁二烯	115(±15)	0~0.02			[68]
异丁烯	异戊二烯	2.5(±0.5)	0.4(±0.1)	0.6~1.5		[68]
阴离子共聚							
甲基丙烯酸甲酯	甲基丙烯腈	0.67(±0.2)	5.2(±1)	2~5	0.43	[76]
甲基丙烯酸甲酯	乙酸乙烯酯[c]	3.2(±1)	0.4(±0.2)	0.4~2.5	<0.3	[74]
甲基丙烯酸甲酯	甲基丙烯酸甲酯[c]	0~0.2	4.5(±0.5)	0~1		[74]
甲基丙烯酸甲酯	丙烯腈		>25		0.24	[61]
甲基丙烯酸甲酯	苯乙烯	6.4(±0.1)	0.12(±0.05)	0.4~1.1	0.24	[75]
丁基乙烯砜	丙烯腈	0.2(±0.1)	1.1(±0.2)			[61]

a 所显示的大部分数据取自 Landler 的汇编[74].

b 见表 5.2 和参考文献[2].

c 这些结果可能会有相当大的误差,误差来自快速的阴离子共聚中过度的转化.

单体极性在离子聚合中极为重要,正如在考察增长中心上相对高的电荷所期望的那样.当与离子增长中心反应时,单体极性一个很小的差别比与自由基反应更有意义.此外,对不同的终止单元,增长中心上的电荷几近相同,因此不同单体的相对反应性往往与终止单元近乎无关.如 Landler[74] 所指出的,毫无疑问正是这个原因,相比于自由基增长聚合,离子型更易达到理想的共聚,在自由基增长聚合中自由基的极性与形成该自由基的单体的极性有关.

参 考 文 献

共聚

[1] Mayo F R, Walling C. Chem. Revs., 1950,46:191.

[2] Alfrey T, Jr., Bohrer J J, Mark H. Copolymerization. New York: Interscience Publishers,1952.

[3] Küchler L. Polymerizationskinetik. Berlin:Springer-Verlag, 1951:160-204.

[4] Wall F T. J. Am. Chem. Soc., 1944,66:2050.

[5] Lewis F M, Mayo F R. J. Am. Chem. Soc., 1948,70:1533.

[6] Bartlett P D, Nozaki K. J. Am. Chem. Soc., 1946,68:1495.

[7] Marvel C S, et al. J. Am. Chem. Soc., 1935,57:1691;1935,57:2311;1937,59:707.

[8] Barb W G. Proc. Roy. Soc. (London), 1952,A212:66; Dainton F S, Ivin K J. ibid. , 1952,A212: 96; Barb W G. J. Am. Chem. Soc. , 1953,75:224.

[9] Skeist I. J. Am. Chem. Soc. , 1946,68:1781.

[10] Fineman M, Ross S D. J. Polymer Sci. , 1950,5:259.

[11] Lewis F M, Walling C, Cummings W, et al. J. Am. Chem. Soc. , 1948,70:1527.

[12] Walling C, Briggs E R, Wolfstirn K B, et al. J. Am. Chem. Soc. , 1948,70:1537.

[13] Mayo F R, Walling C, Lewis F M, et al. J. Am. Chem. Soc. , 1948,70:1523.

[14] de Wide M C, Smets G. J. Polymer Sci. , 1950,5:253.

[15] Chapin E C, Ham G E, Fordyce R G. J. Am. Chem. Soc. , 1948,70:538.

[16] Mayo F R, Lewis F M, Walling C. Faraday Soc. Discussions, 1947,2:285.

[17] Walling C. J. Am. Chem. Soc. , 1949,71:1930.

[18] Lewis F M, Walling C, Cummings W, et al. J. Am. Chem. Soc. , 1948,70:1519.

[19] Evans M G, Gergely J, Seaman E C. J. Polymer Sci. , 1948,3:866; Evans M G. Faraday Soc. Discussions, 1947,2:271.

[20] Price C C. J. Polymer Sci. , 1948,3:772; Faraday Soc. Discussions, 1947,2:304; Fordyce R G, Chapin E C, Ham G E. J. Am. Chem. Soc. , 1948,70:2489.

[21] Price C C. J. Polymer Sci. , 1946,1:83.

[22] Alfery T, Jr. , Price C C. J. Polymer Sci. , 1947,2:101.

[23] Walling C, Mayo F R. J. Polymer Sci. , 1948,3:895. 另见参考文献[18].

[24] Melville H W, Noble B, Watson W F. J. Polymer Sci. , 1947,2:229.

[25] de Butts E H. J. Am. Chem. Soc. , 1950,72:411.

[26] Melville H W, Valentine L. Proc. Roy. Soc. (London), 1950,A200:337,358.

[27] Arlman E J, Melville H W. Proc. Roy. Soc. (London), 1950,A203:301.

[28] Bonsall E P, Valentine L, Melville H W. J. Polymer Sci. , 1951,7,39; Trans. Faraday Soc. , 1952, 48:763.

乳液聚合

[29] McBain J W. Advances in Colloid Science. Vol. I. New York: Interscience Publishers, 1942:124.

[30] Hartley G S. Aqueous Solutions of Paraffin-Chain Salts. Paris: Hermann et Cie, 1936.

[31] Debye P. J. Phys. Colloid Chem. , 1949,53:1.

[32] Debye P, Anacker E W. J. Phys. Coll. Chem. , 1951,55:644.

[33] Scheraga H A, Backus J K. J. Am. Chem. Soc. , 1951,73:5108; J. Colloid Sci. , 1951,6:508.

[34] Harkins W D. J. Am. Chem. Soc. , 1947,69:1428.

[35] Klevens H B. Chem. Revs. , 1950,47:1.

[36] Smith W V, Ewart R H. J. Chem. Phys. , 1948,16:592.

[37] Smith W V. J. Am. Chem. Soc. , 1948,70:3695.

[38] Morton M, Salatiello P P, Landfield H. J. Polymer Sci. , 1952,8:111,215,279.

[39] Smith W V. J. Am. Chem. Soc. , 1949,71:4077.

[40] Haward R N. J. Polymer Sci. , 1949,4:273.

[41] Burnett G M, Melville H W. Proc. Roy. Soc. (London), 1947,A189:494.

［42］Norrish R G W，Smith R R. Narure，1942，150：336.

［43］Schulz G V，Harborth G. Angew，Chem.，1947，59A：90.

［44］Bengough W I，Norrish R G W. Proc. Roy. Soc. (London)，1950，A200：301.

［45］Burnett J D，Melville H W. Trans. Faraday Soc.，1950，46：976.

离子聚合

［46］Pepper D C. Sci. Proc. Roy. Dublin Soc.，1950，25：131（a discussion ed. by D. C. Pepper）；Plesch P H，ed.. Cationic Polymerization and Related Complexes. Cambridge：W. Heffer and Son，1953.

［47］Plesch P H. Research，1949，2：267.

［48］Thomas R M，et al. J. Am. Chem. Soc.，1940，62：276.

［49］Plesch P H. J. Chem. Soc.，1950，543.

［50］Eley D D，Richards A W. Trans. Faraday Soc.，1949，45：425，436；Eley D D，Pepper D C. Trans. Faraday Soc.，1947，43：112.

［51］Evans A G，Hamann S D. Sci. Proc. Roy. Dublin Soc.，1950，25：139.

［52］Norrish R G W，Russell K E. Trans. Faraday Soc.，1952，48：91.

［53］Evans A G，Meadows G W. Trans. Faraday Soc.，1950，46：327.

［54］Evans A G，Polanyi M. J. Chem. Soc.，1947，252.

［55］Dainton F S，Sutherland G B B M. J. Polymer Sci.，1949，4：37.

［56］Colclough R O. J. Polymer Sci.，1952，8：467.

［57］Evans A G，Meadows G W，Polanyi M. Nature，1947，160：869.

［58］Pepper D C. Trans. Faraday Soc.，1949，45：404.

［59］Pepper D C. Trans. Faraday Soc.，1949，45：397.

［60］Beaman R G. J. Am. Chem. Soc.，1948，70：3115.

［61］Foster F C. J. Am. Chem. Soc.，1952，74：2299.

［62］Küchler L. 参考文献［3］：246-250.

［63］Ziegler K，et al. Ann.，1934，511：13，45，64.

［64］Bolland J L. Proc. Roy. Soc.(London)，1941，A178：24.

［65］Robertson R E，Marion L. Can. J. Research，1948，26B：657.

［66］Sanderson J J，Hauser C R. J. Am. Chem. Soc.，1949，71：1595.

［67］Higginson W C E，Wooding N S. J. Chem. Soc.，1952，760.

［68］Mayo F R，Walling C. 参考文献［1］：277-281.

［69］Walling C，Briggs E R，Cummings W，et al. J. Am. Chem. Soc.，1950，72：48.

［70］Alfrey T，Jr.，Wechsler H. J. Am. Chem. Soc.，1948，70：4266；Overberger C G，Arond L H，Taylor J J. ibid.，1951，73：5541.

［71］Florin R E. J. Am. Chem. Soc.，1949，71：1867.

［72］Smets G，de Haas L. Bull. Soc. Chim. Belges，1950，59：13.

［73］Alfrey T，Jr.，Arond L H，Overberger C G. J. Polymer Sci.，1949，4：539.

［74］Landler Y. J. Polymer Sci.，1952，8：63.

［75］Landler Y. Compt. Rend.，1950，230：539.

［76］Foster F C. J. Am. Chem. Soc.，1950，72：1370.

第6章　烯类聚合物的结构

6.1　单烯类单体所得聚合物中单元的排列

自由基加成到烯类单体有如下两条途径:

$$M_x \cdot + CH_2 = CHX \begin{array}{c} \nearrow M_x-CH_2-\overset{\overset{\textstyle X}{|}}{CH} \cdot \quad (I) \\ \\ \searrow M_x-\overset{\overset{\textstyle X}{|}}{CH}-CH_2 \cdot \quad (II) \end{array} \qquad \begin{array}{l}(6.1)\\ \\ (6.2)\end{array}$$

这两个过程的相对速率应该与产物自由基 I 和 II 的相对稳定性有关[1].在产物 I 中取代发生在带有未配对电子的碳原子上,在这个位置它能够提供共振结构,在这个共振结构中未配对电子出现在这个取代基上.结果,取代基有了稳定自由基的效果,当然稳定程度取决于取代基的共振能力.在产物自由基 II 中,取代基位于 β 碳原子上,在那里它无法参与涉及奇数电子的共振结构.从而产物自由基 I 通常将比 II 更为稳定,因此它的形成将更有可能.如果取代基 X 是苯基,共振的稳定性可能会较大一些.这时加成产物 I 是取代的苯基自由基.碘甲烷和碘化苯中的 C—I 键强度[2]以及甲烷和甲苯中的 C—H 键强度比较表明[3],20~25 kcal/mol 的量值有利于类型 I 的苯甲基自由基的共振稳定.产物自由基 II 是 β-苯乙基自由基类似物,在稳定性方面它应该与乙基自由基或甲基自由基没有太大差别.因此,就这个幅值的能差来说,自由基 I 的形成将比自由基 II 的形成更为有利.在过渡态对单体加成过程的共振稳定性实际上小于产物的共振能.并且反应 I 的活化能应比 II 的低 8~10 kcal,当 X ＝—C_6H_5 时,这已足以促成 I 的出现,并实质上排除了 II.其他取代基(—CH_3、—$OCOCH_3$、—$COCH_3$、—$COOCH_3$)的共振稳定能量尽管一般来说比苯基的小,但决不可忽略.

另一个有利于过程(6.1)而不是过程(6.2)的因素是取代基 X 对接近它的自由基的空间位阻.尽管最终聚合物链的 1,2 位取代结构的位阻将比规整的 1,3 连接来得小(见 6.3.1 小节),但对于单体加成反应,在过渡态有可能真的会倒过来.并且,由于这样的事实,即自由基的键倾向于平躺在平面内,在过渡态,原子和直接挂在(带有未成对电子)碳原子上的基团以及接近的分子之间的空间排斥将比四面体对称情况(渐近基团的分离距离相同时)下应有

164

的来得大.空间因素的重要性当然也取决于取代基的大小.

单体分子一个一个依次按上述过程(6.1)相继地加成将产生碳原子上交替带有取代基的聚合物链[4]：

$$-CH_2-CH-CH_2-CH-CH_2-CH\cdots\quad（Ⅲ）$$
$$\qquad\quad X\qquad\quad X\qquad\quad X$$

相继的单元在同一方向上取向的这种结构被指定为头-尾接或 1,3 接结构.另一个极端则是头-头接、尾-尾接或 1,2-1,4 接结构：

$$-CH_2-CH-CH-CH_2-CH_2-CH-CH-CH_2-\cdots\quad（Ⅳ）$$
$$\qquad\quad X\quad X\qquad\qquad\quad X\quad X$$

在这种结构中单元规则地交替沿链取向.单元的这种排列几乎是任何单体分子每次一个的加成聚合过程所不希望的,或许,除非这个取代基 X 对另一个施加过度的吸引力.如果取代基 X 是这样一个性质的自由基,直接加成到取代的碳原子上(反应(6.2)),将得到相同的结构(Ⅲ).这样,每当单体结构引起一个过程发生而实际上排斥其他的过程时,将会形成头-尾接的产物.如果取代基的直接影响很小甚至可以忽略,有望得到或多或少既含有 1,3 也含有 1,2-1,4 排列的无规聚合物.

烯类聚合物中头-尾排列的普遍性已为大量的聚合物结构测定所确认①.Staudinger 和 Steinhofer[5]发现聚苯乙烯在 300 ℃ 干馏产生 1,3-二苯基丙烷、1,3,5-三苯基戊烷和 1,3,5-三苯基苯：

$$\overset{C_6H_5}{CH_2}-\overset{C_6H_5}{CH_2}-\overset{}{CH_2}\qquad \overset{C_6H_5}{CH_2}-\overset{C_6H_5}{CH_2}-\overset{C_6H_5}{CH}-\overset{}{CH_2}-\overset{}{CH_2}$$

而没有分离出在近邻碳原子上带有苯基的产物.

Marvel、Sample 和 Roy[6]得出结论说,当用锌处理聚氯乙烯的二氧六环稀溶液时,锌从交替的碳原子上除去卤素原子形成环丙烷环.可是,只有 84%～86% 的氯能被除去,这一结果归因为在反应的近邻之间偶然隔离有一个单独的取代基.产物的结构推测为

$$CH_2-\overset{CH_2}{CH}-CH-CH_2-\overset{CH_2}{CH}-CH-CH_2-\overset{Cl}{CH}-CH_2-CH-\overset{CH_2}{CH}-CH-\cdots\quad（无规的）$$

统计计算预言卤素的 $1/e^2$ 或 13.5% 的部分将不会反应[7],因为正如上面指出的那样,单元反应对之间有间隔.观察到的卤素去除程度与这个推测相符很好.另一方面,如果单元的取向是无规的,然后假定只有 1,2 和 1,3（但不是 1,4）卤素对被除去了,$1/2e$② 或 18.4% 部分将仍然留在聚合物中[7].

如果甲基乙烯基酮聚合物有头-尾结构：

---

① C.S.Marvel 在其所撰写的 *The Chemistry of Large Molecules*（R. E. Rurk 和 O. Grummit 编,纽约 Interscience 出版社出版,1943,第Ⅶ章）一书中已对本课题作了综述.

② 英文版原文为 1/e.——译者注

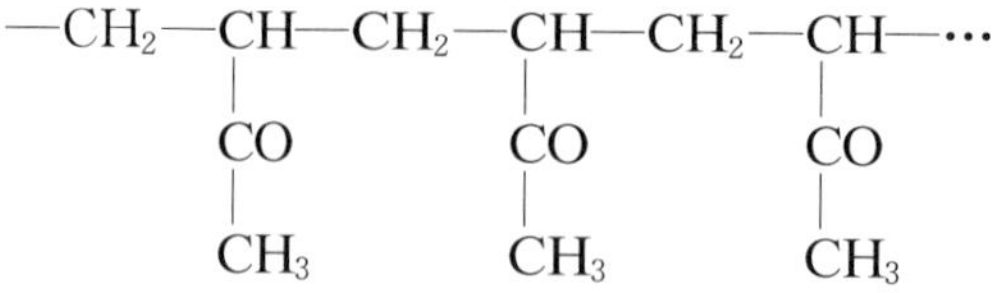

$$—CH_2—CH—CH_2—CH—CH_2—CH—\cdots$$

（主链上每个 CH 下接 CO，CO 下接 CH₃）

它容易内部羟醛缩合得到缩合的环己烯环序列组成的产物,这些环被统计学意义上孤立的基团所分隔.

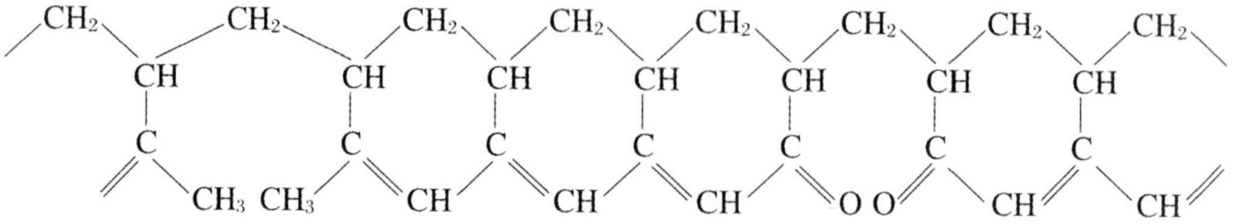

这样,Marvel 和 Levesque[8] 发现在这个过程中 79%～85% 的氧被除去,对在头-尾接聚合物中这种类型分子间反应,可与理论计算的数据 81.6%（未反应部分等于 1/2e①）相比较.含有 1,4-二酮结构的头-头接、尾-尾接的排列应该产生呋喃环:

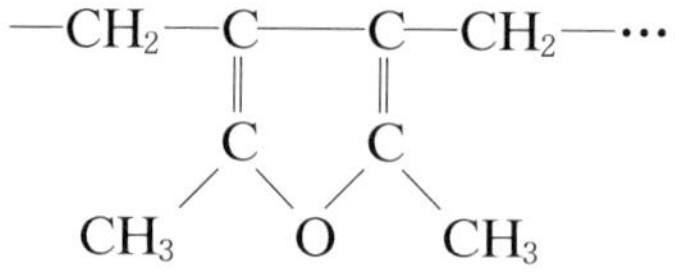

$$—CH_2—C{=}C—CH_2—\cdots$$

只损耗总氧含量的 50%.无规聚合物将通过这两种类型的缩合失去中等程度百分比的氧[9].在聚甲基乙烯基酮裂解产物中不存在呋喃衍生物,进一步证实了头-尾接结构.但却找到了少量的 3-甲基 1,2-环己烷-1:

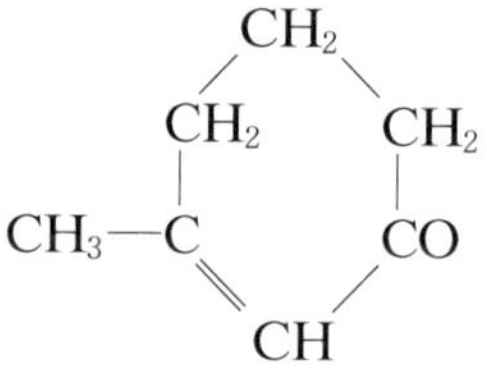

聚甲基异丙烯基酮[10]也显示有头-尾接结构.

用诸如高碘酸或四醋酸铅那样只攻击 1,2-乙二醇结构的试剂,可更为定量地研究聚乙烯醇中单元 $-\!\!\left(\!CH_2\!-\!CH\!\right)\!-_x$（CH 上接 OH）的排列.Marvel 和 Denoon[11] 发现,在实验误差范围内,高碘酸试剂没有被聚乙酸乙烯酯水解得到的聚乙烯醇所消耗.根据它们的序列,应该可检测到少至 2% 的 1,2 结构.所以很明显,几乎所有结构单元都以头-尾序列标定方向,甚至在乙酸乙烯酯的聚合中也是这样,那里的取代基（X＝—OCOCH₃）能够提供给自由基的共振稳定性很是有限.

判定聚乙烯醇中存在头-头接排列更灵敏的判据是分子量的降低,这是由于高碘酸或高碘酸盐离子加到聚合物溶液中引起的[12].无论什么地方产生了 1,2-乙二醇结构,链就被劈裂如下:

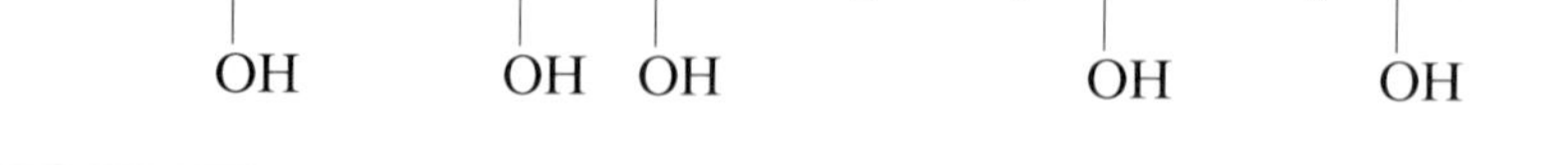

$$—CH_2—CH—CH_2—CH—CH—CH_2—CH_2—CH—CH_2—CH—\cdots$$

（OH 分别接于各 CH）

---

① 英文版原文为 1/e.——译者注

$$\downarrow \text{HIO}_4$$

$$-CH_2-CH-CH_2-CHO + OCH-CH_2-CH_2-CH-CH_2-CH-\cdots$$
$$| | |$$
$$OH OH OH$$

室温下该反应在几分钟内就能完成,甚至无须借助于定量的测定就能观察到不容置疑的黏度降低.因此,聚合物显然含有少量的头-头连接.这样的单元之间的连接数目应该等于由反应物引起的分子数目的增加.每克分子结构单元(44 g)中分子数目的增加为

$$\delta = 44\left(\frac{1}{\overline{M}_n} - \frac{1}{\overline{M}_n^0}\right) \tag{6.3}$$

这里 $\overline{M}_n^0$ 和 $\overline{M}_n$ 分别是被高碘酸降解前后的平均分子量(数均分子量).因此,δ 代表的是在起始聚合物中连接成头-头接排列的单元间连接分数.δ 的值将由相互竞争的反应(6.2)和(6.1)的速率常数之比决定,如果这个比率小,它就等于 δ,即

$$\delta = \frac{k_p'}{k_p} \tag{6.4}$$

这里 k_p 是通过首选的单体加成链增长(假定是反应 1)的速率常数,k_p' 是另一个加成过程的速率常数.

25～110 ℃间,不同温度下聚合得到的聚乙酸乙烯酯水解而成聚乙烯醇,用高碘酸处理,起始分子量会从 50000 或 50000 以上降至 4000～6000 的范围[12].用方程(6.3)发现,头-头加成在 1%～2% 范围内变化(取决于聚合温度).

图 6.1 是 $\log\delta$ 对 $1/T$ 的 Arrhenius 作图,这里认为 δ 代表速率常数之比,与方程(6.4)一致.通过实验点的直线用下式表示:

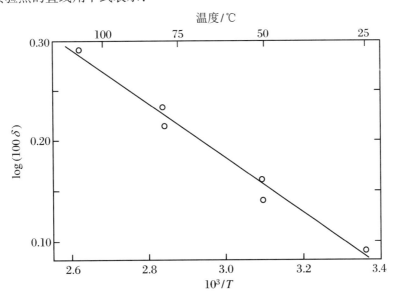

图 6.1　在聚乙烯醇中头-头连接的摩尔分数($\delta\times100$)对数对聚乙酸乙酯聚合反应温度倒数的作图

聚乙烯醇由聚乙酸乙酯水解而得.(Flory 和 Leutner[12])

$$\delta = 0.10 \exp\left(-\frac{1300}{RT}\right)$$

由此推知头-头加成(6.2)需要的活化能 1300 cal 比头-尾接的加成(6.1)来的大. 因为在所用的实验温度范围内指数因子为 0.1 的量级,可以看出空间因素和能量因素对优先加成的促成是等同的. 正如已经指出的,在取代基能更有效稳定自由基的情况下,能量因素的作用将会更大一些.

晶态 X 射线衍射图进一步确认了聚乙烯醇中的头-尾接排列. 同样,结晶的聚二氯乙烯 $-(CH_2-CCl_2)_x$ 和结晶的(拉伸的)聚异丁烯 $-[CH_2-C(CH_3)_2]_x$ 的 X 射线衍射分析也表明,在这里排列的单元也是所期望的头-尾接形式.

类似的原理也应适用于离子型链增长的聚合. 无论是阴离子还是阳离子,可以预期,增长中链的终点会显现出到乙烯基的某个碳原子上的优先加成. 正如已经提及的,通过阳离子聚合得到的聚异丁烯通常具有头-尾接结构. 由阳离子或阴离子聚合制得的聚苯乙烯与相同分子量的自由基聚合产物没有明显的差别,这个事实表明不管合成的方法是哪种,都有类似的链结构. 但在 1,3-双烯的聚合中单元的结构和排列却显著地依赖于链增长机理(见 6.2.2 小节).

结构单元带有单个取代基的烯类聚合物($-CH_2-\overset{\overset{\textstyle X}{\textstyle |}}{CH}-$)还有另一类的不对称. 单元的取代基碳原子是不对称的,正如第 2 章所指出的,通常可以预期 D 构型和 L 构型两种形式都能或多或少沿链随机地发生. 在完全伸展的具有平面"之"字形排列聚合物分子中,一种单元的取代基将发生在平面之上,而其他的在平面之下. 这个结构的不规则性似乎是具有不对称原子的烯类聚合物存在不寻常结晶性的原因. 具有很大单个取代基 X 的聚合物中,结晶性几乎无人知晓这一事实表明,D 构型和 L 构型的不均匀性是普遍的. 唯一可能出现的例外是聚乙烯醚(X = OR),它是在很低的温度和仔细规范的条件下用阳离子聚合而得到的[13]. 与其他条件下相同单体制得的聚合物相反,这些物质在充分冷却时结晶(见表 2.3). 已做出了似乎是合理的建议,即在能结晶的聚合物中相继的结构单元倾向于在 D 构型和 L 构型间有规律地交替①.

6.2 双烯类聚合物中单元的结构和排列

6.2.1 自由基机理形成的双烯类聚合物

由 1,3-双烯得到的聚合物中单元可能的结构和构象排列各不相同. 取一个相对说来简

---

① 相反的观点倒可能是正确的,即相似构象单元的序列可能更受欢迎. 当然聚合物不会显示出光学旋转,因为 D 单元的序列和 L 单元的序列的发生率一定相等.

单的例子,考虑把丁二烯加成到链自由基 M_n·上.从产物自由基的共振稳定性观点出发,到双烯末端碳原子上的加成理所当然是允许的:

$$M_x \cdot + CH_2{=}CH{-}CH{=}CH_2 \longrightarrow \begin{cases} M_x{-}CH_2{-}CH{=}CH{-}CH_2 \cdot \\ M_x{-}CH_2{-}CH{-}CH{=}CH_2 \\ \qquad\qquad\quad \cdot \end{cases} \tag{6.5}$$

现在这个共振杂化分子可以在碳 4 或碳 2 上发生加成另一个单体的反应.前者将导致 1,4 的结构:

$$-CH_2{-}CH{=}CH{-}CH_2{-} \qquad (Ⅴ)$$

而后者则产生 1,2 的结构:

$$\begin{array}{l} -CH_2{-}CH{-} \\ \qquad\quad | \\ \qquad\quad CH \qquad (Ⅵ) \\ \qquad\quad \| \\ \qquad\quad CH_2 \end{array}$$

这样,无论给定单元剩余的烯键是合并在链 V 的**里面**还是**链外**悬挂着的乙烯基(Ⅵ)里,都将受控于随后单元的加成[4].1,4 单元可能将以**顺式**或**反式**异构体存在,即

$$\begin{array}{cc} -CH_2 \qquad CH_2{-} & -CH_2 \qquad H \\ \quad \diagdown \qquad \diagup & \quad \diagdown \qquad \diagup \\ \quad\; C{=}C \qquad\text{或} & \quad\; C{=}C \\ \quad \diagup \qquad \diagdown & \quad \diagup \qquad \diagdown \\ \; H \qquad\quad H & \; H \qquad\quad CH_2{-} \\ (\text{V 顺式}) & (\text{V 反式}) \end{array}$$

并且 1,2 单元具有不对称碳原子,为 D 构型或 L 构型.

由 Kolthoff 和 Lee 开发的定量测定聚丁二烯中 1,4 和 1,2 单元比例的化学法包含了残余双键被过苯甲酸氧化速率的测定:

$$\begin{array}{c} \qquad\qquad\qquad O \\ \qquad\qquad\qquad \| \\ {>}C{=}C{<} + C_6H_5C{-}O{-}OH \longrightarrow {>}C{-}C{<} \\ \qquad\qquad\qquad\qquad\qquad\qquad\quad | \qquad | \\ \qquad\qquad\qquad\qquad\qquad\qquad\quad O \;\; OCOC_6H_5 \\ \qquad\qquad\qquad\qquad\qquad\qquad\quad | \\ \qquad\qquad\qquad\qquad\qquad\qquad\quad H \end{array}$$

两种单元类型之间数量上的差异粗略地取决于 1,4 单元对称取代乙烯基反应速率的 25 倍.

双烯类聚合物结构测定的红外吸收技术在很大程度上已取代了化学法.通过比较聚丁二烯和作为模型化合物的烯烃(它的乙烯基结构相当于重复结构单元)的红外吸收光谱,已经有可能显示,发生在 $910.5\ cm^{-1}$、$966.5\ cm^{-1}$ 和 $724\ cm^{-1}$ 的谱带是 1,2、**反式**-1,4 和**顺式**-1,4 单元的特征谱带[15,16].而且从每个谱带吸收强度测定中可确定每个单元的比例(在 1% 或 2% 范围内)①.当然,每个结构的消光系数特征一定是已知的,它们可以从模型化合物的测定来赋值.因为不同单元的比例取决于竞争反应的速率,可以期望它们的百分比随聚合温度而变.在自由基聚合(乳液或本体聚合)的聚丁二烯中 1,2 单元可达总量的 18%~22%,几

---

① Richardson 和 Sacher 更喜欢仅从红外强度来测定 1,2 和**反式**-1,4 单元,由差值来得到**顺式**-1,4 单元[16].

乎与温度无关[15,16].但是,**反式**-1,4 与**顺式**-1,4 之比随温度的增加而降低,**反式**-1,4 单元出现的总百分数从 $-20\ ℃$ 时的 78% 降至 100 ℃ 时的约 40%[15,16].**反式**对**顺式**之比的 Arrhenius 作图示于图 6.2,从直线斜率我们得到**顺式**-1,4 加成与**反式**-1,4 加成的活化能之差为 3.2 kcal[16].聚合温度降低增加了聚丁二烯结晶的倾向,这是有利于形成更为对称的反式单元的结果.

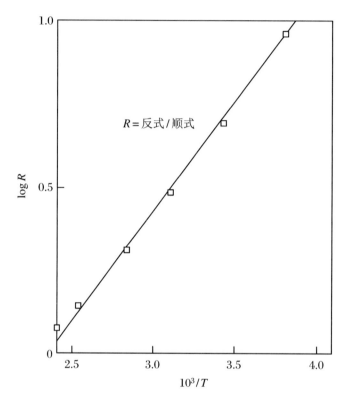

图 6.2　聚丁二烯反式/顺式之比的对数对自由基机理的
聚合温度(绝对温度)倒数的作图

Richardson 从红外分析得到的结果[16].

　　丁二烯与另一些如丙烯腈、苯乙烯、甲基丙烯腈或甲基乙烯基酮单体的共聚可察觉到在损失 1,2 单元的情况下增加了 1,4 单元的比例[18].但是,顺式对反式之比将没有实质的改变.人们不得不做出结论,即共聚单体比丁二烯单体更显示出偏爱加成到共振链自由基末端碳原子(碳原子 4)上.Foster 和 Binder[18]把这个选择性与共聚单体的极性差异联系在了一起.

　　在像异戊二烯那样的不对称二烯类的情况中,取决于二烯单元哪个末端与链自由基相结合,可能有结构单元的不同取向[4].在下面显示的两个竞争的反应(6.6)和(6.7)中,由于甲基取代基在影响稳定方面到了一定程度,前者似乎是更有可能的一个,共振杂化结构之一显示如下:

$$M_n \cdot + CH_2 \underset{\substack{| \\ CH_3 \\ }}{=} C - CH = CH_2 \longrightarrow \left\{ \begin{array}{l} M_n - CH_2 - \overset{\displaystyle CH_3}{C} = CH - CH_2 \cdot \\[4pt] M_n - CH_2 - \overset{\displaystyle CH_3}{C} = CH - CH_2 \end{array} \right\} \quad (6.6)$$

$$\left\{ \begin{array}{l} M_n - CH_2 - CH = \overset{\displaystyle CH_3}{C} - CH_2 \cdot \\[4pt] M_n - CH_2 - CH = \overset{\displaystyle CH_3}{C} - CH_2 \\ \qquad\qquad\qquad\quad \cdot \end{array} \right\} \quad (6.7)$$

任何一个占支配地位的过程将产生一个聚合物,在这聚合物中连续的 1,4 单元

$$\begin{array}{ccc} -CH_2 & \quad & CH_2- \\ \diagdown & & \diagup \\ C & = & C \\ \diagup & & \diagdown \\ CH_3 & & H \end{array} \qquad 或 \qquad \begin{array}{ccc} -CH_2 & \quad & H \\ \diagdown & & \diagup \\ C & = & C \\ \diagup & & \diagdown \\ CH_3 & & CH_2- \end{array}$$

（Ⅶ 顺式）　　　　　　　　（Ⅶ 反式）

以头-尾顺序连接.反应(6.6)会导致形成一定比例的 1,2 单元(Ⅷ);而反应(6.7)则允许 3,4 单元(Ⅸ)的形成.

$$\begin{array}{c} CH_3 \\ | \\ -CH_2 - C - \\ | \\ CH \\ \parallel \\ CH_2 \end{array} \quad (\text{Ⅷ}) \qquad \begin{array}{c} -CH_2 - CH - \\ | \\ C - CH_3 \\ \parallel \\ CH_2 \end{array} \quad (\text{Ⅸ})$$

图 6.3[20] 比较了三叶胶(天然橡胶)、结晶的(α 型)或是非晶的巴拉塔树胶(或古塔皮胶)和合成聚异戊二烯的红外光谱[19,20].三叶胶和非晶的巴拉塔胶分别提供了合成聚合物中顺式-1,4 和反式-1,4 结构的标准.但是,由于甲基取代基的存在,顺式和反式之间的差异甚是微小,它们都在 840 cm^{-1} 附近有吸收,差异必定取决于该谱带中消光系数的差别,且精度有限.发生在合成聚异戊二烯的 909 cm^{-1} 和 888 cm^{-1} 的谱带被确认分别是 1,2 单元悬挂的乙烯基基团以及 3,4 单元悬挂的异戊二烯基团的.从高分辨率测定的强度出发,用模型烯烃为基础的标定,可高精度确定这些单元的百分数[20].在 $-20\sim120\,{}^\circ\!C$ 温度,自由基聚合得到的聚异戊二烯各含有 5%~6% 的 1,2 单元和 3,4 单元[20].过苯甲酸的氧化证实了这些结果,氧化表明悬挂的不饱和单元(1,2 和 3,4 单元)约为 13%[14].840 cm^{-1} 处的红外吸收强度表明,顺式 1,4 的比例随聚合温度而增加:聚合温度接近 0 ℃ 或更冷,不到总量的 10%;但在 100 ℃ 聚合,将会有约 30%[20].

这个关于二烯类聚合物结构的讨论并不完全,它没有参考来自臭氧降解法对此的重要贡献.一个重要的结构特征(它已超越了光谱测量的范围),即链中连续单元的取向,通过臭氧裂解产物的鉴定来解释是很可靠的.Harries[21] 用这个方法测定天然橡胶,古塔波胶和合成二烯类聚合物结构的早期实验测定是聚合物结构测定的经典.天然橡胶臭氧化物水解(存

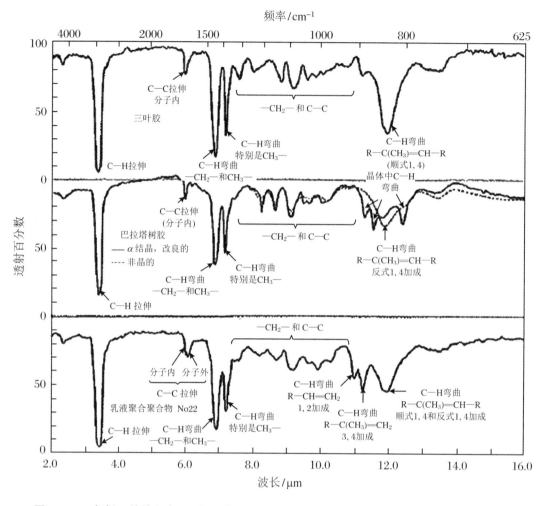

图 6.3　三叶胶(天然的顺式 1,4-聚异戊二烯)、巴拉塔胶(天然的反式 1,4-聚异戊二烯)和合成的
聚异戊二烯(乳液聚合)的红外吸收光谱(Richardson 和 Sacher[20])

在过氧化氢会更好)时,在臭氧化物形成前,双键的碳原子转换为 $>C=O$,—CHO 或
—COOH 基团.得到的主产物是乙酰丙醛和乙酰丙酸,它们正是从一对相伴的以头-尾相连
的 1,4 单元所希望得到的.

$$\cdots-CH_2-\underset{\underbrace{\qquad\qquad\qquad}}{C(CH_3)=CH-CH_2-CH_2-C(CH_3)=CH-CH_2}-$$

$$\downarrow\ O_3,\ H_2O_2$$

$$O=CH-CH_2-CH_2COCH_3$$

采用优化条件,Pummerer[22]得到了乙酰丙醛和乙酰丙酸的组合产量,占橡胶的 90%.如果
连续单元对的成员碰巧不是 1,4 单元,或如果这对成员不以头-尾接排列相连,臭氧降解产
物就不是乙酰丙醛(或乙酰丙酸)了.所以,上述结果证明了至少 95% 的单元是头-尾接的 1,

4 排列.臭氧降解绝不是定量的,一般承认天然橡胶由头-尾接顺序的 1,4 单元组成,事实上排除了所有其他的结构排列.红外光谱[19,29] 和过苯甲酸滴定[14] 也确认不存在 1,2 和 3,4 单元,并且顺式 1,4 结构头-尾接排列也为高度结晶拉伸橡胶的 X 射线衍射所确认.天然反式异构体古塔波胶的臭氧分解也得到类似的结果[21].

由自由基聚合形成的聚异戊二烯的臭氧分解产生了更多的乙酰丙醛和乙酰丙酸,只有非常少量的 2,5-己二酮和丁二酸.后一个产物可以从 1,4 单元的头-头接和尾-尾接的对形成.

在合成聚异戊二烯链中连续连接着的 1,4 单元显然主要以头-尾接顺序排列,尽管也存在相当可观比例的头-头接和尾-尾接顺序.显然,增长着的自由基优先加成到单体两个末端之一.但是,从这些结果不能断定首选过程到底是反应(6.6)还是反应(6.7).正确识别红外光谱中 1,2 和 3,4 单元表明,异戊二烯聚合过程中这两个加成反应都发生了.但是,还不能从这两个单元的比例来弄清楚交替加成过程的相对贡献,因为在反应(6.6)和(6.7)中形成的产物自由基可能在对每个都可用的两个共振形式之一的加成偏爱方面有显著的不同.我们仅可得出结论,即结构上的证据表明了对定向(即头-尾接)加成的偏爱,但合成聚异戊二烯 1,4 单元绝不是像在天然聚异戊二烯中那样一致的头-尾接顺序排列.

与聚丁二烯不同,无论是在拉伸时还是在冷却时,低温制备的聚异戊二烯都很少甚至没有结晶的倾向.从聚异戊二烯中反式 1,4 单元比聚异丁烯中还要多这一点来看,似乎很是奇怪.低温合成聚异戊二烯与古塔波胶(作为一方)以及低温聚丁二烯(作为另一方)在这方面形成对照行为的解释,或许可在前者存在相当可观的 1,4 单元头-头和尾-尾接序列中找到.

按臭氧分解实验[24],至少 90% 的自由基聚合的 2,3-二甲基丁二烯由 1,4 单元所构成.甲基在碳原子 2 和 3 位上的连续取代看来增加了形成 1,4 单元的比例.在聚氯丁烯(氯丁橡胶)中不少于 97% 的结构由 1,4 单元 $—CH_2—\overset{\displaystyle Cl}{\overset{|}{C}}=CH—CH_2—$ 所组成[25],毫无疑问是头-尾接排列[4].降低聚合温度,产物聚合物更易结晶,且其最终的结晶程度也变大[20].因为聚氯丁烯的结晶区域已知是由**反式**单元所组成的,再次表明这种几何异构体的比例随聚合温度降低而增加.

6.2.2　离子机理形成的二烯类聚合物

各种不同的合成二烯类聚合物的臭氧分解的早期结果揭示了由钠诱发聚合所得聚合物之间的显著差别要比"热"聚合(即自由基聚合)所得聚合物间的差别来的大.钠聚合的丁二烯[27]、异戊二烯[22] 和二甲基丁二烯[24] 都产生大量无法鉴别的物质,而很少或没有呈现出表征成对的连续 1,4 单元.40 ℃ 下由钠诱发聚合而得的聚丁二烯的过苯甲酸滴定表明,59% 的单元具有外双键[14],也就是说 59% 的结构由 1,2 单元Ⅵ所组成,相比之下,自由基聚合的丁二烯只有 18%~20%.红外吸收测定确认了这些观察.类似地,50 ℃ 下由钠诱发聚合制得的聚异戊二烯含有 50% 的 1,4 单元[14,20],且根据红外光谱,这些几乎完全是反式构象.大多数剩余的单元是 3,4 的,但小部分(约 5%)是 1,2 的[20].无论是丁二烯还是异戊二烯,钠聚合温度的增加,都会在损失侧烯基含量(1,2 单元或 1,2 和 3,4 单元)情况下增加 1,4 单元的比例[14,20].

正如前一章所指出的,所谓的钠聚合是按阴离子机理进行的.丁二烯的链增长反应(6.5)以及异戊二烯的反应(6.6)和(6.7)将被涉及碳负离子(譬如 $M_x: ^-$)而不是自由基的类似过程所代替.这里也涉及相应的共振结构,对于每种情况,代表单个净负电荷的独享电子对取代了自由基未成对电子.从这个静电电荷观点出发,偶极因素的重要性应比自由基聚合情况下大得多.这并不奇怪,二烯类由阴离子聚合产生的结构与由自由基聚合得到的明显不同.譬如,在阴离子聚合中形成的大量1,2(或3,4)单元可以是由于对下述共振结构

$$M_x{-}CH_2{-}\overset{..}{\overset{-}{C}H}{-}CH{=}CH_2$$

的偏爱(在丁二烯的情况中)胜于1,4结构

$$M_x{-}CH_2{-}CH{=}CH{-}\overset{-}{C}H_2:$$

因为它被包埋在单元中(正如在前者中的情况那样)将比当它位于链的末端(如在后者中的情况那样)时其电荷的位置更有利.

利用三氟化硼或氯化铝作催化剂,二烯的阳离子聚合看来也有利于反式 1,4 结构,尽管 1,2 和 1,3 单元也存在[28].这些催化剂也会随聚合物中不饱和度的持续下降导致结构单元的环化.

6.3 聚合物链中的空间位阻

6.3.1 连续单元取代基的相互作用

由于在二维平面上印刷的限制,平常用来指示原子与邻近单元基团之间关系的表示聚合物链的化学式已无能为力.但是,在交替的链原子上带有庞大取代基的聚合物链,譬如发生在许多头-尾接类型Ⅲ烯类聚合物链比例模型表明,近邻的取代基彼此间有相当程度的干扰.如果式Ⅲ中 X = H,可以通过绕连接相邻链原子的单键旋转来实现链构象的巨大变化,但如果 X 是一个像苯基或乙酸基那样非常大的基团,可能的构象数将会减少很多.

如果链是完全伸展的,这样所有的链原子位于一个平面内(平面锯齿型),如同式Ⅹ

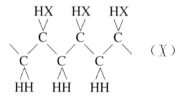

（Ⅹ）

交替的碳原子仅有 2.52 Å 的分隔距离.显示在"之"字形折叠平面的氢原子和取代基位于碳原子平面的上方,其他的在其下方.对所有的显示出来的单元,不对称碳原子的对称性都被任意地指为是相同的.即使是像甲基那样小的取代基,有效的范德华半径约为 2.0 Å,相应于一对相接触时中心间距离为 4.0 Å,也不可能容纳在这个构象中.但是,在反对称 (d, l) 的不

对称碳原子上,取代基之间并不像在式 X 所示的那样,取代基是位于"之"字形面相对的那一面,情况就大为有利了.在聚苯乙烯中,厚为 3.7 Å 和宽为 6 Å 的苯取代基太大了[29],以至于不能允许巧遇相同对称性的连续单元采取完全伸展的形式 X.绕主链骨架碳原子适当的旋转解决了这个困难,但是,苯基取代基的旋转对几乎所有链的构象都是受限的.另一方面,过度的链卷曲将导致该取代基与其近邻取代基(在任何一个方向上)的相互干扰.相当普遍的是,头-尾相接的烯类聚合物链在每单元上都带有一个庞大取代基,其链构象的变化极度受限,以至于用通常的二维化学式已不能很好地呈现出来.

　　单取代单元链中的空间位阻的困难与链的交替原子上有两个取代基存在的位阻困难相比是微不足道的.

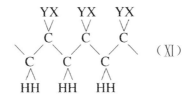

　　不单是无法忍受完全伸展构象 XI 时空间的相互干扰,通过键的旋转通常也不可能来消除这个位阻困难,正如从模型中可看到的那样.甚至当取代基并不比甲基大时,如在聚异丁烯中 (X = Y = CH₃),如果应用标准的 C—C 和 C—H 键距以及通常采用的范德瓦耳斯半径[29],空间相干性也是如此的大以至于不能对任何链构象构建出成比例的模型[30].如果取氢的范德瓦耳斯半径为 0.9 Å(而不是通常采用的 1.2 Å)的 Stuart 模型[29],就能构建聚异丁烯链模型[31],只要所选用的构象是一个螺旋,连续单元将如此旋转以允许一个单元的甲基能嵌入连续单元的两个甲基之间.图 6.4 就是由此而得的狭隘受限结构示意图.尽管甲基(和亚甲基)基团的微区缩小了,绕分子链的键旋转的可容忍范围非常小.因为甲基的紧密连锁,允许的空间构象相对来说是僵硬的[31].当然实际的链不会像该模型那样僵直,表明对每个原子或基团微区的定义并不完美,微区可能有相当大的压缩空间.另一方面,非键合原子和基团间的推斥力超出了这个为原子和基团设定的微区范围.因此在其他的不甚拥挤的结构中,譬如,某些空间的排斥力可能会发生在氢原子之间,它们尽管在所给的模型中不是直接接触的,但实际上也是紧挨在一起的.

　　在聚偏二氯乙烯中(X = Y = Cl),空间排斥力也应该认定在起作用,尽管不如聚异丁烯中那样大,因为共价键氯原子的范德瓦耳斯半径较小,为 1.8 Å[29].有意思的是注意到这些聚合物中任何一个都没有选择在完全伸展构象中结晶.高度拉伸的聚异丁烯产生很有序的结晶区域,在那里每根键从平面"之"字形构象旋转 22.5°,给出了每旋转一次 16 个链原子(8个单元)一个周期的螺旋[33].结晶的聚偏二氯乙烯给出了一个沿链轴两个结构单元 4.67 Å 的重复距离[34],明显小于完全伸展链所必需的 5.04 Å.这个差异看来是由于绕链键旋转到一个不确定的范围[35],不管怎样它减小了氯原子间的空间排斥力①.

双取代单体聚合物交替的头-头、尾-尾接结构Ⅻ:

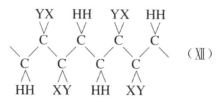

（Ⅻ）

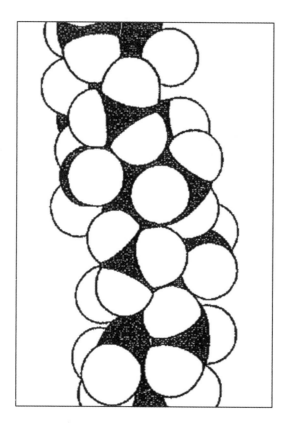

图 6.4　聚异丁烯链截面的 Stuart 模型(Evans 和 Tyrrall[32])

其取代基间的空间推斥力应该相对自由[31].正如通常写出的化学式,较大的空间干扰在这个头-头接(Ⅻ)中将比在头-尾接(Ⅺ)中的来的大,但是构建的模型却无可置疑地表明情况正好相反.不管这个排列的空间排斥力有多过分,从而能量较高(**见下面**),像异丁烯和偏二氯乙烯这样的单体仍会形成头-尾接结构.产生最稳定产物的反应通常青睐两个或多个竞争过程中的某一个,对这样规则的违背,其理由似乎在于这样的事实,即相比于埋没在链里面

---

①　聚二甲基硅氧烷链 $\left[\begin{array}{c} CH_3 \\ | \\ Si-O \\ | \\ CH_3 \end{array}\right]_x$,虽然属于Ⅺ型,其取代基间的空间干扰呈现极大的自由.这毫无疑问与 Si—O 键较长有关(1.65 Å),或许也与 Si—O—Si 键角较大有关,见第 10 章.

的取代基所承受的排斥力,在单体加成的过渡态里空间排斥力是非常小的.

本讨论中还没有提及二烯类聚合物.在 1,4 单元中取代基彼此分得很开,因此它们间的空间斥力可忽略不计.另一方面,异丁烯 1,2 单元的连续(Ⅷ)将形成一类空间有阻(Ⅺ)的链结构.

6.3.2　空间相互作用和聚合热

除甲烷外,气态直链烷烃 H—$(CH_2)_n$—H 在 25 ℃ 时的生成热都可用下式恰当表达[30]:

$$\Delta H_f = -10.41 - 4.92_6 n \tag{6.8}$$

单位是 kcal/mol.合理的假设是,这个公式可用来外推到聚合物范围内的 n 值,第一项可以忽略不计,我们得到烯类聚合物中最简单的实例,线形聚乙烯①$\text{-}(CH_2\text{—}CH_2)\text{-}_x$ 的生成热为

$$\Delta H_f = -9.85x \tag{6.9}$$

这里 x 是聚合度.发现带支链的饱和烃的生成热比直链的来得低.这样,直链骨架

$$C\text{—}C\text{—}C\text{—}C\text{—}C\text{—}C \longrightarrow C\text{—}C\text{—}\overset{\displaystyle C}{\underset{\displaystyle |}{C}}\text{—}C\text{—}C$$

异构化热约为 $-0.8(\pm 0.4)$ kcal,而对如

$$C\text{—}C\text{—}C\text{—}C\text{—}C\text{—}C\text{—}C \longrightarrow C\text{—}C\text{—}\overset{\displaystyle C}{\underset{\displaystyle C}{C}}\text{—}C\text{—}C$$

这样的过程,它的异构化热约为 $-2.0(\pm 1)$ kcal[37].分别用 Δ_1 和 Δ_2 记这两个异构化热.如果分子的生成热表示为它们单个键的能量以及上节讨论过但忽略的空间相互作用之加和,那么聚乙烯到聚丙烯

$$\text{-}(CH_2\text{—}CH_2)\text{-}_x \longrightarrow \left[CH_2\text{—}\overset{\displaystyle CH_3}{\underset{\displaystyle |}{CH}} \right]_{2x/3}$$

的异构化热和聚乙烯到聚异丁烯

$$\text{-}(CH_2\text{—}CH_2)\text{-}_x \longrightarrow \left[CH_2\text{—}\overset{\displaystyle CH_3}{\underset{\displaystyle CH_3}{C}} \right]_{x/2}$$

的异构化热将是负的.对前一个过程,每个结构单元的 ΔH 应该等于 Δ_1,对后一个过程 ΔH 应该等于 Δ_2.换句话说,上述假设将导致如下结论,即这些烃类聚合物的生成热将(在代数学上)小于线形聚乙烯的生成热.聚丙烯的生成热并不精确知道,但聚异丁烯的燃烧热和其他证据(见下)表明,它的生成热实际上比按方程(6.8)或(6.9)计算的直链烃异构体的要**高**几千卡(每单元),这个矛盾归因为取代基间的空间排斥力.Rossini[39]指出,计算各种异构支

---

① 通常制备的聚乙烯含有相当数量的非线形单元.因此它的总体结构并不像这里呈现的那样单纯.见下述.

化链烃的生成热时,必须考虑非键合原子或基团之间的相互作用[37].譬如,2,2,4-三甲基戊烷和2,2,4,4-四甲基戊烷有相同的碳架,分别为

$$
\begin{array}{ccccc}
 & C & & C & \\
 & | & & | & \\
C- & C- & C- & C- & C \\
 & | & & | & \\
 & C & & C &
\end{array}
\quad 和 \quad
\begin{array}{ccccc}
 & C & & C & \\
 & | & & | & \\
C- & C- & C- & C- & C \\
 & | & & | & \\
 & C & & C &
\end{array}
$$

它们使我们联想到聚异丁烯链.这些空间相互作用尽管可察觉到,但比在聚异丁烯中的小很多,在聚异丁烯中每对取代基都位于沿链任何一个方向的近邻对之间①.

对观察到的聚合热与以假定取代基间相互作用能量是零为基础的计算值作比较,可估算空间排斥力的能量.为了估算的目的,我们考虑如下的步骤[40]:

$$
CH_2 = CXY \xrightarrow[\Delta H_h]{+H_2} CH_3 - CHXY \xrightarrow[\Delta H_e]{-H_2} \left[\begin{array}{c} X \\ | \\ CH_2 - C \\ | \\ Y \end{array} \right]
$$

$$（ⅩⅢ） \qquad\qquad （ⅩⅣ）$$

这里,化学式 ⅩⅣ 表示的是聚合物链中的一个单元.聚合热为

$$\Delta H_p = \Delta H_h + \Delta H_e \tag{6.10}$$

从 Kistiakowsky 及其同事的工作[41,42]知道,许多不饱和化合物的氢化热 ΔH_h 的数据是现成的,少数情况下单体及其参考化合物 ⅩⅢ 形成的精确生成热数据也是已知的[43,44]. ΔH_e 可从以上的归纳来估算得到.如果 $X = Y = H$,按方程(6.8)ΔH_h 是 10.41 kcal/mol;25 ℃下乙烯的氢化热是 -32.73 kcal/mol,因此乙烯气体到气态聚合物的聚合热应该是 -22.3 kcal/mol.为把这个结果转化为液态要作的小小修正可以忽略不计,以这种方式计算的 ΔH_p 可以考虑应用于**液态**单体的聚合到**无定形**(即非晶)聚合物.

如果 X 是烷基,且 $Y = H$,参比化合物 ⅩⅢ 是一个直链烃,上面第二个过程包括了它转换为带有一个单取代基的支化单元(ⅩⅣ),那么

$$\Delta H_e = 10.4 \text{ kcal} + \Delta_1 \approx 9.6 \text{ kcal}$$

如果 X 和 Y 都是烷基,参比化合物是简单的支化烃,它在假想的加氢过程中转化为双支化的结构单元,因此

$$\Delta H_e = 10.4 \text{ kcal} + \Delta_2 - \Delta_1 \approx 9.2 \text{ kcal}$$

从测定的氢化热和以这种方式估算的 ΔH_e 计算得到了不同单体的聚合热值,列于表 6.1②中.

---

① 前面所说的链骨架简单异构的异构热 Δ_1 和 Δ_2,即使不存在多支化,也是可变的量.于是,将发现 Δ_1 和 Δ_2 值与碳链的长度以及甲基取代基沿链的位置都有关.如果侧链是乙基而不是甲基,Δ 值比甲基取代情况下所选择的更接近于零.这些变化很可能也源于空间相互作用.对于侧甲基,上面给出的 Δ_1 和 Δ_2 值是武断选择的以确保空间相互作用处于极小时用于所示骨架结构的能量修正.

② Roberts 给出了大量的聚合热计算.

表 6.1　计算的聚合热(25 ℃,单体,kcal/mol)[a]

单体	结构单元	ΔH_e 计算值	$-\Delta H_h$ 观察值[b]	ΔH_p 计算值
乙烯	—CH₂—CH₂—	10.4	32.7	22.3
丙烯	—CH₂—CH— 接 CH₃	9.6	29.8	22.2
1-丁烯	—CH₂—CH— 接 C₂H₅	9.6	30.1	20.5
1-戊烯	—CH₂—CH— 接 C₃H₇	9.6	30.0	20.4
异丁烯	—CH₂—C— 接 CH₃, CH₃	9.2	28.1	18.9
丁二烯	顺式 —CH₂—CH=CH—CH₂—	10.4	27.8	17.4
	反式 —CH₂—CH=CH—CH₂—	10.4	28.6	18.2
	—CH₂—CH— 接 CH=CH₂	9.6	26.1	16.5
异戊烯	—CH₂—CH=CH—CH₂— 接 CH₃（顺式或反式）	10.4	28.3	17.9
苯乙烯	—CH₂—CH— 接 C₆H₅	9.6	28.3	18.7
乙酸乙烯酯	—CH₂—CH— 接 OCOCH₃	9.6	30.9	21.3
乙烯基乙醚	—CH₂—CH— 接 OC₂H₅	9.6	26.5	16.9
甲基丙烯酸甲酯	—CH₂—C— 接 COOCH₃, CH₃	9.2	28.4	19.2

a　计算值实际上指的是气态的.但是我们可能忽视了对液态的微小修正,因为聚合物单元和单体的蒸发热大抵相等.

b　烯烃的氢化热是从 Kistiakowsky 及其同事的氢化热测定值推知的[41](也见文献[43]).二烯类的值是从丁二烯[44]和异戊二烯[46]的生成热以及相应的单烃生成热得到的[43,44].表中最后四个单体的氢化热是 Kistiakowsky 及其同事直接测定的[42].

在丁二烯情况中,上例中由氢化而生成的参比化合物（ⅩⅢ）是 1,4 聚合的 CH₃—CH=CH—CH₃(顺式或反式),以及 1,2 聚合的CH₃—CH₂—CH=CH₂.丁二烯变为其中之一的氢化热由参比化合物[43]与丁二烯[44]生成热之差给出.为估算 ΔH_c,我们依据涉及氢化热与烃结构有依赖关系的实验数据[41],观察到参比化合物与结构单元氢化热非常接近,因此,两者的能差应与相应的饱和参比化合物和结构单元间的差值相同,对顺式和反式 1,4 单元是 10.4 kcal,对具有侧链乙烯基的 1,2 单元是 9.6 kcal.由异戊二烯[46]和 2-甲基-2-丁二烯[44]的生成热以及后者的氢化热[41,44],也可类似地计算出异戊二烯 1,4 聚合的聚合热.1,4-异戊二烯的顺式和反式结构单元的热焓之差可完全忽略不计.

估算列于表 6.1 中最后四例结构单元的生成热无规律可循.然而,有理由假定,取代基性质的变化对参比化合物 XIII 和结构单元 XIV 的影响大致相等(聚合物链相邻取代基的空间相互作用除外).这些例子中所选用的 ΔH_c 值相应于相同取代程度的脂肪族烃单体的值.这些单体的氢化热已由 Kistiakowsky 及其同事直接测定了[42].

表 6.1 列出了单烯类单体计算的聚合热,除乙烯和苯乙烯,大都在 19~21 kcal/mol 范围内.而共轭双烯类单体的这些值则在 17~18 kcal/mol 附近.苯乙烯则介于这两组之间.共轭双烯类单体聚合过程中共振稳定性的消失是聚合热降低约 2~3 kcal/mol 的主因.Kistiakowsky[42]指出乙烯醚结构 C=C—O—C 的共振能是相当可观的,但在丙烯酸酯类

$$C=C-\overset{\overset{\displaystyle O}{\|}}{C}-O-$$

中却可忽略不计.因此,乙烯基乙醚估算的聚合热把它与共轭双烯类放在了一起,而甲基丙烯酸甲酯聚合热几乎与异丁烯的相同.

把表 6.2 中聚合热的观察值(第四列)与表 6.1 中的计算值(第五列)相比较.在还缺少上述计算聚合热方式所必需数据的地方,基于类似化合物值的估算列于第五列的括号内.聚合热也可以从单体或聚合物的燃烧热(或从燃烧热计算的生成热)得到,或以量热测定包含的热量来直接测定.代替通常的包含标定热容量热孤立体系温升的绝热方法,Tong 和 Kenyon[47]引入了一个方便的等温测量法,把内含单体和引发剂的密闭试管浸在一个像四氯化碳那样的液体里,四氯化碳在容器里维持在它的沸点,试管周围有回流的四氯化碳蒸气.从聚合而来的热使液体蒸发,在通常严格等温条件下如此蒸发的量提供了聚合热的一个精确度量.

表 6.2　比较聚合热的观察值与忽略了空间相互作用的估算值(kcal/mol)

单体	结构单元	实验方法[a]	$-\Delta H_p$ 观察值	$-\Delta H_p$ 计算值	ΔH_p 观察值与计算值之差
苯乙烯[b]	C$_6$H$_5$ —CH$_2$—CH—	等温量热器[48] 燃烧热[49]	16.1(±0.2) 16.7(±0.2)	18.7 18.7	2.6 2.0
乙酸乙烯酯	OCOCH$_3$ —CH$_2$—CH—	等温量热器[50]	21.3(±0.2)	21.3	0
丙烯腈	CN —CH$_2$—CH—	等温量热器[50]	17.3(±0.5)	(18)[c]	(0)
丙烯酸甲酯	COOCH$_3$ —CH$_2$—CH—	等温量热器[50]	18.7(±0.2)	(20)	(1)

续表

单体	结构单元	实验方法[a]	$-\Delta H_p$ 观察值	$-\Delta H_p$ 计算值	ΔH_p 观察值与计算值之差
丙烯酸	COOH —CH₂—CH—	绝热量热器[31]	18.5(±0.3)	(20)	(1.5)
异丁烯	CH₃ —CH₂—C— CH₃	绝热量热器[31] 燃烧热[38]	12.8 12.3(±0.2)	18.9	6.1 6.6
甲基丙烯酸甲酯[d]	COOCH₃ —CH₂—C— CH₃	等温量热器[47]	13.0(±0.2)	19.2	6.2
甲基丙烯酸苯酯	COOC₆H₅ —CH₂—C— CH₃	等温量热器[51]	12.3(±0.2)	(19)	(7)
甲基丙烯酸	COOH —CH₂—C— CH₃	绝热量热器[52]	15.8(±0.2)	(19)	(3)
α-甲基苯乙烯	C₆H₅ —CH₂—C— CH₃	燃烧热[52]	9.0(±0.2)	(18)	(9)
二氯乙烯[c]	Cl —CH₂—C— Cl	等温量热器[50]	14.4(±0.5)	(19)	(5)
异戊二烯	CH₃ —CH₂—C═CH—CH₂—	天然橡胶的燃烧热[45]	17.0(±1.5)	17.9	(0)
聚丁二烯	20%顺式,60%反式,20%1,2	燃烧热[53]	17.3(±0.2)	17.7	0.4

a　在不同的温度用了不同的方法:通常等温量热器法是在 77 ℃,绝热量热器法是在室温附近,燃烧热是在 25 ℃.对于普通的温度的修正,通常情况下小于实验误差.

b　o-氯-、p-氯-、2,5-二氯-和 p-乙基苯乙烯的聚合热范围在 16.0~16.5 kcal/mol(Tong 和 Kenyon[48]).

c　给出的丙烯腈的估算值是基于单体中双键和叁键共轭的假定.

d　其他的甲基丙烯酸酯的聚合热如下[47]:正丁基酯为 13.5 kcal/mol;环己基酯为 12.2 kcal/mol;苄基酯为 13.4 kcal/mol.

e　观察到的过氯乙烯聚合热[47]包括任何涉及聚合物结晶的热.这个热的大小是未知的,但会提高 ΔH_p 观察值约 1 或 2 kcal/mol.

乳液聚丁二烯是在 50 ℃下制备的.

在所有研究过的情况中,所观察到的包含在聚合中的热($-\Delta H_p$)都等于或小于计算的值.表 6.2 最后一列中给出了它们的差值,可以认为代表着聚合物链内近邻基团间的空间排斥力.对单取代单元,这个差值很小,只有苯乙烯的差值明显超过了 1 kcal/mol. 双取代单体的聚合热是 3~9 kcal/mol,比计算值低,表明链构造受压缩严重.为了产生这样压缩量的内能变化所需要的外部压力将超过 25000 atm.

不同单体聚合热呈现出的模式似乎可由两个主导因素来很好地加以解释:共轭共振能的消失以及取代基的空间相互作用. Dainton 和 Ivin 一直强调在判定发生单体到聚合物转化的逆转温度方面聚合热数值的重要性[54].

6.4 烯类聚合物宏观结构的非线形

迄今为止本章很少涉及链单元的结构样式以及它与近邻单元的空间关系.这里仍然以更大的尺度来考量聚合物结构的某些方面,即考虑单元相互连接的总体模式.

当线形链结构是乙烯基聚合物的规则时,双官能单元单调的连接会偶然被更高官能度的单元所打断.沿分子链这样单元的发生率当然取决于单体,也取决于它聚合的条件.尽管高官能度单元通常数量极少,仅很少一点——在一条聚合物分子链中有一个——就足以使聚合物丧失线形的资格,更重要的是可显著地改变其性能(第 9 章).这里我们将关心在烯类聚合物中比较普遍的非线形的两个来源:由于单体或聚合物的链转移而引起的**支化**,以及二烯类或二乙烯基单体聚合中的**交联**.这里的讨论是定性的,这类偏离线形的定量处理将留在第 9 章,在那里将从更普遍的观点来考虑非线形聚合物的构造.

6.4.1 乙烯基类聚合物的支化

在第 4 章中就指出一个单体的分子有时可以有链转移剂的功能.正如常见的那样,如果链转移牵涉到了原子(通常是氢)从单体的移动,确保从转移的自由基生长,将产生一个带有末端单元的聚合物分子,它仍保有它的乙烯基.这样,假定攻击点在取代基,反应的顺序由带有单体的链转移剂出发,可表示如下:

$$M_x \cdot + CH_2{=}CH\overset{X}{|} \longrightarrow M_x{-}H + CH_2{=}CH\overset{X\cdot}{|} \xrightarrow{+M} \cdots$$

$$\longrightarrow CH_2{=}CH{-}X{-}M_x \qquad (XV)$$

另一个链自由基可能在其增长步骤中的某一步捕获分子 XV 的末端单元,即末端不饱和单元可能作为另一个生长链的单元被包纳在了一起.这时,产生了一个支化聚合物分子 XVI[40]:

$$\begin{array}{c} M_y \\ | \\ CH_2 \\ | \\ CH{-}X{-}M_x \qquad (XVI) \\ | \\ M_x \end{array}$$

按第 4 章中的反应(4.32),因自由基与单体之间的歧化产生的链转移也得到同样的结果.

链自由基与先前形成的聚合物单元的反应代表了尚未在第 4 章中考虑过的另外可能有的链转移过程[40].攻击点可能再一次位于取代基 X 上,或者它可能牵涉取代的链碳原子上叔氢原子的移动.然后,后续的反应顺序(任意假设在这个顺序中有后者的交替)将导致如下的支化聚合物分子[40,55]:

这个在第一阶段就指明的链转移过程介入的直接结果是增长着的链被终止和聚合物分子的再反应,然后,这个聚合物分子加上单体产生一个含有三官能度单元的支化分子①,其结构在形式上与 XVI 类似.显然,一个特定的聚合物分子可能以上述方式一再重复地再反应,每次生长出又一个支化.以这种方式可以产生多种多样的支化分子(XVII).先前考虑的牵涉到带有单体的链增长机理也可能产生像 XVII 那样的多支化的分子.当然,这两个机理有可能同时有所贡献(特别是如果取代基 X 在单体和在聚合物中都易受攻击).

（ XVII ）

不管按何种机理,聚合物分子的平均支化度一定随转化程度增加而增加.在一种情况中,当转化的程度推进时,以不饱和单元终止的聚合物分子丰度(相对于单体)增加了.在另一种情况中,链转移到聚合物的发生率随聚合物-单体之比率而增加.在第 9 章中将进一步考虑通过转移而引起的支化对聚合物分子构造的影响.在那里将证明,这个支化过程本身不会产生无穷大的网络结构,尽管随着每次再发生的额外支化生长,一个特定的分子因链转移剂可任意(无穷大)次地恢复活性.因此不存在其他的过程时,可以预料这样产生的支化聚合物仍将是可溶和可熔的.

在乙烯基聚合中由链转移导致的支化已成为极需考虑的课题(支持它的实验数据却相对较少).与单体或者可认为与苯乙烯、甲基丙烯酸甲酯和丙烯酸甲酯那样的通用聚合物类似的物质(见表 4.4 和表 4.5)的链转移常数通常小于 10^{-4}.表明每 10^4 个聚合的单体中产生的三官能度单元少于 1 个,除非转化率超过约 75%.所以,如果平均聚合度不超过 10^4,大多数得到的聚合物分子将会是线形的,在牵涉聚合物链的宏观结构的范围内,链与单体和(或)与聚合物的转移并不太重要.

---

① 　正如上面图解描述的那样,支化这个术语指的是聚合物分子的整体模式,而不是结构单元的本质.譬如,丁二烯的 1,2 单元可以认为是支化的,因为它带有一个悬垂的乙烯基,但是该聚合物应考虑为线形的,只要这些单元是以单一的线形顺序相连接的.

上述通则的一个例外是乙酸乙烯酯,因为其与单体的转移常数和与聚合物单元的转移常数都比通常的稍微大一点[56,57].前者约为 2×10^{-4},后者会大到 8×10^{-4}(60℃).乙酰酯自由基上的甲基是转移的主要位置,尽管在聚合物单元

$$\left[\begin{array}{c}H\\-CH_2-C-\\OCOCH_3\end{array}\right]$$

中叔氢原子可能做出很大贡献[57].因此在数千甚至更大聚合度的聚乙酸乙烯酯中的非线形可能决不可忽略不计.

乙烯在高压和超过 200 ℃的温度下聚合得到的商品聚乙烯偏离线形很远[58,59].尽管平均分子量超过 15000,相应于每一个分子有约 1000 个或更多的亚甲基,但红外光谱测量[58,59]表明,每 100 个亚甲基上存在有多至 5 个甲基,相应于每个聚合物分子有 50 个甲基.随聚合温度降低,甲基的含量降低,聚合温度足够低,甲基的含量可能降到每个分子 2 个略多一点的水平[59].通常观察到的甲基-亚甲基比率只有在假定它与简单的线形结构

$$-CH_2-CH_2-_x$$

有偏差时才会被考虑.聚乙烯中占优势的非线形类型似乎是由短支链所组成的,长度为 3 或 4 个链原子长,由如下的分子链间转移形成[59]:

$$\begin{array}{ccc}CH_2 & CH_3 & CH_3\\CH_2\ \ CH_2 & (CH_2)_3 & (CH_2)_3\\ \sim\!CH_2\ \ CH_2 \longrightarrow \sim\!CH\cdot & \xrightarrow{+\ C_2H_4} & \sim\!CH-CH_2-CH_2\sim \end{array}$$

甲基含量表明,主链中大约每 20~100 个碳原子有一个这样的支链,支链的比例随聚合温度升高而增加.分子间的链转移也以前面讨论过的形式发生,从而产生长支链,但在聚乙烯中这样的支化通常不会超过短支化的 1/10.然而,这可能是每个分子上好几个长链支化的一个平均值,该数是分子量分布(第 9 章)以及聚合物熔体流动性能剧变的原因[59].乙烯聚合对链转移过程导致的支化很是敏感,这或许与该单体反应性相对较低有关.因此链转移变得可以与链增长相竞争.通常采用高聚合温度也对相对高的链转移发生率负有部分责任.

如果一种类型的聚合物溶解在另一种的单体中,然后它们的混合物又恰遇聚合的条件,增长着的单体链与聚合物分子间的链转移可能形成独特的支化共聚物,在这个支化共聚物中一种类型单元的长链连接到了由其他单元组成的"主链"上.这样,Carlin 及其同事[60]在聚(p-氯化苯乙烯)中聚合了甲基丙烯酸单体,得到了含有两者单元的产物,已不能通过选择溶剂来把它们分离成各自的聚合物.其他具有有趣性能的**接枝共聚物**[61]也已由 Smets 和 Claesen 合成出来了,他们成功地把乙酸乙烯酯、氯乙烯和苯乙烯单体接枝在聚甲基丙烯酸甲酯链上,把甲基丙烯酸甲酯接枝到了聚苯乙烯链上.

6.4.2　二烯类聚合物的交联

二烯类聚合物结构单元(无论是 1,4 或 1,2)上多余的双键具有与活性链自由基以另一种方式发生反应的潜能,它可代替单体加到自由基上[55].单体到活性中心进一步的加成延续了活性链的增长,如下所示:

$$M_x \cdot + \underset{X}{\overset{Y}{\underset{|}{\overset{|}{C}}}}\underset{|}{\overset{|}{C}} \longrightarrow M_x - \underset{X}{\overset{Y}{\underset{|}{\overset{|}{C}}}}\underset{|}{\overset{|}{C}} \cdot \xrightarrow{+M} \cdots \longrightarrow \underset{X}{\overset{Y}{\underset{|}{\overset{|}{C}}}}\underset{|}{\overset{|}{C}}$$

在自由基链 $M_x \cdot$ 增长的第一阶段,干扰的净结果是分离的另两个聚合物分子相结合.通过这个连接在一起的单元构建了交联结构.1,2 二烯单元悬挂的不饱和基团也有类似的功能,事实上,它有时可能比内双键更有效.不管是何种情况,聚合物单元的活性比二烯类单体要小好几个量级.因此,与牵涉二烯类单体正常链增长的阶段相比,发生交联应该是罕见的.但是聚合物单元的单个加成发生率足以把两个聚合物分子结合在一起.

在导致支化的链转移中,同一个分子有可能经历重复的交联.而且,对所有分子平均的交联度一定随转化进程的推进而增加[55].但是,与支化反应不同,交联实实在在地导致了交联网的形成,因为两个聚合物分子随着分子间交联的形成而连接在一起了.交联结果的定量处理将在第 9 章中讨论.这里,指出这一点就足够了:仅需微小的交联——约 4 个聚合物分子 1 个交联——就会导致开始形成无限的交联网,结果是聚合物变得部分不溶.如果聚合度大,参与交联而产生凝胶(即无限交联网形成)的单元的比例极为微小.

因为牵涉到剩余双键的交联反应,共轭二烯的聚合及其衍生产物总是给出不溶(或至少是部分不溶)的聚合物.正如所预料的那样,不溶程度随转化率升高而增加.然而,通常有可能通过限制转化率和(或)链长来制得具有适当高分子量而可溶的二烯类聚合物.像二乙烯基苯、二乙烯基己二酸酯和二甲基丙烯酸乙二酯那样的二乙烯基单体(在这些单体里,一个双键的反应不会非常大地改变另一个双键的反应性)能聚合得到高度交联的结构.

6.5　小　　结

优先加成到乙烯基(CH_2=CHX)或取代乙烯基(CH_2=CXY)单体的一端或另一端看来是一个规律,很少有例外.这个普遍性可应用于离子聚合以及自由基聚合.从而,单不饱和化合物的聚合物可以用连续单元排列中高度的头-尾规律性来表征.对发生在乙烯基聚合物

$$\underset{x}{\overline{(CH_2 - \overset{X}{\underset{|}{CH})}}}$$

中不对称原子的 D 构型和 L 构型的排列知之甚少,但在大多数情况中看来是几近无规则的排列.可是,在低温下阳离子聚合制得的乙烯基醚却有很好的有序度.

在 1,3-二烯类的自由基聚合中,1,4 加成优先于 1,2 加成.顺便提一下,1,2(或 3,4)单元的比例从丁二烯到它的甲基和氯化取代产物异戊二烯、2,3-二甲基丁二烯和氯化戊烯依次降低.从丁二烯得的 1,4 单元的**反式**构象优先地形成,反式的比例随聚合温度的降低而迅速增大.

1,4 单元的组分比在适中的温度和用阴离子聚合制备的聚二烯烃的总量之半略少.它

们的比例随聚合温度升高而增加.

聚合物链的连续性使得头-尾相接的乙烯基聚合物连续不断的取代显得拥挤不堪,这一点不会在通常书写的化学式中呈现出来,但在成比例的模型中就很清楚地显现出来了.在由

$$—CH_2—\overset{\displaystyle X}{\underset{\displaystyle Y}{C}}—$$ 一类双取代结构单元组成的聚合物中取代基间的空间相互干涉如此严重,以

至于为了在任何构象中存在头-尾结构需要把取代基($—CH_3$、$—Cl$、$—C\overset{\displaystyle O}{\Vert}CH_3$等)压缩到比它们正常的范德瓦耳斯半径小很多.这些空间排斥力也反映在聚合热的数值上.从结构单元单体类似物的生成热计算得到非共轭单体(包括单取代($CH_2\!=\!CHX$)和双取代($CH_2\!=\!CXY$)的乙烯)的聚合热接近-20 kcal/mol.然而,观察到的单取代乙烯聚合热与计算值真实相符,而取代乙烯聚合热在数值上要比计算值低$3\sim9$ kcal/mol.矛盾似乎代表了近邻单元取代基间的排斥能.牵涉到像丁二烯那样的共轭单体的聚合中的热要比非共轭单体小约$2\sim3$ kcal/mol,这是由于聚合中共振能的丧失.

通过与单体的链转移,或与先前生成的聚合物分子的链转移,会在乙烯基聚合中出现非线形结构,但是这样的过程发生的程度通常并不重要.1,3-二烯的聚合中非线形更为通常的来源是先前生成的聚合物分子的一个单元合并到了成长着的分子链中.由链转移而支化和由加成一个聚合物单元而支化的重要性都随单体向聚合物转化的程度增加而增加.

参 考 文 献

[1] Mayo F R, Walling C. Chem. Revs., 1940,27:351.

[2] Butler E T, Polanyi M. Trans. Faraday Soc., 1943,39:19.

[3] Szwarc M. J. Chem. Phys., 1948,16:128; Chem. Revs., 1950,47:128-136.

[4] Flory P J. J. Polymer Sci., 1947,2:36.

[5] Staudinger H, Steinhofer A. Ann., 1935,517:35.

[6] Marvel C S, Sample J H, Roy M F. J. Am. Chem. Soc., 1939,61:3241.

[7] Flory P J. J. Am. Chem. Soc., 1939,61:1518; Wall F T. ibid., 1940,62:803; 1941,63:821.

[8] Marvel C S, Levesque C L. J. Am. Chem. Soc., 1938,60:280.

[9] Flory P J. J. Am. Chem. Soc., 1942,64:177; Wall. ibid., 1942,64:269.

[10] Marvel C S, Riddle E H, Corner J O. J. Am. Chem. Soc., 1942,64:92.

[11] Marvel C S, Denoon C E. J. Am. Chem. Soc., 1938,60:1045.

[12] Flory P J, Leutner F S. J. Polymer Sci., 1948,3:880; ibid., 1950,5:267.

[13] Schildknecht C E, et al. Ind. Eng. Chem., 1948,40:2104.

[14] Kolthoff I M, Lee T S. J. Polymer Sci., 1947,2:206; Kolthoff I M, Lee T S, Mairs M A. ibid.,

1947,2:220.

[15] Hart E J, Meyer A W. J. Am. Chem. Soc., 1949,71:1980; Hampton R R. Anal. Chem., 1949, 21:923.

[16] Richardson W S. 私人通信.

[17] Ben K E, Reynolds W B, Fryling C F, et al. J. Polymer Sci., 1948,3:465.

[18] Foster F C, Binder J L. J. Am. Chem. Soc., 1953,75:2910.

[19] Sutherland G B B M, Jones A V. Faraday Soc. Discussions, 1950,9:281; Field J E, Woodward D E, Gehman S D. J. Applied Phys., 1946,17:386.

[20] Richardson W S, Sacher A. J. Polymer Sci., 1953,10:353.

[21] Harries C. Ber., 1905,38:1195,3985; 1912,45:943; Ann., 1913,395:211.

[22] Pummerer R, Ebermayer G, Gerlach K. Ber., 1931,64:809.

[23] Harries C. Ann., 1911,383:157; Ber., 1915,48:863.

[24] Harries C. Ann., 1913,395:264.

[25] Klebanskii A, Chevychalova K. J. Gen. Chem. (U. S. S. R.), 1947,17:941.

[26] Mochel W E, Nichols J B. Ind. Eng. Chem., 1951,43:154.

[27] Pummerer R. Kauschuk, 1934,10:149.

[28] Richardson W S. 私人通信.

[29] Pauling L. Nature of the Chemical Bond. New York, Ithaca: Cornell University Press, 1915, Chap. V.

[30] Flory P J. J. Am. Chem. Soc., 1943,65:372.

[31] Evans A G, Polanyi M. Nature, 1943,152:738.

[32] Evans A G, Tyrrall E. J. Polymer Sci., 1947,2:387.

[33] Fuller C S, Frosch C J, Pape N R. J. Am. Chem. Soc., 1940,62:1905.

[34] Reinhardt R C. Ind. Eng. Chem., 1943,35:422.

[35] Huggins M L. J. Chem. Phys., 1945,13:37.

[36] Prosen E J, Rossini F D. J. Research Nat. Bur. Standards, 1945,34:263.

[37] Prosen E J, Rossini F D. J. Research Nat. Bur. Standards, 1941,27:519; 1945,34:163; 1947, 38:419.

[38] Parks G S, Mosley J R. J. Chem. Phys., 1949,17:691.

[39] Rossini F D. Chem. Revs., 1940,27:1; Prosen E J, Rossini F D. J. Research Nat. Bur. Standards, 1941,27:519.

[40] Flory P J. J. Am. Chem. Soc., 1937,59:241.

[41] Kistiakowsky G B, et al. J. Am. Chem. Soc., 1935, 57:65,876; 1936,58:137.

[42] Dolliver M A, Gresham T L, Kistiakowsky G B, et al. J. Am. Chem. Soc., 1937,59:831; 1938, 60:440.

[43] Prosen E J, Rossini F D. J. Research Nat. Bur. Standards, 1946,36:269.

[44] Prosen E J, Maron F W, Rossini F D. J. Research Nat. Bur. Standards, 1951,46:106.

[45] Roberts D E. J. Reserch Nat. Bur. Standards, 1950,44:221.

[46] Kilpatrick J E, Beckett C W, Prosen E J, et al. J. Research Nat. Bur. Standards, 1949,42:225.

[47] Tong L K J, Kenyon W O. J. Am. Chem. Soc., 1945,67:1278.

[48] Tong L K J，Kenyon W O. J. Am. Chem. Soc.，1947,69:1402.

[49] Roberts D E，Walton W W，Jessup R S. J. Polymer Sci.，1947,2:420.

[50] Tong L K J，Kenyon W O. J. Am. Chem. Soc.，1947,69:2245.

[51] Tong L K J，Kenyon W O. J. Am. Chem. Soc.，1946,68:1355.

[52] Roberts D E，Jessup R S. J. Research Nat. Bur. Standards，1951,46:11.

[53] Nelson R A，Jessup R S，Roberts D E. J. Research Nat. Bur. Standards，1952,48:275.

[54] Dainton F S，Ivin K J. Trans. Faraday Soc.，1950,46:331.

[55] Flory P J. J. Am. Chem. Soc.，1947,69:2893.

[56] Wheeler O L，Ernst S L，Crozier R N. J. Polymer. Sci.，1952，8:409；Wheeler O L，Lavin E，Crozier R N. ibid.，1952,9:157.

[57] Stockmayer W H，Clarke J T，Howatd R O. 未发表.

[58] Fox J J，Martin A E. Proc. Roy. Soc. (London)，1940,A175:226；Thompson H W，Torkington P. Trans. Faraday Soc.，1945,41:248；Bryant W M D. J. Polymer Sci.，1947,2:547.

[59] Roedel M J，Bryant W M D，Billmeyer F W，et al. 即将发表.

[60] Carlin R B，Hufford D L. J. Am. Chem. Soc.，1950,72:4200；Carlin R B，Shakespeare N. ibid.，1946,68:876.

[61] Smets G，Claesen M. J. Polymer Sci.，1952,8:289.

第 7 章 分子量的测定

  聚合物的分子量通常是利用高分子稀溶液的性质来测定的,或在一定条件下通过化学方法对端基作定量方法测定.本章中特别介绍的前一类方法,并不太适用于分子量在5000~10000以下的聚合物,而化学方法一般只限于分子量在25000以下的聚合物.因此,单一的物理方法和单一的化学方法都不适用于所有的分子量范围,但是物理方法基本适用于我们通常感兴趣的高分子量的聚合物.

  利用化学方法的前提是聚合物的化学结构是已知的,并且在每个高分子中带有已知数目的可用化学方法作定量分析的官能团.这种官能团总是位于高分子链的末端,因此除了淀粉类的支化高分子(参见第8章),可利用化学方法测定分子量的聚合物通常是线形结构的.对于严格线形结构的聚合物,通过定量分析得到末端基团的数目就直接得到高分子的数目,继而测得聚合物的平均分子量(为按数量的统计平均值,参见下面内容).对于通过线形缩聚反应合成的聚酯和聚酰胺(见第3章,63页),参与反应的官能团比值受反应物的性质和化学计量关系所控制.例如,两种共同反应的官能团可能是等量地进行反应.在反应不受杂质、副反应或某种反应物量偏少影响的前提下,通过定量分析其中一种官能团(如羧基COOH),便可计算数均分子量.化学测定方法也可以用于在硫醇或四氯化碳等链转移剂存在下形成的烯基聚合物,每发生一次链转移,聚合物就带有分子的相关基团.因此,如果聚合物是在通过链转移剂来控制分子量的情况下形成的(参见第4章),聚合物的分子数就可以通过化学方法测得的高分子中带有的链转移剂基团数来计算.[1,2]类似地,烯类聚合物的分子量也可以根据高分子链末端可供定量分析的引发剂基团数目来计算(参见第4章).这类方法的前提是引发和终止的机理是已知的,同时在聚合条件下中链转移反应并不重要.

  当分子量大时,化学方法用于测定分子量就不够灵敏了.随着分子量增加,在假定的反应机理中没有考虑到的一些其他端基对结果的影响越来越大,末端数已减少到不能够切实地进行定量分析了.由于这些原因,测定分子量的化学方法仅广泛使用于缩聚物,很少有平均分子量超过25000的.此外对端基的测定还可以提供高分子结构和聚合反应机理等重要信息,例如同时借助于测定分子量的物理方法、化学方法可以测定每个高分子中某种类型端基的数目.

  目前采用的物理方法分别包括渗透压、光散射、与扩散相关联的沉降平衡、沉降速度或溶液黏度的测定.除了最后一种,其余皆为绝对方法.为了严格符合理论要求,每一种测定方法均要用外推法得到溶液无限稀释时的值.各种物理方法依赖于对溶液热力学性质(即高分子引起的自由能变化)或动力学性质(即摩擦系数或黏度增量)或同时对两种性质的测试.高分子稀溶液的行为与无限稀溶液相比通常呈现偏差.因此不仅要在低浓度下进行实验,而且要把在实验允许的最低浓度下的测定数据外推得到无限稀释时的值.

基于对高分子量的、无规线团状高分子的溶液性质的考虑,显然在极稀溶液中测定是必要的,其中线团的形态如图 7.1 所示.单个高分子链的构象形态将在第 10 章和第 14 章讨论.这里需要注意,平均来看,一个高分子可以近似为链单元以质心为中心的球状对称分布,球的体积为真正分子体积的许多倍(事实上,相对于那些区别于其他物质的聚合物特性,高分子的这个形态特征更为重要).因此,溶液中单个高分子施加影响的这一体积可能是它分子体积的几百倍.当然,它还取决于链长以及链单元与溶解聚合物的溶剂间的相互作用(参考第 14 章).

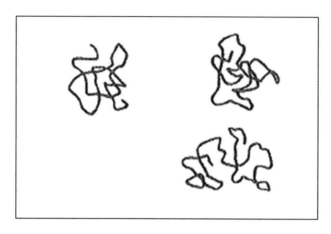

图 7.1　稀溶液中高分子链构象形态的示意图

所有测定分子量的物理方法均要求每个高分子对所测性能的影响是独立的,也即产生的影响可以叠加,这是由于分子之间(或链段云之间)相互作用的影响是可以忽略不计的.光散射法要求总的浊度是单个分子引起的浊度之和.对于渗透压法,则是溶剂活度的减小与其中溶质分子的数目成比例.在黏度法中,被每个高分子消耗的能量并不受溶液中其他分子的影响.正如图 7.1 所示,只有溶液足够稀,使得每个高分子占据独立的空间,没有明显的分子间的穿插交叠,才能确保满足上述要求.考虑到高分子的体积特征,在低于 1% 的浓度下测试,或大多数情况下在低到小于 1% 的溶液中测试显然是必要的.即使是在这么低浓度的溶液中测试,小心地外推到无限稀释仍然是需要的.此外,对低浓度下产生的微小效应进行准确测量,还需要灵敏的实验方法(不是绝对方法的黏度法除外).鉴于这些困难,即使进行了许多优秀的探索工作,往往缺乏可靠的分子量数据也是可以理解的.

另一个复杂性则是不同方法获得的是不同类型的分子量平均值.聚合物通常是由链长不同、分布范围较广的分子所组成的(参见第 8 章),除非经过小心仔细的分级,因此实际上不同的测定方法将得到不同的分子量数值.

7.1　渗　透　压　法

7.1.1　理论

正如在第 1 章所提到的,早期研究者对冰点降低法和渗透压法测得的高聚物分子量数据持怀疑态度,理由是这些方法并不适用于胶体物质.鉴于上面提及的高分子溶液的特征,人们对常规的物理化学方法的有效性提出质疑是不足为奇的.因此重新审视一下经典的分子量测定方法的热力学基础是恰当的.

按照理想溶液的定义,理想溶液中不同组分 1、2、3、… 的活度等于相应的摩尔分数 N_1、N_2、N_3、….目前,活度可表示为一定温度下溶液中某组分的分压 P_i 与该温度下液态纯组分 i 的蒸气压 P_i^0 的比值[①].即使是几乎没有什么溶液能在全浓度范围内符合、哪怕是近似地符合理想溶液行为,但是当溶液浓度足够低时,溶剂的活度 a_1 必然趋近于它的摩尔分数 N_1.基于最基本的考虑,当溶液足够稀时,溶质的活度 a_2 必定是与它的摩尔分数成正比的(仅仅假设溶质不从溶液中分离出来).换句话说,如果溶液足够稀,溶质分子的逃逸趋势必定与溶液中溶质分子数成正比.虽然溶液足够稀的规定对于聚合物溶质来说将更为严苛(参见第 12 章),但是这一论断对单体的以及聚合的溶质来说都是同样合理的.因此,在足够稀溶液中,有

$$a_2 = k_2 N_2 \tag{7.1}$$

其中 k_2 是常数(对于具体的实例,式(7.1)适用的范围将取决于相关的溶质和溶剂,我们仅需要了解式(7.1)在溶液足够稀时必须是适用的).对于一个二元溶液,根据 Gibbs-Duhem (吉布斯-杜亥姆)公式,热力学函数关系式必然为

$$\left(\frac{\partial \ln a_1}{\partial \ln N_1}\right)_{T,P} = \left(\frac{\partial \ln a_2}{\partial \ln N_2}\right)_{T,P} \tag{7.2}$$

将式(7.1)代入式(7.2),得

$$\left(\frac{\partial \ln a_1}{\partial \ln N_1}\right)_{T,P} = 1$$

于是有

$$\ln a_1 = \ln N_1 + 常数$$

因为当 $N_1 = 1$ 时,$a_1 = 1$,所以式中常数必然为 0,于是

$$a_1 = N_1 \tag{7.3}$$

在式(7.1)适用的浓度范围,上式相应于溶剂的理想状态.稀溶液中,a_1 非常接近于 1,因此

---

①　当然,聚合物的蒸气压太小了,无法测量.然而,无论它是多么的小,我们坚决认为这样的蒸气压是存在的.或者,按照应用在处理溶液时采用的常规热力学方法,我们采用"逃逸趋势"或逸度替代上面的分压.这里的处理决不仅限于挥发性的溶质.

以下式来表达将更有启发意义:

$$1 - a_1 = N_2 \tag{7.3'}$$

式中, $N_2 = 1 - N_1$. 对足够少溶质的存在所引起的溶剂活度降低值的测定提供了一种测定溶质摩尔分数 N_2 的方法,继而从溶质的质量浓度可以计算出溶质的分子量. 依据上述原理建立的依数方法是普遍使用的,不需要考虑溶质的性质(假设溶质不分离出来). 然而,评价由于溶质所引起的溶剂活度的降低值必须是在 a_2 保持为正比于溶质浓度的前提下.

活度降低的测定方法有很多种. 最明显的就是对蒸气压降低值的测定,但是考虑到准确性和操作的简便性,这种方法被其他方法所取代. 很久以前,沸点升高法和冰点降低法的出现使得蒸气压测定法被废弃. 前一种方法中,测定将溶液蒸气压 P 重新升至 $P^0 = 760$ mmHg 所需增加的温度 ΔT_b,而不是测定在纯溶剂的沸点溶液蒸气压 P 低于 760 mmHg 的数值. 因此有

$$\left(\frac{\Delta T_b}{c}\right)_0 = \frac{RT^2}{\rho l_v} \frac{1}{M} \tag{7.4}$$

其中, R 是摩尔气体常量, T 是绝对温度, ρ 是溶剂的密度, l_v 是每克溶剂的汽化潜热, c 是浓度(g/mL), M 是溶质的分子量. 等式左边的下标 0 表明只有在无限稀释时关系式才成立.

在冰点降低法中,测定将溶液中溶剂的活度回复到与纯晶态溶剂的活度相等所需的冰点降低值 ΔT_f(视纯液体为标准状态,见上文). 因此有

$$\left(\frac{\Delta T_f}{c}\right)_0 = \frac{RT^2}{\rho l_f} \frac{1}{M} \tag{7.5}$$

其中, l_f 是每克溶剂的熔融潜热.

在渗透压法中,通过对溶液施加压力 π,使稀溶液中溶剂的活度回复到纯溶剂的值(即 1). 根据著名的热力学关系式,活度随压力的变化写成为

$$\left(\frac{\partial \ln a_1}{\partial P}\right)_{T, N_1} = \frac{\bar{v}_1}{RT}$$

其中, $\bar{v}_1$ 是溶剂的偏摩尔体积,对于稀溶液,可以用纯溶剂的摩尔体积 v_1 替代. 则对于渗透平衡有

$$\int_{a_1}^{1} d\ln a_1 = \int_0^{\pi} \frac{v_1}{RT} dP$$

实际上,对于微小压力, v_1 与压力无关,则

$$-\ln a_1 = \frac{\pi v_1}{RT} \tag{7.6}$$

如果溶液足够稀,根据上述考虑, $a_1 = N_1$,同时因为 N_1 接近于 1,则

$$-\ln N_1 \approx 1 - N_1 = N_2 \approx \frac{c v_1}{M} \tag{7.7}$$

结合式(7.6)与式(7.7),有

$$\frac{\pi}{c} \approx \frac{RT}{M} \tag{7.8}$$

这就是范特霍夫(van't Hoff)定律. 在无限稀时,近似消失,因此,与式(7.4)和式(7.5)相似,可以写成为

$$\left(\frac{\pi}{c}\right)_0 = \frac{RT}{M} \tag{7.8'}$$

在表 7.1 中,不同分子量溶质的苯溶液的 $(\Delta T_b/c)_0$ 和 $(\Delta T_f/c)_0$ 值与同一种溶液的 $(\pi/c)_0$ 作比较,c 的单位是 g/100 mL.对单位密度的液体,压头的单位为 cm,相应地,渗透压的单位为 g/cm².沸点升高法和冰点降低法都很少能有优于 ± 0.001 ℃ 的准确度.诚然,某些其他液体具有较大的冰点降低常数(由于较低的熔融潜热),但是,由此带来的优势可能不会被利用,因为增大的过冷度会带来困难.即使在满足必要的测量精度的浓度下测定,甚至是对于表 7.1 中分子量最低的高分子样品,几 g/100 mL 的浓度的溶液性质对理想溶液也还是存在相当大的偏差,通常需要将 $\Delta T/c$ 值外推到 $c \to 0$.基于上述考虑,显然对于分子量超过 10000 的高分子[①],这些方法的准确度是不够的.对于较大分子量的高分子,即使在较低浓度下其溶液行为仍然偏离理想溶液,同时每个浓度下的 ΔT 量值减小.

表 7.1　沸点升高值、冰点降低值和渗透压的计算值比较

M	$(\Delta T_b/c)_0{}^a$ (℃/(g/100 mL))	$(\Delta T_f/c)_0{}^a$ (℃/(g/100 mL))	$(\pi/c)_0$ ((g/cm²)/(g/100 mL))
10000	0.0031	0.0058	25
50000	0.0006	0.0012	5
100000	0.0003	0.0006	2.5

a　苯中的数值.

表 7.1 中的数据显示,熔点每降低 0.001 ℃,相当于渗透压测定中约 10 cm 的流体静压变化.不无遗憾地说,渗透压可以测量出 ± 0.01 cm 的液面变化,与冰点降低法和沸点升高法相比,相当于灵敏度提高了约 10^3 倍.高达一两百万的分子量,采用渗透压法测定更为有利.

7.1.2　数均分子量

聚合物总是由同系物组成的混合物,对于由某种方法测定的特定平均分子量需要小心地定义.上面讨论的依数方法取决于在浓度足够稀、满足 $a_1 = N_1$ 的条件下对 $1 - a_1$ 的测定.除了用 N_2 表示所有溶质组分的摩尔分数之和外,即

$$N_2 = \sum_i N_i$$

与单一组分溶质一样,对于像高聚物这样的含有多种组分的溶质,在溶液足够稀时,有 $1 - a_1 = N_2$.且对于稀溶液,有

$$N_2 \approx v_1 \sum_i \frac{c_i}{M_i}$$

---

①　经过精心的改进,借助于 20 个接合点的热电偶,Ray[3] 能以 0.0002 ℃ 的精度测量沸点升高值,且测定高达 35000 的聚乙烯分子量时,误差不超过 10%.

式中，N_i 是分子量为 M_i 的组分 i 的摩尔分数，c_i 是其在溶液中的浓度，以 g/mL 表示，v_1 是溶剂的摩尔体积．该求和是对所有高分子组分（溶质）的求和．与式(7.7)相类似，可以写为

$$N_2 \approx \frac{c v_1}{\overline{M}_n} \qquad (7.9)$$

其中 $c = \sum_i c_i$，是溶液中高分子所有组分的浓度之和．$\overline{M}_n$ 为**数均分子量**，定义式为

$$\overline{M}_n = \frac{c}{\sum \frac{c_i}{M_i}} \qquad (7.10)$$

在式(7.8)、式(7.8′)的推导中采用式(7.9)中的 N_2，可以得到

$$\left(\frac{\pi}{c}\right)_0 = \frac{RT}{\overline{M}_n} \qquad (7.11)$$

与式(7.8′)不同的是，M 替换为 $\overline{M}_n$．同样的替换也适用于分别表示沸点升高和冰点降低的式(7.4)和式(7.5)．

数均分子量通常可以按照如下两个式子中的任一个来定义：

$$\overline{M}_n = \frac{1}{\sum \frac{w_i}{M_i}} = \frac{\sum N_i M_i}{\sum N_i} \qquad (7.12)$$

其中 $w_i = c_i / c$ 为聚合物中组分 i 的质量分数，N_i 为组分 i 的物质的量．式(7.12)中的右边表达式也可以由式(7.10)得到，因为单位体积溶液中，组分 i 的物质的量为 $N_i = c_i / M_i$，总的聚合物质量为 $\sum N_i M_i = c$（单位为 g）．

数均分子量表示为聚合物样品的总质量除以其所含的总的物质的量．上面讨论的各种依数方法实际提供了一种对溶质分子数的计数方法，而不是对它们尺寸的测定．得到的"分子量"仅仅是溶质分子数除溶质总质量的结果（乘以阿伏伽德罗常量）．端基分析法原本就是测定分子数的，同样得到数均分子量．数量平均值的表征与它对小分子量组分的低质量分数的灵敏度相关，相对地对分子尺寸远大于平均值的组分的低质量分数并不灵敏．这些特征很容易通过把上面讨论过的任一类型分布代入式(7.12)两种表达式中的任一表达式得到实际的验证．

7.1.3 实验方法

各种渗透计已被许多作者使用[4]，其中一种较为简单的渗透计示于图 7.2．把适当溶胀的纤维素薄膜制成半透膜 6，并支撑在穿孔金属板 5 上，膜 6 同时也起到溶液池 2 中经小心加工的下缘与板 5 间的衬垫和密封作用．压力通过大螺纹环 4 来施加．具有统一口径的玻璃毛细管 1 通过一小心接在底座上的锥形接头连接到溶液池 2 上．为了对毛细现象进行校正，一口径相等的毛细管作为参比毛细管．（溶液的表面张力与溶剂的表面张力相等的假设通常是合理的．）在插入毛细管之前先把待测溶液移入溶液池．当插入毛细管时，通过施加吸力，把毛细管中的溶液液面调节到接近于预期的平衡值．然后再把渗透计浸入容器 8 的纯溶剂中，整个容器放在一温度升落控制精度在 ±0.005 ℃ 的恒温装置中，以消除溶液因热膨胀或

收缩对毛细管液面高度的影响.在毛细管液面与参比毛细管液面达到符合要求的一致之前,它们的差异需要通过一段时间的观察.这也许需要 6 h 到几天,取决于膜的渗透性和要求的测量精度.

上述类型的渗透计具有显著的优点,即结构简单、操作方便.主要的缺点则是由于膜并没有牢固地固定在整个区域,因而膜相对于底板的位置随着渗透压而变.这将极大地降低了渗透计的灵敏度,因为与毛细管高度变化所需的溶剂量相比,还需要更多的溶剂透过半透膜以补偿膜位置的变化.

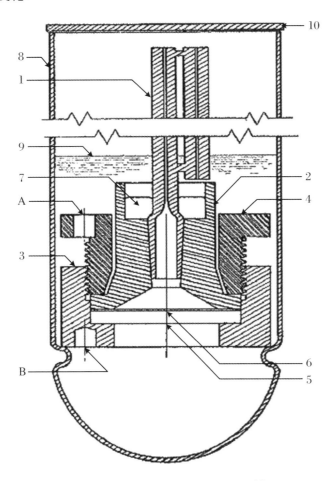

图 7.2　Weissberg-Hanks 型渗透计[4]

1. 溶液和参比毛细管;2. 溶液池;3. 渗透计底座;4. 压力环;5. 穿孔金
属板(没有显示孔洞);6. 半透膜;7. 水银封口;8. 溶剂池;9. 溶剂液面;
10. 盖板;A. 扳手孔;B. 装配槽中的接合销孔.

像图 7.3 所示的板式渗透计[5—8],达到渗透平衡的速率更高,精度更高.这种类型的渗透计通常包含一对相互匹配的不锈钢板或铜板,每块板均切割出浅浅的圆池腔.膜安装在两块板之间,如果在膜的两边加上铅垫圈将更好.两块板被牢固地拴在一起.每个池子先抽空,通过连接池子底部的金属管路重新注入液体,操作过程中再用针形阀密封.为了能把膜牢固地固定在整个池子区域,人们想出多种设计方案.Mayer 及合作者[5]在膜的两边使用穿孔金属板安装在池模板上.还有其他[6—8]在模板中使用这种或那种通道系统的.然后再将膜牢固地安装在剩余的中间区域.这样的设计示于图7.4.它包含两套浅管道,横截面呈半圆形,池子的正面互成直角,圆形通道环绕池子的外边界.留在通道之间的"小岛"对膜起到必要的支撑作用,然而仅覆盖了表面的很小一部分.

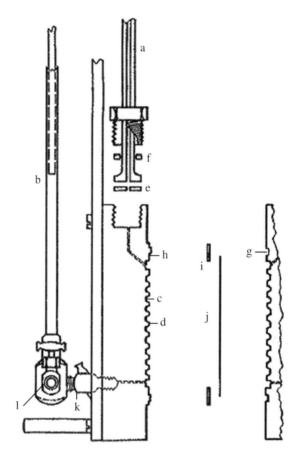

图 7.3 Krigbaum[8]使用的板式渗透计示意图

这里显示其中一个池子的细节.1 mm 精密口径的毛细管(a)带有法兰的,其底部是研磨的平面.密封螺母通过聚四氟乙烯垫圈(f)使毛细管末端紧靠着铅垫圈(e).池子涵盖了带有"小岛"膜支撑物(d)的通道(c).当通过左边的模板与膜(j)间的铅垫圈(i)将两个模板牢固地拴在一起时,隆起物(h)装进较宽的通道(g).池子通过针形阀(k)和连接器(l)灌装和抽空液体.竖管(b)很容易实现对液面的调节.

　　偶尔也使用动态渗透方法[6],测得的渗透速率以压差的函数形式来表示.零渗透速率下的内插法得到的压力就应该等于渗透压.然而,实际上更为可靠的实验结果通常是通过测定在较长时间内保持不变的平衡压力来获得的.

　　在渗透压测定法中,膜是极为重要的.膜的选择原则是,既要求对溶剂分子的透过速率应足够大,又要求即便是试样中最小的高分子也不能透过.最广泛使用的是纤维素膜.通常使用的是商业上的"再生"纤维素膜.未经干燥的"凝胶"玻璃纸膜常被优先选择,而干的膜可以在水(或碱的水溶液,也可以是氯化锌溶液[9])中溶胀到合适的孔隙度.通过硝化纤维素的去硝基处理也能制成有用的纤维素膜[10]，此外，细菌纤维膜也被报道是具有独特优点的[11]．任何情况下，溶胀膜中的水可以用一系列混溶的有机溶剂取代，而在这些溶剂中可以进行渗透压的测定．不同孔隙度的膜可以通过溶胀和溶剂转移处理来制备[9,11]．在任何阶段膜变干了将破坏膜的渗透性．"快"膜可用于分子量约 50000 以下的试样的测定，致密的膜可以测定分子量低到 5000 的试样，但是溶剂的渗透速率是相当慢的．硝化纤维素膜可以成功地用于烃类溶剂，报道显示适当溶胀的聚乙烯醇膜尤其适用于分子量甚至低至 2000 的聚苯乙烯的测定．[12]

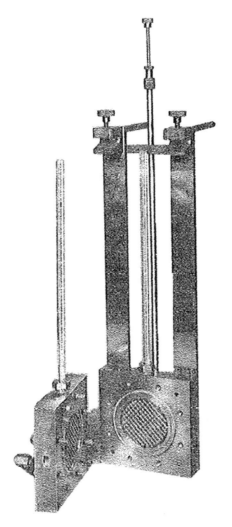

图 7.4　示于图 7.3 的模块型渗透计实物照片

这一设计提供了溶液和溶剂能接触到的最大膜面积以及对膜的牢固支撑．

7.1.4　数据处理

图 7.5 和图 7.6 是典型的渗透压数据．以渗透压与浓度的比值（π/c）对浓度作图．如果

是理想溶液,将服从范特霍夫定律,即式(7.11),π/c 应与 c 无关.由于高分子在溶液中的有效尺寸大以及在低浓度时就开始产生影响的高分子间相互作用,π/c 随 c 增加而增加,其斜率取决于分子间的相互作用(参见第 12 章).显然,由图 7.5 和图 7.6 中的数据求取分子量,向无限稀浓度作外推是必要的.此外,一些图线有明显的弯曲,这使得准确的外推变得复杂化.

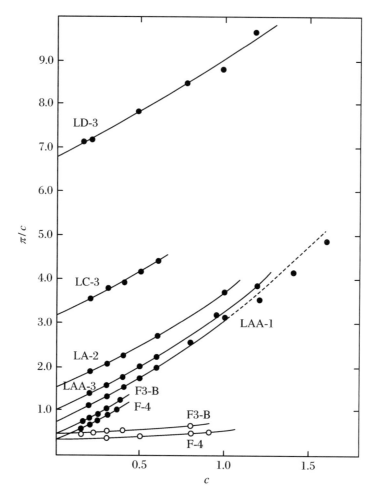

图 7.5 30 ℃下,一系列聚异丁烯级分溶液(分子量从 38000
到 720000)的 π/c 对 c 的作图

溶剂分别是环己烷(●)和苯(○).渗透压 π 的单位是 g/cm², 浓度 c 的单位是
g/100 mL. 曲线是参照式(7.13)来计算的.(Krigbaum[8])

根据在第 12 章中讨论的高分子稀溶液理论,渗透压与浓度的关系可以表示为如下形式[14]:

$$\frac{\pi}{c} = \left(\frac{\pi}{c}\right)_0 (1 + \Gamma_2 c + g\Gamma_2^2 c^2) \tag{7.13}$$

式中,$(\pi/c)_0$ 表示 π/c 在溶液无限稀释时的极限值,等于 $RT/\overline{M}_n$;Γ_2 是取决于高分子-溶剂分子相互作用的系数,溶剂越良数值越大;系数 g 的数值取决于高分子-溶剂体系,通常近

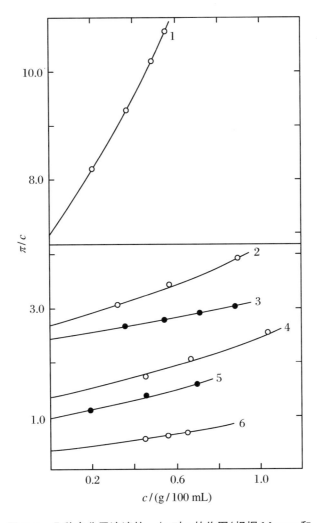

图 7.6　几种高分子溶液的 π/c 对 c 的作图（根据 Masson 和 Melville[13]的数据）

曲线 1：聚丙烯腈在二甲基甲酰胺中，13.5 ℃；曲线 2 和 4：聚醋酸乙烯酯在苯中，20 ℃；曲线 3：聚苊烯在苯中，25 ℃；曲线 5：聚乙烯基二甲苯在苯中，24 ℃；曲线 6：聚甲基丙烯酸甲酯在苯中，16 ℃。所有曲线是参照式（7.13）来计算的。单位与图 7.5 一致。（Fox、Flory 和 Bueche[14]）

似为 0.25（参见第 12 章）。式（7.13）中第三项考虑了 π/c 对 c 作图呈现的弯曲。当斜率（Γ_2）减小，即溶剂变劣时，这一项系数中的 Γ_2^2 所产生的影响迅速减弱。由于省略了更高次项，式（7.13）仅适用于低浓度时的稀溶液。一般而言，浓度控制在满足 $\pi/c < 3(\pi/c)_0$ 的范围，超过这个浓度范围，式（7.13）将不再适用。

如果 g 值近似等于 0.25 是令人满意的，这通常也是一个合理值，这样式（7.13）就可以改写为

$$\left(\frac{\pi}{c}\right)^{\frac{1}{2}} = \left(\frac{\pi}{c}\right)_0^{\frac{1}{2}}\left(1 + \frac{\Gamma_2}{2}c\right) \tag{7.13'}$$

可以在 $\dfrac{\pi}{c}$ 不超过 $3\left(\dfrac{\pi}{c}\right)_0$ 的浓度范围内,运用 Berglund[①] 绘图法以 $\left(\dfrac{\pi}{c}\right)^{1/2}$ 对 c 作图.其截距

等于 $\left(\dfrac{\pi}{c}\right)_0^{1/2}$,再由斜率结合截距值求 Γ_2.这种处理渗透压数据的方法示于图 7.7.

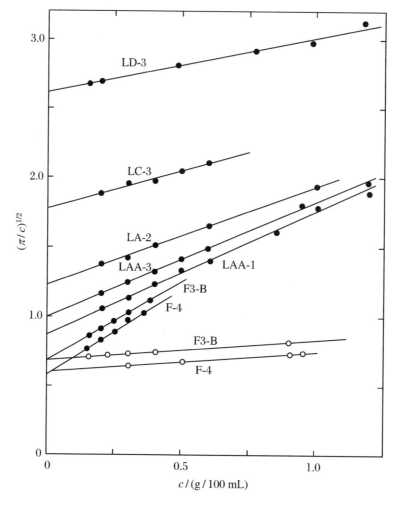

图 7.7　根据 Berglund 方法绘制的 $\sqrt{\pi/c}$ 对 c 的作图

数据与图 7.5 中 Krigbaum[8] 的数据一致,为聚异丁烯级分在环己烷中(●)和在苯中

(○)的溶液.渗透压和浓度的单位同上.

如果 g 值偏离 0.25,一种实用的方法是把式(7.13)中括号里的量取对数,对 $\log(\Gamma_2 c)$ 作图[14].根据相关理论,这样计算的曲线表示的是 $\log(\pi/c) - \log(\pi/c)_0$ 与 $\log c + \log \Gamma_2$ 的关系.因 π/c 不超过 $3(\pi/c)_0$,在同一浓度范围内在透明绘图纸上以实验值 $\log(\pi/c)$ 对 $\log c$ 作图.后一图线叠合在理论曲线上,并作直线位移以达到最佳拟合.在纵坐标方向,实验作图的垂直位移即为 $-\log(\pi/c)_0$,由此可计算出 $\overline{M}_n$.而由水平位移得到 $\log \Gamma_2$.图 7.5 和图 7.6 所作曲线是参照式(7.13)来计算的,其中用到的参数值 $(\pi/c)_0$ 和 Γ_2 就是用这种

---

① 与瑞典斯德哥尔摩诺贝尔化学研究所的 U. Berglund-Larsson 博士的私人交流.

方法得到的.

从图 7.5 可看出,对于 30 ℃下的聚异丁烯的苯溶液,π/c 图线的斜率很小,几乎不显示弯曲.这是与式(7.13)相一致的,但它要求曲率的大小随斜率的**平方**而改变.更为重要的是,在不同溶剂中测定,尽管在较高浓度区域溶液性质存有很大差异,但应该得到相同的极限值$(\pi/c)_0$.因此在实验误差范围内,测得的分子量与使用的溶剂无关.也有很少的情况,在不同溶剂中测得的分子量不相符合[15],表明发生了降解、特定极性基团可能的缔合或微晶的聚集等.

选择聚合物的劣溶剂具有明显的优势(如苯对于聚异丁烯),π/c 对浓度 c 作图的斜率小.这样在不超过式(7.13)外推公式所设置的限制 $\pi/c<3(\pi/c)_0$ 条件下,可以在 π 值较大的较高浓度下进行测定,因此相对误差较小.通过对溶剂和温度的审慎选择,π/c 随 c 的变化可以控制得非常小,这样外推时误差相应地减小.事实上,对于给定的聚合物-溶剂体系,在特别定义的 Θ 温度下,也就是当分子量趋于无穷大时该体系的临界共溶温度下(参见第 12 章),斜率为 0,π/c 直到浓度达到百分之几时仍然为常数.对于聚异丁烯-苯溶液,这个临界温度 Θ 是 24.5 ℃.精确在临界温度下、接近于(一定分子量 M 的)待测聚合物的沉淀条件进行实验可能是不方便的.因此在高于温度 Θ 至少几度的温度下进行实验并把 π/c 向 c =0 作外推将更为可取,这时 π/c 对 c 的依赖关系几乎接近线性,斜率很小.

还有一种降低 π/c 对 c 依赖性的做法取决于由溶剂与非溶剂组成的混合溶剂的使用.与单一溶剂组分的情况相似,π/c 对 c 作图的斜率降低到零将需要在接近于沉淀条件下进行.然而,对于混合溶剂的渗透压实验,其复杂性则是源于其中一种组分被聚合物"粒子"优先吸附,导致渗透计中在达到渗透平衡时两池中溶剂与非溶剂的比值将稍有不同.由于两种溶剂组分通过膜时不成比例,这样达到最终平衡的时间可能要延长.此外,如果溶剂池的大小与溶液池相当(如图 7.3 所示的渗透计),溶剂池中的平衡组成可能与原始组成不一致,且随着溶液池中高分子溶液的浓度而变化.在这些情况下基于式(7.13)的外推程序也许不能精确地使用.尽管存在这些潜在的困难,混合溶剂还是成功地应用在渗透压法表征高分子分子量的测定中[16].

7.2　光散射法测定高分子的分子量和尺寸

气体分子的光散射(瑞利散射)或悬浮在液体介质中胶体粒子的散射(丁达尔散射)是众所周知的.散射光强取决于粒子(或分子)相对于其所悬浮的介质的极化率;还取决于粒子的大小,当然与它们的浓度也有关.如果溶液足够稀,散射光强是各个质点散射光强的加和,各散射光互不干涉.如果粒子是各向同性的(如极化率在不同方向是相同的),尺寸小于光的波长,则在给定方向上单一粒子的散射光强将与粒子尺寸的**平方**成正比,与它的形状无关.单个粒子越大,该方向上具有指定质量浓度的溶液的总散射光强也越大.因此在已知粒子和介质的折射率(或极化率)的前提下,粒子的尺寸可以根据粒子稀溶液或悬浮液的散射光强来推断.高分子稀溶液中的无规线团满足各向同性的条件,但是如果它们的分子量很大,它们在溶液中的平均尺寸可能并不是远小于光的波长.为了计算分子量,需要对散射光的**不对称性**进行校正.高分子稀溶液的散射光强较弱,为了定量测定分子量,需要灵敏的方法.

最近几年,有人特别是 Debye 及合作者[17]把光散射法运用到高分子的分子量测定中.渗透压法和光散射法是目前使用的主要方法.它们各有优势,至少有一方面它们是互补的.光散射法测得的是**重均分子量**(参见 7.2.3 小节),对于多分散试样,要大于渗透压法测得的**数均分子量**.两种平均值的差异提供了一种对分子量分散程度的量度.

下面将对高分子溶液浊度的测定进行简单的讨论.在此要对表征高分子分子量和尺寸的要点作说明.更为详细的讨论,读者可以参考 Debye[17]、Mark[18]、Oster[19] 以及 Doty 和 Edsall[20] 的论文及综述.

7.2.1 实验方法

图 7.8 为 Debye 及合作者[21]发展的用于测定高分子溶液散射光强的装置示意图.从中压汞弧灯 S(通用电气 AH-4 型)发出的光经过一可调节的针孔 P,经透镜 L 会聚,而 L 放置在近乎能产生平行光束的位置.可变的光阑 D_1 限制进入圆柱形 Pyrex(派热克斯牌)玻璃池 C(直径为 40 mm)的光束直径.两个 12 mm 玻璃管同轴连接在池的两边,如图 7.8 所示.左边粘接上一个平的玻璃窗 W;右边则封成弯曲的,以充当透射光的光阱.除了只留有一条狭缝供散射光通过外,整个池子涂成黑色.在角度为 θ 方向的散射光通过分离所需波长的光的滤色片 F,再经固定光阑 D_2 准直后进入光电倍增管 R.光电倍增管的灵敏度可以通过选择在管的不同阶位的电位来调节.与光强成正比的电流用电流计来测量.

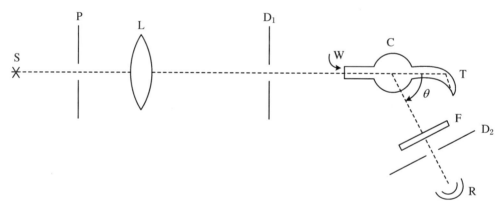

图 7.8　Debye-Bueche 散射光度计示意图[21]

除了光源、滤色片和光电管组件(F、D_2 和 R),仪器的部件都严格地安装在内部涂黑的箱子中.光阑和透镜安装在接到箱壁的金属面板上,以使杂散光减到最小.散射光由一个小反射棱镜收集(图中没有显示),往下再通过滤色片 F、光阑 D_2 和光电倍增管 R.它们放置在与垂直光束成正交的位置上,而不是像图 7.8 显示的那样,这三个部件都安装在可以绕着通过池中心的垂直轴旋转的活动臂上.棱镜也附加在臂上.后者的位置定义散射角 θ 的大小,可以在外部调节并在表盘上读数.圆柱形散射池具有所有角度 θ 上的光学等效性(与长方形池相比);此外,还具有能使引起主要实验误差的杂散光减到最小的作用.

在上述仪器中,没有对入射光强度测定的相关规定.因此对所求的给定方向(θ)的散射光强与入射光强的比值的推算需要使用一个独立设置的散射功率参考标准.为此,Debye 和 Bueche 推荐可以在池子中内置一块经加工的聚甲基丙烯酸甲酯(PMMA)模块.这个模块的散射功率必须独立设置为角度的函数.需要对模块的光学性质变化每隔一间隔进行重新校准.根据检流计偏转先对未知散射特性的溶液进行测定,再在同一角度对参比模块进行测定.这样,可能的光源强度细微变化所产生的影响以这种方式被减至最小.溶液的检流计偏转值与对参比模块两次观测的平均值的比值乘以已知的模块散射功率,得到在散射角为 θ 的方向上、距离池子 r 处、每毫升溶液的散射光强 i_θ 与入射光强 I_0 之比(i_θ/I_0).纯溶剂在同一角度的散射光强要小得多,可以从溶液的散射光强来推断.溶液的散射光强比溶剂过量的部分是感兴趣的量,以后的 i_θ 都是经过如此校正的.

图 7.9 是由 Zimm 设计的实验装置示意图[22].从一个 60 Hz 的交流汞弧灯 S(AH-4)发出的光被一对透镜 L_1 会聚后,通过滤色片 F 再经过光阑 D_1.凹面镜 M 的表面为镀银玻璃,其中心有一不镀银的"小孔",会聚一部分光束到低灵敏度的光电池 P_1 上.其余光束被透镜 L_2 会聚到盛有高分子溶液的小池子 C 的中心.溶液池则浸在一个盛有与待测溶液折射率大致相等的液体的锥形瓶 E 中.棱镜 G 使光束向上倾斜,以补偿光束在锥形瓶表面的折射,从而使光束能水平地贯穿瓶子和溶液池.按照这样的安排,在锥形瓶表面反射的光被分散开,不易再进入光学系统.也提供了对锥形瓶 E 的温度控制.棱镜之前的投影系统放在暗盒中以进一步减小杂散光.

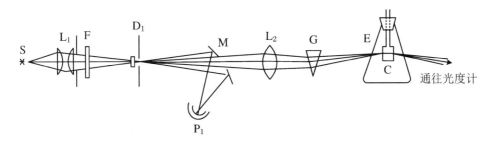

图 7.9　Zimm 设计的光散射实验装置示意图[22]

Zimm 实验装置中的光度计没有在图 7.9 中显示,它包含了透镜和光阑-准直系统,把从池中心(在此处光源的图像被聚焦)在角度为 θ 方向的散射光传送到灵敏的光电倍增管.它安装在一个可以绕通过池中心的垂直轴旋转的臂上,一刻度尺标示着散射角 θ.来自光电倍增管与入射光强监控光电管 P_1 的异相交流电流通过精密电位计来平衡.电位计给出两种光电流之比,该比值和散射光强与入射光强之比成比例.因此读数几乎不受光源波动的影响.仪器测试的仅是散射光强与入射光强之比 i_θ/I_0 的相对值,转化成绝对值需要校准.可以在散射角为 $25°\sim150°$ 间准确地测定 i_θ 的角度依赖性.

对光散射法测定分子量,绝对校准是至关重要的.散射光强与入射光强相比是如此之小(仅几厘米观察距离的 i_{90} 为 $10^{-6}I_0$ 量级),以至于使用相同的光电池对两束光进行可靠的直接比较都是不现实的.已使用过几种方法,但是结果总是不能相互比较.

在有一种方法中[23],通过使用系列中性滤光片使得原始光束的强度被减弱好几个数量级,每一部分在波长 λ 的透射率可以准确地测定.把溶液的散射光强与这种方法测得的入射光强相比较(对影响散射光束的几何因素进行适当校正),立即可以得到比值 i_θ/I_0.一个相关的方法[24]是通过浸在液体介质中的玻璃平板的几次连续反射而引出一小部分原始光束.反射率可以根据玻璃和液体的折射率来计算,由此可以计算多次反射强度与原始光束强度之比.再与溶液的或参比物的散射光相对强度相比较,便可计算所需的比值 i_θ/I_0.

如果浊度是足够大的,并使用相当长的路径,通过直接测定光束穿过充满溶液的池子与充满溶剂的池子时的相对光强,就可以得到原始光束被溶质所耗散的分数[23,25].由于实测浊度的量级是 $10^{-4}\ cm^{-1}$,测定准确度高当然是需要的.光强的衰减率除以光程得到绝对的浊度 τ,或者说光束经每厘米传输光程强度的相对减少.每立方厘米溶液在所有方向上散射的辐射能等于 τI_0.如果在足够多的方向测定相对散射强度 $i_\theta(\mathrm{rel})$,则散射的总辐射能可以通过对各方向相对散射光能量积分得到,即 $\int_{0^\circ}^{180^\circ} 2\pi r^2 i_\theta(\mathrm{rel}) \sin\theta \mathrm{d}\theta$.把结果与绝对数值 τI_0 比较,便可明确转换 $i_\theta(\mathrm{rel})$ 为 i_θ/I_0 的绝对数值的系数.

Zimm[25] 以及 Brice 和合作者[23]还讨论了其他校准方法.由于绝对校准是困难的,因此总是要使用参比标准.这里可以包括具有稳定性质(即不发生降解)的高分子溶液或者聚合物本体,正如 Debye 和 Bueche[21] 所使用的.

在所有的光散射实验中,对溶剂和高分子溶液进行小心过滤都是必要的.微量的灰尘或污垢可以带来严重的错误.

7.2.2 对尺寸小于光的波长的粒子的理论

考虑一沿着 x 轴传播的光波在坐标原点 O 遇到一各向同性的极化粒子(图 7.10),而粒子的尺寸与光的波长相比要小.假设光波是在 zx 平面偏振.电场强度可写为

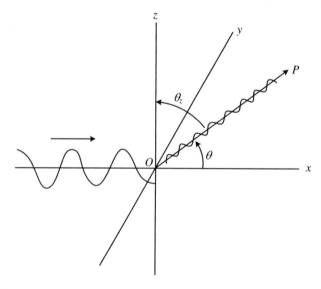

图 7.10

$$E = E_{0z} \cos\left[\frac{2\pi}{\lambda}(\widetilde{c}\, t - \widetilde{n}_0 x)\right]$$

其中, E_{0z} 是入射平面偏振光的振幅, λ 和 $\widetilde{c}$ 分别是光的波长和光在真空中的传播速度. t 是时间, $\widetilde{n}_0$ 是介质的折光指数. 光波将诱导粒子产生偶极矩 p. 如用 α 表示粒子(假设是球形的)比周边介质过量的极化率, 则

$$p = \alpha E = \alpha E_{0z} \cos\frac{2\pi \widetilde{c}\, t}{\lambda} \tag{7.14}$$

这一振荡着的偶极子将产生具有相同频率的二次波源, 并在沿着与入射光方向(x 轴)成 θ 角的 OP 方向可以观察到. 散射波将在由 P 和 z 轴决定的平面内偏振. 散射波电场强度 E_{sec} 将取决于诱导电矩 p 的增幅, 即 $\mathrm{d}^2 p/\mathrm{d}t^2$. 特别地, 在 OP 方向散射波的振幅 $E_{0,sec}$ 将取决于由式(7.14)计算的振幅 $(1/\widetilde{c}^2)(\mathrm{d}^2 p/\mathrm{d}t^2)$、垂直于 P 方向的偶极矩在 Pz 平面的投影并与离散射物体的距离 r 成反比. 这样

$$E_{0,sec} = \frac{\alpha E_{0z}}{r}\left(\frac{2\pi}{\lambda}\right)^2 \sin\theta_z \tag{7.15}$$

式中, θ_z 是 OP 与 z 轴间的夹角. 单个粒子在 OP 方向上的散射强度 i'_z 等于振幅的平方, 或

$$i'_z = \frac{16\pi^4}{r^2 \lambda^4} I_{0z} \alpha^2 \sin^2\theta_z \tag{7.16}$$

其中, $I_{0z} = E_{0z}^2$ 是入射平面偏振光的强度. 因此, 散射光的强度在 xy 平面有一个最大值, 在 z 轴上为 0; 与在 xy 平面散射方向的投影无关.

为了计算入射光为非偏振光时沿着 P 方向的散射光强, 假设入射光强 I_0 被分解为两束同等强度的偏振光($I_{0y} = I_{0z}$), 分别沿 y 和 z 方向偏振. 这样, 取 $I_0 = I_{0y} + I_{0z}$ 和 $i' = i'_y + i'_z$, 其中, i'_y 完全由式(7.16)用 y 替代 z 得出, 于是有

$$i' = \frac{8\pi^4 I_0 \alpha^2}{r^2 \lambda^4}(\sin^2\theta_y + \sin^2\theta_z)$$

后一项等于 $1 + \cos^2\theta$. 当距离为 r、在指定方向 θ 上时(图 7.10), 极稀溶液中单位体积所有粒子(N/V)的总散射光强为

$$i_\theta^0 = \frac{I_0 N}{V}\frac{8\pi^4 \alpha^2}{\lambda^4}\frac{1 + \cos^2\theta}{r^2} \tag{7.17}$$

上式中出现的上标 0 以及下文中相应的符号是作为一个提醒, 即假设粒子尺寸小于光的波长. 如果不能满足这一条件, 为了得到这个方程式和随后关系式中的 i_θ^0, 通常需要对测得的光强 i_θ 进行校正(参见 7.2.4 小节).

很显然, 各向同性粒子的散射光是部分偏振的, 在一定程度上取决于 θ. 在 $\theta = 90°$, 即横向散射时, 光将是平面偏振的, 电矢量垂直于入射光束. 偏振在 θ 接近 0 和 π 时消失. 此外, 根据式(7.17), 散射光强将随着方向而改变, 垂直于入射光束时散射光强仅有位于前向或后向时的一半大. 需要说明的是, 光强对 $\theta = 90°$ 对称, 即 $\theta = \pi/2 - \beta$ 的光强与 $\theta = \pi/2 + \beta$ 是一致的.

按照下式, 极化率 α 分别与溶剂的介电常数 ε_0 以及溶液的介电常数 ε 相关:

$$\frac{4\pi N}{V}\alpha = \varepsilon - \varepsilon_0$$

介电常数可以分别用溶液和溶剂的折光指数的平方来替代,于是有

$$\alpha = \frac{V}{4\pi N}(\tilde{n}^2 - \tilde{n}_0^2)$$

对于稀溶液,有

$$\alpha = \frac{V}{4\pi N}c\left(\frac{\mathrm{d}\,\tilde{n}^2}{\mathrm{d}c}\right)_0 = \frac{\tilde{n}_0 cV}{2\pi N}\left(\frac{\mathrm{d}\tilde{n}}{\mathrm{d}c}\right)_0$$

其中 c 是溶液浓度,单位为 g/mL. 代入式(7.17),注意 $c = NM/N_A V$,N_A 是阿伏伽德罗常量,有

$$\frac{i_\theta^0}{I_0} = \frac{2\pi^2}{N_A\lambda^4 r^2}\,\tilde{n}_0^2\left(\frac{\mathrm{d}\tilde{n}}{\mathrm{d}c}\right)_0^2(1 + \cos^2\theta)Mc \tag{7.18}$$

$r^2 i_\theta^0/I_0$ 被称为瑞利(Rayleigh)比 R_θ^0,可以写成

$$R_\theta^0 = K^*(1 + \cos^2\theta)Mc \tag{7.19}$$

或

$$R_\theta^0 = K^*(1 + \cos^2\theta)\frac{NM^2}{VN_A} \tag{7.19$'$}$$

其中

$$K^* = \frac{2\pi^2}{N_A\lambda^4}\,\tilde{n}_0^2\left(\frac{\mathrm{d}\tilde{n}}{\mathrm{d}c}\right)_0^2 \tag{7.20}$$

式(7.18)表示的是在距离为 r 处角度为 θ 的散射光与入射非偏振光的强度比,所散射溶液的单位体积质量浓度为 c(较低)、粒子分子量为 M. 更为简明的瑞利比表达式由式(7.19)给出. 参数 K^* 取决于可容易确定的量:光的波长、介质的折光指数以及折光指数随浓度的变化 $(\mathrm{d}\tilde{n}/\mathrm{d}c)_0$. 一旦 K^* 值计算出来,比光的波长小得多的粒子(分子)的分子量就可以根据式(7.19)由瑞利比 R_θ 计算得到,瑞利比是在足够低浓度下测得的,以满足上面隐含的关于粒子彼此独立地散射的假设条件.

有时候倾向于考虑光程中初始光束每传输 1 cm 散射到各个方向的光强. 因此,由于散射,一束强度为 I 的光是减弱的,在光束通过**浊度**为 τ[①] 的溶液、传输长度为 $\mathrm{d}x$ 时,光强的减小量为 $\tau I\mathrm{d}x$. 当传输一段距离 x 后,入射光束的强度将由最初的 I_0 减小到 I,这里

$$\frac{I}{I_0} = \mathrm{e}^{-\tau x} \tag{7.21}$$

或者,由于强度的减少将是非常小的,也可以写为

$$\tau x = \frac{I_0 - I}{I_0} \tag{7.21$'$}$$

浊度可以通过单位体积中的 N/V 个粒子在所有方向的总散射强度积分求得,即

$$\tau = \int_0^\pi \frac{i_\theta}{I_0}2\pi r^2\sin\theta\mathrm{d}\theta$$

假设在粒子内的干涉可以忽略的情况下(参见下文),即可得到校正后的光强 i_θ^0,用以替代实际光强 i_θ,这样代入式(7.18)中的 i_θ^0/I_0 并作积分运算,我们可以得到类似的校正后的浊

---

① 表示测定的量 i_θ、R_θ 和 τ 时不加上标 0.

度为

$$\tau^0 = HcM \tag{7.22}$$

式中,

$$H = \frac{32\pi^3}{3\lambda^4 N_A}\,\tilde{n}_0^2\left(\frac{\mathrm{d}\tilde{n}}{\mathrm{d}c}\right)_0^2 \tag{7.23}$$

与式(7.19)和(7.20)比较有

$$\tau^0 = \frac{16\pi}{3}\frac{R_\theta^0}{1+\cos^2\theta} \tag{7.24}$$

因此,浊度可以直接由瑞利比来计算.后面的讨论中将涉及这两个量,记住任一个量可以容易地由另一个量来计算得到.

　　正如前面所指出的,由每厘米光束中初始光强的减小直接测定浊度是不现实的,这是因为其量级较小.因此,在指定角度(通常是 90°),测定散射光的相对强度 i_θ/I_0,再由测定结果转换为瑞利比,或利用式(7.24)转换为浊度.分子量可以根据式(7.19)或式(7.22)来计算.实际上,由于尚没有解决两个必须考虑的复杂因素,问题并不是如此简单.一个因素与求取比值 τ/c 外推到无限稀释时的值有关,与渗透压的外推相类似.另一个因素则是正如上文所假设的,与光的波长相比,溶液中的高分子通常并不是太小.当粒子的尺寸超过 $\lambda/20$ 时,散射光强的角度依赖关系将明显地偏离式(7.18);这样测定值 $R_\theta/(1+\cos^2\theta)$ 将取决于角度 θ,显然,(平均)分子量不能用上述的方程式和任一角度测定的光强来明确计算.然而,在开始讨论引入合适的校正方法之前,我们先考虑由光散射法测得的平均分子量的类型.

7.2.3　重均分子量

　　由粒子或分子散射而形成的二次波源的振幅取决于入射光波在其中引起的极化.也就是说,它取决于式(7.15)中的 α.但是对于组成具有指定光学特性物质的粒子,α 与粒子的尺寸成正比.这样由这些粒子中的某一个散射而形成的二次波源的**振幅**也将与粒子的尺寸成正比.单个粒子的散射**光强**(参见式(7.16))正比于极化率 α 的**平方**,因此也正比于粒子尺寸的平方.这是在另一表达式(7.19')中出现粒子数和分子量平方乘积的依据.的确,每个粒子的散射光强对 M 的依赖性要大于一次方,而这个一次方的依赖性正可以实现对分子量的测定.例如,如果我们在处理诸如热容、折光指数或比容等特性时,聚合物粒子对每一特性的贡献都正比于其质量的一次方,测定量将仅取决于在给定体积溶液中聚合物的总**量**,与已有特定量的溶质分子分散在其中的溶剂分子数全然无关(到一个非常接近的近似).根据这些特性来测定分子量是不可能的.

　　如果溶质是由分子量不同的聚合物同系物所组成的,较大粒子对散射或浊度的贡献将比同等质量的较小粒子要大.从式(7.19)和式(7.22)来看,也是明显的.这种情况与假设在溶液足够稀时仅取决于粒子数的依数性不同.为了定量地表达稀溶液中多分散聚合物的总浊度,我们可以写出

$$\tau^0 = \sum_i \tau_i^0$$

其中,τ_i^0 是分子量为 M_i 的分子所产生的浊度.由于对于聚合物的系列同系物,$\mathrm{d}\tilde{n}/\mathrm{d}c$ 几乎

是等同的,因此采用单一的 H 值适用于所有的组分,可以得到与式(7.22)类似的关系式:

$$\tau^0 = H \sum c_i M_i$$

可以避免使用求和符号,改写为

$$\tau^0 = Hc\bar{M}_w \tag{7.25}$$

式中,$\bar{M}_w$ 是**重均分子量**,可以由下面任一式子来定义:

$$\bar{M}_w = \frac{\sum c_i M_i}{c} = \sum w_i M_i = \frac{\sum N_i M_i^2}{\sum N_i M_i} \tag{7.26}$$

这里,w_i 是质量分数,且 $c = \sum c_i$. 无论是哪种分子量分布类型,光散射法总是得到重均分子量.式(7.25) 可以替代式(7.22),后者不考虑分子量的多分散性.类似的考虑也适用于瑞利比.对于多分散聚合物,我们可以用下式来替代式(7.19):

$$R_\theta^0 = K^*(1 + \cos^2\theta)\bar{M}_w c \tag{7.27}$$

重均分子量在分析聚合物性能方面也是特别重要的,因此它与其他平均分子量之间的关系值得认真仔细考查.当然,分子量的均方值是

$$\overline{M^2} = \frac{\sum N_i M_i^2}{\sum N_i} \tag{7.28}$$

再结合式(7.12)和式(7.26),有

$$\bar{M}_w = \frac{\overline{M^2}}{\bar{M}_n} \tag{7.29}$$

也就是说,$\bar{M}_w$ 可以定义为分子量的均方值与数均分子量的比值.如果用 $\bar{M}_{\mathrm{rms}}$ 来表示均方根分子量,则

$$\frac{\bar{M}_w}{\bar{M}_{\mathrm{rms}}} = \frac{\bar{M}_{\mathrm{rms}}}{\bar{M}_n} \tag{7.30}$$

或者说,$\bar{M}_{\mathrm{rms}}$ 是 $\bar{M}_n$ 与 $\bar{M}_w$ 的几何平均值.基于另一个观点,假设从一块多分散聚合物中随机选取一个结构单元.重均分子量代表的是这个单元所在分子的统计期望大小.最为重要的是,重均分子量对较大组分的存在特别敏感,而数均分子量对较小分子的质量比例较为敏感.这样,**相同质量**的分子量分别为 $M = 10000$ 和 $M = 100000$ 的分子混合后,给出的数均分子量为 18200,而重均分子量为 55000.同样,相同数量的分子量分别为 $M = 10000$ 和 $M = 100000$ 的分子混合后,混合物的 $\bar{M}_n = 55000$,$\bar{M}_w = 92000$.

7.2.4 尺寸接近光波长的聚合物粒子的光散射

本章开头已经强调了溶液中的高分子占据了较大体积.如果分子量超过几十万,高分子链的宽度就可以达到几百埃或更大.而当散射粒子的尺寸超过光的波长的 1/20 时,就不能再把粒子看成一个简单的散射源了,粒子中分离较远的诱导偶极子发射散射光,相位差是明显的.用图 7.11 来说明.在散射单元 B 处的入射光波再散射到 P_1 所经的光程与散射单元 A

处的入射光波再按照相同方向散射所经的光程是不同的. 而且, 在后向 P_2 从 A 与 B 散射的光波的光程差要大于前向 P_1 从同样的两处散射的光波的光程差. 散射角 θ 越大, 由同一分子的不同部位的散射波之间的相位差而引起的相消干涉就越大; 在 θ 接近 0° 时, 就没有这种干涉了. 由于这种特征的干涉效应, 特别是在线性尺度达到光在介质中的波长 $\lambda' = \lambda/\tilde{n}_0$ 时, 散射光强不再是式 (7.18) 所指示的关于 90° 散射角对称了. 在 $\theta = 90° + \beta$ 方向上的散射光强要弱于 $\theta = 90° - \beta$ 方向上的散射光强. 通常, 两个方向上观测到的散射光强比称为不对称系数, 用 z_β 来表示, 即

$$z_\beta = \frac{i_{90° - \beta}}{i_{90° + \beta}}$$

高分子链两端之间的均方根末端距 $\sqrt{\overline{r^2}}$ 是一种可适当量度其线性尺度的量. 这个不对称系数 z_β 在 $\sqrt{\overline{r^2}}/\lambda' \ll 1$ 时将为 1, 且随着这一比值增加而增加.

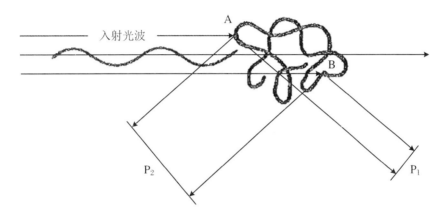

图 7.11　尺度与波长相当的高分子链不同部位散射光间的干涉

如果能以足够的准确度测到非常小角度的散射光强, 就可以通过外推得到 0° 时的瑞利比 R_0. 由于粒子内的干涉必然在 0° 时消失 (参见图 7.11), 在 0° 的散射是不受干扰的. 因此, 利用式 (7.27) 就可以计算出分子量, 在 $\theta = 0°$ 时, R_θ 减小到

$$R_\theta = 2K^* \bar{M}_w c \tag{7.27'}$$

此外, 利用式 (7.24), 就可以计算没有内干涉情况下的假想浊度, 在 $\theta = 0°$ 时, 浊度减小到

$$\tau^0 = \frac{8\pi}{3} R_\theta^0 \tag{7.24'}$$

再根据这一假想浊度, 由式 (7.25) 就可以计算出分子量.

在小角度时测定存在较大的误差, 正是由于这一原因, 常常更倾向于对较大角度测定的散射强度进行适当的校正. 通常用因子 $P(\theta)$ 来表示由于粒子内干涉而导致的在某一方向 θ 测得的强度 i_θ 的减弱, 且 $P(\theta)$ 取决于粒子的大小和形状以及角度 θ. 这样, 根据定义

$$P(\theta) = \frac{i_\theta}{i_\theta^0} = \frac{R_\theta}{R_\theta^0}$$

式中, i_θ^0 和 R_θ^0 分别是不存在内干涉时在散射角为 θ 处测得的散射光强和瑞利比. Debye 的研究表明[17—20], 对于无规线团状高分子, 分子中每个链单元与质心的关系都可以近似地用

高斯分布来表示(参见第 10 章),则有

$$P(\theta) = \frac{2}{v^2}\left[e^{-v} - (1 - v)\right] \tag{7.31}$$

式中

$$v = \frac{2}{3}\frac{\overline{r^2}}{\lambda'^2}\left(2\pi\sin\frac{\theta}{2}\right)^2 \tag{7.32①}$$

图 7.12 中最下面一条曲线就是根据式(7.31)绘制的无规线团状高分子的 $P(\theta)$ 对 $v^{1/2}$ 的作图.对具有统一密度的球形和棒状粒子,类似的计算结果也显示在图中.在相应的横坐标取值范围内,球状分子的结果与无规线团状高分子没有明显的不同,而棒状分子的 $P(\theta)$ 则明显不同.

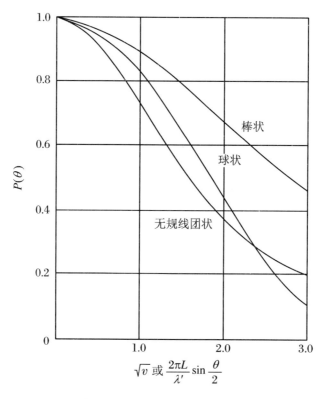

图 7.12 光强的测定值与校正值的比值对无规线团状高分子的

$$\sqrt{v} = \sqrt{\frac{2}{3}}\frac{\sqrt{\overline{r^2}}}{\lambda'}2\pi\sin\frac{\theta}{2} \text{ 作图、对直径为 } L \text{ 的球状分子}$$

的 $\frac{2\pi L}{\lambda'}\sin\frac{\theta}{2}$ 作图以及棒状分子的长度 L 作图.(Doty

和 Edsall[20])

① 在实际计算时,采用的尺寸是链单元与质心之间的均方根距离 $\sqrt{\overline{s^2}}$(或称"回转半径").然而,可以证明[26],$\sqrt{\overline{s^2}} = \sqrt{\overline{r^2}}/6$,因此在推导式(7.32) 时,已用 $\sqrt{\overline{r^2}}$ 替代了 $\sqrt{\overline{s^2}}$.

在这三种情况中,如果粒子尺寸小于约 $\lambda'/20$,即线团的均方根末端距、球的直径或棒的长度不超过约 $\lambda'/20$,$P(\theta)$ 与 1 都没有明显的差别.这样,散射光强应该随角度按照 $1+\cos^2\theta$ 来变化,前文中瑞利比与分子量之间的关系无须校正即可使用.而对于较大的粒子(即较大的比值 $\sqrt{\overline{r^2}}/\lambda'$),散射光强的角度依赖关系应该表示为 $P(\theta)(1+\cos^2\theta)$.

为了计算重均分子量,我们需要得到不存在内干涉时测得的瑞利比 R^0_θ(或浊度 τ^0).这个瑞利比是由瑞利比测定值除以 $P(\theta)$ 而得到的,即由 $R_\theta/P(\theta)$ 得到.因此,这就必须由实验来确定 $P(\theta)$ 的值.可以通过在对称于 $90°$ 的两个角度,如 $45°$ 和 $135°$,测定散射光强(i_θ)来方便地实现.求得的不对称系数 z_θ 可以与式(7.31)和式(7.32)中不同的 $\sqrt{\overline{r^2}}/\lambda'$ 计算值相比较,如图 7.13 所示.以这种方式确定 $\sqrt{\overline{r^2}}/\lambda'$ 后,根据式(7.32)计算任一角度下的 v,这样该角度下对强度比测定值的校正因子 $1/P(\theta)$ 就可以根据式(7.31)或图 7.12 来得到.

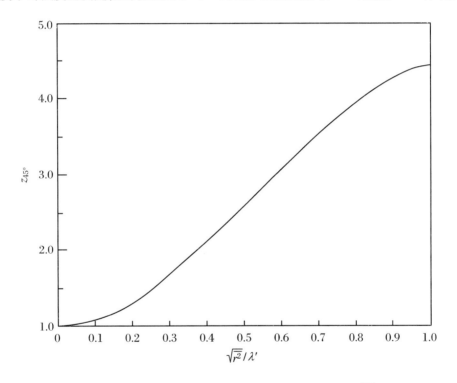

图 7.13　无规线团状高分子在 $45°$ 和 $135°$ 下光散射的不对称系数对 $\sqrt{\overline{r^2}}/\lambda'$ 的作图[19]

需要指出的是,由相对强度测定可以测得 z_β.计算分子量所需的 i_θ/I_0 值通常在 $90°$ 下测定,上文所描述的由不对称性而获得的校正因子 $1/P(\theta)$ 可用来得到 $R^0_{90°}$.因子 $P(\theta)$ 仅适用于无限稀释时,因此,不对称性测定在最低浓度下以足够的精确度来进行是很重要的.

除了测定校正因子 $1/P(\theta)$,光散射不对称性测定还可以用来测定稀溶液中无规线团状高分子的尺寸.上述对不同角度下的测定进行分析可以得到重要的参数 $\sqrt{\overline{r^2}}/\lambda'$,由此就可以立即得到链的均方根末端距.或者是在同一角度(如 $90°$),测定一系列波长下的光散射来获得.如果没有不对称性的存在,根据式(7.19)式(7.20),$R(\theta)$ 随着 λ'^{-4} 而变化,

$R(\theta)\lambda'^4$ 将保持不变.这一乘积的变化反映了 $P(\theta)$ 随波长的变化,由此利用式(7.31)和式(7.32)可以确定 $\sqrt{\overline{r^2}}$.光散射测定目前是唯一的测定无规线团状高分子尺寸的**绝对**实验方法.然而,这一方法仅适用于特定范围 $1/10 < \sqrt{\overline{r^2}}/\lambda < 1$.

7.2.5 散射对浓度的依赖性

为了处理一定浓度下非理想溶液的光散射,必须基于 Smoluchowski[27] 和 Einstein[28] 建立的更为普遍的观点来考虑这些问题.他们考虑的是在任意选取的、相比 λ' 要小的体积元 δV 内折光指数的涨落问题.这些涨落源于两个方面:密度和浓度的变化.对于纯溶剂来说,光散射是由密度涨落引起的,它不是这里考虑的问题;在从溶液的散射光强推算纯液体的贡献时,这部分贡献被消除了.因此,在后面的讨论中,我们将仅局限于考虑浓度涨落对浊度或散射光强的贡献.

这里,前面处理的粒子被溶液中的小体积元 δV 所替代.在这些体积元中的某一个,由于浓度偏离平均值,其超极化率可以写为

$$\Delta\alpha = \frac{\Delta\varepsilon\,\delta V}{4\pi}$$

这里,$\Delta\varepsilon$ 是体积元内光学介电常数与整个溶液的平均值相比的差值.散射光强取决于所有体积元的 $\Delta\alpha$ 的平方平均值 $\overline{(\Delta\alpha)^2}$,可以替代式(7.17)中的 α^2.再注意到,单位体积中的粒子数 N/V 用单位体积中的体积元数 $1/\delta V$ 来替代,这样根据式(7.17),有

$$i^0 = \frac{I_0\pi^2\,\overline{(\Delta\varepsilon)^2}\,\delta V(1+\cos^2\theta)}{2\lambda^4 r^2} \tag{7.33}$$

式中,$\overline{(\Delta\varepsilon)^2}$ 是一个体积元内介电常数局部涨落的平方平均值.它可以写为

$$\overline{(\Delta\varepsilon)^2} = \left(\frac{\partial\varepsilon}{\partial c}\right)^2\overline{(\Delta c)^2} = \left[2\,\tilde{n}_0\left(\frac{\mathrm{d}\tilde{n}}{\mathrm{d}c}\right)_0\right]^2\overline{(\Delta c)^2}$$

根据涨落的热力学理论,浓度涨落的平方平均值为[19,28]

$$\overline{(\Delta c)^2} = kT\frac{\partial^2 F}{\partial c^2} = \frac{kT\mathrm{v}_1 c}{\delta V}\left(-\frac{\partial\mu_1}{\partial c}\right)$$

式中,F 是整个溶液的自由能,c 是体积元 δV 内的浓度,k 是玻尔兹曼常量,μ_1 是溶液中溶剂的化学位,v_1 是溶剂的摩尔体积.把这些结果代入式(7.33),再转化为瑞利比,有

$$R_\theta^0 = \frac{K^* RT\mathrm{v}_1 c(1+\cos^2\theta)}{-\dfrac{\partial\mu_1}{\partial c}} \tag{7.34}$$

式中,R 是摩尔气体常量.由于 $\mu_1 - \mu_1^0 = -\pi\mathrm{v}_1$,这里 π 为渗透压,故

$$-\frac{\partial\mu_1}{\partial c} = \mathrm{v}_1\frac{\partial\pi}{\partial c}$$

且

$$\frac{R_\theta^0}{1+\cos^2\theta} = \frac{K^* cRT}{\partial\pi/\partial c} \tag{7.35}$$

类似地,对于浊度

$$\tau^0 = \frac{HcRT}{\partial \pi / \partial c} \qquad (7.36)$$

引入式(7.13)的渗透压与浓度的关系式,且用 RT/M 替代 $(\pi/c)_0$,可以得到

$$\frac{Hc}{\tau^0} = \frac{1}{M}(1 + 2\Gamma_2 c + 3g\Gamma_2^2 c^2) \qquad (7.37)$$

在无限稀释时,上式就变为前面的式(7.22).把对涨落的考虑推广到多分散聚合物的溶液,再次表明[29],分子量 M 要用重均分子量 $\overline{M}_w$ 替代.分子量不均一性引起的混乱可以通过下面的式子来避免:

$$\frac{c}{\tau^0} = \left(\frac{c}{\tau^0}\right)_0 (1 + 2\Gamma_2 c + 3g\Gamma_2^2 c^2) \qquad (7.37')$$

这与渗透压的表达式(7.13)相类似(为了实用目的,可以再次指定 g 为固定值 1/4).根据式(7.25),由浓度-浊度比值的极限值 $(c/\tau^0)_0$,立即就可以得到重均分子量,表示为下式更为合理:

$$\left(\frac{c}{\tau^0}\right)_0 = \frac{1}{H\overline{M}_w} \qquad (7.25')$$

可以写出等同的关于瑞利比 R_θ 的表达式,特别是我们可以分别用 c/R_θ^0 和 $(c/R_\theta^0)_0$ 来替代式(7.37')中的 c/τ^0 和 $(c/\tau^0)_0$.

对于式(7.37)和式(7.37'),预计可以有足够的精确度在 $(c/\tau^0)/(c/\tau^0)_0 < 4$ 范围内表示浊度与浓度的函数关系.分子量的不均一性可能对渗透压和光散射表达式中的系数 Γ_2 的影响稍有不同,其结果是如果采用未经分级的样品,两种方法得到的 Γ_2 值未必一致.

7.2.6 数据处理

光散射法的灵敏性取决于常数 K^*(或 H)的量级大小,进而取决于溶质与溶剂折光指数差值的平方,正如式(7.24)中 $(\mathrm{d}\tilde{n}/\mathrm{d}c)_0$ 的平方所表示的.通常选取溶剂时,这一系数至少为 $0.02\ \mathrm{mL/g}$,超过 $0.05\ \mathrm{mL/g}$ 更好.可以通过对溶剂和已知浓度的溶液的示差折光指数测定来确定.[21] 由于 K^* 与波长 λ 的四次方成反比,短波长的单色辐射可能是首选.然而,由较大 K^* 值获得的优势在一定程度上可能被较短波长时增加的不对称性所抵消.

在通过散射强度测定分子量之前,必须引入之前讨论的两个校正——分子内干涉引起的不对称性校正和向浓度为零的外推,或确定这两个校正可以忽略.然而,在上述部分给出的关系式中仅严格地对某一种情况出现、而另一种情况不出现作了说明.散射光强的浓度依赖性理论适用于经不对称性校正的浊度,而对不对称性的处理只有在零浓度时(这时不同高分子的散射光之间不相干)才严格有效.

不对称性如果明显的话,总是取决于浓度的,因此可以作为浓度的函数来测定.然而,假如不对称系数 $z_{45'}$ 并没有比 1 大很多(参见图 7.13),它随浓度的变化在分子量测定方面就没有多大意义了.这样,校正因子 $P(\theta)$ 可以按照上文描述的方法由一定浓度下观测的不对称性来得到,并不需要将不对称系数外推到无限稀释时.如果不对称性较大,如通常在分子量较大时就是如此,测得的 $R(\theta)$ 应该通过作图外推到角度为零以获得 R_0.角度和浓度的外推都可以按照 Zimm[22,31] 的方法绘制在同一张图上来完成.然而,需要降到小角度来进行准

确的测定,因此,先进行浓度的外推更为可取.例如①,测得的比值 c/R_θ 可以采用类似于式 (7.37′)的关系式来进行外推.这样,无限稀释时的不对称系数 z_β(有时候被称为极限不对称系数 [z])可以被用来计算链的尺寸 $\sqrt{\overline{r^2}}$ 和适用于无限稀释时的校正因子 $P(\theta)$.

假设在某指定溶剂中**特性黏数**(参见 7.4.2 小节)以及高分子的大致分子量是已知的,采用下面的半经验方程式可以估算聚合物在该溶剂中的不对称系数.高分子链的均方根末端距以埃为单位,可以大致表示为

$$\sqrt{\overline{r^2}} \approx 8 \left(M[\eta] \right)^{1/3} \tag{7.38}$$

这样,大致的不对称校正量可以利用式(7.31)和式(7.32)由 $\sqrt{\overline{r^2}}/\lambda'$ 而得到.这样计算得到的校正不被认为是可以替代实际不对称性的测定,但是可以证明作为对校正的初步估算是很有用的.

对于中等分子量[14]和非常高分子量[22]的聚苯乙烯级分,典型的光散射测定结果分别示于图 7.14 和图 7.15.对前一个,利用式(7.31)和式(7.32),由测得的不对称系数 $z_{45°}$($\approx$

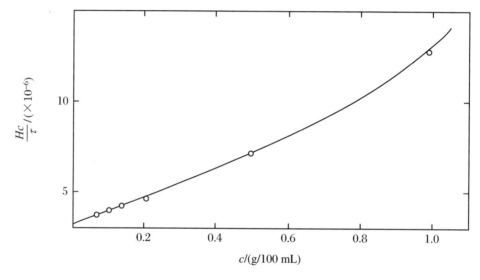

图 7.14 中等分子量(2.9×10^5)的聚苯乙烯在苯中的 Hc/τ 对 τ 的作图
(Fox、Flory 和 Bueche[14])

1.2)计算所得的不对称性校正较小.对于高分子量的聚合物(图 7.15),每个浓度下的 c/τ^0 值通过把测得的光强外推到 $\theta \to 0$ 来得到.在这些图中,由点绘制的曲线是由式(7.37′)计算而得的,其中采用最能贴合数据的 Γ_2 值.作图外推可以按照上文描述的外推 π/c 的方法.这样,$\log(c/\tau)$ 对 $\log c$ 的实验作图与由式(7.37′)计算得到的 $\log[(c/\tau)/(c/\tau)_0]$ 对 $\log(\Gamma_2 c)$ 的图是相符的,其中采用合适的 g 值.另外,如果取 $g \sim 1/3$,则

$$\left(\frac{c}{\tau^0} \right)^{\frac{1}{2}} \approx \left(\frac{c}{\tau^0} \right)_0^{\frac{1}{2}} (1 + \Gamma_2 c) \tag{7.37″}$$

---

① 采用未经校正的瑞利比和浊度建立的参数 Γ_2 的经验值具有角度依赖性,不一定代表常规的热力学参数 Γ_2.

这样,意味着可以以$(c/\tau^0)^{1/2}$对c作图.

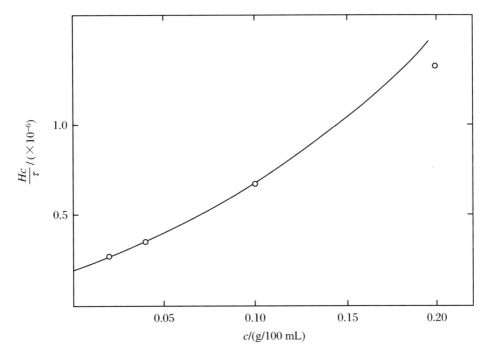

图 7.15 非常高分子量$(\sim 5 \times 10^6)$的聚苯乙烯在苯中的Hc/τ对τ的
作图(Zimm 的结果[22])

示于图 7.14 和图 7.15 的c/τ对c的作图与图 7.5 和图 7.6 的π/c对c的作图有明显的相似性.在这两种类型的测定中,对理想值的偏离(即π/c和c/τ随c的变化)有着相同的原因.如同渗透压与浓度的比值,c/τ随c的变化可以通过选择劣溶剂而减小.使用劣溶剂的更深一层的优势则是,在劣溶剂环境中,高分子尺寸较小,减小了不对称校正.

聚苯乙烯级分由光散射法在两个波长测定的分子量与渗透压法测得的数值相比较示于表 7.2.在这一分子量范围内,对不对称性的校正只占很小的百分比,且外推到零浓度时的不确定性也较小.光散射法所得结果略高于渗透压测定结果可以归结于级分的多分散性,因而造成$\bar{M}_w$大于$\bar{M}_n$.

表 7.2 由光散射法和渗透压法测得的聚苯乙烯级分的分子量比较(Brice、Halwer 和 Speiser[23])

级分	$\bar{M}_w/(\times 10^3)$ 光散射法,$\lambda = 4360\ \text{Å}$	$\bar{M}_w/(\times 10^3)$ 光散射法,$\lambda = 5460\ \text{Å}$	$\bar{M}_n/(\times 10^3)$ 渗透压法
1	116	115	101
2	180	178	151
3	270	268	238

混合溶剂通常不适合用在分子量的测定上,这是因为高分子链对某一种溶剂组分存在选择性吸收的可能性.[32]这样,高分子粒子(高分子 + 吸收的溶剂)的超极化率与高分子和溶剂混合物间的极化率差值并不相等.由于这个原因,在聚合物添加到溶剂中、把介质作为

一个整体时,不能假设计算 K^* 或 H 所需的折光指数增量 $\mathrm{d}\tilde{n}/\mathrm{d}c$ 与测得的介质折光指数变化是一致的,除非溶剂组分的折光指数恰好是一致的.然而,"尺寸" $\sqrt{\bar{r^2}}$ 是在混合溶剂中测得的,因为只有在不对称比值中需要这个量.

综上所述,光散射法的优势是所测定的特性是随着分子量增加而增加的,而对于渗透压变化趋势则是相反的.由于随分子量增加而增加的不对称校正带来的复杂性,这一明显的优势不能完全被利用.没有任一种方法能比另一种方法具备明显的优势,方法的选取应该取决于分子量测定方法的用途以及所测定聚合物特有的环境.实际上,由于两种方法可以得到统计意义不同的平均分子量,它们在相当大的程度上是互补的.比较 $\bar{M}_w$ 与 $\bar{M}_n$ 可获得聚合物的多分散系数.光散射不对称性测定是唯一的测定溶液中无规线团状高分子尺寸的绝对方法.除了用于校正浊度以估算分子量外,用于这一目的的不对称性测定的重要性是不应该被忽视的.

7.3 超速离心法测定分子量[33,34]

在过去的 30 年里主要由乌普萨拉的 Svedberg 及合作者发展的超速离心技术[33] 是目前现有的大分子物质分子量测定方法中最复杂的一种.超速离心机包含一个直径几英寸的钢制转子,转子在真空室中(为了使热效应最小化)高速转动.转子可以是电驱动而恒速转动的,而在老式模型中是以油或空气涡轮机来驱动的.装有被离心溶液的小圆筒形池子被控制在转子中,并靠近其边缘.池子中的浓度梯度采用一束光通过光学方法测定,光的传播方向平行于转轴,且垂直于池子,在每一次转动中光束被池子所截获.池子不同部位对光束的折射可以采用拉姆标度位移法[33] 或纹影光学方法[33] 来测定.在每一种情况中,测得的折光指数转化为池子中沿着沉淀方向的浓度梯度.在沉降速度测定中,在离心力场的影响下溶质的沉降也是参照这一方法,在较小离心力场中溶质的最终分布以沉降平衡的方法作类似的推算.在沉降速度测定中,离心力场可以相当于重力场的几十万倍.

7.3.1 从沉降常数和扩散常数求得分子量

在离心池离转轴为 x 的点,在密度为 ρ 的介质中,作用在质量为 m、(偏微)比容为 $\bar{v}$ 的粒子上的力为 $m(1-\bar{v}\rho)x\omega^2$,其中 ω 为旋转角速度.设这一项与速度 $\mathrm{d}x/\mathrm{d}t$ 乘以**摩擦系数** f 得到的摩擦力相等,得到基本的沉降速度关系式:

$$\frac{1}{\omega^2 x}\frac{\mathrm{d}x}{\mathrm{d}t} = \frac{m(1-\bar{v}\rho)}{f} \tag{7.39}$$

左式的量通过测定以恒定速度 ω 运转的超速离心机中沉降边界线的运动速度来确定,称为**沉降常数** s.因此

$$s = \frac{m(1-\bar{v}\rho)}{f} \tag{7.40}$$

摩擦系数随浓度而变化,但是在无限稀释时,它可以归纳为一个孤立高分子穿过周边流体而不被其他高分子运动所干扰的系数 f_0(参见第 14 章). 然而,在一定浓度下,在一给定高分子周围溶剂的运动要受附近的其他分子影响. 高分子之间的双重(以及更高次)相遇也对摩擦效应产生影响. 这些相互作用的影响将一直持续到非常低的浓度,这是因为高分子具有相对较大的有效体积,这一点在本章中已反复强调过了. 由于沉降"常数"与摩擦系数成反比,s 必然也取决于浓度.

如果摩擦系数 f 能独立测定的话,在一个指定力场中,高度稀释时,沉降粒子的质量可以由沉降速度即由沉降常数来推算. 扩散速度可以利用来获取必要的补充信息,这是因为扩散常数 D 也依赖于摩擦系数. 因此[35]

$$D = \frac{kT}{f}\left(1 + \frac{\mathrm{d}\ln \gamma}{\mathrm{d}\ln c}\right) \tag{7.41}$$

式中,γ 是溶质的活度系数. 在无限稀释时上式可以归纳为

$$D = \frac{kT}{f_0} \tag{7.42}$$

与无限稀释时的式(7.40)合并(乘以阿伏伽德罗常量),得

$$\frac{D_0}{s_0} = \frac{RT}{M(1 - \bar{v}\rho)} \tag{7.43}$$

因此,分子量可以从无限稀释时的 D 与 s 的极限值的比值来计算. 问题是需要获得准确的 D_0 和 s_0 值.

沉降常数随浓度的变化只能从 $1/f$ 的变化得到,因此通常要把 $1/s$ 对 c 的作图外推到无限稀释. Newman 和 Eirich[36] 对几种聚苯乙烯级分在氯仿中的沉降研究结果示于图 7.16. D 随浓度的变化并不是这样简单的,因为它不仅取决于 $1/f$,而且与热力学非理想性相关,反映在式(7.41)中的 $\mathrm{d}\ln \gamma/\mathrm{d}\ln c$ 一项. 应用导出渗透压式(7.13)的相关热力学理论,得

$$D = \frac{kT(1 + 2\Gamma_2 c + 3g\Gamma_2^2 c^2)}{f} \tag{7.44}$$

这样,式(7.41)或式(7.44)中的分子项和分母项都取决于浓度[37]. 由于这种情况,凭经验对 D 进行外推是特别冒险的(对于无规线团状高分子). 如果根据渗透压或光散射测定求得一系列浓度下的 Γ_2 值,根据式(7.44)的外推将变得容易.(不过,如果已经进行了这样的测定,分子量也就已经测得了.)

一个更好的方法是从式(7.40)和式(7.44)中消去摩擦系数,得

$$\frac{D}{s} = \frac{RT}{M}\frac{1 + 2\Gamma_2 c + 3g\Gamma_2^2 c^2}{1 - \bar{v}\rho} \tag{7.45}$$

因此,对在一系列非常低浓度下测定的 D/s 比值做单一的外推就足够了. 为了得到 $(D/s)_0$ = RT/M,上文建议的处理渗透压和浊度的作图方法也可以用在这里. 同样,如果采用的是劣溶剂,因此 Γ_2 值非常小,则在稀溶液范围内,D/s 将几乎与 c 无关.

Meyerhoff 和 Schulz[38] 在 20 ℃ 对半分级的聚甲基丙烯酸甲酯在丙酮中的沉降和扩散测定结果汇总于表 7.3 中. 为了得到 s 和 D 可靠的外推极限值,对每个样品的测定都扩展到足够低的浓度. 由式(7.43)计算得到的分子量列在第四列. 根据 Meyerhoff 和 Schulz 采用

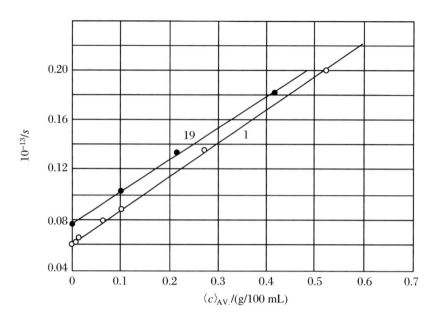

图 7.16　两种聚苯乙烯级分在氯仿中的沉降常数 s 的倒数对浓度的作图

级分 1 和 19 的分子量分别是 13×10^5 和 5.5×10^5. (Newman 和 Eirich[36])

的方法,这些是重均分子量,以指示沉降和扩散实验中平均边界的位置.(根据在不能明确定义的沉降和扩散边界(由于分子量的多分散性而加宽了)中选择平均位置的依据,决定了可能得到的平均分子量的意义是不同的.[34])毫无疑问,由于级分样品的多分散性[38],列在最后一列的由渗透压法得到的分子量明显小得多,这是由于级分的多分散性[38]导致在重均分子量与数均分子量之间有着较大的差距.但是,光散射测得的分子量[39,40](重均分子量)与沉降和扩散实验的结果能很好地符合.

表 7.3　由沉降和扩散实验得到的聚甲基丙烯酸甲酯级分的分子量

聚合物	$s_0/(\times 10^{-13}\ \mathrm{s/g})$	$D_0/(\times 10^7\ \mathrm{cm^2/s})$	$\overline{M}_w/(\times 10^3)$ 由 $D_0/s_0{}^a$ 得	$\overline{M}_n/(\times 10^3)$ 渗透压法
A	107.0	0.95	7440	
B	82.0	1.18	4590	
C	69.0	1.42	3210	
D	59.5	1.95	2020	
E	48.5	2.25	1420	1000[b]
F	36.5	3.95	611	410[b]
G	25.2	5.45	306	210
H	18.8	8.30	148	116
J	14.1	12.05	77.2	58

a　20 ℃,丙酮中, $\bar{v}_\rho = 0.631$.

b　基于渗透压测试结果,采用经验方程式,由特性黏数计算得到.

7.3.2　沉降平衡

在预防诸如离心池中对流等干扰的影响,保持一个较为恒定的条件下,当采用低速运转和长时间离心操作时,可以达到一个平衡状态,聚合物沿着池子长度方向分布,其分布方式取决于聚合物的分子量和分子量分布.根据下面的方程式,如果溶液足够稀,接近理想的热力学行为,并且聚合物是均一的,分子量则与离心池中两个点 x_2 和 x_1 的浓度比值 c_2/c_1 相关:

$$M = \frac{2RT\ln(c_2/c_1)}{(1-\bar{v}\rho)\omega^2(x_2^2-x_1^2)} \tag{7.46}$$

沉降平衡实验中的离心场类似于渗透计中的膜.

假若聚合物是多分散的,精细地测定离心池不同位置 x 的浓度,可以确定从重均分子量开始的更高的分子量平均值[33,41],包括所谓的 z 均和 $z+1$ 均分子量,其定义式如下:

$$\bar{M}_z = \frac{\sum N_i M_i^3}{\sum N_i M_i^2} = \frac{\sum w_i M_i^2}{\sum w_i M_i} \tag{7.47}$$

$$\bar{M}_{z+1} = \frac{\sum N_i M_i^4}{\sum N_i M_i^3} = \frac{\sum w_i M_i^3}{\sum w_i M_i^2} \tag{7.48}$$

溶液足够稀以表现出理想溶液行为是至关重要的,但是实际上这一条件很难满足.通常所需的稀释已超出了通过折光指数方法准确地测定浓度梯度的范畴.由于非理想性取决于分子量分布,而分子量分布(以及浓度)又随离心池的长度而变,所以引入一个满意的方法来对非理想性进行校正是特别困难的.很大程度上由于这样的情况,沉降平衡方法应用在无规线团状高分子上远不如应用在相对结构紧凑的蛋白质上来得成功,蛋白质对理想情况的偏离远没有那么严重.

也可以通过选取劣溶剂使由非理想性引起的困难最小化.实际上,在渗透平衡实验中,这样的选择似乎是必要的,选取这样的一种溶剂和温度(Θ 温度,参见第 12 章),非理想参数 Γ_2 为零,这时相对简单的理想溶液关系式是适用的,使得 $\bar{M}_w$、$\bar{M}_z$ 和 $\bar{M}_{z+1}$ 能够明确地计算出来.通过单一实验,就可以求得一系列表征分布的平均值,这是特别有吸引力的.实际操作中这些条件似乎太容易获得,但是还需进一步注意对溶剂选取的要求:式(7.46)中的 $1-\bar{v}\rho$ 项虽然并不需要太大的数值,但也不应该太小,聚合物与溶剂的折光指数也要有足够的差别以确保折光指数梯度方法的应用.

7.4　与高聚物分子量相关的特性黏数

Staudinger[42]在很多年以前就呼吁大家关注高分子稀溶液黏度测定作为表征方法的应用.高分子具有独特的、能使溶解在其中的液体黏度极大地增大的能力,甚至是在浓度很低时. 这个当然也是无规卷曲的长链分子的体积效应的另一种表现形式. 高分子对介质黏度的影响与在沉淀和扩散中遇到的摩擦效应是密切相关的(参见第 14 章). 对于给定系列的线形聚合物同系物, 分子量越大, 其使按质量计浓度的溶液的黏度增加的就越多. 换句话说, 表示高分子提高溶液黏度能力的**特性黏数**是随着 M 增加而增加的. 因此, 黏度测定提供了一种测定分子量的方法. 然而, 高分子的分子量的绝对值并不能从溶液黏度测定得到. 特性黏数对分子量的依赖关系必须通过与上面讨论的某一种分子量绝对测定方法比较后或多或少地根据经验来建立. 尽管如此, 这种方法的广泛使用证实了稀溶液黏度测定对高聚物的表征是非常有价值的. 黏度测定比任何一种绝对方法的实施要简单得多, 以至于对于给定聚合物系列的分子量测定, 确定特性黏数-分子量关系式是首要目的.

较高浓度下(5%～10%)的黏度常被利用来测定分子量. 浓度越大, 黏度将更大, 对分子量的变化也更为灵敏. 然而, 目前它们不太经得起理论解释的检验. 如果平均分子量不是太高(小于 100000), 通过未经稀释的聚合物熔体的本体黏度测定也可以达到同样的目的. 关系式[43,44]

$$\log \eta = A + B \overline{M}_w^{1/2}$$

对一些线形缩聚物有效, 具有相当高的准确度, 但是在其他情况下不适用. 上式中, η 是熔体黏度, A 和 B 在一定温度下是常数.

7.4.1 特性黏数值的确定

高分子稀溶液的黏度可以方便地采用 Ostwald、Fenske 或 Ubbelohde 型毛细管黏度计来测定. 为了保证所需的准确度, 测定应该在温度控制精度在 ±0.02 ℃ 以内的恒温槽中进行. 所测的流出时间 t 应超过 100 s. 黏度 η 是根据下式来计算的:

$$\eta = \alpha \rho \left(t - \frac{\beta}{\alpha t} \right) \tag{7.49}$$

其中, ρ 是溶剂(或溶液)的密度, α 和 β 是校准常数, 后者则是对小的动能改正项的考虑. 溶液黏度除以溶剂黏度得到相对黏度 η_r. 增比黏度 $\eta_{sp} = \eta_r - 1$, 表示由于聚合物溶质的存在, 溶液黏度增加的倍数. 比值 η_{sp}/c 是对聚合物增加相对黏度的特定能力的衡量. 这一比值在无限稀释时的极限值称为特性黏数[46], 用 $[\eta]$ 表示, 即

$$[\eta] = \left(\frac{\eta_{sp}}{c} \right)_{c \to 0} \equiv \left(\frac{\eta_r - 1}{c} \right)_{c \to 0} \tag{7.50}$$

浓度 c 通常用每 100 mL 溶液所含聚合物的质量(单位为 g)来表示, 特性黏数则用这一单位的倒数来表示, 即 dL/g. 式(7.49)中的动能改正应该不能被忽视, 否则将给特性黏数引入一个与 $\beta/\alpha t$ 近似成正比的误差[2,47].

另外, 向无限稀释作外推仍然是必要的, 但是这一步骤是相当简单的. η_{sp}/c 对 c 的作图在 $\eta_r < 2$ 时通常是非常接近线性的, 并且现已指出[48], 对于给定的聚合物-溶剂体系, 这种图线的斜率近似地随着特性黏数的平方而变化. 于是 Huggins 提出如下方程式[48]:

$$\frac{\eta_{sp}}{c} = [\eta] + k' [\eta]^2 c \tag{7.51}$$

其中, 对于一系列的高分子同系物, 在给定的溶剂中, k' 近似为常数. 通常(并不总是)k' 取值

从 0.35 到 0.40.[①]

特性黏数还可以按照下式来定义[46]:

$$[\eta] = \left(\frac{\ln \eta_r}{c}\right)_{c \to 0} \tag{7.50'}$$

自然对数的级数展开可显示这一定义式与式(7.50)是等效的.由式(7.51)可以得到

$$\frac{\ln \eta_r}{c} = [\eta] + k''[\eta]^2 c \tag{7.51'}$$

其中 $k'' = k' - 1/2$.一般地,k'' 为负值,且在量级上小于 k';因此 $(\ln \eta_r)/c$ 随浓度的变化没有 η_{sp}/c 来得快.由于这个原因,$(\ln \eta_r)/c$ 作外推在某种程度上优于 η_{sp}/c 的外推.

实际上,依照惯例,在两个或两个以上的浓度下测定相对黏度,浓度的选用要恰当,以使得相对黏度在 $1.10 \sim 1.50$ 之间.再用图解法将 η_{sp}/c 或 $(\ln \eta_r)/c$(或两者同时)外推到 $c \to 0$.

如果特性黏数大(如大于约 4 dL/g),在常规的毛细管黏度计操作范围,黏度很可能明显地依赖于切变速率.为了外推 η_{sp}/c 到它在零切变速率下的极限值,需要对黏度计在延伸到非常低切变速率的一系列速率下测定[49].外推到无限稀释并不能消除对依赖于切变速率的这一比值的影响.

7.4.2　特性黏数-分子量关系式

以一系列经分级的线形聚合物同系物特性黏数的对数对它们分子量的对数作图,在实验误差范围内,得到一条直线.聚异丁烯的二异丁烯溶液和聚异丁烯的环己烷溶液的结果示于图 7.17,为较为典型的结果.级分样品的分子量采用渗透压法测定.所显示的线性关系可以采用如下简单形式的方程式来表示:

$$[\eta] = K'M^a \tag{7.52}$$

式中的 K' 和 a 分别是通过图 7.17 中图线的截距和斜率而求得的常数.

一些聚合物-溶剂体系的 K' 和 a 值列于表 7.4.可以发现指数 a 随聚合物、溶剂不同而不同.在任何情况下,它不会低于 0.5,但很少超过约 0.8.[②]在某一特定温度下,对于指定的聚合物-溶剂体系,一旦 K' 和 a 确定,随后样品的分子量可以根据特性黏数来计算,并不需要依靠更为费力的绝对方法.

需要强调的是式(7.52)为经验方程式.然而,在第 14 章中讨论的更为复杂的理论表达式都可以在分子量 M 达百倍的变化范围内相当接近地用这一简单的方程式来近似.这一经验方程式使用的便利性确保了它可以不断地应用在特性黏数与分子量的相互关联上.

---

　①　带电荷的聚合物,如聚电解质,呈现非常不同的行为.参见第 14 章.

　②　在聚电解质中可以出现例外,在不添加盐的情况下,a 值可以达到 2.这种差异是由于当溶液足够稀时,电荷会引起聚电解质分子链呈几乎完全伸直的形态.

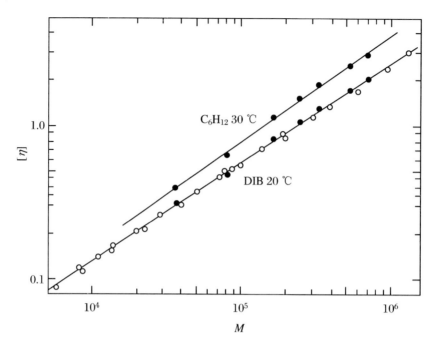

图 7.17　20 ℃聚异丁烯-二异丁烯溶液和 30 ℃聚异丁烯-环己烷溶液的特性
黏数-分子量作图

○来自文献[7]；● 来自文献[8].

表 7.4　几种聚合物-溶剂体系的特性黏数对分子量的依赖关系

聚合物	溶剂	温度/℃	分子量范围/ （×10^3）	$K'/$ （×10^{-4}）	a	方法[a] 和参考文献
聚苯乙烯	苯	25	32～1300	1.03	0.74	Os,[50,51]
聚苯乙烯	丁酮	25	2.5～1700	3.9	0.58	LS,[31]
聚异丁烯	二异丁烯	20	6～1300	3.6	0.64	Os,[7,52]
聚异丁烯	环己烷	30	6～3150	2.6	0.70	Os,[8,52]
聚异丁烯	苯	24	1～3150	8.3	0.50	Os,[8]
聚异丁烯	苯	60	6～1300	2.6	0.66	Os,[52]
天然橡胶	甲苯	25	40～1500	5.0	0.67	Os,[53]
聚甲基丙 烯酸甲酯	苯	20	77～7440	0.84	0.73	SD,[38]
聚甲基丙烯 酸甲酯	苯	25		0.57	0.76	LS,[40]
聚乙酸乙烯酯	丙酮	25	65～1500	1.76	0.68	Os,[54]
聚(ε-己内酰胺)	硫酸	25	4～37(重均值)	2.9	0.78	E,[43]

a　分子量的测定方法如下：渗透压，Os；光散射，LS；端基分析，E；沉降和扩散，SD.

7.4.3　黏均分子量及多分散性的影响

为了研究根据经验方程式(7.52)得到的平均分子量的类型,考虑一多分散聚合物溶在溶剂中,因溶液足够稀,可以假设每个高分子对黏度的贡献是独立的.因此有

$$\eta_{sp} = \sum_i (\eta_{sp})_i \tag{7.53}$$

式中,$(\eta_{sp})_i$ 是由每个组分 i 所贡献的.根据式(7.52),$(\eta_{sp})_i = K'M_i^a c_i$,其中 c_i 和 M_i 分别是同一组分的浓度和分子量.把这一表达式代入式(7.53),得

$$\eta_{sp} = K' \sum_i M_i^a c_i$$

因为溶液是极端稀释的,故

$$[\eta] = \frac{\eta_{sp}}{c} = \frac{K' \sum_i M_i^a c_i}{c}$$

其中 $c = \sum_i c_i$,是所有聚合物组分的总浓度.如果黏均分子量 $\bar{M}_\eta$ 定义为下式:

$$\bar{M}_\eta = \left(\sum w_i M_i^a \right)^{\frac{1}{a}} = \left(\sum \frac{N_i M_i^{1+a}}{N_i M_i} \right)^{\frac{1}{a}} \tag{7.54}$$

其中 $w_i = c_i/c$,为整个聚合物中组分 i 的质量分数,N_i 为这个组分的分子数,那么

$$[\eta] = K' \bar{M}_\eta^a \tag{7.55}$$

对于分子量不均一的聚合物,上式将替代式(7.52).

黏均分子量在每个特定情况下取决于特性黏数-分子量关系式的类型,以经验方程式(7.52)、(7.55)中的指数 a 为特征.然而,在关注的范围,它并不是非常容易受 a 值的影响.例如,对于下一章要讨论的具有最可几分布的聚合物[43],有

$$\bar{M}_n : \bar{M}_\eta : \bar{M}_w = 1 : [(1+a)\Gamma(1+a)]^{\frac{1}{a}} : 2 \tag{7.56}$$

式中,$\Gamma(1+a)$ 是 $1+a$ 的伽玛函数.因为 a 值在 $0.50 \sim 1.00$ 之间,对于这个特定的分子量分布,$\bar{M}_\eta/\bar{M}_n$ 从 1.67 增加到 2.00.当 $a = 1$ 时,黏均分子量自然与重均分子量是相同的.上面提及的关于最可几分布的结果可以延伸出更广泛的结论,即对于在聚合物中可能遇到的任一分布,黏均分子量总是更靠近重均分子量,而不是数均分子量.

特性黏数与分子量的经验关系式的建立包含了依赖于特殊的黏均分子量的特性黏数特性,并与通过绝对方法得到的另一种平均分子量相比较.如果渗透压法被用作绝对分子量的测定,后者将是数均分子量.由此建立的关系式将存在偏差,其程度取决于所测试样的两个平均分子量的差异.如果 $\bar{M}_\eta$ 与 $\bar{M}_n$ 的比值对所有试样是大致相同的,偏差将存在于确定的 K' 值上;如果对于不同试样,这一比值变化不规律,则在特性(如特性黏数)与所测分子量之间不能建立一致的关联.

不同平均分子量间的差异可以通过小心的分级而减小.然而,完全的分子量均一性是绝不需要的,需要的仅是将不同的分布方式拉近,这远不是太严格的要求.建立的特性黏数-分子量关系式与经严格分级试样确定的相比,也许没有带来严重的偏差.之所以支持优先采用光散射方法而不是渗透压法,正是依据前一种方法测得的重均分子量更加接近黏均分子量

的事实.因此分级效率不是太重要.对于给定的聚合物-溶剂体系,K'和a值一旦被确定,**黏均分子量便可以由具有任意多分散系数的聚合物试样的特性黏数代入式(7.55)来计算**.需要的仅仅是所含分子组分落在经验式具有足够准确度适用的范围.

参 考 文 献

[1] Gregg R A, Mayo F R. J. Am. Chem. Soc., 1948,70:2373.

[2] Bamford C H, Dewar M J S. Proc. Roy. Soc. (London), 1948,A192:329.

[3] Ray N H. Trans. Faraday Soc., 1952,48:809.

[4] Schulz G V. Z. physik. Chem., 1936,A176:317; Wagner R H. Ind. Eng. Chem., Anal. Ed., 1944,16:520; Sands G D, Johnson B L. Anal. Chem., 1947,19:261; Weissberg S G, Hanks G A. private communication.

[5] Meyer K H, Wolff E, Boissonnas C G. Helv. Chim. Acta, 1940,23:430.

[6] Fuoss R M, Mead D J. J. Phys. Chem., 1943,47:59; Goldblum K B. ibid., 1947,51:474; Sirianni A F, Wise L M, McIntosh R L. Can. J. Research, 1947,25B:301.

[7] Flory P J. J. Am. Chem. Soc., 1943,65:372.

[8] Krigbaum W R, Flory P J. J. Am. Chem. Soc., 1953,75:1775.

[9] Carter S R, Record B R. J. Chem. Soc., 1939,660:664.

[10] Montonna R E, Jilk L T. J. Phys. Chem., 1941,45:1374.

[11] Masson C R, Melville H W. J. Polymer Sci., 1949,4:323.

[12] Hookway H T, Townsend R. J. Chem. Soc., 1952,3190.

[13] Masson C R, Melville H W. J. Polymer Sci., 1949,4:337.

[14] Fox T G, Flory P J, Bueche A M. J. Am. Chem. Soc., 1951,73:285; Krigbaum W R, Flory P J. J. Polymer Sci., 1952,9:503;另见文献[8].

[15] Doty P M, Wagner H L, Singer S. J. Phys. Colloid Chem., 1947,51:32.

[16] Gee G. Trans. Faraday Soc., 1940,36:1171; Palit S R, Colombo G, Mark H. J. Polymer Sci., 1951,6:295.

[17] Debye P. J. Applied Phys., 1944,15:338; J. Phys. & Colloid Chem., 1947,51:18.

[18] Mark H. Chemical Architecture. New York: Interscience Publishers, 1948:121-173.

[19] Oster G. Chem. Revs., 1948,43:319.

[20] Doty P, Edsall J T. Advances in Protein Chemistry Vol. Ⅵ. New York: Academic Press, 1951:35-121.

[21] Debye P, Bueche A M. Report to Office of Rubber Reserve, 1949; Debye P P. J. Applied Phys., 1946,17:392.

[22] Zimm B H. J. Chem. Phys., 1948,16:1099.

[23] Brice B A, Halwer M, Speiser R. J. Opt. Soc. Am., 1950,40:768.

[24] Billmeyer F W, Jr. Reports to the Office of Rubber Reserve, Jan. 15, and March 1, 1945.

[25] Carr C I, Zimm B H. J. Chem. Phys., 1950,18:1616.

［26］Debye P. J. Chem. Phys.，1946,14:636.

［27］Smoluchowski M. Ann. Physik，1908,25:205；Phil. Mag.，1912,23:165.

［28］Einstein A. Ann. Physik，1910,33:1275.

［29］Brinkman H C，Hermans J J. J. Chem. Phys.，1949,17:574；Kirkwood J G，Goldberg R J. ibid.，1950,18:54；Stockmayer W H. ibid.，1950,18:58.

［30］Flory P J，Krigbaum W R. J. Chem. Phys.，1950,18:1086.

［31］Outer P，Carr C I，Zimm B H. J. Chem. Phys.，1950,18:830.

［32］Ewart R H，Roe C P，Debye P，et al. J. Chem. Phys.，1946,14:687.

［33］Svedberg T，Pedersen K O. The Ultracentrifuge. Oxford:Clarendon Press，1940.

［34］Kinell P O，Ranby B G. Advances in Colloid Science，Vol. Ⅲ. New York:Interscience Publishers，1950:161-215.

［35］Onsager L，Fuoss R M. J. Phys. Chem.，1932,36:2689.

［36］Newman S，Eirich F. J. Colloid Sci.，1950,5:541.

［37］Mandelkern L，Flory P J. J. Chem. Phys.，1951,19:984.

［38］Meyerhoff G，Schulz G V. Makromol. Chem.，1952,7:294.

［39］Bischoff J，Desreux V. Bull. Soc. Chim. Belges,1952,61:10.

［40］Fox T G，Conlon D R. Mason H F，et al. 即将发表.

［41］Wales M，Adler F T，VanHolde K E. J. Phys. Chem.，1951,55:145；Wales M. ibid.，1951,55:282.

［42］Staudinger H，Heuer H. Ber.，1930,63:222；Staudinger H，Nodzu R. ibid.，1930,63:721.

［43］Schaefgen J R，Flory P J. J. Am. Chem. Soc.，1948,70:2709.

［44］Flory P J. J. Am. Chem. Soc.，1940,62:1057.

［45］Fox T G，Flory P J. J. Am. Chem. Soc.，1948,70:2384.

［46］Kraemer E O. Ind. Eng. Chem.，1938,30:1200.

［47］Schulz G V. Z. Elektrochem.，1937,43:479.

［48］Mead D J，Fuoss R M. J. Am. Chem. Soc.，1942,64:277；Huggins M L. ibid.，1942,64:2716.

［49］Hall H T，Fuoss R M. J. Am. Chem. Soc.，1951,73:265；Fox T G，Fox J C，Flory P J. ibid.，1951,73:1901.

［50］Ewart R H，Tingey H C. 未发表；Bawn C E H，Freeman R F J，Kamaliddin A R. Trans Faraday Soc.，1950,46:1107.

［51］Krigbaum W R，Flory P J. J. Polymer Sci.，1953,11:37.

［52］Fox T G，Flory P J. J. Phys. and Colloid Chem.，1949,53:197.

［53］Carter W C，Scott R L，Magat M. J. Am. Chem. Soc.，1946,68:1480.

［54］Wagner R H. J. Polymer Sci.，1947,2:21.

第8章 线形聚合物的分子量分布

所有合成聚合物,以及大多数的天然高分子,是由许多大小不同的分子组分所组成的.正如在第1章和第2章所指出的,高聚物是分子混合物而不是通常意义上的化学个体.没有任何一个平均分子量,无论是数均分子量、重均分子量还是其他平均值,能够完全满足对这样的混合物的表征.对数均分子量和重均分子量这两种不同平均分子量的测定,可用来提供对分子量分布宽度的部分表征,但不能令人满意地把聚合物组分完全分辨开.

在理想情况下,对聚合物某一指定特性的理解应该从每一分子组分对这个特性的贡献的考虑出发,最终的结果则通过对所有组分的贡献加和得到.对每一组分的摩尔分数或质量分数,即完整的分子大小分布的理解,至少在原则上确保了对这一目标的实现是可行的.另一方面,经常发生某指定特性对某一特定的平均分子量有着独特的依赖关系,因此仅仅对这一平均值的测定就足以满足对该指定特性的理解.前面章节中涉及的依数性(数均值)、浊度(重均值)和黏度(黏均值)就是这样的情况.然而,为了建立依赖于不同平均值的特性间的联系,为了比较在不同条件下制备且得到不同类型分子大小分布的聚合物,更为重要的是为了满足对聚合物分子组分的基本理解,对分子量分布的掌握是最基本、最重要的.

至少可以说,实验上解决分子量分布问题的过程是费力的,它包括了采用沉淀分级法将聚合物分为分子量范围**相对**窄的级分样品,再从每个级分的数量和平均分子量重建分子量分布曲线,并且用这种方法得到的结果仅是半定量的.高效的分离是从来不能实现的,可靠的数据需要费时的分级和重分级,并制备大量的级分.为了确定分子量分布的详细信息,并对几个更为简洁的物理方法——特别是沉淀平衡和沉淀速度测定——作了较多的讨论,但是到目前为止由这些方法所获得的具体结果非常不足,并不令人鼓舞.

理论的应用使得对分子量分布的阐述取得意义最为重大的进展.在给定聚合条件下通过考虑控制分子生长的环境,并结合已为大家广泛接受的化学反应以无规方式进行的倾向,分子量分布通常可以从简单的统计考虑来推断.此外,对控制分子量分布因素的分析立即得到一个分类体系,借此,不同聚合物类型之间的相互关系可以明晰.因此,这一章和下一章主要从统计的观点对分子量分布作了讨论,事实上,本书剩余的大部分内容也是基于这种观点的.

8.1　缩　聚　物

8.1.1　线形链状分子,最可几分布

在第 3 章中建立的缩聚反应中所有官能团具有相等反应活性的原理是理论上推导分子大小分布关系式的基础.任何其他假定条件都是不需要的.根据等活性原理,在聚合反应过程的每一个阶段,每一个指定化学类型的官能团具有相等的反应机会,无论官能团所在分子的大小有多大.(然而,不能断言化学反应活性在聚合反应过程中是保持恒定的.)因此,一指定官能团参与反应的概率将等于所有已经缩合了的同类官能团的分数 p.这句话的意义在于:一指定单元通过一官能团连接到含有 x 个连续单元序列的线形高分子链中,这个单元中的其他官能团参与反应的概率仍然等于 p,与用 x 表示的链长无关.

考虑一由 A—B 类型的单体所形成的线形缩聚物 i(参见第 3 章).以 ω-羟基酸的聚合为例.假设随机选取一个分子的末端羟基,我们希望知道这一分子确切地由 x 个单元所组成的概率.

$$\text{H—ORCO—ORCO——}\cdots\cdots\text{—ORCO—OH}$$
$$1 \qquad 2 \qquad x-1 \quad x$$

第一个单元中的羧基被酯化的概率等于 p.第二个单元中的羧基被酯化的概率与链接 1 是否形成无关,同样地等于 p.这一序列持续 $x-1$ 个链接的概率是这些独立概率的乘积,即 p^{x-1}.这是一个分子包含至少 $x-1$ 个酯基,或者说至少 x 个单元的概率.第 x 个羧基不参与反应,于是限制链长为精确的 x 个单元的概率是 $1-p$.因此讨论中的分子由精确的 x 个单元所组成的概率为[1]

$$N_x = p^{x-1}(1-p) \tag{8.1}$$

如果只有线形链状高分子存在,目前我们假设是这一情况,显然,随机选取的任一分子由 x 个单元所组成的概率 N_x 必然等于 x 聚体的摩尔分数.

x 聚体的总数是

$$N_x = N(1-p)p^{x-1}$$

其中 N 是各种大小的分子的总数.如果用 N_0 表示总单元数,这样正如在第 3 章所显示的(参见式(3.9))有

$$N = N_0(1-p)$$

则有

$$N_x = N_0(1-p)^2 p^{x-1} \tag{8.2}$$

如果忽略额外的端基质量(对于每一个分子等于 H+OH),每一组分的分子质量直接与 x 成正比.这样质量分数可写为

$$w_x = xN_x/N_0$$

这一近似处理引入的误差只有在分子量非常低时才是明显的,把式(8.2)代入,得

$$w_x = x(1-p)^2 p^{x-1} \tag{8.3}$$

推导同样适用于严格等比例的 A—A 与 B—B 反应形成的聚合物 ⅱ.这里 x 代表高分子链中两种类型单元组合后的单元数.式(8.3)也适用于采用少量单官能团单元来"稳定"的聚合物(参见第 3 章),不过在这里必须要用另一个量,即一指定官能团与**双官能**单体反应的概率,来替代反应程度 p.用过量的一种或另一种成分来稳定的聚合物 ⅱ 将随后讨论.

在第 3 章中讨论了聚酯和聚酰胺易受交换反应的影响,如前者中可能发生一个分子的端羟基与另一个分子的酯基间的反应.这些交换过程并不减少分子数,因此不影响 $\bar{M}_n$,但是它们可能会让一些分子组分先于其他分子组分形成.换句话说,它们可能引起分子大小分布的改变.

如果交换反应在不允许聚合反应进一步发生的条件下进行(总的分子数保持不变),最终每个组分形成的速度将等于它被破坏的速度.这样现有的分子大小分布将代表动态平衡状态.很容易证明由此形成的分布与式(8.1)和式(8.3)描述的是一致的[2,3].从**动力学**意义上,根据等活性原理可以推导出这些关系式,同一化学类型的所有官能团受缩聚反应的影响是一样的.这里我们从**热力学平衡**观点引入同样合理的等活性假设,在反应条件下任一时刻每一个官能团享有相同的存在概率,无论它所在分子的大小有多大.这个概率还是可以指定为 p,即任一时刻存在于缩合状态的所有官能团所占的分数,前面的推导不需要修改,仍然适用.因此,交换平衡和无规缩聚得到相同的分子大小分布,在缩聚反应中交换反应的发生并不产生影响.如果只涉及分子量分布问题,缩聚反应中单元间链接以可逆还是不可逆方式形成都是无关紧要的.前面的分子大小分布关系式也适用于无限长高分子由于单元间键无规断裂(降解)而形成的聚合物[4],这点很显然不需要作进一步的详细阐述.由于发生在各种不同的控制条件下,这些关系式所描述的分布被恰当地称为"最可几分布".

对于平均聚合度 $\bar{x}_n$ 分别为 20、50 和 100 的聚合物,由式(8.1)计算的摩尔分数(或数量)分布曲线示于图 8.1.相应的质量分数分布曲线由式(8.3)计算,示于图 8.2.显然,根据方程式,存在的单体数大于任一其他单一组分,这一点适用于所有阶段的缩聚反应.数量曲线随着单元数的增加呈现单调递减.然而基于质量考虑时,非常小的低聚体的比例是小的,且当平均分子量增加时,其比例是减少的.质量分布曲线上的最大值非常接近 x,即非常接近 $x = \bar{x}_n = 1/(1-p)$(参见式(3.9)).

在类型 ⅱ 的缩聚反应中,存在三种类型的分子组分[1]:

$$(A{-}AB{-}B)_{x/2} \quad (A{-}AB{-}B)_{(x-1)/2}A{-}A \quad B{-}B(A{-}AB{-}B)_{(x-1)/2}$$

$$\text{类型 ⅱ AB} \qquad\qquad \text{类型 ⅱ AA} \qquad\qquad \text{类型 ⅱ BB}$$

所有包含**偶数**个单元的分子必定是类型 ⅱ AB,而那些包含**奇数**个单元的分子将是类型 ⅱ AA 或类型 ⅱ BB.如果在反应物中,A—A 单元数和 B—B 单元数恰好相等,将生成与**奇数**分子等量的**偶数**分子,且**奇数**分子再均等地分为类型 ⅱ AA 和类型 ⅱ BB.上面给出的分子量分布在这里也是适用的;只有这种在端基上的交替将会发生在连续的偶数与奇数的 x 值之间.

如果参与反应的任一种组分过量,这三种类型分子的相应数量将发生改变,特别地,奇数 x 的分子数(包含两种子类型一起)要多于偶数 x 的分子数.很显然,如果目前 B—B 单元

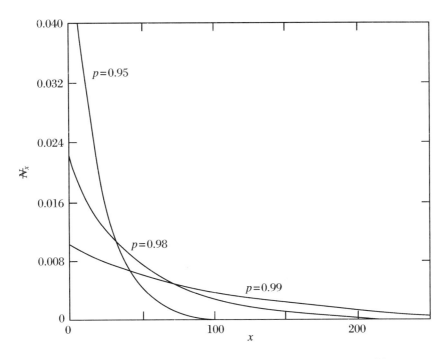

图 8.1　几个不同反应程度下线形缩聚物分子的摩尔分数分布[1]

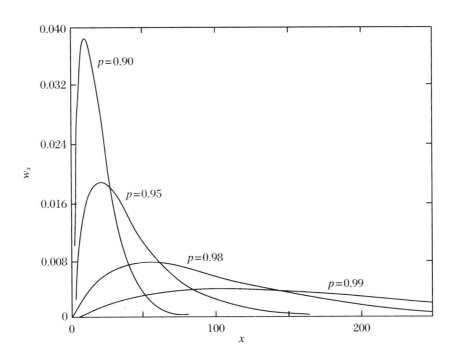

图 8.2　几个不同反应程度下线形缩聚物分子的质量分数分布[1]

是过量的,则 B 末端的数量要多于 A 末端的数量. 当反应完全时($p=1$),仅留下类型 $\parallel$ BB 分子. 缩聚反应完成时,质量分数分布为[1]

$$w_x = xr^{(x-1)/2}\frac{(1-r)^2}{1+r} \tag{8.4}$$

其中,r 是所有的 A 基团数与所有的 B 基团数的比值($r<1$),x 仅限于奇数积分值.式(8.4)类似于式(8.3),且描述了类似的分布曲线.

更一般的情况是反应不完全[1]($p\neq1$)以及反应物不等量($r\neq1$),上述 3 种组分都存在.数均聚合度由第 3 章的式(3.12)给出.每种类型的质量分布类似于式(8.3).曲线是并列的,每条曲线的最大值出现在同一 x 值;当 $r<1$ 时,曲线的高度按照如下顺序减小:BB、AB、AA.不可能用单一曲线代表分布,这是因为质量分数在**奇数**(AA + BB 类型)与**偶数**分子(AB 类型)间交替,如果 $r\neq1$,前者超过后者.然而,平均曲线与用 $pr^{1/2}$ 替代 p 后的式(8.3)所描述的非常相符.在 $p=1$ 时应用,这个通则也包括了式(8.4),即使在这个情况下缺失偶数的 x 聚体.

由此可知,在双官能团缩聚反应中形成的分子大小分布形式不受诸如一种反应物向另一反应物中分批添加、聚合反应后的部分降解反应等变化的影响.实际上,所有可能的聚合反应包括反应

$$x \text{ 聚体} + y \text{ 聚体} = (x + y) \text{ 聚体}$$

这里可以认为 x 和 y 不受限制的积分值范围在同一平均分子量下必定形成相同的分布.

8.1.2 最可几分布的实验证实

唯一直接通过实验验证了适用于线形缩聚反应的式(8.1)和式(8.3)的是 Taylor 的工作[5],通过非常小心地向 70 ℃的聚己二酰己二胺("尼龙 66")的苯酚溶液中连续添加水(沉淀剂)而完成了一系列连续分级沉淀,成功地将该聚合物分离为 46 个级分.根据这些数据获得的微分分布在图 8.3 中用点来表示.为了比较,取两个不同的 p 值,由式(8.3)计算所得的曲线也示于图中.在实验误差范围内是与理论一致的,甚至对这种异乎寻常的精确分级来说也是.

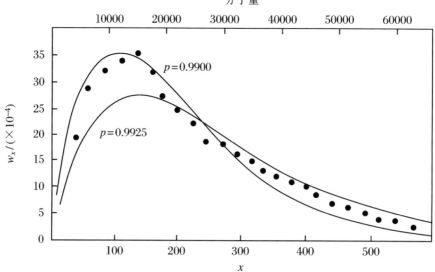

图 8.3 通过分级得到的聚己二酰己二胺的分子量分布(用点表示)与取两个不同的 p 值、由式(8.3)计算所得曲线的比较(Taylor[5])

这些关系式在对熔体黏度的解释[6]以及在缩聚物混合物中分子大小分布的平衡上的成功应用[2]进一步确认了这个分子大小分布的理论表达式.在这些应用中,所测性能直接依赖的平均分子量(例如重均值)可以从经测试或控制得到的另一个平均分子量(例如数均值)计算得到.这是根据分子大小分布关系式来进行计算的.实际分布与理论分布的差异大小一定随平均聚合度而改变.在理论与实验之间缺乏一致性时,如果差异明显,它随 $\bar{x}_n$ 的变化应该体现出来.实际上观察到的一致性是很好的.这种对分子大小分布方程式测试的严格程度超出了分级所能提供的.

分子大小分布方程式直接依赖于等活性原理的合理性.在一个给定的实例中,如果证明明显存在错误,对于所涉及的聚合反应过程这一原理就得修改或废弃.由于这一原理似乎很成熟,需要做这样限制的可能性看来还是很小的.

8.1.3　最可几分布的平均分子量

数均聚合度 $\bar{x}_n$ 可以根据下列的定义式给出,也可以用式(7.12)除以结构单元的分子量 M_0 来得到:

$$\bar{x}_n = \frac{\sum xN_x}{\sum N_x} \tag{8.5}$$

或

$$\bar{x}_n = \sum x \mathcal{N}_x \tag{8.5'}$$

对于具有最可几分布的聚合物,摩尔分数 $\mathcal{N}_x$ 由式(8.1)给出.因此

$$\bar{x}_n = \sum xp^{x-1}(1-p)$$

求和①得

$$\bar{x}_n = \frac{1}{1-p} \tag{8.6}$$

这相当于之前在第 3 章中以更为直接的方式得到的式(3.9).数均分子量是 $\overline{M}_n = M_0\bar{x}_n$,这里 M_0 是结构单元的分子量,且忽略了高分子链中端基的质量.式(8.6)也可以看成以数均聚合度表示参数 p 的另一定义式.

用类似方法,也可以得到重均聚合度(参见式(7.27)):

$$\bar{x}_w = \sum_1^\infty x\,w_x = \sum_1^\infty x^2 p^{x-1}(1-p)^2 \tag{8.7}$$

---

① 这一求和以及相关求和的值如下:

$$\sum_1^\infty xp^{x-1} = \frac{1}{(1-p)^2}$$

$$\sum_1^\infty x^2 p^{x-1} = \frac{1+p}{(1-p)^3}$$

$$\sum_1^\infty x^3 p^{x-1} = \frac{1+4p+p^2}{(1-p)^4}$$

$$\bar{x}_w = \frac{1+p}{1-p} \tag{8.8}$$

对于最可几分布,均方根聚合度为

$$\bar{x}_{rms} = \frac{(1+p)^{1/2}}{1-p} \tag{8.9}$$

因此

$$\bar{M}_n : \bar{M}_{rms} : \bar{M}_w = 1 : (1+p)^{1/2} : (1+p) \tag{8.10}$$

当分子量大时,p 近似为 1,误差较小,上面的比值则是 $1 : \sqrt{2} : 2$,即几种平均值的比值几乎与聚合度无关.

8.1.4 环状缩聚物

在前面的讨论中假设双官能团缩聚反应的唯一产物是开链高分子,这显然不是完全有效的假设,因为环状聚合物总是多少要形成一点.由这一假设所引入错误的本质原因将在下面对环状聚合物的讨论中进行分析.

当重复单元具有允许形成五元环、六元环或七元环的大小时,这些环状单体的形成我们已经在第 3 章中进行了讨论.在许多情况下构成了主要产物的这种环的存在是很容易处理的,前提是只要单纯假定它不是真正的聚合物,因此不需要把它看成聚合物分布的组分,据此来讨论这一章的主题.然而由许多重复单元所组成的大环是真正的聚合物组成部分.与它们的先前单体不同,要依照 Jacobson 和 Stockmayer[7] 建立的、通常可适用于双官能团缩合体系的理论来讨论.

一个大小给定的环的比例必然取决于相同尺寸的链状高分子的端基在邻近位置相遇的概率,这是与某个端基靠近可能与其发生反应的另一分子的官能团的概率相比的情况.如果链含有 12 或 15 个以上的单键,前一概率可以根据在第 10 章中讨论的链构象统计理论来估算;而后一概率直接与浓度相关.根据这些前提,Jacobson 和 Stockmayer[7] 指出,在可通过交换过程(或可逆的聚合-解聚过程)来建立的**平衡**时,类型 i 聚合物中包含 x 个结构单元的环状聚合物的质量分数应该是

$$w_{rx} = \frac{2B'M_0}{c} \frac{(p')^x}{x^{3/2}} \tag{8.11}$$

其中

$$B' = \left(\frac{3}{2\pi\bar{\xi}}\right)^{\frac{3}{2}} \frac{1}{2l^3 N_A} \tag{8.12}$$

c 是用 g/cm^3 所表示的浓度,M_0 是每个结构单元的分子量,$\bar{\xi}$ 是每个单元中链原子的数量,l 是修正键角和位阻到自由内旋转时的"有效"键长(参见第 10 章),N_A 是阿伏伽德罗常量,p' 是修订后的反应程度,定义为

$$1 - p' = \frac{1-p}{1-w_r} \tag{8.13}$$

式中,w_r 是体系中环状聚合物的综合质量分数,p 是官能团的缩聚度,以体系作为一整体,正如化学分析法所测定的,与早期的定义是一致的.注意,$1-w_r$ 是体系中开链聚合物的质

量分数,且环状聚合物不含有任何未反应的基团,我们从式(8.13)观察到,$1-p'$ 代表的是还没有参与反应的开链聚合物分子中所包含的官能团的分数,即 p' 是链状聚合物部分的反应程度.所有环状聚合物的质量分数 w_r(包括计算出的环状单体分数,考虑到键的数目较少,对此统计方法可能是相当不可靠的)由下式表示:

$$w_r = \sum_{x=1}^{\infty} w_{rx} = \frac{2B'M_0}{c} \phi\left(p', \frac{3}{2}\right) \tag{8.14}$$

其中

$$\phi\left(p', \frac{3}{2}\right) = \sum_{x=1}^{\infty} (p')^x x^{-3/2} \tag{8.15}$$

Jacobson 和 Stockmayer[7]列出了这一函数的值.除了数字因子 2 要从式(8.11)中删除以外,相同的方程式也适用于由单一单体 A—A 制备的聚合物.

类型 ii 聚合物可能包含仅由偶数的 x 个结构单元所构成的环.如果采用等比例的反应物 A—A 和 B—B,则

$$w_{rx} = \frac{2B'M_0}{c} \frac{(p')^x}{\left(\frac{x}{2}\right)^{\frac{3}{2}}} \tag{8.16}$$

其中,B' 还是由式(8.12)来定义,但是 ξ 等于每个重复单元(即每对交替的结构单元)中链原子的数量,M_0 是结构单元的平均分子量.由此得到

$$w_r = \frac{2B'M_0}{c} \sum_{x/2=1}^{\infty} \frac{(p')^x}{\left(\frac{x}{2}\right)^{3/2}} \tag{8.17}$$

$$= \frac{2B'M_0}{c} \phi\left(p'^2, \frac{3}{2}\right) \tag{8.18}$$

图 8.4 是取不同的 $B'M_0/c$ 值,以类型 ii 聚合物中环状组分的质量分数 w_r 对反应程度的作图.这些曲线是 Jacobson 和 Stockmayer 借助于已制成表格的函数 ϕ 的值,根据式(8.13)和式(8.18)计算得到的.对于由聚亚甲基二元酸与聚亚甲基二元醇类或二元胺形成的聚酯或聚酰胺,当 $\xi = 10 \sim 20$ 时,$B'M_0$ 合理的数值大约是 0.01 mL/g(取 $M_0 = 16\xi/2$,$l \approx 4 \times 10^{-8}$ cm,由高分子的稀溶液黏度表征得到的数值,参见第 14 章).因此,未经稀释的聚合物的曲线应该略高于图 8.4 中最下方曲线.中间曲线应该适用于稀释几倍的体系,而最上方曲线适用于高度稀释的体系.当 $B'M_0/c$ 超过临界值 0.19 时,曲线与右边的纵坐标相交于 $w_r = 1$,意味着在完全转化时最终产物将全部由环状结构所组成![7]

我们最感兴趣的高反应程度的范围(大约是 $p > 0.95$)中平均聚合度(对于链)并不是引不起兴趣的低.如果环的质量分数 w_r 不是太大,根据式(8.13),$1-p'$ 与 $1-p$ 并没什么太大的不同,因此,p' 也接近于 1.当 p'^2 从 0.90 增加到 1.00 时,函数 $\phi(p'^2, 3/2)$ 仅从 1.6 增加到 2.6.根据式(8.18),w_r 是 $B'M_0/c$ 与 ϕ 的乘积,当缩聚接近完全时,环的质量分数的增加相应地较小.按照上面给出的 $B'M_0$ 的数值,在 $p = p' = 1$,$c = 1$ g/mL 时,w_r 应该仅有约 2.5%.因此,Jacobson 和 Stockmayer 预测对于未经稀释的体系,环状聚合物的比例较小,但是不可忽略,且这个比例在体系稀释时大致是增加的.对于类型 i 聚合物,当 ξ 和其他参数取相同数值时,w_r 大约是两倍之多.应该理解的是,所讨论的关系式仅适用于平衡状

态下的聚合物分布,它们未必适用于缩聚的初级产物,其中开链和环状产物的比例可能依赖于动力学因素.

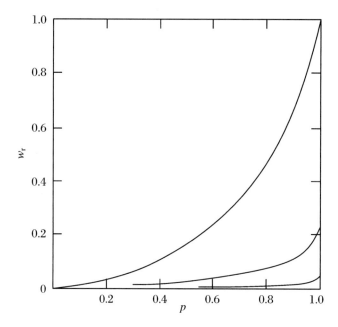

图 8.4　类型 ii 聚合物中环状组分的质量分数 w_r 对反应
程度 p 的作图

$B'M_0/c$ 的值分别是 0.005(最下方曲线)、0.05(中间曲线)和 0.5(最上方曲线).这些曲线相当于依次增加了稀释剂.(Jacobson 和 Stockmayer[7])

当 $B'M_0/c=0.010$,$p'=0.95$ 和 1.00 时,对于类型 ii 聚合物,根据式(8.16)计算得到的环状组分的分子量分布用图 8.5 中的实线表示.环状组分的综合质量分数 w_r 分别是 0.0324 和 0.0522,相应的总反应程度 p 分别是 0.9516 和 1.00.与开链聚合物分布不同的是,这些曲线随着分子大小增加是单调下降的.更有意义的是,分布实际限制在非常低的范围,且除了在分子较大时,其他对反应程度的依赖关系相对缺乏.在聚合度低时,环状聚合物的数量远大于相同大小的链状聚合物(与虚线比较).在一定反应程度下,适度稀释的主要作用是按比例增加每一组分的质量分数.然而根据式(8.13),在 p 一定时,p' 是随着稀释而有所减小的,如果稀释量大,环状组分的分布将由于这个原因向有利于较低组分的方向变化(参见式(8.16)).

在任何情况下,无论反应程度为多少,对于类型 ii 聚合物,环状组分的数均聚合度 $\bar{x}_{rn}$ 不会超过 4,而对于类型 i 聚合物,$\bar{x}_{rn}$ 不会超过 2.[7]① 重均聚合度则是随着 p(因此 p' 也是)趋于 1 而无限增加的[7].然而,它总是比开链组分的重均聚合度要小很多.

如果要求严谨的话,前面提出的线形聚合物分布(式(8.1)~(8.3)以及图 8.1 和图 8.2)应该通过用 p' 替代总反应程度 p 来进行修正.这样,如式(8.3)的质量分数则由下式所替代:

---

① 这一计算包括了环状系列中的最小单元,即环状单体,而对于环状单体,这一理论是不可靠的.在任何情况下,$\bar{x}_{rn}$ 总是很小的结论则是一定成立的.

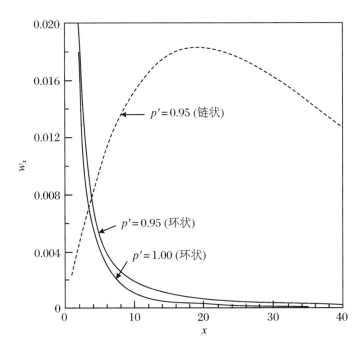

图 8.5　类型 ⅱ 聚合物中环状组分的质量分数分布

实线是根据式(8.16)取 $p' = 0.95$ 和 1.00 计算得到的,其中 $B'M_0/c = 0.01$ mL/g;仅采用偶数的 x 积分值.式(8.3′)计算得到并用虚线来表示的 $p' = 0.95$ 时链状聚合物分布是用来比较的.

$$w_{cx} = (1 - w_r)(1 - p')^2 x (p')^{x-1} \tag{8.3′}$$

式中,w_{cx} 是指包括链状和环状组分的混合物中,链状 x 组分的质量分数.同样地,本章前几节中给出的其他公式中的 p 也应该用 p' 来替代,且规定公式特定适用于开链组分.对于在缺乏稀释剂下形成的聚合物,p' 仅略低于 p,因此,修正通常就几乎没有意义了.特别是与前面给出的式(8.3)相比,链状组分分布式(8.3′)将向较小的分子方向稍微偏移一点.然而,曲线下面积将略小于 1,即等于 $1 - w_r$.图 8.5 中的虚线由式(8.3′)计算得到.为了得到同时包括链状和环状组分的完整的分子大小分布,后者的曲线(图 8.5)应该与虚线相加.这一修正将极大地提高非常低的聚合物组分(低聚体)的比例,超过先前考虑的数量(图 8.2),并将引起链状和环状组分的组合分布在 x 为较小值时就通过一个最小值.随着稀释(p 一定),在开链聚合物减少的情况下,不仅环状聚合物增加,而且 p' 与 p 的差距增加,由此导致环状和开链聚合物的平均聚合度减小.

Jacobson、Beckmann 和 Stockmayer[8] 利用后一预测,就经一系列稀释后达到平衡的聚己二酸癸酯($\xi = 18$)的分子量,对理论与实验进行了比较.按经验的方法,重均分子量由特性黏数来估算.聚合物稀释到 30 倍,$\bar{x}_w$ 减少到原来的大约 1/3,而 $\bar{x}_w$ 随着稀释发生的变化与理论是一致的.从他们的实验数据计算得到的 $B'M_0$ 值是 0.011 mL/g,是个合理的数值.

虽然平衡时在未经稀释的聚合物中环的比例基于质量来看可能并没有多大意义,但是它们对总分子数有着相对较大的贡献,因此,可显著地降低总体数均聚合度.在 p 较大、链状聚合物分子数较小时尤为如此.然而在渗透压分子量表征方法中,环状聚合物可能不被识别,因为它们的大小范围落在渗透膜通常可渗透的区间.

8.1.5　多链缩聚物[9]

在前面的讨论中,对于平衡时的开链组分,似乎双官能团缩聚必定生成的是最可几分布.这样过于笼统的推断的确会招致例外的出现.在一定程度上为了指出这种分布的单调性如何得以避免,这里我们讨论通过缩合类型 i 双官能团单体(A—B)与少量的 f 官能团物质 R—A_f 而形成的聚合物.这样形成的聚合物将由连接到中心单元 R 上的 f 个链所组成,分子式可写为

$$R[\text{—}A(B\text{—}A)_y]_f \tag{8.19}$$

其中,在 f 个链中,每个链的单元数 y 存在差异是可以理解的.例如,ε-氨基己酸可以与少量的四元酸缩合[9].如果缩合反应接近完成,线形组分 HO$[$CO(CH$_2$)$_6$NH$]_x$H 几乎消失,取而代之的是多链聚合物分子 R[—CO(NH(CH$_2$)$_6$CO—)$_y$OH]$_4$,且分子数与体系中的四元酸单元数相等.(带有环状结构的分子在这里不考虑.)**多链**聚合物(除 f = 2 外)不是线形的,因此这一章对它们进行讨论似乎并不合适.然而与下一章要讨论的非线形聚合物相比,这些分布与线形聚合物相应的分布的关系更为密切.

与分子式(8.19)相符的分子中每个链与通常的双官能团缩合中发展成为线形分子的统计概率是相同的.区别在于整个分子中总的单元数 x 取决于每个链中 y 值的总和.只有当分子中几个(或所有)链异常大或异常小时,x 比平均值大得多或小得多才有可能发生,这种在统计上不协调的组分的出现是相对少见的.因此分布将比通常的**单链**聚合物要窄一些.

如果用 p 表示一指定的 A 基团(COOH)参与反应的概率,这样一特定的链包含 y 个单元的概率则是 $p^y(1-p)$,与式(8.1)类似.f 个链分别具有长度 $y_1, y_2, y_3, \cdots, y_f$ 的概率是

$$p^{y_1}p^{y_2}\cdots p^{y_f}(1-p)^f$$

因为

$$y_1 + y_2 + \cdots + y_f = x - 1 \tag{8.20}$$

把中心单元也作为总数(x)中的一个,这样可以改写为

$$p^{x-1}(1-p)^f$$

y 的每一组合的概率由相同的表达式来表示,其中 A—B 单元的总数等于 $x-1$.因此,讨论中的分子包含准确的 x 个单元且**以任意方式**分布在 f 个链上的概率必须等于这一表达式的乘积,且 y 值的总和满足式(8.20).注意,个别 y 值取值为零也是许可的,这种组合的数目是①

$$\frac{(x+f-2)!}{(x-1)!(f-1)!}$$

形成 x 聚体的概率或摩尔分数为[9]

---

①　通过考虑 $x-1$ 个 A—B 单体以线形连续的方式排布在 $f-1$ 个间隔中,并以无规方式分布在其中,以确定这一结果.在每个形成的 f 单体单元序列中单体数也被视为相当于每个 f 链分子中的单体单元数.将 $x-1$ 个单体排布在 f 链上的总方式数必然相当于在 $x-1$ 个单体单元中排布 $f-1$ 个间隔,也就是一次从 $x-1+f-1$ 个元素中取出 $f-1$ 个的排列数,立即可以得出文中的结果.

$$N_{x,f} = \frac{(x+f-2)!}{(f-1)!(x-1)!} p^{x-1} (1-p)^f \tag{8.21}$$

质量分数则为[9]

$$w_{x,f} = \frac{x(x+f-2)!}{(f-1)!(x-1)!} \frac{(1-p)^{f+1}}{fp+1-p} p^{x-1} \tag{8.22}$$

当 p 值接近于 1 时可近似满足[10]

$$w_{x,f} \approx \frac{x^f}{f!} (-\ln p)^{f+1} p^x \tag{8.22'}$$

如果多官能团单元与双官能团单元的摩尔比是 Q/f,则在缩合反应完成时,每摩尔的 A—B 单元将留下 Q mol 端基 A 未反应,且 $p = 1/(1+Q)$. 在这个体系中每摩尔双官能团单元的聚合物的物质的量将等于 Q/f. 因此

$$\bar{x}_n = \frac{1+\dfrac{Q}{f}}{\dfrac{Q}{f}} = \frac{Q+f}{Q} = \frac{fp+1-p}{1-p} \tag{8.23}$$

其中, p 是反应完成时参与反应的 A 基团的分数. 进一步有[9]

$$\frac{\bar{x}_w}{\bar{x}_n} \approx 1 + \frac{1}{f} \tag{8.24}$$

表明随着 f 增加,分布变窄.

取几个不同的 f 值,计算出分布曲线,示于图 8.6. p 值已被调整到给出同一数均值(参见式(8.23)),曲线上的最大值几乎出现在相同的横坐标值. 曲线随着 f 的增加而明显地变窄. 为了比较, $f=1$ 的曲线(相当于最可几分布)也包含在里面. 甚至对于 $f=2$(表示的是由

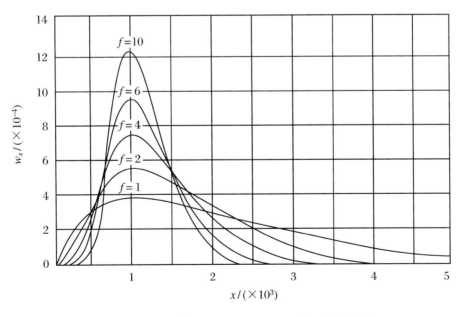

图 8.6　由式(8.22')计算的多链聚合物的分子量分布曲线

几个不同的 f 值已作标示. 几种不同分布的数均值是相同的. (Schulz[10])

A—B 单体与少量的 A—A(例如二元酸)缩合而形成的线形聚合物),分布的改变也是显著的.非常低组分的比例明显减少,曲线在最大值前经过一拐点,过了最大值后,随着 x 增加,w_x 减小得更为迅速,并趋于零.与最可几分布的 $\bar{x}_w/\bar{x}_n$ 为 2 相比,分布变窄引起 $\bar{x}_w/\bar{x}_n$ 近似为 3/2.因此,把两个统计上独立的链结合在一个分子中,便可以得到具有比最可几分布要窄得多的平衡分布的线形聚合物.

有关在制备与分子式(8.19)相符的多链聚合物中使用 A—B 类型单体的规定是出于防止多链分子间发生缩合的必要性的考虑.由于特别使用了 A—B 单体,多链分子中的所有末端都包含 A,这些被认定是与其他物质缩合时所不具备的特征.由于体系中单元 R—A_f 的官能度超过 2,在体系中掺入 B—B 单体,使得形成网状结构是可能的.实验上可以观察到凝胶的形成.

8.2 加 聚 物

8.2.1 烯类聚合物

烯类聚合物的分子量分布并不像线形缩聚物那样遵循简单的模式,已经没有条件来寻求什么普遍性了.首先考虑相对简单的情况,其中几乎所有的分子通过链转移而终止.然后,与第 4 章使用的符号一致,链增长和链转移可以分别写为 $k_p[M][M\cdot]$ 和 $k_{tr}[S][M\cdot]$,其中[M]、[S]和[M·]分别是单体、转移剂和自由基的浓度,k_p 和 k_{tr} 分别是链增长和链转移的速度常数,且它们的比值 $C_S = k_{tr}/k_p$ 是在第 4 章中引入的链转移常数.根据等活性原理,这些速度常数应该与生长的自由基 M·的大小无关.因此,包含有 i 个单元的自由基发生链转移反应而不发生与另一单体的加成的概率为

$$1 - p = \frac{k_{tr}[S]}{k_p[M] + k_{tr}[S]} \tag{8.25}$$

$$= \left\{1 + \frac{1}{C_S}\frac{[M]}{[S]}\right\}^{-1} \tag{8.26}$$

p 的值与自由基的大小 i 无关.数均聚合度等于每次链转移中参与聚合的单元数(包括转移的自由基作为一个单元),为

$$\bar{x}_n = \frac{1}{1-p} \tag{8.27}$$

参数 p 起着联系反应动力学与分子分布的作用.它表示一个含有 i 个单元的生长链至少再增加一个单体的概率.因此,从这个意义上说,它与处理缩聚物中使用的、表示反应程度的 p 是严格等效的.因此,用于最可几分布的方程式(8.1)、(8.3)以及包括式(8.5)～式(8.10)也是直接适用的.[①]然而,[S]与[M]的比值在聚合过程中通常是变化的,于是 p 值也发生相

---

① 聚合物中分子大小分布可以对每个组分使用不同的速度方程式,以更为简练的、令人印象深刻的方式导出.在引入必要的简化假设后,最终结果与上述那些结果还是一致的.

应的变化.在小的转化区域内所形成的聚合物的增量将由一定的 p 值来表征,这里 p 定义了平均分子量和这一增量引起的分布.在一个较宽的转化范围内所形成的聚合物聚集体可以被看成这些增量的总和,每一增量具有关于某一平均值的最可几分布,而平均值随着连续的增量是依次变化的.总的分布将比最可几分布要来得宽,宽的程度取决于随着转化而发生的 p 的变化,因此也就取决于 $[S]/[M]$ 的变化.只有当 $C_S = 1$(即 $k_{tr} = k_p$)时,随着转化,这一浓度比值保持为常数(参见式(4.44)),或者聚合反应限制在低转化率下,以至于在任何情况下 $[S]/[M]$ 的变化都很小,这样形成的产物将符合最可几分布.

考虑另一种极端情况,假设链转移对链生长的中断的贡献可以忽略不计,进一步,链是由单自由基引发并且是耦合终止的.每个聚合物分子包含两个单元为独立生长的序列,它们在共同发生终止时结合在一起.它们与上面讨论的双链缩聚物($f = 2$)类似.如果把 p 定义为任一链从其单元中的一个连续到下一个的概率,还可以进一步利用其类似性.因此 $1 - p$ 就是增长的链中第 i 个单元被反应所终止的概率,因此等于终止的与总的单元的比值.由于两个单元包含在每一个终止步骤中,故

$$1 - p = \frac{2k_t[M\cdot]}{k_p[M] + 2k_t[M\cdot]} \tag{8.28}$$

其中 k_t 是终止反应速度常数.因此,考虑到每个分子包含两个链,有

$$\bar{x}_n = \frac{2}{1 - p} = 2 + \frac{k_p[M]}{k_t[M\cdot]} \tag{8.29}$$

质量分数分布[10]很容易证明为

$$w_x = \frac{1}{2}x(x - 1)p^{x-2}(1 - p)^3 \tag{8.30}$$

其中每一个引发剂自由基算作一个单元.这个表达式与应用到双链聚合物的式(8.22)很相符.细微差别是存在的,因为后者包含单个的中心单元,而这里必须算为两个.

正如前面所指出的,这个分布比最可几分布窄得多(参见图 8.6).如果引发机理不是那种取决于单体浓度平方的(例如热引发,参见第 4 章),$[M\cdot]/[M]$ 将随着转化而改变,引起形成的聚合物聚集体的分布随着转化而变宽.

更为一般的情况是,同时通过链转移和自由基终止来联合控制分子量,考虑两种分布同时形成是合适的.这些分布之一包括由链转移反应终止的分子,另一部分则是由自由基复合而结合在一起的一对链.对任一转化增量,两种共存的分布将依于表示任一链继续增长概率的同一参数 p,即

$$p = \frac{k_p[M]}{k_p[M] + k_{tr}[S] + 2k_t[M\cdot]} \tag{8.31}$$

包含分子由链转移而终止的聚合物部分将符合最可几分布,其平均聚合度为

$$\bar{x}_n = \frac{1}{1 - p}$$

对于耦合终止的分子,其分布将由上面所讨论的较窄的双链分布来表示,它的聚合度为

$$\bar{x}_n = \frac{2}{1 - p}$$

当然,前者的质量比例等于 $k_{tr}[S]/\{k_{tr}[S] + 2k_t[M\cdot]\}$.这些备注仅适用于聚合物的增

量.在宽广的转变范围内,必须考虑由于 p 和这一比值的变化所引起的增宽效应.

8.2.2　没有终止反应、单体加成而形成的聚合物

环状单体如环氧乙烷的聚合,正如在第 2 章中所指出的,可以用少量的可以开环而生成羟基的物质来引发,这样可以加成另一单体,依次类推,按照下式来进行:

$$ROH \xrightarrow[\quad]{+ \overset{O}{\overset{\diagup\;\diagdown}{CH_2\;CH_2}}} RO{-}CH_2CH_2{-}OH$$

$$\xrightarrow[\quad]{+ \overset{O}{\overset{\diagup\;\diagdown}{CH_2\;CH_2}}} RO{-}CH_2CH_2{-}O{-}CH_2CH_2{-}OH$$

$$\cdots$$

其他环状化合物,如 α-氨基酸的 N-羧酸酐[11] 和内酰胺可以用类似的方法聚合,在每一步再生一个氨基.根据假设的机理,生成的高分子数量应该等于加入的引发剂分子数(如 ROH),每个高分子中单体的平均数应该等于消耗的单体与引发剂的比值.

这一机理的特征是所有高分子的生长同时进行,它们具有等同的生长机会(假设单体加入引发剂不比随后的加成慢得多,这一条件是成立的).由于提供了形成明显的窄分子量分布所必需的条件(例如可以比经聚合物分级得到的还要窄得多),这些情况是独特的.特别地,它们是导致数量分数和摩尔分数为泊松分布[12] 的条件,也就是[13]

$$N_x = \frac{e^{-\nu}\nu^{x-1}}{(x-1)!} \tag{8.32①}$$

式中,ν 表示每个高分子中参与反应的单体数(或每个引发剂引发参与反应的单体数);在定义 x 时,引发剂是作为一个单元计数的.质量分数分布则由稍作改进的泊松分布给出[13]:

$$w_x = \frac{\nu}{\nu+1}\frac{xe^{-\nu}\nu^{x-2}}{(x-1)!} \tag{8.33}$$

数均聚合度自然就是

$$\bar{x}_n = \nu + 1 \tag{8.34}$$

且重均与数均的比值可以证明是

$$\frac{\bar{x}_w}{\bar{x}_n} = 1 + \frac{\nu}{(\nu+1)^2} \tag{8.35}$$

取三个不同数值的 ν,根据式(8.33)计算得到的质量分数分布示于图 8.7.随着平均聚合度增加,相对分布宽度减小.同样根据式(8.35),可以看到比值 $\dfrac{\bar{x}_w}{\bar{x}_n}$ 随着 ν 值的增加而减小.为了比较,附上 $\bar{x}_n = 101$ 的最可几分布曲线,可以看到两种分布特征的显著差异.

对这种极其窄的分布的形成,其必要条件如下:① 每个高分子的生长必须是单体连续添加到一个活性端基上而进行的;② 所有这些活性端基,即位于每个高分子中的活性端基,必须同等地受到与单体反应的影响,这一条件在整个聚合过程中是满足的;③ 所有的活性

---

　① 式(8.32)可以从动力学论据来推导.[13] 然而,这是不必要的,因为可以从等效的统计条件出发对泊松分布进行常规推导.

中心必须在聚合开始时引入,而且没有链转移或终止(或交换反应).在聚合反应过程中如果引入新的活性中心,将会生成宽得多的分布,明显的原因是那些在后期引入的将只有一小段生长时间.[14]如果链遇到转移反应,或者以某种方式有恒定的活性中心补充情况下发生了终止反应,聚合反应形式上即归纳为烯类聚合反应类型.

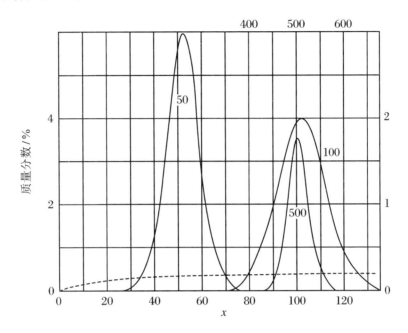

图 8.7　质量分数($100w_x$)对由单体连续加成到一定数量活性中心

而形成的聚合物中的单元数作图

由式(8.33)按照指定的 ν 值计算得到.[13]其中 $\nu = 500$ 的曲线是参照上边和右边坐标作的图;其他曲线的坐标则由下边和左边坐标给出.作为比较,用虚线表示 $\bar{x}_n = 101$ 的最可几分布.

对于起始通过单体加成到一定数量的中心而形成的聚合物,在聚合过程中或随后的反应中,遇到可发生交换反应的条件,分布将加宽.例如,内酯的聚合根据机理

$$R\cdots—OH + (CH_2)_n \overset{CO}{\underset{O}{\diagup}} \longrightarrow R\cdots—OCO(CH_2)_nOH \overset{+(CH_2)_n \overset{CO}{\underset{O}{\diagup}}}{\longrightarrow} \cdots$$

应该得到泊松分布,但是在条件允许情况下,一个分子链末端的羟基与另一个链中间的酯基发生酯交换反应(参见第 3 章),由此导致分布加宽.大量的交换反应发生将导致分布最终退化为最可几分布.

正在讨论的加成机理似乎是明确地为 α-氨基酸的 N-羧酸酐的聚合而建立的,[11,15]并且有事实表明,至少在合适的条件下,加成机理大致地适用于上面提到的其他例子.它的重要性主要在于它提供了一种制备分子量分布特别窄的聚合物的方法.它为天然聚合物的形成提供了一种可能的解释,特别是被认为是单分散的蛋白质.在聚合程度很高时,与泊松分布相关的多分散性能否与任何已知的物理方法所得到的绝对均一性相区分是值得怀疑的.

8.3 聚合物分级

分离高聚物为有限分子量范围的级分的步骤是不同的,但是对于给定的聚合物系列,都是取决于随分子量的增加在溶解度上非常小的减小.[16] 稀溶液的分步沉淀是最广泛使用的.选择一种溶剂以及一种与之相混溶的沉淀剂,经适当组合,在选定的分级温度下,把后者加到聚合物在前者的稀溶液中,直到有轻微浑浊生成.为了确保两相间建立平衡,通常认为需要把溶液加热到均相,之后让溶液在逐步冷却到分级恒温槽温度的过程中形成沉淀,其中恒温槽温度必须控制在 ±0.005 ℃.在沉淀过程中,缓慢搅拌溶液.此后,静置沉淀相.大约需要 2~24 h,在它形成凝液相后,移走上层的清液.在沉淀相中的聚合物作为第一级分,经干燥或在大量沉淀剂中凝结后回收.在第一次分离后的上层清液中继续适度添加一定量的沉淀剂,重复上述操作,得到第二个级分.

把沉淀过程看成体系分离为两个液相是更为恰当的.聚合物含量相对高的相被称为沉淀相,有些不准确,而另一相为清液相.事实上,沉淀相所含的溶剂比聚合物多得多;其中聚合物的浓度可能只有约 10%.每一种聚合物组分在这两相中分配.结果表明,每一聚合物组分(包括大的和小的分子)在更浓的一相(或者说沉淀相)更易溶解(参见第 13 章).然而,较小的组分在两相中的分配**浓度**将更加接近于相等.这仅仅是每个分子中含有的较少单元与清液相中不太有利的介质相互作用的结果.因此,在选取介质时识别力就显得不够.换句话说,对于一指定量的聚合物从沉淀相输运到清液相,由于在清液相获得更大的体积,其熵的增加将直接取决于输送的粒子数.在这一给定量的聚合物中,由于较小的高分子具有较大的数量,所以能更好地利用清液相中较大的体积.

分级理论将在第 13 章中讨论.这里已经充分观察到,聚合物分级取决于上面提及的微弱差异.为了充分利用它,清液相与沉淀相的体积比应该尽可能的大,这一比值至少应该是 10,再大则更好.因为沉淀相是高度溶胀的,因此只有通过使用极稀溶液才能达到目的.所需的稀释随着被分级的分子量增大而增加.作为一个有用的指南,即将发生相分离前的聚合物浓度(以体积分数表示)不应该超过溶剂的摩尔体积与被分级分子量的聚合物摩尔体积比值平方根的 1/4 左右.浓度再低一点会更好,但是处理大量体积溶液的困难为进一步稀释带来严重的负担.不断地稀释溶液的重要性没有得到应有的重视,其结果是两相体积比不足以确保能得到满意的分离.对所有聚合物不断地进行逐步沉淀,不能获得大量的级分,尤其是在较高分子量范围.由这些结果构建的分子量分布曲线有可能在较高分子量范围会出现虚设的"次级峰".

普遍使用的逐次重分级法是一种获得更好分离的手段.然而进一步分析显示,在高度稀释时单一的分级分离可以与由逐次重分级法获得交叠级分的费时费力的一系列分离同样有效.为了同时满足足够的样品量需求以及获得所需的稀释而产生的溶液的大体积,造成严重的困难.按照下面的步骤,通过两次沉淀每一个级分也许可以得到相当大程度的缓解[17].从一个中等稀释的母液,例如对 $\overline{M}_w = 10^6$ 约为 0.5%,比所需要的大一点的级分被沉淀下来.这样沉淀下来的相对较少量的聚合物可以再溶解,且稀释到 0.1%,并没有达到一个过量的体积.由这个更稀的溶液获得更为精确的分级分离.这里的第二次沉淀被分离出来作为最终的一个级分,由稀相通过蒸发而恢复的聚合物重新放回到原来的母液中.重复操作可得到下一个级分,依次类推.

除了等温条件下改变溶剂组成的方法外,连续的级分也可以通过以适当的增量降低温度来得到.选取一种劣溶剂,聚合物在适当的温度范围从劣溶剂中沉淀出来,这种方法可以不需要添加另一组分而单独使用.

有时候也采用分馏萃取法.最小分子量的聚合物首先从样品中萃取出来,它们被溶剂高度溶胀.为了抽提分子量依次增加的级分,通过适当地改变组成或温度来改变介质的溶剂性能.其中包含的原理与沉淀分级是一样的.这种方法适宜于使用流动的或循环的溶剂来连续操作[18].为了确保在聚合物与溶剂介质间有效的转移,聚合物必须保持为良好的分离状态或薄膜.

通过一种绝对方法,或是测定特性黏数,并运用前面建立的特性黏数与分子量的关系式,来确定级分的平均分子量.平均分子量的类型并不重要.如果为了得到令人满意的分子量分布曲线,分级是充分的,则对于给定级分,不同平均分子量之间的差异必须相当小(如 $\overline{M}_w$ 与 $\overline{M}_n$ 之间的差异小于 10%).

测定每个级分的数量和分子量后,通常需要作一个累积的或积分的分布曲线,以表达所有分子量小于和等于 M 的级分的质量分数随分子量增加的情况.图 8.8 显示的是 Baxendale、Bywater 和 Evans[19] 通过羟基自由基在水乳浊液中聚合所形成的聚甲基丙烯酸甲酯

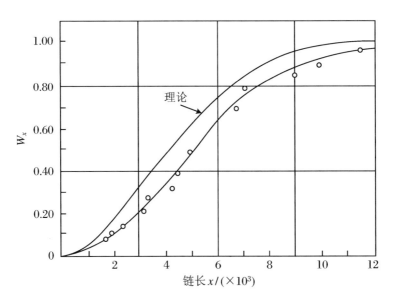

图 8.8 由分级得到的聚甲基丙烯酸甲酯的质量积分分布曲线,并与
理论曲线相比较(Baxendale、Bywater 和 Evans[19] 的结果)

的累积分布曲线.用 w_x 表示的微分分布可以从对聚合度作图的积分分布曲线取斜率得到.因此,如果用 W_x 表示积分曲线,则 $w_x = \mathrm{d}W_x/\mathrm{d}x$.用这种方式计算得到的微分分布曲线示于图 8.9.图 8.8 和图 8.9 中的理论曲线是假设以耦合终止方式并且没有明显的链转移反应情况下所作的动力学计算,同时还考虑了转化率变化对比值 $[\mathrm{M\cdot}]/[\mathrm{M}]$ 的影响(参考式(8.28)).

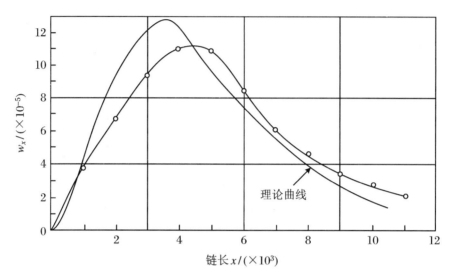

图 8.9　由图 8.8 中的曲线得到的聚甲基丙烯酸甲酯的质量微分分布曲线,并与理论计算曲线相比较(Baxendale、Bywater 和 Evans[19] 的结果)

　　为了推演微分分布,在绘制积分分布曲线时可能的误差正如图 8.7 中点的散布所显示的,在取斜率时会被放大.实际上,只有最大值的近似位置和微分分布曲线的宽度是有意义的.

　　图 8.10 显示的是 Merz 和 Raetz 从由 15% 的转化率的热聚合而得到的聚苯乙烯进行大规模分级而得到的结果.共获得了 39 个级分.最初积分图线以阶梯方式表示,每个梯级的

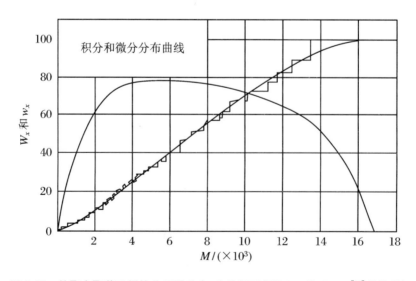

图 8.10　热聚合聚苯乙烯的分子量分布,由分级而得(Merz 和 Raetz[20] 的结果)

垂直位移相当于级分的量,而梯级的位置对应于分子量.通过阶梯图线所得平滑曲线的斜率给出了微分分布曲线,也显示在同一张图中.分步沉淀是在浓度约为 1.5% 的溶液中进行的,对于较高分子量组分,要达到满意的分辨率,这一浓度也是太高了.微分分布曲线在较高分子量时突然降向零也许是人为的.

高聚物以足够的精度达到完全分级,以及为了即使是近似地确定微分分布曲线所需要的足量级分,都是艰苦的工作.分级还有另一个非常有用的功能——提供足够均一的样品,以减小多分散性对各种物理性能测试的干扰.这通常意味着 $\overline{M}_w$ 与 $\overline{M}_n$ 的差异应该减小到 10%,与精确地绘制分布曲线所需要的(虽然很少能达到)相比,并不算是严厉的需求.

对于可能结晶的聚合物,还需要调整分级条件,让沉淀以完全无定形液态分离出来,而不是形成晶态.如果聚合物的熔点高,这点可能是困难的,甚至是不可能的.由于从稀溶液中发生液-液分离是迅速可逆的,结晶聚合物的分离通常在较大过冷度影响下可逆性差.因此结晶速度所起作用的重要性与平衡溶解度在新形成相的分子选取上的重要性相当.虽然对于较大的聚合物组分,溶解度较小,但它们发生结晶所需要的构象改变也较慢.当平衡因素引起较大组分在略微高一点的温度下沉淀(以结晶形式)时,它们较慢的速度又会阻止它们结晶析出.这两种相反的趋势可能会达不到分级沉淀过程的目的.由此,众所周知,对像硝化纤维素、醋酸纤维素、高熔点的聚酰胺以及聚偏二氯乙烯类的结晶聚合物的分级沉淀是低效的,除非选取的条件能避免聚合物以半结晶形式分离出来.在分级沉淀过程中移取出来的中间组分的分子量甚至可能超过那些较早移取出来的组分[21].萃取分级的分离方法应该更适合于结晶聚合物,因为平衡溶解度和溶解速度都有利于样品中最小分子量的组分的溶解.

从相图研究来看,通常从液相沉淀分离结晶并不困难.表示混溶温度对在含有单一组分的某种溶剂中的聚合物浓度作图的液-液平衡曲线在低浓度区域显示一特征最大值.另一方面,液相-晶相平衡曲线随着聚合物浓度增加而单调增加(参见图 13.14、图 13.15).为了避免后者,在并不远低于纯聚合物熔点下的较高温度下进行分级也许是必要的,且在这些条件下,采用足够劣的溶剂以获得液-液分离.

分子量分布特征可以通过对极稀聚合物溶液(0.01 g/100 mL 或低于这个浓度)进行浊度滴定来表征[22,23].在一定温度下,沉淀剂被缓慢滴加到摇动的溶液中,通过记录透射光强的减少来测定由于聚合物沉淀而产生的浊度(当然,这一浊度比起由于溶液中溶解分子而引起的浊度要大得多,后一浊度可以通过测定分子量的光散射法得到).首先要建立一个沉淀剂浓度与在指定聚合物浓度下所沉淀聚合物的分子量之间的经验关系式.以浓度为函数的浊度的实验曲线可以转变为积分分子量分布曲线,并从这个曲线得到一条近似的微分曲线.主要由 Morey 和 Tamblyn[22] 建立的这一方法已经成功地应用在聚乙酸乙烯酯[22]、硝化纤维素[24] 和聚甲基丙烯酸甲酯[25].采用这种方法对后一种聚合物的平均分子量相差 5 倍的两个级分的混合物很容易地进行了分离[25].

参 考 文 献

[1] Flory P J. J. Am. Chem. Soc., 1936,58:1877; Chem. Revs., 1946,39:137.

[2] Flory P J. J. Am. Chem. Soc., 1942,64:2205.

[3] Flory P J. J. Chem. Phys., 1944,12:425.

[4] Kuhn W. Ber., 1930,63:1503.

[5] Taylor G B. J. Am. Chem. Soc., 1947,69:638.

[6] Flory P J. J. Am. Chem. Soc., 1940,62:1057.

[7] Jacobson H, Stockmayer W H. J. Chem. Phys., 1950,18:1600.

[8] Jacobson H, Beckmann C O, Stockmayer W H. J. Chem. Phys., 1950,18:1607.

[9] Schaefgen J R, Flory P J. J. Am. Chem. Soc., 1948,70:2709.

[10] Schulz G V. Z. Physik. Chem., 1939,B43:25.

[11] Waley S G, Watson J. Proc. Roy. Soc.(London), 1949,A199:499.

[12] 参见如 Feller W. Probability Theory and Its Applications. New York: John Wiley and Sons, 1950: I,115-123.

[13] Flory P J. J. Am. Chem. Soc., 1940,62:1561.

[14] Dostal H, Mark H. Z. Physik. Chem., 1935,B29:299.

[15] Fessler J H, Ogston A G. Trans. Faraday Soc., 1951,47:667.

[16] Cragg L H, Hammerschlag H. Chem. Revs., 1946,39:79.

[17] Flory P J. J. Am. Chem. Soc., 1943,65:372.

[18] Desreux V. Rec. Trav. Chim., 1949,68:789; Desreux V, Spiegels M C. Bull. Soc. Chim. Belges, 1950,59:476. Fuchs O. Makromol. Chem., 1950,5:245; ibid., 1952,7:259.

[19] Baxendale J H, Bywater S, Evans M G. Trans. Faraday Soc., 1946,42:675.

[20] Merz E H, Raetz R W. J. Polymer Sci., 1950,5:587.

[21] Morey D R, Tamblyn J W. J. Phys. Chem., 1946,50:12.

[22] Morey D R, Tamblyn J W. J. Applied. Phys., 1945,16:419.

[23] Morey D R, Taylor E W, Waugh G P. J. Colloid Sci., 1951,6:470.

[24] Oth A. Bull. Soc. Chim. Belges, 1949,58:285.

[25] Harris I, Miller R G J. J. Polymer Sci., 1951,7:377.

第9章　非线形聚合物的分子量分布和凝胶理论

通过双官能团单元缩聚所形成的线形聚合物中的不同分子组分除了在端基上可能有所不同外,仅在一个参数上有所不同,即链长.如果一些单元具有更大的官能度,也就是说,如果一些单元结合了两个以上的其他单元,那就形成了非线形结构,对分子构造的完整描述就更为复杂化.仅仅指定分子的大小或者它所包含的单元总数并不能定义它的结构,支化度或分子中含的更高官能团的单元数也都需要作说明.此外,大量的同分异构体结构可以从指定数量的双官能团和多官能团($f>2$)单元中得到.当我们特别关注这些组成的衍生物和具有指定聚合度的每一个聚合物组分的结构时,通常仅需加上对作为目标的分子大小分布的描述就能使我们感到满意,并不需要对指定非线形聚合物构造作更为详细的定量描述.分子大小分布甚至可能会被极少量的多官能团单元造成极为明显的变形,以至于几乎没有留下与线形聚合物分布的相似之处.

多官能团单元的存在几乎总是提供了形成宏观尺度的化学结构的可能性,对此最适合采用的就是术语**无限网状结构**(第2章).在这一点上,作为主要化学实体的分子概念必须废除,因为无限网状结构达到了样品自身的宏观尺度.在普遍的分子水平上,它是无限大的,因此称为无限网状结构.对于大多数非线形高分子体系,这些**立体**(或**三维的**)网状结构的存在与分子构造的其他方面相比显得更为重要.它们是造成有趣的凝胶现象的原因,这在第2章已作简要描述,凝胶现象广泛地存在于非线形聚合反应中,例如乙烯-二乙烯基共聚反应、橡胶的硫化、诸如苯酚和甲醛所形成的那些热固性树脂的模制以及用于保护涂层的颜料的干燥过程中.

在本章的开始,我们将讨论形成无限网状结构的临界条件.之后将推导出各种非线形聚合物的分子量分布.同时也将引用与理论有效性相关联的实验数据.

9.1　无限网状结构形成的临界条件

9.1.1　多官能团缩聚反应[1,2]

考虑一双官能团单元 A—A、三官能团单元 $A{<}^A_A$ 和具有相反特征的双官能团单元

B—B 的聚合反应,其中 A 与 B 之间能发生完全的缩合反应.形成的是具有如图 9.1 所示结构的聚合物.假设每种类型的官能团 A 和 B 在化学上是等效的,因此具有相等的反应活性;假设等活性原理在整个缩合反应中有效,因此指定的 A 或 B 基团的反应活性与基团所连接的分子(或网状结构)的大小或结构无关.此外,关于同一分子中的 A 与 B 基团之间的反应是被阻止的或者它们的发生可以忽略的假设引入的误差通常在量级上是相当可观的.这个假设的引入是一种权宜之计,如果没有它,目前对非线形高分子的处理似乎是无望的.

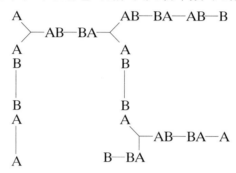

图 9.1　由双官能团单元 A—A 和 B—B 以及三官能团单元 $A{\diagdown}^A_A$ 所组成的三官能团支化高分子

AB 或 BA 是两种官能团的缩合产物.

　　为了进一步检验这一近似的意义,应该引起注意的是,高度支化的缩聚物分子正如图 9.1 所显示的那样保留了许多未反应的官能团,为同一分子中官能团之间的反应提供了大量的机会.Kienle 及合作者[3]对丙三醇与二元酸的实验结果显示,与分子间的缩合反应相竞争,分子内官能团间的反应可进行到一个可观的程度.如果酯化反应仅发生在分子间,每形成一个酯基,所存在的分子数将减少一个.Kienle 及合作者发现,冰点法测得的粒子数的减少比酯化反应程度的增加要小,差异折合为总酯化反应的 5% 左右.据推测,对于支化程度更低的分子,差异应该更小.如下的考虑是实用的,即单一分子间缩合反应的假设并不能从对"浪费"在形成分子内链接的缩合部分的考虑中消除掉,这种分子内链接不增加分子量,或者说不减少分子数.由此而引入的误差通常较小.考虑分子内缩合将使得理论复杂化,除了改善与实验数据的符合程度之外,并不能实质性地增加理论内容.

　　下面的处理是为了明确无限大化学结构或无限网状结构形成的条件.为此,我们寻找这一问题的答案:在什么条件下,存在随意选取的一个结构单元作为一无限网状结构的一部分的可能性? 为了简化问题,任一给定的分子(如图 9.1 中显示的分子)可以看成是由多官能团或支化单元(图 9.1 中为三官能团)连接而成的**链**组合而成的.更具体地说,一个链定义为分子中两个支化单元之间的那一部分,或是一个支化单元与末端未反应的官能团(如 OH 或 COOH)之间的那一部分.链长是变化的,但是目前这种变化并不重要.

　　首先,需要确定支化系数 α,它定义为一支化单元的指定官能团通过双官能团单元的一个链连接到另一个支化单元的概率.对于在图 9.1 中的聚合物类型,α 为从一个三官能团单元中随意选取的 A 基团连接到某个链上的概率,而这个链的另一端是连接到另一个三官能团单元的.后面我们将证明,凝胶点的位置以及随后的溶胶向凝胶的转变都直接与 α 相关.

上面定义的链的形成,可以用下面的反应式来表示:

$$A—A + A{\underset{A}{\overset{A}{<}}} + B—B \longrightarrow >—A[B—BA—A]_i B—BA—<$$

其中 i 可以取 $0\sim\infty$ 之间的任一数值.其他链也将形成,其中链的一端或两端包含有尚未反应的端基.根据所有的 A 官能团和所有的 B 官能团等活性的假设,图中右边的链上的第一个 A 基团参与反应的概率用 p_A 表示,这是已参与反应的所有 A 基团的分数;类似地,右边的第一个 B—B 单元的 B 基团参与反应的概率用 p_B 表示.用 ρ 表示属于支化单元的 A 基团数(包括已反应的和尚未反应的)与混合物中 A 的总数之比.因此,B 基团与支化单元反应的概率为 $p_B\rho$,B 基团与双官能团 A—A 单元连接的概率为 $p_B(1-\rho)$.一支化单元的 A 基团与前面分子式中单元序列相连接的概率为

$$p_A\left[p_B(1-\rho)p_A\right]^i p_B\rho$$

无论双官能团对的数量 i 是多少,与支化单元链端相关的概率 α 用 $i=0,1,2,\cdots$ 时的表达式之和来表示,即

$$\alpha = \sum_{i=0}^{\infty}\left[p_A p_B(1-\rho)\right]^i p_A p_B\rho$$

求和(参见 234 页脚注),得到

$$\alpha = \frac{p_A p_B\rho}{1-p_A p_B(1-\rho)} \tag{9.1}$$

像类型 ii 线形聚合物的情况一样,令最初体系中的 A 基团与 B 基团的比值为 r,则

$$p_B = rp_A$$

代入式(9.1),消去 p_B 或 p_A,得

$$\alpha = \frac{rp_A^2\rho}{1-rp_A^2(1-\rho)} \tag{9.2}$$

$$\alpha = \frac{p_B^2\rho}{r-p_B^2(1-\rho)} \tag{9.3}$$

通常在应用这些方程式时,r 和 ρ 将由初始组分的比例来确定,未反应的 A 基团或 B 基团将在反应的不同阶段分析测定.根据直接测定的是哪个基团,可以由式(9.2)或式(9.3)计算出 α.因此,通过实验观测的和控制的量,很容易计算出 α 值.

几个特例特别值得关注.当没有 A—A 单元时,$\rho=1$,则

$$\alpha = rp_A^2 = \frac{p_B^2}{r} \tag{9.4}$$

当 A 基团与 B 基团等量时,$r=1$,$p_A=p_B=p$,且

$$\alpha = \frac{p^2\rho}{1-p^2(1-\rho)} \tag{9.5}$$

在含有双官能团单元 A—A 和 f 官能团单元 R—A_f 的体系中,A 基团可能与 A 基团缩合,则

$$\alpha = \frac{p\rho}{1-p(1-\rho)} \tag{9.6}$$

如果支化单元不是三官能团的,例如如果它是四官能团的,可以采用相同的方程式来计算 α. 如此定义的 r 和 ρ 维持了这些关系式与支化单元的官能度无关.然而,这种方案并不完全通用.例如,可能存在两个多官能团单元,一个含有 A 基团,另一个含有 B 基团.或者,多官能团单元可能同时含有 A 基团和 B 基团.其他变动也有可能.通常,α 可以由反应物的比例和反应程度来计算,步骤类似于上述内容,但是适用于所包含的特定反应类型.

当多官能团单体的官能团在反应活性上有差异时,我们将遇到更多的困难.丙三醇就是这样的一个实例,仲羟基的活性比两个伯羟基的要弱.在动力学研究中,如果已知反应活性的差异,不难想象不同类型羟基的反应程度 p' 和 p'' 是通过分析测定得到的平均反应程度来计算的.这样 α 就可以由 p' 和 p'' 来计算.由于在丙三醇类的分子中基团很靠近,如果某个羟基的反应活性因为相邻基团的缩合而发生了改变,还将出现更为严重的问题.尽管如此,如果能确定这种影响的量级,计算 α 是可行的.要明确的一点是,实际上对于任何多官能团体系,根据对反应程度合适的分析测定,再辅以适当的反应动力学信息,至少在原理上,支化概率 α 是可计算的.不过,在复杂情况下过量的信息可能是需要的.

无限网状结构形成的临界值 α 可按如下方式来推断:如果支化单元是图 9.1 所示的三官能团,在支化单元终止的每条链随后被另两条链连接上;如果这些都是在支化单元终止的,就会再次生成四条链,依此类推.如果 $\alpha<1/2$,每个链连到支化单元并随后被另两条链连接上的机会将小于 $1/2$;而被一个未反应的官能团终止的机会将大于 $1/2$.在这些情况下,分子网不可能无限制地延续下去.最终,链的终止必然超过通过支化而实现的网状结构的延续.因此,当 $\alpha<1/2$ 时,所有分子结构都是有限的,即大小有限.

当 $\alpha>1/2$ 时,每条链再次生成两条新链的机会大于 $1/2$.两条这样的链将平均再次生成 4α 条新链,依此类推;n 条链预计会连到 $2n\alpha$ 个新链上,当 $\alpha>1/2$ 时,$2n\alpha$ 大于 n.在每一次随后的链的生成中,预计生成的链数①要大于前面生成的链数.在这些情况下,相继发生的链支化将使得结构无限延续.无限结构或我们所讲的无限网状结构才是可能的.因此,$\alpha=1/2$ 为图 9.1 所描述的在三官能团支化体系中初始形成无限网状结构的临界条件.

然而,值得注意的是,在 α 超过 $1/2$ 时,绝不是所有体系都链接成无限大分子.例如,尽管支化的条件是有利的,但是随机选取的链的两端也有可能被未反应的官能团所终止.或者,它仅在一端有支化,随后形成的两条链可以都与未反应的"死端"链接.只要 $1/2<\alpha<1$,这些组分和其他有限大小的组分将与无限网状结构同时存在.后面将讨论溶胶和凝胶的相对数量.

前面的处理还可以推广到其他情况,如只存在一种类型的官能团($A=B$),且这些基团能彼此缩合.也可以推广到支化单元的官能度大于 3 或含有多于一种类型的支化单元的聚合体系.对形成无限网状结构的临界条件可以作如下概括性的总结:当相继连接的 n 个链(或成分)通过其中的一些支化单元而形成的预期链(或成分)数超过 n 时,就有可能形成无限网状结构,也就是说,如果 f 表示支化单元的官能度(即官能度大于 2 的单元),当 $\alpha(f-1)$ 大于 1 时,凝胶化就会发生.因此,α 的临界值是

---

① 预计生成的链数是在同等条件下进行的许多次实验中测得的平均数.

$$\alpha_c = \frac{1}{f-1} \tag{9.7}$$

如果含有多于一种类型的支化单元,则 $f-1$ 必须由合适的平均值来替代,权重是根据连接到不同支化单元的官能团数量和所存在的物质的量来定的.临界条件可以用不同的方式来表示,式(9.7)是对缩聚物特别实用的形式.

在三维聚合反应与可出现支化的气相链式反应之间作一类比.在气相链式反应中,如果动力学链被终止的概率 $(1-\alpha)$ 超过再生出两条链载体的支化概率 (α),链的长度就是有限的,反应速度达到一定的稳态值.如果支化概率超过终止概率,反应无限制地加速,可观察到爆炸.无限网状结构的形成正如将要看到的是与凝胶同时出现的,与链式反应中的爆炸相类似.温度或压力非常微弱的改变就足以引起伴随着支化的气相链式反应从中等(甚至是微不足道的)速度加速到爆炸.类似地,通过某种方式带来的、在分子间链接总数上的非常小的变化可以使得非线形聚合物从一个具有中等黏度的液体转变为具有无限大黏度的凝胶.

把无限结构作为网状结构似乎与我们引来作为近似处理的、关于没有分子内反应发生的假设不相一致.一个缺少分子内链接的无规支化结构几乎不能被称作为网状结构,后一术语是表达曲折的、相互连接的结构的概念.实际上,正如后面所呈现的,引来的假设仅适用于有限大小的分子组分,将其推广到无限结构是多余的.当然,它必将包含大量的分子内链接,而这其实就是凝胶结构的本质特征.

9.1.2　实验测定的多官能团缩合反应凝胶点

如果多官能团聚合反应中的凝胶化显示了上面所假设的无限网状结构的形成,则所观察到的凝胶点与 α 达到式(9.7)所指定的临界值时的点是一致的.在丙三醇与等量的各种二元酸反应时,Kienle 和 Petke[3]发现,凝胶化在酯化反应达 $76.5\% \pm 1\%$,即 $p=0.765$ 时发生.如果丙三醇中的伯羟基与仲羟基的反应活性差异可以忽略,则根据式(9.5),支化系数 α 应该为 $\alpha = p^2$,其中 $\rho = 1$.因此,与计算值 $\alpha_c = 0.50$ 相比较,测得的临界反应程度相当于 $\alpha_c = 0.58$.对仲羟基较低活性的修正将使得测得的 α_c 值略微降低,但是不足以消除差异.

作者研究了二甘醇与丁二酸或己二酸、不同比例的三元酸(丙三羧酸)反应的凝胶点[1].由滴定法确定反应程度 (p),并对时间作图,示于图 9.2,可以准确地外推出凝胶点,而凝胶点的精确测定则是通过混合物中不能再冒出气泡来表明流动性的突然失去来进行的.α 值则是由混合物中成分的比例 $(r$ 和 $\rho)$ 以及羧基的酯化程度 p_A 代入式(9.2)来计算的.由如下关系式所计算的数均聚合度 $\bar{x}_n$ 并不是很大,在凝胶点也并不迅速增加.

$$\bar{x}_n = \frac{单元数}{分子数} = \frac{f(1-\rho+1/r)+2\rho}{f(1-\rho+1/r-2p_A)+2\rho} \tag{9.8}$$

这仅仅意味着,在凝胶点仍然存在许多分子,但是并不排除在过了凝胶点后少量无限大结构形成的可能性.

图 9.2 的实验结果和测得的其他类似结果归纳于表 9.1.在每种情况下,凝胶点的测定值要大于理论反应程度.α_c 的测定值与计算值之间的差异可能是由于理论上并没有考虑少量的分子内缩合.由于在形成这些分子内链接时要消耗一些单元间链接,为了达到临界点,

反应必须要更进一步.

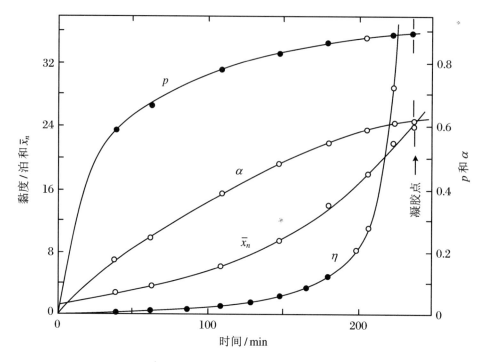

图 9.2 典型的三维聚酯化反应进程[1]

图中所显示的是表 9.1 中的第三组实验数据.

表 9.1 包含丙三羧酸的聚合物的凝胶点[1,2]

附加成分, 二甘醇和	$r = \dfrac{COOH}{OH}$	ρ^a	凝胶点时的 p		凝胶点时的 α_{obs}
			测定值	计算值[b]	
己二酸	1.000	0.293	0.911	0.879	0.59
丁二酸	1.000	0.194	0.939	0.916	0.59
丁二酸	1.002	0.404	0.894	0.843	0.62
己二酸	0.800	0.375	0.9907	0.955	0.58

a $\rho = 3 \times$ [丙三羧酸]/[总羧基].

b 当 $\alpha = 1/2$ 时,由式(9.2)来计算.

Stockmayer 和 Weil[4]通过研究季戊四醇($f = 4$)与己二酸缩合反应中的凝胶化现象,对应用于缩聚反应的凝胶理论给出了最有说服力的证实.这里,$\alpha = p^2$,α_c(计算值)$= 1/3$,$p_c = 0.577$,而 p_c(观察值)$= 0.63$.由于分子内缩合随着稀释而增多,他们认为在无限大浓度下进行的一假想的反应,分子内缩合应该被完全抑制.因此他们测定了不同稀释剂含量下的 p_c,并将结果对 $1/c$ 作图,外推得到在 $1/c = 0$ 时的截距.这样得到的 p_c 值是 0.578 ± 0.005,与计算值非常吻合.这一结果对上面所关注的差异是由于忽略了分子内缩合的结论给予了证实.

聚合过程中形成无限网状结构作为对凝胶点的确认被上面引用的实验结果所证实,无规反应的假设扩展到多官能团体系似乎是有必要的.

9.1.3　高分子链的交联

线形高分子链间化学键的形成通常被称为交联,也可能会导致无限网状结构的形成.橡胶的硫化过程是最为突出的例子.通过硫、促进剂以及硫化配方中的其他成分的作用,形成了硫化物交联键,其机理还没有完全理解(参见第 11 章).具有典型网状结构的硫化橡胶在所有溶剂中均不能溶解,因为溶剂不能破坏化学结构,它们也不具有明显的塑性或黏性流动.

这里再提及通过交联线形聚合物形成凝胶的其他实例:Signer 和 Tavel[5]通过乙二酰氯对纤维素衍生物上剩余羟基的作用把甲基纤维素转变为凝胶.Jullander 和 Blom-Sallin[6]通过四氯化钛或四氯化硅的作用将交联键引入硝化纤维素,是按下列方式链接分子间羟基的:

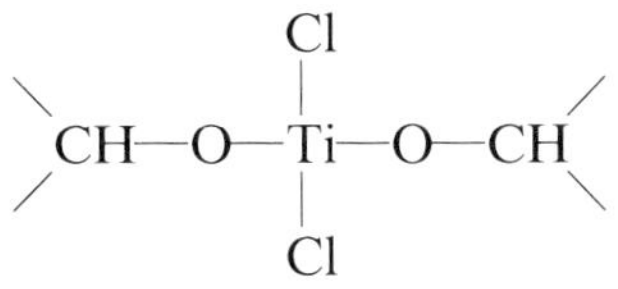

$$\overset{\displaystyle Cl}{\underset{\displaystyle Cl}{CH-O-Ti-O-CH}}$$

含有羟基的聚合物可以用二异氰酸酯交联.Fordyce 和 Ferry[7]通过乙二醇的作用交联苯乙烯-顺丁烯二酸酐共聚物.二乙烯基单体与乙烯基单体的共聚反应可以视为一种交联链状聚合物的方法.交联键的形成与线形高分子的链增长同时进行,而不是在之后,但是这一差异是次要的.

考虑一线形聚合物,其中每个分子都有确切的 y 个单元.我们假设引入了一定数量($\nu/2$)的交联键,它们无规地链接一对对链单元.(聚合物也可以是共聚物,其中只有一种类型的单元易受共聚过程的影响.满足无规交联的条件仅仅要求易受影响的单元是无规分布在分子中的,这样与链中某一个单元建立的关联并不对相邻位置或其他位置可能的交联产生影响.)显然作为一个不可避免的近似,假设交联特定发生在一定大小组分的分子间,每次交联减少一个分子.交联密度 ρ 被定义为被交联的单元分数.每次交联包含了两个被交联的单元.

$$\rho = \nu/N_0 \tag{9.9}$$

其中 N_0 是聚合物所包含的单元总数.y 被称为**初始聚合度**,yM_0 则为**初始分子量**,其中 M_0 为每个单元的(平均)分子量.这些术语的作用是方便使用,因为有必要区分交联聚合物的实际分子量(无论是否为平均值)与在引入交联之前的或如果断开所有的交联键时的分子量.

假设从部分交联混合物中随机选取一初始分子.指定这个初始分子为图 9.3 所表示的结构示意图中的 A.A 的两个单元正好发生了交联,这两个交联键又引向两个初始分子 B_1 和 B_2,构成了紧随 A 之后的"下一代"(这个典故决不能透支下去,在所讨论的情况下,后一代与原本的是难以区分的).前者含有两个交联键,后者没有;依此类推,对所标示的分子给出一个完整的描述.我们也希望建立条件,使得无规选取的初始分子可能属于一个无限网状结构.关键在于在最初选取的初始分子的任一后代中所预期的交联单元的数量.因此,与在多官能团缩合反应讨论中的论点极其相似,必须提出这样的问题:在由初始分子向后一代形成交联键时(例如 A 到 B_1 或 B_1 到 C_2),后者的其他 $y-1$ 个单元中所预期的交联单元数是多少? 或者,在尚未考虑过的 B_1 链中,所预期的额外交联单元数是多少? 如果交联过程是无规的,每个预期值 ε 将是相同的,等于任一单元被交联的概率乘以讨论中的单元总数 $y-1$,即

$$\varepsilon = \rho(y-1) \tag{9.10}$$

显然,如果 $\varepsilon<1$,则每一个"下一代"会逐渐比前面的小,对结构产生无限的贡献是不可能的.只有当 $\varepsilon>1$ 时,无限的贡献有时可能会发生.因此初始形成无限网状结构的临界条件是 $\varepsilon_c=1$,或者[8]

$$\rho_c = \frac{1}{y-1} \approx \frac{1}{y} \tag{9.11}$$

如果初始分子大,凝胶化所需的交联键比例明显变小.根据式(9.11),开始形成无限网状结构(凝胶)时,两个初始分子与一个交联键的比例是足够的.

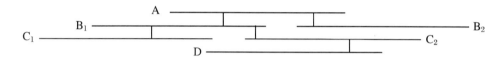

图9.3 具有统一长度的线形高分子交联后所形成的结构示意图

可以采用同样的模式处理具有任意分布的初始分子的交联[9].再次参考图9.3,在初始分子中通过与前面的初始分子交联而形成的额外交联单元数取决于两个统计学上的支配因素:初始分子中的单元数和它们恰好被交联的比例.假设讨论中的交联是从 A 到 B_1.已知 B_1 中(至少)一个单元,即连接到交联键上的那个单元是交联的.当然,这个单元是由 y 个单元所组成的初始分子的一部分的概率等于所有单元均出现在 y 聚体上的百分数.这是 y 聚体的质量分数 w_y.在 y 聚体中,额外交联单元的预期数是 $\rho(y-1)$.由此推断,初始分子(B_1)中有一部分是我们讨论的交联单元,在初始分子(B_1)中额外交联单元的预期数是乘积 $\rho w_y(y-1)$ 对所有 y 值求和.因此

$$\varepsilon = \rho\sum_{y=1}^{\infty} w_y(y-1) = \rho(\bar{y}_w - 1) \tag{9.12}$$

其中 $\bar{y}_w$ 是初始分子的重均聚合度.ε 的临界值仍为1,则有[9]

$$\rho_c = \frac{1}{\bar{y}_w - 1} \approx \frac{1}{\bar{y}_w} \tag{9.13}$$

只需假设交联过程是在单元间无规进行的,关系式(9.13)就是成立的,与初始分子量分布无关.每个初始分子中的交联单元数被称为**交联指数**[7],等于 $\rho\bar{y}_n$.对于单分散的初始聚合物,$\bar{y}_w=\bar{y}_n=y$,交联指数的临界值为1.对于多分散的初始聚合物,$\bar{y}_w>\bar{y}_n$,因此这一指数的临界值降到1以下,小于每个分子中所必需的一个交联单元.对于具有最可几分布的初始聚合物,$\bar{y}_w=2\bar{y}_n$,因此临界交联指数为1/2,1 个交联单元与4个分子的比值足以使凝胶化开始.与具有相同 $\bar{y}_n$ 的聚合物相比,单位质量含相同数目的初始分子,分子量分布越宽,产生凝胶化所需的交联键就越少.这是可以理解的,因为在分散程度越高的聚合物中,相对而言,越大的分子将会获得越多的分子间链接机会.

根据应用于多官能团缩合体系的方案,一对交联单元可以看成单个的四官能团单元.为

了说明两种处理方案的一致性,考虑四官能团单元 A$-\!\!\!\!\!\underset{\text{A}}{\overset{\text{A}}{|}}\!\!\!\!\!-$A 或 RA_4 与双官能团单元 A—A 的缩合,其中 A 可以与 A 缩合.注意,前面章节对 ρ 的定义是把 ρ 看作是四官能团单元中的 A 的数目与 A 的总数之比,与目前的定义(式(9.9))是一致的,这里把 A$-\!\!\!\!\!\underset{\text{A}}{\overset{\text{A}}{|}}\!\!\!\!\!-$A 看成一对交联单元.如果视为一个缩合反应,$\alpha$ 的临界值是 1/3.因此按照式(9.6),在指定比值 ρ 的情况下,p 的临界值是

$$p_c = \frac{1}{1 + 2\rho} \tag{9.14}$$

如果我们把它看成交联聚合物,我们需要 $\bar{y}_w$,即把所有交联键断开时聚合物的重均聚合度.这样就意味着以两个双官能团单元替代一个四官能团单元或一对交联单元.而反应程度 p 不受影响.因此,根据式(8.8)有

$$\bar{y}_w = \frac{1 + p}{1 - p}$$

在凝胶点,$\bar{y}_w - 1 = 1/\rho$,根据前面的表达式得出式(9.14),由此确定了两个步骤是等效的.在一个缩聚物中,初始分子几乎总是符合最可几分布的(参见第 8 章).因此,以别的方式分布的初始分子的无规交联在多官能团缩合反应中没有对应的反应.

　　A—A、B—B 与 RA_4 分子间的缩合以及与具有最可几分布的初始分子的无规交联之间的对应关系也是能说清楚的.然而,在这种情况下,定义 $\bar{y}_w$ 需要以**重复**单元 A—AB—B 而不是以结构单元为单位,以保证在每次处理中所使用的 ρ 的对应关系.

　　以另一种方式来扩展类比,本章节对交联的处理很容易适用于其他**偶数**官能度单元间的链接.例如,三个单元如果通过更高阶的交联键相连接(为了形成可以被看成是六官能团的单元),仅仅需要的改进是把临界条件替换为 $\varepsilon_c = 1/2$,或一般形式 $\varepsilon_c = 2/(f - 2)$.对形成**奇数**个官能度的多官能团单元的交联过程进行类比是有些难以设想的.对初始分子的规范甚至是更加难以进行的,但并不是不可能的.

　　由乙烯基单体和少量二乙烯基单体形成的共聚物与交联聚合物密切相关.将在本章最后一节对此作考虑,并将对上面提出的临界条件的应用作更为详细的讨论.

9.1.4　无限网状结构形成的一般条件[1,9,2]

　　无限网状结构只可能存在于这样的体系中,即其中的一些结构单元能与两个以上的别的单元相链接.但是这绝不是充分条件,在第 8 章中讨论的多链聚合物含有更高官能度的单元,但是它们并不能形成无限网状结构(没有在正式方案中尚未考虑的反应辅助).这将推论出一个更有意义的断言,即必然以某种方式形成可以相互结合的复杂分子,且相互结合的能力随着聚合物组分的尺寸和复杂性的增加而增加.在多链聚合物中这是不具备的;在线形缩聚物中,每个分子不管其尺寸大小,均含有两个能与其他分子相结合的端基.另一方面,在通常的多官能团缩合反应中,可能与其他分子反应的官能团数随着每一次两个分子结合为一个更为复杂的结构而增加.在一个交联过程中,分子变得越大,凭借其增加的单元数,参与进

一步交联的可能性就越大.

上述两个条件并不能确保凝胶的发生.最终的充分条件可能是以几个相互之间不无关联的方式来表示.首先以合适的方式来定义结构**单元**.这些单元可能包含初始分子或前面所定义的链,或者包含自身的结构单元.这样,形成无限网状结构的必要和充分条件可表述如下:与随机选取的一指定单元结合的单元数必须超过两个.用另一种方式表述,即回想在推导式(9.7)和式(9.11)所表示的临界条件时采用的方法,一个单元链接到事先已确立的单元系列上所需额外链接的预期数必须超过1.然而,条件要说明的是,与另一头的末端单元(仅与一个单元链接的单元)相比,问题是由体系中支化单元(即与多于两个的其他单元相链接的单元)出现的频率和官能度所决定的.

9.2 多官能团缩合反应中的分子分布

9.2.1 没有网状结构形成的无规支化特例

考虑 A$\overset{B}{\underset{B}{\diagdown}}$ 类型的单体,其中 A 可以与 B 缩合,但是同类的官能团之间不能反应.图 9.4 显示的是所生成的聚合物的结构.每一个 x 聚体组分将包含 $x+1$ 个未反应的 B 基团和唯一未反应的 A 基团,分子内缩合反应可忽略.类似的支化高分子可以由 A—R—B$_{f-1}$ 类型的多官能度单体来生成.每个分子中未反应的 A 数目保持为 1;未反应的 B 数目将是 $(f-2)x+1$.作为进一步的改进,A—B 类型的双官能团单元可以与 A—R—B$_{f-1}$ 单元共聚而不改变分子设计中基本的特征.这里仅仅插入了 A—B 单元序列,改变了支化单元间的长度.而 A—A 单元或 A—A 和 B—B 单元的插入将立即引入形成无限网状结构的可能性.

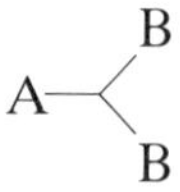

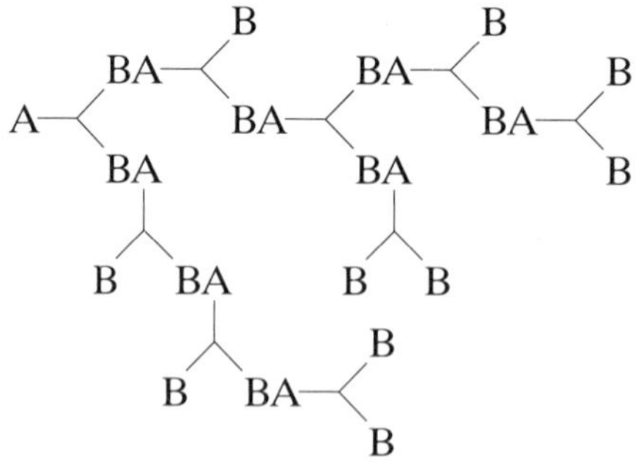

图 9.4 无规支化分子

支化概率 α 等于参与反应的 B 基团的分数 p_B.由于 $p_B=p/(f-1)$,其中 p 是指 p_A,即已经参与反应的 A 基团的分数.

$$\alpha=\frac{p}{f-1} \tag{9.15}$$

分子的总数是 $N_0(1-p)$,其中 N_0 是总的单元数.因此

$$\bar{x}_n = \frac{1}{1-p} = \frac{1}{1-\alpha(f-1)} \tag{9.16}$$

根据式(9.7),α 的临界值是 $1/(f-1)$,很显然,由式(9.15),α 不可能达到 α_c,因为反应程度可以接近但是从来不会达到 1.这些聚合物符合前面章节结尾处所提到的前两个条件,即它们获得大量的多官能团单元,且反应基团数目随着一对分子间的每次缩合而增加,但是第三个条件不能满足.这与每个分子中未参与反应的 A 基团数目保持为 1 的限制有关.

所讨论类型的支化高分子的例子很少.由卤代甲苯[10] 的 Friedel-Crafts 缩合而制备的聚合物无疑可以适当地表示为

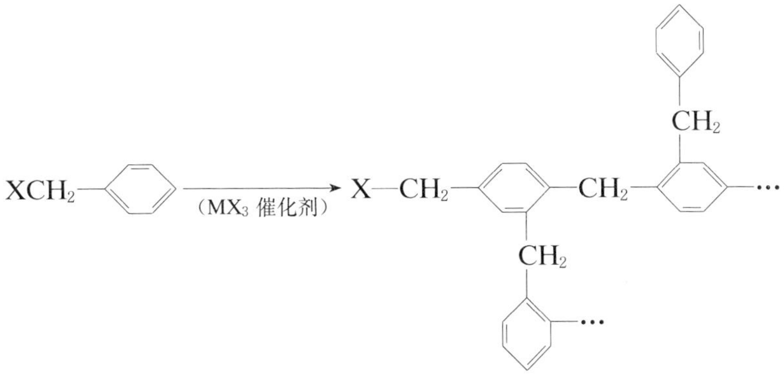

其中,X 相当于上面的 A,可以是氯或氟.聚合物是非晶性的(表明是无规结构),且假设在 Friedel-Crafts 催化剂存在下,反应条件足够温和以防止过量的重排发生,聚合物依然是可溶解和可熔融的.较少研究的一种聚合物是通过从三卤代苯酚[11] 的碱金属盐中迅速除去金属卤化物而形成的,看起来也是图 9.4 所表示的类型.

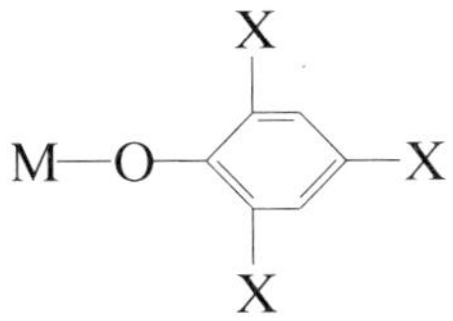

Pacsu 和 Mora[12] 近期的研究结果表明,D-葡萄糖在稀酸存在下发生分子间醚化,生成可溶性的多聚葡萄糖.每次缩合在一个单元的 1-羟基与另一单元的 2-、3-、4-或 6-羟基之间进行.至少在一些实验条件下,6 位的羟基更为有利,因此除了各种 1,2,6 或 1,4,6 三官能团单元以及更高官能度单元以外,1,6 单元占有优势.每个分子应该保留一个未反应的 1-羟基,与上述方案相符合.

淀粉与糖原是天然类似物.例如,在淀粉的支链淀粉组分,大部分单元是双官能团的 1,4-α-葡糖酐.

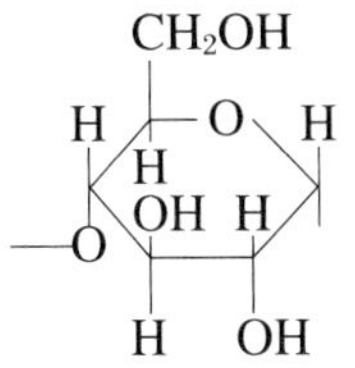

但是每 15～20 个单元中有一个含有三官能团的 1,4,6-α-葡萄糖支化单元.

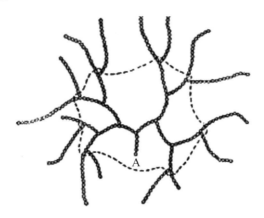

根据 Meyer[13],支链淀粉的结构示于图 9.5.单一的还原性端基用 A 来表示;所有其他的末端单元仅在 1 位上.

图 9.5　根据 Meyer[13],支链淀粉的结构

这里讨论的是从 A—B_{f-1} 类型单体得出的支化高分子,尽管从根本上缺乏突出的例子,这是因为它们在线形高分子与形成网状结构的多官能团类型之间占据着独特的地位.此外,这些支化高分子的分子量分布很容易就推广到更为一般的多官能团类型.

9.2.2　A—R—B_{f-1} 类型单体缩合而成的高分子大小分布[14]

仅仅是为了方便计数,每个单元中的 $f-1$ 个 B 基团虽然反应活性是相同的,但是被认为彼此是可区分的.实际区分的基础是否是由于单体的不对称已无关紧要,这一假设的引入仅是作为一种简化对构型计数的技巧,且对最终结果没有任何影响.因此,简单的二聚体结构

目前将被认为是不一样的,尽管有可能 B^1 和 B^2 完全无法区分.以带有未反应的 A 基团开始,通过规定每个后续的单元中哪一个 B 基团参与了反应,任一给定的分子结构可能都是特定的.一个未反应的 A 基团添加到特定结构的 x 聚体上的概率与特定的 $x-1$ 个 B 基团序列参与了反应、同时剩下的 $fx-2x+1$ 个 B 基团还没有参与反应的概率是相等的.对每个 x 聚体构造,这个特定的概率

$$\alpha^{x-1}(1 - \alpha)^{fx-2x+1}$$

都是一致的.因此任一指定的未反应 A 基团连接到任一构型的 x 聚体分子上的概率是

$$N_x = \omega_x \alpha^{x-1}(1 - \alpha)^{fx-2x+1} \tag{9.17}$$

式中,ω_x 是总的构造数.因为按照分子内缩合可以忽略、每个分子有一个未反应 A 基团的假设,N_x 也是 x 聚体的摩尔分数.

为了求 ω_x,暂且假定单个的单体分子彼此是可区分的.由于一个单体中的 B 基团必须考虑为可区分的(为了证实上面采用的列举构型过程的合理性),因此体系中每一个 B 基团都是彼此可区分的.选取构造 x 聚体的 x 个单元,从总的 $(f-1)x$ 个 B 基团中任意选取一组 $x-1$ 个 B 基团.总的可选取的组数就是从 $fx-x$ 个物体中一次拿出 $x-1$ 个的排列数,即

$$\frac{(fx - x)!}{(fx - 2x + 1)!(x - 1)!}$$

用不同的 B 的组合不可能构建出等同的高分子构型,但是许多构型可能是由一组 B 与 A 以不同的方式组合而成的.避开同一分子上的 B 与 A 的结合,$x-1$ 个 B 与 $x-1$ 个 A 可以相结合的方式有 $(x-1)!$ 种.假设每个单体是可区分的,用上述表达式乘以这个量,我们就可以得到总的排列数为

$$\frac{(fx - x)!}{(fx - 2x + 1)!}$$

这一实际上不切实际的假设通过除以 $x!$ 可以撤销,$x!$ 为按照原先所定义的指定构型中单体单元的排列数.因此

$$\omega_x = \frac{(fx - x)!}{(fx - 2x + 1)!x!} \tag{9.18}$$

为了方便起见,式(9.17)可写为

$$N_x = \frac{1 - \alpha}{\alpha}\omega_x \beta^x \tag{9.19}$$

其中

$$\beta = \alpha(1 - \alpha)^{f-2} \tag{9.20}$$

为了计算 x 聚体的质量分数 w_x 和重均聚合度 $\bar{x}_w$,仍然需要求出总和.求和为如下形式:

$$S_m = \sum_1^\infty \frac{(fx - x)! x^m \beta^x}{(fx - 2x + 1)!x!} \tag{9.21}①$$

或

$$S_m = \frac{\alpha}{1 - \alpha}\sum_1^\infty x^m N_x \tag{9.21'}$$

对式(9.21)所表示的 S_0 和 S_1 微分:

$$S_1 = \beta\frac{\mathrm{d}S_0}{\mathrm{d}\beta} = \beta\frac{\mathrm{d}S_0}{\mathrm{d}\alpha}\frac{\mathrm{d}\alpha}{\mathrm{d}\beta} \tag{9.22}$$

$$S_2 = \beta\frac{\mathrm{d}S_1}{\mathrm{d}\beta} = \beta\frac{\mathrm{d}S_1}{\mathrm{d}\alpha}\frac{\mathrm{d}\alpha}{\mathrm{d}\beta} \tag{9.23}$$

---

① 在任一有限值 m 时,S_m 的收敛半径是 $\beta_c = (f-2)^{f-2}/(f-1)^{f-1}$,相当于 $\alpha = 1/(f-1) = \alpha_c$.我们已经指出,对于所考虑的体系 $\alpha < \alpha_c$,因此 $\beta < \beta_c$,且总和总是收敛的.只有在 $\beta = \beta_c$ 时,S_0 会聚于一点.

因为 $\sum_1^{\infty} N_x = 1$,根据式(9.21′),有

$$S_0 = \frac{\alpha}{1 - \alpha} \tag{9.24}$$

将由式(9.20)得到的 $\mathrm{d}\alpha/\mathrm{d}\beta$ 和由式(9.24)得到的 $\dfrac{\mathrm{d}S_0}{\mathrm{d}\alpha}$ 代入式(9.22),得

$$S_1 = \frac{\alpha}{(1 - \alpha)[1 - \alpha(f - 1)]} \tag{9.25}$$

同样,由式(9.23)得

$$S_2 = \frac{\alpha}{1 - \alpha} \frac{1 - \alpha^2(f - 1)}{[1 - \alpha(f - 1)]^3} \tag{9.26}$$

有了这些结果,就很容易得到如下结果.对于质量分数分布有

$$w_x = \frac{xN_x}{\sum xN_x} = \frac{\alpha}{1 - \alpha} \frac{xN_x}{S_1}$$

$$= \frac{1 - \alpha}{\alpha}[1 - \alpha(f - 1)]x\omega_x\beta^x \tag{9.27}$$

将式(9.25)代入数均聚合度的表达式,得

$$\bar{x}_n = \sum xN_x = \frac{1 - \alpha}{\alpha}S_1$$

即给出式(9.16),之前是直接推导的.类似地有

$$\bar{x}_w = \frac{\sum x^2 N_x}{\sum xN_x} = \frac{S_2}{S_1} = \frac{1 - \alpha^2(f - 1)}{[1 - \alpha(f - 1)]^2} \tag{9.28}$$

单从化学计量考虑是不能得到这个关系式的.最后有

$$\frac{\bar{x}_w}{\bar{x}_n} = \frac{1 - \alpha^2(f - 1)}{1 - \alpha(f - 1)} \tag{9.29}$$

由此可见,两个分别表示摩尔分数和质量分数分布的关系式(9.19)和(9.27)中都含有 ω_x 和 β^x.由于 α 限定为小于 $\alpha_c = 1/(f - 1)$,而 β 总是远小于1(当 $f = 3$ 时,β 的最大值为 $\beta_c = 1/4$),当 x 增加时,ω_x 和 β^x 的变化是相反的.对于 β 所有可取的数值,后一个量的减小超过前一个量的增加($\beta < \beta_c$,参见 259 页脚注),因此 N_x 和 w_x 随着 x(的增加)而单调地减小,后者不如前者那么快.按照式(9.27),质量分数分布如图 9.6 所示,其中含 $f = 3$ 时几个不同的反应程度 α.随着 α 的增加,分布明显变宽.当 α 增加到它的极限值,即当 $f = 3$ 时,α 为 1/2,分布曲线与 x 轴重合;根据式(9.27),在 $\alpha = \alpha_c = 1/2$ 时,质量分数为零.但是分布曲线下的总面积必须保持相等,为 1!由此推断,在 $\alpha = \alpha_c$ 时,分布为无限宽、高度无限小.

数均聚合度和重均聚合度的表达式也能反映出当反应接近完成时分布变宽.两个量在 $\alpha \to \alpha_c$ 时趋于无穷大,但是 $\bar{x}_w$ 增加更快,以至于比值 $\bar{x}_w/\bar{x}_n$ 也趋于无穷大(参见式(9.29)).

当然,由于忽略了分子内缩合反应,给前面的关系式带来一点误差.由于这个原因,非常大的组分受到相对更多的抑制.然而,所有可想到的误差至多使预测的定量特征失真,但是与存在于支化高分子分布与通常线形高分子主要分布之间的巨大差异相比,仍是相对较小

的. 从这一点上看, 已有的统计理论已经给出了较好的描述.

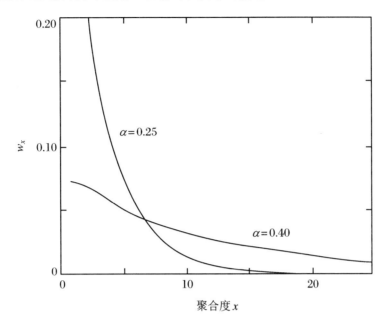

图 9.6　由式(9.27)所作的由 A⟨$\begin{smallmatrix}B\\B\end{smallmatrix}$ 缩合而成的聚合物的质量分数分布曲线

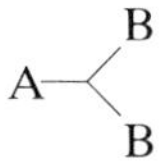

其中 $\alpha = p/2$.[14]

如果对于 A—B 共聚单体, 结构模式如图 9.7 所示, 顺便提一句, 这与天然高分子支链淀粉和糖原中的结构类似[13]. 把上面的处理推广到这一情况, 可以得到下列由 n 个 f 官能团单元和 l 个双官能团单元所组成的组分的质量分数表达式[14]:

$$w_{n,l} = \left[\frac{(1-p_{B})^2}{p_{B}} - (f-2)(1-p_{B})\rho \right](n+l)\zeta^n \eta^l \omega_{n,l} \tag{9.30}$$

式中, ρ 是支化单元上 A 的分数 (即 ρ 是支化单元的摩尔分数), 且

$$\zeta = p_{B}\rho(1-p_{B})^{f-2}$$
$$\eta = (1-\rho)p_{B}$$
$$\omega_{n,l} = \frac{(l+fn-n)!}{l!\,n!\,(fn-2n+1)!}$$

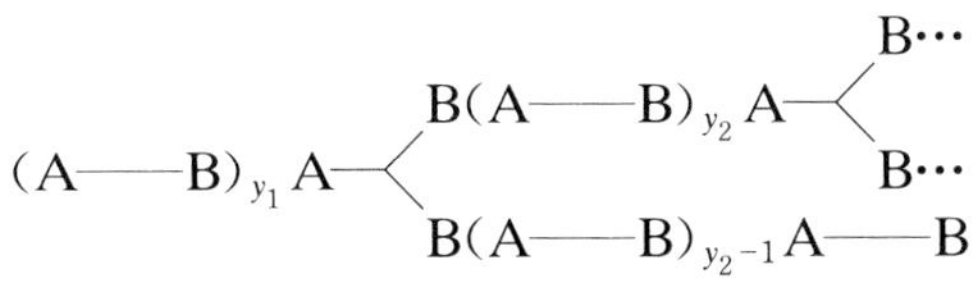

$$(A\!-\!B)_{y_1}A\!\!\left\langle\begin{smallmatrix}B(A\!-\!B)_{y_2}A\!\!\left\langle\begin{smallmatrix}B\cdots\\B\cdots\end{smallmatrix}\right.\\B(A\!-\!B)_{y_2-1}A\!-\!B\end{smallmatrix}\right.$$

图 9.7　由 A—B 和 A⟨$\begin{smallmatrix}B\\B\end{smallmatrix}$ 单体所形成的无规支化分子

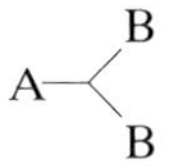

式(9.30)和附加的表达式难以处理, 没有太大用处. 两个参数 n 和 l 的存在是固有的特

点.从很多方面来看,仅取决于 n 的分布所提供的信息更加有用,例如,该分布可以通过式(9.30)对 l 求和来获得.我们因此可以得到含有 n 个支化单元的所有组分的质量分数,与 l 的值无关.这被称为**复杂度分布**.对于较大的 n 值(大于 2 或 3),它与实际的分子大小分布并列,其中 $x = n + l$,因此可以替代后式.由于在一个 n 聚体中含有 $(f-1)n+1$ 个链,每一个链可以在统计意义上去参与对体系中所有双官能团单元的分享竞争.因此,一个具有较大复杂度 n 值的分子几乎一定是一个高分子量的分子.

这样可能表明[14],**复杂度分布**保留了单一 A—R—B_{f-1} 缩合所形成的分布的基本特征(图 9.6).这确实已经呈现在式(9.30)中.主要的区别与含有双官能团单元的共聚物中存在线形分子 $(A—B)_l$ 有关.如果这些单元的比例较大,线形分子的摩尔分数在所有条件下就仍然相当的大.(例如,对于 $f=3$ 和 $\rho \ll 1$,它们的摩尔分数仅下降到完全缩合的极限情况下的 $1/2$.)然而,它们的质量分数在缩合趋于完成时小到几乎可以忽略不计.

对于含有 R—A_f 支化单元的体系,类似的**复杂度分布**将在本章附录中讨论.

9.2.3　一般的多官能团缩合反应中的分布[14—16]

最简单的多官能团缩合反应可以用一个 f 官能团单体 R—A_f 的自缩合来代表,所形成的聚合物结构示于图 9.8,其中的 $f=3$.支化系数 $\alpha = p_A = p$,可以取 0~1 之间的任一值,它并不仅局限于小于前面所涉及的 α_c 的数值.两种体系行为形成鲜明对照的根据就在这里,这在下面的讨论中将变得更为明显.类似的情况出现在等量的 A—⟨A A ⟩ 与 B—⟨B B ⟩、B—B 与 A—⟨A A ⟩ 的缩合中.在后一种情况中,$\alpha = p^2$;如果采用的是非等量的单体,$p_A \neq p_B$,其结果是 $\alpha = p_A p_B$.下面的处理稍作改进(参见附录 A)即适用于这些以及其他类型的多官能团缩合反应.

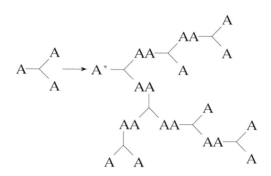

图 9.8　由简单的三官能团单体所形成的高分子

重新考虑如图 9.8 所表示的简单的 f 官能团缩合反应,注意到分子总数是

$$N = N_0 \left(1 - \frac{\alpha f}{2}\right) \tag{9.31}$$

且

$$\bar{x}_n = \frac{1}{1 - \dfrac{\alpha f}{2}} \tag{9.32}$$

其中忽略了分子内缩合反应. 超过了单元间链接数等于单元数的那一点后, 这一近似使得所有关系式都失去了意义, 于是, 如果在这一阶段缩合特定发生在分子内, 所有的单元将被结合在一个分子中. 当 $\alpha = 2/f$ 时达到这一点, 此时已超出 $\alpha_c = 1/(f-1)$. 好在除了 $\alpha = \alpha_c$ 以外, 并不需要应用式(9.31)和式(9.32). 因此, 这里的近似没有比先前所考虑的问题更为严重的了.

随机选取未反应的 A 基团, 再按照上述在 A—R—B_{f-1} 的聚合物中所采用的类似步骤来处理, 就可以方便地探讨分子大小分布情况. 选取图 9.8 中标以星号的 A 基团为例. 另外的 $x-1$ 个等同单元按照一个特定的模式连接到带有这个 A 基团的单元上的概率是

$$\alpha^{x-1}(1 - \alpha)^{(f-2)x+1}$$

这里有 $x-1$ 次键合以及 $(f-2)x+1$ 个**额外的**未反应基团, 正与先前问题中的完全一样. 与 A—R—B_{f-1} 单元(或 B—R—A_{f-1} 单元)所形成的支化聚合物不同的是, 以这种方式形成的围绕带有选定未反应 A 基团的单元的一些特定构型仅在这个基团的位置上彼此间将有所不同. **只有在未反应的 A 基团已经选定的情况下**, 才能保持与前面情况一致. 一旦未反应的 A 基团已经选定, 建立在含未反应基团的单元上的每一个特定构型就与 A—R—B_{f-1} 单体的 x 聚体的某个构型、也只有与某个构型完全对应. 这里所包含的特定构型总数又与式(9.18)所给出的 ω_x 相等. 因此, **随机选取的未反应 A 基团是任一构型的 x 聚体的一部分的概率 P_x** 可以写为

$$P_x = \omega_x \alpha^{x-1}(1 - \alpha)^{fx-2x+1}$$

看起来就与前一问题中式(9.17)所涉及的摩尔分数 N_x 一样了. 然而, 这里的 P_x **不是 x 聚体的摩尔分数**. 为了得到它, 并与上述黑体部分所给出的 P_x 定义相一致, 我们写为

$$P_x = \frac{x \text{ 聚体中未反应的 A 基团数}}{\text{未反应的 A 基团总数}}$$

一个 x 聚体中未反应的 A 基团数是 $(f-2)x+2$, 因此

$$P_x = \frac{[(f-2)x+2]N_x}{N_0 f(1-\alpha)}$$

其中, N_x 是 x 聚体的分子数, N_0 是单元总数. 从这两个式子中消去 P_x, 将式(9.18)代入, 有

$$N_x = N_0 \frac{(1-\alpha)^2}{\alpha} \omega'_x \beta^x \tag{9.33}$$

其中

$$\omega'_x = \frac{f(fx-x)!}{(fx-2x+2)!x!} \tag{9.34}$$

β 还是参照式(9.20)的定义.

将式(9.33)除以式(9.31)的分子总数, 得到摩尔分数表达式[15]:

$$N_x = \frac{(1-\alpha)^2}{\alpha\left(1 - \dfrac{\alpha f}{2}\right)} \omega'_x \beta^x \tag{9.35}$$

N_x 乘以 x/N_0,得质量分数[15]:

$$w_x = \frac{(1-\alpha)^2}{\alpha}x\omega'_x\beta^x \tag{9.36}$$

由于式(9.35)的摩尔分数是由式(9.31)得到的,这一表达式并不能适用于凝胶点以外.然而相同的限制并不适用于数量表达式(式(9.33))以及质量分数表达式(式(9.36)),事实上,这些公式在高 α 值时(相对于高反应程度时)就像在其他情况下一样有效.在这一范围放弃使用式(9.35)的必要性无关紧要,因为在高 α 值时,很容易找到合适的公式来替代(参见9.2.4 小节).

重均聚合度可以按如下步骤来推导,其中假设 $\alpha \leqslant \alpha_c$.首先定义

$$S'_m = \sum_{x=1}^{\infty} x^m\omega'_x\beta^x \tag{9.37}$$

根据式(9.35),因为 $\sum N_x = 1$,有

$$S'_0 = \frac{\alpha\left(1-\frac{\alpha f}{2}\right)}{(1-\alpha)^2} \tag{9.38}$$

根据式(9.36),因为 $\sum w_x = 1$,有

$$S'_1 = \frac{\alpha}{(1-\alpha)^2} \tag{9.39}$$

应用前面得到 S_2(参见式(9.26))的步骤,可得到

$$S'_2 = \frac{\alpha(1+\alpha)}{(1-\alpha)^2(1-\alpha f+\alpha)} \tag{9.40}$$

参见式(9.28)的推导,我们立即得到

$$\bar{x}_w = \frac{S'_2}{S'_1} = \frac{1+\alpha}{1-\alpha(f-1)} \tag{9.41}$$

顺便提一下,在 $f=2$ 时上式就归结为式(8.8).再由式(9.32),得

$$\frac{\bar{x}_w}{\bar{x}_n} = \frac{(1+\alpha)\left(1-\frac{\alpha f}{2}\right)}{1-\alpha(f-1)} \tag{9.42}$$

在临界点 $\alpha_c = (f-1)^{-1}$,$\bar{x}_n$ 的值是有限的,仅仅表明分子数绝不会是 0;然而重均值在 α_c 时为无穷大;当然,$\bar{x}_w$ 与 $\bar{x}_n$ 的比值也为无穷大,表明存在极端的不均一性.

对于三官能团单体,在几个不同反应程度下,根据式(9.36)计算的 x 聚体的质量分数示于图 9.9.这些曲线类似于图 9.6 中的 A—R—B₂ 类型单体的聚合物质量分数,最重要的不同是在 $\alpha=\alpha_c$ 时,分布曲线不会与 x 轴重合.简单的事实就是,在临界点,缩合还远没有完成.

虽然上述理论是为最简单的多官能团缩合而建立的,在这种情况下对各种变量的探讨显示对基本特征的影响只是微乎其微的.通常主要是在 α 与反应参数的关系上有所改变,这些参数是官能度为 f 的支化单元的比例 ρ、A 基团与 B 基团之比 r 以及反应程度 p.

除了支化单元 R—A$_f$ 之外,如果双官能团单元 A—A(或 A—A 和 B—B)的数目占优

势,分布的一般特点——特别是分布趋于无限宽的趋势——被保留.[①]这样,一指定分子的大小不仅取决于支化单元数 n,还取决于双官能团单元数 l(这种情况在本章附录 A 中讨论).正如 A—R—B_{f-1} 与 A—B 的缩合采用较简单的仅含 n 的复杂度分布更为便利.R—A_f 与双官能团单元缩合产物的分子组成可以通过复杂度分布和每个链上双官能团单元的平均数来共同描述.当缩合反应进行时,支化概率 α 增加,较复杂的组分在分布中逐渐显著.同时,链的平均长度增加,这对分子大小分布的改善也有贡献.

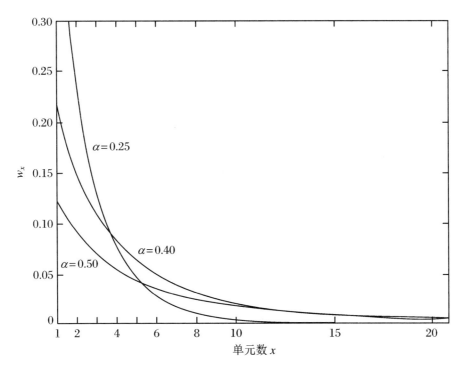

图 9.9 由简单的三官能团单体在所标示的 α 时聚合而成的支化聚合物的质量分数分布[2]

9.2.4 凝胶化后的关系式[2,16]

如果对式(9.33)所表示的 x 聚体的分子数或式(9.36)所表示的质量分数从 $x=1$ 到 ∞ 求和出现了表面上看为异常的结果,其重要性值得关注.例如,后一个求和可以写为

$$\sum_1^\infty w_x = \frac{(1-\alpha)^2}{\alpha} \sum_1^\infty \frac{f(fx-x)!\beta^x}{(x-1)!(fx-2x+2)!} \tag{9.43}$$

上式右边的总和与式(9.37)所定义的 S_1' 相同,仅取决于 β 值.但是根据式(9.20),β 值随着 α 值的增加而增加,在 $\alpha = \alpha_c$ 时达最大值,之后随着 α 值的增加而减小.因此,对每一个允许的 β 值,在合理的范围 $0 < \alpha < 1$ 有两个根(当然除了在最大值处,此时两个根是相同的).例如,当 $f = 3$ 时,$\beta = \alpha(1-\alpha)$ 在 $\alpha_c = 1/2$ 时达最大值 $1/4$;对于每一个 β 值,根是 α 和 $\alpha' = 1-$

---

① A 基团官能度为 f_1、f_2、$\cdots$、f_i 的反应物分别有 N_{A_1}、N_{A_2}、$\cdots$、N_{A_i} mol 可以与 B 基团官能度为 g_1、g_2、$\cdots$、g_i 的 N_{B_1}、N_{B_2}、$\cdots$、N_{B_i} mol 反应物反应,缩合发生在 A 基团与 B 基团之间,完整的分布函数已由 Stockmayer 导出,见 J. Polymer Sci.,1952,9:69.

α. 显然,式(9.43)右边的总和由于只取决于 β,必然在每一个根 α 或 α' 时有相同的值. 然而,因子 $(1-\alpha)^2/\alpha$ 不等于 $(1-\alpha')^2/\alpha'$. 因此,超过了凝胶点,$\sum\limits_1^\infty w_x$ 就不能再像在凝胶化之前那样保持相同的数值 1. 我们被迫面对令人担忧的结论,即式(9.36)(式(9.33)也一样)不能遵从标准要求 $\sum\limits_1^\infty w_x = 1$,当 $\alpha > \alpha_c$ 时,有个适当的质量分数. 另一方面,在推导应该限制在 $\alpha < \alpha_c$ 条件的式(9.36)时,并没有引入任何条件. [①]

很显然,解决明显矛盾的关键是重新审查由图 9.8 开始的最初推导. 在一指定的 x 聚体构造的概率表达式中蕴含了有限的分子组分,因此除了随机选取的基团,还规定有 $fx - 2x + 1$ 个未反应基团. 另一方面,一个无限网状结构仅通过部分未反应端基即可终止,而宏观容器的器壁对反应程度也有很大的限制. 因此,网状结构的分数不被考虑,导致上面给出的分布函数中不含此项. 在 α 的取值范围内,$\sum\limits_1^\infty w_x$ 不能保持相同的数值就是由于省略了无限网状结构的质量分数.

重新审查显示,在 $\alpha \leqslant \alpha_c$ 时,$\sum\limits_1^\infty w_x$ 的确为 1,其中 w_x 由式(9.36)给出. 由此推断,假设 $\alpha \leqslant \alpha_c$,式(9.39)给出的 S_1' 是正确的;同样地,式(9.38)和式(9.40)给出的 S_0' 和 S_2' 也都是正确的. 从数学上讲,应该给式(9.38)~式(9.40)附加上规定,对于给定的 β 值,α 可看成式(9.20)的最小实根.

假定缩合反应过了凝胶点,因此 $\alpha > \alpha_c$. 这样,根据式(9.36),除了网状结构之外,所有组分的质量分数之和为

$$\sum_{\text{所有有限组分}} w_x = \frac{(1-\alpha)^2}{\alpha} S_1'$$

比照前面的讨论,这个加和代表的是溶胶的质量分数. 根据式(9.39),$S_1' = \alpha'/(1-\alpha')^2$,式中 α' 指定为式(9.20)中的最小根. 因此

$$w_s = \frac{(1-\alpha)^2 \alpha'}{(1-\alpha')^2 \alpha} \tag{9.44}$$

根据差额,凝胶的质量分数为

$$w_g = 1 - \frac{(1-\alpha)^2 \alpha'}{(1-\alpha')^2 \alpha} \tag{9.45}$$

更为概括地,可以假设 α 表示由缩合程度测得的实际支化概率,不用考虑是否超过临界点,而用 α' 表示相同 β 值时式(9.20)的最小实根. 如果 $\alpha \leqslant \alpha_c$,则 $\alpha = \alpha'$,根据式(9.44)、式(9.45),$w_s = 1$,$w_g = 0$. 如果 $\alpha > \alpha_c$,则 $\alpha > \alpha'$,$w_s < 1$. 例如,对于三官能团情况,当 $\alpha > \alpha_c$ 时,$\alpha' = 1 - \alpha$,有

$$w_s = \frac{(1-\alpha)^3}{\alpha^3}$$

---

① 由式(9.36)给出的从 $\alpha = 0$ 到 1 范围内最小组分的质量分数可以直接重新确定. 因此,很显然,随机选取的单元为未反应单体的概率为 $w_1 = (1-p)^f = (1-\alpha)^f$;类似地,可以直接确定 $w_2 = f\alpha(1-\alpha)^{2f-2}$,依此类推.

这种情况下由式(9.45)计算所得的凝胶质量分数对 α 的作图示于图 9.10.结果表明,无限网状结构的形成是在临界点突然开始的.根据多官能团缩合反应中凝胶出现时特有的突发性,理论预测得到了充分的证实.图 9.10 中还显示了根据式(9.36)计算得到的不同组分质量分数 w_x 对 α 的作图.

用 w'_x 表示由 x 聚体所组成的溶胶的质量分数,即 $w'_x = w_x/w_s$.根据式(9.36)和式(9.44),有

$$w'_x = \frac{(1-\alpha')^2}{\alpha'}x\omega'_x\beta^x \tag{9.46}$$

除了 α 用较小的根 α' 替换外,上式与式(9.36)形式相同.因此,在一个简单的 f 官能团缩合反应中,当 $\alpha > \alpha_c$,溶胶组分中的分子分布与支化概率为 α' 时,在整个聚合物中占主要部分时的分布是相同的.这样,图 9.9 中对应于 $\alpha = 0.25$ 和 $\alpha = 0.40$ 的曲线也分别适用于 $\alpha = 0.75$ 和 $\alpha = 0.60$ 的溶胶组分.

在这些考虑的基础上,便可以描述整个 f 官能团缩合反应过程中分子组成的变化.当缩合反应进行时,较小的组分反应逐渐形成较大的组分,然而单体总是多于任何其他有限大小的组分.如图 9.9 所示,在凝胶点达到最大的不均一性,但是高度支化分子的比例仍然是少的.在凝胶点,无限网状结构的生成陡然开始,随着进一步缩合反应的进行,凝胶的比例迅速增加.由于较大的、较复杂的组分优先转化为凝胶,保留下的溶胶的平均分子量是减小的.在溶胶内分子大小分布以及表征它的平均值($\bar{x}_n$ 和 $\bar{x}_w$)在过了紧随着的精准历程就遭受逆转,直至凝胶点.

很显然,忽略分子内缩合的近似处理只适用于有限组分.它不适用于凝胶,由于理论上不能直接处理凝胶,凝胶的数量只能通过差额来获得.正如已经强调的,凝胶必然含有大量的分子内链接.这些是其网状结构必要的特征.在更为复杂的组分(有限)中,上述近似处理所带来的误差将是最大的.目前在凝胶点这些是最大量的,因此误差也就最大,在凝胶点**前后**相应减小.可以设想这种误差在图 9.10 的横坐标范围导致变形,且变形在 $\alpha = \alpha_c$ 时达到最大.

根据图 9.9 和图 9.10 所描述的分布曲线特征,溶胶和凝胶之间的区别绝不是随意的.前一个图中分布曲线总是在 x 很大时逐渐趋于 0,即使是在凝胶点.非常大的分子(也就是"几乎为无限大")可以看成介于溶胶与凝胶间的分子,只占总数中的极小部分.溶胶与凝胶间的结构差异可以理解为液体与气体在物态上的不同.然而,溶胶与凝胶并不代表物理上分开的两相,否则也许会作出这一类比.前者是散布在后者中的.

其他可以继续进行到凝胶化以及过凝胶化的多官能团缩合反应可以采用类似的解释(参见附录 B).区别仅在一些定量的细节上.

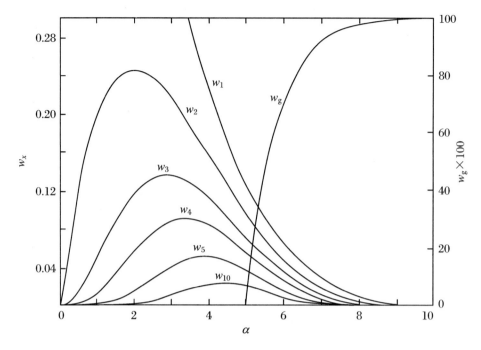

图 9.10 在简单的三官能团单体缩合反应中各种有限组分和凝胶的质量分数对 α 的作图

这里 α 等于反应程度 p. 曲线由式(9.36)和式(9.45)计算得到.[2]

9.3 交联体系的分子分布

9.3.1 分子大小分布

Stockmayer 推导了计算由任意分布的初始分子交联而得到的分布的一般关系式[9]. 当然,仅对一些指定的初始分布的分子可以得到易处理的表达式. 下面将对两种特殊情况作简要的讨论.

如果具有**统一长度**的初始分子单元无规交联,由 z 个初始分子所组成的聚合物的质量分数为[8,9]

$$w_z = \frac{z^{z-1}}{\gamma z!}\left(\frac{\beta}{e}\right)^z \tag{9.47}$$

式中,γ 是交联指数,即整个体系中每个初始分子中被交联的单元数[①],且

$$\beta = \gamma e^{1-\gamma} \tag{9.48}$$

这里的 β 与前面那个一样,在有物理意义的区域($\gamma \geqslant 0$)具有一个极大值. 这一点位于 $\gamma =$

---

① $\gamma = \rho y$,其中 y 是每个初始分子中的单元数.

1,即凝胶点(参见式(9.11)).当 $\gamma \leqslant 1$ 时,总和 $\sum_1^\infty w_z = 1$.而当 $\gamma > 1$ 时,溶胶的质量分数是

$$w_s = \sum_1^\infty w_z = \frac{\gamma'}{\gamma} \tag{9.49}$$

其中 γ' 是式(9.48)中较小的根.按照前面的对多官能团缩合反应所形成的溶胶的质量分数推导,由式(9.47),这一结果是显而易见的.联立式(9.48)和式(9.49),我们得到如下关系式[17]:

$$-\ln \frac{w_s}{1 - w_s} = \gamma \tag{9.50}$$

根据式(9.50),在由异丁烯单元与少量的异戊二烯所组成的系列交联"丁基橡胶"共聚物[17]中的溶胶分数是随着 γ 而变化的.然而遗憾的是,放大后实验的不准确性使得无法进行准确的实验测试.

我们考虑的另一种情况则是最可几的初始分布.无规交联后的分子大小分布必然与双官能团单元与四官能团单元混合物无规缩合所得到的分子大小分布完全符合.这是之前章节中对临界条件讨论时所考虑的两种情况之间对应性的一个拓展.当时所建立的方程式也适用于现在这一情况.

9.3.2　溶胶与凝胶组分的区分[18]

按照一个宽泛的概括性原则,我们已经对溶胶与凝胶进行了明确的划分,这样可以考虑在一个具有任意初始分子量分布的无规交联体系中一个随机选取的**未交联的**聚合物单元属于溶胶部分的概率 ϕ_s.而只有在两个单元本身以及它的被交联的同类单元在缺少考虑之中的交联键的情况下同时属于溶胶,一个任意选取的**交联**单元将属于溶胶部分.这样,一个交联单元是溶胶一部分的概率必然为 ϕ_s^2.一个随机选取的单元是交联的、并且是溶胶的一部分的概率是 $\rho\phi_s^2$;而未交联、并且是溶胶的一部分的概率是 $(1-\rho)\phi_s$.因此,溶胶的质量分数是

$$w_s = (1-\rho)\phi_s + \rho\phi_s^2$$

或

$$\frac{w_s}{\phi_s} = 1 - \rho(1 - \phi_s) \tag{9.51}$$

如果交联度 ρ 较小(这样初始链长就较大),$\phi_s \approx w_s$,则

$$\frac{w_s}{\phi_s} = 1 - \rho(1 - w_s) \tag{9.51'}$$

其功用将在下面呈现出来.

一个由 y 个单元所组成的初始分子含有 i 个交联单元的概率是

$$P_y(i) = \frac{y!}{(y-i)!i!}\rho^i(1-\rho)^{y-i}$$

(假设每个单元只可能被交联一次)在不存在这 i 个交联单元的情况下,这些被交联的同类单元没有一个部分属于无限网状结构的概率是 ϕ_s^i.因此,一个随机选取的 y 聚体初始分子是溶胶的一部分的概率 s_y 为

$$s_y = \sum_{i=0}^{y} P_y(i)\phi_s^i$$

把上面的 $P_y(i)$ 表达式代入,化简为

$$s_y = [1 - \rho(1-\phi_s)]^y = \left(\frac{w_s}{\phi_s}\right)^y \tag{9.52}$$

由此得出

$$w_s = \sum_{y=1}^{\infty} w_y s_y = \sum_{1}^{\infty} w_y \left(\frac{w_s}{\phi_s}\right)^y \tag{9.53}$$

式中,w_y 是初始 y 聚体分子的质量分数.给出初始的分子量分布(w_y)和 ρ,原则上可以由式(9.53)和式(9.51)解出溶胶的质量分数.或者,当 ρ 较小时,将式(9.51')代入式(9.53)得到

$$w_s = \sum_{1}^{\infty} w_y [1 - \rho(1-w_s)]^y \tag{9.53'}$$

虽然不是明确地可解,但是可以将 w_s 的试算值代入式子的右边,明确地估算出总和.在任何情况下,这提供了一种相对简单的计算任意初始分布在一定交联度下剩余溶胶的质量分数的步骤.

Bardwell 和 Winkler[19] 采用这一步骤的逆向步骤,测定了由过硫酸盐离子交联的丁二烯-苯乙烯胶乳的交联度.他们首先根据聚合过程中硫醇"改性剂"(链转移剂)的消耗计算了初始分子量分布.假设链转移随机发生,每一次新增的聚合物应该具有最可几(初始)分布.所增加的聚合物的 $\bar{y}_w$ 值由这一期间消耗的链转移剂数量来计算,每消耗一个硫醇分子就生成一个聚合物分子.对所有增加的聚合物求和,可得到累计分布,即 w_y.这些数值代入式(9.53)中,通过试算来确定 w_s/ϕ_s 值,由此得出由实验获得的过硫酸盐处理的聚合物中溶胶的质量分数 w_s,然后由式(9.51)计算 ρ.从不同过硫酸盐浓度和不同反应时间推断的 ρ 值与对交联反应简单的动力学解释是相符的.

溶胶和凝胶中交联和各种初始组分的相对丰度可以通过这一步骤拓展来得到.[18] 由于 ϕ_s^2 等于在溶胶部分发生的交联键(或交联单元)分数,可以写为

$$\phi_s^2 = \frac{\rho' w_s}{\rho}$$

其中,ρ' 表示溶胶中的交联密度.这个等式可以用作 ρ' 的定义式,即

$$\rho' = \frac{\rho\phi_s^2}{w_s}$$

根据式(9.51'),代入$(\phi_s/w_s)^2$,有

$$\rho' \approx \frac{\rho w_s}{[1-\rho(1-w_s)]^2} \approx \rho w_s[1 + 2\rho(1-w_s)] \tag{9.54}$$

还可以作进一步近似

$$\rho' \approx \rho w_s \tag{9.54'}$$

类似地,凝胶中被交联的单元分数 ρ'' 为

$$\rho'' = \frac{\rho(1-\phi_s^2)}{1-w_s} \tag{9.55}$$

引入与上文相对应的近似,化简为

$$\rho'' \approx \rho\,(1 + w_s - 2\rho w_s^2) \tag{9.55'}$$

或

$$\rho'' \approx \rho\,(1 + w_s) \tag{9.55''}$$

这些方程式显示,溶胶和凝胶中的交联密度大致上与 w_s 呈线性关系.在凝胶化开始时,$\rho'' = 2\rho' = 2\rho$.无论是哪种初始分子量分布,所增加的凝胶中的交联密度是溶胶中的两倍.Bardwell 和 Winkler 采用这种方法成功地计算了凝胶中的交联度 ρ'',在文献[19]中已有报道.

由 y 个初始分子所组成的溶胶质量分数是

$$w'_y = \frac{w_y s_y}{w_s} = \frac{w_y}{w_s}\left(\frac{w_s}{\phi_s}\right)^y \tag{9.56}$$

溶胶部分的 y 的数均值和重均值分别是[18]

$$\bar{y}'_n = \frac{1}{\sum \dfrac{w'_y}{y}} = \frac{w_s}{\sum\left[\dfrac{w_y}{y}\left(\dfrac{w_s}{\phi_s}\right)^y\right]} \tag{9.57}$$

以及

$$\bar{y}'_w = \sum y w'_y = \frac{1}{w_s}\sum\left[y w_y\left(\frac{w_s}{\phi_s}\right)^y\right] \tag{9.58}$$

之前的 w_s/ϕ_s 表达式也可以用到这些方程式中.

溶胶部分的分子总数,如果忽略分子内交联,将等于初始分子数减去溶胶中交联键的数目.用每当量结构单元中的物质的量来表示,则溶胶中有 $N' = 1/\bar{y}'_n$ 个初始分子和 $\rho'/2$ 个交联键.因此,溶胶中的数均聚合度为

$$\bar{x}'_n = \frac{1}{N' - \dfrac{\rho'}{2}}$$

$$\bar{x}'_n = \frac{w_s}{\sum\left[\dfrac{w_y}{y}\left(\dfrac{w_s}{\phi_s}\right)^y\right] - \dfrac{\rho\phi_s^2}{2}} \tag{9.59}$$

重均聚合度已证明为[9]

$$\bar{x}'_w = \frac{\bar{y}'_w(1 + \rho')}{1 - \rho'(\bar{y}'_w - 1)} \tag{9.60}$$

把这些关系式应用到由相等质量的组分所组成的(即对于 $y = 1 \sim 1000$ 的组分,$w_y = 0.001$;对于 $y > 1000$ 的组分,$w_y = 0$),具有矩形初始分布的交联体系,结果示于图 9.11 和图 9.12.总交联度 ρ 增加时,ρ' 减小而 ρ'' 增加完全是普遍性的.在图 9.12 中可以发现,直至凝胶点(在 $\rho = 0.002$)前,$\bar{x}_n$ 只是略有增加,而重均聚合度在临界点达到无穷大.过了凝胶点,溶胶的重均聚合度 $\bar{x}'_w$ 重新降到有限值,$\bar{x}'_n$ 和 $\bar{x}'_w$ 都随着进一步交联而减小.再次发现凝胶中优先获得的是较大分子(还有较大的初始分子).

非线形高分子的性质引起很多研究者的兴趣,他们常常在实验中通过简单地加入少量多官能团单元或交联剂以制备非线形结构的聚合物.例如,把少量二乙烯基单体加到单烯类同类型单体中常常引人关注.关于这个过程的谬误在上述分析中似乎是明显的.为了与线形结构有实际意义上的分离,如果使用充足的多官能团单元或交联剂,凝胶化有干扰作用.从

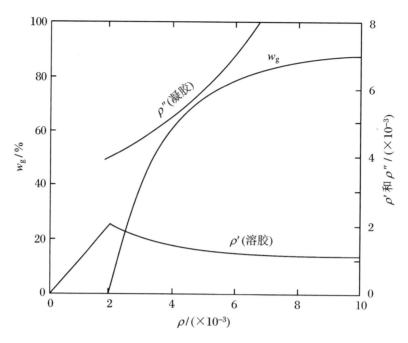

图 9.11　凝胶质量分数(w_g)以及溶胶和凝胶中交联单元的浓度(ρ'和ρ'')对正文描述的具有矩形初始分布体系的总交联度(ρ)作图[18]

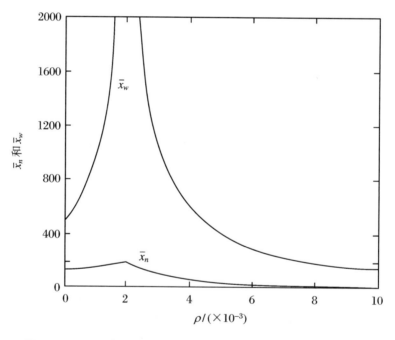

图 9.12　矩形分布体系在凝胶化前的数均和重均聚合度以及凝胶化后溶胶的数均和重均聚合度对总交联度(ρ)的作图[18]

凝胶中提取出来的溶胶没有什么优势,因为它已被凝胶的交联所耗减.由分级来分离少量高支化可溶性聚合物缺乏吸引力.为此,需要选择一些其他的过程,既可引入非线形结构又不会发生凝胶化.

9.4　乙烯类加成聚合物中的支化和交联

9.4.1　链转移引起的支化

在第 6 章我们提出,在由自由基增长的乙烯类聚合反应过程中,一个生长链是如何偶尔与一个高分子发生链转移反应的.生长的链被终止,同时被激活的高分子在发生链转移的单元上继续生长为一个新的链(参见 182,183 页).随后,所形成的支化高分子可以在另一个单元上被活化,这样另一条链在这个位置键接到分子上.这样的过程重复多次就可以形成高度支化的分子,其结构如下:

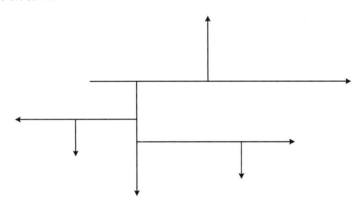

每个链的生长方向用箭头表示,同时也标示出链转移终止链生长的位置.链转移引起支化所显示的重要性在第 6 章已有例子说明.

上文所显示的结构与图 9.4 中 A—R—B_{f-1} 类型缩聚物,或更确切地说与 A—B 单元和这些多官能团单元所形成的共聚物有着明显的相似性.把这种类比进一步拓展,可以得出结论:链转移形成的支化不可能单独生成无限网状结构[20].单独计算支化概率因子 α 也能得到这一结论.每一次链转移生成一个支链和一个链末端.因此对于一个三官能团支化聚合物,α 不会超过临界值(1/2).以另一种方式看问题,链转移只是在已有结构上增加了一个链,并没有给出将两个复杂分子连接在一起的任何机理.此外,当链转移大范围发生时,一些分子可能变得很大,从机理上看,在结构上并没有产生迂回的键接,而这种键接是形成网状结构所必需的.另一方面,大范围的链转移反应所形成的复杂结构可以提供有利于形成网状

结构的条件,而这些网状结构借助于独立发生在分子间的这种或那种反应来形成(如交联).[1]

通过与聚合物发生链转移而形成的支化度随着转化而增加,这是因为支化发生的相对概率必然取决于体系中聚合物与单体的比值.为了从反应速率的角度来考虑,用 θ 表示体系中总的 N_0 个单体中已经聚合的单体分子分数,ν 表示支化链总数(与其他地方所使用的定义有所不同,N_0 是聚合和**未聚合的**单元总数).这样,支化链的生成速率和聚合速率可以写为

$$\frac{\mathrm{d}\nu}{\mathrm{d}t} = k_{\mathrm{tr,P}}[\mathrm{M}\cdot]\theta N_0$$

$$\frac{\mathrm{d}\theta}{\mathrm{d}t} = k_{\mathrm{p}}[\mathrm{M}\cdot](1-\theta)$$

则

$$\frac{\mathrm{d}\nu}{\mathrm{d}\theta} = \frac{C_{\mathrm{P}}N_0\theta}{1-\theta} \tag{9.61}$$

式中,$C_{\mathrm{P}} = k_{\mathrm{tr,P}}/k_{\mathrm{p}}$,为链转移常数(第 4 章).从 0 到 θ 积分,在 $\theta=0$ 时,$\nu=0$,且引入支化密度 $\rho = \nu/N_0\theta$:

$$\rho = -C_{\mathrm{P}}\left[1 + \frac{1}{\theta}\ln(1-\theta)\right] \tag{9.62}$$

在下面讨论的二烯类聚合物的交联中,会遇到与转化率相同功能的函数.这与后一问题相关,作图于图 9.13.而在现在,我们仅仅需要用 ρ/C_{P} 替换图 9.13 的纵坐标.无论支化转移常数的绝对量级为多大,支化的**相对数量**必然随着转化而迅速增加.

一般来说,在聚合早期就形成了第一个初始链的分子要比后期形成的分子获得更多的支链,甚至对于在相同时间间隔内所形成的分子,在统计上看最终支化度也不一样.因此,很显然,由于群体中不同部位的支化期望值的差异很大,分子量分布将会加宽.Bamford 和 Tompa[2] 建立了一种定量处理这类体系的分子量分布的方法,他们的结果显示了所预期的由于发生向高分子的链转移而导致的分布加宽.如果支化度达到每个分子有几个支链的平均值,分布变宽就是显著的.

三官能团支化也可能是由于向单体的链转移而引入的(参见 183 页).随后,在被链转移活化的单体上发生的链增长过程中,末端单体的乙烯基团保持不受影响,因此它可以参与后一个链的加成反应.当后一个链的加成反应发生时,便形成了三官能团支化.可以想象,以这种方式所生成的高度支化高分子与向高分子链转移所生成的类似.按照目前的方式引入分

---

① 自由基中心转移到一个预先形成的高分子后,通过与另一个发生了类似链转移的活性中心耦合而终止,两个过程的最终结果是预先不相关联的一对高分子结合在一起.T. G. Fox(尚未发表的结果)建议将此作为在单烯类化合物聚合反应中可能产生网状结构的机理.他初步的动力学数据分析结果显示,丙烯酸甲酯的增殖聚合可以被由此形成的网状结构引发.

② C. H. Bamford 和 H. Tompa(见 J. Polymer Sci.,1953,10:345)第一次推导了向高分子链转移情况下的分布矩数.然后,通过适当的数学处理,从这些分布矩数得到分子量分布.他们的推导步骤应该适用于多种聚合机理.

子中的最后一个链对应于前者的第一个链.从某种意义上讲,支化位置在链增长之前就形成了,链的发展是反向的.反应动力学的细节有所不同,但是结论类似.平均支化度随着转化而增加,但是不可能形成无限网状结构(如果没有其他过程的协助).分子量分布变宽.在接近凝胶化条件时,向单体的链转移的效率确实不如向高分子的链转移,其中单体中的乙烯基团随后发生聚合.每次发生的向单体的链转移终止了一个链的增长,但是只有那些乙烯基团随后发生聚合的"转移"单体形成支化.

9.4.2　二烯类单体聚合反应中的交联

共轭的二烯类单体在聚合反应中转化成的不饱和结构单元可以在后面的聚合阶段与单体共聚(参见第 6 章).如下所示,一个聚合物自由基可以添加到 1,4 单元或 1,2 单元;后一反应较为敏感,在一定程度上与 1,2 单元比例较小相抵消.

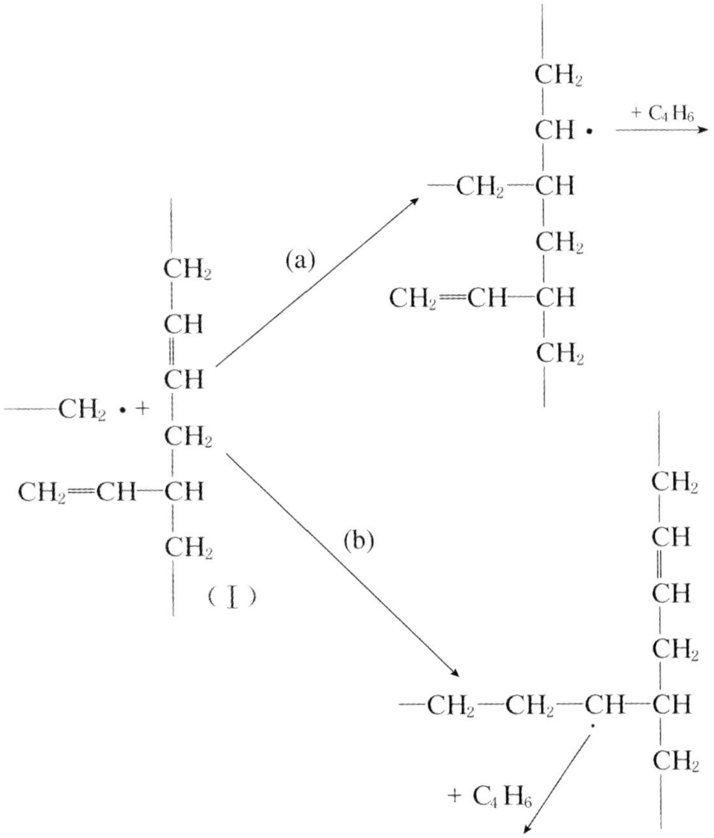

两个步骤都能将聚合物分子 I 带入生长的链.自由基加入的那个聚合物单元成为四官能团单元,与一对交联单元(即交联键)等效.

动力学处理与上文给出的向高分子的链转移情况相符.我们只需写出交联单元的生成速率:

$$\frac{\mathrm{d}\nu}{\mathrm{d}t} = k_{\mathrm{pP}}[\mathrm{M}\cdot]\theta N_0$$

其中,k_{pP} 表示上面的反应(a)和(b)中一个聚合物单元加入的有效平均速率常数,根据现有的1,4单元和1,2单元的相对比例而加权.由于每次交联时包含两个交联单元,所以引入因数2.这样,替代式(9.61)和式(9.62),有

$$\frac{\mathrm{d}\nu}{\mathrm{d}\theta} = \frac{2k_{\mathrm{pP}}}{k_{\mathrm{p}}} \frac{\theta N_0}{1 - \theta} \tag{9.63}$$

$$\rho = \frac{\nu}{\theta N_0} = -\frac{2k_{\mathrm{pP}}}{k_{\mathrm{p}}} \left[1 + \frac{1}{\theta}\ln(1 - \theta) \right] \tag{9.64}$$

后一表达式,如图9.13所示,定量地描述了所预料的交联度随转化率的迅速增加.速率常数之比 $k_{\mathrm{pP}}/k_{\mathrm{p}}$ 与共聚理论中所使用的反应竞聚率意义相反(参见第5章).

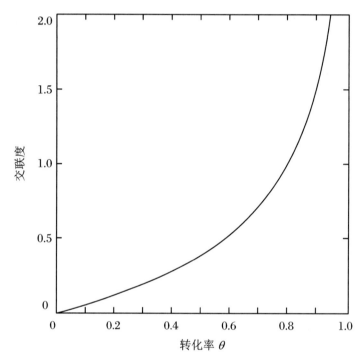

图9.13 参照式(9.64),以任意单位表示的交联度($\rho k_{\mathrm{p}}/2k_{\mathrm{pP}}$)
对转化率作图[20]

通常观察到的在二烯类单体聚合反应中凝胶的形成在技术上难以处理,表明了它们聚合过程中发生了交联.根据式(9.13),凝胶应该在 ρ 达到临界值 $\rho_{\mathrm{c}} = 1/\bar{y}_w$ 时开始形成,其中 $\bar{y}_w$ 是初始分子的重均聚合度.因此

$$\frac{1}{\bar{y}_w} = -\frac{2k_{\mathrm{pP}}}{k_{\mathrm{p}}} \left[1 + \frac{1}{\theta_{\mathrm{c}}}\ln(1 - \theta_{\mathrm{c}}) \right] \tag{9.65}$$

式中,θ_{c} 是初始凝胶化时的聚合程度.这里,把初始分子作为交联键被切断后的分子的定义带来一点麻烦,因为执行切断过程的方法并不完全明显.这对于上面过程(a)中的向1,4单元的加成尤为如此.然而,如果通过过程(a)或过程(b)加成到生长的链的聚合物单元由此分离开,且随后的单体单元直接与另一单元相连接,则要避开所有模棱两可的危险.如果所有的过程(a)和过程(b)都被阻止参与聚合反应,这就有了已存在的初始分子.当这样定义的初始分子的 $\bar{y}_w$ 是已知的,且 $k_{\mathrm{pP}}/k_{\mathrm{p}}$ 可以独立确定时,凝胶开始形成时的转化率 θ_{c} 就可以由

式(9.65)来计算.更为重要的是,这一过程的逆过程可以用来获得 k_{pP}/k_p 值,而这个数值的确很难用其他方法来获得.也就是说,给定 $\bar{y}_w$($\bar{y}_w$ 值的估算将在下面讨论)和初始凝胶化时的 θ_c,也就可以计算 k_{pP}/k_p 值.

在进一步进行交联理论应用之前,我们应该回想一下,在推导式(9.13)时,与其他地方一样,假定结构单元是无规交联的.目前的体系并不完全符合这一条件.在一开始聚合时所形成的高分子还是相当多的线形的,但是在较宽的转化率范围内,它们容易受其他生长链的自由基攻击而发生化学反应,因此,**它们一旦形成**,就有最大的形成交联连接的机会.平均而言,那些在后面过程中所形成的高分子含有较多的初始交联单元,但是将很少有机会获得更多的交联连接机会.相互抵消的趋势并不均衡.对这一情况的简单分析[20]显示,在聚合反应后期所形成的初始分子中,交联密度稍大一些.

在这些情况下,一个给定的结构单元被交联的概率并不完全与同一初始分子中其他单元的情况不相关联.如果一个给定的初始分子中大部分单元已被交联,靠近聚合反应过程结束时交联的可能性是增加的,因此其他某一个单元被交联的可能性将比体系总的 ρ 值要大.计算结果表明,在转化率低于约 70% 时,非混乱度(non-randomness)的量级并不过大.大多数情况下,这种影响可以忽略,并不带来严重的差错,因此不需要一个更为复杂的、考虑非混乱度的理论.

Morton 和 Salatiello[21]运用上述过程推测出丁二烯自由基聚合的比值 k_{pP}/k_p,其中经适当的修正以适用于他们所使用的乳液体系.在上文所引用的 Bardwell 和 Winkler 的实验中[19],初始分子量通过作为链转移剂的硫醇来控制.对反应过程中硫醇浓度的测定提供了计算每一阶段 $\bar{y}_w$ 值的必要信息,特别是在凝胶最初出现的临界转化率 θ_c 时.由式(9.65),根据结果得到的速度常数比[21]列于表9.2.例如,假设在 60 ℃,对于一个进行到转化率 60%的本体聚合反应(不同于乳液聚合反应中单体不断加到聚合粒子上),从图9.13可以发现,ρ $=2\times10^{-4}$,或者约5000个单元中有1个应该被交联了.甚至当(初始)分子量较大时,即使是这种非常小比例也能引起很大的凝胶化效应.当然,上面的 k_{pP} 值是指在实验条件下形成的聚合物中各种单元(1,2以及1,4的顺式和反式)的有效平均数.

表9.2　聚丁二烯的交联速度常数[21]

$T/℃$	$(k_{pP}/k_p)/(\times10^{-4})$	$k_{pP}/(\times10^{-2}\text{ L}\cdot\text{mol}^{-1}\cdot\text{s}^{-1})^a$
40	1.02	0.42
50	1.36	0.87
60	1.98	1.98
	$E_{pP}-E_p=(7.5\pm0.6)\text{ kcal/mol}$	
	$E_{pP}=(17\pm1)\text{ kcal/mol}$	

a　由独立确定的 k_p 值获得.参见表4.8和第4章的参考文献[90].

与先前所形成的聚合物发生链转移反应也可能在二烯类聚合反应中发生.然而并没有确定它的反应程度.通过先前聚合的二烯类单体共聚而产生的交联效果与链转移所引起支

化的不太全面的效果形成明显反差.人们已经习惯于用术语"**支化**"和"**交联**"来区分造成二烯类聚合物中非线形的根源,且指明交联直接导致无限网状结构的形成,而支化只能生成有限大小的分子.脱离上下文,这种表述可能会引起误导.在结构上产生的最明显的不同是多官能团单元的官能度:一个是三官能团的,另一个是四官能团的.因此人们倾向于作出错误的归纳,认为任何聚合物体系中三官能团单元不会生成无限网状结构,而四官能团单元却可以.多官能团单元的官能度并不是其中关键的因素(除了它必须超过 2 的条件以外).一个无限网状结构是否形成,取决于控制与链末端相关的多官能团单元生成的环境.为了避免上述的混淆,将包括了任意类型非线形的"**支化**"作为一个通用术语保留将更为可取.而"**交联**"指的是一种特定的**支化**.

9.4.3　二烯类单体与单烯类单体的共聚

经典的少量二乙烯基苯与苯乙烯的共聚反应[22]为引入交联键提供了可能性,从表面上看,其交联方式与共轭二烯烃聚合中的交联方式相似,但是更易控制.这里,一个乙烯基团参与聚合后,二烯类单体中剩下的另一个烯类基团大体上就与初始状态一样易发生聚合.更适合于定量研究的体系由二甲基丙烯酸乙二醇酯-甲基丙烯酸甲酯组成[23]:

$$
\underset{\text{COOCH}_3}{\overset{\text{CH}_3}{\text{CH}_2\!=\!\text{C}}} \quad + \quad \underset{\text{COOCH}_2\,\text{CH}_2\,\text{OCO}}{\overset{\text{CH}_3}{\text{CH}_2\!=\!\text{C}}} \quad \underset{}{\overset{\text{CH}_3}{\text{C}\!=\!\text{CH}_2}}
$$

其中含两个反应基团的单体中的不饱和基团与甲基丙烯酸甲酯单体中同一基团的反应活性可以假设是相同的,而且二甲基丙烯酸乙二醇酯中一个基团的活性也不应该明显地取决于另一个基团的状态.(众所周知,相比之下,二乙烯基苯的活性明显大于苯乙烯.)二甲基丙烯酸乙二醇酯分子每反应两次提供一次交联.如果起始混合物中存在于二甲基丙烯酸酯分子中的甲基丙烯酸酯分数用 ρ_0 来表示,并且假设体系中所有基团是等活性的,则交联单元数 ν 是 $\theta^2 N_0 \rho_0$,其中 N_0 是体系中甲基丙烯酸酯总数.聚合物中交联单元的密度是

$$
\rho = \frac{\nu}{\theta N_0} = \theta \rho_0 \tag{9.66}
$$

因此,在刚开始凝胶化时有

$$
\theta_c = \frac{1}{\rho_0 \, \bar{y}_w} \tag{9.67}
$$

Walling[23]观察了上述含有不同比例的二甲基丙烯酸酯体系以及乙酸乙烯酯-己二酸二乙烯酯混合物的凝胶点,并将结果与一个类似于式(9.67)、但不如式(9.67)用得普遍的方程式进行了比较.假设含两个反应基团的单体的比例足够低,以满足 $\theta_c > 0.10$ 的条件,其结果显示,与理论是大致符合的.对 $\bar{y}_w = 5000 \sim 10000$(Walling[23]的实验结果的大致范围),$\rho_0$ 值为 $0.001 \sim 0.002$,其中给定 θ_c 的计算值为 0.10.可惜 Walling 采用的 $\bar{y}_w$ 值不太可靠,因此他的结果并不能用来精确地检验理论.

当使用较大比例的含两个反应基团的单体,从而把 θ_c 值减小到远低于 0.10 时,很显然观察到与理论有较大的偏差,θ_c 的测定值超过了 θ_c 的计算值几倍甚至更高.正如 Walling

所分析的,这种偏离无疑是由于发生了过多的分子内交联,此时聚合物被临界点前占优势的单体高度稀释.由于分子内交联的相对优势,对于交联所需的发生在两个高分子之间的反应将被压制.被理论所忽略的以这种方式发生交联而产生的消耗可以对不符合之处给出令人满意的说明.

9.5　总　　结

比起线形聚合物中的分布,非线形聚合物中分子量分布的复杂性更高一级.由凝胶化来显现的无限网状结构的形成通常发生在引入非线形结构的聚合过程或将线形聚合物转化为非线形聚合物的交联过程中,但是并不总是发生在这些过程中.凝胶化现象在非线形聚合的其他方面仍占有主导地位.

通过考虑沿着任意路径或分子链来进行结构延续的概率,很容易对无限网状结构形成的临界条件进行统计计算.如果与链末端相比,支化的或交联的单元足够多,从而引起链增长支配着链终止,则无限网状结构将会形成.通常少量的多官能团单元足以引起凝胶化,因此根据理论上的分布,在凝胶点前,或过了凝胶点,有个别高分子的支化度并不高.把实验测得的凝胶点与那些计算值相比,存在较小的偏差,这是由于忽略了有限大小分子组分中的分子内键接.因此代入分子分布理论的误差在凝胶点达到最大.

根据上面陈述的条件,在含有 A—R—B$_{f-1}$ 类型单体或者是在 A—B 共聚单体的体系中,A 基团与 B 基团的缩合代表一个中间情况,即凝胶化不可能发生.如果不仅限于形成无限网状结构的能力上,分子分布的其他特征类似于更常见的多官能团缩合反应.具体地说,分子大小的分布非常宽,在含有大量支化单元的组分中,可能存在许多单元的同分异构排列.

除了发生凝胶化而引入的重要修正外,通过含有 R—A$_f$ 类型多官能团单元的缩合反应所形成的聚合物分子分布与上面提到的支化聚合物类似.在凝胶点开始形成无限网状结构,并且凝胶组分数随着进一步的缩合而逐步增加.同时,较大、更为复杂的溶胶组分有选择地与凝胶组分结合,导致溶胶组分在数量和平均分子复杂度上都有所减小.重要的是,观察到可溶性的有限组分与无限网状结构的区别总是明显的,绝不是随意的.

类似的描述也适用于线形聚合物的交联.在凝胶点,溶胶组分的交联度达最大值,在具有重均聚合度的初始分子中的单元中,平均有一个单元发生交联,便形成凝胶.如果假设初始分子量分布是已知的且交联键的分布是无规的,则可以对初始分子和溶胶与凝胶间交联单元的分割进行计算.

在乙烯基与少量二乙烯基(或二烯类)单体聚合过程中发生的交联可以用这一观点来处理.在聚合反应不同阶段生成的初始分子中形成的交联键并不是无规分布的,由此引入的误差通常较小.

附录 A 双官能团与多官能团单体无规缩合所形成的分子分布的推导[15]

假设双官能团单体 A—A 与多官能团单体 R—A_f 缩合. 若 $f=3$, 将形成如下的结构:

用 ρ 表示支化单元上的 A 基团数与 A 的总数之比, 即

$$\rho = \frac{fN_0}{fN_0 + 2L_0} \tag{A9.1}$$

其中, N_0 和 L_0 分别是多官能团单元数和双官能团单元数. 如上, 用 p 表示反应程度, 则一个指定的 A 单元与一个支化单元中的 A 单元缩合的概率是 $p\rho$, 与一个双官能团单元缩合的概率则是 $p(1-\rho)$, 而不参与反应的概率是 $1-p$. 参照本章中对 R—A_f 单元简单缩合的分布的推导, 我们随机选取一个未反应的 A 基团. 则 A 基团键接到一个由 n 个多官能团单元和 l 个双官能团单元所组成的指定构造上(如前面所定义的)的概率就是

$$\rho(p\rho)^{n-1}[(1-\rho)p]^l(1-p)^{fn-2n+1}$$

为了得到 n, l 聚体的指定构型数, 每个构型形成的概率用上述表达式来表示, 我们注意到, **支化模式**中的排列可以认为与简单的 f 官能团情况完全一致. 这样, 采用式(9.18), 以 n 替换 x 来表示, 将包含因子 ω_n. 此外, l 个双官能团单元可以从每种支化模式的 $(f-1)n+1$ 个链中划分出来. 每个链可以有零个或更多个双官能团单元. 用组合因子表示这些排列数为

$$\frac{(l+fn-n)!}{l!(fn-n)!}$$

因此, 随机选取的未反应 A 基团归属于一个任意构造的 n, l 聚体的概率可以写为

$$P_{n,l} = \frac{1-p}{p}\zeta^n\eta^l\omega_{n,l} \tag{A9.2}$$

式中

$$\zeta = p\rho(1-p)^{f-2} \tag{A9.3}$$

$$\eta = (1-\rho)p \tag{A9.4}$$

$$\omega_{n,l} = \frac{(l+fn-n)!}{l!n!(fn-2n+1)!} \tag{A9.5}$$

在不太高的反应程度下(即至多达凝胶点, 参见正文), 且与之前一样不考虑分子内缩合, 分子总数 N 可看成单元数减去形成的链接数. 因此

$$N = (N_0 + L_0) - (fN_0 + 2L_0)\frac{p}{2} = N_0\left[\left(1 - \frac{f}{2}\right) + \frac{f}{2\rho}(1 - p)\right] \quad \text{(A9.6)}$$

体系中未反应的 A 基团总数是 $(fN_0 + 2L_0)(1 - p)$，n,l 聚体上未反应的 A 基团数是 $fn - 2n + 2$. 因此，回顾式(9.33)的推导，有

$$P_{n,l} = N_{n,l}\frac{fn - 2n + 2}{(fN_0 + 2L_0)(1 - p)} = \rho N_{n,l}\frac{fn - 2n + 2}{fN_0(1 - p)} \quad \text{(A9.7)}$$

其中，$N_{n,l}$ 为 n,l 聚体数. 代入式(A9.2)的 $P_{n,l}$，求解 $N_{n,l}$，得

$$N_{n,l} = N_0\frac{(1 - p)^2}{p\rho}\zeta^n\eta^l\omega'_{n,l} \quad \text{(A9.8)}$$

其中

$$\omega'_{n,l} = \frac{f(l + fn - n)!}{l!\,n!\,(fn - 2n + 2)!} \quad \text{(A9.9)}$$

这些方程式最早是由 Stockmayer 采用另一种方法推导得到的.[15]

利用式(A9.6)中的分子总数，我们可以得到摩尔分数：

$$N_{n,l} = \frac{(1 - p)^2}{p\rho\left[1 - \frac{f}{2} + \frac{f}{2\rho}(1 - p)\right]}\zeta^n\eta^l\omega'_{n,l} \quad \text{(A9.10)}$$

如果每个组分的分子量可看成与单元总数成正比，则 n,l 聚体的质量分数为

$$
\begin{aligned}
w_{n,l} &= \frac{(n + l)N_{n,l}}{N_0 + L_0} \\
&= \frac{(1 - p)^2}{p\left[\rho + \frac{f}{2}(1 - \rho)\right]}\zeta^n\eta^l(n + l)\omega'_{n,l} \quad \text{(A9.11)}
\end{aligned}
$$

如果 $\rho = 1$，则 $l = 0$，$\zeta = \beta$，$\alpha = p$，$x = n$，式(A9.11)归结为式(9.36). 如果 $\rho = 0$，则式(A9.11)归结为适用于最可几线形分布的式(8.3).

附录 B　复杂度分布[2,8,15]

不考虑双官能团单元数 l 的大小，由 n 个支化单元组成的分子数我们称为复杂度分布，可以通过式(A9.8)对所有 l 求和得到. 这里介绍一种更为直观的方法，可以得到相同的结果. 考虑到一个支链上的 A 基团直接或通过多个 A—A 单元连接到另一支链的概率 α 为

$$\alpha = \sum_{i=0}^{\infty}\left[p(1 - \rho)\right]^i p\rho = \frac{p\rho}{1 - p(1 - \rho)} \quad \text{(B9.1)}$$

采用类似的方法，一个随机选取的**未反应** A 基团引到一个支化单元上的概率 α^* 即为

$$\alpha^* = \frac{\alpha}{p} \quad \text{(B9.2)}$$

由此，任意选取的未反应 A 基团属于一个含有 n 个支化单元分子的概率 P_n 可以采用与推

导简单的 f 官能团分布 P_x 等同的方法来推导. 则有

$$P_n = \frac{\alpha^*}{\alpha}(1-\alpha)\beta^n\omega_n \quad (n > 0)$$

$$P_0 = 1 - \alpha^* \tag{B9.3}$$

式中, ω_n 和 β 分别由式(9.18)和式(9.20)来定义. 重复之前的方法, 得到含有 n 个支化单元的分子数 N_n 如下:

$$N_n = P_n \frac{fN_0}{\rho} \frac{1-p}{fn - 2n + 2}$$

再根据式(B9.1)~式(B9.3), 有

$$N_n = N_0 \frac{(1-\alpha)^2}{\alpha}\beta^n\omega'_n \quad (n > 0) \tag{B9.4}$$

式中, ω'_n 由式(9.34)来定义. 类似方法得到

$$N_{n=0} = \frac{N_0(1-\alpha)(1-\alpha^*)}{\alpha^*}\frac{f}{2} \tag{B9.4$'$}$$

用符号 $N_{n=0}$ 来表示线形分子数, 是为了防止与表示 f 官能团单元数的符号 N_0 相混淆. 摩尔分数的表达式可以将式(B9.4)和式(B9.4$'$)除以表示总分子数的式(A9.6)来得到.

为了导出质量分数分布, 可以直接考虑, 一个含有 n 个 f 官能团支链的分子是由 $fn - n + 1$ 个链所组成的. 不考虑支化结构中链的位置, 一个链的平均尺寸, 量 $fn - n + 1$ 可以衡量含有 n 个 f 官能团支链高分子的平均质量. 因此

$$w_n = \frac{(fn - n + 1)N_n}{链的总数}$$

按照定义, 链的总数等于未反应官能团和支化单元上官能团总数的一半, 可以表示为

$$\frac{1}{2}\left[\frac{fN_0}{\rho}(1-p) + fN_0\right]$$

再根据式(B9.1)和式(B9.2), 上式可改写为

$$\frac{1}{2}fN_0\left(1 + \frac{1-\alpha}{\alpha^*}\right)$$

因此, 当 $n > 0$ 时,

$$w_n = \frac{(1-\alpha)^2}{\alpha + (1-\alpha)\frac{\alpha}{\alpha^*}}\frac{\beta^n 2w'_n(fn - n + 1)}{f} \tag{B9.5}$$

类似地, 有

$$w_{n=0} = \frac{(1-\alpha^*)(1-\alpha)}{1 - \alpha + \alpha^*} \tag{B9.5$'$}$$

这一复杂度分布与本章推导的简单 f 官能团分布相类似. 它们的特征如此相似, 免去了在此再作单独讨论. 实际意义上的唯一区别是存在 $n = 0$ 时的线形组分的共聚物, 而在简单的 f 官能团分布中没有相对应的组分.

如果 f 官能团单元的比例很小($\rho \ll 1$), 缩合反应可能需要进行到接近完全, 以获得平均分子量. 这样, p 值接近 1, 取 $\alpha^* \approx \alpha$ 是合理的. 由此, 式(B9.5)和式(B9.5$'$)简化为

$$w_n \approx (1 - \alpha)^2 \frac{2(fn - n + 1)}{f} w'_n \beta^n \quad (n \geqslant 0) \tag{B9.6}$$

这一表达式有别于表示简单 f 官能团缩合反应中 x 聚体质量分数的式(9.36),主要用类似的支化高聚物中的 $2(fn - n + 1)/f$ 去替代后一式中的 x.

根据式(B9.6),当 $\alpha < \alpha_c$ 时,所有有限组分的质量分数之和为 1.而当 $\alpha > \alpha_c$ 时,得到溶胶的质量分数为

$$w_s = \sum_{\text{所有有限组分}} w_n = \frac{(1 - \alpha)^2}{(1 - \alpha')^2} \tag{B9.7}$$

其中,α' 是本章所讨论的式(9.20)中的最小根.因此,凝胶的质量分数即为

$$w_g = 1 - \frac{(1 - \alpha)^2}{(1 - \alpha')^2} \tag{B9.8}$$

溶胶的复杂度分布在过了凝胶点后发生后倾,与简单的 f 官能团缩合反应中的分子分布的方式相同.而在 α 时溶胶中的复杂度分布与在 α' 时聚合物作为总体时的分布是一样的(α 和 α' 均为式(9.20)在 β 取相同值时的根,且 $\alpha' < \alpha$),由于在较高的缩合程度时支化点之间具有较长的线形链,其平均分子量较大.

参 考 文 献

[1] Flory P J. J. Am. Chem. Soc., 1941, 63: 3083.

[2] Flory P J. Chem. Revs., 1946, 39: 137.

[3] Kienle R H, van der Meulen P A, Petke F E. J. Am. Chem. Soc., 1939, 61: 2258, 2268; Kienle R H, Petke F E. ibid., 1940, 62: 1053; 1941, 63: 481.

[4] Stockmayer W H, Weil L L. Advancing Fronts in Chemistry. New York: Reinhold Publishing Corp., 1945: Chap. 6.

[5] Signer R, Tavel P. Helv. Chim. Acta, 1943, 26: 1972.

[6] Jullander I, Blom-Sallin B. J. Polymer Sci., 1948, 3: 804.

[7] Fordyce D B, Ferry J D. J. Am. Chem. Soc., 1951, 73: 62.

[8] Flory P J. J. Am. Chem. Soc., 1941, 63: 3097.

[9] Stockmayer W H. J. Chem. Phys., 1944, 12: 125.

[10] Jacobson R A. J. Am. Chem. Soc., 1932, 54: 1513; Bezzi S. Gazz. Chim. Ital., 1936, 66: 491.

[11] Hunter W H, Woollett G H. J. Am. Chem. Soc., 1921, 43: 135.

[12] Pacsu E, Mora P T. J. Am. Chem. Soc., 1950, 72: 1045.

[13] Meyer K H. Natural and Synthetic Polymers. 2d ed. New York-London: Interscience Publishers, 1950: 456 ff.

[14] Flory P J. J. Am. Chem. Soc., 1952, 74: 2718.

[15] Stockmayer W H. J. Chem. Phys., 1943, 11: 45.

[16] Flory P J. J. Am. Chem. Soc., 1941, 63: 3091.

[17] Flory P J. Ind. Eng. Chem. , 1946,38:417.

[18] Flory P J. J. Am. Chem. Soc. , 1947,69:30.

[19] Bardwell J, Winkler C A. Can. J. Research, 1949, B27: 116, 128, 139.

[20] Flory P J. J. Am. Chem. Soc. , 1947,69:2893; ibid. , 1937,59:241.

[21] Morton M, Salatiello P P. J. Polymer Sci. , 1951,6:225; Morton M, Salatiello P P, Landfield H. ibid. , 1952,8:215.

[22] Staudinger H, Heuer W. Ber. , 1935,67:1164; Staudinger H, Husemann E. ibid. , 1935,68:1618.

[23] Walling C. J. Am. Chem. Soc. , 1945,67:441.

第 10 章　高分子链构象

通常在纸面上书写链状高分子的化学式时,相连的单元被投影为线形的序列.这种书写方式无法表达高分子长链最显著的结构特征,即高分子长链呈现庞大构象数的能力.这种构象的多变性是由于围绕主链的单键具有相当大的内旋转自由度.例如,在简单的聚亚甲基链中,常规的化学式

```
…       CH₂         CH₂         CH₂         CH₂      …
   ╲   ╱    ╲   ╱      ╲   ╱      ╲   ╱      ╲   ╱
    CH₂      CH₂         CH₂        CH₂        CH₂
```

仅仅表达了很大数目的可能构象中的一种,即完全伸直链.通过主链上单键的内旋转,高分子可呈现几乎无限种不规则形状.分子模型可以最为清晰地展示这一特征.

通常情况下作为近似处理,认为一个给定结构中主链上的键长(l)和相邻键间的键角(θ)是固定的,这是允许的.由完全伸直链形态开始,通过围绕单键发生一系列任意旋转而产生的一个给定构象可以用围绕每个单键的旋转角(φ)来具体指定.为了更为清晰地形成图像,考虑图 10.1 所表示的 C—C 单键骨架.碳原子 1、2 和 3 决定一个平面.以此为参考,碳原

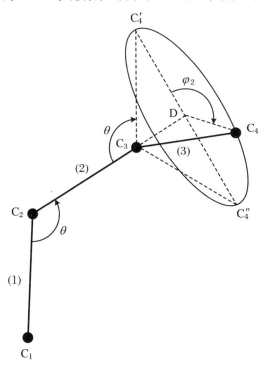

图 10.1　单键碳链的空间描述

子4可以出现在键3(碳原子3与4之间的键)旋转所形成的圆锥体底面圆周的任何一个位置上.碳原子4的位置就由绕键2的旋转角 φ_2 来指定.C_4' 和 C_4'' 是分别用 $\varphi_2=0$ 和 π 来指定的碳原子4位置,它们都在键1和2所决定的平面内.前者是平面锯齿形,相当于完全伸直构象.键角 θ 没加注下标,只是因为假设所有相邻键间的键角是恒定的和等同的.同样,键2和键3决定一个平面,键4(没有在图10.1中标出)的方向就相应地由绕键3的旋转角 φ_3 来指定.这样,相对于 C_2,C_3 和 C_4,C_5 的位置就可以指定了.依此类推,对于一个主链上含有 n 个单键的分子,其构象将由 $n-2$ 个绕单键的内旋转角来决定.当我们谈及一个给定**构象**时,可以看成是每个角 φ 被指定在任意一个小范围 $\delta\varphi$ 内.如果重复单元含有双键、环或多于一种的单键(或键角),构象的分析相应地更加复杂,然而仍然足以用围绕每个单键的旋转角来描述.

当然,空间位阻或其他性质对自由内旋转的阻碍限制了旋转角 φ 可能的取值.前面的描述决不与此相矛盾,我们仅仅是在考虑 φ 取值可以允许的某一定范围内.在任何情况下,一个高分子可能呈现的构象总数是以单键数的指数函数形式增加的,由于 n 通常取值为100~10000,这样构象总数将是无法想象的大.对分子构象的详细分析甚至是不大可能的.另一方面,压倒一切的复杂性为采用统计方法分析提供了理想的情况.我们将对平均特性感兴趣,而对更为详尽的信息并不关注.由于高分子链中含有大量的统计元素或键,对于几乎所有的情况,统计公式可以归纳为以相同的一般式来表示的渐近表达式,并不考虑各自的特有结构.

取决于高分子构象的物理性质通常可以表示为某种平均尺度的函数.最为广泛采用的来表征高分子空间或构象特征的尺度是分子链的一端到另一端的距离 r.这个量有时候定名为**末端距**(displacement length).为了避免各种可能的混淆,完全伸直链的长度可以被称为**伸直长度**(**轮廓长度**,contour length).显然,r 的平均值是需要的,通常合适的平均值是其均方根值 $\sqrt{r^2}$.另一个对高分子链有效尺寸的重要量度是链单元到质心距离的均方根值.这个量被称为分子的旋转半径,将用 $\sqrt{s^2}$ 来表示.对于线形高分子链,$\sqrt{s^2}$ 可以由 $\sqrt{r^2}$ 求得,因此这些量并不需要分开来讨论.

对于长链高分子,r 的统计分布以及链结构和绕单键内旋转所受到的限制对 r 的均方根值的影响是本章重要关注点.因此这将是第二次应用统计方法解决高分子问题,前面已有两章应用过这种方法.除了对高分子构象问题有着固有的兴趣外,对构象的分析也是从流体力学和热力学两个方面解释橡胶弹性和高分子稀溶液性质所必需的.这些问题将在后面章节中解决.本章内容是为从高分子结构的观点来对它们物性和行为的讨论而预备的.

10.1　末端距的统计分布

首先可以恰当地考虑一个由长度为 l 的键通过线形链接而成且相邻键之间不受键角任

何限制的假想链.因此,对于所讨论的情况,可以假定 θ 取 $0\sim\pi$ 的任一值的概率相等,同样地,也不受内旋转角 φ 任何限制.只有键长是固定不变的.当然,没有任何高分子链符合甚至近似符合这个模型,但是,正如我们后面要指出的,对于一个真实的高分子链,键角 θ 实际上是固定的,内旋转角 φ 受到一定程度的限制,其统计性质在特征上与**自由联结链**没有什么不同.这样的链可以认为由一串 n 个相同长度、但是在方向上不受限制的向量所组成.当然,从链的首端到链的尾端的向量 r 就是图 10.2 所示的所有键向量之和.这样,链构象的问题就化为 Rayleigh[1] 及其他人[2] 研究过的**无规飞行**问题.自由联结链的构象与诸如气体分子那样的扩散粒子的路径相似.后者中两次碰撞间的自由路径相当于一个键向量;如果碰撞间自由路径的长度总是相等,这种对应关系是精确的.

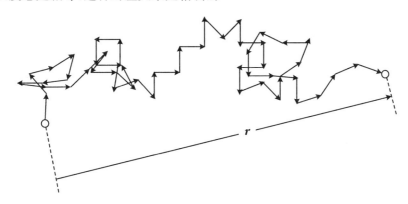

图 10.2　用向量表示一个二维空间中的自由联结链

50 步的无规行走.

10.1.1　一维空间的自由联结链

为了继续对自由联结的高分子链进行分析,首先考虑构象在一个坐标轴,即 x 轴上的投影是较为方便的.由于假设每个键选择任意方向是等概率的,l_x 取正值和负值的概率是相等的,因此 $\bar{l}_x$ 必然为 0.数学上,表示为

$$\bar{l}_x = \int_0^l l_x p(l_x) \mathrm{d}l_x \tag{10.1}$$

式中,$p(l_x)\mathrm{d}l_x$ 为投影落在 l_x 与 $l_x + \mathrm{d}l_x$ 之间的概率.如果选择极坐标,用 ψ 表示键与 x 轴的夹角,则 $l_x = l\cos\psi$.由于所有方向是等概率的,则概率 $p(l_x)\mathrm{d}l_x$ 一定与 l_x 所在范围中键方向张开的立体角成正比.这个立体角是 $2\pi\sin\psi\mathrm{d}\psi$,对所有方向的总立体角是 4π.因此,$p(l_x)\mathrm{d}l_x = (1/2)\sin\psi\mathrm{d}\psi$,代入式(10.1),有

$$\bar{l}_x = \frac{1}{2}\int_0^\pi l\sin\psi\cos\psi\mathrm{d}\psi = 0 \tag{10.2}$$

同样,r 的分量在任意指定方向上的**代数**平均值必然也是 0.

一个键的向量在 x 轴上投影的**均方值**并不为 0.可以采用类似的方法计算如下:

$$\overline{l_x^2} = \int_0^l l_x^2 p(l_x)\mathrm{d}l_x = \frac{1}{2}\int_0^\pi l^2\sin\psi\cos^2\psi\mathrm{d}\psi = \frac{l^2}{3} \tag{10.3}$$

因此,投影的**均方根值**为

$$\sqrt{\overline{l_x^2}} = \frac{l}{\sqrt{3}} \tag{10.4}$$

假设末端距向量 r 沿着直角坐标轴的三个分量分别用 x、y 和 z 来表示. 为了解决一维空间的问题, 我们需要知道 r 分量在选定方向上取某一指定值的概率. 假定这个方向与 x 轴重合, 我们需要知道 x 落在 x 与 $x + \mathrm{d}x$ 之间的概率. 在假设高分子链中单键数 n 很大的前提下, 认为每个键在 x 轴上的贡献大小等于键长投影的均方根值是允许的, 出现正值或负值的概率是相等的. 如果用 n_+ 和 n_- 分别代表做正贡献和负贡献的键数, 显然, 有

$$x = (n_+ - n_-)\sqrt{\overline{l_x^2}} = \frac{(n_+ - n_-)l}{\sqrt{3}}$$

x 取给定值的概率就化为相当于对一系列投币中正面朝上多出的概率的计算. 对这一问题, $|n_+ - n_-| \ll n$, 即 x 值必然要远小于对应于链完全伸直时的值, 众所周知的解决方法 (参见本章附录 A) 是用高斯分布函数来表示:

$$W(x)\mathrm{d}x = \frac{\beta}{\pi^{1/2}} \mathrm{e}^{-\beta^2 x^2} \mathrm{d}x \tag{10.5}$$

式中,

$$\beta = \left(\frac{1}{2n\,\overline{l_x^2}}\right)^{\frac{1}{2}} = \sqrt{\frac{3}{2}}\,\frac{1}{n^{1/2}l} \tag{10.6}$$

根据式 (10.5), x 的最可几值出现在 $x = 0$ 处. 当 x 的数值增加时, $W(x)$ 从 $x = 0$ 时的最大值单调减小, n 越小, $W(x)$ 减小得越迅速. 当 x 值接近 nl 时, 显然式 (10.5) 就不再有效了. 根据式 (10.5), 甚至在 $x > nl$ 时, $W(x)$ 仍保持一有限值 (虽然是非常小的值), 但是 $W(x)$ 的值应该为 0.

考虑到所作的假设, 前面的推导显得是人为的. 一个指定的键对 x 的贡献决不仅限于上面所假设的两个值 $\pm\sqrt{\overline{l_x^2}}$. 与此相反, 对于自由联结链, l_x 可以取 $0 \sim l$ 的所有值, 概率是相同的. 对这一问题更为详尽的研究表明, 只要 n 足够大, 最终的结果将不受假设的影响. 目前考虑的自由联结链也是一种处理方法, 但是所得结果的**形式**将被证明也是适用于实际高分子链的.

10.1.2 三维空间的自由联结链

对于另两个分量 y 和 z 上的概率分布 $W(y)$ 和 $W(z)$, 可以采用等同的表达式. 此外, 在 n 很大, 且 x 比完全伸直链的长度 nl 小得多的情况下, 结果将显示[1] $W(y)$ 可能与之前指定给 x 的值无关 (除了较高次有影响外). 类似地, 在 n 很大, 且同时满足 $x \ll nl$ 和 $y \ll nl$ 的条件下, $W(z)$ 与 x 和 y 无关. 对于长链的少量扩张, 可以认为 $W(x)$ 仅取决于 x, $W(y)$ 仅取决于 y, 依此类推. 因此, r 的分量分别落在 x 到 $x + \mathrm{d}x$、y 到 $y + \mathrm{d}y$ 以及 z 到 $z + \mathrm{d}z$ 的概率 $W(x, y, z)\mathrm{d}x\mathrm{d}y\mathrm{d}z$ 就是在所假定的条件下每个独立的概率的乘积, 即

$$W(x, y, z)\mathrm{d}x\mathrm{d}y\mathrm{d}z = W(x)W(y)W(z)\mathrm{d}x\mathrm{d}y\mathrm{d}z = \left(\frac{\beta}{\pi^{1/2}}\right)^3 \mathrm{e}^{-\beta^2 r^2} \mathrm{d}x\mathrm{d}y\mathrm{d}z \tag{10.7}$$

其中, r 是末端距向量 r 的大小, 即

$$r^2 = x^2 + y^2 + z^2$$

如图 10.3 所示,如果把自由联结的高分子链的一端放在坐标系的原点,链允许无规地呈现任一构象(不受任何外力的作用),则另一端出现在位于 (x, y, z) 处的体积元 $\mathrm{d}x\mathrm{d}y\mathrm{d}z$ 内的概率用式(10.7)来表示.另外,$W(x, y, z)\mathrm{d}x\mathrm{d}y\mathrm{d}z$ 表示链的末端距向量 r 从原点落在指定体积元内的**概率**.如果在大量等同高分子链中,每个高分子链的末端距向量都是从同一原点画出的,则 $W(x, y, z)$ 还表示这些向量另一端的**分布密度**.这些对分布函数的解释可以交替使用.概率或密度都仅取决于 r 的大小,与方向无关.

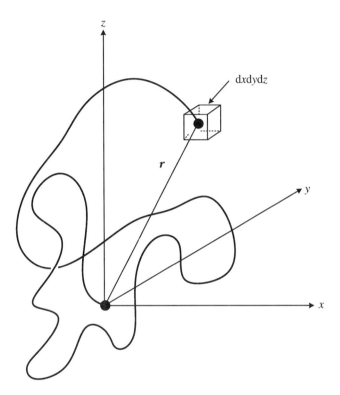

图 10.3　一端位于原点的高分子链的空间构象

式(10.7)的高斯分布函数示于图 10.4.一端相对于另一端的最可几位置是重合的,即 r = 0.密度或概率完全像上述所描述的一维空间的情况,随着 r 单调地减小.同样地,式(10.7)在 r 值比完全伸直长度 nl 小得不多时就不再适用了.这种限制的程度现在就来讨论.

　　不考虑末端距向量 r 的方向,r 取一定数值的概率为 $W(x, y, z)$ 乘以离原点距离为 r 的**所有体积元**的总体积.这个总体积自然是 $4\pi r^2\mathrm{d}r$.因此,**不考虑链末端距的方向**,末端距取 r 到 $r + \mathrm{d}r$ 的概率是

$$W(r)\mathrm{d}r = \left(\frac{\beta}{\pi^{1/2}}\right)^3 \mathrm{e}^{-\beta^2 r^2} 4\pi r^2 \mathrm{d}r \tag{10.8}$$

图 10.5 中的径向分布函数 $W(r)$ 在 r 取一个大于 0 的数值时有极大值.这个极大值位于

$$r = \frac{1}{\beta} \tag{10.9}$$

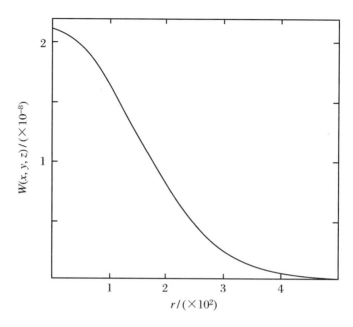

图 10.4 由 10^4 个长度为 $l = 2.5$ Å 的链段自由联结而成的高分子链末端距向量的高斯密度分布

末端距 r 的单位是 Å, $W(x, y, z)$ 的单位是 Å^{-3}.

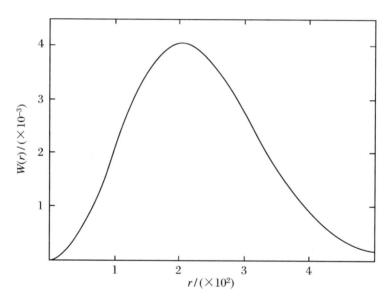

图 10.5 与图 10.4 相同的高分子链的末端距径向分布函数 $W(r)$

$W(r)$ 的单位是 Å^{-1}.

因此,表示的是最可几末端距. 这一结果看起来可能与前面有关概率密度函数 $W(x, y, z)$ 在 $r = 0$ 时出现最大值的结论不相符合. 表面上似乎自相矛盾,但是通过对两个函数意义的准确认定就可以避免这种不符. 假定在两种情况下,高分子的一端都固定在坐标系的原点,$W(x, y, z)$ 表示的是另一端落在 (x, y, z) 处的**单位体积元内**的概率. 如果对于很多个高分子链,ν 是分子数,$W(x, y, z)$ 是链端的**密度**分布函数,则 $\nu W(x, y, z)$ 表示的是密度,或位于

(x,y,z) 处单位体积元内的链端数. 而 $W(r)$ 表示的是另一端落在 r 处的单位体积元内的概率, 与方向无关. $W(r)$ 是通过 $W(x,y,z)$ 乘以 r 处的体积元体积而求得的. 体积元体积 $4\pi r^2 \mathrm{d}r$ 随 r^2 增加而增加, 单单这一影响因素就可以是造成两种函数不同的原因. 虽然密度分布函数总是随着 r 的增加而减小, 但是 r 处体积元的总体积却随着 r^2 的增加而增加.

我们再看看对 r 平均值的考虑. 不同于它的某个组分(如 x)的平均值, r 的平均值是超过零的, 因为 r 值仅限于零或大于零. 这里

$$\bar{r} = \frac{\int_0^\infty rW(r)\mathrm{d}r}{\int_0^\infty W(r)\mathrm{d}r}$$

分母的积分为 1, 也就是说 $W(r)$ 是归一化了的. 将式(10.8)中的 $rW(r)$ 代入, 求得分子的积分为

$$\bar{r} = \frac{2}{\pi^{1/2}\beta} \tag{10.10}$$

类似地, 均方末端距为

$$\overline{r^2} = \int_0^\infty r^2 W(r)\mathrm{d}r$$

可求得

$$\sqrt{\overline{r^2}} = \sqrt{\frac{3}{2\beta^2}} \tag{10.11}$$

式(10.10)和式(10.11)反映了高斯分布(式(10.8))的特征, 不考虑 β 与某一指定情况下链尺寸的关系. 对于特殊的自由联结链, 由式(10.6)给出 β 的取值. 将式(10.6)代入式(10.10)和式(10.11), 得

$$\bar{r} = \sqrt{\frac{8}{3\pi}} ln^{1/2} \tag{10.12}$$

$$\sqrt{\overline{r^2}} = ln^{1/2} \tag{10.13}$$

后一表达式是值得注意的. 它使我们想起了之前提到的自由联结链构象与扩散粒子路径之间的相似性. 根据扩散理论, 一个扩散粒子位移的均方值与时间成正比. 由于粒子在一给定温度下是按照一个固定的平均速度移动的, 显然时间对应于高分子的链长. 这样, 式(10.13)可以看成为两个现象相似性的必然结果.

在橡胶弹性及相关问题中直接涉及链两端之间的距离, 或者说末端距, 但是对诸如黏度和光散射的不对称性等稀溶液特性产生影响的是每个单元到质心的均方根距离 $\sqrt{\overline{s^2}}$(参见第 7 章). 如果链中两个单元 i 和 j 之间的距离 r_{ij} 的分布可以被表示为高斯分布 $W(r_{ij})$, 其中参数 β_{ij} 随着 i 和 j 之间的单元数 n_{ij} 的平方根的倒数而变化(也就是说, 每个这样的分布都是像链中在 i 之前和 j 之后没有单元时一样), 由此得[3](参见本章附录 C)

$$\sqrt{\overline{s^2}} = \sqrt{\frac{\overline{r^2}}{6}} \tag{10.14}$$

或

$$\sqrt{\overline{s^2}} = \frac{1}{2\beta} \tag{10.14'}$$

如上,$\overline{r^2}$ 是高分子整链的均方末端距. 由于这两个量之间存在对应关系,每一个都可以用来表示尺寸. 尽管经常测定的性质直接依赖于 $\sqrt{\overline{s^2}}$,但是均方根末端距已经成为更为广泛使用的量. 重要的是,式(10.14)仅适用于呈无规构象的**线形**高分子,这样可以用高斯函数来表示其末端距分布. 非线形高分子的平均尺寸将在后面讨论(参见 301 页).

10.1.3　高取向度时的分布

我们已经注意到,高斯分布在高取向度时是不适用的,同时末端距达到链的完全伸直长度也是不能接受的. 实际上,在推导中(参见本章附录 A)基于数学上的近似,这也是可以预料到的. 在一定程度上为了探究实用的高斯函数受到限制的程度,这里考虑一更为准确的、甚至在高取向度时也有效的处理方法.

对自由联结链末端距 r 的分布[4,5]的处理可以参照众所周知的应用于磁偶极子或电偶极子在一个足够强的外场作用下趋于饱和(即完全取向)的方法. 所得结果虽然复杂,但是对各种取向度,直至最大值 $r_m = nl$ 也是准确的. 本章附录 B 将简单给出这样的处理方法,它适用于 Kuhn 和 Grün[4] 以及 James 和 Guth[5] 提出的高分子构象问题. 这些作者指出式(10.8)应该由下式替代:

$$W(r)\mathrm{d}r = 常数 \cdot \exp\left[-\int_0^r \mathscr{L}^*\left(\frac{r}{r_m}\right)\frac{\mathrm{d}r}{l}\right]4\pi r^2\mathrm{d}r \tag{10.15}$$

式中,$r_m = nl$,为链在完全伸展时的最大长度,$\mathscr{L}^*$ 是朗之万(Langevin)的反函数. 朗之万函数定义为

$$\mathscr{L}(u) = \coth(u) - \frac{1}{u}$$

令 $\mathscr{L}(u) = \nu$,则有

$$\mathscr{L}^*(\nu) = u$$

对式(10.15)作级数展开,得

$$W(r)\mathrm{d}r = 常数 \cdot \exp\left\{-n\left[\frac{3}{2}\left(\frac{r}{r_m}\right)^2 + \frac{9}{20}\left(\frac{r}{r_m}\right)^4\right.\right.$$
$$\left.\left. + \frac{99}{350}\left(\frac{r}{r_m}\right)^6 + \cdots\right]\right\}4\pi r^2\mathrm{d}r \tag{10.16}$$

因 $3n/2r_m^2 = \beta^2$,分布函数又可以写成

$$W(r)\mathrm{d}r = 常数 \cdot \exp\left\{-\beta^2 r^2\left[1 + \frac{3}{10}\left(\frac{r}{r_m}\right)^2 + \frac{33}{175}\left(\frac{r}{r_m}\right)^4 + \cdots\right]\right\}4\pi r^2\mathrm{d}r \quad (10.16')$$

当末端距与最大伸直长度之比值 r/r_m 为足够小的数值时,式(10.16')可以化为式(10.8). 式(10.16')的指数项中,中括号里的量可以看成是对简化的式(10.8)中的 r^2 项的校正因

子.当 r/r_m 小于约 1/2 时,这一校正就可以忽略不计.①根据式(10.13),均方根末端距和最大伸直长度的比值与最大伸直长度的平方根成反比,即 $\sqrt{\overline{r^2}}/r_m = 1/n^{1/2}$.据此,对于由 100 个单元链接而成的自由联结链来说,当伸展程度(r/r_m)为均方根长度 5 倍之前,校正可忽略不计.而对于有 10^4 个单元的链,伸展程度要到 50 倍的均方根长度时,校正才可以不予考虑.因此,在通常感兴趣的范围内,用高斯函数(式(10.8))作为实际分布的近似应该是符合要求的.只有当链的伸长超出其平均构象的情况下,才有必要采用更为准确的方程式.高斯近似可以用来处理橡胶弹性、溶胀以及溶液(低离子强度介质中的聚电解质溶液(参见第 14 章)除外)中高分子的构象问题.后一种情况中,聚电解质分子链上的净电荷足以使得链伸展到最大伸直长度.在本章接下来的内容和后面章节中,除非特别说明,高斯近似被认为是恰当的.

10.1.4　键角限制的影响

在所有实际高分子链中,一个指定键的方向强烈地依赖于前一个键的方向.其他相邻的键(如第二个、第三个,也有可能第四个)也会产生明显的影响,但是通常紧邻的前一个键的影响最为重要.指定键的方向所受到的限制还具体地依赖于链单元的结构.与具有相同轮廓长度的自由联结链相比,相邻键的影响总是使得链的构象扩张.用图 10.6 给出的一个二维空间中受限"无规行走"链的构象示意图来说明,其中每一步都受到限制,与前一步相比,其方向的变化不超过 90°.与图 10.2 中具有相同步数的自由联结无规行走链相比,这种限制产生的影响是明显的.

Kuhn[6] 报道了如何把一个实际高分子链近似处理为一**等效**自由联结链.为此,我们可以把高分子看成由 m 个键所组成的单元的序列,而不是把每一个单独的键作为统计单元.在图 10.6 中,已标示出任意选取 5 个相邻的键组成的统计单元,这些统计单元的位移矢量也已用虚线作了标示.假设每个统计单元中键的数目 m 足够大,每个统计单元所取的方向将几乎与前一个单元的方向无关.但统计单元的长度是变化的.Kuhn[6] 指出,每个统计单元用一个长度为 l' 的假想单元来替代,其中 l' 等于包含 m 个键的实际单元的均方根长度,则可以得到合适的末端距统计分布.经过这样的替换,统计单元在方向上是无规的,且长度是不变的,则构象问题又回归为由 $n' = n/m$ 个长度为 l' 的单元所组成的自由联结链的构象问题.因此,我们得到重要的结论,即对于一个实际高分子链,链末端距统计分布**形式**将与一自由联结链是相同的(即近似为高斯分布).然而,特征参数 β 将有所不同,即适用于自由联结链的式(10.6)必须被替换为

$$\beta = \left(\frac{3}{2n'l'^2}\right)^{\frac{1}{2}} \tag{10.17}$$

---

① 另一方面,经过这种精确的处理,修正 $W(r)$ 的校正因子,即式(10.16)中的 $\exp[-(9n/20)(r/r_m)^4\cdots]$,取决于 n 和 r/r_m.如果链两端隔开的距离大致是均方根末端距的大小,也就是说,如果 $r\sim\sqrt{\overline{r^2}} = n^{1/2}l$,则 $(r/r_m)\sim n^{-1/2}$,当 n 大到可以确保统计处理有效时,这项校正因子是可以忽略不计的.如果应用于橡胶弹性和其他问题,适用于 r 和文中其他问题的校正因子将更为重要.

当然对于给定的链,参数 β 的数值是一定的,但是单个 n' 和 l' 的取值与每个统计单元 m 的大小选择有关.长度 l' 还将取决于特定的对 θ 和 φ 的限制.所需满足的条件是 m 足够大,使得一个统计单元对下一个统计单元产生的影响可以忽略不计;同时单元不能太大,避免造成单元数 $n' = n/m$ 太小,导致单元数低于维持高斯近似所需的数值(约为 10).在这些扩散要求的限制范围内,对 m 的选择依然较为任意.当然只有当实际键的数目 n 足够大时,两方面的要求才能同时满足.链受到的阻碍越多,n 的下限将越大.

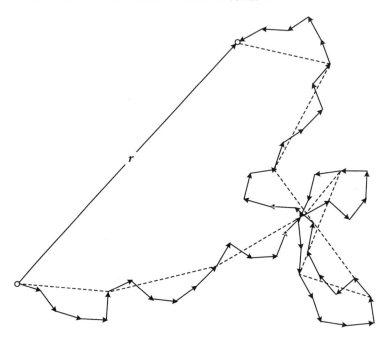

图 10.6　二维空间中一个受限链的示意图

相邻键之间的键角限制在 $-\pi/2\sim\pi/2$ 范围的 50 步无规行走.与图 10.2 中不受限无规行走的步数一致.

通过对在自由联结链的处理中引入技巧所产生的效果进行探究,发现引入相同位移长度的矢量来表示实际上长度是变化的单独统计单元似乎更显合理.这种情况下 $l' = m^{1/2} l$.将这一表达式和 $n' = n/m$ 代入式(10.17),又重新得到之前关于 β 的表达式(10.6).因此,所计算的分布并不受以这种方式对链任意细分的影响.我们的结论是,在把一个**真实的**高分子链处理为等效自由联结链时所选择的 m 值是不重要的(在我们上文所陈述的对 m 值限制的范围内).

前面对等效链的讨论仅要求链的均方根末端距与实际高分子链的相等.为了完整地定义等效链,它的轮廓长度也要求与实际高分子链的一致.因此,等效链的伸直长度将被设定为与实际链在去除掉所有的键角和内旋转角(θ 和 φ)限制情况下的伸直长度相等.这时,等效链的 n' 和 l'(以及 m)被完整地定义为

$$nl = n'l'$$
$$\sqrt{\overline{r^2}} = l'(n')^{\frac{1}{2}}$$

(10.18)

这个假想的等效链应该与一个含有 n 个键和平均长度为 $\sqrt{\overline{r^2}}$ 的真实链的统计行为类似.

根据前述的分析,引入键角限制将会对构象分布函数 $W(r)$ 产生影响,可以考虑采取一种适当地修改参数 β、但并不改变分布函数形式的方式.根据式(10.10)、式(10.11)和式(10.14′),很显然,平均尺寸也就相应地改变了.由于空间位阻固有的复杂性,排除了由实际高分子链单元的结构数据计算这些尺寸以及参数 β 的可能性.正是自由联结链理论的这个特征,即 β 与 n 和 l 的关系非常简单,在用来处理实际高分子链时被舍弃了.β 与 $n^{-1/2}$ 的比例关系仍保留(式(10.17)),但是,系数将取一个与给定聚合物具体结构有关的数值.因此我们可以用下式来替代式(10.6)和式(10.17):

$$\beta = \sqrt{\frac{3}{2}}\,\frac{1}{Cn^{\frac{1}{2}}} \tag{10.6′}$$

以及

$$\sqrt{\overline{r^2}} = Cn^{\frac{1}{2}} \tag{10.11′}$$

式中,C 是与给定链结构相关的特征参数.当然,对于由一系列等同的键所组成的高分子链,C 与键的长度 l 成正比.对于指定长度的高分子,如果 $\overline{r^2}$ 可以通过计算或实验得到,则可以立即确定 C 值.在下一节,我们将尝试计算不同结构高分子的 $\overline{r^2}/n$,并由此得到 C 和 $\beta n^{1/2}$.在期待着可以得到结果的同时,应指出到目前为止仍不能从理论上得到可靠的数值,因此对于给定系列的聚合物同系物,$\beta n^{1/2}$ 和 $(\overline{r^2}/n)^{1/2}$(也包括 $(\overline{s^2}/n)^{1/2}$)被认为是经验参数.

10.2　对不同结构高分子链平均尺寸的计算

10.2.1　自由旋转的聚亚甲基链

考虑一个包含 n 个长度都为 l 的键且键之间以一定键角 θ 相连的高分子链.聚亚甲基是典型的例子.由 $-\mathrm{CH_2}-\overset{\text{X}}{\underset{\text{Y}}{\mathrm{C}}}-$ 单元构成的烯类聚合物同样地在某种程度上也是符合这些规定的,因为交替的碳之间的键角(θ)是相同的,即键角不受取代基的影响.首先假设内旋转角 φ 不受限制(诚然,这是一个错误的假设).向量 r 可以表示为 n 个键向量 l_i 之和:

$$r = \sum_{i=1}^{n} l_i$$

那么

$$r^2 = r \cdot r = \sum_{i=1}^{n}\sum_{j=1}^{n} l_i \cdot l_j$$

r 的平方的平均值可以写成

$$\overline{r^2} = \sum_{i=1}^{n} \sum_{j=1}^{n} \overline{\boldsymbol{l}_i \cdot \boldsymbol{l}_j} \tag{10.19}$$

式中上划线表示要求其平均值. 如果链是自由联结的(即如果 θ 和 φ 都不受限制), 则任一个键在另一个键上投影的平均长度总是零, 即

$$\overline{\boldsymbol{l}_i \cdot \boldsymbol{l}_j} = 0 \quad (\text{当 } i \neq j \text{ 时})$$

式(10.19)中仅留下 $i = j$ 时的乘积, 因此有

$$\overline{r^2} = \sum_{1}^{n} l_i^2 = nl^2$$

这是之前也得到的(式(10.13)).

把式(10.19)中的求和展开为一个方形阵列, 目前问题的解决[7]就变得更为明确了. 展开如下:

$$\overline{r^2} = \begin{vmatrix} \overline{\boldsymbol{l}_1 \cdot \boldsymbol{l}_1} + \overline{\boldsymbol{l}_1 \cdot \boldsymbol{l}_2} + \overline{\boldsymbol{l}_1 \cdot \boldsymbol{l}_3} + \cdots + \overline{\boldsymbol{l}_1 \cdot \boldsymbol{l}_n} \\ + \overline{\boldsymbol{l}_2 \cdot \boldsymbol{l}_1} + \overline{\boldsymbol{l}_2 \cdot \boldsymbol{l}_2} + \overline{\boldsymbol{l}_2 \cdot \boldsymbol{l}_3} + \cdots + \overline{\boldsymbol{l}_2 \cdot \boldsymbol{l}_n} \\ + \overline{\boldsymbol{l}_3 \cdot \boldsymbol{l}_1} + \overline{\boldsymbol{l}_3 \cdot \boldsymbol{l}_2} + \overline{\boldsymbol{l}_3 \cdot \boldsymbol{l}_3} + \cdots + \overline{\boldsymbol{l}_3 \cdot \boldsymbol{l}_n} \\ + \cdots \end{vmatrix} \tag{10.20}$$

主对角线上的 n 项 $\overline{\boldsymbol{l}_i \cdot \boldsymbol{l}_i}$ 中的每一项都等于 l^2. 相邻对角线的项 $\overline{\boldsymbol{l}_i \cdot \boldsymbol{l}_{i\pm1}}$ 涉及一个键在它相邻键上的投影. 很显然, 参考图 10.1, 这个投影是 $-l\cos\theta$, 紧邻主对角线的任一对角线上的每一项的值是 $-l^2\cos\theta$. 项 $\overline{\boldsymbol{l}_i \cdot \boldsymbol{l}_{i\pm2}}$ 涉及在前面第二个键或在后面第二个键的投影, 例如图 10.1 中键 3 在键 1 上的投影. 由于在图 10.1 中假设 φ_2 取所有值的概率是相等的, 故键 3 垂直于键 2 的平均投影是零, 沿着键 2 的全部平均贡献包括 $C_3D = -l\cos\theta$. 此项在键 1 上的投影是 $l\cos^2\theta$. 因此, $\overline{\boldsymbol{l}_i \cdot \boldsymbol{l}_{i\pm2}} = l^2\cos^2\theta$. 一般而言, $\overline{\boldsymbol{l}_i \cdot \boldsymbol{l}_{i\pm m}} = l^2(-\cos\theta)^m$. 将这些数值代入式(10.20), 并把沿着阵列对角线的相同的项合并在一起, 有

$$\overline{r^2} = l^2\left[n + 2(n-1)(-\cos\theta) + 2(n-2)(-\cos\theta)^2 + \cdots + 2(-\cos\theta)^{n-1}\right]$$

整理, 得[7]

$$\overline{r^2} = nl^2\left[1 + 2\frac{z - z^n}{1-z} - \frac{2z}{n}\frac{\mathrm{d}}{\mathrm{d}z}\left(\frac{z-z^n}{1-z}\right)\right] \tag{10.21}$$

其中 $z = -\cos\theta$. 对很大数值的 n, 可以恰当地近似为

$$\overline{r^2} = nl^2 \frac{1 - \cos\theta}{1 + \cos\theta} \tag{10.22}$$

对于特定的以四面体键合的链, $\theta = 109.5°$, $\cos\theta = -1/3$, 有

$$\overline{r^2} = 2nl^2$$

恰好是自由联结链均方末端距的两倍.

10.2.2 受阻高分子链

根据自由旋转假设计算得到的分子尺寸是有明显错误的. 虽然具有一定键角 θ 的自由旋转链比自由联结链更贴近实际情况, 然而仍然不能令人满意地得到定量结果. 通过检查高

分子链的比例模型,这一不足的原因就是显而易见的了.每个内旋转角 φ 的取值范围受到链上相继单元间的空间位阻的严格限制.因此,自由旋转链的假设明显是偏离事实的.甚至对于简单的、没有大取代基的聚亚甲基分子链,这种限制仍然是起作用的.由于空间位阻或其他效应,φ 受到限制所产生的对链尺寸的影响处理起来要比固定键角问题困难得多,没有通用的解决方案.尽管如此,对这些阻碍根源的探究以及对最简单类型(即那种在 $\varphi = 0$ 左右对称起作用的最简单类型)阻碍效应的评估仍然是富有启发性的.

在像乙烷这样的简单的单键分子中,遇到的是最为基本的内旋转位阻形式.由于非键合原子之间的排斥作用,图 10.7(a)显示的交错的构象是一种能量最低的构象.任一个甲基旋转 $60°$,使得两个氢原子重合在一起,与旋转相关的位能达到最大值.由于分子的对称性,位能曲线的周期为 $2\pi/3$,也就是说,每旋转一个完整的 2π,位能 $V(\varphi)$ 将经过三个相等的最大值和三个相等的最小值.作为一级近似,位能可以表示为

$$V(\varphi) = \frac{V_0}{2}\left(1 - \cos\frac{\varphi}{3}\right) \tag{10.23}$$

式中,V_0 为最大位能与最小位能间的差值.这个位能函数示于图 10.8(a).通过将由热力学第三定律计算得到的乙烷的熵与从分子参数和利用光谱方法得到的振动频率数据相比较,可以推断出乙烷的 V_0 约为 2800 cal/mol[8].

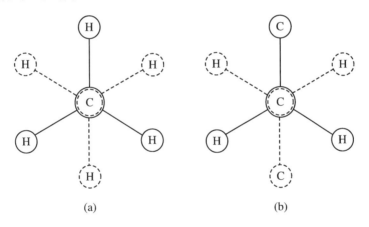

图 10.7　考虑以 C—C 键为轴的内旋转位阻,顺着 C—C 键轴看,乙烷(a)
和一段聚亚甲基链(b)的最小位能形式

每个图中的虚线部分代表连接到单键后面碳原子上的原子或取代基.

当取代基被引到两个碳原子上时,如丁烷或包括聚亚甲基链在内的较高级同系物[9],围绕乙烷中 C—C 键内旋转的三重对称性就消失了.相当于乙烷的相应位置的三个位能上更为有利的位置保留了下来,但是其中取代基(甲基)处于相反位置(反式)时的能量要低于另外两种.①在另两种中(没有显示出来),取代基的位置较为靠近,引起可观的排斥作用.基于这样的考虑,位能曲线就应是如图 10.8(b)和(c)所示.在图 10.8(b)中,较浅的极小值保留了下来,相当于从图 10.7(b)中的构象旋转 $\pm 120°$ 的位置,但是最稳定的构象对应于 $\varphi = 0$

———————————

① Taylor[10] 已经就内旋转位阻对聚亚甲基链构象的影响作了很好的讨论.

时的平面锯齿形.图 10.8(c)则表示取代基间存在更大排斥力的情况,导致仅留下 $\varphi = 0$ 时的单一最小值.

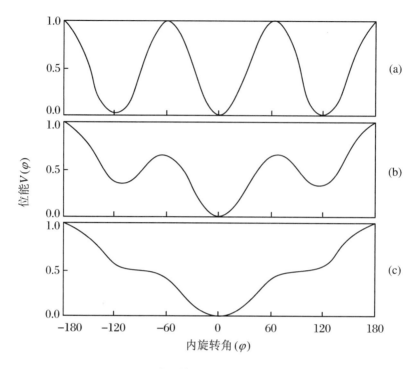

图 10.8　内旋转位能对内旋转角的作图

(a) 根据式(10.23)所作的对称位能曲线;(b)(c) 在 $\varphi = 0$ 时具有最小值的位能函数,对应于聚亚甲基链的平面锯齿形构象.这些曲线由 Taylor[10] 计算得到.

　　即使对于聚亚甲基链,这种对内旋转位阻的分析还是过于简单化了.然而,通常默认假设,仅有直接连接到所考虑的 C—C 键上的原子或基团间的相互作用才影响 φ 的值,因此不考虑相互作用的具体本质,位能曲线应是关于 $\varphi = 0$ 对称的.也就是说,在内旋转角为 φ 和 $-\varphi$ 时的排斥力应该是一致的.如果是这样,图 10.1 中的键(3)对所有的 φ_2 平均,每个键出现位置的概率正比于 $\mathrm{e}^{-V(\varphi)/kT}$,其结果可以分解成两个分量,每个分量都在键(1)和键(2)的平面内;而垂直于这个平面的分量在要求 φ 和 $-\varphi$ 出现的概率一致的对称性条件下必然为零.自然,两个分量中,沿着键(2)方向上的分量为 $-l\cos\theta$;垂直于这一分量的另一分量则位于 $C_4'C_4''$ 方向上,这一分量为 $\sin\theta\,\overline{\cos\varphi}$,其中 $\overline{\cos\varphi}$ 为 $\cos\varphi$ 的平均值.按照推导式(10.22)的方法,得[10,11]

$$\overline{r^2} = nl^2\frac{1-\cos\theta}{1+\cos\theta}\frac{1+\overline{\cos\varphi}}{1-\overline{\cos\varphi}} \tag{10.24}$$

只要在 n 很大、$\overline{\cos\varphi}$ 不太接近 1 的情况下,上式是个很好的近似.如果内旋转不受限制,$\overline{\cos\varphi}=0$,式(10.24)回归到式(10.22).此外,如果内旋转位能为式(10.23)所表示的形式,且如图 10.8(a)所示,则 $\cos\varphi$ 的平均值也为零,链的尺寸与自由内旋转时是一致的.如果位能在 $|\varphi|$ 小于 90° 时更为有利(图 10.8(b)和(c)),$\cos\varphi$ 将是正值,且 $\overline{r^2}$ 将大于自由内旋转时

的值.实际上,相继的链原子与它们键接的基团间的空间位阻确保了对于实际高分子链这是成立的.

除了那些直接键接到所考虑的键上原子外,我们未能考虑与链上单元的相互作用,这被视为一个在物理上并不满意的近似.因此,与内旋转角 φ_i 相关的内旋转位能除了对 φ_{i-1} 有必然的依赖性外,在一定程度上还取决于 φ_{i-2},依此类推.在交替的碳原子上引入取代基,如聚苯乙烯中的苯基或聚异丁烯中的(两个)甲基,使得空间相互作用变得复杂化,妨碍了根据主链上某个键相关的位能而不考虑相邻内旋转角来给出有意义的解释的可能性.聚异丁烯中的甲基取代基严重地干涉了所有可能的构象(参见第 6 章).通过模型显示,这些干涉使得最小值并不是位于 $\varphi=0$ 处.最优化的构象是螺旋构象.可以认为在螺旋构象上 φ 值是波动的,并且这些波动无规律地带到总体构象中.

在聚苯乙烯的平面锯齿形构象

$$\begin{array}{ccccccc} & C_6H_5 & & C_6H_5 & & C_6H_5 & & C_6H_5 \\ & | & & | & & | & & | \\ & CH & & CH & & CH & & CH \\ & / \quad \backslash & & / \quad \backslash & & / \quad \backslash & & / \quad \backslash \\ \quad CH_2 & & CH_2 & & CH_2 & & CH_2 & \end{array}$$

中,苯基比结构式上的形式看起来更为拥挤.不对称碳原子相继地以交替的构象出现,使苯基交替地落在锯齿形平面的上面和下面,这将对拥挤有一定程度的缓解,然而并没有消除拥挤.Debye 和 Bueche[12] 对聚对氯苯乙烯稀溶液的电介质极化测试提供了与结构相关的实验依据.所测得的偶极矩并不能与旋转位阻为上文所定义的相对于平面锯齿形结构的角度 φ_i 的对称函数这一模型相一致.结果表明苯基更倾向于交替地出现在链的两侧.因此,对于聚苯乙烯(或其取代产物),具有**最低能量**的结构可能是

$$\begin{array}{cccc} C_6H_5 & & C_6H_5 & \\ | & & | & \\ CH-CH_2 & & CH-CH_2 & \\ / & \backslash & / & \backslash \\ -CH_2 & CH-CH_2 & & CH- \\ & | & & | \\ & C_6H_5 & & C_6H_5 \end{array}$$

这是通过平面锯齿形**每隔一个键**旋转 $180°$ 而形成的构象.用之前的标记法就是 φ 以 $0°$ 和 $180°$ 交替出现的构象.可以肯定的是,必然存在对这种规则结构的偏离,这是因为存在相当大的内旋转自由度.然而要强调的是,对于这种链上的每个键,如果假设位能对 φ 的函数都是一致的,将会引入较严重的错误.

当然,高分子链构象与单元结构之间的关系是个复杂的问题.在单体同系物中围绕指定单键的内旋转位阻虽然重要,但是并不能代表它在整体中的境况.在更为复杂的链中,与单键联结的原子间距离相关的链单元平均厚度被证明是更为可靠的判断链弯曲和柔性的标准.由于其中的复杂性,单纯地对实验测得的平均高分子尺寸与假设围绕所有单键的内旋转是自由的条件下的计算值进行比较,是目前这个方向的研究水平.因此,对除了聚亚甲基及其取代产物(如烯类聚合物)以外的高分子链,基于自由内旋转假设所计算的尺寸进行简单的讨论是合适的.

10.2.3 聚硅氧烷链

聚硅氧烷链

$$
\begin{array}{ccc}
R_2 & R_2 & R_2 \\
\| & \| & \| \\
Si & Si & Si \\
O & O & O
\end{array}
$$

由相同的键 Si—O 所组成,但是在交替出现的硅原子和氧原子上的键角是不一样的.应用上面计算聚亚甲基链的方法,可以有[13]

$$\overline{r^2} = nl^2 \frac{(1-\cos\theta_1)(1-\cos\theta_2)}{1-\cos\theta_1\cos\theta_2} \tag{10.25}$$

式中,θ_1 和 θ_2 分别是硅原子和氧原子上的键角,且假设主链上每个键的旋转是自由的.当 $\theta_1 = \theta_2$ 时,这一表达式化为式(10.22).硅氧键长 l 为 1.65 Å[14,15].硅原子上的键角 θ_1 一定是非常接近四面体的(约 110°);聚硅氧烷中氧原子上的键角并不确定,它可能大于 130°,但是小于 160°[14—16].如果假设 $\theta_2 = 145°$,则 $(\overline{r^2}/n)^{1/2} \times 10^{10} = 300\,(\text{cm})$.通过乘以因子 10^{10},这个等式右边的数值便与一个含有 10^4 个原子的链在以 Å 作单位时的均方根长度数值是相等的.

10.2.4 纤维素链

纤维素及其衍生物链是六元环相互以醚氧原子连接在一起的,连接方式如图 10.9 所示.阴影棒代表环,环中的碳原子 1 和碳原子 4 通过单键与氧原子相连.把氧碳键投影到点 C_1' 和 C_4' 上,以致 C_1' 和 C_4' 处的键角为直角,这一结构可认为是包含一个长度为 a 的键以 90° 键角与一个长度为 b 的键相连接,围绕此键的内旋转不能发生,这一键再以 90° 键角与另一个长度为 a 的键相连接.后一个键以键角 θ(氧原子上的键角)与下一单元的长度为 a 的键相连,依此类推.

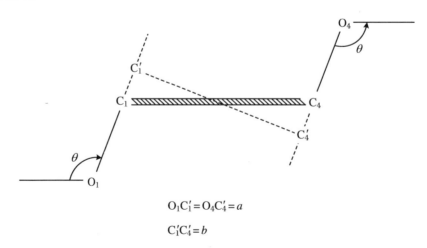

$$O_1C_1' = O_4C_4' = a$$
$$C_1'C_4' = b$$

图 10.9　纤维素链单元的几何形状(根据 Benoit[17])

采用这一模型,Benoit[17] 得到的结果表明,对于很长的链,在围绕所有长度为 a 的键自由内旋转的前提下,均方末端距为

$$\overline{r^2} = x\left[b^2 + (2a)^2 \frac{1-\cos\theta}{1+\cos\theta} \right] \tag{10.26}$$

式中,x 是单元数.采用 X 射线衍射对结晶的纤维素进行测定,得到 $a = 2.715\,\text{Å}$,$b = 1.452\,\text{Å}$,$\theta = 110°$,由此得到

$$\left(\frac{\overline{r^2}}{x} \right)^{\frac{1}{2}} \times 10^{10} = 790\,(\text{cm})$$

10.2.5　天然橡胶和古塔波胶

顺式和反式的 1,4-聚异戊二烯可以类似地转化为便于计算的结构[17,18].如果按照通常的键尺寸和键角,Wall[18] 得出如下关系式,对于顺式结构(天然橡胶):

$$\left(\frac{\overline{r^2}}{x} \right)^{\frac{1}{2}} \times 10^{10} = 402\,(\text{cm})$$

而对于反式结构(古塔波胶):

$$\left(\frac{\overline{r^2}}{x} \right)^{\frac{1}{2}} \times 10^{10} = 580\,(\text{cm})$$

考虑到之前对把高斯分布应用到不考虑键角的任一柔性链的归纳,这种分布函数可以认为适用于每一种前述的链,前提是链含有很多单元,且不考虑接近完全伸展的构象.当然,这里的计算指的是围绕所有单键的内旋转不受限制的情况.与这一近似相对应的 β 值可以根据式(10.11)由 $\overline{r^2}$ 来得到.

10.2.6　非线形高分子链

上述用于表征线形高分子尺寸的均方根末端距 $\sqrt{\overline{r^2}}$ 如果应用于含有多个端基的非线形高分子(取决于支化度和官能度),其含义将是不明确的.因此,我们采用 $\sqrt{\overline{s^2}}$,即回转半径或每个单元到非线形高分子的质心的均方根距离,来表征这种分子的尺寸.对于无规线形高分子链,$\overline{s^2} = \overline{r^2}/6$(参见本章附录 C),由此推断,对于一个自由联结的线形高分子链有

$$\overline{s^2} = \frac{l^2}{6}n$$

对于一个实际高分子链,如果用含有 n' 个长度为 l' 的键所组成的等效自由联结链来表示,相应的关系式如下:

$$\overline{s^2} = \frac{l'^2}{6}n'$$

正如 292 页所指出的,作为对线形高分子链有效尺寸的量度,用 $\sqrt{\overline{s^2}}$ 替代 $\sqrt{\overline{r^2}}$ 是一个满意的、可供选择的办法.

比起相同分子量或含相同单元数的线形高分子,支化高分子所占的体积明显要小.换句

话说,对于含有相同等效单元数 n' 的非线形高分子,其 $\overline{s^2}$ 将更小. 因此,对于非线形高分子[10],下式是适用的:

$$\overline{s^2} = g\frac{l'^2}{6}n' \tag{10.27}$$

式中,g 表示的是非线形高分子的均方回转半径与相同聚合度的线形高分子的均方回转半径之比,比值小于 1.

Zimm 和 **Stockmayer**[19] 通过对多种形式的支化结构进行统计计算得到结论,g 随着分子中支化数的增加而相当缓慢地减小. 例如,对于无规支化,每个分子中含有 5 个三官能度单元仅使 g 减小到约 0.7. 更高官能度的支化并不能更为有效地明显降低 g. 通常由于小得多的非线形度(例如,每个初始分子不到一个交联键)就足以诱导凝胶化和同时发生的分子量分布的极端变形,因此非线形对分子尺寸的影响一般来说将被非线形对分子量分布的影响所掩盖. 这样,在探求多官能单元引入到原本是线形的高分子中所产生的对其指定物理性质的影响时,所导致的分布加宽很可能比改变指定聚合度分子的平均尺寸具有更大的效果.

10.3 稀溶液中高分子的构象

10.3.1 远程分子内相互作用[20]

在此之前,对高分子链构象的考虑中一直没有提及一些巧妙的近似. 这与相应的假设有关,即一个指定键的放置虽然可能取决于链中紧邻的前一个键方向,但是与描述所有其他键的坐标无关. 因为同一分子中沿着主链序列相距较远的两个单元不可能占据相同的空间,因此在 n 个键序列中某些排布将是受限的. 这样,刚才提及的假设不可能严格地适用.

基于这样的考虑,一扩散粒子的路径与一线形高分子链的构象之间的类比不再合理. 前者可以回到空间某个它此前所占据的位置,并不违背任何物理限制,然而,一个高分子链相应的构象就被禁止了. 在图 10.2 和图 10.6 所描述的二维空间类比中,一次或多次"交叉"的构象是不允许的,因此这些图中所显示的二维空间的构象是不可能实现的. 在三维空间,所受到的限制就没有如此之多. 一个是数学线条的向量序列永远不会在空间相交. 然而,如果给链一定的交叉部分留有余地,对于含有很多单元的链,违反体积排斥需求所产生的**干扰**将排除大多数由之前仅考虑键角限制而无规分配键方向所生成的构象的可能性. 换句话说,对于一个粒子认同的多个扩散路径中,这里的粒子在每一次与另一粒子相遇改变方向精确地与一指定结构高分子键角限制的方式是一致的,在链很长的情况下,也只有极小部分能符合链中没有任意两部分在空间相交的要求. 那些可能扩展成较大体积的扩散路径将更有可能满足这一要求. 由于这个原因,实际链将倾向于比上述计算所反映的构象更为扩展,而实际上上述计算只严格地适用于扩散类比而不是一个实际高分子链. 相应地,平均尺寸将变大,整个分布曲线将移向更大的 r 值.

高分子链的构象还取决于它所处的环境.在良溶剂中,高分子链单元与其紧邻的溶剂分子间的相互作用能超过了高分子-高分子间以及溶剂-溶剂间相互作用能的平均值,高分子将倾向于呈现更为扩张的构象,从而减小高分子链单元间接触的频次.相反,在劣溶剂中,相互作用能是不利的(吸热),将更倾向于小尺寸构象,其中高分子-高分子接触的频次更大.

基于更为宽泛的分子内热力学相互作用的观点(将在第 14 章讨论),可以对分子内干扰作用和混合能的影响进行同步处理.可以说,高分子的构象问题是两方面的.首先,正如上文所述,它取决于键长和键角,这些属于与链单元系列中彼此非常靠近的单元间相互作用有关的**近程**效应.其次,构象还受到高分子链单元与其环境间的热力学相互作用(包括干扰作用)的影响.因为后一问题可以归纳为沿着主链通常相距较远的高分子链单元对相遇的问题,因此又被称为**远程**效应.它取决于高分子及其环境,而第一影响因素仅取决于高分子参数.一般来说,第二因素的影响是决不能忽略的.因此,常见的通过直接将平均尺寸(例如通过光散射不对称性或特性黏数实验测得的 $\sqrt{\overline{r^2}}$)与基于表征链结构的键长和键角的理论公式进行比较来得到有关旋转位阻结论的尝试并不可靠.由于远程相互作用而带来的干扰,在尝试了解其相关性之前,必须以这样或那样的方式考虑到.

10.3.2　无扰高分子链

如果溶剂介质足够劣,即溶剂与高分子的相互作用能是足够大的正值,则相互作用能可以完全抵消体积排除效应的影响.当这一条件能满足时[20],高分子链将呈所谓的无规飞行构象,这样,其总体尺寸就可以仅仅根据键长和键角来确定,与本章所阐述的基本前提是一致的.对于给定的聚合物,在某一特定温度下这种状态在劣溶剂中是占优势的,这一温度可以通过相对简单的实验来推断出来(参见第 13 章).在这些条件下的物理测定将反映无扰高分子的特征.

鉴于分子内相互作用所带来的复杂性,修改标记是需要的.此后,在所有情况下,有扰和无扰尺寸或参数要有所区分,后者将标以下标,即 $\sqrt{\overline{r_0^2}}$、$\sqrt{\overline{s_0^2}}$ 和 β_0.这些下标在本章方程式中是合适的,因为它们特指无扰尺寸.而有扰尺寸通常就以不带下标来表示,将用分子由于远程效应而产生的平均扩张因子 α 来区分.这样,我们可以写出

$$\sqrt{\overline{r^2}} = \alpha \sqrt{\overline{r_0^2}}$$
$$\sqrt{\overline{s^2}} = \alpha \sqrt{\overline{s_0^2}} \qquad (10.28)$$
$$\beta = \frac{\beta_0}{\alpha}$$

在第 14 章将对 α 作定量处理.这里仅需要注意,α 常常是明显大于 1 的.因此上述区分是重要的.

按照后面讨论的步骤,通过特性黏数测定所得到的高分子有扰和无扰尺寸列在表 14.3 中.实验测得的无扰尺寸与之前在自由旋转假设下根据适当的公式所得到的计算值相比较.它们之间相当大的差异有助于对内旋转受阻重要性的重视,正如之前所讨论的.对高分子链尺寸的进一步讨论将放在后面.

关于构象分布,前面的推导显然只适用于无扰分子,从此以后,符号 r_0 和 β_0 分别用来表示链的末端距和高斯参数.按照近似(通常是微不足道的近似),有扰高分子的分布函数 $W(r)$ 可以看成高斯函数,虽然可能没有被严格地证明,其中,根据上面式(10.28)中的最后一式,参数 β_0 用 β 来替代.

当高分子溶液浓度大时,这种干扰可能变小.特别是在不含溶剂的本体中,高分子的 $\alpha = 1$.因此,高分子构象受分子内相互作用的干扰在稀溶液中是值得关注的问题.在下一章讨论橡胶弹性问题——本体聚合物中占主导地位的问题时,下标就可以明确地舍弃.

附录 A   一维空间无规行走链的高斯分布函数推导

这里我们推导一个连接链两端的向量沿着一任意选定的方向(如 x 轴)上有一个 x 分量的概率,其中这条链是由 n 个自由联结的键所组成的.正如本章所指出的,这个问题可以化为对一维空间无规行走 n 步后位移为 x 的概率的计算,每一步的位移大小等于一个键在 x 轴上的均方根投影值 $l/\sqrt{3}$.因此,有

$$x = \frac{(n_+ - n_-)l}{\sqrt{3}}$$

式中,n_+ 和 n_- 分别是正向和负向投影数,且 $n_+ + n_- = n$.问题变成为对掷币 n 次有 n_+ 次正面朝上的概率的计算,该概率是

$$W(n_+, n_-) = \left(\frac{1}{2}\right)^n \frac{n!}{n_+! \, n_-!} \tag{A10.1}$$

令 $n_+ - n_- = m$,上式可写为

$$W(n, m) = \left(\frac{1}{2}\right)^n \frac{n!}{\left(\frac{n+m}{2}\right)! \left(\frac{n-m}{2}\right)!} \tag{A10.2}$$

引入阶乘的 Stirling 近似公式 $n! \approx \sqrt{2\pi} \, n^{n+1/2}/e^n$,在 n 和 $n-m$ 很大的假设条件下,上述近似是合理的,整合表达式,得

$$W(n, m) = \left(\frac{2}{\pi n}\right)^{\frac{1}{2}} \left[1 - \left(\frac{m}{n}\right)^2\right]^{-\frac{n+1}{2}} \left[\frac{1 - \frac{m}{n}}{1 + \frac{m}{n}}\right]^{\frac{m}{2}} \tag{A10.3}$$

如果 $m/n \ll 1$,相当于较小的扩张,括号中最后一项可以用 $(1 - m/n)^m$ 来替代,可以写成 $[(1 - m/n)^{n/m}]^{m^2/n}$.当 n/m 增大时,括号中的量趋于 e^{-1}.类似地,有

$$\left[1 - \left(\frac{m}{n}\right)^2\right]^{-\left(\frac{n}{m}\right)^2} \approx e$$

当 $(n/m)^2$ 很大时,有

$$W(n, m) \approx \left(\frac{2}{\pi n}\right)^{\frac{1}{2}} e^{-\frac{m^2}{2n}} \tag{A10.4}$$

上面引入的近似在一定程度上相互补偿,因此对 m/n 大小的限制并不像其他地方所要求的那么严格.

在模拟固定步伐大小的无规行走时,m 的取值是间隔的整数,因此 x 的变化必然是 $\pm 2l/\sqrt{3}$. 为了建立与高分子分布函数 $W(x)$ 的联系,其中的 x 是连续的,我们注意到 $W(m,n)$ 必须等于 $W(x)\Delta x$,其中的 Δx 相当于 $\Delta m = 2$. 因此,有

$$W(x) = \frac{W(m,n)}{\Delta x}$$

代入 $m = \sqrt{3}x/l$ 和 $\Delta x = 2l/\sqrt{3}$,有

$$W(x)\mathrm{d}x = \left(\frac{3}{2\pi}\right)^{\frac{1}{2}} \frac{1}{n^{\frac{1}{2}}l} e^{-\frac{3x^2}{2nl^2}} \mathrm{d}x$$

这与式(10.5)是等同的.

附录 B　对自由联结链(或等效链)的准确处理[4,5]

考虑对自由联结链的某个键在 x 方向上施加拉伸力 τ. 用 ψ_i 表示该键与 x 方向的夹角,键在 x 轴上的分量为 $x_i = l\cos\psi_i$. 键的取向能是 $-\tau x_i$,因此,键的 x 分量取值 x_i 到 $x_i + \mathrm{d}x_i$ 的概率正比于

$$\exp\left(\frac{\tau x_i}{kT}\right) 2\pi \sin\psi_i \mathrm{d}\psi_i$$

或正比于

$$\exp\left(\frac{\tau x_i}{kT}\right)\mathrm{d}x_i$$

这样,在力 τ 的作用下 x_i 的平均值必然是

$$\bar{x}_i = \frac{\int_{-l}^{l} x_i \exp\left(\frac{\tau x_i}{kT}\right)\mathrm{d}x_i}{\int_{-l}^{l} \exp\left(\frac{\tau x_i}{kT}\right)\mathrm{d}x_i} = l\left[\coth\left(\frac{\tau l}{kT}\right) - \frac{kT}{\tau l}\right] \tag{B10.1}$$

括号中的量是 $\tau l/kT$ 的**朗之万(Langevin)函数**,可以写成 $\mathscr{L}(\tau l/kT)$. 因此

$$\bar{x}_i = l\mathscr{L}\left(\frac{\tau l}{kT}\right) \tag{B10.2}$$

现在,n 个键中每个键在 x 轴上的平均投影的代数和平均值是

$$\bar{x} = \sum_{i=1}^{n} \bar{x}_i = nl\mathscr{L}\left(\frac{\tau l}{kT}\right) \tag{B10.3}$$

则维持平均投影为 $\bar{x}$ 所需的力 τ 为

$$\tau = \frac{kT}{l}\mathscr{L}^*\left(\frac{\bar{x}}{nl}\right) \tag{B10.4}$$

其中,$\mathscr{L}^*$ 为**朗之万反函数**. 反过来,τ 表示的是伸长 $\bar{x}$ 所需的平均力,且

$$\int_0^r \tau \mathrm{d}r = \frac{kT}{l} \int_0^r \mathscr{L}^* \left(\frac{r}{nl}\right) \mathrm{d}r$$

表示的是把链拉伸到长度为 r 所需做的功. 由此推断, 末端距在 r 到 $r + \mathrm{d}r$ 间的概率为

$$W(r)\mathrm{d}r = 常数 \cdot \exp\left[-\frac{\int_0^r \tau \mathrm{d}r}{kT}\right] 4\pi r^2 \mathrm{d}r$$

$$= 常数 \cdot \exp\left[-l^{-1} \int_0^r \mathscr{L}^* \left(\frac{r}{nl}\right) \mathrm{d}r\right] 4\pi r^2 \mathrm{d}r \tag{B10.5}$$

上式与正文中的式(10.15)是等同的.

附录 C 链单元到质心距离的均方值[3,19]

这里, 我们推导的是式(10.14)所表示的无规线团链单元(或链段)到质心距离的均方值 $\overline{s^2}$ 与均方末端距 $\overline{r^2}$ 之间的关系, 这一关系式在本章和别处经常使用到.

作为之前标记的扩展, 用 $\boldsymbol{r}_i$ 表示从具有一指定构象的分子链的一端到一指定构象中第 i 个单元的向量. 类似地, $\boldsymbol{s}_i$ 表示的是从链的质心到该单元的向量. 如果用 $\boldsymbol{Z}$ 表示从链的这一端到质心的向量(即 $\boldsymbol{Z} \equiv -\boldsymbol{s}_1$), 则

$$\boldsymbol{s}_i = \boldsymbol{r}_i - \boldsymbol{Z} \tag{C10.1}$$

上式适用于所有的单元 i. 根据质心的定义, 有

$$\sum \boldsymbol{s}_i = \boldsymbol{0} \tag{C10.2}$$

或者, 根据式(C10.1), 有

$$\boldsymbol{Z} = \frac{1}{n} \sum \boldsymbol{r}_i \tag{C10.3}$$

因此

$$Z^2 = \frac{1}{n^2} \sum_i \sum_j \boldsymbol{r}_i \boldsymbol{r}_j \tag{C10.4}$$

式中, n 是链中的单元总数, 当然, Z 表示向量 $\boldsymbol{Z}$ 的大小.

为了获得对所有单元求的平均值 $\overline{s_i^2}$ 与均方末端距 $\overline{r_i^2}$ 之间的关系式, 把所需求的总和 $\sum s_i^2$ 以位移长度 r 来表示. 因此, 根据式(C10.1), 可得到如下的式子:

$$\sum s_i^2 = \sum \boldsymbol{s}_i \cdot \boldsymbol{s}_i = \sum (\boldsymbol{r}_i - \boldsymbol{Z}) \cdot (\boldsymbol{r}_i - \boldsymbol{Z}) = \sum r_i^2 + nZ^2 - 2\sum \boldsymbol{Z} \cdot \boldsymbol{r}_i \tag{C10.5}$$

式(C10.5)中最后一项可以写成 $2\boldsymbol{Z} \cdot \sum \boldsymbol{r}_i$, 参照式(C10.3), 可以化为 $2n\boldsymbol{Z} \cdot \boldsymbol{Z} = 2nZ^2$. 因此

$$\sum s_i^2 = \sum r_i^2 - nZ^2$$

代入式(C10.4), 得

$$\sum s_i^2 = \sum r_i^2 - \frac{1}{n} \sum_i \sum_j \boldsymbol{r}_i \cdot \boldsymbol{r}_j \tag{C10.6}$$

这里,$\boldsymbol{r}_i \cdot \boldsymbol{r}_j$ 表示的是一个向量在另一向量上的投影乘以后者的标量长度,必然等于

$$\frac{1}{2} (r_i^2 + r_j^2 - r_{ij}^2)$$

其中,r_{ij} 是连接单元 i 与单元 j 的向量长度.把上式代入式(C10.6),得

$$\sum s_i^2 = \frac{1}{2n} \sum_i \sum_j r_{ij}^2 = \frac{1}{n} \sum_i \sum_{j<i} r_{ij}^2 \tag{C10.7}$$

这样,该指定构象的分子链中一个单元离分子链质心距离的均方值是

$$\frac{1}{n} \sum s_i^2 = \frac{1}{n^2} \sum_i \sum_{j<i} r_{ij}^2 \tag{C10.8}$$

现在假设对所有构象取平均值①.用上划线来标示这一平均值,有

$$\overline{s^2} = \frac{1}{n} \sum \overline{s_i^2} = \frac{1}{n^2} \sum_j \sum_{i<j} \overline{r_{ij}^2} \tag{C10.9}$$

为明确起见,假设有一由 n 个键长为 l 的键所组成的自由联结链.与式(10.13)类似,单元 i 与单元 j 之间的均方位移长度为 $(j-i)l^2$,于是

$$\overline{s^2} = \frac{l^2}{n^2} \sum_j \sum_{i<j} (j-i) = \frac{l^2}{n^2} \sum_j \sum_{i=1}^{j-1} i$$

总和 $\sum_{i=1}^{j-1} i = j(j-1)/2 \approx j^2/2$.随后的求和在 n 很大时,为 $\sum_{j=1}^{n} j^2 = n(n+1)(2n+1)/6 \approx n^3/3$.因此有

$$\overline{s^2} = \frac{nl^2}{6}$$

再根据式(10.13),有

$$\sqrt{\overline{s^2}} = \sqrt{\frac{\overline{r^2}}{6}} \tag{10.14}$$

因为在链足够长的条件下,任一实际链可以用等效自由联结链来替代,显然,式(10.14)是通用的.

参 考 文 献

[1] Lord Rayleigh. Phil. Mag. , 1919,37(6):321.

[2] Chandrasekhar S. Rev. Mod. Phys. , 1943,15:3.

[3] Debye P. J. Chem. Phys. , 1946,14:636.

[4] Kuhn W, Grün F. Kolloid Z. , 1942,101:248.

---

① 可以看到这里包括了两种平均:一种是式(C10.8)所表示的对各个单元的平均,另一种是对链的所有构象进行平均.

［5］James H M, Guth E. J. Chem. Phys. , 1943,11:470.

［6］Kuhn W. Kolloid Z. , 1936,76:258; 1939,87:3.

［7］Eyring H. Phys. Rev. , 1932,39:746; Wall F T. J. Chem. Phys. , 1943,11:67.

［8］Kemp J D, Pitzer K S. J. Am, Chem. Soc. , 1937,59:276; 1938,60:1515; Kistiakowski G B, Lacher J R, Stitt F. J. Chem. Phys. , 1939,7:289.

［9］Mizushima S, Simanouti T. J. Am. Chem. Soc. , 1949,71:1320.

［10］Taylor W J. J. Chem. Phys. , 1948,16:257.

［11］Benoit H. J. Chim. phys. , 1947,44:18; Kuhn H. J. Chem. Phys. , 1947,15:843.

［12］Debye P, Bueche F. J. Chem. Phys. , 1951,19:589.

［13］Flory P J, Mandelkern L, Kinsinger J B, et al. J. Am. Chem. Soc. , 1952,74:3364.

［14］Roth W L, Harker D. Acta Krist. , 1948,1:34.

［15］Aggarwal E H, Bauer S H. J. Chem. Phys. , 1950,18:42.

［16］Sauer R O, Mead D J. J. Am. Chem. Soc. , 1946,68:1794.

［17］Benoit H. J. Polymer Sci. , 1948,3:376.

［18］Wall F T. J. Chem. Phys. , 1943,11:67.

［19］Zimm B H, Stockmayer W H. J. Chem. Phys. , 1949,17:1301.

［20］Flory P J. J. Chem. Phys. , 1949,17:303; Flory P J, Fox T G, Jr.. J. Am. Chem. Soc. , 1951,73:1904.

第 11 章　橡 胶 弹 性

与其他物质不同,橡胶和类橡胶材料的显著特点是把物质的两大特征综合在了一起.首先,它们变形大而不断裂,典型橡胶的极大伸长达原长的 5～10 倍是很普通的.其次,解除应力后,已变形的橡胶能自发回复到非常接近它的原始尺寸,不留永久形变.在没有断裂的形变性能方面,它们很像液体,而能回复又像是固体.这两种特性的结合用**长程弹性**这个术语来描述是最恰当不过的了,但它们并不是烃类聚合物所特有的.只要温度合适,或选择合适的增塑,任何长链聚合物都可能显示出典型的类橡胶行为.聚酯、聚酰胺、由液态硫超冷而得的弹性硫、纤维素衍生物甚至某些无机凝胶也会在合适的(物理)条件下呈现上述的特性.

所有类橡胶物质的结构特点是其聚合物链都很长.这些长链通常以交联形式彼此相接,但在交联点之间有成百甚至更多的单键组成的中间链段.显然,要实现高度的拉伸就需要有这样的聚合物长链.在未拉伸状态,分子链通常以无规线团状排列存在着,但它们能重排成其他的构象,特别是在高拉伸时.这样,当橡胶受外应力作用时,只要通过分子链构象的重排就能产生很大的形变.在伸长的过程中,譬如,聚合物长链得以伸展,逐渐变得平行于拉伸轴排列.但这个取向一般远没有完全.到目前为止还没有任何一种化学或物理的结构能有这样大的变形而没有永久的内部重排(如在普通液体中的那样).

橡胶变形时,其内部回复力的发展当然与高弹性的第二特性,即回复到它原先尺寸的能力直接相关.根据上述形变过程的结构解释,这个回复力被认为是源于形变过程中聚合物链的重排,从而回复到它起始的构象.弹性形变的热力学分析特别说明了这一点,所以本章将详尽地考虑这个问题.

长链的存在是类橡胶行为的必要条件,但并不**充分**.体系还必须要具有足够的内部活动性,以允许形变及其回复过程中链构象的重排.特别是聚合物既不能结晶(到某个合适的程度),也不能处在玻璃态(参见第 2 章);既阻碍了内部运动,也抑制了它们在一起.保持足够高的温度,或添加足够数量的合适稀释剂或增塑剂可以避免结晶和远离玻璃态.

尽管必须允许分子链单元的链段运动的内部活动性,但这并不能充分保证真正的类橡胶行为,结构的持久性也是必需的.否则将观察到持久的塑性流动,而不是弹性的回复.这个结构的持久性通常是通过插入偶发的交联来实现的,交联把分子链连成了一个"无限"伸展的空间网(见第 9 章).反之,独立的线形分子会通过自发的重排,消除任何由形变导致的取向,而端头绑定在网上的分子链就不能做到这一点,除非把试样恢复到它起始的宏观尺寸.因此回复能力的保持以及平衡回缩力(它是应变的函数)的概念确实取决于永久网状结构的存在①.应力与应变关系直接取决于网的结构,正如将在本章随后说明的那样.

"纯橡胶树汁"天然橡胶硫化产品(也就是没有炭黑或其他"填料")典型的应力-应变曲线如图 11.1 所示.应力缓慢地上升到伸长约 500% 的地方(原长的 6 倍),然后快速上升到断裂时的值 3000 lb/in²(按起始截面积计算),如果按最终的截面计算强度,几乎是这个数字的 10 倍.当与单位长度的质量相比(等当的基础)时,这个极限强度约为钢铁的一半.这样,天然橡胶就在很大的伸长范围内把易伸长(即低模量的弹性)和高断裂强度结合在了一起.在伸长约 300%~500% 时,斜率的显著升高与拉伸导致的结晶有关.事实上,拉伸过程导致了类纤维状取向的结晶结构,从而会引起弹性模量的增加.一旦去除应力,结晶部分熔融,回复到它原始的状态[1].

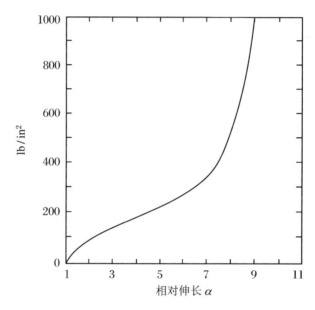

图 11.1 树汁硫化天然橡胶的应力-应变曲线

纵坐标上给出的拉力是对原始截面积的.

11.1 橡胶弹性热力学

11.1.1 历史背景

与 John Dolton 同时代的,也是严厉批评 Dolton 关于气体本质观点的 John Gough[2] 在 1805 年报道了一系列有关橡胶的实验,用来证实当时流行的有关热的热流体理论.这些简

---

① 如果线形聚合物的分子量非常高(10⁶ 或更高),由于很长的分子链松弛速率很慢,它们也会显示出具有很好回复性的弹性行为.

单的实验尽管是定性的,却囊括了天然橡胶弹性行为所有的热力学特征.

Gough 对他的第一个实验描述如下:

　　抓住橡胶条的一端……在两手的拇指和食指之间,把橡胶条的中间部分轻轻接触嘴唇……快速拉伸橡胶条,你马上就会在与橡胶条接触的嘴唇那里感到暖和.进一步拉伸胶条,该树脂(胶条)制品明显变得更加暖和.嘴唇的边缘具有很高的灵敏度,它能比身体的其他部位更灵敏地感知到这个温度变化.拉伸一根天然橡胶条而察觉到温度升高,会在橡胶条再次回缩时立即消失.凭借自己的弹性力这个回缩非常之快,一旦它完全发挥了,拉伸力通常就停止作用……

在第二个实验中他观察到:

　　如果橡胶条的一端绑在一根金属棍或木棍上,在另一端上固定一个重物……胶条会在加热时缩短,而在冷却时变长.

最后,根据他第三个实验的报告,Gough 做出结论:

　　如果橡胶条在比它自身还热的水中拉伸,它将维持其弹性而不受任何影响;相反,如果实验在较冷的水中进行,橡胶条将损失部分回缩能力,再不能回复到它原先的形态;但如果放在热水中,在橡胶条因缺乏弹性而保持拉伸状态时,热量将使它立即快速回缩……本段文字的目的是证明这个物体吸热原理的能力可能会通过强制减少其气孔尺寸而减弱;这个理论要点可为实验所确认:因为在水中称重时,在维持其拉伸状态下橡胶条的比重增加了.

这些观察的完整意义应该不会超越 Lord Kelvin 和 Clausius 在 19 世纪 50 年代早期提出的热力学第二定律的构想.1857 年发表的一篇论文或许是第一次用热力学来处理弹性形变,Kelvin 表明任何物体在(可逆的)弹性形变过程中吸收的热量与温度变化以及为产生形变而需要做的功 W_{el} 有如下关系:

$$\frac{Q}{T} = \frac{dW_{el}}{dT} \qquad (11.1)$$

(在后吉布斯时代,这被认为是与 $\partial \Delta F/\partial T = -\Delta S = -Q/T$ 等当的, 这里 ΔF 是 Gibbs 自由能的变化,等于恒温和恒压下形变的 $-W_{el}$.)如果是绝热拉伸,Q 可用 $-C_P(\Delta T)_{ad}$ 来代替,这里 C_P 是弹性材料的热容,$(\Delta T)_{ad}$ 是绝热温度变化.如果在方程(11.1)中作这个替代,且恒压 P 下取方程两边对长度 L 的微商,则

$$\frac{C_P}{T}\left(\frac{\partial T}{\partial L}\right)_{P,ad} = -\left(\frac{\partial^2 W_{el}}{\partial T \partial L}\right)_P$$

回缩力 $f = (\partial \Delta F/\partial L)_{T,P} = -(\partial W_{el}/\partial L)_{T,P}$.因此

$$C_P\left(\frac{\partial T}{\partial L}\right)_{P,ad} = T\left(\frac{\partial f}{\partial T}\right)_{P,L} \qquad (11.2)$$

这样,随长度的绝热温变就与回缩力的温度系数有关.转换方程(11.2)给出温度随外力(代替长度)的变化(作为长度(代替力)随温度变化的函数),我们得到

$$\left(\frac{\partial T}{\partial f}\right)_{P,ad} = -\frac{T}{C_P}\left(\frac{\partial L}{\partial T}\right)_{P,f} \qquad (11.3)$$

方程(11.2)和(11.3)是 Kelvin 勋爵[3]推导出来的,他指出因为一根金属弹簧随温度升高会

变得更伸展,也就是说,因为$(\partial L/\partial T)_{P,f}$是负的,在绝热拉伸中温度必定下降,因此在恒温拉伸中将吸热.Gough 的关于拉伸橡胶的长度是温度的函数的实验证明了现在已经确定无疑的事实,即对拉伸橡胶,$(\partial L/\partial T)_{P,f}$是负的,因而$(\partial T/\partial f)_{P,L}$是正的;相反,对非类橡胶物体,通常会发现相反符号的值.在 Gough 实验的那个橡胶反常的热弹性行为时代,Kelvin 显然没有意识到而得出了错误的结论:"突然拉伸天然橡胶条(在它的完全弹性限度以内)产生了冷却,反之,收缩时热又从中释出.(这是一定的,如果升高温度,悬吊有重物的橡胶条的长度肯定会伸长.)[3]"逻辑是对的,但前提错了!①

Kelvin 勋爵的亲密助手,专业的实验学家 J. P. Joule[4]着手检验 Kelvin 的理论关系,并在 1859 年发表了一篇有关各种固体——不同种类的金属、木材以及最突出的是天然橡胶的热弹性的详尽论文.在 Gough 到 Joule 的半个世纪里不但通过热力学第二定律建立了合适的理论公式,并且还发现了硫化作用(Goodyear,1839).Joule 在处理更完美的弹性物质硫化橡胶(实验所用的大多数试样是硫化的)时,确认了 Gough 的头两个观察,但对第三个提出了质疑.把硫化橡胶拉伸至它原长的两倍,Joule 观察到密度有一个非常小的降低,与大多数固体的行为相一致,据此他做出结论:Gough 关于这一点的实验是非常不精确的.不过,Gough 报道的密度增加或许是真实的.这个差异可能是由于实验条件的不同:Joule 用的是较低拉伸的硫化橡胶,而在 Gough 的处理中用的是未硫化橡胶,毫无疑义他拉伸到了足以产生结晶的长度.然而,橡胶轻微膨胀到适度的伸长[5],正如弹性经典理论所预言的那样,这个正常的效应被高度拉伸产生的结晶部分较高的密度所掩盖[6]②.并且,未硫化橡胶会比 Joule 所用的硫化橡胶更易结晶.无论是 Gough 还是 Joule 都评述了在冷却时,特别是冷却又拉伸时(在技术上是重要的)所熟知的生胶弹性的丧失.现在,这一点已被确认为天然橡胶结晶的进一步体现.

Joule 关于硫化橡胶热弹性效应的实验总结在表 11.1 中,该表取自 1859 年的论文[4],略有修改.在一组实验中,试样是在 0～50 ℃的不同温度遭受固定的载荷拉伸而伸长的.在这个温度范围内作重复测定得到的平均线膨胀系数$(1/L)(\partial L/\partial T)_{P,f}$列在表的第三列,而载荷和相对伸长 L/L_0 则分别列在开头的两列中.在另一组实验中一个小的热电偶嵌入试样,当载荷有 7 lb 的增量时,观察到了温度的变化(表中最后一列).在表 11.1 的第六列中给出的温度变化是用方程(11.3)的另一种形式(它的使用并不方便)

$$\Delta T_{ad} = -\frac{T}{jc_P w}\left[\frac{1}{L}\left(\frac{\partial L}{\partial T}\right)_{P,f}\right]\Delta f \tag{11.4}$$

由观察到的线膨胀系数计算得来的.式(11.4)被 Joule 称为 Kelvin 公式;c_P 是比热,单位是 cal/lb,w 是长度为 L 的试样单位截面积的质量,这样 $wLc_P = C_P$ 是两个标记之间整个试样的比容;j 是把 cal 转化为 lb 的因子③.用方程(11.4)计算得的和观察到的(表 11.1)这些

① 从 Joule[4]的论文中一眼可见,很短时间后 Kelvin 就明白了 Gough 开头的两个观察,当然也立即确认了它们之间的热力学关系.

② 密度随伸长的增加意味着泊松比(宽度变化与长度变化之比)超过了 1/2,而对于任何物体其值通常是可能的极大值.橡胶在高伸长时对规律的违背是相变(结晶)的结果.

③ 对 Joule 的试样,$w = 0.2075(L_0/L)$ lb/ft;c_P 取 0.415;$j = 1390$ ft·lb/cal.

ΔT 正是被 Joule 誉为对 Kelvin 理论公式的确认. 正如理论所要求的, 伴随相应的 ΔT 的逆转, 将观察到发生在低伸长时 $(\partial L/\partial T)_{P,f}$ 符号的反转. 这个在 ΔT 符号上面的**热弹转变**可以认为是下述事实必然的结果, 即充分拉伸的橡胶的线膨胀系数是负的, 而未拉伸橡胶的线膨胀系数是正的(即正常的). 反转本身除了暗示在较高伸长时 ΔT(或$\partial L/\partial T$)的符号外并没有实际意义.

表 11.1　Joule 关于硫化橡胶的热弹性测定

F/lb	L/L_0 281 K	$(\partial L/\partial T)_{P,f}/L$ (10^{-4} ℃)	L/L^0 281 K 平均间隔	$(\partial L/\partial T)_{P,f}/L$ (10^{-4} ℃) 平均间隔	ΔT/℃ 计算值	ΔT/℃ 观察值
0	1.00	$(+2.2)^a$				
7	1.13	-1.1	1.07	$(+0.6)$	(-0.001)	-0.004
14	1.22	-3.5	1.18	-2.3	$+0.004$	$+0.003$
21	1.38	-4.7	1.30	-4.1	0.009	0.015
28	1.60	-10.0	1.49	-7.3	0.018	0.039
35	1.86	-14.6	1.73	-12.3	0.035	0.042
42	2.14	-15.9	2.00	-15.2	0.050	0.042

a　Joule 显然已假定在 $f=0$ 时 $(\partial L/\partial T)_{P,f}/L$ 等于零. 上面在第三列括号里给出的是线形热膨胀系数, 以此为基础, 在其他列的括号中的起始值代替了 Joule 给出的值(见文献[4]中 104 页的附表).

在表的最后一列中添加的 ΔT 数据表明, 在长度拉伸到两倍时温度将升高 0.14 ℃. 回忆 Gough 关于在橡胶伸长过程"发热原理"的演变, 他的并不成熟的探测实验方法似乎已拥有一个令人惊讶的"高灵敏度". 事实上, 只有在拉伸远超过两倍时, 才很容易以这种方式探测到 Gough 效应. 正如 Joule 事实上所证明的, 随着进一步拉伸, 温升将持续, 有时温度升高可超过好几度[7]. 结晶过程会大大增加高拉伸时产生的热, 高伸长导致的温升主要来自于与结晶有关的潜热.

按热力学第一定律, 体系吸收的热 Q 等于内能的变化 ΔE 加上体系所做的功 W:

$$Q = \Delta E + W$$

拉伸橡胶时释出的热$(-Q)$由试样形变时做的功和它内能增加之间的差值所组成. 因此, Joule 的实验表明拉伸过程中增加的内能一定小于所耗费的功. 但是他没有建立起功耗与所获得的热之间的关系. 从热由拉伸产生这样的事实, 并按热力学第二定律, 可知至少一部分弹性力是由熵减少而导致的, 而不是由内能增加导致的(详见下述). Joule 看来已经意识到这个橡胶热弹行为的深远含义, 因为他写下了以下关于像气体那样的"由弹性流体演变的热"的文字:"如果在这种情况下释出的热被证明与所消耗的功相当, 那么很自然的推论是气体的弹力和它的温度是源于构成它的质点的运动". 更近的工作表明拉伸橡胶所牵涉的热量$(-Q)$非常接近等于拉伸到无应力长度的 150%～250% 所需要的功$(-W)$, 因此内能实质上与长度和弹性力无关(在这个范围内几乎完全源于熵随长度的减少). 这一点将在下面作非常详细的说明.

根据严格的热力学定律解释,从观察的基本事实出发的这些推论不单独提供橡胶弹性结构机理的深刻解释.然而,辅以对类橡胶材料分子性质直觉的谨慎运用,它们提供了阐明弹性机理的教实基础.1932 年 Meyer、von Susich 和 Valko[8]架通了用于橡胶热弹行为的热力学冷逻辑与它结构含义之间的桥梁.仅仅几年之后,Staudinger 等就确立了橡胶的大分子本质.他们提出了重要的论点:熵随长度的减少是橡胶分子链取向的结果.

11.1.2 热力学关系

最近研究关于温度对橡胶弹性影响的人员已经进行了固定长度测定应力(作为温度的函数)的工作,而不是 Joule 所做的固定应力测定长度.因此,下述热力学分析把注意力集中到固定长度测定温度类型实验的应用.伴随弹性体拉伸内能 E 的变化可写成如下普适的公式:

$$dE = dQ - dW \tag{11.5}$$

这里 dQ 是**吸收的**热量成分,dW 是体系对环境**做的**功.如果 P 表示外压,f 是拉伸的外力,则

$$dW = PdV - fdL \tag{11.6}$$

如果过程可逆,则 $dQ = TdS$,这里 S 是弹性体的熵.用这个表达式来替代方程(11.5)中的 dQ 将要求 dW 来代表可逆功的成分.为了完成这个要求,方程(11.6)中系数 P 和 f 必须被赋予它们平衡态时的值.特别是今后 f 将代表体系给定状态下的平衡拉力,这个体系可以用不同的 S、V 和 L,T、V 和 L 或 T、P 和 L 来说明,那么

$$dE = TdS - PdV + fdL \tag{11.7}$$

引入 Gibbs 自由能:

$$F = H - TS = E + PV - TS$$

这里 $H = E + PV$ 是热函,则

$$dF = dE + PdV + VdP - TdS - SdT$$

把方程(11.7)的 dE 代入,我们得到

$$dF = VdP - SdT + fdL \tag{11.8}$$

这个方程表达了用实验上最方便的独立变量 P、T 和 L 的微分来表示自由能的微分.由方程(11.8)有

$$\left(\frac{\partial F}{\partial L}\right)_{T,P} = f \tag{11.9}$$

或

$$f = \left(\frac{\partial H}{\partial L}\right)_{T,P} - T\left(\frac{\partial S}{\partial L}\right)_{T,P} \tag{11.10}$$

类似有

$$\left(\frac{\partial F}{\partial T}\right)_{P,L} = -S \tag{11.11}$$

因为在 P、L 恒定时$(\partial F/\partial L)_{T,P}$对 T 的微商与 T、P 恒定时$(\partial F/\partial T)_{P,L}$对 L 的微商是一样的,从方程(11.9)和(11.11)我们得到

$$- \left(\frac{\partial S}{\partial L}\right)_{T,P} = \left(\frac{\partial f}{\partial T}\right)_{P,L} \tag{11.12}$$

它代替了 Kelvin 方程(11.2),一旦在这里用方程(11.10)取代,得(Wiegand 和 Snyder[9])

$$f = \left(\frac{\partial H}{\partial L}\right)_{T,P} + T\left(\frac{\partial f}{\partial T}\right)_{P,L} \tag{11.13}$$

它可以看作是弹性的热力学状态方程,类似于原先的热力学状态方程:

$$P = - \left(\frac{\partial E}{\partial V}\right)_{T} + T\left(\frac{\partial P}{\partial T}\right)_{V} \tag{11.14}$$

弹性状态方程的其他形式将出现在下述的论述中.

　　在进一步说明前,值得指出的是 $(\partial H/\partial L)_{T,P}$ 与 $(\partial E/\partial L)_{T,P}$ 的差别在类橡胶材料弹性的任何可能的应用方面将难以识别.通过观察可以看出关系式

$$\left(\frac{\partial H}{\partial L}\right)_{T,P} = \left(\frac{\partial E}{\partial L}\right)_{T,P} + P\left(\frac{\partial V}{\partial L}\right)_{T,P}$$

中右边的第二项与第一项相比(由 H 的定义而得),由于 $(\partial V/\partial L)_{T,P}$ 非常小[①],在所有普通情况下将可以忽略不计. 因此,通过外压应不超过 100 atm 这样普通的限定,我们可用关系式

$$f = \left(\frac{\partial E}{\partial L}\right)_{T,P} + T\left(\frac{\partial f}{\partial T}\right)_{P,L} \tag{11.13'}$$

替代方程(11.13),它是一个更接近方程(11.14)的类似公式.

　　为了用实例来说明把热力学状态方程用于实验数据,考虑图 11.2 给出的假想弹性物质在长度固定时测定的回缩力对绝对温度的作图.按方程(11.12),任一温度 T' 下的斜率给出

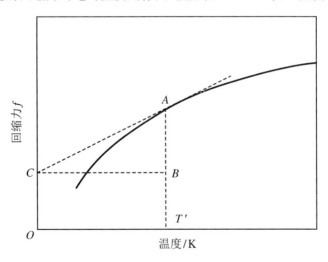

图 11.2　恒定压力下假想弹性体的回缩力 f 对绝对温度的作图

---

　　① 从实验观点来看,如果认为在适中的压力下弹性行为与外压 P 无关,可以理解这个近似的有效性.在零压力下做的实验(按照字面意义是 $P(\partial V/\partial L)_{T,P}$ 项等于零)在这个基础上产生的结果应该等于在 1 atm 下得到的结果.因此,在方程中忽略该项是合理的.

了一个重要的量$-(\partial S/\partial L)_{T,P}$. 因此正如本章前面已预言的那样,在长度恒定时,$f$随$T$的增加立刻表明,在$T$和$P$恒定时,熵随长度的增加而减小. 方程(11.13′)中的第二项是绝对温度与斜率的乘积,反映在图11.2上就是线AB. 从T'处的f值中减去AB,我们得到恒温恒压时内能随长度的增加,即$(\partial E/\partial L)_{T,P}$(或$(\partial H/\partial L)_{T,P}$),正如长度$OC$所表示的. 换句话说,$f$-$T$曲线的切线的斜率反映测定是在恒定长度和恒压下做的,给出熵随长度增加而降低,切线到纵轴的截距给出了内能随长度的变化. 两个量都是恒温和恒压下的. 当然,这一类图中的曲率表明$(\partial S/\partial L)_{T,P}$和$(\partial E/\partial L)_{T,P}$值随温度的变化,这样的变化暗示热容随长度的变化.

我们已说明在长度和压力固定时,$(\partial E/\partial L)_{T,P}$和$(\partial S/\partial L)_{T,P}$如何可以直接从力-温度测定中方便地推导出来,但不得不遗憾地指出这些都不是我们需要的量. 热力学分析的根本目标是推导出在物理上能借助于结构来解释的量. 形变主要的结构影响是聚合物链的取向,人们倾向于把$(\partial E/\partial L)_{T,P}$和$(\partial S/\partial L)_{T,P}$分别认定为与分子取向有关的内能变化和熵变. 当这样的识别在某些情况下被接受时(譬如在伸长较高时),从定量观点来看,它们通常是站不住脚的[10,11],若采用它们可能导致严重的曲解. 错误起源于这样的事实,即取向**不仅是**由于拉伸力作用下伴随的**恒压**伸长的结果,由于施加外力伴随的内压(请不要与外压P混淆)降低,橡胶体积也增加了[5]. 作为这个膨胀的结果,无论是能量还是熵都会发生变化,或更确切一点,是伴随膨胀而来的分子间的分离. 用数学的语言就是

$$\left(\frac{\partial E}{\partial L}\right)_{T,P} = \left(\frac{\partial E}{\partial L}\right)_{T,V} + \left(\frac{\partial E}{\partial V}\right)_{T,L}\left(\frac{\partial V}{\partial L}\right)_{T,P} \tag{11.15}$$

偏微商$(\partial E/\partial V)_{T,V}$与单独的链结构取向引起内能的变化被恰当地认为是等同的[10,11]. 因为恒容条件阻止了分子间平均距离的变化,分子间(或链节之间)的范德瓦耳斯作用对恒温**恒容**下长度的变化也应该近似不变. 导数(它可能以上面概述之外的形式来给出)$(\partial E/\partial L)_{T,P}$和人们期望的$(\partial E/\partial L)_{T,V}$在方程(11.15)中最后一项的值是不同的. 正如已经在另一个关系中指出的那样,$(\partial V/\partial L)_{T,P}$对橡胶来说非常小,人们可能会得出这一项也可忽略不计的结论. 但是$(\partial E/\partial V)_{T,L}$非常大. 因此,一般来说,方程(11.15)中最后一项是重要的[5,11],到伸长为150%～300%时,它将超过$(\partial E/\partial L)_{T,V}$.

也可以对$(\partial S/\partial L)_{T,P}$写出与方程(11.15)对应的表达式. 类似的考虑也用到这个导数.

为了寻求能评估恒容下熵和内能的导数,较方便的做法是引入功函$A = E - TS$. 像上面一样微分:

$$\mathrm{d}A = \mathrm{d}E - T\mathrm{d}S - S\mathrm{d}T = -P\mathrm{d}V - S\mathrm{d}T + f\mathrm{d}L \tag{11.16}$$

那么

$$f = \left(\frac{\partial A}{\partial L}\right)_{T,V}$$

$$f = \left(\frac{\partial E}{\partial L}\right)_{T,V} - T\left(\frac{\partial S}{\partial L}\right)_{T,V} \tag{11.17}$$

与方程(11.12)类似,从方程(11.16)可得

$$\left(\frac{\partial S}{\partial L}\right)_{T,V} = -\left(\frac{\partial f}{\partial T}\right)_{V,L} \tag{11.18}$$

因此

$$f = \left(\frac{\partial E}{\partial L}\right)_{T,V} + T\left(\frac{\partial f}{\partial T}\right)_{V,L} \tag{11.19}$$

这是弹性热力学状态方程的另一种形式.如果安排一个实验来测定 $(\partial f/\partial T)_{V,L}$,可从方程 (11.18)和(11.19)得到所希望的导数.这需要测定恒定长度和恒压下的回缩力.为了保证恒 压的条件,将不得不用流体静水压来抵消因热膨胀而导致的体积膨胀,并且,对任何考虑的 温度范围所需要的压力将都要过分一点——那是一个最枯燥的实验.

可以证明(见本章附录 A),

$$-\left(\frac{\partial S}{\partial L}\right)_{T,V} \approx \left(\frac{\partial f}{\partial T}\right)_{P,\alpha} \tag{11.20}$$

这里 α 是下式定义的**伸长**:

$$\alpha = \frac{L}{L_0} \tag{11.21}$$

L_0 是温度为 T 和压力为 P,零应力时的长度.系数$(\partial f/\partial T)_{P,\alpha}$可从实验求得,因此在**恒压**且 改变长度以维持长度 L 对未受应力的长度L_0比率恒定(在任何一个温度)的条件下,测定拉 力随温度的变化.换句话说,长度 L 将稍稍随温度而改变,正如未拉伸橡胶通常的线膨胀系 数所指示的那样.当然,实际的测量可以固定长度,并按拉力随长度变化(即应力-应变曲线) 推导计算的修正来作必要的调节[12].一般情况下,方程(11.20)牵涉的近似应该极为微小 (见本章附录 A),因此这里不会有很大的误差.

把方程(11.20)代入(11.17),得

$$f = \left(\frac{\partial E}{\partial L}\right)_{T,V} + T\left(\frac{\partial f}{\partial T}\right)_{P,\alpha} \tag{11.22}$$

这个形式的弹性热力学状态方程对解释下面讨论的实验数据最为有用.通过恒压和恒拉伸 比 α 下测定的作为温度函数的拉力,人们很易从方程(11.22)推导出$(\partial E/\partial L)_{T,V}$和从方程 (11.20)推导出$(\partial S/\partial L)_{T,V}$.

11.1.3 应力-温度测定的结果

橡胶和类橡胶材料在应力-应变行为中的滞后作用是实现恒定伸长(L)或恒定拉伸比 (α)下拉伸的橡胶应力随温度变化的简单实验中呈现出来的最严重问题.固定长度下施加在 试样上的应力会随时间衰减到一个有限的值,但是,到达这个有限值的速率将以这样一个方 式降低:在任何合理的时间里,实际上排除了到达真实的有限应力.应力的平衡速率随温度 升高而迅速增加,但在高温时由于这样或那样的断链作用,会带来影响结构的不可逆变化的 危害.

为了通过实验建立应力随温度的依赖关系,这些困难都可以满意地规避,首先允许在固 定长度时,在合理的时间和所采用的最高温度下(这个最高温度应该是能安全地低于发生快 速化学变化的温度)发生应力松弛,然后立即进行相同长度和相继的较低温度下的测定,而 不必等待在这些温度下进一步的松弛.因为在较低温度下松弛速率相当低,可以在没有明显 的进一步松弛情况下完成测定,并且在返回到极大温度的时候,应力的起始值会非常接近于

重现.(Joule 在他的实验中采用了一个载荷恒定时长度作为温度的函数的等当程序,并且随后的研究者在他们更为精确的实验中也采用了类似的方案.)于是,在实施下一个不同长度的应力-温度系列实验前,允许试样回复到它实际上的起始长度,或更适宜的做法是每一个系列都选用一个新的试样.

虽然在按上述方式实施的每一组给定长度的测定里观察到的应力彼此相关,且是可逆的,但通过结构的内部调整通常达不到到真正的弹性平衡.鉴于此,不同温度下观察到的应力将比给定长度下它们的平衡值来得高.**不同长度**下得到的松弛程度一般都不相等.因此在给定的温度,比较不同长度下观察到的应力将引起这样一个程度的误差,即形变的各种状态的相关为不可逆.

1935 年 Meyer 和 Ferri[12]第一个完整地研究了以上述方式进行的硫化橡胶的应力-温度行为,并扩展至宽广的温度和长度范围.用的是仅用硫黄硫化的橡胶试样,在长度恒定时测定不同温度下的应力.随后 Anthony、Caston 和 Guth[13]也用硫黄硫化的橡胶发表了与此类似但稍微详细一点的实验.图 11.3 是 Anthony 等人在伸长相对较低时得到的部分结果.与 Meyer 和 Ferri 的结果一样,回缩力随温度线性地增加,但是力-温度曲线的斜率随长度的降低而降低,在大约低于 10% 伸长时斜率变为负号.这个热弹转变相应于 Joule 在恒载荷下测定的结果.对它的解释是相同的,即未拉伸橡胶的正常的(正的)膨胀系数在伸长较低时占有支配地位.

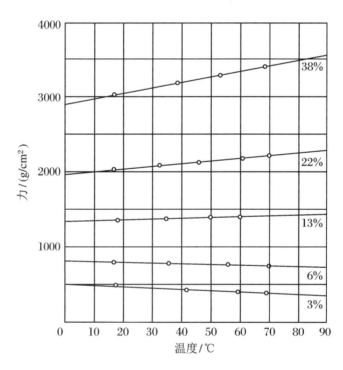

图 11.3 Anthony、Caston 和 Guth[13] 得到的硫化天然橡胶恒定
长度时的力-温度曲线

20 ℃下伸长 3%~38%(图中有指示).

图 11.3 中的数据线性外推到 0 K 得到的截距由图 11.4 最底下的曲线给出.当然,它们

是$(\partial E/\partial L)_{T,P}$. 图 11.4 中最上面的曲线给出的是力,按方程(11.13′)由差值得到的量 $-T(\partial S/\partial L)_{T,P}=T(\partial f/\partial T)_{P,L}$由虚线给出.

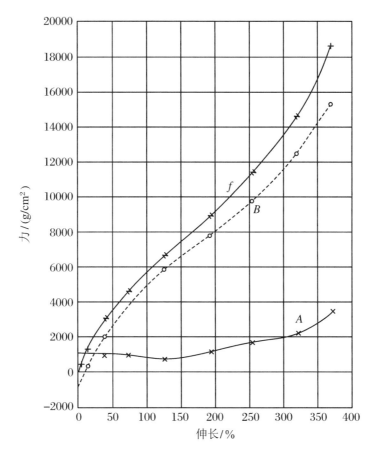

图 11.4 20 ℃下回缩力 f 及其组分$(\partial E/\partial L)_{T,P}$(曲线 A)和 $-T(\partial S/\partial L)_{T,P}$

(曲线 B)对百分伸长的作图

$(\partial E/\partial L)_{T,P}$和$-T(\partial S/\partial L)_{T,P}$是由长度固定的力-温度曲线(图 11.3)得到的(An-

thony、Caston 和 Guth[13]).

拉伸比 α 恒定时就不会出现热弹转变,因为当温度改变时,用 α 恒定代替长度 L 恒定就能消除正常的热膨胀系数的效应.当拉伸比接近 1 时,根据 α 是 L 对 L_0 的比值的定义,无论是力还是它的温度系数$(\partial f/\partial T)_{P,\alpha}$必定消失(这时在温度 T 时 $f=0$).由方程(11.22),$(\partial E/\partial L)_{T,v}$也在 $\alpha\to1$ 时必将不可避免地消失.Meyer 和 Ferri[12]观察到他们的结果转换为固定伸长不但消除了热弹转变,也使得力正比于绝对温度(直至伸长约为 350%).据方程(11.22)(在理论上它与 10 年后由 Elliott 和 Lippmann[10]得到的形式稍有不同),这个观察表明,直至指定的伸长,$(\partial E/\partial L)_{T,v}=0$. Anthony、Caston 和 Guth[12]在他们的测定中用上了类似的修正,为的是在不同的恒定伸长时把力表示为温度的函数.在实验误差范围内力-温度图线都是线性的.除伸长很大外,其在 0 K 的截距几乎为零.按方程(11.22),这些截距代表的是 $(\partial E/\partial L)_{T,v}$(图 11.6 最下面的那根曲线).毫无疑义的是对在伸长低于 200%时得到的值与零的偏差已超过了外推的误差.这样,始终是正值的$(\partial E/\partial L)_{T,P}$主要是来自体积膨胀的贡献,如在方程(11.15)中最后一项所表示的那样.因此,直至伸长 250%~350% (对于 Anthony、Caston 和 Guth 使用的特定非促进橡胶硫的硫化橡胶),$-T(\partial E/\partial L)_{T,v}$ 非常接近等于总的拉力.这样,熵变几乎对回缩力负有全责.

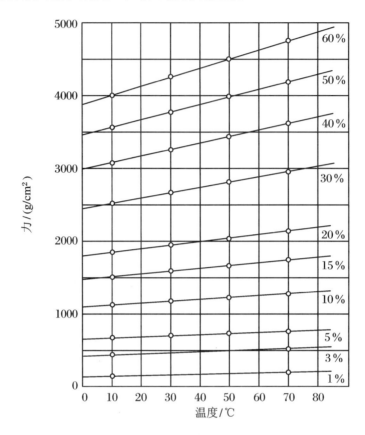

图 11.5 Anthony、Caston 和 Guth[13] 修正到恒定伸长(以百分比计)
的力-温度关系

这些结论已为 Wood 和 Roth[14] 所确认,他们用加有促进剂的硫黄来硫化橡胶,在等长度和等拉伸比两种情况下进行测定.他们的等拉伸比的结果结合后面高拉伸比橡胶弹性的热力学总结在图 11.7 中.

Meyer 和 van der Wyk[15] 观察到在固定剪切应变下,施加于硫化橡胶的剪切应力在实验误差不超过几个百分点时直接正比于绝对温度.在纯剪切中不涉及内压的减小,因此在等压下线性伸长时不会有因体积改变而引起的复杂化.Meyer 和 van der Wyk 在一端开口的同心料筒间硫化他们的橡胶试样.通过相对于一个料筒旋转另一个料筒,很容易测定应变小于 10% 的应力.他们的结果提供了得出结论的最好基础:在实验精度范围内,低形变时硫化天然橡胶中的弹性回缩力源于熵随伸长的减少,与能量的变化毫不相干.

转到合成橡胶,Roth 和 Wood[16] 得到的硫化丁苯共聚物(GR-S 合成橡胶,单体比(质量比)为 3∶1)的结果示于图 11.8.图中最下面的曲线给出的内能系数 $(\partial E/\partial L)_{T,v}$ 随伸长变得更负.但是它只相当于总拉力的很小一部分,因此它再一次表明熵随伸长的减少是回缩力的主要缘由.Peterson、Anthony 和 Guth[17] 也报告了好几个合成橡胶的类似结果.

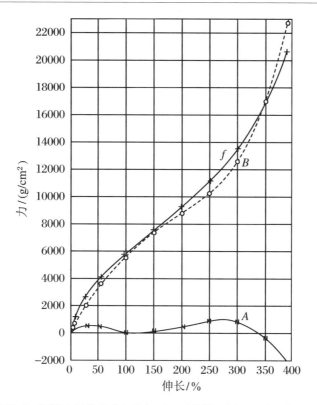

图 11.6　回缩力及其组分 $(\partial E/\partial L)_{T,V}$（曲线 A）和 $-T(\partial S/\partial L)_{T,V}$
（曲线 B）对恒定伸长的作图

$(\partial E/\partial L)_{T,V}$ 和 $-T(\partial S/\partial L)_{T,V}$ 是对如图 11.5 所示的恒定伸长的力-温度图线
应用方程(11.20)和(11.22)而得到的.（Anthony、Caston 和 Guth[13]）

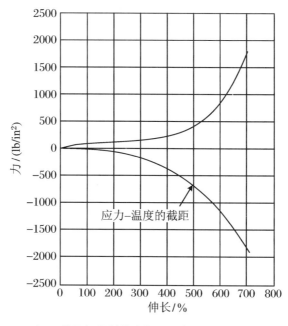

图 11.7　25 ℃下使用促进剂的硫化天然橡胶总的回缩力和由恒伸长
时力-温度截距得到的 $(\partial E/\partial L)_{T,V}$（Wood 和 Roth[14]）

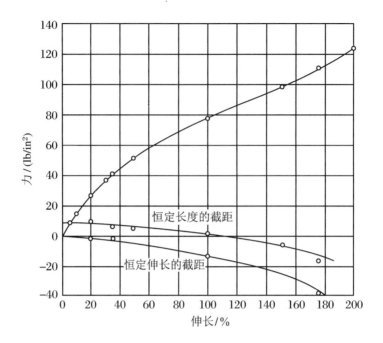

图 11.8 25 ℃下硫化合成丁苯橡胶的回缩力及其内能组分

上面的曲线是总的力;中间的曲线是$(\partial E/\partial L)_{T,P}$,从恒定长度下力-温度图线的
截距求得;下面的曲线是$(\partial E/\partial L)_{T,v}$,从恒定伸长下应力-温度图线的截距求得.
(Roth 和 Wood[16])

11.1.4 理想橡胶

正如上面已总结的,当前可用的数据很容易证明,对于天然橡胶,在拉伸到发生结晶前(见 11.1.5 小节)其$(\partial E/\partial L)_{T,v}$等于零. Meyer 和 van der Wyk[15]关于橡胶剪切的实验表明,即使在非常小的形变下,这个系数也不会超过应力的几个百分点.这不仅意味着分子间相互作用(van der Walls 相互作用)受等容形变的影响可忽略不计(这一点并不奇怪,因为分子间的平均距离必须保持不变),并且由键的变形或来自化学键受阻内旋转的贡献也非常小.

如果橡胶由具有固定键长和键角的理想聚合物链连接而成,所有单键具有完全自由的内旋转,那么我们可以预见$(\partial E/\partial L)_{T,v}$应该精确地等于零.因而,一个**理想橡胶**可以定义为$(\partial E/\partial L)_{T,v}=0$的橡胶.一眼可见,这与理想气体$(\partial E/\partial V)_T=0$相对应.如果在一个温度范围内应用理想弹性的条件,那么按弹性状态方程(11.22),回缩力应该正比于绝对温度,即

$$f = T\left(\frac{\partial f}{\partial T}\right)_{P,\alpha} = -T\left(\frac{\partial S}{\partial L}\right)_{V,T} \tag{11.23}$$

类似地,理想气体的条件$(\partial E/\partial V)_T=0$要求 P 和 T 之间有直接的正比性,根据方程(11.14)我们有

$$P = T\left(\frac{\partial P}{\partial T}\right)_V \tag{11.24}$$

因为$(\partial P/\partial T)_V = (\partial S/\partial V)_T$,对理想气体有

$$P = T\left(\frac{\partial S}{\partial V}\right)_T$$

这样,正如理想气体的压力可单独由它的熵随体积的增加贡献一样,在**理想橡胶**中的回缩力全是由于熵随长度的增加而减小所致.套用 Joule 的话,就是两者都是由于其"质点"的热运动所致.

11.1.5　高伸长时的天然橡胶

在图 11.6 的极大伸长处,代表 $(\partial E/\partial L)_{T,v}$ 的曲线转为快速下跌.同时,代表 $-T(\partial S/\partial L)_{T,v}$ 的曲线的斜率增加.这两个变化开始于由等温拉伸(图 11.1)得到的普通应力-温度曲线突然升高之前的区域.我们已经把这个区域认同为开始发生应变导致的结晶.图 11.7 是更高伸长时的应力-温度测定结果.这里的橡胶在硫化时添加有促进剂,因此橡胶中结合的硫并不多(见 11.2.1 小节),并且这个事实也说明结晶是在低伸长时就开始的.高伸长时内能随长度的变化呈现出明显的负相关,以及熵随长度变小的同步增加清楚表明伴随有能量降低的有序过程.这些是结晶过程基本的热力学判据.X 射线研究最终表明结晶确实在这个区域内开始了.人们可以从图 11.7 中的 α 轴与曲线之间的面积得到的 $(\partial E/\partial L)_{T,v}$ 的积分来估算给定伸长时的结晶度.这个积分至少近似代表由于结晶的内能变化.除以融化热(独立测定)就给出结晶度.

伸长时不结晶的橡胶并没有给出较高伸长时 $(\partial E/\partial L)_{T,v}$ 或 $(\partial S/\partial L)_{T,v}$ 有明显降低的证据(比较图 11.8).除非混有大量合适的细微炭黑颗粒的"色料",非结晶橡胶的特征是强度非常低(见 11.5.1 小节).可以设想,这样的橡胶在相对低伸长时产生的断裂干预阻止了结晶的进展以及与此相关的热力学特征的显现,而这些正是在很大伸长时才发生的.但是,正如随后讨论将显示的,这个解释是站不住脚的.所谓的非晶橡胶在拉伸时缺乏真正固有的结晶能力,这个不足是造成大拉伸应力拉伸时试样破裂的原因.

结晶对应力-应变关系的净效应这件事是增加了应力的有悖于 Le Chatelier(勒夏特列)原理.如果施加的应力是导致结晶的原因,人们期盼这个转化将以促使对应力的依从而不是反抗它的形式发生.类似地,从结构的观点出发,轴取向的结晶(在这样的结晶中分子链几乎完全沿拉伸轴(纤维轴)伸展)将使长度大于相同应力下应该有的值,因此可以看到结晶将降低应力-应变曲线而不是升高它.为这个表观上的异常提供线索的是这样的事实,即由等温拉伸产生部分结晶的状态并不是一个平衡状态.由拉伸形成的起始结晶或许确实对伸长的增加(或应力的降低)有所贡献.它们也起到了很大的交联的作用,把许多链连接在了一起[19].加大拉伸,这些被结晶持久捆绑在一起的还会多少有所保持,从每个结晶中延伸到非晶区的链会随进一步的拉伸受到大得多的取向.因此熵的降低随进一步拉伸而变大,回缩力也增加.每增加一次拉伸都会产生附加的结晶.因此随着一次次连续增加的拉伸,回缩力加速变大.另一方面,如果橡胶的拉伸第一次是在较高的温度下(在这个温度下的拉伸过程中不会发生结晶)进行的,随后的结晶是在长度固定、冷却时发生的,随着温度降低,应力会**消失**,甚至可能变为负值,如在较低温度下长度实际上自动变长所显示的那样[20].

在拉伸过程中所得结晶排列的极端非平衡性的进一步确认中,Wood 和 Roth[14] 观察到在拉伸到很高伸长时天然橡胶的应力-温度关系中呈现明显的滞后现象.长度固定下连续的加热和冷却循环将使应力随每次循环而消减,并且没有明显的下限.因此不能对这个范围内得到的结果附会上通常定量的意义.但是,在整个连续的温度循环中系数$(\partial E/\partial L)_{T,v}$一直维持负值,因此从上面高伸长的应力-温度测定得到的定性结论看来是有效的.另一方面,在这个范围内观察到的应力幅值的意义很有限,因为它们可能会显著地依赖于这个过程,通过这个过程以达到一个给定的应变状态.

如果温度降到结晶聚合物的熔点之下,取向导致的结晶即使不存在应力也变得稳定了.定性上,这导致了应力-应变曲线(图11.7)的坐标原点位移至在陡峭的上坡区上很右边的一个点.同样的原因,一个高熔点的具有纤维状取向的结晶聚合物(如聚乙烯和聚酰胺)可望在通常的温度下显示出类似于拉伸时能结晶的橡胶最后阶段的应力-应变曲线.也可望有类似的热弹效应,有时相似性实际上观察到了[21].如果额外的结晶是由拉伸引起的,$(\partial E/\partial L)_{T,v}$和$(\partial S/\partial L)_{T,v}$都应是负的,且很大.

静止状态下肌肉蛋白质显示出取向半晶聚合物所期待的热弹性[22].一直到中等的伸长,热弹系数$(\partial f/\partial T)_L$都是正的,且很大,表明$(\partial S/\partial L)_T$和$(\partial E/\partial L)_T$在数值上都很大.从$\alpha=1$时很大负值的$(\partial E/\partial L)_T$开始随伸长而变大(代数学上),在高伸长时(对颈韧带,伸长是80%[22])到达零,进一步伸长就变为正值.表明在高伸长时结晶可变得几乎完整,过了这个点,可能会由于键和晶格的变形导致内能变大.

11.2 硫化橡胶的结构

11.2.1 硫化过程

作为由交联构成的空间网络的实例,在第9章中已经引用过的硫化过程是一个极为复杂的过程,这个过程的主要特征将由下页显示的反应步骤来说明,它们大部分是以Farmer及其同事的研究为基础的[23].第一步 i 由通过促进剂提供的自由基从聚合物链中移走烯丙基的氢所组成,或者如果不存在促进剂,所需的自由基可以是硫在链中形成的·S_y·.在硫化的第二阶段,硫分子(推测起来大概是环状的S_8)与自由基相结合,释放出自由硫.然后,按步骤 iii 或 iv,产物Ⅲ与另一个异戊二烯单元反应.前者除去了一个烯丙基氢原子,后者在双键处发生加成,形成交联,并按步骤 vii 由氢的转移而稳定下来.无论哪种情况,都产生了自由基Ⅱ,因此总的过程呈现链式反应的特征.反应 iv 也可以发生在分子间而形成环状结构.按步骤 iv 和 vi,另一个中间体Ⅳ也会产生交联,或在失去硫后通过步骤 v 发生环化.按步骤 iv 和 vi,在低温发生的多硫交联可能含有多达6个硫原子(或许以链状形式),但一旦硫化温度进一步升高(约$140\,^{\circ}\text{C}$),x降低,过剩的硫以某种形式与其他的异戊二烯单元结合,而不形成额外的交联.

$$\sim\sim CH_2 - \underset{2}{\overset{\overset{\displaystyle CH_3}{|}}{C}} = \underset{3}{CH} - \underset{4}{CH_2} - \underset{1}{CH_2}\sim\sim \quad (\text{I})$$

(i) $\Big\downarrow$ $+ S_y$ （或自由基 R·）

$$(\text{II}) \quad \Bigg[\sim\sim CH_2 - \overset{\overset{\displaystyle CH_3}{|}}{C} = CH - \overset{\centerdot}{CH} - CH_2 \sim\sim \rightleftharpoons \sim\sim CH_2 - \underset{\centerdot}{\overset{\overset{\displaystyle CH_3}{|}}{C}} - CH = CH - CH_2 \Bigg]$$

$+ HS_y\centerdot$

(ii) $+ S_y$

$+ S_{y-z}$

$$(\text{III}) \quad \sim\sim CH_2 - \underset{\underset{\centerdot}{S_x}}{\overset{\overset{\displaystyle CH_3}{|}}{C}} - CH = CH - CH_2 \sim\sim$$

$+\text{I}$

(iii) $\swarrow$ (iv) $\searrow$

$$(\text{IV}) \quad \sim\sim CH_2 - \underset{\underset{}{S_xH}}{\overset{\overset{\displaystyle CH_3}{|}}{C}} - CH = CH - CH_2 \sim\sim$$

$+ $ 自由基 II

极性加成到双键上，由
S 或由金属硫化物催化

$$(\text{V}) \quad \sim\sim CH_2 - \overset{\overset{\displaystyle CH_3}{|}}{C} - CH = CH - CH_2 \sim\sim$$
$$\underset{CH_3\ S_x}{}$$
$$\sim\sim CH_2 - \underset{\centerdot}{C} - CH - CH_2 - CH_2 \sim\sim$$

$+\text{I}$ (vii)

$$(\text{VIII}) \quad \sim\sim CH_2 - \overset{\overset{\displaystyle CH_3}{|}}{C} - CH = CH - CH_2 \sim\sim$$
$$\underset{CH_3\ S_x}{}$$
$$\sim\sim CH_2 - CH - CH - CH_2 - CH_2 \sim\sim$$

$+ $ 自由基 II

$+\text{I}$

分子间 (v)
$(x=1)$

分子内
(vi)

$$(\text{VI}) \quad \sim\sim CH_2 - \underset{\underset{}{S}}{\overset{\overset{\displaystyle CH_3}{|}}{C}} \overset{CH}{\underset{CH_2}{\diagdown\diagup CH}}$$
$$\underset{CH_3\ CH_2\sim\sim}{C}$$

$$(\text{VII}) \quad \sim\sim CH_2 - \overset{\overset{\displaystyle CH_3}{|}}{C} - CH = CH - CH_2 \sim\sim$$
$$\underset{S_x}{}$$
$$\sim\sim CH_2 - \underset{\underset{}{CH_3}}{C} - CH_2 - CH_2 - CH_2 \sim\sim$$

上述反应路线得到了烯烃与硫反应的产物(约 140 ℃)研究的支持[23,24],特别是得到了与两类异戊二烯碳氢化合物二氢乳清酸酶和香叶烯以及与六聚体角鲨烯反应的支持[23].

$$CH_3-\underset{\underset{CH_3}{|}}{C}=CH-CH_2-CH_2-\underset{\underset{CH_3}{|}}{C}=CH-CH_3$$

二氢乳清酸酶

$$H-\left[CH_2-\underset{\underset{CH_3}{|}}{C}=CH-CH_2\right]_6 H$$

角鲨烯

虽然在步骤 i 进攻的自由基决不限定在碳原子 4 上,但在牵涉较低聚的聚异戊二烯反应中得到的产物表明,这是一个主要的过程.同样,在步骤 ii 中硫频繁地添加到碳原子 4 上,而不是碳原子 2 上.而且,上述形式的加成已为红外光谱所证明,光谱显示硫化过程中形成了 —CH=CH— 基团.设计的路线也说明了硫化过程中观察到的 C/H 比率恒久不变,以及不存在促进剂时交联形成过程中硫的利用率相对较低[26].占优的硫参与加成但不形成交联,相当部分这样结合的硫可能存在于由上述机理形成的五元、六元杂环中.

虽然对各种促进剂的作用还不完全清楚,但它们中的许多(如四甲基二硫代秋兰姆二硫化物)会分解而释放出自由基从而加速步骤 i.其他的如二苯胍类或许出现将环状硫 S_8 催化转化为更可溶和更有反应性的形式,促进了硫的正常反应[26,27].在交联形成中,硫的利用效率通常比在促进的配方中的来得大[28],这一定是(至少部分是)由于氧化锌和其他像硬脂酸锌、硬脂酸这样的成分存在的缘故.锌化合物既可能由于与自由基Ⅲ反应[28],也可能与硫醇Ⅳ形成硫醇盐 $Zn(SR)_2$,硫醇盐再分解成交联的单硫化物或双硫化物以及 ZnS.这样,分子间环化反应Ⅴ可以来规避由此发生的硫利用效率的增加.在某些条件下所形成的硫化锌的量可以作为交联度的一个指标[24].

除交联和链的改性(或环化)两个主要过程外,在常规硫化过程中毫无疑问也发生一定程度的链裂解.这样性质的过程不难在存有的自由基中观察到.譬如,自由基中间体Ⅱ可能遭受如下的 β-裂解:

$$\sim\sim CH_2-\underset{\underset{CH_3}{|}}{C}=CH-CH_2-CH_2-\underset{\underset{CH_3}{|}}{\overset{\cdot}{C}}-CH=CH-CH_2\sim\sim$$

$$\downarrow$$

$$\sim\sim CH_2-\underset{\underset{CH_3}{|}}{C}=CH-CH_2\cdot + CH_2=\underset{\underset{CH_3}{|}}{C}-CH=CH-CH_2\sim\sim$$

链的裂解有降低主链长度的效应,而主链长度当然是硫化网结构非常重要的因素.

各种各样其他的化学试剂,由于它们的本性,能在聚合物链之间产生交联,影响如在硫化过程中所能观察到的物理性能一样的变化.这些试剂中最为著名的是硫的一氯化物,它很容易与烯烃的两个分子结合(芥子气反应).应用到橡胶中,即使在中间的温度它也将导致硫化作用,可能的交联结构是

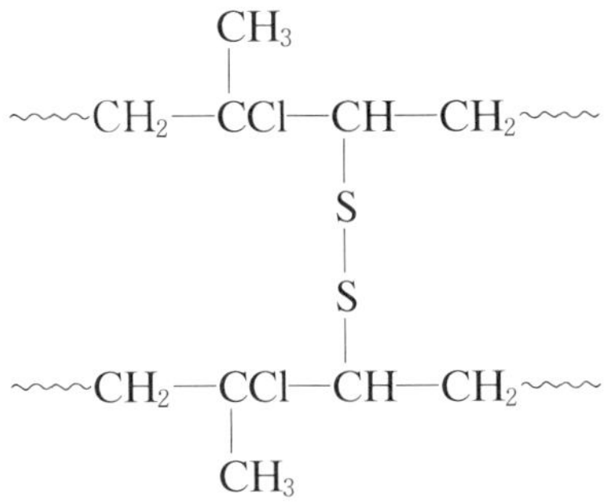

$$\begin{array}{c} CH_3 \\ | \\ \sim\!\sim\!CH_2\!-\!CCl\!-\!CH\!-\!CH_2\!\sim\!\sim \\ | \\ S \\ | \\ S \\ | \\ \sim\!\sim\!CH_2\!-\!CCl\!-\!CH\!-\!CH_2\!\sim\!\sim \\ | \\ CH_3 \end{array}$$

偶氮二甲酸乙酯

$$C_2H_5O\!-\!CO\!-\!N\!=\!N\!-\!CO\!-\!OC_2H_5$$

很容易与一系列包括橡胶在内的不饱和化合物发生反应. 从而, 含有两个这样的基团的双偶氮二甲酸酯引起了交联[29], 其类型被认为是

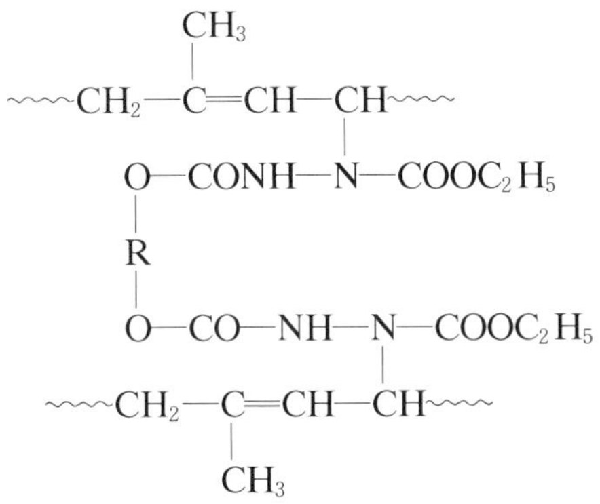

$$\begin{array}{c} CH_3 \\ | \\ \sim\!\sim\!CH_2\!-\!C\!=\!CH\!-\!CH\!\sim\!\sim \\ | \\ O\!-\!CONH\!-\!N\!-\!COOC_2H_5 \\ | \\ R \\ | \\ O\!-\!CO\!-\!NH\!-\!N\!-\!COOC_2H_5 \\ | \\ \sim\!\sim\!CH_2\!-\!C\!=\!CH\!-\!CH\!\sim\!\sim \\ | \\ CH_3 \end{array}$$

少量(其量足够与 1% 或 2% 的异戊二烯单元反应)双偶氮化合物把试样转化为具有硫化橡胶所有特征物理性能的材料.

聚氯丁二烯可以用像镁或锌那样的金属氧化物来硫化, 其机理认为是从两条链中移走了卤素原子, 从而以醚键把它们连接在了一起. 类橡胶的聚酯可以通过有机过氧化物来硫化, 其作用被认为取决于自由基的释放[30]. 它们可能是从酯的酸自由基的 α-亚甲基移走氢原子[30], 然后通过这样产生的 α-亚甲基自由基相结合而形成交联. 其他更通用的橡胶, 特别是 GR-S, 甚至天然橡胶[31]也都易受以这种方式由过氧化物释放的自由基导致的碳-碳交联.

以上所列出的例子是用来强调称之为硫化的过程应该看作是一种结构的变化, 而不仅仅是由化学物质一个有限的基团所导致的化学反应.

11.2.2　网状结构的定量表征[22,23]

长链高分子链交联过程中发生的聚合物结构变化示于图 11.9. 不管所使用的化学方法是什么, 交联的形成在于分属不同初级分子的结构单元(或可能是更大的集团)成对地连接在了一起.

因为没有"麦克斯韦妖"(Maxwell Demon)在掌控这种结合, 在交联形成中参与的每一对结构单元都将是无序选择的, 在形成交联的一瞬间, 仅仅需要对方处在合适的近邻处就可以了.从化学的观点来看,交联分散在聚合物整个本体中无序的点上,在那里聚合物成对的单元正好彼此位于合适的位置.链的裂解在某种程度上将照样随机地发生.

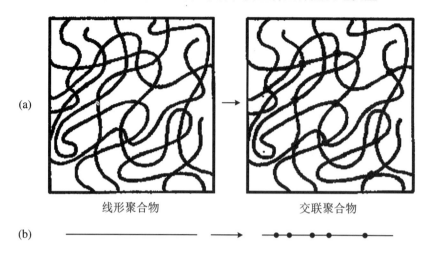

图 11.9 （a）交联橡胶硫化过程中交联的图示,（b）在给定的初级分子中交联单元的关联性

常规硫化引入的交联超过初级(线形)分子的数目很多.通常,大约每 50~100 个重复单元就有一处交联.因为初级分子可以有 1000~2000 个单元,表明每个初级分子平均有 10~40 个交联的单元.这大大超过了在均相的初级聚合物中产生起始凝胶所需的每个分子一个交联的要求(见第 9 章).因此,交联网或凝胶应该包含了几乎全部的聚合物,实质上没有溶胶的成分.这一点确实观察到了.只有在某些含有明显非常低分子聚合物的原始分子量分布的合成橡胶中,溶胶的分数会较大.

无规交联网的结构用两个参量就可以满意来表征:交联密度(先前已由参与交联的结构单元分数 ρ 指定)以及自由链端的比例.后一个参量可以用相应的基本量 ρ_t 表示,作为末端单元(即仅以一个键连接到结构上的单元)在总单元中的分数.当然,无论是 ρ 还是 ρ_t 都可以转换为单位质量的量,为此,10^6 g 是一个方便的单元.一般也应该指明链间交联的官能度数.通常我们主要关心的交联中官能度数是 4.有了交联**单元**数而不是交联数表示交联密度,所选用的术语立刻可用于其他官能度数的交联网中.

ρ 和 ρ_t 这两个参量对定量描述无规交联网结构已是很令人满意的了.但是,有时用另一个参量会更好.替代 ρ_t 的是初级分子的数目 N：

$$N = \frac{N_0 \rho_t}{2} \tag{11.25}$$

和交联单元的数目 ν：

$$\nu = N_0 \rho \tag{11.26}$$

这里 N_0 是单元的总数.或许是由于对大数字的偏爱,惯例是把测定实际产生的 N 或 ρ 转换为数均分子量,我们注意到

$$N = \frac{N_0 M_0}{M} = \frac{V}{\bar{v} M} \tag{11.27}$$

和

$$\nu = \frac{N_0 M_0}{M_c} = \frac{V}{\bar{v} M_c} \tag{11.28}$$

这里 M_0 是每个结构单元的(平均)分子量,V 是总的体积,$\bar{v}$ 是聚合物的比容. 初级(数均)分子量 M 与量 N/N_0 和 ρ_t 都有关联,与已给出的关系相符. 作为一个可变定义的交联单元数,无论是对 ν 还是对 ρ,每个交联单元的分子量 M_c 就是一个类似的替代品.

假想的**完整**网可以定义为没有自由端的网,也就是说对完整的网来说初级分子量 M 是无限大的. 任何实际的网可以假设是由具有相同交联度 ρ(或 ν/N_0)的完整网通过链的无规裁切而生成的,或相反按初级分子量分布所要求的那样裁切而生成. 这些自由链端可以看作是结构中的缺陷,详见下述.

完整的网含有 ν 条链,这里一条链被定义为结构的一部分,像在第 9 章中的一样,它沿着一个给定的初级分子从一个交联延伸到另一个. 交联代表了**结构**固定的点,在这个意义上,无论空间的位移为多大,每个交联点需有 4(或 f)条链端汇集在一起相聚,交联才可维持. 但是,网的汇集或交联在空间并不是固定的,当然除非在玻璃化温度以下,或受很多结晶的限制. 网的汇集可以在一个有限的空域内环绕它的平均位置通过结构上相连的链构象重排而扩散. 结构的一个链构象变化可能仅伴随几个链,至少是网的近邻(是在结构意义上的近邻,不只是空间上的)的几个链的构象改变. 当试样发生形变时,网的连接采取彼此平均空间位置的新排列. 表示它们相对位置的坐标必定与试样宏观尺寸变化成比例变化(仿射形变假定). 这个断言是从网结构的各向同性来的. 这对于下节中将要拓展的橡胶弹性理论是基础性的. 但是,在深入过程前,应考虑把这些影响的事项延伸到实际网中.

任何实际的网一定含有带末端的链,一头连接在交联点,另一头终止在初级分子的一个端头("自由端"). 图 11.10(a)中的链 AB 就是其中的一个. 端链与上面讨论的中间的链不同,它永远不会受来自形变的制动. 它们的构象在形变过程中可能会发生暂时性的改变,但由不搭接的链末端进行的重排将及时回复到无规的状态. 显然,这些末端链一旦已经松弛,将对弹性回复没有任何贡献,也不会对任何其他依赖形变导致取向的性能有什么改变.

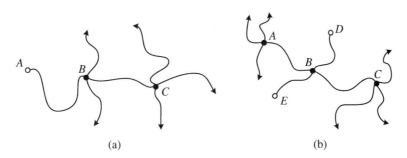

(a)   (b)

图 11.10 初级分子末端组成的缺陷对交联网的影响

● 表示交联点,○ 表示初级分子的终止,⟶ 表示网状结构延长物.

分子内和端头的链的总数是 $\nu + N$,正如图 11.10(b)所显示的那样. 每个初级分子有两个末端链,即总数为 $2N$. 这样,分子内的链数一定是 $\nu - N$,因此由下式给出的链分数

$$s_a = \frac{\nu - N}{\nu + N} \tag{11.29}$$

将遭受形变致使的永久变化.把方程(11.27)和(11.28)代入,可转化为更为方便的表达式:

$$s_a = 1 - \frac{2M_c}{M + M_c} \tag{11.29'}$$

一般情况下,末端链和中间链的平均长度将是相同的,或几乎是一样的.因此,s_a 代表的是形变中"活的"结构的质量分数.对某些应用来说,譬如拉伸导致的结晶,s_a 是交联网结构有效部分的度量.但是,正如马上就要显示的,它不是橡胶弹性理论考虑中合适的修正因子.

为了处理橡胶弹性,我们需要知道受试样形变而取向的单个链单元总的**数目**,而它们的长度只是第二位重要的.在图 11.10(b)所示的部分网结构中 B 点的交联把短的初级链 DE 分为了两个非活性的链,它也把内部的链 AC 分成了按上述定义所说的两个内部链.由前面的分析,前两个(DB 和 BE)忽略不计是合适的.而 AB 和 BC 将被计为两根链,实际上 B 全然不代表永久抑制的一个点,AC 应该被认为是单个的弹性单元.人们也许会问图 11.10(a)中 B 是否应该考虑为发育完全的交联,因为这里连接到交联网主体的只有三个连接点.链末端的不完整性还导致了其他的结构式样,模糊了我们已经寻求的弹性活性和非活性链之间清晰的界线.有一个不同的方法将更适合来定量引出由自由链端对交联网不完整性影响的偏差.

为此,让我们回过头来考虑在 N 根初级链中通过交联的结合引起的成网过程[32,33].我们可以想象这过程是这样进行的,即在分子间引入交联直至不可能再有交联发生.在以这个方式引入 $N-1$ 个交联后,体系将构成一个巨大的分子.但是它还不是一个网,只要有足够时间允许这个巨大分子的构象得以重排,它就有可能消散掉所有由形变导致的临时取向.额外的交联必定是分子内的,且一旦加上它们,结构就会立即获得交联网的特性.这样添加的每一个交联精确地赋予了结构一个额外的闭环.一般而言,这些环的路径非常大,并且它们每一个都将变成与两个弹性单元等效(环的两侧).

现在就很容易来表示有效的或者说结构内交联的总数 $\nu_e/2$,它等于交联实际数目 $\nu/2$ 减去链端的数目 N,因此

$$\frac{\nu_e}{2} = \frac{\nu}{2} - N$$

对在弹性上有效的链单元数,可取为封闭环数目的两倍,我们有

$$\nu_e = \nu - 2N = \nu\left(1 - \frac{2N}{\nu}\right) \tag{11.30}$$

或

$$\nu_e = \nu\left(1 - \frac{2M_c}{M}\right) \tag{11.30'}$$

它的应用随后给出.方程(11.30)和(11.30′)的括号中的修正因子仍然用 s_a,在 $M \gg M_c$ 时略有差别.

对于像无规网状结构那样复杂的事物,这个计算无疑过于简化了.马上将要讨论的实验表明内部的链可能会受到交联网节点引起的其他抑制.图 11.11 所示的那类缠结在 AB 和

CD 链上强加上了额外的构象限制.不能期望一个这样的缠结在形变过程中会增加交联应有的那样多的内部取向,但是好几个单个链的平均就可认为对结构中弹性元素的有效数目会略有增加.

要重点强调的是,只有存在明确的交联和由此引起的网结构中,缠结才变得是持久的.高分子量的线形聚合物链通常**几乎**完完全全与它们的近邻缠结在一起.然而,给予足够的时间,这样一个分子可以从一组近邻的缠结中自我解脱出来,从而把已经施加于它们的限制耗散掉.末端链的重排也类似,但是固定持久的化学结构使得每一对已缠结在一起的内部链不可能来做这个重排,正如由图 11.11 一目了然的那样.因为末端链不牵涉在内,我们期望式 (11.30)和式(11.30′)中末端链的修正因子是有效的.对缠结的修正应该作为一个因子加入进来改进 ν_e 的完整表达式.不幸的是,除了注意到它将是 ρ 的一个函数(推测起来)外,目前还没有估算这个因子的理论基础.

图 11.12 是另一种类型交联网缺陷的示意图,这种缺陷源于在结构上关系疏远的两个单元的连接.在 B 处的交联就不起作用了(除非这个环圈已牵涉到缠结的范围内且没有其他的动作).这些"短程"交联的比例通常很小,但如果交联过程是在聚合物稀溶液中进行的,也可能变得很大.

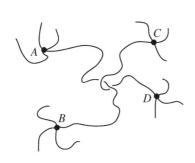

图 11.11　牵涉到一对链之间的缠结[22]

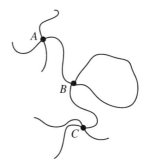

图 11.12　分子内的交联

11.3　橡胶弹性的统计理论[32,34—36]

理想橡胶和理想气体之间存在的形式上的热力学类似延续到了本节将要采用的拉伸橡胶回缩力的统计学推导中.它与理想气体压力的统计热力学推导是如此地类似,以至于值得在此简略地提出,为的是以此清楚地证明随后的橡胶弹性理论基本关系的偏差.

要计算的物理量是体积为 V_0 的容器内的气体的所有分子自发运动到体积为 V 的容器那里去的概率 Ω.任何给定的分子出现在这个体积的概率是 V/V_0,那么数目为 ν 的所有分子同时在那里的概率是

$$\Omega = \left(\frac{V}{V_0}\right)^{\nu}$$

按玻尔兹曼关系,压缩过程中的熵变 ΔS 为

$$\Delta S = k \ln \Omega \tag{11.31}$$

这里 k 是玻尔兹曼常量.因此,当气体从 V_0 压缩到 V 时有

$$\Delta S = k\nu \ln\left(\frac{V}{V_0}\right) \tag{11.32}$$

引入热力学关系

$$P = T\left(\frac{\partial A}{\partial V}\right)_T = -\left(\frac{\partial E}{\partial V}\right)_T + T\left(\frac{\partial S}{\partial V}\right)_T$$

由理想气体的 $(\partial E/\partial V)_T = 0$,我们有

$$P = T\left(\frac{\partial S}{\partial V}\right)_T = \frac{kT\nu}{V} \tag{11.33}$$

这就是理想气体定律.

现在转到由 ν(对不完整的网,则是 ν_e)条链组成的网,假定实际的交联过程是在各向同性、并未被溶剂溶胀的聚合物中进行的.因为交联是一个无规的过程,交联产生的链将在无规的构象中发生.它们的末端矢量将按上一章的概率密度函数 $W(x,y,z)$ 来分布,当前使用高斯函数方程(10.7)就能达到合适的精度.这样的随交联在构象上可能的涨落可以改变单个链矢量,但是这些改变将是无规的,因此整个链矢量分布将不受它们的影响.

在交联网结构的形变完成后,令试样遭受任何一种均匀的应变(包括将在第13章中处理的溶胀),它们的尺寸 X、Y 和 Z 将分别改变 α_x、α_y 和 α_z.正如在329页已经指出的,网的任一链接相对于其他链接的平均位置的坐标一定以相同的因子而改变.这样,形变前分量为 x_i、y_i、z_i 的末端距矢量为 r_i 的第 i 个链在形变后一定具有分量 x_i/α_x、y_i/α_y、z_i/α_z.形变前具有规定坐标的链数可以从上面提及的概率密度函数 $W(x,y,z)$ 计算而得.这样形变后具有末端距矢量分量从 x_i 到 $x_i+\Delta x$、y_i 到 $y_i+\Delta y$、z_i 到 $z_i+\Delta z$ 的链数 ν_i 一定为

$$\nu_i(x_i,y_i,z_i) = \nu W\left(\frac{x_i}{\alpha_x},\frac{y_i}{\alpha_y},\frac{z_i}{\alpha_z}\right)\frac{\Delta x \Delta y \Delta z}{\alpha_x \alpha_y \alpha_z}$$

代入方程(10.7),有

$$\nu_i(x_i,y_i,z_i) = \nu\left(\frac{\beta}{\pi^{\frac{1}{2}}}\right)^3 \exp\left\{-\beta^2\left[\left(\frac{x_i}{\alpha_x}\right)^2 + \left(\frac{y_i}{\alpha_y}\right)^2 + \left(\frac{z_i}{\alpha_z}\right)^2\right]\right\}\frac{\Delta x \Delta y \Delta z}{\alpha_x \alpha_y \alpha_z} \tag{11.34}$$

如果譬如试样在 x 轴方向拉伸,它的体积维持不变,所有矢量 x 方向的分量都将增加一个因子 α_x,而 y 和 z 方向上将有所减小,因为体积要维持不变.这样,如果横向收缩是相等的话($\alpha_y = \alpha_z$),y 和 z 方向上的分量一定减少 $1/\alpha_x^{1/2}$.分量分布的最终转换公式示于图11.13($\alpha_x = 4$).x 方向上的分量分布加宽了,y 和 z 方向上的分量变窄了.

为了最终得到伴随着形变的熵变,我们现在来计算由 α_x、α_y 和 α_z 定义的形变状态的网结构形成中构象熵的变化.(我们将暂时避开体积不变,即 $\alpha_x\alpha_y\alpha_z = 1$ 的规定.)然后,减去试样没有发生形变时($\alpha_x = \alpha_y = \alpha_z = 1$)网形成的熵,我们就有望得到形变的熵.显然,仅在网形成熵中的那些项就需要清晰的表达式,而这些熵还会因形变而发生改变.

与考虑理想气体自发压缩到体积 V 的概率类似,我们必须找到未交联的聚合物将自发地处在与一个形变了的网的形成一致的构象中的概率 Ω,这个形变的网具有 ν_i 根链,处在形

变 α_x、α_y、α_z 所要求的"状态"x_i、y_i、z_i. 为了优先处理唯一定义的一组 ν 根链,假定聚合物分子的 ν 个单元已经被认定优先参与交联形成. 为了能够用所要求的形变来表征网的形成,ν 根链的排布必须满足两个条件[36]:① 一定存在合适的链矢量分布,指定为 ν_i;② 被指定为交联的单元必须存在于适当的毗邻位置. 这两个条件都满足的概率分别写作 Ω_1 和 Ω_2,且 $\Omega = \Omega_1 \Omega_2$.

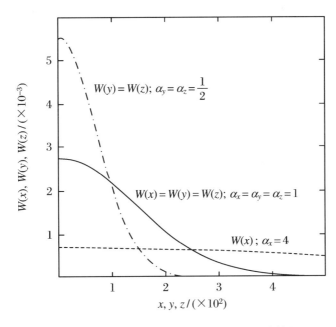

图 11.13　链位移矢量的 x、y 和 z 分量分布的转化

等容条件下对由 10^4 个自由连接的链段组成的链分子沿 x 轴拉伸 4 倍,每个链段的长度为 $l = 2.5\,\text{Å}$($\alpha_x = 4$, $\alpha_y = \alpha_z = 1/2$)(与图 10.4 相比). 起始分布($\alpha_x = \alpha_y = \alpha_z = 1$)以实线表示. 其他曲线表示形变后的 x、y 和 z 分量. 形变如图中所指示的那样.

任何给定的在 Δx、Δy、Δz 范围内具有分量 x_i、y_i、z_i 的链的概率可以方便地写为

$$\omega_i = W(x_i, y_i, z_i) \Delta x \Delta y \Delta z \tag{11.35}$$

在整个体系中**每一条**服从指定坐标的链的概率将由这样的因子相乘给出. 把它们用相同的坐标组合在一起,这个乘积可以写成

$$\prod_i \omega_i^{\nu_i}$$

由于遵循给定的末端到末端的坐标的链的特定选择并不重要,这个表达式一定要乘以一个覆盖特殊分布的链排列数. 用上面给出的表达式乘以这个因子 $\nu! / \prod \nu_i!$,我们得

$$\Omega_1 = \nu! \prod \frac{\omega_i^{\nu_i}}{\nu_i!}$$

取对数并引入阶乘的 Stirling(斯特林)近似,得

$$\ln \Omega_1 = \sum \nu_i \ln \frac{\omega_i \nu}{\nu_i} \tag{11.36}$$

根据方程(11.34)和(11.35),并在后者中用式(10.7)代换 $W(x_i, y_i, z_i)$,得

$$\ln \frac{\omega_i \nu}{\nu_i} = \beta^2 \left[x_4^2 \left(\frac{1}{\alpha_x^2} - 1 \right) + y_4^2 \left(\frac{1}{\alpha_y^2} - 1 \right) + z_4^2 \left(\frac{1}{\alpha_z^2} - 1 \right) \right] + \ln(\alpha_x \alpha_y \alpha_z)$$

把这个表达式引入方程(11.36),再结合 ν_i 的方程(11.34),并用积分代替加和,我们得

$$\ln \Omega_1 = \nu \frac{\beta^3}{\pi^{3/2} \alpha_x \alpha_y \alpha_z} \iiint_{-\infty}^{\infty} \exp \left\{ - \beta^2 \left[\left(\frac{x}{\alpha_x} \right)^2 + \left(\frac{y}{\alpha_y} \right)^2 + \left(\frac{z}{\alpha_z} \right)^2 \right] \right\}$$

$$\times \left\{ \beta^2 \left[x^2 \left(\frac{1}{\alpha_x^2} - 1 \right) + y^2 \left(\frac{1}{\alpha_y^2} - 1 \right) + z^2 \left(\frac{1}{\alpha_z^2} - 1 \right) \right] + \ln(\alpha_x \alpha_y \alpha_z) \right\} \mathrm{d}x \mathrm{d}y \mathrm{d}z$$

$$(11.37)$$

下标 i 已省略.积分后①

$$\ln \Omega_1 = - \nu \left[\frac{1}{2} (\alpha_x^2 + \alpha_y^2 + \alpha_z^2 - 3) - \ln(\alpha_x \alpha_y \alpha_z) \right] \qquad (11.38)$$

在所需的体积元 δV 里,在 ν 个单元中任何一个指定用来交联的单元旁有另一个这样的单元的概率是 $(\nu-1)\delta V/V$,这里 V 是总体积.从余下的 $\nu-2$ 个指定单元选另一个单元的概率是 $(\nu-3)\delta V/V$,然后是第四个.它们都成对的概率是[35]

$$\Omega_2 = (\nu - 1)(\nu - 3) \cdots 1 \left(\frac{\delta V}{V} \right)^{\nu/2}$$

$$\approx \left(\frac{\nu}{2} \right)! \left(\frac{2\delta V}{V} \right)^{\nu/2}$$

用 $\alpha_x \alpha_y \alpha_z V_0$ 代替 V,这里 V_0 是未形变试样的体积,我们得到

$$\ln \Omega_2 = - \frac{\nu}{2} \ln(\alpha_x \alpha_y \alpha_z) + 常数 \qquad (11.39)$$

常数由 $\ln(\nu/2)! + (\nu/2)\ln \delta V - (\nu/2)\ln(V_0/2)$ 组成.所有的项都与形变无关,因此无须关心它们的构成.

如果在已变形的交联网形成熵的玻尔兹曼公式方程

$$S = k \ln \Omega = k \ln \Omega_1 + k \ln \Omega_2$$

中代入式(11.38)和式(11.39)[36],那么

$$S = 常数 - \frac{k\nu_e}{2} \left[\alpha_x^2 + \alpha_y^2 + \alpha_z^2 - 3 - \ln(\alpha_x \alpha_y \alpha_z) \right] \qquad (11.40)$$

这里 ν 已被有效链数 ν_e 所取代.把 $\alpha_x = \alpha_y = \alpha_z = 1$ 时的熵值代入方程(11.40),形变有关的熵变是

$$\Delta S = - \frac{k\nu_e}{2} \left[\alpha_x^2 + \alpha_y^2 + \alpha_z^2 - 3 - \ln(\alpha_x \alpha_y \alpha_z) \right] \qquad (11.41)$$

值得指出的是,从前面的方程(11.38)开始,参数 β 就已经从这些方程中消失了,而它正是单独表征给定的高斯概率分布,并依赖于链平均等同长度(参见方程(10.6))的参数.唯一保留的与网结构有关系的量是 ν_e.只是有效链的总数才有关.除了保持它们的位移长度分布的高斯形式,它们的等同长度和统计的量是不重要的.因而可断定,至少在目前的处理范围内,交

---

① 方程(11.37)中存在的积分是 $\int_{-\infty}^{\infty} \exp(-\beta^2 x^2/\alpha_x^2)\mathrm{d}x = (\alpha_x/\beta)\sqrt{\pi}$ 和 $\int_{-\infty}^{\infty} \exp(-\beta^2 x^2/\alpha_x^2) x^2 \mathrm{d}x = (\alpha_x/\beta)^2 \sqrt{\pi}/2$ 两种类型的.

联网链的等同长度的偏差可以忽略不计.

对类橡胶物质通常的形变(包括在下一章马上要讨论的溶胀现象),体积不变的假定,即 $\alpha_x\alpha_y\alpha_z=1$ 是被允许的.那么,方程(11.41)中的对数项将消失.在体积恒定拉伸的特殊情况下,形变的熵为

$$\Delta S = -\frac{k\nu_e}{2}\left(\alpha^2 + \frac{2}{\alpha} - 3\right) \tag{11.42}$$

这里 α_x 已被写成了 α.

按方程(11.17),理想橡胶(($\partial E/\partial L)_{T,V}=0$)的回弹力是

$$f = -T\left(\frac{\partial S}{\partial L}\right)_{T.V}$$

它可以改写为①

$$f = -\frac{T}{L_0}\left(\frac{\partial S}{\partial\alpha}\right)_{T.V} \tag{11.43}$$

用上已经引入的体积恒定的条件,得

$$\left(\frac{\partial S}{\partial\alpha}\right)_{T.V} \equiv \left(\frac{\partial\Delta S}{\partial\alpha}\right)_{T.V} = -k\nu_e\left(\alpha - \frac{1}{\alpha^2}\right)$$

代入方程(11.43),并除以起始截面积 V_0/L_0 或 V/L_0,我们得到每单元起始截面积的回缩力 τ 为[34]

$$\tau = \frac{RT\nu_e}{V}\left(\alpha - \frac{1}{\alpha^2}\right) \tag{11.44}$$

这里 ν_e 的单位是摩尔.用上方程(11.30)或(11.30′),得

$$\tau = RT\frac{\nu}{V}\left(1 - \frac{2N}{\nu}\right)\left(\alpha - \frac{1}{\alpha^2}\right) \tag{11.45}$$

或[32]

$$\tau = RT\frac{1}{\bar{\nu}M_c}\left(1 - \frac{2M_c}{M}\right)\left(\alpha - \frac{1}{\alpha^2}\right) \tag{11.45′}$$

方程(11.44)、(11.45)和(11.45′)是理想橡胶可供选择的几个理论方程表达式.在本章附录 B 中推导的溶胀交联网的状态方程也有相同的形式.在给定伸长时,只有预测的 τ 值才受溶胀的影响.

类似的方式也能处理其他类型的形变.譬如可以把剪切处理为在一个坐标轴(x)有均匀的形变[1,34],而在另一个(z)维持不变,当然体积也保持不变.把这些条件代入方程(11.41),**单位体积**的形变熵变为

$$\Delta S^{\nu} = -\frac{R\nu_e}{2V}\left(\alpha^2 + \frac{1}{\alpha^2} - 2\right) \tag{11.46}$$

剪切应变 $\gamma = \alpha - 1/\alpha$.因此

$$\Delta S^{\nu} = -\frac{R\nu_e}{2V}\gamma^2 \tag{11.47}$$

---

① 近似(它实际上是完全可以忽略不计的)牵涉到令 $(\partial S/\partial L)_{T,V}=(\partial S/\partial\alpha)_{T,V}/L_0$,因为 α 被定义为 L/L_0,在那里两个长度是在相同的温度和相同的**压力**下测定的.见方程(11.21).

剪切应力(作简单剪切来处理)为

$$\tau_s = - T \frac{\partial \Delta S^v}{\partial \gamma}$$

因此

$$\tau_s = \frac{RT\nu_e}{V}\gamma \tag{11.48}$$

从而剪切应力应该正比于剪切应变,即橡胶在剪切时应该服从胡克定律,而在拉伸时就不是了[1,34].量 $RT\nu_e/V$ 就是刚性模量.

11.4 硫化橡胶在适中伸长时的实验应力-应变行为

理想橡胶在拉伸时的理论状态方程(11.44)或(11.45)等同于张力 τ 是三个因子的乘积:RT、结构因子 ν_e/V(或 ν_e/V_0,假定橡胶的体积是常数)和形变因子 $\alpha - 1/\alpha^2$(类似于气体的本体压缩因子 V_0/V).为了强调它们之间的类似性,理想气体的状态方程可以写成 $P = RT(\nu/V_0)(V_0/V)$,也是由相应的三个因子组成的.理想橡胶 τ 和 T 之间的正比关系必然来自于条件$(\partial E/\partial L)_{T,v} = 0$.已经引用过的实际橡胶的结果表明,这个条件在实验误差范围内通常是满足的,因此,没有必要来进一步讨论温度的因素.以方程(11.45)和(11.45′)表示的结构因子含有两个分因子,一个是 ν/V,代表交联单元的浓度;另一个是 $1 - 2N/\nu$,依赖于发生在初级分子末端裂纹的相对比例.形变因子规定了应力-应变曲线的特殊形式.现在就来考虑这些橡胶弹性理论的预言在多大的程度上为实验所证实.

11.4.1 应力-应变曲线

Treloar 得到的纯粹用硫硫化的天然橡胶的应力-应变结果示于图 11.14,并与用函数 $\alpha - 1/\alpha^2$ 以及任意选择的比例常数(代表方程(11.44)的 $RT\nu_e/V$)计算得到的理论曲线相比较.先前讨论过的结晶在 $\alpha = 4$ 或 5 时影响就很明显了.但在较低的伸长时就有可察觉到的与理论曲线的偏差.从 $\alpha = 1$ 到 4 会出现一个数据与方程(11.44)拟合得较好的折中.不管怎样,所用数据正比性的特定常数仍然选择在较低"伸长",即 $\alpha < 1$ 时所得的数据.

转到最后提及的结果上来,已指出上述的理论原则上应同样适用于 $\alpha < 1$ 的形变,只要在每个横向方向上膨胀发生到 $\alpha^{-1/2}$ 的程度.这样描述的形变由试样在 x 方向的压缩以及伴随有 y 和 z 两个方向上均匀胀大(这是体积不变所要求的)所组成.如果形变是在扁平表面之间的 x 方向上压缩,表面的摩擦会阻碍均匀的横向调整.为避免在任何压缩方式中这种内在本质的复杂情况,Treloar[37] 采用了橡胶薄片充气膨胀法.橡胶以这种方式在平行于薄片平面的两个方向上被等同地拉长了,没有在表面上引入不相干的切向力.如果这些伸长的每一个都表示为 $\alpha^{-1/2}$,在薄片表面作用的正压力是 $\alpha(<1)$,并用上先前为拉伸推导的状态方程,Treloar 以这种方式处理的结果示于图 11.15,图中也包括了重复图 11.14 中 $\alpha > 1$ 时的结果,理论曲线是一样的.在 $\alpha = 0.4 \sim 1.2$,计算曲线与实验点的吻合很好.伸长率更高,偏差就变得严重了.

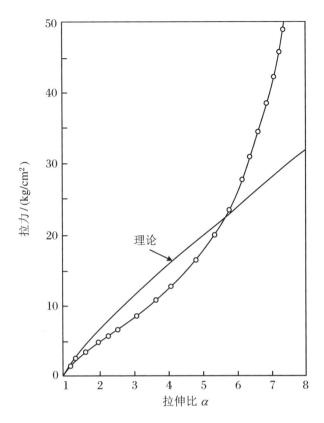

图 11.14　胶乳硫化橡胶单向拉伸的理论和实验应力-应变
曲线 (Treloar[37])

Anthony、Caston 和 Guth[13] 得到了在 $\alpha = 0.4 \sim 4$ 的宽广范围内用硫黄硫化的天然橡胶的实验应力-应变曲线与理论曲线之间相当好的符合. Kinell[38] 发现硫化的聚氯丁二烯的回缩力随 $\alpha - 1/\alpha^2$ 线性地增加,直达 $\alpha = 3.5$.

在上面列举的所有有关等温拉伸的实验中,为达到平衡的应力(对恒应力下做的测定来说是应变)投入了时间,也投入了耐性.但这还不够,由于这个原因,所引述的结果无疑有一定程度的误差.最近通过吸附溶剂来显著增加内部活动性的方法的结果更接近于平衡.在 Gee[11] 所采用的工作程序中,试样吸收像石油醚那样挥发性液体的蒸气,并承受选定的载荷.随后,在真空中把溶剂除去,并立即观察其长度.作为另一种选择[20],保持试样长度固定,并用合适的挥发性液体令其溶胀,在这个液体气氛中保持一段短暂的时间.然后,用干燥的氮气流除去所吸收的液体,再观察应力.当给定的应力无论从哪个方向(即从较高的应力或从较低的应力)接近时,所观察到的长度都极好地吻合,证实了这里每一种方法得到的结果都代表了平衡状态的事实.

为了试验我们称之为形变因子的有效性,方便的做法是用 $\tau/(\alpha - 1/\alpha^2)$ 对 α 作图.如果橡胶一直溶胀着(不单单是为了达到平衡),量 $\tau_0 v_2^{1/3}/(\alpha - 1/\alpha^2)$ 将更为合适,这里 τ_0 指相对于未溶胀和未拉伸时截面的拉力,v_2 是聚合物在溶胀物体中的体积分数(见本章附录 B 中的方程 (B11.5)).按理论,这些量都应与形变无关,后者也应与溶胀度无关.仔细测定依据前述

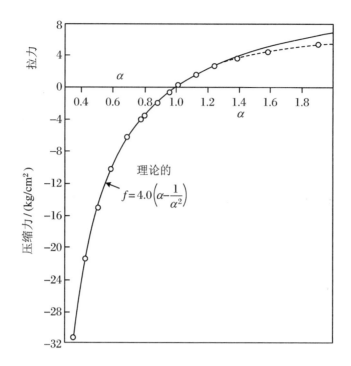

图 11.15 硫化橡胶的理论和实验应力-应变曲线的比较

拉伸比 $\alpha = 0.40 \sim 2.0$. 点是实验数据, $\alpha < 1$ 的数据是用充气的橡胶片得到的.

形式平衡的天然橡胶的应力, Gee[11] 发现 $\tau_0 v_2^{1/3}/(\alpha - 1/\alpha^2)$ 随拉伸而降低, 特别是在 $\alpha = 1$ ~2 的范围内. 随伸长降低, 甲苯对它的溶胀将 (永久性地) 有所变小. 示于图 11.16 上的用十甲烯基-双-偶氮二羧酸甲酯硫化到不同程度的天然橡胶得到的类似结果也给出了相同的结论[29]. 再一次表明在推导理论的道路上溶胀体系还是要好一点 (结果没有在这里显示).

这些实验结果结论性地表明, 理论状态方程中存在的形变因子仅仅是实际平衡应力-应变曲线形式的粗略近似. 而隐藏在所观察到的偏差后面的原因并不清楚. 但从在其他类橡胶材料体系观察到的偏差类型很普遍来看, 它确实出现了. 类似的偏差也在 "丁基类" 橡胶[33] (特别是交联的聚异丁烯橡胶) 中有所显示, 甚至在具有网状结构, 在高温呈现出类橡胶行为的聚酰胺中 (见 11.4.2 小节) 也有[39].

Mooney[40] 首先提出, 随后为 Rivlin[41] 普适化的经验方程与观察到的应力-应变关系符合得相当好. Rivlin 的普适化经验方程表明, 仅依据所需的对称条件且独立于任何关于弹性体的本质的假定, 用 α_x、α_y、α_z 描述的与形变有关的储能函数在体积恒定, 即 $\alpha_x \alpha_y \alpha_z = 1$ 时, 必定是 $\alpha_x^2 + \alpha_y^2 + \alpha_z^2$ 和 $1/\alpha_x^2 + 1/\alpha_y^2 + 1/\alpha_z^2$ 这两个量的函数. 最简单且可接受的函数形式可以写成

$$W = C_1(\alpha_x^2 + \alpha_y^2 + \alpha_z^2 - 3) + C_2\left(\frac{1}{\alpha_x^2} + \frac{1}{\alpha_y^2} + \frac{1}{\alpha_z^2} - 3\right) \tag{11.49}$$

这就是单位体积储能的 Mooney 函数[40]. 常数 C_1 相应于统计理论中的 $kTv_e/2V$, 即方程 (11.49) 中的第一项与单位体积的理论弹性自由能的形式 $\Delta F^v = -T\Delta S/V$ 相同, 这里 ΔS 由方程 (11.41) 给出 ($\alpha_x \alpha_y \alpha_z = 1$). 方程 (11.49) 中的第二项含有参数 C_2, 但从弹性体的结构观点出发, 它的意义仍不甚清楚. 对简单拉伸, $\alpha_x = \alpha$, $\alpha_y = \alpha_z = 1/\alpha^{1/2}$, 单位起始截面积的回

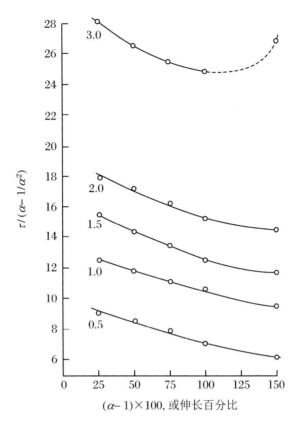

图 11.16 用双偶氮交联剂交联的天然橡胶的 $\tau/(\alpha - 1/\alpha^2)$

交联密度（$\rho \times 100$）如每条曲线上所显示.（Flory、Rabjohn 和 Shaffer[29]）

缩力由 $\mathrm{d}W/\mathrm{d}\alpha$ 给出，为

$$\tau = 2C_1\left(\alpha - \frac{1}{\alpha^2}\right) + 2C_2\left(1 - \frac{1}{\alpha^3}\right) \tag{11.50}$$

它的第一项相应于理论方程(11.44). 通过任意选择合适的 C_2 值，有可能比仅通过利用第一项得到与实验好得多的相符性①. 对其他类型的形变也能得到应力-应变关系，并且与实验数据的符合情况同样也得到改善②.

11.4.2 回缩力与交联网结构的关系

如果用 N 和 ν 表示的交联网结构为已知的话，理论状态方程(11.44)或(11.45)将能明确计算出给定伸长和温度下的应力，这里没有主观的参数. 因此直接比较观察到的和计算得的应力将为验证统计理论做出决定性的贡献. 由于总体上说还缺乏独立的方法来搞清楚交联网的结构，这样的实验受到的重视比应该得到的来得少. 这就需要选择交联过程来定量控制形成交联的数目. 譬如，通过使用上面提及的双偶氮二羧酸酯，有理由认为交联的数目确

---

① Blackwell R F. Trans. Inst. Rubber Ind.，1952,28:75. 已证明，同样的 C_2 值的硫化天然橡胶在很宽广范围里都符合得非常好. 当然，常数 C_1 的值与硫化程度相符得也很好.

② 读者可参见第 7 章参考文献[1]中 Treloar 有关这个课题的精彩讨论.

实等于所用的交联剂分子数.反应很快但完成得很平稳.严重的问题是它与橡胶的相容性很有限.由于这个原因,交联剂不能完全均匀分布在橡胶中[29].

图 11.17 就是以这种方式硫化的 GR-S 合成橡胶在 $\alpha=2$ 时的平衡拉力 τ 对交联单元摩尔分数($\rho\times100$)的作图.根据方程(11.45),并假定 $N/\nu=0$,计算出来的是直线,实际上 N/ν 约为 0.2×10^{-2},从而会导致理论曲线稍稍有往右一点的位移.正如所预见的那样,实验观察到的应力随交联度而增加,除非在交联方法的定量真实性值得怀疑的较高范围内.最重要的是,应力的幅值与理论直接计算值近似相符.这是一个了不起的成就,特别是从交联网明显复杂的结构观点来看.

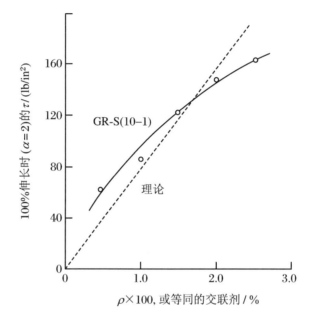

图 11.17　用双偶氮化合物硫化的 GR-S 回缩力与交联度 ρ 的依赖关系

交联度以含有以质量计的 72% 的丁二烯共聚物中每单个丁二烯单元的量来表示.(Flory、Rabjohn 和 Shaffer[29])

用同样方式硫化的天然橡胶也得到了类似的结果[29].这里观察到的平衡应力也比计算值略高.尽管从定量的观点来看,硫黄-促进剂硫化反应的研究还不太明确,但再一次显示了所期盼的"模量"随估算的交联度而增加.

Bardwell 和 Winkler 采用了不同的程序来研究在 GR-S 硫化体中回缩力与结构的关系.他们通过用过硫酸钾处理把交联引入到 GR-S 乳液的分散质点中.随后,"硫化的"乳液质点凝聚,通过在 80 ℃下加热它们聚集在一起成为一个连贯的网.交联度 ρ 由萃取法来测定,并用方程(9.53)和(9.51)由溶胶的百分含量计算而得.在凝胶中的交联度 ρ 用方程(9.55)推得.因为产物是由不均匀的凝聚物质得到的,完全不适合做定量的弹性测定,代替它的是测定在甲苯中的平衡溶胀度,$\alpha=4$ 时的回缩力就是从溶胀测定估算得到的,为此用上了溶胀与在均匀薄板硫化试样独立估算得到的 τ 之间的关系.Bardwell 和 Winkler 把这个相当绕圈子的方法用在了具有宽广初级聚合度 $\bar{y}_n$ 的系列 GR-S 聚合物上.他们的结果示

于图 11.18,是按方程(11.45)另一种形式处理的:

$$\frac{\tau}{RT}\left(\alpha - \frac{1}{\alpha^2}\right) = \frac{1}{\bar{v}M_0}\left(\rho'' - \frac{2}{\bar{y}_n''}\right) \tag{11.45''}$$

这里 ρ'' 是凝胶的交联密度(即 $\rho''/\bar{v}M_0 = \nu/V$),$\bar{y}_n''$ 是网中初级数均聚合度.不管是交联度(ρ'')还是所研究的不同试样初级分子的末端比例($2/\bar{y}_n''$)方面有很大偏差,但(数据)点仍描述出了一条单一的直线.但是它的斜率是方程(11.45'')预言的 2.5 倍.

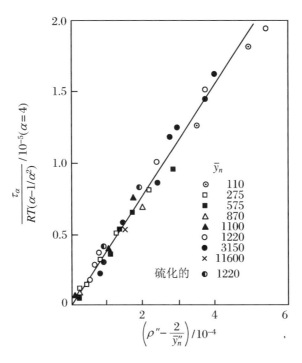

图 11.18　用过硫酸盐交联的 GR-S 的 $\tau/RT(\alpha-1/\alpha^2)$
$= \nu_e/V$ 对有效交联度的作图

$\bar{y}_n''$ 代表聚合度.(Bardwell 和 Winkler 的结果[39])

或许理论状态方程最有说服力的验证是 Schaefgen 提供的有关所谓的多联接聚酰胺(它本不归为类橡胶材料)的结果.这些试样是在从四链和八链聚 ε-己内酰胺挤出的纤维中(见 236 页),通过羧端基与二元胺对子的有效内交联制备的.产物在熔点(约 225 ℃)以下保留典型的纤维特性,但当加热到这个温度以上时,它们熔融为高度弹性的橡胶.在这个温度范围内测定了好几个温度的应变($\alpha-1$),作为应力的函数.典型的一组结果在图 11.19 中与按理论计算的理论曲线(虚线)作了比较.观察到的应力超过计算值约 50%,曲线的形状也偏离 $\alpha-1/\alpha^2$ 函数很多,就像天然橡胶相应曲线那样.类似的一组数据是从一系列多联接聚酰胺得到的,这些聚酰胺是用不同比例的多官团单元制得的,因而有不同的 ν/V.图 11.20 是从每一个不同伸长 α 的实验应力-应变曲线的截距得到的应力 τ 对 ν/V 的作图.显示 τ 随交联度一直近似地线性增加,但是斜率稍稍超出了理论所预估的.伸长更大,这些聚酰胺会随拉伸而结晶,甚至在温度高达 280 ℃时仍有结晶.延伸至高温时的拉伸强度的行为也与天然橡胶的类似[39],与常温下橡胶的行为大致相同.

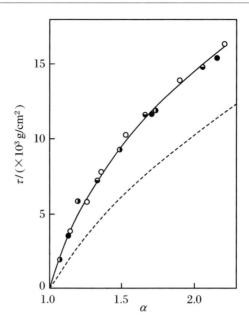

图 11.19　四连接的聚酰胺($\nu/V = 1.34 \times 10^{-4}$)在低伸长

时的实验和理论(虚线)应力-应变曲线

温度是 229 ℃(●)、241 ℃(○)、253 ℃(◒)、281 ℃(◓). 这个范围对显示明确的温度系数来说太小了,超过了实验误差.(Schaefgen 和 Flory[39])

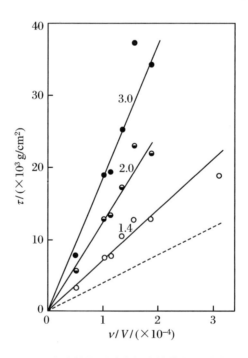

图 11.20　多连接聚酰胺在标出的伸长 α 时的张力

对交联度作图

理论线(虚线)对应 $\alpha = 1.4$,在那里不符合的情况非常严重.

(Schaefgen 和 Flory[39])

上列数据以令人信服的一贯性表明：① 应变一定,应力随交联度近似线性地增加；② 观察到的应力大小与橡胶弹性理论的预估相符很好；③ 但它们总是始终不变地比理论值稍大,各种评估结果表明平均差异约为 50%.通常当人们不幸留出更多的空间来关注偏差,而不是关注所获得的一致性时,我们可以指出,网的缠结为所观察到的偏差提供了一个方便的替罪羊,虽然从所牵涉的无法估量的事物来看,这还是小的.正如完全明显的那样,缠结的概念早在本章的开头部分就作为这个观点的对象被引入了.或许它仍然是合理的.

另一个要仔细考察的是拉伸对交联网缺陷部分的依赖关系,或交联网中初级链末端的依赖关系.Bardwell 和 Winkler 的结果涵盖了很宽的初级分子量以及交联度,因此他们结果(图 11.18)的相符性用事实证明了在推导有效链数方程(11.30)和(11.30′)中所采用的程序是正确的.更为直接的试验是作者用丁基橡胶(丁二烯与约 1%～2% 异戊二烯的共聚物)得到的结果提供的[33].在硫化过程中牵涉交联的仅仅是异戊二烯单元,并且这些单元在所有的分子片段中是合理分布的.因此,通过对未硫化橡胶进行分级,可得到一系列有相同交联度 ρ,但分子量 M 不同的试样.测定这样制备的硫化物的弹性,按方程(11.45′)应该得到与 $1/M$ 有线性关系的拉力,因为在整个系列中 M_c 是常数.确认这一预言的结果示于图 11.21,三个系列的试样交联密度不同,从而 M_c 也不同.图 11.21 不仅预言了线性关系,并且斜率和截距(见式(11.45′))导出的 M_c 值与独立测定的较低分子量试样(硫化后仍然能保持溶胶百分数)的值相符极好(见第 9 章).譬如,从画在最下面的一组数据的直线斜率和截距计算得到的 M_c 的值是 37000,与从溶胶-凝胶关系得到的 35000 可以相比[33].

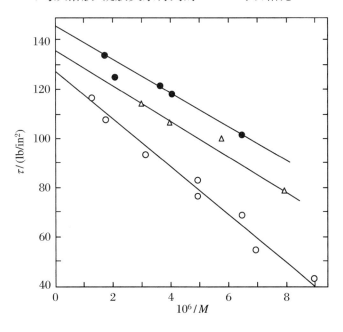

图 11.21　不同交联度(或 M_c)的三个丁基橡胶系列 $\alpha = 4$ 时
拉力 τ 对初级分子量倒数的作图 (Flory[33])

11.4.3　在橡胶硫化产品中填料的效应

由细微固体颗粒组成的填料(通常是炭黑),主要在两个方面改变非晶硫化橡胶的物理性能:填料增加了弹性模量,即提升了应力-应变曲线;填料也提高了极限拉伸强度.通过把弹性理论用于别的含有硬质包含物的均质弹性介质体系,可部分满意地说明前者的效应[43,44].这样的处理与刚性粒子悬浮在液体中时的黏度相等同,最先由爱因斯坦提出(见第14章),随后为 Guth 和 Gold 所拓展[44],所要做的是用弹性模量替代黏度.这样,对于一个由周围弹性介质湿润的球状颗粒组成的体系,依赖于填料的体积分数 v_f,其杨氏模量 μ(它等于 $d\tau/d\alpha$)[43,44]为

$$\mu = \mu_0(1 + 2.5v_f + 14.1v_f^2) \tag{11.51}$$

这里 μ_0 是 $v_f = 0$ 时的模量.严格来说,方程(11.51)只能应用于胡克定律有效的低伸长情况.但是,直至伸长两倍时,应力-应变曲线的形状还非常类似于无填料橡胶的,在这个范围内有无填料的应力之比几乎是常数[44].这样,它可写成

$$\tau = \tau_0(1 + 2.5v_f + 14.1v_f^2) \tag{11.52}$$

τ 和 τ_0 分别是有、无填料但具有相同伸长 α 时的应力.尽管这些方程是针对球状颗粒推导出的,但对于不对称(如伸长了的)质点所必需的修正也只有在不对称很大时才变得重要.

Cohan[45]把混有不同比例碳酸钙填料的 GR-S 硫化合成橡胶在 $\alpha = 1.5$ 时的回缩力 τ 示于图 11.22.与按方程(11.52)画出的理论曲线相符得很好.在理论的进一步确认中,质点平均直径在 80 倍范围内变化,将不会影响给定填料(体积)浓度的模量 τ.Cohan 选择碳酸

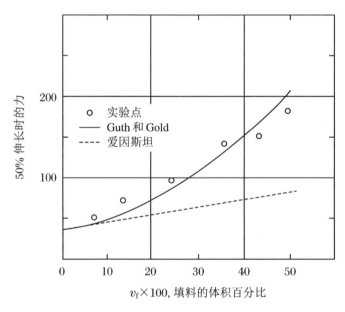

图 11.22　用不同比例的碳酸钙填料(颗粒直径 3900 μm)但在相同
条件下硫化的 GR-S 合成橡胶在 $\alpha = 1.5$ 时的张力 τ

直线是按方程(11.52)计算得到的,虚线是由该方程中忽略的第三项计算而
得的.(Cohan[45])

钙是因为其形状近似球形,特别是因为它并不像炭黑(见下面所述),既不会与橡胶分子在橡胶表面形成永久的键合,也不影响正常的硫化反应.因此填料的存在应该不会改变橡胶介质的交联度.混有炭黑并硫化的丁基橡胶应近似地满足同样的这些条件,因为有效的不饱和单元很少,它们很大的部分已被牵涉在正常的硫化反应中.Zapp 和 Guth[46] 观察了由该体系(它与方程(11.52)的相符很合理)中填料颗粒引起的应力增加.

当含有炭黑的橡胶用硫黄和促进剂硫化时,大量的聚合物单元与填料发生了表面的键合(交联的一种)[47].炭黑的表面是不饱和的,它参与了硫化反应.如此形成的键在橡胶母体上构成了额外的约束点.因此,紧挨炭黑表面的橡胶层有更高度的交联,即 ν/V 比母体的其他地方来得大.这一层将具有相对较高的弹性模量.如此改性的橡胶层的有效厚度应该是一条链位移的长度这样的量级,约 50 Å.在颗粒直径为 300 Å 的填料体积分数 $v_f = 0.20$ 时,这些橡胶层占据了总体橡胶的体积相当大的分数,因此可以合理地把此介质作为一个整体来考虑,它被橡胶链与填料表面间形成的键合所增强.在这些条件下,方程(11.52)不能无可争议地应用.特别是在橡胶母体的 τ_0 值超过类似条件下但没有填料的硫化橡胶的回缩力时[47,48].

11.5　高伸长下的应力-应变曲线

11.5.1　结晶和拉伸强度

大多数前面的讨论涉及的仍然是应力-应变曲线中低应力的部分(图 11.1).已经指出应力-应变曲线随后的急剧上升与拉伸引起的结晶有关.的确,在应力-应变曲线上曲率为正的区域与 X 射线衍射、密度变化或 $(\partial E/\partial L)_{T,\nu}$ 的突降所揭示的结晶发生相对应(见上).如果拉伸强度达到一个高值,应力-应变曲线一定具有很高的斜率,且这个陡升一定维持到(很大的)断裂应力的范围内.如果应力-应变曲线高斜率的呈现要求给定聚合物体系有结晶,那么,人们就有正当理由来寻求结晶性或拉伸时的结晶能力与拉伸强度的关系.这个与类橡胶聚合物拉伸强度问题相类似的问题要求探讨那些拉伸时不结晶的橡胶(譬如由于它们缺少结构对称性)的拉伸强度.在这方面有意义的是在(树胶硫化的)合成聚合物和丁二烯共聚物或含有由众多结构单元(包括异构的二烯单元,见第 6 章)组成的异戊二烯(它们中的任一个都在拉伸时不产生足够数量的结晶)中观察到的非常低的拉伸强度.它们和其他一些非晶橡胶共聚物的拉伸强度通常不超过每平方英寸几百磅.此外,当测定温度升高到拉伸时不能再发生结晶的时候(约 120 ℃),硫化天然橡胶的拉伸强度急剧地降低到类似的低值.丁基橡胶在拉伸强度上也显示出类似的下跌,但会发生在更低的温度.

这些观察表明,类橡胶聚合物高拉伸强度的显现通常与结晶密切相关.事实上,这个原则在很大程度上也可应用于非橡胶类聚合物,已经知道结晶能显著增加其强度(特别是冲击强度,或断裂功,它等于应力-应变曲线下的总面积).正如已经指出的那样,无论是热弹特性还是形态方面,拉伸到高度结晶区域的天然橡胶都与高度取向的纤维类似,把这个普遍性进行扩展需作进一步的说明.在温度降低时高度拉伸的橡胶获得了典型纤维的物理性能;适当交联的纤维可以在高温显示出类橡胶的行为.在这里提及这些特性为的是唤起人们的注意,即把类橡胶聚合物拉伸行为的基本特征广泛应用于并没有显示出与橡胶有表面上的相似的各种不同聚合物是否是合理的.硫化橡胶或许是最适宜于来研究聚合物拉伸强度的基本要素的材料.

11.5.2　拉伸强度与交联网结构关系的实验结果

差别仅为初级分子量不同的一系列硫化丁基橡胶聚合物的拉伸强度示于图 11.23.在得到这些数据时[33],一系列有相同异戊二烯单元的比例(约为 1.5%(摩尔分数))和严格分子量范围的级分是由合适的异丁烯-异戊二烯共聚物沉淀分级而得的.然后它们按标准的程序硫化出交联度 $\rho = 0.16 \times 10^{-2}$(每个结构单元),相应于 $M_c = 37000$(见方程(11.26)和(11.28))的各个硫化物.当把交联网初步形成的条件(见第 9 章)应用于每个都认为在分子水平上均一的这些级分时,该条件是 $\gamma = 1$,这里 γ 是每一个初级分子交联单元的数目,即 $\gamma = \rho M / M_0 = M / M_c$.因为对所有的级分 ρ 和 M_c 都是一样的,无限的交联网将在 M 超过37000 的初级分子中发生,作为交联网一部分的硫化聚合物的级分在分子量超过这个数值时迅速增加.按图 11.23 显示的结果,仅在分子量大大超过起始凝胶所需的值时才呈现相当可观的拉伸强度.分子量在 $M = 100000$ 以上,曲线随分子量迅速上升,然后随分子量进一步增加将到达一个渐近的极限.

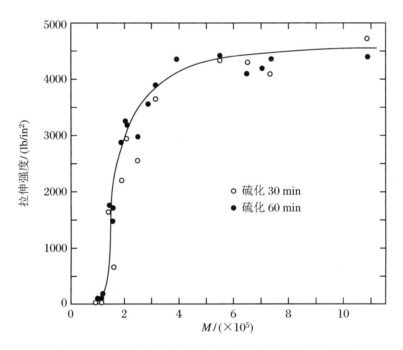

图 11.23　丁基橡胶级分的拉伸强度对初级分子量 M 的作图

所有级分硫化到相同的交联密度 ρ,相应于 $M_c = 37000$[33].

在图 11.24 中,这些同样的拉伸强度对参量 $(M+M_c)^{-1}$ 作图,它与交联网的非活性部分 $1-s_a$ 成正比,正如方程(11.29′)所给出的,这里 s_a 是在拉伸时交联网永久取向的部分.拉伸强度测定的实验误差是相当大的,在这样的特征中实验点还是紧挨着一条直线的.直线方程相应于

$$\text{T.S.} = 9500(s_a - 0.41) \tag{11.53}$$

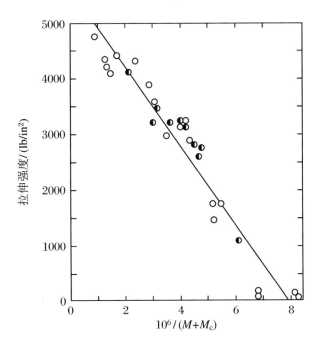

图 11.24　硫化丁基橡胶级分(图 11.23)的拉伸强度对 $(M+M_c)^{-1}$ 的作图

这个量正比于网的"非活性"部分 $1-s_a$[33].独立的级分为 ○;取 $M = \overline{M}_n$ 的级分的混合物为 ◑.

单位是 lb/in^2(起始面积).这样,如果交联网的构造是如此不完善以至于低于 41% 的结构不会产生形变的永久取向,那么拉伸强度可忽略,但是它将近似随 s_a 而线性增加,以增加完整程度.只要 M 取混合物的数均值,用不同分子量的级分的混合物做的硫化实验都给出了与单个级分结果相符的相关结果.

当丁基胶中混有高达 30% 的缺少不饱和异戊二烯单元的聚异丁烯时,就不会有交联反应,当然,拉伸强度就会有相当程度的下降[33].然而他们发现要精确地用同一个方程(11.53)来表达,只要 s_a 取作由取向的交联网链组成的复合试样的分数就可以.这样,在这种情况有

$$s_a = v_2\left(1 - \frac{2M_c}{M+M_c}\right)$$

这里 v_2 是丁基单元的体积分数,$1-v_2$ 是聚异戊二烯"溶剂"的体积分数.在实验误差范围内用重矿物油替代聚异戊二烯也产生同样的效应.这样,很明显,在典型的拉伸致结晶的橡胶中,拉伸强度是因形变而持续取向组分的函数,且其基本关系近乎是线性的.

其他结构变数,也就是交联度 ρ 对拉伸强度的影响清楚地由图 11.25 的结果所显示[49].这些是通过数均分子量为 500000、具有不同比例十甲烯基-双-偶氮二羧酸甲酯交联的天然橡胶得到的,正如图中沿横坐标以百分数表示的 ρ 值所指示的那样.如早先已提及的,用这种方法硫化可以认为极少发生链的裂解,因此,实际上 ρ 是这个系列(空心圆)中的唯一变数.在最低的交联度 $\rho = 0.10 \times 10^{-2}$(测定就在这个交联度时做的),$s_a$ 已经约为 0.78(假定没有任何链的裂解).拉伸强度起始阶段随 ρ 的阶梯式增加可归因为 s_a 的增加,但对曲线在通过较高交联度处明显极大值的那一段需要另一种解释.

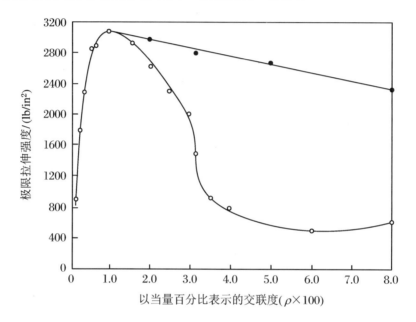

图 11.25　天然橡胶拉伸强度对交联度的作图

使用双偶氮硫化剂(o),交联度表示为等当百分比.上方的曲线(●):试样是用一个当量百分比的双偶氮化合物加上单活性的双偶氮二羧酸乙酯制备的,坐标横轴所指示的是单元的总改进度.(Flory、Rabjohn 和 Shaffer[49])

随通常的硫黄-促进剂联合体的"过硫化"而产生拉伸强度的降低常被归因为结构单元部分转换成不能进入晶格的衍生物,这既可能由于交联,也可能由于与硫或硫化配方中的其他组分的副反应所致.这样,人们可以认为天然橡胶被硫化转换为异戊二烯**顺式**单元与少量已被改性的异戊二烯单元的共聚物.然而,只有非常少的一部分单元是被这样改性的,且与上面提及的假定相反,对其他聚合物体系的研究(譬如线形聚酯和聚酰胺)表明,由于共聚组成部分比例**很小**,结晶的被抑制不会明显地降低拉伸强度.与此同时,在用非交联异戊二烯单元改性的偶氮-硫化橡胶中,其直到 7% 的含量也没使橡胶的拉伸强度有明显的下降.这些实验结果也都画在了图 11.25 中(实心点 ●).这些硫化物是通过混入不同比例的单反应性的双偶氮二羧酸乙酯(它的每个分子只与一个异戊二烯单元相结合),并添加了最适量的(一个当量百分比)十甲烯基-双-偶氮二羧酸甲酯制得的.这样彻底改性的异戊二烯单元肯定不能进入异戊二烯**顺式**单元的特征晶格,并且对结晶的抑制使拉伸强度降低也不会大于加合物稀释效应的贡献.因此,人们被迫得出结论,交联超过一个当量百分比对拉伸强度本质上的损害是有其他原因的.

在仔细考察拉伸引起的结晶机理时似乎出现一个更为正确的解释.高度硫化产生的交联网由较短的链组成,这些较短的链比那些低交联度的网中较长的链更易被伸长而取向.事实上从链的始端到末端的均方末端距随链中单元数 x 的平方根而变化.因此,一根链在未取向状态的位移长度对其完全伸直长度之比随 $x^{-1/2}$ 而变化,x 越大,把未受干扰的链拉长到完全伸直所需的伸长越大.从这一点可知对高交联度的试样,结晶将在较低的伸长时开始.实验证明了这个推论.

先前我们已经让大家注意这样的事实,即交联网中绝不是所有的链都会因试样的拉伸而伸长,在这个意义上,它们的末端更加移远了;而那些位于横向伸长轴的位移矢量变短了.被试样宏观伸长 α 而拉长的链的比例可用下式表示[49]:

$$1 - \left(\frac{\alpha - 1}{\alpha^3 - 1}\right)^{1/2}$$

它随宏观形变而增加,但与交联度全然无关①.那些正巧随矢量取向的链(它们与拉伸轴几乎平行)有望在伸长 α 起始时刻参加到结晶的形成中,按前文中得到的结论,交联度越大这个开始结晶的伸长将越低.然而,如果结晶是在较低伸长时开始的(譬如 $\alpha = 2 \sim 3$),就像在相对高的交联度时那样,有利于结晶的取向结构部分将很小,大部分的链仍将不符合结晶的要求.直至到达高伸长前,结晶的延迟对总结晶度增高有利.这就可以解释在超过 $\rho = 1 \times 10^{-2}$ 时天然橡胶拉伸强度随交联迅速降低.这个解释是前面拉伸强度与(取向)结晶中结构参与程度有关概念的推广.在直至约 100 ℃ 的高温下(在这个温度下,将在更高的伸长发生结晶),已有报告说在树胶硫化橡胶中观察到了拉伸强度的增加,用事实支持了这个观点.然而,不应该就此得出结论:拉伸强度随过硫化(用传统方法)的下跌很少是过度交联的结果,伴随硫化过程的链裂解是一个对此有贡献的因素,通常它还很重要.

11.5.3　非晶橡胶的拉伸强度

拉伸时并不结晶的橡胶的标志性的低拉伸强度已经提及过了.但是,通过加入细微颗粒(通常是炭黑),有可能把非晶橡胶的拉伸强度从每平方英寸几百磅提高到 3000 lb,甚至 4000 lb.与填料对弹性模量(或低伸长时回缩力)的影响相反,拉伸强度强烈依赖于颗粒的尺寸,弹性模量仅依赖于填料总的体积分数(见图 8.1 和图 8.2).为显著提高拉伸强度,需要非常细微的填料,即直径小于 500 Å 的填料.这样在填料的体积分数达 0.20 ~ 0.25 时拉伸强度将达到极大.在这样的最优浓度时,只要颗粒是完全分散的,最近邻颗粒的平均距离比它们的直径略小.细微填料颗粒效应能如此明显提高拉伸强度的机理还很缺乏.但是,显然它们在这方面扮演着结晶的功能,并且它们的增强机理也不无可能相类似.

低于它们的玻璃化转变温度 T_g,非晶聚合物(没有填料)通常显示出高拉伸强度,尽管仍然低于典型的结晶聚合物,这里在这两种情况中强度都是相对于断裂截面的.或许有别于

---

①　一条给定的链是否被变形拉长仅与它的末端距矢量的取向有关,而与它的起始长度无关.因此其长度增加的链的倍数与链的长度也无关.

玻璃化转变温度以上运动聚合物体系的动力学机理,将发生由此引起的脆性断裂.断裂时的变形是低的,因此**断裂能**也绝不会很大.在 20 ℃到比转变温度 T_g 稍微高一点的温度区间内,即使完全没有填料,如果引入交联网结构,譬如通过硫化(为了抑制该温度下的塑性流动),拉伸强度仍可持续维持适当高的值.Borders 和 Juve[51] 已证明,各种混有炭黑并已硫化的合成橡胶的拉伸强度会与拉伸试验温度与 T_g 之间的差值相关.拉伸强度与 $T - T_g$ 之间单一的修正对橡胶性质(即 T_g)和试验温度的变化都保持不变.这些观察表明了支配非晶橡胶的观察到的拉伸强度的速率机理的重要性.

附录 A   恒定伸长时的力-温度系数

这里,我们的目的是要证明

$$- \left(\frac{\partial S}{\partial L} \right)_{T,V} \approx \left(\frac{\partial f}{\partial T} \right)_{P,\alpha} \tag{11.20}$$

以及指出在推得重要方程(11.22)的正文中已经用上的这个关系式所产生偏差的近似本质.下面的处理在某些方面与 Elliott 和 Lippmann[10] 以及 Gee[11] 在讨论高弹性热力学中给出的极为类似.

方程(11.20)左侧发生的偏差可以借助于独立变数 T、P 和 L 展开如下:

$$- \left(\frac{\partial S}{\partial L} \right)_{T,V} = - \left(\frac{\partial S}{\partial L} \right)_{T,P} - \left(\frac{\partial S}{\partial P} \right)_{T,L} \left(\frac{\partial P}{\partial L} \right)_{T,V}$$

用方程(11.12)代替 $(\partial S / \partial L)_{T,P}$,并用由方程(11.8)推导出的额外关系式 $(\partial S / \partial P)_{T,L} = -(\partial V / \partial T)_{P,L}$,则

$$- \left(\frac{\partial S}{\partial L} \right)_{T,V} = \left(\frac{\partial f}{\partial T} \right)_{P,L} + \left(\frac{\partial V}{\partial T} \right)_{P,L} \left(\frac{\partial P}{\partial L} \right)_{T,V} = \left(\frac{\partial f}{\partial T} \right)_{P,\alpha} + \Delta \tag{A11.1}$$

这里

$$\Delta = \left(\frac{\partial f}{\partial \alpha} \right)_{T,P} \left(\frac{\partial \alpha}{\partial T} \right)_{P,L} + \left(\frac{\partial V}{\partial T} \right)_{P,L} \left(\frac{\partial P}{\partial L} \right)_{T,V} \tag{A11.2}$$

为得到方程(11.20),需要证明这个 Δ 是可忽略不计的.

因为 $\alpha = L/L_0$,这里 L_0 仅是压力和温度的函数,故

$$\left(\frac{\partial f}{\partial \alpha} \right)_{T,P} = L_0 \left(\frac{\partial f}{\partial L} \right)_{T,P} = - L_0 \left(\frac{\partial f}{\partial P} \right)_{T,L} \left(\frac{\partial P}{\partial L} \right)_{T,f}$$

从方程(11.8)可得到 $\left(\frac{\partial f}{\partial P} \right)_{T,L} = \left(\frac{\partial V}{\partial L} \right)_{T,P}$,因此

$$\left(\frac{\partial f}{\partial \alpha} \right)_{T,P} = - L_0 \left(\frac{\partial V}{\partial L} \right)_{T,P} \left(\frac{\partial P}{\partial L} \right)_{T,f} \tag{A11.3}$$

并且

$$\left(\frac{\partial \alpha}{\partial T} \right)_{P,L} = - \alpha \left(\frac{\partial \ln L_0}{\partial T} \right)_P = - \frac{\alpha \alpha_T}{3} \tag{A11.4}$$

这里 α_T 是未拉伸橡胶的体热膨胀系数,为线膨胀系数的 3 倍,当然,假定未拉伸橡胶是各向同性的.方程(A11.2)的最后一项可转换为

$$- \left(\frac{\partial V}{\partial T}\right)_{P,L} \left(\frac{\partial P}{\partial V}\right)_{T,L} \left(\frac{\partial V}{\partial L}\right)_{T,P}$$

把这个表达式与方程(A11.3)和(A11.4)一起导入到方程(A11.2)中,我们有

$$\Delta = \left(\frac{\partial V}{\partial L}\right)_{T,P} \alpha_T \left[\frac{L}{3}\left(\frac{\partial P}{\partial L}\right)_{T,f} - \frac{1}{\alpha_T}\left(\frac{\partial V}{\partial T}\right)_{P,L}\left(\frac{\partial P}{\partial V}\right)_{T,L}\right]$$

为了下面将要呈现的理由,更可取的是把这个关系式表示为

$$\Delta = \left(\frac{\partial V}{\partial L}\right)_{T,P} \frac{\alpha_T}{\kappa} \left[\frac{\kappa L}{3}\left(\frac{\partial P}{\partial L}\right)_{T,f} - \frac{\kappa}{\alpha_T}\left(\frac{\partial V}{\partial T}\right)_{P,L}\left(\frac{\partial P}{\partial V}\right)_{T,L}\right] \tag{A11.5}$$

这里 κ 是本体压缩系数,即

$$\kappa = -\left(\frac{\partial \ln V}{\partial P}\right)_{T,\alpha=1} = -3\left(\frac{\partial \ln L_0}{\partial P}\right)_T$$

在方程(A11.5)中括号内的第一项可以通过考虑它的倒数来说明:

$$\frac{3}{\kappa L}\left(\frac{\partial L}{\partial P}\right)_{T,f} = \frac{3}{\kappa \alpha}\left(\frac{\partial \alpha}{\partial P}\right)_{T,f} + \frac{3}{L_0 \kappa}\left(\frac{\partial L_0}{\partial P}\right)_T$$

$$= \frac{3}{\kappa \alpha}\left(\frac{\partial \alpha}{\partial P}\right)_{T,f} - 1 \tag{A11.6}$$

微商$(\partial \alpha/\partial P)_{T,f}$一定非常接近于零,难以置信的是这个延伸率还明显依赖于压力.如是,就必须假定体积会随伸长而有一个大的变化,这一点被实验否定了[5].因此我们可以有把握地假定

$$\frac{\kappa L}{3}\left(\frac{\partial P}{\partial L}\right)_{T,f} \approx -1 \tag{A11.7}$$

关于方程(A11.5)中括号内的第二项,其中微商的乘积是膨胀系数与压缩系数负值的比率(长度恒定时).因此,这一项可以写为

$$\frac{\kappa}{\alpha_T}\left(\frac{\alpha_T}{\kappa}\right)_L$$

下标 L 是指已形变了的橡胶.对非晶橡胶$(\alpha_T/\kappa)_L$一定非常接近于α_T/κ,因为各向异性而在任一系数中引入这样小的影响,将可能同样影响这两个系数.因此,方程(A11.5)中括号内的表达式一定非常接近于零.

在作出 Δ 也可忽略的结论前,应该把因子$(\partial V/\partial L)_{T,P}(\alpha_T/\kappa)$与方程(A11.1)中的$(\partial f/\partial T)_{P,\alpha}$作一比较.正如已经在 11.1.3 小节中表明的那样,对非晶橡胶,后一个量近似等于 f/T.天然橡胶因拉伸伴随的体积变化可以归因为内压降低产生的膨胀.按弹性理论,内压(是所加应力的正压分量)的这个降低等于这个拉伸的 1/3.因此

$$\Delta P_{\text{int}} = -\frac{fL}{3V}$$

和所产生的膨胀应是

$$\Delta V = -\kappa V \Delta P_{\text{int}} = \frac{\kappa fL}{3}$$

给出

$$\left(\frac{\partial V}{\partial L}\right)_{T,P} = \frac{\kappa f}{3} \tag{A11.8}$$

Gee、Stern 和 Treloar[5]已证明,把橡胶拉伸到 100%时的体积变化已以这种方式作出了定量的解释,这样,就提供了不存在各向异性的强有力证据,其程度可以严重削弱前段中引入的近似性.

把方程(A11.8)代入到(A11.5)中,我们得到

$$\Delta \approx \frac{f\alpha_T}{3}\left[\frac{\kappa}{\alpha_T}\left(\frac{\alpha_T}{\kappa}\right)_L - 1\right] \tag{A11.9}$$

对通常温度下的天然橡胶,$\alpha_T \approx 6.6 \times 10^{-4}$ K^{-1}.这样,量 $f\alpha_T/3 \approx 2.2 \times 10^{-4} f$ 要比方程(A11.1)的$(\partial f/\partial T)_{P,\alpha}$小很多,通常温度下后者具有 f/T,即 $3 \times 10^{-3} f$ 的量级.Δ 的值会因为方程(A11.9)中括号里的因子进一步缩小,这个因子不会与零相差很多.因此,我们得出结论,在任何情况 $\Delta \ll f/T \approx (\partial f/\partial T)_{P,\alpha}$.

附录 B 溶胀网的形变[52]

让我们假定原体积为 V_0 的交联网被溶剂均匀地溶胀到体积 V,这样聚合物的体积分数为 $v_2 = V_0/V$.在接下来的形变中假定体积是不变的.令 α_x、α_y 和 α_z 表示由于**溶胀和变形**而引起的尺寸变化,因此我们有 $\alpha_x\alpha_y\alpha_z = 1/v_2$ 在形变过程中是不变的.设定这里是在 x 轴方向的简单伸长,我们令 α 表示在这个方向上的长度相当于**溶胀了的、但未拉伸的长度** $L_{0,s} = (V/V_0)^{1/3}L_0$,因为溶胀是各向同性的.那么

$$\alpha_x = \alpha\left(\frac{V}{V_0}\right)^{1/3} = \frac{\alpha}{v_2^{1/3}} \tag{B11.1}$$

并且因为 $\alpha_x\alpha_y\alpha_z = v_2^{-1}$,有

$$\alpha_y = \alpha_z = (v_2\alpha_x)^{-1/2} = \frac{1}{\alpha^{1/2}v_2^{1/3}} \tag{B11.2}$$

通过把这些关系代入到方程(11.41),相对于起始状态 $\alpha_x = \alpha_y = \alpha_z = 1$ 的构象熵变(包括聚合物与溶剂的混合熵,见第 12 章)变为

$$\Delta S = -\frac{k\nu_e}{2v_2^{2/3}}\left(\alpha^2 + \frac{2}{\alpha} - 3 + \ln v_2\right) \tag{B11.3}$$

以 $L_{0,s}$ 代替 L_0,应用方程(11.43),得到以**溶胀了的、未拉伸的试样单位面积为准的张力 τ 表达式:**

$$\tau = \frac{RT\nu_e}{Vv_2^{2/3}}\left(\alpha - \frac{1}{\alpha^2}\right) \tag{B11.4}$$

$$= \frac{RT\nu_e}{V_0}v_2^{1/3}\left(\alpha - \frac{1}{\alpha^2}\right) \tag{B11.4'}$$

这里 ν_e 单位是 mol.张力 τ_0 针对的是**未溶胀的、未拉伸的截面积**,为

$$\tau_0 = \frac{\tau \dfrac{V}{L_{0e}}}{\dfrac{V_0}{L_0}} = \frac{\tau}{v_2^{2/3}} = \frac{kT\nu_e}{V_0} v_2^{-1/3} \left(\alpha - \frac{1}{\alpha^2} \right) \tag{B11.5}$$

比较方程(B11.5)和(11.44)可知,因为 $v_2^{-1/3} > 1$,因子 α 相同,把溶胀的橡胶拉伸到给定伸长需要比拉伸同样的未溶胀试样更大的力. 但是,如果溶胀的和未溶胀的试样(两者都选自同一个硫化物)都按相同的截面积来比较的话,根据方程(B11.4′),因子 α 相同时,拉长溶胀的试样比拉伸未溶胀的所需的力要小. 当这些预言被实验定性确认时,Gee 关于橡胶的结果表明[11],方程(B11.5)对 $v_2^{-1/3}$ 的简单依赖关系在定性上也不对. 这个不一致的原因或许与那些造成 τ_0 不再随 $\alpha - 1/\alpha^2$ 变化的因素有关. 另一方面,Wiederhorn 和 Reardon[53] 在拉伸溶胀胶原蛋白纤维时观察到的应力在很宽的溶胀范围以及伸长达 $\alpha = 2$ 时与这些量符合得很好.

参 考 文 献

[1] 关于橡胶物理性质的扩展讨论,读者可参阅 Treloar L R G. The Physics of Rubber Elasticity. Oxford: Clarendon Press, 1949.

[2] Gough J. Proc. Lit. and Phil. Soc., Manchester, 2d ser., 1805,1:288.

[3] Lord Kelvin. Quarterly J. Math., 1857,1:57.

[4] Joule J P. Trans. Roy. Soc. (London), 1859,A149:91; Phil. Mag., 1857,14:227.

[5] Gee G, Stern J, Treloar L R G. Trans. Faraday Soc., 1950,46:1101.

[6] Holt W L, McPherson A T. J. Research Nat. Bur. Stand., 1936,17:657; Fox T G, Flory P J, Marshall R E. J. Chem. Phys., 1949,17:704.

[7] Dart S L, Anthony R L, Guth E. Ind. Eng. Chem., 1942,34:1340.

[8] Meyer K H, von Susich G, Valkó E. Kolloid Z., 1932,59:208.

[9] Wiegand W B, Snyder J W. Trans. Inst. Rubber Ind., 1934,10(No. 3):234.

[10] Elliott D R, Lippmann S A. J. Applied Phys., 1945,16:50.

[11] Gee G. Trans. Faraday Soc., 1946,42:585.

[12] Meyer K H, Ferri C. Helv. Chim. Acta, 1935,18:570.

[13] Anthony R L, Caston R H, Guth E. J. Phys. Chem., 1942,46:826.

[14] Wood L A, Roth F L. J. Applied Phys., 1944,15:781.

[15] Meyer K H, van der Wyk A J A. Helv. Chim. Acta, 1946,29:1842.

[16] Roth F L, Wood L A. J. Applied Phys., 1944,15:749.

[17] Peterson L E, Anthony R L, Guth E. Ind. Eng. Chem., 1942,34:1349.

[18] Boonstra B B S T. Ind. Eng. Chem., 1951,43:362.

[19] Flory P J. J. Chem. Phys., 1947,15:397.

[20] Smith W H, Saylor C P. J. Research Nat. Bur. Stand., 1938,21:257.

[21] Woods H J. J. Colloid Sci., 1946,1:407.

［22］ Wöhlisch E, et al. Kolloid Z. , 1943,104：14；Guth E. Annals N. Y. Acad. Science, 1947,47：715.

［23］ Farmer E H，Shipley F W. J. Polymer Sci. , 1946,1：293；Naylor R F. ibid. , 1946,1：305；Bloomfield G F. ibid. , 1946,1：312. 另见 J. Chem. Soc. , 1947, 1519, 1532, 1546, 1547. Bloomfield G F, Naylor R F. Organic Chemistry, Biochemistry//Proceedings of the XIth International Congress of Pure and Applied Chemistry, Vol. II , 1951：7.

［24］ Armstrong R T, Little J R, Doak K W. Ind. Eng. Chem. , 1944,36：628；Hull C M, Olsen S R, France W G. ibid. , 1946,38：1282；Barton B C, Hart E J. Ind. Eng. Chem. , 1952,44：2444.

［25］ Sheppard N, Sutherland G B B M. J. Chem. Soc. , 1947,1699.

［26］ Bloomfield G F. J. Soc. Chem. Ind. (London), 1949,68：66；ibid. , 1948,67：14.

［27］ Gordon M. J. Polymer Sci. , 1951,7：485.

［28］ Bateman L. 私人通信.

［29］ Rabjohn N. J. Am. Chem. Soc. , 1948,70：1181；Flory P J, Rabjohn N, Shaffer M C. J. Polymer Sci. , 1949,4：225.

［30］ Baker W O. J. Am. Chem. Soc. , 1947,69：1125.

［31］ Farmer E H, Moore C G. J. Chem. Soc. , 1951,142.

［32］ Flory P J. Chem. Revs. , 1944,35：51.

［33］ Flory P J. Ind. Eng. Chem. , 1946,38：417.

［34］ Wall F T. J. Chem. Phys. , 1942,10：485；1943,11：527.

［35］ Treloar L R G. Trans. Faraday Soc. , 1943,39：36,241. 另见文献［1］.

［36］ Flory P J. J. Chem. Phys. , 1950,18：108.

［37］ Treloar L R G. Trans. Faraday Soc. , 1944,40：59.

［38］ Kinell P-O. J. Phys. Colloid Chem. , 1947,51：70.

［39］ Schaefgen J R, Flory P J. J. Am. Chem. Soc. , 1950,72：689.

［40］ Mooney M. J. Applied Phys. , 1940,11：582；1948,19：434.

［41］ Rivlin R S. Trans. Royal Soc. (London), 1948,A240：459,491,509；1948,241：379.

［42］ Bardwell J, Winkler C A. Can. J. Research, 1949,B27：116,128,139.

［43］ Smallwood H M. J. Applied Phys. , 1944,15：758.

［44］ Guth E. J. Applied Phys. , 1945,16：20；Guth E, Gold O. Phys Rev. , 1938,53：322.

［45］ Cohan L H. India Rubber World, 1947,117：343.

［46］ Zapp R L, Guth E. Ind. Eng. Chem. , 1951,43：430.

［47］ Stearns R S, Johnson B L. Ind. Eng. Chem. , 1951,43：146.

［48］ Bueche A M. J. Applied Phys. , 1952,23：154.

［49］ Flory P J, Rabjohn N, Shaffer M C. J. Polymer Sci. , 1949,4：435.

［50］ Gee G. J. Polymer Sci. , 1947,2：451.

［51］ Borders A M, Juve R D. Ind. Eng. Chem. , 1946,38：1066.

［52］ James H M, Guth E. J. Chem. Phys. , 1943,11：455；Flory P J, Rehner J, Jr.. ibid. , 1943, 11：521.

［53］ Wiederhorn N M, Reardon G V. J. Polymer Sci. , 1952,9：315.

第 12 章　高分子溶液统计热力学

包括拉乌尔(Raoult)定律在内的理想溶液定律提供了处理简单溶液的基础.虽然各种溶液在宽广的浓度范围很少能表现出理想行为,但是其关联性通常是充分的,表明把传统意义上定义的理想溶液作为参比标准是合理的.对于溶质为高分子量聚合物的溶液,其行为与理想溶液有很大的偏差.只有当溶液足够稀时,正如我们在第 7 章所看到的,理想溶液定律必须作为渐近的极限,高分子溶液与理想溶液行为近似地相符.而当浓度超过百分之几时,高分子溶液对理想溶液的偏离通常是如此之大,以至于理想定律不再能作为合理地关联其热力学性质的基础.因此还需要一些其他的关系式.

按照拉乌尔定律,溶液中溶剂的活度 a_1 应该与它的摩尔分数 N_1 相等.在一个含有溶剂和聚合物的二元溶液中,其中聚合物的分子量为溶剂的 1000 倍甚至更高,溶剂仅占很小的**质量**分数就足以使它的**摩尔**分数 N_1 非常靠近 1.因此,根据拉乌尔定律($a_1 = P_1/P_1^0$),在更为宽广的组成范围中,溶液中溶剂的分压 P_1 应该与纯溶剂的分压 P_1^0 几乎相等.实验并没有证实这一预测.图 12.1 中的光滑曲线表示的是苯与橡胶的混合物中苯的活度与溶剂体积分数 v_1 的关系[1].图的右上部分的短划线代表拉乌尔定律;下方的虚直线代表用任一关系式 $a_1 = v_1$ 替代拉乌尔定律.实验曲线位于两者之间.后者在溶液无限稀时,逐渐逼近拉乌尔定律曲线,正如已经提到的.然而,在高度稀释时,由任一曲线得到的活度 a_1 是如此靠近,使得差值 $1 - a_1$ 在图 12.1 中几乎察觉不到.在较高浓度时,活度与体积分数比的相关性比与摩尔分数的相关性更好,虽然在数值上并不相等.理想溶液定律失效的根源是把摩尔分数作为组成变量.这样就预先假设,作为溶质的聚合物大分子对溶剂活度的影响应与平常的溶质分子一致,而平常的溶质分子也许并不比高分子链的一个单元大.

在宽广的组成和温度范围内,理想溶液行为需要符合下列条件:

（ⅰ）混合熵必须是[①]

$$\Delta S_M = - k(n_1 \ln N_1 + n_2 \ln N_2) \tag{12.1}$$

式中,n_1 和 n_2 分别是溶剂和溶质的分子数,N_1 和 N_2 分别是它们的摩尔分数.

（ⅱ）混合热 ΔH_M 必须为 0.

偏离理想情况可能是由于某一个条件不满足.高分子溶液的早期研究表明[2],对理想情况的偏离并不具有强烈的温度依赖性,由此可以总结为至少条件(ⅰ)没有满足,这一结论已充分地得到更多近期研究的证实.因此,我们将首先导出聚合物与溶剂的混合熵,以替代式(12.1).

---

① 参考合适的教材.

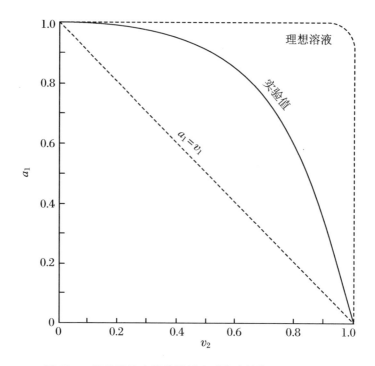

图 12.1　橡胶溶液中的苯的活度对橡胶的体积分数作图

实线表示 Gee 和 Treloar[1]的实验数据. 右上部分的短划线表示计算的理想溶液的曲线, 溶液为分子量 $M = 280000$ 的溶质溶于苯中. 对角的虚线对应于 $a_1 = v_1$.
(根据 Gee 和 Treloar[1]的实验数据)

12.1　高分子溶液的一般热力学关系式

12.1.1　根据液体格子理论的混合熵[3—5]

考虑一含有两种类型分子的二元溶液, 其中分子的大小、空间构象以及外力场均一致, 可以推导出理想的混合熵表达式(12.1). 在这样的混合物中, 一种分子可以被另一种分子替换, 并不影响溶液中相邻分子的环境. 与纯组分相比, 较大的溶液的熵值完全是由于溶液中可能存在的较大放置数引起的. 在如此简单的二元体系中, 可允许的放置方法数是容易计算的.

纯液体及它们的溶液中的分子排列被视为是足够规整的, 可以近似地用格子来表示, 正如图 12.2 所显示. 在一个含有近乎球形分子的简单液体中, 与一指定分子最邻近的分子的位置虽然不如晶体里那样精确, 但是与指定分子中心的距离可以相当清楚地定义. 第二层邻近分子将出现在不太能准确确定的位置上, 等等. 因为我们仅涉及与指定分子(或高分子链段, 见下文)最邻近的球, 格子随与参考点距离增加而迅速地退化并不重要. 因此, 采用格子方案本身并不一定是一个冒有风险的理想化处理.从应用到实际溶液的观点来说,随后的假设要严重得多,即假设**相同的格子同时**被用来描述纯组分以及它们的溶液的构象.它要求两种分子组分的几何形状几乎相同.

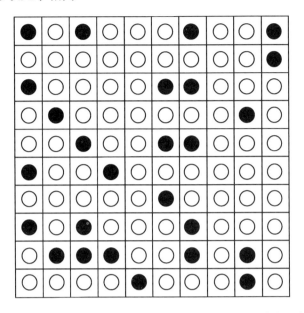

图 12.2　单体型溶质分子分布在用来描述二元溶液的格子中

把 n_1 个等同的溶剂分子和 n_2 个等同的溶质分子放入 $n_0 = n_1 + n_2$ 个格子中,考虑总的放置方法数.这就是从 n_0 个物件中一次取走 n_1 个的排列组合数问题,得

$$\Omega = \frac{n_0!}{n_1! n_2!} \tag{12.2}$$

而纯组分只能以一种方式排列在它们各自的格子中,溶液中可能的排列数 Ω 是非常巨大的.因此,根据 Boltzmann 关系式,混合熵应为 $\Delta S_M = k \ln \Omega$.对于阶乘,引入 Stirling 近似公式 $\ln n! = n \ln n - n$,有

$$\Delta S_M = k \left[(n_1 + n_2) \ln (n_1 + n_2) - n_1 \ln n_1 - n_2 \ln n_2 \right]$$

经适当的重排后得到式(12.1).尽管式中包含了大量的近似,但理想的混合熵表达式已证明是对简单分子溶液、甚至两种组分的分子形状不一致和尺寸相差两倍的情况下的较实用的概括.

这种处理方法本质上基于溶液中溶剂分子与溶质分子近似的互换性假设,并不能适用于溶质分子是溶剂分子体积的 1000 倍或更高倍数的高分子溶液.长链高分子可以被认为含有 x 个**链段**[①],每个链段的体积与溶剂分子的体积相等.当然,x 就是溶质分子与溶剂分子的摩尔体积比.一个链段与一个溶剂分子可以彼此在格子中互换位置.其他方面所需的假设与上文使用的假设等同.高分子溶液在一个重要的方面不同于含相同比例单体溶质的溶液,

———————————

① 这里及下文使用的符号 x 与本书之前章节表示结构单元数的含义有些不同.在混合问题上采用的链段常常方便地就定义为需要与一个溶剂分子占据相同空间的高分子中的那部分,它与此处并不关注的结构单元大小无关.然而,这里的 x 与之前的一样都是用来定义与高分子组分相关的尺寸大小.

即高分子需要占据 x 个相连的格子,而对于单体溶质的溶液没有这样的限定.这种情况用图 12.3 来示意说明.

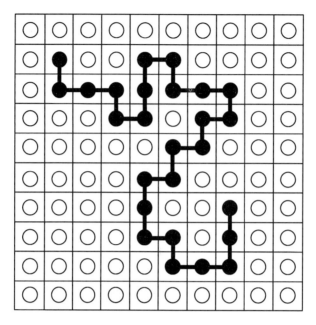

图 12.3　排布在格子中的高分子链段

我们首先需要计算由于高分子和溶剂分子不同的排布方式所引起的高分子溶液的**总构象熵**.因此起始或参比状态可视为纯溶剂和有序结构的纯聚合物,即高分子链可看成最初是像晶体一样有序排列的.高分子依次排入溶液所包含的 $n_0 = n_1 + xn_2$ 个格子中,其中 n_1 和 n_2 跟之前的一样,分别是溶剂和溶质的分子数.为了得出总的放置方法数 Ω,下面估算每个高分子排入格子可能的放置方式数.假定已有 i 个高分子无规地放入格子中,则在剩余 $n_0 - xi$ 个空格中,第 $i+1$ 个高分子中的第一个链段将放入剩余空格中的任一个.假设 z 为晶格的**配位数**或指定格子周围最邻近的格子数,可以认为 z 值在 6~12 之间,但是它的实际数值并不重要.第二个链段被分配到第一个链段所占据的格子周围 z 个格子中的任一个,当然要除去那些可能已经被之前排入的 i 个高分子中的某些链段所占据的格子.假设用 f_i 表示邻近原先为空格(如指派给第 $i+1$ 个高分子第一个链段的格子)的某一指定格子被占据的期望值.暂时推迟估算 f_i,我们注意到,第二个链段可能放入的预期格子数将是 $z(1-f_i)$.第三个链段可能放入的预期格子数将是 $(z-1)(1-f_i)$,因为与第二个链段相邻的格子中已有一个格子被第一个链段占据.对随后的每个链段,可允许放入的格子数可以认为也是 $(z-1)(1-f_i)$,不用考虑除了紧连相同链上前一个链段外的一个链段占用其中一个格子这种相对少见的情况.因此对于这个分子 x 个相连单元可能的排布方式数为

$$\nu_{i+1} = (n_0 - xi)z(z-1)^{x-2}(1-f_i)^{x-1} \tag{12.3}$$

如果排入格子的 n_2 个高分子各不相同,它们在格子中总的排布方式数将是每个高分子依次排入格子的排布方式数的乘积,即

$$\prod_{i=1}^{n_2} \nu_i$$

选为高分子占据的 x 个相连的格子排布是等同的,不同的仅是高分子间相互对调位置,而在这个计数方案中是按照不同排布方式来计算的.因为高分子实际是等同的,消除这种重复计算是合适的.我们需要的仅是从格子中选择 n_2 套 x 个依次相邻的格子的方式数 Ω,而高分子排入的次序并不重要.因为 n_2 个可分辨的高分子(例如,按照它们排入格子的次序依次做上标记)可以以 $n_2!$ 种不同的方式分配到 n_2 套格子中,因此有

$$\prod_{i=1}^{n_2} \nu_i = n_2!\Omega$$

或

$$\Omega = \frac{1}{n_2!}\prod_{i=1}^{n_2} \nu_i \tag{12.4}$$

先前在为第 $i+1$ 个高分子寻找可放入的 x 个相连的格子时,已确定了一个格子(ξ)已被前面排入的高分子某个链段所占据、而相邻的格子($\xi-1$)未被占据的期望值 f_i,这一数值并不严格等同于任意选取的一个格子被占据的平均期望值 $\overline{f_i}$.当然,后一期望值等于所有格子中已被 i 个高分子的链段所占据的分数,即

$$1 - \overline{f_i} = \frac{n_0 - xi}{n_0} \tag{12.5}$$

期望值 f_i 将略小于 $\overline{f_i}$,因为在排布高分子时,其中一个链段已占据一个格子 ξ,同一高分子中相邻的链段有可能不被排布到已确认是空的相邻的格子 $\xi-1$ 中.①然而,f_i 与 $\overline{f_i}$ 之间的差异表示一种细化,它并不能由格子模型内在的近似处理来保证.[5]

用式(12.5)替代式(12.3)中的 $1-f_i$,并以 $z-1$ 代替 z,可以得到

$$\nu_{i+1} = (n_0 - xi)^x \left(\frac{z-1}{n_0}\right)^{x-1}$$

为了处理方便,可以进一步作近似,而误差是细微的:

$$\nu_{i+1} = \frac{(n_0 - xi)!}{[n_0 - x(i+1)]!}\left(\frac{z-1}{n_0}\right)^{x-1} \tag{12.6}$$

将式(12.6)代入式(12.4),得到 n_2 个等同的高分子在包含 n_0 个位置的格子中的总排布方

---

①　期望值 f_i 可以按下列方式确定.格子 ξ 是空的概率在不考虑相邻格子 $\xi-1$ 的状态情况下当然等于 $1-\overline{f_i}$.它也等同于两个格子都不被同一分子链相连的链段占据的概率与格子 ξ 是空、相邻格子 $\xi-1$ 也是空的概率 $1-f_i$ 的乘积.两个格子同时被同一分子链相连的链段占据的概率是 $\overline{f_i}2(x-1)/xz$,因此上面预告的等式可以写为

$$1 - \overline{f_i} = \left(1 - 2\overline{f_i}\frac{x-1}{xz}\right)(1-f_i)$$

把式(12.5)代入即得

$$1 - f_i = \frac{n_0 - xi}{n_0 - \dfrac{2(x-1)i}{z}} \tag{12.5'}$$

由式(12.5)可知,当格子配位数 z 值大时,$1-f_i$ 接近 $1-\overline{f_i}$.在上述改进中,Huggins[3]、Miller[6,7]、Orr[8]、Guggenheim[9] 采用式(12.5')替代式(12.5)而给出更为精确的格子模型描述.然而,复杂得多的最终表达式与实验结果并没有符合得更好.[5]

式数为

$$\Omega = \frac{n_0!}{(n_0 - xn_2)! \, n_2!} \left(\frac{z-1}{n_0} \right)^{n_2(x-1)} \tag{12.7}$$

如果每个溶剂分子可以占据剩余格子中的某一个格子,且只有一种方式,则 Ω 也就表示了溶液中总的构象数,由此可以得到完全有序的纯聚合物与纯溶剂的混合构象熵为 $S_c = k\ln\Omega$. 对于式(12.7)Ω 中的阶乘,引入 Stirling 近似公式,并用 $n_1 + xn_2$ 代替 n_0,随后简化可以得到

$$S_c = -k \left[n_1 \ln \frac{n_1}{n_1 + xn_2} + n_2 \ln \frac{n_2}{n_1 + xn_2} - n_2(x-1) \ln \frac{z-1}{e} \right] \tag{12.8}$$

溶液的形成可以设想为两步完成:高分子的解取向和解取向高分子与溶剂分子的混合. 各自的熵变按如下方式得到:第一步过程,可以在式(12.8)中令 $n_1 = 0$ 而求得,即

$$\Delta S_{解取向} = kn_2 \left[\ln x + (x-1) \ln \frac{z-1}{e} \right] \tag{12.9}$$

如果 x 值大,与第二项相比,第一项可以忽略不计,每个链段的解取向熵即为

$$\frac{1}{xn_2} \Delta S_{解取向} \approx k \ln \frac{z-1}{e} \tag{12.9'}$$

因为已经假设纯聚合物和纯溶剂、所有的中间组成都可以排布在同样的格子中,意味着把高分子中的链段数 x 视为高分子与溶剂分子的体积比. 因此,解取向熵表达式(12.9)和(12.9′)将含有关联溶质和溶剂之间关系的参数 x,虽然溶剂与实际的解取向过程(例如熔融过程)无关. 更为合理的估算解取向熵的程序为,把实际的高分子链看成假想的等效自由联结链,如第 10 章所讨论的,单元的尺寸和数量的选择要能满足实际链在无扰状态下的伸直长度和均方根末端距($\sqrt{\overline{r^2}}$). 这样的单元数 x'(在第 10 章中是 n')将替代式(12.9)和式(12.9′)中的 x. 然而与等效自由联结链相对应的格子的配位数 z 不能以任何独立的方式求值,这样的关系也就没什么定量的意义了. 不过可以这样说,链的柔性越大,链段的排布越是无序(也就是 z 值越大),解取向熵将越大. 参照式(12.9′),对于每摩尔的等效单元,它应该在 R cal 的量级. 这种链骨架的解取向熵可以预期是熔融熵的主要部分,这是下一章所讨论的主题.

按照格子模型原先的假设,解取向聚合物与溶剂的混合熵可以通过式(12.8)减去式(12.9)而得到. 其结果为[4]

$$\Delta S_M^* = -k(n_1 \ln v_1 + n_2 \ln v_2) \tag{12.10}$$

其中,v_1 和 v_2 分别是溶剂和溶质的体积分数,即

$$\left. \begin{array}{l} v_1 = \dfrac{n_1}{n_1 + xn_2} \\[3mm] v_2 = \dfrac{xn_2}{n_1 + xn_2} \end{array} \right\} \tag{12.11}$$

一个星号标注在 ΔS_M^* 上,提醒我们这里仅考虑了分子和它们的链段排布所引起的**构象熵变**,并没有考虑后者的内部情况. 相邻单元间的特殊相互作用对熵的可能贡献将在后面考虑.

比较式(12.10)和式(12.1)可知,与理想溶液的混合熵表达式有着有趣的类似性.理想溶液表达式中的摩尔分数在尺寸不一致的分子相混合情况下被体积分数所取代.理想的混合"定律"仅仅在溶剂分子与溶质分子体积相等的情况下可以得出.这样体积分数与摩尔分数是相等的,因此式(12.10)与式(12.1)是等同的.理想的混合关系式可以作为更一般的混合表达式(12.10)的一个特例.

推广到含有一系列同系物的多分散聚合物[10,11],可以导出式(12.10)的一般形式:

$$\Delta S_{\mathrm{M}}^* = - k \left(n_1 \ln v_1 + \sum_i{}' n_i \ln v_i \right) \tag{12.12}$$

求和符号上的一撇是为了指出这里仅包含聚合物的各组分.为了得出一更加紧凑的表达式,代表溶剂的 $n_1 \ln v_1$ 项当然也包含在总的里.然而,上述将溶剂与聚合物分开的形式通常是优先采用的,因为在后面介绍的混合热与总的聚合物浓度 $\sum_i{}' v_i = v_2 = 1 - v_1$ 有关.由于溶剂术语在形式上与任何别的组分是相同的,显然溶剂也没必要只包含单一的链节.事实上,溶剂可以由任意数目的链节所组成(即它的分子体积是不限制的),而这并不改变式(12.10)或式(12.12)的形式.

12.1.2　格子理论的近似性和局限性

上述关于纯的解取向聚合物与溶剂混合熵表达式的简单性是最吸引人的,但是在对它进行应用之前,有必要小心检查在推导过程中由于明确的或隐含的假设和近似处理所带来的局限性.当中最重要的是接受单一种类的格子去表征溶剂、聚合物以及中间的组成.正如我们已经提到的,仅作为一种处理指定分子与它在纯液体介质中最邻近单元间关系的格子模型的运用并不会特别引起反对,但是对于不同组分采用**相同的**格子是出于所含组分的空间需求,而这是不大合理的.似乎没有什么好的办法来规避格子模型中这一假设.就用格子模型处理高分子溶液性质的权宜之计来说,它建立了最为重要的折中方法.与模型本身在物理意义上的不真实相比,为了简化处理而引入的数学上的近似就显得不重要了.

然而,对理论改进的大部分努力是直接对模型数学处理作细微的改进,而模型自身固有的缺陷往往被忽视.数学上细致的改进有两类.一种改进在于为了导出 v_i 的表达式而使用更为精确的 f_i 表达式(参见第 359 页的脚注),或是其他的避免 f_i 等于 $\overline{f_i}$ 的表达式.[3,6,8,9] 由此导出的方程式比上面所给出的那些要复杂得多,且没有任何实际证据表明改进后与实验更相符合.[5] 其他在格子模型处理上的改进则与假设有关,即我们以隐含方式采用的关于溶液中构象是无规的假设.如果同种或不同种组分间存在优先的吸引作用,那么在一个高分子链段的邻近格子中出现溶剂分子的机会将由于吸引作用而改变.Orr[8] 和 Guggenheim[12] 考虑了这种优先相互作用的影响并推导出混合熵的表达式.他们的结果显示,与其他近似所产生的效果相比,对可能通常只存在于高分子溶液的这种相互作用,由非随机性引起的对所计算的混合熵的改进是几乎不重要的.

在所有格子模型的处理中共有的、但是在之前的进展进程中没有提及的更进一步假设[13]仍有待考虑.这一点更为微妙,多年来被大多数研究者所忽视.在格子模型中为第 $i+1$ 个高分子寻求 x 个相连的格子序列的数目时,假设先前放入的 i 个高分子的链段在格子中本质上是无规分布的.当然实际上它们占据 x 个连续的相邻的格子.如果已经放入格子的高分子的浓度大,这些分子将相互交织在一起到如此程度,以至于这种假设可能是合理的.然而,当溶液足够稀时,高分子彼此相互分离,被链段占据的格子如同低密度的、松散的串,其中间区域将完全是空的.

稀溶液中的这种情形在图 7.1 中得到说明.高度稀释时,溶液大致分为两个不同的区域:一是完全不被高分子占据的区域,另一是链段(平均)浓度低的区域.分子区域的浓度取决于高分子链的构象,而与总体上溶液的组成无关.如果第 $i+1$ 个分子放入前面的区域,它不会碰到之前放入的 i 个分子中的任一链段,这个区域的 f_i 有效值将为零.如果它的排布与被其他高分子所占据的一个(或更多的)区域有交叠,f_i 有效值将超过整个极稀溶液的**平均值**.除非在劣溶剂中(参见 12.2.2 小节),第 $i+1$ 个分子更倾向于排布在前面的区域,其中并不受到任何链段在格子中的排布的竞争.尽管高分子线团中的链段密度低,由于必须排布的第 $i+1$ 个分子中链段数巨大,这种情况是真实的(参见 12.2 节).因此,在良溶剂中,高分子链段积极地寻找溶剂的环境,至少像其他高分子链段所提供的环境一样有利,源于不同分子的链段占据同一格子的趋势而引起的相互冲突的可能性将比我们上述假设链段在整个体积范围内无规分布时的计算值低得多.甚至可粗略地把高分子近似为不相贯穿的球体.[13] 这种球体稀溶液的构象统计学与上面发展的理论不一致,将在本章的后面作更为完整的说明.重要的是认识到,总的来说到目前为止发展的理论是不适合稀溶液的.

12.1.3 另一种推导方法

可以发现式(12.10)和式(12.12)中并不包含任何与格子相关的参数,意味着比起格子模型的人为性,它们享有更大的有效性.① 事实上,Hildebrand[14] 作过说明,混合熵表达式(12.10)可以不凭借液体的格子模型而推导出,即以一种更具启发性的方式,并赋予关系式中每一项以意义.他并没有假设聚合物和溶剂采用同一种格子,而是假设对聚合物与对溶剂一样,单位体积液体可用的**自由体积**是相同的.② 此外,假设任一高分子溶液和溶剂中的自由体积在总体积中都占用相同的分数 v_f.因此,按照上述假设,纯组分可用的自由体积为

$$V_{f,1} = n_1 V_1 v_f \tag{12.13}$$

和

$$V_{f,2} = n_2 V_2 v_f \tag{12.14}$$

式中,V_1 和 V_2 分别是各自的分子体积.对于溶液,可写成

$$V_{f,12} = (n_1 V_1 + n_2 V_2) v_f \tag{12.15}$$

根据把自由体积作为分子重心分布的有效体积的概念,熵可以视为含有与局限在与自由体积相等的空间的相同分子数的理想气体的熵.含有 n 个分子的理想气体的熵依赖于体积,即

---

① 如果采用 359 页的脚注中给出的更为精确的 f_i 表达式(12.5′),混合熵表达式中会出现含有格子配位数 z 的额外项.

② 自由体积被看成液体(或无定形聚合物)的实际体积与分子在彼此排列紧密的情况下所占有的最小体积之差.在这一自由体积定义中,隐含了具有刚性尺寸的不可压缩分子.这种不切实际的含义削弱了对自由体积进行精确测定甚至进行确切定义的基础.然而这个概念被证明还是有用的.

$nk \ln V$,由于溶液中溶剂分子可用的自由体积较大,熵的增值为

$$n_1 k \ln \frac{V_{f,12}}{V_{f,1}}$$

溶质中相应的项为

$$n_2 k \ln \frac{V_{f,12}}{V_{f,2}}$$

这些表达式的加和代表混合熵.将式(12.13)～式(12.15)代入自由体积,所得结果与式(12.10)是相同的.根据这个简单的推导,式(12.10)中的项表示由于分子在溶液中具有更大的空间自由度而对熵的贡献.把上述推导简单地推广到聚合物组分的混合物,便可得到式(12.12).

这里的第二种推导方法提出了一明显的改进,涉及两种纯组分具有不同的自由体积分数 v_f,可以进一步规定 v_f 随着溶液的组成而变化.例如,可以假设随着聚合物的体积分数而线性变化.通常,聚合物的体积分数比单体型的溶剂要小得多.因此,混合构象熵将比式(12.10)所给出的要小,这一点通过重新审视刚给出的推导可以容易地得到验证.将这一改进纳入理论中使得随后的方程式变得相当复杂,也会出现额外的主观参数,而参数是不能通过现有数据作出明智的评价的.鉴于这些原因,在了解到相应的混合熵(包括偏微摩尔混合熵,参见 12.1.5 小节)有可能过大的前提下,我们还将坚持采用较简单的混合熵表达式(12.10).

12.1.4　混合热和混合自由能

液态中分子靠得很近,因此分子间的相互作用较大.由于纯溶剂和纯液相聚合物作为处理溶液的参比状态,我们只关心与纯组分相比,溶液的总相互作用能的**变化**,溶液中的或是纯组分中的相互作用能的绝对量级都不直接考虑.特别是我们需要表达这种相互作用能的变化或混合热 ΔH_M 对浓度的依赖性.由于不带电荷的分子间的相互作用力随着距离的增加而迅速减小,这足以限制我们只考虑最邻近一对分子或链段间的相互作用能,而并不最邻近的单元间的相互作用对总的相互作用能贡献微弱.因此,混合热可认为是由于纯液体中同种组分间的相互接触被溶液中不同种组分间的相互接触所取代而引起的.根据格子模型,每个格子能放入一个溶剂分子或高分子的一个链段,可方便地采用自加说明的符号,[1,1]、[2,2]、[1,2]代表三种类型的最邻近相互接触.溶液的形成可以比作一个化学反应,根据化学计量方程式,拆散等量的前两种键而形成后一种键:

$$\frac{1}{2}[1,1] + \frac{1}{2}[2,2] = [1,2]^{①} \tag{12.16}$$

如果用 w_{11}、w_{22} 和 w_{12} 分别表示这些接触对或"键"的结合能,根据式(12.16),形成一对不同种组分间的接触,相应的能量变化为

$$\Delta w_{12} = w_{12} - \frac{1}{2}(w_{11} + w_{22}) \tag{12.17}$$

---

①　Guggenheim[12] 和 Orr[8] 在推导完整的自由能时使用的这种准化学表示方法是受限制的.

如果在溶液中以一种独特的指定方式排布分子,形成 p_{12} 对不同种组分间的接触,即 1,2 对,由纯组分到形成这种特殊构象的混合热为

$$\Delta H_{\mathrm{M}} = \Delta w_{12} p_{12} \tag{12.18}$$

为了确定指定组分的溶液中 p_{12} 的平均值,我们注意到,与高分子的一个链段相邻的特定格子被溶剂分子占据的概率近似地等于溶液中溶剂的体积分数 v_1.[①]高分子周围可形成的接触对的数量是每个链单元的 $z-2$ 个近邻的空格再加上两个链末端单元上 2 个额外的空格,即总数为 $(z-2)x+2$.为了采用上面使用体积分数 v_1 涉及的大致一样的近似,[①]每个高分子可形成的接触对数可以用 zx 来替代.因此溶液中形成的 1,2 对总数即为 $zxn_2 v_1 \equiv zn_1 v_2$,相应地,两个组分的混合热可以表示为

$$\Delta H_{\mathrm{M}} = z \Delta w_{12} n_1 v_2 \tag{12.19}$$

这就是著名的关于任意两组分体系混合热的 van Laar 方程式.因此,在采用的近似范围内,溶质的高分子特征并没有改变混合热表达式的形式.概括来说,如果溶剂分子含有 x_1 个链段而不是仅仅一个,式(12.19)则变为

$$\Delta H_{\mathrm{M}} = z \Delta w_{12} x_1 n_1 v_2 \tag{12.19$'$}$$

我们会发现改写为如下形式将更为有利:

$$\Delta H_{\mathrm{M}} = kT \chi_1 n_1 v_2 \tag{12.20}$$

式中

$$\chi_1 = \frac{z \Delta w_{12} x_1}{kT} \tag{12.21}$$

它是一个无量纲的量,表示每个溶剂分子所对应的相互作用能被 kT 除.$kT\chi_1$ 的物理意义是一个溶剂分子放到纯聚合物中($v_2 \approx 1$)与被同种溶剂分子包围(即在纯溶剂中)相比所引起的能量变化.与混合熵表达式(12.10)一样,混合热表达式(12.20)没有保留有关假想格子的任一参数.式(12.20)同样适用于多分散聚合物,且 $v_2 = \sum' v_i$.

(有时优先使用下面关于 χ_1 的定义:

$$\chi_1 = \frac{B \mathrm{v}_1}{RT} \tag{12.21$'$}$$

其中,$B = z\Delta w_{12}/V_s$,v_1 是溶剂的**摩尔体积**,V_s 表示一个链段的**分子体积**.因此 B 表示溶剂-溶质对的相互作用能密度.)

如果假设构象熵 ΔS_{M}^* 可以代表混合过程中总的熵变 ΔS_{M},综合式(12.10)和式(12.20),便直接得到混合自由能,即

$$\Delta F_{\mathrm{M}} = \Delta H_{\mathrm{M}} - T\Delta S_{\mathrm{M}} = \Delta H_{\mathrm{M}} - T\Delta S_{\mathrm{M}}^* = kT(n_1 \ln v_1 + n_2 \ln v_2 + \chi_1 n_1 v_2) \tag{12.22}$$

---

① 对模型严谨的处理将要求采用"表面分数"或"格子分数"以替代体积分数 v_1.溶剂的格子分数被定义为溶剂分子周围可排布的格子数除以所有溶剂和高分子周围这样的格子总数.因此,当溶剂只含有一个链段时,它的格子分数是

$$\frac{zn_1}{zn_1 + [(z-2)x+2]n_2}$$

当 z 值很大时,上式近似为 v_1.

对于含有尺寸不同但在化学上等效的多组分的多分散聚合物,用式(12.12)替代 ΔS_{M}^{*},可得到

$$\Delta F_{M} = kT\left(n_1 \ln v_1 + \sum_i{}' n_i \ln v_i + \chi_1 n_1 v_2 \right) \tag{12.23}$$

其中,$v_2 = \sum{}' v_i$,单撇号表明仅对溶质的组分求和.这些等式表示由纯的、解取向的聚合物(如无定形或液相聚合物)和纯溶剂形成溶液时总的自由能变化.

以混合构象熵 ΔS_{M}^{*} 作为**总**的混合熵 ΔS_{M} 的适当表达式,是忽略了由溶液中相邻组分间(溶剂分子和高分子链段)的特殊相互作用而可能引起的对熵变的贡献.我们考虑的仅是这些相互作用只引起了混合热.然而,并没有预先对由于溶液中组分的取向与在纯组分中不同所产生的可能影响不予考虑而提出正当的理由,或许由于其他原因,相邻组分间的相互作用也可能对熵没有贡献.以另一种方式表述问题,通常,式(12.16)表示的混合过程应该用标准状态混合熵①以及相应的自由能的变化、焓的变化来描述.[15]与最邻近相互作用有关的熵变应正比于溶液中形成的接触对的数目,就像引起的焓变一样.因此,通过把式(12.17)～式(12.21)中的 Δw_{12} 考虑为两部分,一个表示过程(12.16)中的焓变,另一个表示为绝对温度 T 与在标准状态下将"反应物"转化为"产物"的熵变的乘积,忽略的这部分熵的贡献就可以方便地得到修正.我们可以把 Δw_{12} 写成

$$\Delta w_{12} = \Delta w_h - T\Delta w_s$$

于是,Δw_{12} 获得了这一过程发生单元转换时的标准状态自由能变化的特征[15].因此,由式(12.21)定义的参数 χ_1 除了包含混合热项(被 kT 除)之外,还包含一项熵的贡献(被 k 除),$kT\chi_1 n_1 v_2$ 应该看成是标准状态自由能变化,而不仅仅是混合热.由于总的自由能变化 ΔF_{M} 必须包含这个标准状态自由能变化加上构象的自由能变化 $-T\Delta S_{M}^{*}$,像式(12.22)或式(12.23)表示的**自由能函数形式并没有根据这一考虑来更改**.有必要仅就以这种方式涉及的 χ_1 物理意义来进行重新评价.

鉴于上述修正,相应的混合熵和混合热表达式可以通过使用标准热力学关系式从 ΔF_{M} 得到:

$$\Delta S_{M} = -\left(\frac{\partial \Delta F_{M}}{\partial T} \right)_{P}, \quad \Delta H_{M} = -T^2 \left[\frac{\partial \dfrac{\Delta F_{M}}{T}}{\partial T} \right]_{P}$$

这样,由式(12.22)有

$$\Delta S_{M} = -k\left[n_1 \ln v_1 + n_2 \ln v_2 + \frac{\partial (\chi_1 T)}{\partial T} n_1 v_2 \right] \tag{12.24}$$

$$\Delta H_{M} = -kT^2 \frac{\partial \chi_1}{\partial T} n_1 v_2 \tag{12.25}$$

如果 Δw_{12} 不依赖于 T,即 Δw_{12} 不包含任何熵的贡献,$\chi_1 = z\Delta w_{12} x_1/kT$ 将与 T 成反比.那么在式(12.24)中的第三项为零,且 $\Delta S_{M} = \Delta S_{M}^{*}$;还有,$-T(\partial \chi_1/\partial T) = \chi_1$,且 ΔH_{M} 还原为

---

① 标准状态熵变指的是假想的把纯组分 1 和纯组分 2 转变为特别指定的 1,2 对排列(比如纯 1,2"复合物")这一过程.简而言之,标准状态熵变就是 ΔS_{M} 而不是 ΔS_{M}^{*}.

之前的表达式(12.20).如果 Δw_{12} 依赖于 T,也就是说邻近单元间的相互作用对熵有贡献,那就必须使用更为复杂的表达式(12.24)和(12.25).

总之,我们会期望在前面章节推导混合构象熵时引入的假设范围内,使用式(12.22)和式(12.23)来表示与浓度相关的混合自由能是令人满意的.首先,我们能够记起,最重要的是,假设单一种类的格子用来描述既是纯组分又是它们的溶液的构象,在 Hildebrand 的推导中,相关的假设则是自由体积分数为常量.一般而言,目前的溶液理论在建立假设时以希望不带来重大错误为基础.其次,由于极稀溶液性质的不连续本质,上面推导的 ΔH_M 表达式像 ΔS_M^* 表达式一样除了格子模型的有效性问题外,原则上已不适用于高度稀释的溶液.因此到目前为止推导的所有热力学关系式通常仅适用于无规线团高度相互贯穿的溶液.[①]最后,实验测得的**总混合熵**可能包含 $\partial(\chi_1 T)/\partial T$ 项的贡献,但是难以单独测定.因此,理论上的**构象混合熵** ΔS_M^* 并不能明确地与实验上可理解的量 ΔS_M 相比较.应该注意到,除了由高分子稀溶液特征所决定的那些外,遇到的很多困难并不是高分子溶液特有的,而是在单分子溶液理论上具有大致同等的重要性.

12.1.5　偏微摩尔量

溶液中溶剂的化学位 μ_1 与纯溶剂的化学位 μ_1^0 之差可通过混合自由能 ΔF_M 对溶剂分子数 n_1 微分得到.以描述 ΔF_M 的式(12.22)对 n_1 微分(请记住 v_1 和 v_2 都是 n_1 的函数),并且将结果乘以阿伏伽德罗常量 N_A 即可得到每摩尔的化学位(或相关的偏微摩尔混合自由能 $\Delta \bar{F}_1$):

$$\mu_1 - \mu_1^0 = RT\left[\ln(1 - v_2) + \left(1 - \frac{1}{x}\right)v_2 + \chi_1 v_2^2\right] \tag{12.26}$$

从描述多分散聚合物的式(12.23)可得到

$$\mu_1 - \mu_1^0 = RT\left[\ln(1 - v_2) + \left(1 - \frac{1}{\bar{x}_n}\right)v_2 + \chi_1 v_2^2\right] \tag{12.27}$$

与式(12.26)不同的仅在于将 x 替换为多分散聚合物的数均聚合度 $\bar{x}_n$.这些方程式很容易就把由构象熵和最邻近相互作用的贡献区分开.这样,式(12.26)可以写成为

$$\mu_1 - \mu_1^0 = -T\Delta \bar{S}_1^* + RT\chi_1 v_2^2 \tag{12.26'}$$

其中

$$\Delta \bar{S}_1^* = -R\left[\ln(1 - v_2) + \left(1 - \frac{1}{x}\right)v_2\right] \tag{12.28}$$

为溶液中溶剂的偏微摩尔**构象**熵.它可以通过直接对式(12.10)微分得到.如果 χ_1 随 T 成反比的变化(即如果相互作用仅对能量有贡献),式(12.26)中的前两项代表相应的偏微摩尔混合熵或稀释熵,最后一项为相应的偏微摩尔混合热或稀释热:

$$\Delta \bar{H}_1 = RT\chi_1 v_2^2 \tag{12.29}$$

---

① 这一条件在溶液浓度超过百分之几时可以满足,除非高分子的分子量低于 10^5,此时所需的溶液浓度可能要更高一点.

如果 χ_1 包含熵的贡献,则化学位的形式没有改变,但是必须按照上面所述的划分混合自由能的方式来划分出熵和热的贡献.

根据化学位,我们可以采用标准热力学关系式,立即写下溶剂活度 a_1 和溶液渗透压 π 的表达式.对于活度有

$$\ln a_1 = \frac{\mu_1 - \mu_1^0}{RT} = \ln(1 - v_2) + \left(1 - \frac{1}{x}\right)v_2 + \chi_1 v_2^2 \qquad (12.30)$$

由于纯溶剂被选为标准状态,$a_1 = P_1/P_1^0$,已把蒸气近似地看成了理想气体.而渗透压 $\pi v_1 = -(\mu_1 - \mu_1^0)$,其中 v_1 是溶剂的摩尔体积.因此,参照式(12.26),有

$$\pi = -\frac{RT}{v_1}\left[\ln(1 - v_2) + \left(1 - \frac{1}{x}\right)v_2 + \chi_1 v_2^2\right] \qquad (12.31)$$

当然,对于稀溶液,在我们上面建立的理论已经不适用时,渗透压法是最为有用的.暂且不考虑这些不足,我们可以将上式的对数项展开,仅保留 v_2 的低次方项.因此

$$\pi = \frac{RT}{v_1}\left[\frac{v_2}{x} + \left(\frac{1}{2} - \chi_1\right)v_2^2 + \frac{v_2^3}{3} + \cdots\right] \qquad (12.31')$$

如果使用以 g/mL 为单位的浓度 c 将更为方便.由于 $v_2 = c\bar{v}$,其中 $\bar{v}$ 是聚合物的(偏微)比容,而 x 是聚合物与溶剂的摩尔体积比,这样就有 $v_2/x v_1 = c\bar{v}/x v_1 = c/M$.因此

$$\frac{\pi}{c} = \frac{RT}{M} + RT\frac{\bar{v}^2}{v_1}\left(\frac{1}{2} - \chi_1\right)c + RT\frac{\bar{v}^3}{3v_1}c^2 + \cdots \qquad (12.31'')$$

右边第一项是理想项,即范特霍夫(van't Hoff)项.在溶液足够稀释时,π/c 一定趋于这个极限值,这一点可以通过令人信服的热力学论据得以说明(参见第 7 章).较高次项表示与理想情况的偏离,可以通过前面的理论来预测.正是这些偏离导致相应的误差,这是本理论在稀溶液范围存在的上述限制的结果.

式(12.22)对 n_2 微分可得到聚合物溶质相对于作为标准状态的纯液相聚合物的化学位:

$$\mu_2 - \mu_2^0 = RT\left[\ln v_2 - (x-1)(1 - v_2) + \chi_1 x(1 - v_2)^2\right] \qquad (12.32)$$

多分散聚合物中组分 x 的化学位可通过式(12.23)对 n_x 微分来得到:

$$\mu_x - \mu_x^0 = RT\left[\ln v_x - (x-1) + v_2 x\left(1 - \frac{1}{\bar{x}_n}\right) + \chi_1 x(1 - v_2)^2\right] \qquad (12.33)$$

如果聚合物为单分散的,上式就还原为式(12.32),此时 $v_x = v_2$,$\bar{x}_n = x$.式(12.33)对于处理包括在两相平衡时单个聚合物组分在两相中的分配等问题非常有用,譬如分级问题.在其他情况下,聚合物作为一个整体仅限于一相中,如在渗透平衡或溶液-蒸气平衡时,则需要对所有聚合物组分平均求取化学位.这时则需使用式(12.32),且 x 用**数均值** $\bar{x}_n$ 来替换.

像在处理结晶问题等情况下,以每摩尔结构单元的化学位替代上面所给出公式中的每摩尔聚合物将更为方便.将式(12.32)除以每个聚合物分子中的单元数 xv_1/v_u,其中 v_1 和 v_u 分别是溶剂和结构单元的摩尔体积,于是得到每个单元的化学位之差:

$$\mu_u - \mu_u^0 = RT\frac{v_u}{v_1}\left[\frac{\ln v_2}{x} - \left(1 - \frac{1}{x}\right)(1 - v_2) + \chi_1(1 - v_2)^2\right] \qquad (12.34)$$

可以注意到,仅在低浓度时,化学位明显地依赖于链长 x.随着聚合物浓度的增加,链长

的影响逐渐消失,分子量越大,变化越是迅速.这在表达溶剂化学位的式(12.26)以及由式(12.26)推导的系列展开式(12.31′)和(12.31″)中是显而易见的.当 x 值很大时,在高浓度下,下式是可以用来替代式(12.26)的:

$$\mu_1 - \mu_1^0 \approx RT\big[\ln(1 - v_2) + v_2 + \chi_1 v_2^2\big] \tag{12.26″}$$

由此得到活度:

$$a_1 \approx v_1 e^{v_2 + \chi_1 v_2^2} \tag{12.29′}$$

如果溶剂数量很少,$v_2 \approx 1$,有

$$a_1 \approx v_1 e^{1 + \chi_1} \tag{12.29″}$$

或者

$$P_1 \approx P_1^0 v_1 e^{1 + \chi_1}$$

当稀释剂的浓度用它所占的体积分数来表示时,由此可确立 $e^{1+\chi_1}$ 为亨利(Henry)定律常数.

采用类似的方式,聚合物重复单元的化学位在 x 值很大时可以容易地转化为

$$\mu_u - \mu_u^0 \approx - RT \frac{V_u}{V_1}\big[(1 - v_2) - \chi_1(1 - v_2)^2\big]^① \tag{12.34′}$$

12.1.6 实验结果

由于上面给出的有关二元体系的热力学关系式包含单一的参数 χ_1,其值可以通过对包含已知分子量(或 x)的高分子溶液在一定浓度 v_2 下的活度或渗透压测定来求.对所推导的混合自由能及化学位关系式的有效性,至少在某种程度上可以通过这一参数在所涉及的组成范围内是否为恒定值来进行判断.对于几个体系,根据有关溶剂活度的式(12.30)计算而得的 χ_1 值对聚合物体积分数的作图示于图 12.4.在非常低浓度下的结果,也即渗透压测定范围已从图 12.4 中删除,这是因为本理论在这一范围并不适用.在所覆盖的浓度范围内,在聚合物的分子量很大的条件下,分子量的意义不大.只有在硅树脂的分子量为 3850,用式(12.30)计算时,式中及相关的表达式中包含 $1/x$ 项才是必要的.

对于天然橡胶-苯体系,在很宽的浓度范围,χ_1 值保持不变[18],它是第一个精确测定的体系.[1]这个体系的实验数据的极好符合令我们对本理论的定量可信度极为乐观,而随后对其他体系的研究却未能得到验证.在至今研究的体系中,还没有哪个体系像天然橡胶-苯体系那样与理论符合得那么好.在硅树脂-苯体系[16]、聚苯乙烯-甲乙酮体系[17]中,χ_1 值随浓度的变化特别明显.后一体系数据相当分散,但是我们有理由得出结论,由于通常温度下聚苯乙烯(无论它的分子量为多少)与甲乙酮在所有混合比下都是相溶的,数据所显示的 χ_1 值确实随浓度的减小而减小.基于这一事实,在低浓度时,χ_1 值不会超过 0.50(参见第 13 章).

---

① 根据式(12.34)和式(12.34′),可以发现如果 $x = \infty$,$\mu_u - \mu_u^0$ 在聚合物浓度为零时达到一极限值.因此,即使当聚合物的浓度为零并假设链无穷长时,其重复单元的活度依然为有限值(即大于零).这种特殊情况产生的结果之一是当超过某一临界温度时,聚合物从下列平衡中消失:

单体 ⟷ 聚合物

环-链平衡(第 3 章和第 8 章)是一个代表性实例.另一个则是环状硫 S_8 与长链的线形聚硫之间的相互转换(参见 Gee G. Trans. Faraday Soc.,1952,48:515),平衡中后者在温度低于约 159 ℃ 时全部消失.

Prager 和 Long[20] 对在不同蒸气活度或蒸气压下被聚异丁烯($M \sim 10^6$)吸收的碳氢化合物蒸气进行了称量.由此计算的 χ_1 值相当恒定.例如,35 ℃下,当正戊烷的浓度在 $v_1 = 0.01 \sim 0.60$ 时,$\chi_1 = 0.63 \pm 0.01$.然而,聚异丁烯与正戊烷在所有混合比下都是相溶的,因此当超过所研究的溶剂浓度范围时,χ_1 值必然减小.

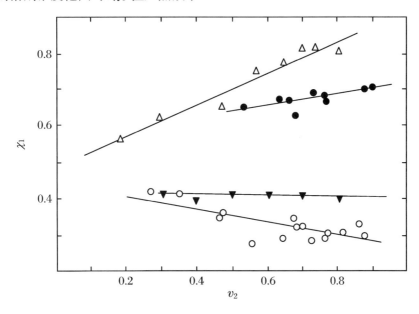

图 12.4 相互作用参数 χ_1 的实验值对聚合物的体积分数 v_2 作图

聚二甲基硅氧烷($M = 3850$)–苯体系:△(Newing[16]);聚苯乙烯–甲乙酮体系:●(Bawn 等.[17]);聚苯乙烯–甲苯体系:○(Bawn 等.[17]),数据是基于蒸气压测定的;天然橡胶–苯体系:▼(Gee 和 Orr[18,19]),数据是通过较高浓度下的蒸气压测定和稀溶液范围内已知活度的溶液的等温蒸馏平衡实验获得的.

现有数据太少,还不能作出归纳和解释,但是上述结果表明所推导的高分子溶液混合自由能表达式对非极性体系符合得很好,当然除稀溶液以外.而当聚合物的单元或溶剂带有极性基团时,如在硅树脂–苯和聚苯乙烯–甲乙酮体系中,χ_1 值在整个浓度范围是变化的.尽管如此,对于这样的体系,混合自由能表达式(12.22)以及由此导出的化学位表达式(12.26)、(12.34)还是可以当作半定量近似来使用的.

化学位之差 $\mu_1 - \mu_1^0$ 可以采用如下两种方式中的任一种分解为它的热和熵成分:偏微摩尔稀释热可以直接通过量热法来测定,稀释熵可以通过关系式 $\Delta \bar{S}_1 = (\Delta \bar{H}_1 - \Delta \bar{F}_1)/T$ 来计算,其中 $\Delta \bar{F}_1 = \mu_1 - \mu_1^0$;或者,测定活度的温度系数(由此得到化学位的温度系数),再根据下面的标准关系式计算稀释热和稀释熵:

$$\Delta \bar{H}_1 = - RT^2 \left(\frac{\partial \ln a_1}{\partial T} \right)_{P, v_2} \tag{12.35}$$

$$\Delta \bar{S}_1 = - R \left[\frac{\partial (T \ln a_1)}{\partial T} \right]_{P, v_2} = \frac{\Delta \bar{H}_1 - \Delta \bar{F}_1}{T} \tag{12.36}$$

由于需要测量较小的混合热或稀释热,聚合物极其缓慢的溶解速度和高分子溶液的极高黏度给这种精细量热法的应用带来严重问题.[1]这种方法仅成功地应用在低分子量的聚合物上,因为其溶解速度快,且浓溶液的黏度并没有达到无法忍受的大.[22]第二种测定活度的方法需要非常高的精密度,以保证能以足够高的准确性测定通常较小的温度系数.

对几种聚合物-溶剂体系,在宽广的浓度范围内测得的稀释热数据示于图 12.5.为了尽可能减少混乱,只显示了三十碳六烯-苯、聚异戊二烯-苯和天然橡胶-苯三个体系的平滑曲

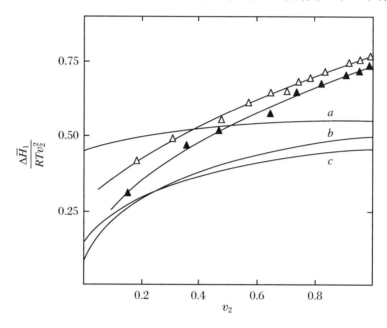

图 12.5　各种聚合物在苯中的稀释热($\Delta \overline{H}_1$)

聚二甲基硅氧烷,$M = 3850$,△,以及 $M = 15700$,▲(Newing[16]);三十碳六烯,曲线 a (Gee and Orr[19]);聚异戊二烯,$M = 4000$,曲线 b(Gee and Orr[19]).曲线 c 是天然橡胶-苯体系(Gee and Orr[19]),采用蒸气压或气相平衡法测定活度的温度系数;对于天然橡胶,渗透压-温度系数确立了较低的截距.

线.仅对分子量相对较低的那些聚合物采用量热法;对于天然橡胶-苯混合物,测定活度的温度系数.图 12.5 是以稀释热 $\Delta \overline{H}_1$ 与体积分数 v_2 的平方之比对 v_2 的作图,根据上面对相互作用的处理,应该是与浓度无关的.只有对于具有相当低分子量的三十碳六烯,即含有 6 个异戊二烯单元的天然橡胶模拟物,是一个合理的恒定值.对于有可用数据的所有真正的聚合物,$\Delta \overline{H}_1 / v_2^2$ 随 v_2 的增加而增加.用格子分数或表面分数替代体积分数,情况有所改善,但是这样的修正并没有引入对尺寸的校正,而这是给混合热参数带来恒定性所需要的.此外,转换为格子分数对三十碳六烯的结果也引入了几乎同等的修正,而此处并不需要任何校正.在低浓度时 $\Delta \overline{H}_1 / v_2^2$ 减小的部分原因无疑是稀溶液中链段分布的不均匀性,但是目前还没

---

①　当然,总混合热在量热法中是直接定量测定的.然而,与测定纯聚合物和溶剂的混合热相比,有时候则倾向于测定用额外量的溶剂去稀释高分子溶液时的热变.[21]在两种情况下,所需的偏微摩尔量 $\Delta \overline{H}_1$ 都需要采用图解或分析方法经微分来得到.

有根据认为这个特征在 $\Delta \bar{H}_1 / v_2^2$ 持续升高的较高浓度下仍然存在.

在图 12.6 中,几个体系的稀释熵与根据式(12.28)计算所得的 $\Delta \bar{S}_1^*$ 理论线(虚线)作了比较.计算时,假设分子量为无穷大;在曲线所覆盖的范围内,在聚合物分子量很大的条件下,分子量(即 x)毫无意义.天然橡胶-苯体系符合得相当好,低浓度时明显的偏离似乎是由于稀溶液的不均匀性,上面已多次提及.其他体系(聚二甲基硅氧烷-苯、聚苯乙烯-甲苯、聚苯乙烯-甲乙酮)表现出较大的偏离,其中后两个的偏离的确非常大.受早期 Gee 和 Treloar[1]通过天然橡胶-苯体系的全面研究而论证的一致符合的启发,我们把理论作为定量解释的希望,但遗憾的是,并没有从其他体系的研究中获得支持.要么是稀释构象熵 $\Delta \bar{S}_1^*$ 的理

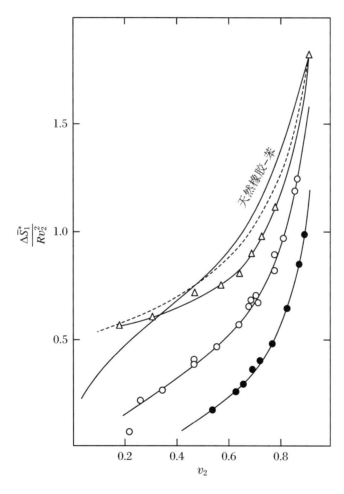

图 12.6　稀释熵 $\Delta \bar{S}_1^*$ 的实验值(点和实线)与由式

(12.28)所计算的理论值(虚线)的比较

聚二甲基硅氧烷,$M = 3850$,在苯中,$\triangle$ (Newing[16]),通过活度测定和稀释热的量热法测定而得到.聚苯乙烯(Bawn 等.[17]),在甲乙酮中,●;在甲苯中,○;熵是通过活度的温度系数计算得到的.天然橡胶-苯溶液,光滑曲线,用不带点的实线表示,采用类似的方法获得.[1,18,19]

论处理存在严重的误差,要么是最邻近相互作用对相当于 $\Delta \bar{S}_1^*$(计算值)的稀释熵有贡献,或者两项误差对观察到的偏离都有贡献.

Gee 和 Orr[19]指出,与理论上稀释热和稀释熵产生的偏离在某种程度上可以相互补偿.因此混合自由能的理论表达式比起描述稀释热的式(12.29)或描述稀释构象熵的式(12.28),提供了一个好得多的近似.人们不应忽视这一事实,尽管这里给出的理论存在不足,但是相比于把经典的理想溶液应用于高分子溶液,它已经是一个巨大的改进了.

12.2 高分子的稀溶液

一个可接受的高分子稀溶液理论必须考虑在高度稀释时高分子链段密度固有的不均匀性,在指出上述所建立理论的不足时已经关注到这一点.为此,极稀溶液可以被看成散布着链段云或者稀释的链段群(参见图 7.1),群之间的区域是纯溶剂.每个这样的链段云近似为具有平均链段密度的球体,球中心密度最大,随着离中心距离的增加,密度连续地减小.由于一个含有 x 个链段的高分子占有的体积大致按 $x^{3/2}$ 而变化,因此云中链段的平均密度必然随着链长的增加而减小.如果定义 $\bar{\rho}$ 为单位体积中平均链段数,V_s 为一个链段的体积,这样平均密度 $V_s\bar{\rho}$ 将是 $x^{-1/2}$ 的量级.[①]在一个高分子区域中,**所有的**指定 x 个格子序列都是空的,因此可供另一个高分子占据的概率为

$$(1 - V_s\bar{\rho})^x \approx (1 - x^{-1/2})^x \approx e^{-x^{1/2}}$$

当 x 很大时,该概率非常小.因此,尽管链段云的密度低,但是高分子在已经被其他高分子占用的区域里可能的排布远没有在含有纯溶剂的中间区域来得充足(那里,每串 x 个依次相连的格子是空的,因此上面提及的概率是 1).在此基础上,我们可以得出结论,在可用空间允许的条件下,一个高分子占用的区域被另一个高分子交叠也将是被避免的.然而,当高分子与溶剂之间的吸引力比高分子同组分间的弱得多时,也即 χ_1 取足够大的正值时,这个结论还需要修改.这时,高分子-高分子间偏向于相互接触,将抵消高分子间由于空间需求而产生的相互排斥,具体取决于相互作用的大小.

一般来说,良溶剂(χ_1 值小)稀溶液中的每个高分子往往会排斥所有其他分子进入自己所占据的体积.这就引入了**排除体积**的概念,每个高分子有效地排斥所有其他分子进入这一体积.为了计算排除体积 u,需要求如图 12.7(a)所示的一对质心相距为 a 的高分子间的相互作用.间距 a 将不超过并不能明确界定的每个高分子的直径的量级.可以预料,在一对分子附近的任一体积元 δV 中同时含有属于两个高分子 k 和 l 的链段.我们首先尝试求在这样的体积元内的相互作用.对所有体积元求和将等于由于一个高分子靠近另一个高分子而产生的高分子间的总相互作用.一旦相互作用可以以分子间距 a 的函数形式表示,排除体积 u

---

① 如采用更好的近似(参见第 14 章),云的"体积"按 x^{1+a} 而变化,a 是特性黏数关系式(7.52)中的指数,a 通常在 0.6～0.75 附近.因此密度 $V_s\bar{\rho}$ 将是 x^{-a},即 $x^{-0.6} \sim x^{-0.75}$ 的量级.

就可以用常规方法来计算,继而可以推导出适用于高分子稀溶液的热力学关系式.

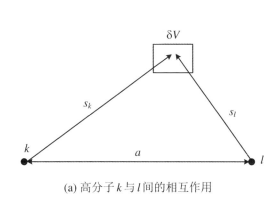

(a) 高分子 k 与 l 间的相互作用　　　(b) 体积元 δV 的放大图

图 12.7

详细地给出同一体积元内链段间的热力学相互作用表达式的推导是值得的.这种表达式不仅在当前是必要的,还可以用在第 14 章所讨论的**分子内**相互作用的处理.

12.2.1　具有均一的平均链段密度区域内的热力学相互作用

我们来推导图 12.7 中体积元 δV 内**所有**链段间的相互作用引起的总自由能的一般表达式,也包括那些属于同一高分子的链段间相互作用.在图 12.7(b) 体积元的放大图中,标出了两个高分子的部分链节.图中并没有尝试去区分属于每个高分子的链段.因为体积元很小,体积元 δV 内各部分的链段密度可认为是相同的.因此,先前把稀溶液作为一个整体考虑时的不均一性的处理不能运用到体积元内的有限区域,而此区域遇到高分子链段的期望值可看成一常数.因此,之前的理论又适用于当前的处理.

与之前理论重要的不同点在于,体积元内只有高分子的一部分,而不是整个分子.我们可以记起,在求整个溶液中总构象数时,每个分子的一个链段(链中的第一个)被排布在格子模型的任一空格中.随后的链段则限制在与链中前一链段最邻近的格子中排布.在这些格子中,预期的空格数是 $(z-1)(1-f_i)$.由于这里考虑的体积元仅含有高分子中的一部分,因此**每一个**涉及的链段都限制在前一链段相邻的位置上.链段从没有可选择宽范围区域的机会.无可否认,我们是在考虑两个独立的高分子,因此在某个阶段,它们必然被排布在总体积内.然而,我们已经指定它们之间的距离 (a),在计算排斥体积时一对分子(a 不变)在空间的排布可以不用考虑了.

假设体积元 δV 内含有的来自两个分子的链段数为 δx,受上述限制,它们可允许的排布数即为

$$\Omega_{\delta V} = \prod_{j=0}^{j=\delta x} (z-1)(1-f_j) \tag{12.37}$$

f_j 是当已有 j 个链段被放入 δV 内时配位层的格子被占用的期望值.设 $1-f_j = (\delta n_0 - j)/\delta n_0$,其中 δn_0 是 δV 内的格子数,我们得到下式以替代式(12.7):

$$\Omega = \frac{\delta n_0!}{(\delta n_0 - \delta x)!} \left(\frac{z-1}{\delta n_0}\right)^{\delta x} \tag{12.38}$$

最终通过一系列相当于从式(12.7)到式(12.10)的步骤,得到

$$\delta(\Delta S_M^*) = -k\delta n_1 \ln v_1 \tag{12.39}$$

其中,δn_1 和 v_1 分别是体积元中溶剂的分子数和体积分数.这一表达式可以通过在式(12.10)中取体积元中聚合物的分子数为零来得到.也可以取分子量为无穷大,这样在式(12.10)中 n_2 将为零.①

将 $\delta(\Delta S_M^*)$ 与表示标准状态混合自由能的 $kT\chi_1\delta n_1 v_2$(参见式(12.20))相结合,体积元 δV 中高分子链段与溶剂的混合自由能为

$$\delta(\Delta F_M) = kT[\delta n_1 \ln(1-v_2) + \chi_1 \delta n_1 v_2] \tag{12.40}$$

此处和后面关系式中出现的体积分数 v_2 都是指体积元的而不是整个溶液的.

对式(12.40)微分可以得到体积元内溶剂的化学位:

$$(\mu_1 - \mu_1^0)_E = RT[\ln(1-v_2) + v_2 + \chi_1 v_2^2] \tag{12.41}$$

直接在前面的式(12.26)中取 $x=\infty$ 时也可得到上式.将式中的对数项展开可得

$$(\mu_1 - \mu_1^0)_E = -RT\left[\left(\frac{1}{2}-\chi_1\right)v_2^2 + \frac{v_2^3}{3} + \cdots\right] \tag{12.42}$$

这些表达式包含了前面描述化学位的表达式(12.30)、(12.31′)中的非理想项,因此可以被看成是在处理非电解质溶液时要经常使用的**超额偏微摩尔混合自由能**,或**过量化学位**[23],也即稀溶液中理想项 $-RTv_2/M$ 的超额部分(用代数方法).

从最一般的热力学观点出发,即不依赖于任一假设的模型,溶剂的过量化学位必然随着溶质浓度的平方和更高次方而变化.如果体积元内聚合物的浓度非常小,且在目前涉及的情况下这一条件是普遍的,在这样的系列展开式中更高次项可以被忽略,而只有溶质浓度的平方项被保留下来.因此,**以完全概括性的方式**、不依赖于任一特定模型,在忽略更高次方项的情况下,我们可以写出

$$(\mu_1 - \mu_1^0)_E = RT(\kappa_1 - \psi_1)v_2^2 \tag{12.43}$$

其中 κ_1 和 ψ_1 分别是热参数和熵参数.则

$$\Delta \overline{H}_1 = RT\kappa_1 v_2^2$$
$$\Delta \overline{S}_1 = R\psi_1 v_2^2 \tag{12.44}$$

原先的混合自由能表达式(12.40)也同样是通用的.

在基于理想化模型和简化的假设而建立的上述理论的有效性范围内,通过比较式(12.42)和式(12.43),之前提出的 χ_1 可以与这些参数相关联.因此

$$\kappa_1 - \psi_1 = \chi_1 - \frac{1}{2} \tag{12.45}$$

上面提及的联系只是附带产生的.我们无须把 $\kappa_1 - \psi_1 + 1/2$ 看成与基于理想化模型理论得到的参数 χ_1 是一致的.

常常更倾向于采用一个"理想"温度 Θ 的参数,定义为

① 从第362页讨论的"自由体积"步骤来推导式(12.39)是非常简单的.因为没有高分子的质心落在体积元内,显然式(12.10)中的第二项将不出现.

$$\Theta = \frac{\kappa_1 T}{\psi_1} \tag{12.46}$$

这样

$$\psi_1 - \kappa_1 = \psi_1\left(1 - \frac{\Theta}{T}\right)$$

因此,过量化学位可写为

$$(\mu_1 - \mu_1^0)_E = -RT\psi_1\left(1 - \frac{\Theta}{T}\right)v_2^2 \tag{12.43'}$$

在劣溶剂中,κ_1 和 κ_1/ψ_1 通常是正值,Θ 也将是正值.当温度 $T = \Theta$ 时,根据式(12.43'),由于链段-溶剂的相互作用,过量化学位将是零.因此 Θ 温度是过量化学位为零、溶液对理想溶液的偏离消失的温度.故体积元内链段间相互作用的自由能也为零.

12.2.2　排除体积[24]

为了计算排除体积,我们需要计算将如图 12.7(a)中的高分子 l 从与高分子 k 相距无穷远移向高分子 k 直到它们相距为 a 时的自由能变化.正如已经指出的,我们首先考虑在有限的体积元 δV 内发生的自由能变化.从更准确的意义上,我们考虑把离得很远的两个分子各自的体积元 δV_l 和 δV_k 移到相互之间的距离缩小到 a 时两个体积元正好重合成体积元 δV.假定 ρ_k 和 ρ_l 为分子离得很远时各分子的链段密度(用单位体积内的链段数来表示),V_s 为链段的体积,这样在分开的体积元中,聚合物的体积分数分别是

$$v_{2k} = \rho_k V_s \quad \text{和} \quad v_{2l} = \rho_l V_s$$

当分子被移到相距为 a 时,重合的体积元 δV 中同时属于两个分子的链段的浓度为

$$v_{2kl} = (\rho_k + \rho_l)V_s$$

用 V_1 表示一个溶剂分子的体积,相应的溶剂分子数为

$$\delta n_{1k} = \frac{\delta V(1 - \rho_k V_s)}{V_1}, \quad \delta n_{1l} = \frac{\delta V(1 - \rho_l V_s)}{V_1}$$

以及

$$\delta n_{1kl} = \frac{\delta V(1 - \rho_k V_s - \rho_l V_s)}{V_1}$$

因此,根据式(12.40),在两个体积元离得很远时的起始状态,链段与溶剂的混合自由能为

$$\delta(\Delta F_M)_k + \delta(\Delta F_M)_l = kT\frac{\delta V}{V_1}\Big[(1 - \rho_k V_s)\ln(1 - \rho_k V_s) + (1 - \rho_l V_s)\ln(1 - \rho_l V_s)$$
$$+ \chi_1\rho_k V_s(1 - \rho_k V_s) + \chi_1\rho_l V_s(1 - \rho_l V_s)\Big] \tag{12.47}$$

类似地,两个分子相交,在重合的体积元中有

$$\delta(\Delta F_M)_{k,l} = kT\frac{\delta V}{V_1}\Big[(1 - \rho_k V_s - \rho_l V_s)\ln(1 - \rho_k V_s - \rho_l V_s)$$
$$+ \chi_1(\rho_k V_s + \rho_l V_s)(1 - \rho_k V_s - \rho_l V_s)\Big] \tag{12.48}$$

我们感兴趣的量是终态与始态这些自由能间的差异,因为它代表了将相距无穷远的分子移至质心相距为 a 时所引起的体积元 δV 内自由能的变化.由于高分子链段的浓度(ρV_s)总是很小的,我们可以把式(12.47)、(12.48)中的对数展开,对超过浓度平方的项不作保留.式

(12.48)减去式(12.47)可得自由能的变化为

$$\delta(\Delta F_a) = 2kT\left(\frac{1}{2} - \chi_1\right)\rho_k\rho_l\frac{V_s^2}{V_1}\delta V \tag{12.49}$$

或

$$\delta(\Delta F_a) = 2kT(\psi_1 - \kappa_1)\rho_k\rho_l\frac{V_s^2}{V_1}\delta V \tag{12.50}$$

$$= 2kT\psi_1\left(1 - \frac{\Theta}{T}\right)\rho_k\rho_l\frac{V_s^2}{V_1}\delta V \tag{12.50'}$$

可以发现,当把分子逐渐移近时,任一给定体积元内自由能变化的符号取决于 $\psi_1 - \kappa_1$ 的符号.把稀释熵参数 ψ_1 看成正值,通常的情况也正是如此, $\delta(\Delta F_a)$ 的符号将取决于稀释热参数 κ_1 是小于还是大于 ψ_1(代数上),或者说取决于 Θ/T 是小于还是大于 1. 因此,在一个无热溶剂中($\kappa_1 = 0$,或 $\Theta = 0$),由于体积元 δV 内链段浓度的增加而引起的熵的减小将抵制分子的相互靠近,因为这个原因, $\delta(\Delta F_a)$ 为正. 按照格子模型,仅遵从两个链段不可能占据相同格子的原则,随着稀释而引起的熵的增加则是由于可允许排列的数增加的缘故.在劣溶剂中($\kappa_1 > 0$),高分子链段与其他链段接触而不是与溶剂分子接触的倾向性抵消了稀释的趋势.如果 $\kappa_1 = \psi_1$,即在 $T = \Theta$ 时,这两项恰好平衡,且每个体积元内 $\delta(\Delta F_a) = 0$.

为了把 $\delta(\Delta F_a)$ 的表达式写为可用的形式,仍然需要计算 ρ_k 和 ρ_l. 我们已经指出,一个分子的平均链段密度在质心处为最大,随着离质心的距离 s 的增加而逐渐减小(图 12.7(a)).链段密度的径向分布不能严格地[25]表示为 s 的高斯函数,但如此表达可能并没有在最终的结果中引入明显的误差,可见结果对描述链段密度径向依赖性的具体形式并不敏感.因此我们可以设

$$\rho = x\left(\frac{\beta'}{\pi^{1/2}}\right)^3 e^{-\beta'^2 s^2} \tag{12.51}$$

式中, x 是一个分子中总的链段数;根据需要可以对 ρ 和 s 标以下标 k 和 l. 参数 β' 的值可以按照对分子中所有链段求的离质心距离的均方值 $\overline{s^2}$ 应该与由链构象理论所计算的值一致的规定来求.假设分子链是线形的,根据式(10.14)(也参见第 10 章附录 C)有

$$\overline{s^2} = \frac{\overline{r^2}}{6} = \frac{1}{4\beta^2}$$

其中, β 是末端距 r 的概率分布函数(高斯函数)中的参数.从式(12.51),可以得到

$$\overline{s^2} = \int_0^\infty \frac{\rho}{x}4\pi s^4 \mathrm{d}s = \frac{3}{2\beta'^2}$$

与前一表达式比较后得到

$$\beta' = \sqrt{6}\beta = \frac{3}{\sqrt{\overline{r^2}}} \tag{12.52}$$

因此,我们可以把均方根末端距 $(\overline{r^2})^{1/2}$ 作为对无规线团状高分子链的尺寸的量度,而用来表征高分子链段空间分布的参数 β'(不要与末端距分布相混淆)可以通过 $(\overline{r^2})^{1/2}$ 来计算.值得注意的是,这里的 r 指的是实际的 r,而不是不存在分子内相互作用时的无扰 r_0(参考第 10 章,第 303 页;以及第 14 章),也即 $(\overline{r^2})^{1/2} = \alpha\ (\overline{r_0^2})^{1/2}$,其中 α 表示由于这种相互作用而引起

的线团扩张.类似地,β 指的是实际的分布,也即 $\beta = \beta_0 / \alpha$,其中 β_0 表征的是无扰的末端距分布.

将相距无穷远的分子移至质心相距为 a 时所引起的总的自由能变化可以通过将每个体积元内的自由能变化加和而得到,即

$$\Delta F_a = \sum_{\text{所有} \delta V} \delta(\Delta F_a) = 2kT\psi_1\left(1 - \frac{\Theta}{T}\right)\frac{V_s^2}{V_1}\int \rho_k \rho_l \delta V \tag{12.53}$$

引入式(12.51)关于 ρ 的高斯分布函数和对总体积的积分[24](参见附录),便可得到相对于一对分子相距无穷远时所对应的自由能变化:

$$\Delta F_a = kTJ\xi^3 e^{-y^2} \tag{12.54}$$

其中

$$J = (\psi_1 - \kappa_1)\frac{\bar{v}^2}{V_1} \equiv \psi_1\left(1 - \frac{\Theta}{T}\right)\frac{\bar{v}^2}{V_1} \tag{12.55}$$

$$\xi = \frac{\beta' m^{2/3}}{2^{1/6}\pi^{1/2}} \tag{12.56}$$

$$y = \frac{\beta' a}{2^{1/2}} = \frac{\pi^{1/2}}{2^{1/3}}\frac{\xi a}{m^{2/3}} \tag{12.57}$$

$\bar{v}$ 是聚合物的(偏微)比容,$m = xV/\bar{v}$ 是一个高分子的质量.对于给定的间距 a,总自由能变化的符号和大小依赖于 J,即依赖于 $\psi_1 - \kappa_1$ 或 $\psi_1(1 - \Theta/T)$,正如前面所讨论的 $\delta(\Delta F_a)$.无论 J 的取值为多少,自由能变化的**大小**随着 a 的减小而单调地增加,在 $a = 0$ 时,达到最大值 $kTJ\xi^3$.

在远离其他分子的体积元 δV 找到分子 l 的质心的概率自然与体积元的大小成正比(这个体积元不应该与图 12.7 所表达的用以研究一对分子 k、l 的链段间相互作用的体积元相混淆).假设 $\psi_1 - \kappa_1$ 为正的,在其他分子(如 k)的附近找到分子 l 的概率减小的程度取决于这一对分子的 ΔF_a.如果我们考虑两个相同尺寸的体积元,一个离分子 k 为有限的距离 a,另一个远离任一分子,与后者相比,分子 l 的质心落在前者的相对概率是

$$f_a = e^{-\Delta F_a / kT} \tag{12.58}$$

换句话说,f_a 是距分子 k 为 a 处单位体积内找到分子 l 的相对概率(没有其他分子在附近),而在无限远处单位体积内找到分子 l 的相对概率 f_∞ 假设等于 1.在更为严密的讨论中,f_a 可被认为是这一对的配分函数,而 ΔF_a 为平均作用势能.围绕分子 k 中心的每个球壳或体积元 $4\pi a^2 da$ 应该按表示分子 l 可进入的因子 f_a 来加权.乘积 $f_a 4\pi a^2 da$ 表示的是有效地提供给分子 l 的体积.反过来说,乘积 $(1 - f_a) \cdot 4\pi a^2 da$ 表示的是体积元内分子 k 排斥分子 l 的有效体积.后一乘积对所有体积元求和代表的就是总**排除体积** u.其数学形式是

$$u = \int_0^\infty (1 - f_a) \cdot 4\pi a^2 da \tag{12.59}$$

把式(12.54)的 ΔF_a 代入式(12.58),再把结果代入式(12.59),可求得[24]

$$u = 2Jm^2 \mathscr{F}(J\xi^3) \tag{12.60}$$

其中

$$\mathscr{F}(X) = 4\pi^{-1/2} X^{-1} \int_0^\infty (1 - e^{-Xe^{-y^2}}) y^2 dy \tag{12.61}$$

(其中,X 表示 $J\xi^3$)通过分部积分变化为更为适用的表达式:

$$\mathscr{J}(X) = \frac{8}{3\pi^{1/2}} \int_0^\infty e^{-(y^2 + Xe^{-y^2})} y^4 \mathrm{d}y \qquad (12.61')$$

经级数展开和逐项积分得

$$\mathscr{J}(X) = 1 - \frac{X}{2!2^{3/2}} + \frac{X^2}{3!3^{3/2}} - \cdots \qquad (12.61'')$$

遗憾的是排除体积并不能归纳为简单的表达式. 根据式(12.60),首先它与热力学参数 J 有关. 它还与分子质量的平方以及 $J\xi^3$ 的函数有关. 根据式(12.61′)计算的后一项示于图 12.8. 把式(12.52)中的 $\beta' = 3/(\overline{r^2})^{1/2}$ 代入式(12.56),$J\xi^3$ 可被转化为更易理解的形式. 有

$$\mathscr{J}\xi^3 = \frac{3^3}{2^{1/2}\pi^{3/2}} \psi_1 \left(1 - \frac{\Theta}{T}\right) \frac{\overline{v}^2}{v_1 N_A} \frac{M^2}{(\overline{r^2})^{3/2}} \qquad (12.62)$$

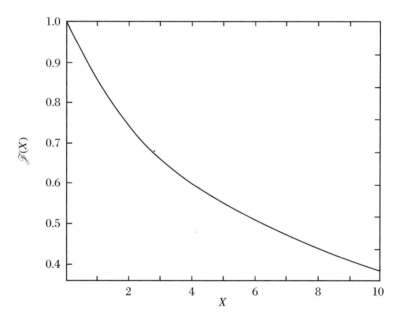

图 12.8 由式(12.61′)计算的函数 $\mathscr{J}(X)$ 对 X 的作图[24]

其中 v_1 是溶剂的摩尔体积,N_A 是阿伏伽德罗常量. 如果我们用 $\alpha^2 \overline{r_0^2}$ 替代 $\overline{r^2}$,其中 α 是由于分子内的相互作用而引起的高分子链一维尺寸增加的因子(参见第 14 章),则

$$J\xi^3 = 4C_M \psi_1 \left(1 - \frac{\Theta}{T}\right) \frac{M^{1/2}}{\alpha^3} \qquad (12.63)$$

其中

$$C_M = \frac{3^3}{2^{5/2}\pi^{3/2}} \frac{\overline{v}^2}{v_1 N_A} \left(\frac{M}{r_0^2}\right)^{3/2} \qquad (12.64)$$

因为 $\overline{r_0^2}/M$ 是表征高分子的特征参数,不依赖于溶剂,$v_1 C_M$ 也仅与高分子类型有关,而与高分子的分子量及所用溶剂无关,因此根据式(12.62),我们可以得出结论,$J\xi^3$ 主要决定于热力学参数. 然而,随着分子量增加,$M^{1/2}/\alpha^3$ 增加,$J\xi^3$ 逐渐增加. 劣溶剂中,当接近于"理想"的 Θ 温度时,J 化为零(式(12.55)),$\mathscr{J}(J\xi^3)$ 为 1. 溶剂越良,$J\xi^3$ 越大,$\mathscr{J}(J\xi^3)$ 的值越小.

（在第 14 章,我们将从一给定高分子的**分子内**链段间相互作用考虑,推导出 α 的表达式.表征链段间相互作用的同一热力学参数 ψ_1 和 κ_1(或 Θ)也可以用来描述分子内的相互作用.把式(14.10)给出的结果与上面的式(12.63)相结合,有

$$J\xi^3 = 2(\alpha^2 - 1) \tag{12.65}$$

这一简单的关系式基于分子间和分子内相互作用理论均有效,因此是否完全接受值得商榷.)

虽然我们对函数 $F(J\xi^3)$ 作了较长篇幅的讨论,但是根据式(12.60)可以发现,决定排除体积 u 的主要因素是 J.因此,当溶剂变劣时,$\psi_1(1-\Theta/T)$ 减小,排斥体积随之减小,当 $T = \Theta$ 时,它们一起化为零.也就是说,溶剂越劣,高分子间的排斥力越小,在 Θ 温度时,它们自由地相互贯穿,净相互作用力为零.高分子就像假想的实心点分子一样分布在整个体积范围内,不对其他高分子施加任何作用力.当温度低于 Θ 温度时,它们相互吸引,排除体积为负值.如果温度远低于 Θ 温度,沉淀将发生(参见第 13 章).

在总结对排除体积的讨论之前,有必要引入等效刚性圆球的概念,其体积与实际高分子的排斥体积相等.两个这样的硬球不可能移到两球体质心分开的距离比球体直径 d_e 还要小.在更大的间距时,相互作用被认为是零.因此当 $a \geqslant d_e$ 时,$f_a = 1$,当 $a < d_e$ 时,$f_a = 0$.因此

$$u = \frac{4\pi}{3} d_e^3$$

这是每一个球体体积的 8 倍.为了保持与高分子对等,当溶剂变劣时,等效圆球的直径必须减小,当 $T = \Theta$ 时,$d_e = 0$.当 $T < \Theta$ 时,u 为负值,所需的等效圆球是一个假想的体积为负值的球体.

12.2.3 高分子稀溶液中的热力学关系式

现考虑 n_2 个排除体积为 u 的相同高分子在体积为 V 的溶液中总的排布方式数.假定溶液很稀,$n_2 u$ 远小于 V,这样排布时有足够多的空位而无须交叠.第一个高分子在溶液中的排布方式数正比于 V.第一个高分子有效地排除了体积 u,因而第二个高分子在溶液中可能的排布数将正比于 $V - u$.第三个高分子可用的体积将正比于 $V - 2u$,依此类推.假设最终的溶液足够稀,保证每个分子存在独立的体积排斥的假设是合理的,总排斥体积对高分子数目具有加和性,n_2 个高分子在溶液中总的排布方式数可写为

$$Q = 常数 \times \prod_{i=0}^{n_2-1} (V - iu) \tag{12.66}$$

另一方面,如果溶液太浓,相同的体积元可能常常被两个(或更多个)不同的分子排斥,因此总的排斥体积略小于 $V - iu$.[①]式(12.66)仅考虑了两个分子的相遇.随着浓度的增加而逐渐明显的三个分子或更多个分子的相遇被忽略了.式(12.66)仅限于低浓度时.

---

① 在硬球体情况下,很显然,每一个球体的排斥体积是自身净体积的 8 倍.这样,在两个邻近分子中心相距 $d_e/2 \sim d_e$ 的距离时,球形区域部分将可能交叠,导致被这两个分子实际排除的体积小于 $2(4\pi/3)d_e^3$.

因此,用式(12.66)中的 Q 表示体系总的配分函数,则有

$$\Delta F_{\mathrm{M}} = - kT \ln Q = - kT \sum_{i=0}^{n_2-1} \ln(V - iu) + 常数 \tag{12.67}$$

可以改写为

$$\Delta F_{\mathrm{M}} = - kT \left[n_2 \ln V + \sum_{i=0}^{n_2-1} \ln\left(1 - \frac{iu}{V}\right) \right] + 常数$$

由于在足够稀的溶液中,iu/V 总是远小于 1,对数项可作级数展开,略去高次项后得

$$\Delta F_{\mathrm{M}} \approx - kT\left(n_2 \ln V - \frac{u}{V} \sum_{i=0}^{n_2-1} i \right) + 常数$$

$$\approx - n_2 kT\left(\ln V - \frac{u}{2} \frac{n_2}{V} \right) + 常数 \tag{12.68}$$

式(12.68)中的第一项表示稀溶液中的理想混合自由能,这一点在下文会变得非常明显.如果整个体积为**所有**分子可用,可假设当 V 足够大,或 u 足够小时,第一项将是唯一的一项,$Q = 常数 \times (V)^{n_2}$.式(12.68)中的第二项则表示与理想溶液的一级偏离.

渗透压 π 可以通过下面的标准热力学运算由 ΔF_{M} 来推导:

$$\pi = - \frac{\mu_1 - \mu_1^0}{\mathrm{v}_1} \equiv - \frac{N_{\mathrm{A}}}{\mathrm{v}_1}\left(\frac{\partial \Delta F_{\mathrm{M}}}{\partial n_1} \right)_{T,P,n_2}$$

其中 $\mu_1 - \mu_1^0$(不要与 $(\mu_1 - \mu_1^0)_E$ 混淆)表示溶液作为一个整体时化学位的差异.因此

$$\pi = - \frac{N_{\mathrm{A}}}{\mathrm{v}_1}\left(\frac{\partial \Delta F_{\mathrm{M}}}{\partial V} \right)_{T,P,n_2}\left(\frac{\partial V}{\partial n_1} \right)_{T,P,n_2}$$

因为 $(\partial V/\partial n_1)_{T,p,n_2} = \mathrm{v}_1/N_{\mathrm{A}}$,则有

$$\pi = - \left(\frac{\partial \Delta F_{\mathrm{M}}}{\partial V} \right)_{T,P,n_2} \tag{12.69}$$

这与描述封闭体系的关系式 $P = -(\partial \Delta F/\partial V)_T$ 相类似.因此,由式(12.68)得

$$\pi \approx kT\left[\frac{n_2}{V} + \frac{u}{2}\left(\frac{n_2}{V} \right)^2 \right] \tag{12.70}$$

或者,将 $n_2/V = cN_{\mathrm{A}}/M$ 代入,其中 c 是溶液浓度,单位是克/体积:

$$\frac{\pi}{c} \approx RT\left(\frac{1}{M} + \frac{N_{\mathrm{A}}u}{2M^2}c \right) \tag{12.71}$$

更为精确的处理是考虑分子间的多重相互作用,并产生额外项,其一般形式为

$$\frac{\pi}{c} = RT(A_1 + A_2 c + A_3 c^2 + \cdots) \tag{12.72}$$

其中 A_1、A_2、$\cdots$ 为系数,其中前两项已经求出:

$$A_1 = \frac{1}{M} \tag{12.73}$$

$$A_2 = \frac{N_{\mathrm{A}}u}{2M^2} \tag{12.74}$$

由式(12.60)的 u 可得

$$A_2 = \frac{J}{N_{\mathrm{A}}}\mathscr{J}(J\xi^3) \tag{12.75}$$

$$A_2 = \frac{\bar{v}^2}{v_1} \psi_1 \left(1 - \frac{\Theta}{T}\right) \mathscr{J}(J\xi^3) \tag{12.75'}$$

显然,与实际气体的以 $1/V$ 的幂所表示的 PV 维利展开式相类似,这里排斥体积起着等效的作用.如果气体分子能被看成点粒子,分子之间没有相互作用,$u = 0$,第二项和更高次项系数(A_2、A_3、$\cdots$)化为零,气体表现出理想行为.类似地,在高分子稀溶液中,当 $u = 0$ 时(即在 $T = \Theta$ 时),式(12.70)~式(12.72)还原为范特霍夫(van't Hoff)夫方程:

$$\frac{\pi}{c} = \frac{RT}{M}$$

当然,此式可以重排为 $\pi V = n_2 RT$,与理想气体定律相类似.由此可以看出,高分子溶液的 Θ 温度类似于实际气体的波义耳(Boyle)温度(即在这个温度下,实际气体服从关系式 $PV = nRT$,不含 $1/V$ 的平方项和更高次项).

高分子溶液的一般理论忽视了溶液在高度稀释时的不均一性,所得到的式(12.31″)与式(12.72)具有相同的形式.两个展开式中的第一项系数当然是相同的.鉴于式(12.45)和式(12.46)、式(12.75′)给出的第二维利系数与式(12.31″)有所不同,差别在于 $\mathscr{J}(J\xi^3)$.因此,由于 $\mathscr{J}(J\xi^3)$ 项,根据稀溶液理论,π/c 对 c 作图所得到的斜率较小.在良溶剂中,这一项比 1 小得多,但是当选择较劣的溶剂时,这一项接近于 1,在 Θ 溶剂中(即在劣溶剂中,$T = \Theta$ 时),$\mathscr{J}(J\xi^3) = 1$.这就使我们得出一个重要的结论,即前面建立的一般理论(12.1 节)在 Θ 温度下是适用的.当 $T = \Theta$ 时,分子间可自由地相互贯穿,因此在总的溶液中链段-链段接触的频率不受溶液的不连续性所干扰.

在应用于渗透压数据时,通常优先采用如下展开式:

$$\frac{\pi}{c} = \left(\frac{\pi}{c}\right)_0 (1 + \Gamma_2 c + \Gamma_3 c^2 + \cdots) \tag{12.76}$$

其中 $(\pi/c)_0 = RT/M$,且

$$\Gamma_2 = \frac{A_2}{A_1} = \frac{JM}{N_A} \mathscr{J}(J\xi^3) \tag{12.77}$$

当把高分子用等效的、不能互穿的球体来替代作近似处理时,可以得到 $\Gamma_3 = (5/8)\Gamma_2^2$[24].这一结果表明第三维利系数强烈地依赖于第二维利系数.更为详尽的分析[26]表明,对于高分子,系数 5/8 应该用一个缓慢增加的 Γ_2 的函数来替换——比 5/8 要小,当 Γ_2 降为零时,也化为零.设这个缓慢变化的函数为 g:

$$\Gamma_3 = g\Gamma_2^2 \tag{12.78}$$

则

$$\frac{\pi}{c} = \left(\frac{\pi}{c}\right)_0 (1 + \Gamma_2 c + g\Gamma_2^2 c^2 + \cdots) \tag{12.79}$$

之前在式(7.13)已给出这个关系式.重要的结论依然是,当 Γ_2 减小而趋于零时,Γ_3 也迅速地化为零.因此,当用渗透压与浓度的比值 π/c 对浓度 c 作图时,随着溶剂变劣,斜率的减小应与曲率更为迅速地消失并行.当 $T = \Theta$ 时,斜率和曲率均为零.对于良溶剂,目前理论预测的曲率要比由一般理论的式(12.31′)或式(12.32″)给出的值大得多.

渗透压测定通常用于表征分子量(数均值)或体现在 Γ_2 上的溶剂-高分子间相互作用.

前者需要求式(12.79)中的第一项;后者取决于第二项的求值.式中的第三项仅有助于准确求前面几项的系数.因此,第三项系数使用近似取值就足够了.因为在劣溶剂中,在渗透压测定所覆盖的浓度范围,第三项的贡献微不足道,因此 g 取良溶剂中的数值就足矣,即 $0.25^{[26]}$,并且把它作为一个常数.$^{[27]}$忽略更高次项,式(12.79)可改写为

$$\frac{\pi}{c} \approx \left(\frac{\pi}{c}\right)_0 \left(1 + \frac{\Gamma_2}{2}c\right)^2 \qquad (12.79')$$

把 g 设为常数,还留有两个可调节的参数 $(\pi/c)_0$ 和 Γ_2,这就需要通过实验数据来计算.$^{[27]}$

其他热力学函数可以根据配分函数 Q 或渗透压表达式来推导.溶液中溶剂的化学位为 $\mu_1 - \mu_1^0 = -\pi v_1$(在具有均匀链段期望值或密度的区域,不要与过量化学位 $(\mu_1 - \mu_1^0)_E$ 相混淆).稀释热和稀释熵可以通过求导数来推导,但是所得的表达式是不实用的.$^{[24]}$更可取的是在不同温度求 Γ_2 或 A_2,再根据上面给出的关系式导出基本的稀释熵参数 ψ_1 和稀释热参数 κ_1(参见下面的内容).

前面已经给出由渗透压展开式(12.79)导出的浊度 τ 的表达式,参见式(7.37')和式(7.37").

这里做详尽描述的稀溶液处理方法可推广到包含不同分子量同系物的聚合物.$^{[24]}$对于多分散聚合物,所得到的表达式假设具有相同形式的一般式,但是对第二维利系数 A_2 或 Γ_2 的求值包含了对全部组分的求和,任务艰巨.当然,渗透压表达式中第一项的分子量 M 必须用数均分子量 $\overline{M}_n$ 来替代.对于具有两种不同化学组分的高分子溶液也进行了探讨.$^{[28]}$

12.2.4 应用于实验数据

图 7.5 和图 7.6 所示的是 π/c 对 c(c 的单位是 g/100 mL)的作图.Krigbaum$^{[29]}$测定的聚苯乙烯级分在甲苯中的结果是类似的,示于图 12.9.图中每条曲线都是通过选取参数 $(\pi/c)_0$ 和 Γ_2 的值(在所有情况下取 $g = 0.25$)来进行计算以给出最佳拟合.在第 7 章第 198～200 页描述的方法是用来估算这些参数的值的.实验数据证实了良溶剂中正曲率的预测(例如图 7.5 中的聚异丁烯-环己烷溶液或图 12.9 中的聚苯乙烯-甲苯溶液).劣溶剂中没有弯曲的迹象(例如图 7.5 中 30 ℃下的聚异丁烯-苯溶液),这与对第三个系数在第二个趋于零时也化为零的预测相符.我们可以推断,高分子稀溶液渗透压对浓度的依赖关系与式(12.79)符合得很好.然而根据上述原因,这个表达式仅限于应用于低浓度时.对于 π/c 超过 $(\pi/c)_0$ 值的三四倍的浓度的溶液,就不再期望该式能适用了.$^{[27,29]}$因此,分子量越高(也即 $(\pi/c)_0$ 值越小),浓度上限越小.当浓度超过这一上限时,正如上面提到的图中一些数据所示,π/c 值低于计算值.

高分子稀溶液的浊度数据与相应的理论关系式(7.37)相符合,示于图 7.14、图 7.15.

π/c 对 c 作图的起始斜率可以通过由上面提及的方法确定的参数 Γ_2 和 $(\pi/c)_0$ 来计算.斜率为 RTA_2,等于 $\Gamma_2(\pi/c)_0$.参数 A_2 由式(12.75)或式(12.75')的理论给出.出现在关系式中的 $(\bar{v}^2/v_1)\psi_1(1-\Theta/T) = J/N_A$ 与分子量无关,但是因子 $\mathscr{J}(J\xi^3)$ 随 M 增加而缓慢地减小,这是因为根据式(12.63),$J\xi^3$ 与 $M^{1/2}/\alpha^3$ 成正比,而函数 $\mathscr{J}(J\xi^3)$ 按照图 12.8 所示的方式随着其自变量的增加而减小.由此可见,在同一温度、同一良溶剂中,聚合物系列同

系物的 π/c 对 c 作图的斜率 RTA_2 应该随着 M 的增加、也即随着 $(\pi/c)_0$ 的减小而逐渐地减小.图 7.5 中聚异丁烯-环己烷体系和图 12.9 中聚苯乙烯-甲苯体系的实验结果证实了这一预测.把获取图 7.5 中前一个体系的曲线所使用的参数用于计算起始斜率,并以对数 $\log RTA_2$ 对 $\log M$ 作图,示于图 12.10.根据图 12.9 中的数据,聚苯乙烯在甲苯中的类似作图示于图 12.11 中.为了方便起见,采用 log-log 作图.

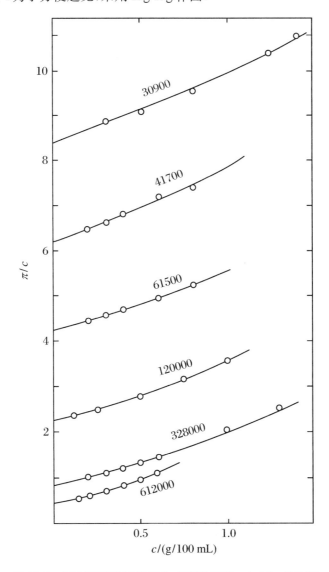

图 12.9　30℃下聚苯乙烯级分-甲苯体系的 π/c 对 c 的作图

每个级分的分子量标在每条曲线上.渗透压单位为 g/cm^2.(Krigbaum 的实验结果[29])

高分子稀溶液的热力学行为取决于三个因素:① 分子量;② 表征链段-溶剂相互作用的热力学相互作用参数 ψ_1 和 κ_1 或 ψ_1 和 Θ;③ 溶液中分子的构象或"尺寸".系数 A_1 仅取决于第一因素分子量,通常也是根据这个系数来测定分子量.第二维利系数 A_2(同样地,Γ_2)与这三个因素均有关.因此,为了评价存在于**第二维利系数 A_2** 中的基本热力学参数,人们不得不采取对溶液中分子的某种尺寸的独立测定.单独的渗透压测定不足以把 A_2 分解为各

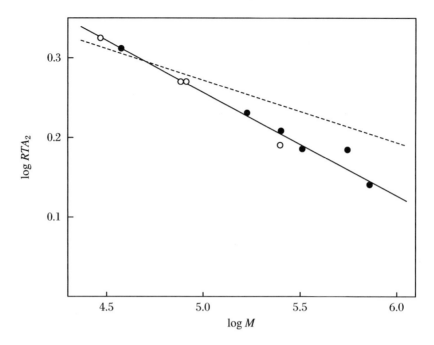

图 12.10 30 ℃ 下聚异丁烯级分-环己烷体系的 $\log RTA_2$ 对 $\log M$ 的作图

实心圆代表图 7.5 中曲线的起始斜率 RTA_2. 空心圆表示同一体系的早期结果[30]. 虚线是按照文中描述的方法计算的.（Krigbaum[29]）

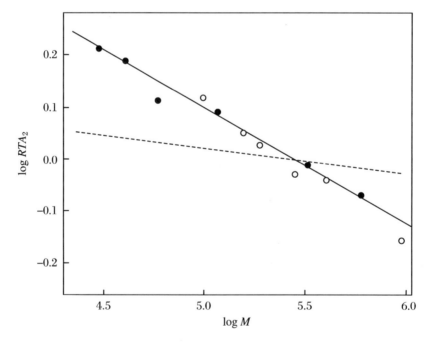

图 12.11 30 ℃ 下聚苯乙烯级分-甲苯体系的 $\log RTA_2$ 对 $\log M$ 的作图

实心圆代表图 12.9 中曲线的斜率. 空心圆来自 Frank 和 Mark 结果[31]. 虚线是按照文中描述的方法计算的.（Krigbaum[29]）

个影响因素. 也许对所涉及的关系式进行重新审视可以使问题更加清楚.

对式(12.75)中的 A_2 起主要作用的是式(12.55)定义的量 J,其中包含热力学参数的组合 $\psi_1(1-\Theta/T)$.因此,逻辑上应该首先求出 J.但是根据式(12.75),A_2 也取决于函数 $\mathscr{F}(J\xi^3)$,因此有必要对 ξ^3 进行求值.后一个量由式(12.56)所定义,取决于表征链段空间分布的参数 β'.把式(12.52)的 β' 代入式(12.56),得

$$\xi^3 = \frac{3^3}{2^{1/2}\pi^{3/2}} \frac{M^2}{(\overline{r^2})^{3/2} N_A^2} \tag{12.80}$$

可以改写为

$$\xi^3 = \frac{3^3}{2^{1/2}\pi^{3/2}} N_A^{-2} \left(\frac{\overline{r_0^2}}{M}\right)^{-3/2} \frac{M^{1/2}}{\alpha^3} \tag{12.80'}$$

$\overline{r_0^2}$ 正比于 M(参见第 10 章).因此,对于任一聚合物同系物系列,比值 $\overline{r_0^2}/M$ 是一个常数,表征了给定类型高分子链的无扰构象.这一比值和扩张因子 α^3 都可以通过适当的特性黏数测定来确定,或者由光散射的不对称性测定来确定,虽然精确不高,但是更为直接.这样,ξ^3 可以不依赖于渗透压测定来计算.按照式(12.75),J 的值可以通过 A_2(渗透压)和 ξ^3(构象)来得到.接着,$\psi_1(1-\Theta/T)$ 又可以从 J 的定义式(12.55)计算得到.如果在不同温度下测定,前一个量可以分成单独的 ψ_1 和 Θ,整个分析就完整了.当然相应的分析可以应用于由光散射强度测定所确定的 A_2 值(参见式(7.37')).

当把这一步骤应用到图 12.9 中的聚苯乙烯数据和图 7.5 中的聚异丁烯数据时,得到的 $\psi_1(1-\Theta/T)$ 值随着分子量的增加而减小.例如,对于后一体系,其值从 $M=38000$ 时的 0.087 降至 $M=720000$ 时的 0.064.这与热力学参数的最初定义是违背的,根据该定义,它们所表征的应是固有的链段-溶剂间相互作用,与分子结构是无关的.

事实上,所得到的 $\psi_1(1-\Theta/T)$ 值与第 14 章描述的由特性黏数法所计算的值相当接近,这也就提供了另一种处理第二维利系数 A_2 对分子量依赖性的方法.由特性黏数研究计算出扩张因子 α,再根据式(12.65)可以计算出 $J\xi^3$.根据特性黏数结果还可求出 $\psi_1(1-\Theta/T)$ 值,再通过应用式(12.75')计算每个聚合物级分的 A_2 值.图 12.10 和图 12.11 中的虚线就是 Krigbaum[29] 按照这种方法计算得到的.缺乏数值支撑可以认为是由于描述单一分子构象的分子内相互作用理论和上面给出的分子间相互作用理论都是不严密的.然而,A_2 值随 M 增加而降低的幅度明显大于理论预测是难以否认的,这表明目前的理论还存在令人遗憾的不足.在评价链段间相互作用时,把高分子看成为链段云,并没有特别考虑链从一个链段到另一链段的连续性,也许是造成理论不准确性的原因.然而,目前还没有提出与理论处理一致的更好的近似方法.

在接近 Θ 的温度下,$J\xi^3$ 值非常小(参见式(12.63)),因此 $F(J\xi^3)$ 接近于 1,$\psi_1(1-\Theta/T)$ 值可以明确地由 A_2 值来计算.以 A_2 对绝对温度倒数作图,或简单地在 Θ 温度附近的有限的范围内,以 A_2 对绝对温度作图,这一量很容易就分解为其组成要素 Θ 和 ψ_1.Krigbaum[32] 关于聚异丁烯的系列级分在苯中的数据结果示于图 12.12.A_2 为零的温度对应于 Θ 温度,观察到对于每一级分 Θ 温度都位于 24.5($\pm$0.5)℃的实验结果,与理论相符,令人满意.从 $T=\Theta$ 时的斜率得到这个体系的 ψ_1 值约是 0.30[32].在较高温度下曲线散开,是由于当 J 增加时 $\mathscr{F}(J\xi^3)$ 减小,且减小的程度取决于分子量.

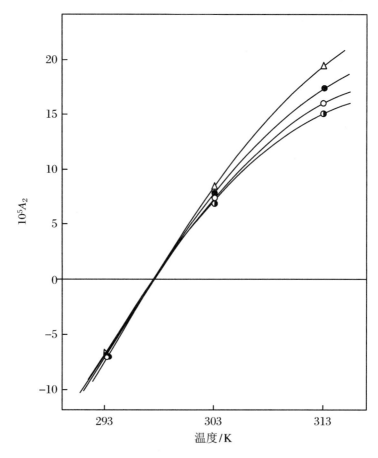

图 12.12　聚异丁烯系列级分-苯体系的 A_2 值对绝对温度的作图

级分的分子量分别是：△，102000；●，193000；○，210000；◑，723000．（Krigbaum[32]）

　　综上所述，分子间相互作用理论为极稀溶液的渗透压对浓度的依赖关系建立了一个可靠的表达式，成功地预测了 π/c 对 c 作图在分子量增加时起始斜率的减小．但是实际测得的减小程度明显大于理论预测．在给定的劣溶剂中，在同一温度 $T=\Theta$ 下，不论高分子的分子量是多少，对给定系列的所有聚合物，预测斜率均为零，这一预测很好地得到了实验结果的证实．遗憾的是，由渗透压或光散射实验对基本热力学参数进行明确的测定是困难的，这是因为所测的热力学行为还间接地依赖于高分子构象．

附录　一对分子相互作用自由能的积分[24]

　　根据式（12.53），当高分子 k 和 l 的中心相距为 a 时，需要求对总体积的积分 $\int \rho_k \rho_l \delta V$，其中，各分子的链段密度径向分布分别用 ρ_k 和 ρ_l 来表示，假定采用高斯分布函数（式（12.51））时具有足够的准确性．由于高分子的链长被认为是相同的，则表征分布的高斯参数 β' 也是相

同的.选择圆柱坐标系方便计算,r^* 和 θ 均以两个分子间的中点为原点来表示.因而

$$s_k^2 = \frac{a^2}{4} + ar^* \cos \theta + r^{*2}$$
$$s_l^2 = \frac{a^2}{4} - ar^* \cos \theta + r^{*2}$$

(A12.1)

将这些关系式代入式(12.51)的高斯分布函数 ρ_k 和 ρ_l,并添加到相应的积分中,得

$$
\begin{aligned}
\int \rho_k \rho_l \delta V &= \frac{x^2 \beta'^6}{\pi^3} \int_0^\infty \int_0^\pi \exp\left[-\beta'^2 \left(\frac{a^2}{2} + 2r^{*2} \right) \right] 2\pi r^{*2} \sin \theta \, dr^* \, d\theta \\
&= \frac{4x^2 \beta'^6}{\pi^2} \exp\left(-\frac{\beta'^2 a^2}{2} \right) \int_0^\infty \exp(-2\beta'^2 r^{*2}) r^{*2} \, dr^* \\
&= \frac{x^2 \beta'^3}{(2\pi)^{3/2}} \exp\left(-\frac{\beta'^2 a^2}{2} \right)
\end{aligned}
$$

(A12.2)

将结果代入式(12.53),得到高分子 l 从与高分子 k 相距无穷远移到它们相距为 a 时的自由能变化为

$$\Delta F_a = kT\psi_1 \left(1 - \frac{\Theta}{T} \right) \frac{\beta'^3}{2^{1/2} \pi^{3/2}} \frac{x^2 V_s^2}{V_1} \exp\left(-\frac{\beta'^2 a^2}{2} \right)$$

(A12.3)

将高分子的体积 xV_s 用 $m\bar{v}$ 来替代,其中 m 是高分子的质量,$\bar{v}$ 是比容,即得式(12.54),其中的 J、ξ 和 y 分别按照式(12.55)、式(12.56)和式(12.57)来定义.

参 考 文 献

[1] Gee G, Treloar L R G. Trans. Faraday Soc., 1942,38:147.

[2] Meyer K H, Lühdemann R. Helv. Chim. Acta, 1935,18:307; Meyer K H. Z. Physik. Chem., 1939,B44:383; Helv. Chim. Acta, 1940,23:1063.

[3] Huggins M L. J. Phys. Chem., 1942,46:151; Ann. N. Y. Acad. Sci., 1942,41:1; J. Am. Chem. Soc., 1942,64:1712.

[4] Flory P J. J. Chem. Phys., 1942,10:51.

[5] Flory P J, Krigbaum W R. Annual Review of Physical Chemistry, 1951,2:383.

[6] Miller A R. Proc. Cambridge Phil. Soc., 1943,39:54.

[7] Miller A R. The Theory of Solutions of High Polymers. Oxford: Clarendon Press, 1948.

[8] Orr W J C. Trans. Faraday Soc., 1944,40:320.

[9] Guggenheim E A. Proc. Roy. Soc. (London), 1944,A183:203.

[10] Flory P J. J. Chem. Phys., 1944,12:425.

[11] Scott R L, Magat M. J. Chem. Phys., 1945,13:172.

[12] Guggenheim E A. Proc. Roy. Soc. (London), 1944,A183:213.

[13] Flory P J. J. Chem. Phys., 1945,13:453.

[14] Hildebrand J H. J. Chem. Phys, 1947,15:225.

[15] Guggenheim E A. Trans. Faraday Soc., 1948,44:1007.

[16] Newing M J. Trans. Faraday Soc. , 1950,46:613.

[17] Bawn C E H. Freeman R F J, Kamaliddin A R. Trans. Faraday Soc. , 1950,46:677.

[18] Gee G. J. Chem. Soc. , 1947, 280.

[19] Gee G, Orr W J C. Trans. Faraday Soc. , 1946,42:507.

[20] Prager S, Bagley E, Long F A. J. Am. Chem. Soc. , 1953,75:2742.

[21] Tompa H. J. Polymer Sci. , 1952,8:51.

[22] Ferry J, Gee G, Treloar L R G. Trans. Faraday Soc. , 1945,41:340.

[23] Hildebrand J H, Scott R L. The Solubility of Non-Electrolytes. 3d ed. New York: Reinhold Publishing Corp. , 1950.

[24] Flory P J, Krigbaum W R. J. Chem. Phys. , 1950,18:1086; Flory P J. ibid. , 1949,17:1347.

[25] Debye P, Bueche F. J. Chem. Phys. , 1952,20:1337.

[26] Stockmayer W H, Casassa E F. J. Chem. Phys. , 1952,20:1560.

[27] Krigbaum W R, Flory P J. J. Polymer Sci. , 1952,9:503.

[28] Krigbaum W R, Flory P J. J. Chem. Phys. , 1952,20:873.

[29] Krigbaum W R, Flory P J. J. Am. Chem. Soc. , 1953,75:1775.

[30] Flory P J. J. Am. Chem. Soc. , 1943,65:372.

[31] Frank H P, Mark H. J. Polymer Sci. , 1951,6:243.

[32] Krigbaum W R, Flory P J. 待发表.

第 13 章　聚合物体系相平衡

13.1　液相系统的相平衡

对于给定聚合物,当温度降低时,溶剂性能逐渐变劣,最终可以达到某个温度,当温度低于该温度时,溶剂和聚合物在所有混合比都不再互溶.在较低的温度下,聚合物与溶剂的混合物在一定组成范围内将分成两相.如果聚合物由足够窄的分子组分组成,例如如果聚合物经过仔细的分级,这样就可以被看成是单一组分,溶剂与聚合物的混合物就可以参照应用于小分子二元体系的较为成熟的步骤来处理.温度-组成相图包含一条划分均相与多相区域的分界曲线.落在所谓的稳定单相极限线上的混合物分成两个液相,曲线上的两相组成间用连接线连接.稳定单相极限线的最高点为二元体系的临界点,共存的两相组成在这一点变为一致,且在临界温度 T_c 以上的温度,体系在所有混合比都是均相的.

聚合物是由一定范围的同系物所组成,则必须把聚合物看成不同组分的混合物,这样与溶剂的混合物就应为多组分体系.由这种聚合物(混合物)和溶剂形成的体系两相共存的最高温度通常不是一个真正的临界点.它的位置将取决于聚合物中组分的分布,一旦低于这一温度,由于两相间聚合物组分的差异,两个共存相的组成可以有很大的不同.

在高分子溶液中添加沉淀剂也会导致溶液分成两相.在这种情况下,涉及不少于三种组分,用传统的三角形的三元相图来表示.

聚合物-溶剂混合物相平衡特征在本节讨论,且仅限于两相均为液相的体系.相平衡时聚合物含量较高的相中聚合物为半结晶状态的情况将在下一节讨论.

假定聚合物分子量不太低(如 $M > 10000$),高分子稀溶液最初发生液-液相分离的温度总是靠近 Θ 温度(通常略低于 Θ 温度),在此温度下,π/c 在相当大的范围与浓度无关(参见第 12 章).在感兴趣的分子量范围,临界温度 T_c 与 Θ 温度的差别不是很大.因此,链段间的净相互作用非常小,正如在 381 页所强调的,稀溶液理论将趋向 12.1 节建立的较为简单的一般理论.这样采用后一理论处理液-液相平衡是合理的.特别地,我们将采用式(12.26)和式(12.32)来表示溶剂和聚合物的化学位.

13.1.1　二元体系理论[1]

假定两相中化学位两两相等,这是二元体系中两相平衡的条件,即

$$\mu_1 = \mu_1', \quad \mu_2 = \mu_2' \tag{13.1}$$

其中带撇号的表示浓相. 在由这些条件出发推演平衡时的两相浓度之前, 考察发生不完全相溶的条件是有指导意义的. 式(12.26)和式(12.32)采用聚合物体积分数 v_2 的函数来表示化学位 μ_1 和 μ_2. 单一参数 χ_1 出现在这些函数中, 我们希望确定在两相共存时这一参数的取值范围. 满足式(13.1)中的前一条件要求存在化学位 μ_1 具有相同值的两个浓度, 且要求当 v_2 从 0 到 1 时, μ_1 的值经过一最小值再经过一最大值. 类似地, 为了满足式(13.1)中的第二个条件, μ_2 必须出现一个最大值和一个最小值. 由于 μ_1 和 μ_2 是由同一自由能函数式(12.22)微分得到的, 显然在一项通过最大值时, 另一项则位于最小值,① 因此单考虑任一化学位就足够了. 把注意力限于 μ_1, 我们进一步注意到, 用曲率为零的条件 $(\partial^2\mu_1/\partial v_2^2)_{T,P}=0$ 来表征的拐点必然位于曲线上最小值与最大值之间. 在最大值和最小值处, 均有 $(\partial\mu_1/\partial v_2)_{T,P}=0$. 表示 μ_1 的函数中的这些特征构成了不完全相溶的必要和充分条件. 如果作为组成函数的 μ_1 曲线随着 v_2 单调地下降, 总的相溶性是确保的. 如果溶剂的性能逐渐变劣, 最终一个最小值和一个最大值将出现在曲线上, 它们的出现预示了不完全相溶. 通常, 对于一指定聚合物的劣溶剂, 随着温度的降低, 其溶剂性能逐渐变劣; 因此, 最初在较高温度下总体相溶的体系可以通过降低温度改变为具有有限相溶性的体系. 在某一临界温度 T_c, 将开始出现相分离, 且在这一点, 原先单调的曲线必然开始呈现一个最小值、一个最大值和一个拐点. 在 T_c, 这些特征将同时出现在同一浓度. 相分离的临界条件是

$$\left(\frac{\partial\mu_1}{\partial v_2}\right)_{T,P}=0, \quad \left(\frac{\partial^2\mu_1}{\partial v_2^2}\right)_{T,P}=0② \tag{13.2}$$

根据式(12.26)计算溶液中溶剂化学位与纯溶剂相比**减小**的量, 并取高分子的 $x=1000$ 以及几个不同的 χ_1 值, 以这一差值对 v_2 作图, 示于图 13.1. 这些曲线说明了前面段落讨论的特征. 当 χ_1 值较小时, 在整个浓度范围内, 化学位随着 v_2 增加而减小(也即 $-(\mu_1-\mu_1^0)/RT$ 增加). 当 χ_1 值增加时(通常相当于温度的降低), 一个最小值、一个拐点和一个最大值终将出现. 当 $\chi_1=0.532$ 时, 这些特征重合在临界点.

把临界条件(13.2)应用于式(12.26)的化学位, 得

$$\frac{1}{1-v_2}-\left(1-\frac{1}{x}\right)-2\chi_1 v_2=0, \quad \frac{1}{(1-v_2)^2}-2\chi_1=0 \tag{13.3}$$

消去 χ_1, 得到临界组成为[1]

$$v_{2c}=\frac{1}{1+x^{1/2}} \tag{13.4}$$

当 x 很大时, 化简为

$$v_{2c}=\frac{1}{x^{1/2}} \tag{13.4'}$$

因此, 预测首先出现两相区域的相分离临界浓度发生在聚合物的体积分数为很小的值时. 例

---

① 这里需要的论据当然是 Gibbs-Duhem 关系式的等效性.

② 根据 Gibbs-Duhem 方程式, 这些条件等同于 $(\partial\mu_2/\partial v_2)_{T,P}=0, (\partial^2\mu_1/\partial v_2^2)_{T,P}=0$. 其他热力学函数, 如活度或渗透压, 都可以用来替代化学位.

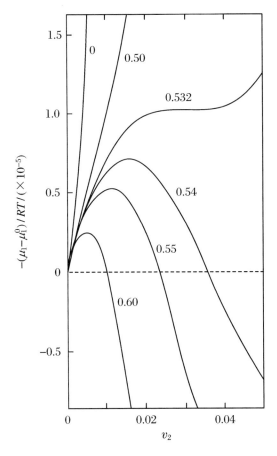

图 13.1　低浓度(v_2)时包含高分子的二元溶液中溶剂的化学位

曲线是根据式(12.26)计算得到的,取 $x = 1000$,χ_1 值标在每条曲线上.[1]

如,对于分子量为 1000000 的聚合物($x \approx 10^4$),$v_{2c} \approx 0.01$.将式(13.4)代入式(13.3)中任一式,得

$$\chi_{1c} = \frac{(1 + x^{1/2})^2}{2x} \tag{13.5}$$

$$\approx \frac{1}{2} + \frac{1}{x^{1/2}} \tag{13.5'}$$

χ_1 的临界值略大于 1/2,小的增量取决于链长,当分子量无穷大时,χ_1 等于 1/2.

最早由式(12.21)给出的 χ_1 定义表明,χ_1 值与温度成反比.根据把 Δw_{12} 看作自由能的更一般解释,χ_1 应该(近似地)为 $1/T$ 的线性函数,尽管它一般与 $1/T$ 不成正比关系.这在随后的式(12.45)和式(12.46)中是显而易见的.采用稀溶液的相关符号,有

$$-\psi_1\left(1 - \frac{\Theta}{T_c}\right) = \frac{1}{x^{1/2}} + \frac{1}{2x} \tag{13.6}$$

$$\frac{1}{T_c} = \frac{1}{\Theta}\left[1 + \frac{1}{\psi_1}\left(\frac{1}{x^{1/2}} + \frac{1}{2x}\right)\right] \tag{13.7}$$

当 x 值较大时,可以写为

$$\frac{1}{T_c} = \frac{1}{\Theta}\left(1 + \frac{b}{M^{1/2}}\right) \tag{13.7'}$$

根据理论,常数 b 为

$$b = \frac{\left(\dfrac{\mathrm{v}_1}{\bar{v}}\right)^{1/2}}{\psi_1} \tag{13.8}$$

由于 $x = M\bar{v}/\mathrm{v}_1$,其中 $\bar{v}$ 是聚合物的比容,v_1 是溶剂的摩尔体积,因此理论预测,对于给定的聚合物-溶剂体系,初期相溶的临界温度(以 K 为单位)的倒数与分子量平方根的倒数呈线性关系.与此同时,温度 Θ 可确定为**分子量无穷大时的临界共溶温度**.

在把临界点的理论预测与实验结果比较之前,我们可以有效地检验理论所需的二组分相图的稳定单相极限线.把式(12.26)代入平衡条件式(13.1)中第一式的两边可以导出[2]下列稀相的组成 v_2 与两相组成比 $\gamma = v_2'/v_2$ 之间有用的近似关系式(参见本章附录 A),符号 v_2 表示稀相中的体积分数,v_2' 表示浓相中的体积分数,同样地,把式(12.32)关于 μ_2 和 μ_2' 的表达式代入平衡条件式(13.1)中第二式的两边可以导出:

$$v_2 \approx \frac{-(\gamma+1)h + \left[(\gamma+1)^2 h^2 + 4(\gamma-1)^3 h\right]^{1/2}}{2(\gamma-1)^3} \tag{13.9}$$

其中

$$h = \frac{12}{x}\left[(\gamma+1)\frac{\ln\gamma}{2} - (\gamma-1)\right]$$

所含的近似在浓度高达临界浓度 v_{2c} 的 10 倍时都是不值得考虑的(参见本章附录 A).相应的 χ_1 值为

$$\chi_1 = \frac{(\gamma-1)\left(1-\dfrac{1}{x}\right) + \dfrac{\ln\gamma}{v_2 x}}{2(\gamma-1) - v_2(\gamma^2-1)} \tag{13.10}$$

选取不同的 γ 值,对于指定的 x 值计算相应的 h 值,再把 γ 值、h 值代入式(13.9),便可计算稀相中的组成.根据 $v_2' = \gamma v_2$,即可计算浓相中的组成.最终根据式(13.10)由 γ、x 和 v_2 计算 χ_1 值.因此可以以 χ_1 的函数形式计算出稳定单相极限线.图 13.2 中的虚线就是以这种方式计算得到的.χ_1 向纵坐标温度的转化,是基于观察到的临界温度 T_c 随分子量的变化,通过 χ_1 与 T 的关系式做经验"校准"来完成的(参见下面内容).[3]

13.1.2　二元体系实验结果

图 13.2 中的数据点显示的是三个聚异丁烯级分[3]的二异丁基酮溶液在冷却时发生沉淀的温度对组成的作图.像这样的液-液沉淀温度重复性好,它们与冷却速率无关,且与降温时测得的开始相分离的温度相比,升温时测得的数据在实验误差范围内(约 $\pm 0.1\,^{\circ}\mathrm{C}$)是一致的.理论预测的稳定单相极限线的一般特征都得到了证实.代表临界点的曲线上的最大值虽然没有位于式(13.4)预测的那么低的浓度,但是还是明显位于低浓度下.临界浓度大约是这个预测值的 2 倍,且实验曲线比虚线表示的理论曲线要宽.在略低于开始出现有限相溶的临界温度 T_c 的温度下,浓相中所含的溶剂甚至比溶质(聚合物)还要多得多.在明显低于 T_c 的温度下,稀相中可能仅保留微量的溶质.这些都是聚合物在单一组分溶剂中分级时的典型特征,且分子量越大,特征越明显.在图 13.2 中,这是显而易见的.

值得注意的一点是相图出现明显不对称性的物理原因,例如表现在临界点远离相图的

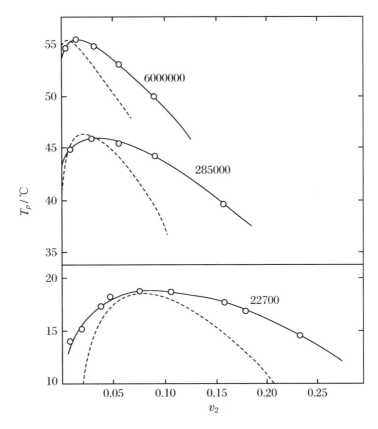

图 13.2　三个聚异丁烯级分(分子量已标出)在二异丁基

酮溶液中的相图

实线是通过实验数据点绘制的. 虚线为理论计算的曲线. (Shultz 和 Flory[3])

中间区域,而单纯液体的二元体系通常出现在中间区域. 当然这种不对称性是两种组分在尺寸上的巨大悬殊造成的. 由于单位体积内的溶质数很少,即由于溶质的分子量大,渗透压级数展开式中的第一项(RTA_1)非常小. 展开式中的较高次项(如 RTA_2,参见第 12 章)与单纯液体的相应数值相当. 在低于 Θ 温度的温度下,高分子链段更倾向于与链段接触,而不是溶剂所提供的介质. 唯有稀相的较大体积可以驱使高分子扩散到溶剂中. 由于需要分散在溶剂中的粒子(分子)数很小,这种驱使力同样很小,除非体积巨大. 由于溶剂分子在数量上大得多,在补偿两相浓度上更为有效,因此两相都是稀溶液.

临界温度的倒数,即图 13.2 中曲线最大值的倒数对函数 $1/x^{1/2} + 1/2x$ 作图,示于图 13.3,当 x 很大时,该函数非常接近于 $1/x^{1/2}$. 上面一条线表示聚苯乙烯-环己烷溶液,下面一条线表示聚异丁烯级分的二异丁基酮溶液[3]. 在实验误差范围内两者都是线性的. 这是典型的具有有限相溶性的聚合物-溶剂体系. 截距代表了 Θ 温度. 在实验误差范围内(<1℃),用这种方法得到的数值与渗透压测定时[4]以 A_2 为 0 的温度为 Θ 温度(参见第 12 章)相符. 对系列级分样品进行的沉淀实验提供了一个相对较为简便的准确测定临界温度的方法,并在表征各种高分子溶液性质的研究中起着重要的作用.

根据式(13.7),由图 13.3 中直线的斜率计算稀释熵参数 ψ_1. 以这种方法计算的聚异丁烯体系和聚苯乙烯体系的 ψ_1 值分别是 0.65 和 1.055.这些数值比由稀溶液渗透压测定所确定的数值要大.另一方面,Shultz[5]指出由相平衡研究得到的相互作用参数与同一溶剂中的简单分子类似物(如环己烷-甲苯与环己烷-聚苯乙烯相比较)的相关数据符合得很好.由此表明,按照分子间理论(或根据特性黏数研究,参见第 14 章)由稀溶液热力学测定而得到的 ψ_1 值存在明显的误差.不管它的根源是什么,这种差异进一步提醒了我们,现有的热力学理论虽然在预测观察结果的形式上通常是可靠的,但是在数值上经常是不准确的.

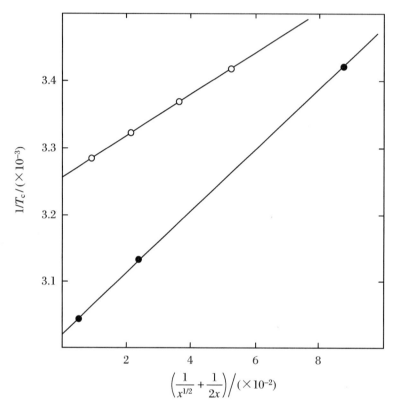

图 13.3　临界温度的倒数对式(13.7)中表示分子大小的函数作图
○代表聚苯乙烯级分-环己烷溶液;●代表聚异丁烯级分-二异丁基酮溶液.(Shultz 和
Flory[3])

13.1.3　由单一聚合物和二元溶剂混合物组成的三元体系

在三组分体系中,两液相间达到平衡必须满足三个条件.替代条件(13.1),有

$$\mu_1 = \mu_1', \quad \mu_2 = \mu_2', \quad \mu_3 = \mu_3' \tag{13.11}$$

把推导式(12.26)和式(12.32)的步骤扩展,可导出下列形式的化学位[①]:

$$\mu_1 - \mu_1^0 = RT\Big[\ln v_1 + (1 - v_1) - v_2 \frac{x_1}{x_2} - v_3 \frac{x_1}{x_3}$$
$$+ (\chi_{12} v_2 + \chi_{13} v_3)(v_2 + v_3) - \chi_{23} \frac{x_1}{x_2} v_2 v_3\Big] \tag{13.12}$$

$$\mu_2 - \mu_2^0 = RT\Big[\ln v_2 + (1 - v_2) - v_1 \frac{x_2}{x_1} - v_3 \frac{x_2}{x_3}$$
$$+ (\chi_{21} v_1 + \chi_{23} v_3)(v_1 + v_3) - \chi_{13} \frac{x_2}{x_1} v_1 v_3\Big] \tag{13.13}$$

$$\mu_3 - \mu_3^0 = RT\Big[\ln v_3 + (1 - v_3) - v_1 \frac{x_3}{x_1} - v_2 \frac{x_3}{x_2}$$
$$+ (\chi_{31} v_1 + \chi_{32} v_2)(v_1 + v_2) - \chi_{12} \frac{x_3}{x_1} v_1 v_2\Big] \tag{13.14}$$

其中 x_1、x_2、x_3 代表相关组分中每个分子的链段数,χ_{ij} 是一组作用对间的相互作用参数,相当于两组分体系的 χ_1.特别是

$$\chi_{ij} = \frac{z \Delta w_{ij} x_i}{kT} \tag{13.15}$$

其中 $\Delta w_{ij} \equiv \Delta w_{ji}$,类似于式(12.17)定义的 Δw_{12}.可以看到,用这种方式定义的参数 χ_{ij} 正比于组分 i 的分子大小.因此,如果组分是聚合物,χ_{ij} 的值实际上可以很大.如果是对相互作用强度更为合理的测定,我们可以采用 χ_{ij}/x_i,按照理论上的字面解释,它表示的是每个链段的相互作用强度.需要进一步注意的是,对于三组分体系,由于

$$\chi_{ji} = \chi_{ij} \frac{x_j}{x_i} = \chi_{ij} \frac{v_j}{v_i} \tag{13.16}$$

六个 χ_{ij} 减少为三个独立的参数,其中 v_i 和 v_j 是摩尔体积.此外,式(13.12)～式(13.14)中的 x 都是以比值形式出现的,代表了摩尔体积的比值,因此其中一个可以设为 1,并不影响其通用性.这是因为组分 1 通常是低分子量的溶剂,设 $x_1 = 1$ 是合理的.

如果两相中每一相的化学位均用式(13.12)～式(13.14)来表示,且代入式(13.11)中的平衡条件(类似于两组分体系的处理方法,参见本章附录 A),得到三个含有四个独立浓度变量的联立方程式,其中每相含两个浓度变量.例如,一组变量可以是 v_1、v_2、v_1' 和 v_2'(v_3 由 v_1 和 v_2 确定,因为 $v_1 + v_2 + v_3 = 1$;同样地,v_3' 由 v_1' 和 v_2' 确定).如果四个独立组成变量中的一个是指定的,其他三个就可以通过三个方程式来确定.因此,对于三组分体系,在给出相

---

① 式(13.12)～式(13.14)很容易通过多组分体系的混合熵和混合热的广义形式来导出:
$$\Delta S_M^* = -k \sum n_i \ln v_i \quad (\text{参见式}(12.12))$$
以及
$$\Delta H_M = z \sum_{i<j} x_i n_i v_j \Delta w_{ij} = kT \sum_{i<j} n_i v_i \chi_{ij}$$
式中求和包括了所有可能的不同组分间的相互作用对(参见式(12.19′)和式(12.20)).对于三组分体系,有
$$\Delta F_M = kT(n_1 \ln v_1 + n_2 \ln v_2 + n_3 \ln v_3 + \chi_{12} n_1 v_2 + \chi_{13} n_1 v_3 + \chi_{23} n_2 v_3)$$
求导得到式(13.12)～式(13.14).

关参数值(即 χ 和 x 的值)的前提下,应该可以计算出表示等温两相平衡组成的稳定单相极限线.然而方程并不能很明确地解出来,人们不得不采取一些数值计算方法.甚至在导致方程简化的特殊情况下,等温三组分相图的计算也是一项乏味的工作.

Tompa[6]对特殊的非溶剂(1)、溶剂(2)和聚合物(3)三元体系的稳定单相极限线的计算示于图 13.4(a),其中 $v_1 = v_2$,$\chi_{23} = 0$,$\chi_{12} = \chi_{13} = 1.5$.另外要说明的是,非溶剂-溶剂、非溶剂-聚合物链段间的相互作用自由能被认为是相等的,而溶剂-聚合物间的相互作用自由能假设是零.可以假设 $x_1 = x_2 = 1$,$x_3 = v_3/v_1$.在这种情况下,参数的数目可以从五个减为两个.稳定单相极限线示于图 13.4(a),其中 $x_3 = 10$、100 和 ∞.仅在中间的曲线上显示了连接线.用圆圈表示的每条曲线的临界点代表了在这一点连接线恰好消失,也即平衡时两相组成完全相同.

临界点位于低浓度下,且分子量越高,浓度越低.当分子量趋于无穷大时(图 13.4(a)中的点划线),临界点移到非溶剂-溶剂轴上,也即分子量无穷大时临界点的高分子溶液浓度为零.当 x 很大但为有限值时,靠近临界点,两相均为高分子的稀溶液.

当非溶剂所占比例明显地超过临界点时,稳定单相极限线与非溶剂-溶剂轴相合并,表明稀相中高分子溶液浓度可以忽略不计.很显然,这些特征与两组分体系中观察到的特征是类似的,非溶剂-溶剂比所起的作用类似于两组分体系中的温度.可以证明,它们对被指定为参数的那些特定值的依赖性不强.然而,当改变相互作用参数时,譬如溶剂与非溶剂不完全相溶时(在 $\chi_{12} > 2$ 时的情况),或组分 1 和组分 2 都是聚合物的非溶剂($\chi_{13} > 1/2$,$\chi_{23} > 1/2$),但在一定范围内它们的混合物是聚合物的溶剂时[6,7],则呈现完全不同的特征.

这样的可行性实验似乎定性地证实了理论预测.[5,6]然而,与两组分体系类似,观察到的稳定单相极限线比图 13.4 所示的计算曲线要宽得多.

对于含有无穷大分子量聚合物的三元体系,表示临界点组成的非溶剂-溶剂混合物组成具有独特的意义(参见图 13.4(a)).Scott[7]和 Tompa[8]研究表明无穷大分子量时临界点的组成指定为

$$v_3 = 0$$

且

$$1 - 2\chi_{13}(1 - v_2) - 2\chi_{23}v_2 + \left[2(\chi_{21}\chi_{13} + \chi_{12}\chi_{23} + \chi_{13}\chi_{23})\right.$$
$$\left. - \frac{x_2}{x_1}\chi_{12}^2 - \frac{x_2}{x_1}\chi_{13}^2 - \frac{x_1}{x_2}\chi_{23}^2\right]v_2(1 - v_2) = 0 \tag{13.17}①$$

他们进一步显示,渗透压与浓度比值 π/c 对二元溶剂混合物中聚合物浓度作图的斜率(RTA_2)应该正比于式(13.17)左边项的值②,式中 v_2 表示在与溶液达到渗透平衡时非溶剂-溶剂混合物中溶剂的体积分数.稀溶液中高分子外液体介质的组成同样地用 v_2 来表示.由于溶剂优先于非溶剂而被选择性地"吸收",高分子区域内溶剂混合物的组成可能与高分子

---

① Scott[7]得出在 $x_1 = x_2 = 1$,即 $v_1 = v_2$ 的情况下的结果.Tompa[8]在不限制尺寸参数的情况下进行了更为常规的研究,所得结果与目前的式(13.17)是一致的.

② 在推导这些结果的过程中,没有考虑由于高分子溶液的不连续特征所需的改进.在目前考虑的劣溶剂混合物中,这是不重要的.

区域外溶剂混合物的组成稍有不同. 这里, 内部的组成并不是直接关注的. 如果溶液变得足够稀, 外部的非溶剂-溶剂组成 ($v_2 = 1 - v_1$) 将与溶液的总体组成实际上是相等的. 因此, 我们有理由断定 π / c 对 c 作图的**起始**斜率与式 (13.17) 左边项的量是成正比的, 式中 v_2 表示在非溶剂-溶剂混合物中溶剂的体积分数. 因为式 (13.17) 要求三元体系在高分子的分子量趋于无穷大 ($M \to \infty$) 的临界点时这一量等于零, 这时的溶剂组成必定也是渗透压的维利展开式中第二维利系数 (A_2) 为零的溶剂组成 (不论 M 为多大, 不过要在同一温度下). **这一临界点类似于两组分体系中的 Θ 温度**.

根据与两组分体系的这些类似性, 我们并不能推断混合溶剂中的高分子溶液就可以像单一溶剂中的溶液那样采用同样的方法来处理. 除了少数情况, 如把混合溶剂看成单一组分, 并按照针对单一溶剂的高分子溶液的操作程序来处理沉淀[7], 它通常是不合理的. 这里是对这样一个程序的错误给出的一个强有力的提示, 从图 13.4(a) 我们可以注意到, 相平衡时两相的非溶剂-溶剂比相差明显, 其组成用连接线的两端作了标示. 指定溶剂比的所有混合物出现在同一直线上, 从聚合物一端 (3) 到对面的一端 (1,2). 在图 13.4(b) 中显示了三条等 "溶剂比" 线以及图 13.4(a) 中 $x_3 = 100$ 时的稳定单相极限线. 当然, 两相中溶剂比的差异取决于相互作用参数, 特别是 χ_{13} 与 χ_{23} 之间的差异. 如果 χ_{13} 与 χ_{23} 几乎相等, 连接线趋向于与溶剂比线平行, 且相平衡时两相中的溶剂组成几乎相同. 只有当 $\chi_{13} = \chi_{23}$ 和 $\chi_{12} = 0$ 时[7], 所有的连接线都能如此精确. 在这一特定情况下, 混合溶剂的行为好像是单一溶剂, 即所谓的**单纯液体**近似是适用的, 这样的体系能当作两组分体系来处理. 如果 χ_{13} 与 χ_{23} 之间差别悬殊, 则有利于良溶剂在聚合物富相的选择性吸附.

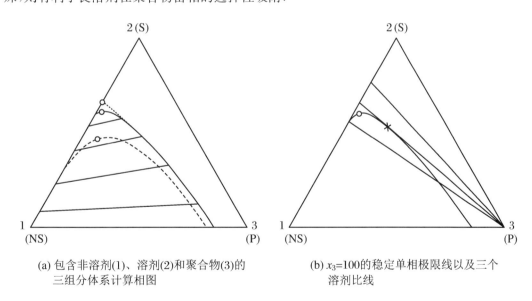

(a) 包含非溶剂(1)、溶剂(2)和聚合物(3)的 三组分体系计算相图

(b) $x_3 = 100$ 的稳定单相极限线以及三个 溶剂比线

图 13.4

(a) 取 $x_1 = x_2 = 1$, x_3 分别取值 10(虚线)、100(实线)以及 ∞(点划线); $\chi_{12} = \chi_{13} = 1.5$, $\chi_{23} = 0$. 所有临界点 (◦) 已标出, 还包括了 $x_3 = 100$ 曲线的连接线 (曲线由 Tompa[6] 计算). (b) 用切点 × 标示溶剂混合物的沉淀阈值.

为了进一步强调由于把三组分体系当作聚合物溶于单一溶剂的两组分体系来处理而造成的错误解释所带来的严重性, 考虑一系列通过选择指定非溶剂 (1) 与溶剂 (2) 的混合物并添加不同比例聚合物而形成的溶液.**只要溶剂比线不与稳定单相极限线相交**(参见图 13.4(b)),则所有形成的溶液是均相的,即聚合物与指定溶剂混合物在所有比例是相溶的.如果溶剂比线与稳定单相极限线相交,如图 13.4(b)中最底下的溶剂比线,对于位于稳定单相极限线下沿着溶剂比线的那部分组成,相分离必然发生.与稳定单相极限线相切的溶剂比线代表在指定温度下可能要发生相分离的最小非溶剂-溶剂比[9].在切点所标明的聚合物浓度下(图 13.4(b)中的×),体系处于不均匀性的边缘.在被称为沉淀阈值的这点,非溶剂比例的增加将导致分为两相.这一组成通常与临界点并不一致,在临界点平衡时相组成是相同的.比起真正的临界点,沉淀阈值出现在更高的浓度以及更低的非溶剂-溶剂比下.当然,用沉淀点替代临界点取决于参数 χ 的值.与临界点相比,沉淀点实际出现在相对较高的浓度下.

为了研究在指定温度下上面讨论的三组分体系的溶解度关系,可以观察引起初始沉淀所需加入的非溶剂比例与聚合物浓度的关系.图 13.4 显示的等温相图就是以这种方式绘制的[3],连接线的位置需要对某一相组成进行分析来提供额外的信息.通常要求建立聚合物在固定混合比的非溶剂-溶剂混合物中的溶解度关系.为了这一目的,通过向指定混合比的非溶剂-溶剂混合物中添加不同比例的聚合物以制备三组分混合物.将每一个这样形成的三组分混合物加热到均相,再逐步冷却到沉淀(即相分离)开始出现,并记录沉淀温度 T_p.操作程序遵循建立两组分体系(单一溶剂)相图时的步骤.以同样的方式,我们可以绘出具有固定非溶剂-溶剂比的三组分体系的 T_p 对聚合物浓度的作图,像图 13.2 一样的.然而,由于上面分析的原因,这样得到的曲线与两组分体系曲线的意义并不一样,最大值代表的是沉淀点,而不是临界点.给出最大值的溶液可能含有大量的聚合物,与单溶剂体系中的沉淀点与临界点一致形成鲜明的对比.因此,避免沉淀点与真正的临界点混淆是重要的,在临界点,平衡时相组成是一致的.[9]

13.1.4 由两种聚合物组分和单一溶剂组成的三元体系[6,10]

在继续对由两种化学结构不同的聚合物(组分 2 和 3)和单一溶剂(组分 1)混合形成的三组分体系讨论之前,我们可以从相关的对含有两种不同聚合物、不含溶剂的二元体系的讨论中获益.为简单起见,聚合物的分子量取相同值.那么 $x_2 = x_3 = x$,$\chi_{23} = \chi_{32}$.如果把这些关系式代入式(13.13)和式(13.14),且令 $v_1 = 0$,则

$$\mu_2 - \mu_2^0 = RT(\ln v_2 + \chi_{23} v_3^2) \tag{13.18}$$

$$\mu_3 - \mu_3^0 = RT(\ln v_3 + \chi_{32} v_2^2) \tag{13.19}$$

这些简单的表达式也可以根据式(12.26)和式(12.32)中的化学位通过适当地改变下标来得到,且记住在这些关系式中 x 是代表摩尔体积**比**,在目前情况下是 1.在这种情况下,由于体积分数与摩尔分数是一致的,式(13.18)和式(13.19)正是**常规**二元溶液的化学位,其中稀释热可以以 van Laar 形式来表示.在这一情况下,当 $v_2 = v_3 = 1/2$、χ_{23}(临界值)$= 2$ 时(参见式(13.4)和式(13.5),取 $x = 1$),临界条件(参见式(13.2))是满足的.含有相同分子量的两种聚合物组分的二元混合物似乎出奇的正常.通过仔细查看式(13.15)定义的参数 χ_{23} 的构建,这种体系特征是明显的.这一参数正比于以每个分子中的链段数 x 来表示的分子尺寸.相互作用**强度**的适当测定由比例因子 $z\Delta w_{23}/kT$ 给出,表示为每个链段的相互作用自由能

除以 kT.(这个因子直接相当于之前对二元体系处理中使用的 χ_1,假设 $x_1 = 1$.)因此,当 x 非常大时,在临界点 $z\Delta w_{23}/kT = 2/x$ 的数值非常小.可见,仅需要一个微小的、正的最邻近链段间相互作用自由能,就可以产生有限的相容性.对任意一对高分子量的聚合物,相互作用自由能的临界值是如此之小,以至于可以准许规定一个宽泛的通用原则,**即只要两种高聚物的相互作用自由能是有利的(即为负值),它们就是彼此相容的**.由于一对聚合物的混合(如同简单液体的混合)在绝大多数情况下是吸热的,[①]可以发现化学结构不同的聚合物间的不相容性是一规律,而相容则是例外.这些例外主要发生在含有极性基团的聚合物对中,其中极性基团间发生有利的相互作用.这个原则的实际操作将在含有单一溶剂的三元体系讨论中予以处理.

缺乏聚合物-聚合物间混合内在诱因的物理原因与已经提到的对聚合物-溶剂二元体系相图不对称性的说明是相关的.由于参与混合的分子数少,聚合物间混合产生的熵变是非常小的.因此,几乎微不足道的正的相互作用自由能就足以抵消这一小量的混合熵.

现在假设选择一单体物质作为第三组分(组分 1),且每一个聚合物组分(组分 2 和 3)分别可以与组分 1 以所有比例互溶.为了满足这一条件,要求 χ_{12} 和 χ_{13} 均要小于 $1/2$.除了这一规定,这些参数的实际数值并不重要,因此我们可以假设 $\chi_{12} = \chi_{13}$.与之前一样,取 $x_2 = x_3 = x$,并令 $x_1 = 1$,这样并没有失去已经列出的共性.由于 $\chi_{21} = \chi_{31} = x\chi_{12}$ 以及 $\chi_{32} = \chi_{23}$(参见式(13.16)),三个参数 χ_{12}、χ_{23} 以及 x 可以表征如此定义的三组分体系.由于每一聚合物组分与溶剂的关系是相同的,对称性要求平衡时每一相中的溶剂浓度必须是相同的,此外,一相中组分 2 的浓度必须与另一相中组分 3 的浓度相等,反之亦然,即

$$v_1 = v_1', \quad v_2 = v_3', \quad v_3 = v_2' \tag{13.20}$$

如果两相中化学位 μ_2 和 μ_2' 用含有上述指定参数的式(13.13)表示,根据平衡条件式(13.11)将 μ_2 等同于 μ_2',并将关系式(13.20)应用到这种情况中,得到的结果可以重排成如下形式[10]:

$$\ln \varphi_2 + \chi_{23}(1 - v_1)\varphi_3^2 = \ln \varphi_2' + \chi_{23}(1 - v_1)\varphi_3'^2 \tag{13.21}$$

其中

$$\varphi_2 = \frac{v_2}{v_2 + v_3}, \quad \varphi_2' = \frac{v_2'}{v_2' + v_3'} = \frac{v_3}{v_2 + v_3} = 1 - \varphi_2$$

当然,$\varphi_3 = 1 - \varphi_2$,$\varphi_3' = 1 - \varphi_2'$.$\varphi_2$ 和 φ_2' 是除溶剂之外的聚合物组分的体积分数组成.根据式(13.18),通过将 μ_2 等同于 μ_2',比较结果即可看出,式(13.21)相当于含有两种聚合物的二元体系的平衡条件.修正的体积分数 φ_2 和 φ_2' 代替 v_2 和 v_2',相互作用参数由于因子 $1 - v_1$ 而减小.在任一给定溶剂浓度下,两相中聚合物组分的比例可以轻易地通过式(13.21)计算得到,且在假定条件下两相中是相同的.

由发展了本理论的 Scott[10] 计算的三元平衡曲线示于图 13.5,其中 $x = 1000$,并且取若干个 χ_{23} 值.连接线平行于连接 2、3 的轴.每一相中的溶质包含数量上占优势的某一聚合物组分以及少量的另一组分.临界点采用类似于二元体系的方法很容易求出,其值为

---

① 这一结论是根据式(12.17)中的 w_{ij} 通常超过 w_{ii} 与 w_{jj} 的平均值(用代数方法)这一事实而得到的.

$$v_{2c} = v_{3c} = \frac{1 - v_{1c}}{2}, \quad \chi_{23} = \frac{2}{1 - v_{1c}} \qquad (13.22)$$

可以发现,并没有包含 $\chi_{12} = \chi_{13}$ 的数值. 因此,根据理论(假设溶剂分别与每一聚合物组分能完全相溶,参见上述内容),溶剂-聚合物相互作用的量级并不重要. 相分离仅仅是由于聚合物-聚合物相互作用. 在没有相分离发生时所容许的 χ_{23} 值比不存在溶剂时要大,相关系数为 $1/(1 - v_{1c})$. 然而,如果假设 $1 - v_{1c} \ll 1/x$,用 $z\Delta w_{23}/kT$ 所表示的临界点相互作用强度仍是非常小的.

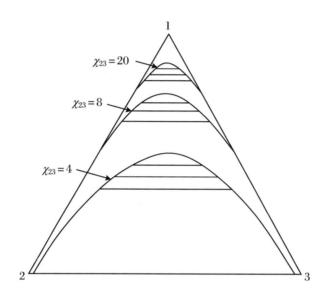

图 13.5 由溶剂(1)、聚合物(2)和聚合物(3)所组成的三组分体系

化学结构不同的聚合物 2 和聚合物 3 与溶剂 1 的相互作用等同,且聚合物-聚合物的相互作用参数 χ_{23} 假设为标注的值. $x_2 = x_3 = 1000$. (Scott[10])

Dobry 和 Boyer-Kawenoki[11] 对大量的溶剂-聚合物-聚合物体系做了研究,并证实了所有理论上的定性预测. 图 13.6 所示的是苯-天然橡胶-聚苯乙烯体系的实验结果,坐标是以质量分数来表示的. 上述理论处理中由于假设 $x_2 = x_3$ 和 $\chi_{12} = \chi_{13}$ 而产生的对称性并没有呈现. 然而,共存两相中的每一相含有数量上占优势的一种溶质,数量上远远超过另一种,除非在临界点附近. 即使对彼此的相互作用很弱的两种碳氢聚合物,它们之间的排斥作用也足以阻止一相中两种溶质的浓度超过约 1%. 在 Dobry 和 Boyer-Kawenoki[11] 所观察的 35 对聚合物中,只有 3 对(硝化纤维素-聚乙酸乙烯酯,硝化纤维素-聚甲基丙烯酸甲酯,苄基纤维素-聚苯乙烯)直到中等浓度时还是确定为相溶的. 在一种溶剂中不相溶的聚合物被发现在另一种溶剂中也是不相溶的,这与对溶剂-聚合物相互作用(χ_{12} 和 χ_{13})是次要的预测是一致的. 可以预料,一种聚合物分子量越高,被另一种沉淀得就越完全.

在接下来讨论多分散聚合物的分级之前,我们可以先简要地考虑一下含有一种溶剂和两种聚合物同系物的三元体系[3,6]. 示于图 13.7 的环己烷-聚苯乙烯($x_2 = 770$)-聚苯乙烯($x_3 = 11000$)体系就是这种类型[3]. 实线和连接线表示的是 28.2 ℃的实验结果. 小三角形代表沿着所示的连接线分开的混合物的平均组成. 每条连接线从一个组成延伸到稀相另一组成,这些组成是通过分析测得的,并用图 13.7 中的实心圆来表示.点划曲线和连接线可以按照适用于本体系的条件进行理论计算: $\chi_{23} = 0$, $\chi_{12} = \chi_{13} = \chi_1$,其中 χ_1 是相同温度 28.2 ℃下二元的聚合物-溶剂体系的相互作用参数.这里采用的是由二元的环己烷-聚苯乙烯体系的临界温度对 x 的依赖性求得 χ_1 值的(参见图 13.3).实验曲线比理论线宽得多.这种和理论的差异和二元体系里所见的现象(参见图 13.2)相当.然而,定性特征与理论相符.例如,两种聚合物组分的临界比近似地与理论预测是一致的[3].

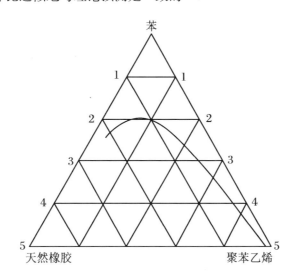

图 13.6　根据 Dobry 和 Boyer-Kawenoki[11]的结果,在稀溶液范围的苯-天然橡胶-聚苯乙烯三元体系

标尺以聚合物组分的质量分数来表示.

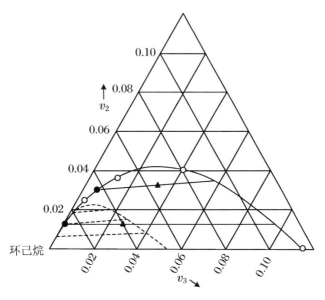

图 13.7　28.2 ℃下由环己烷与两个聚苯乙烯组分($x_2 = 770$, $x_3 = 11000$)组成的三元体系

实线连接的是实验点;点划线表示理论计算结果.(Shultz 和 Flory[3])

13.1.5 聚合物分级理论[①]

对任一普通聚合物,其中较宽分布的聚合物同系物溶于单一溶剂所形成的溶液采用单个相互作用参数 $\chi_1 = \chi_{12}$(所有的 $x \neq 1$)即足以表征,仅尺寸参数 x 对于不同组分是不同的.对于这样的体系,式(12.27)和式(12.33)为其化学位表达式.把这些代入两相平衡条件,即

$$\mu_1 = \mu_1' \quad \text{(对溶剂)}$$
$$\mu_x = \mu_x' \quad \text{(对每一聚合物组分)}$$

原则上,对于给定的 χ_1 值和特定的起始分子大小分布,推断出平衡的全部细节是可能的.每一相中溶质的分子量分布可以用这种方法来计算.我们也可以回答程度的问题,即在给定条件下,高分子量组分被选择性转移到"沉淀"相,即我们用带单撇号的字母来表示的浓相.从方程式对相平衡进行完整计算将是一个巨大的任务.分级中所包含的原理问题,即两相间组分分离效率可以通过下面阐述的较为简易的步骤来解决.

根据式(12.33),令 $\mu_x = \mu_x'$,所得结果能简单地表示为

$$\ln \frac{v_x'}{v_x} = \sigma x \tag{13.23}$$

其中

$$\sigma = v_2\left(1 - \frac{1}{\bar{x}_n}\right) - v_2'\left(1 - \frac{1}{\bar{x}_n'}\right) + \chi_1\left[(1 - v_2)^2 - (1 - v_2')^2\right] \tag{13.24}$$

我们的目的是确认一个量 σ 的存在,以使每个组分在两相中的分配由式(13.23)$v_x'/v_x = e^{\sigma x}$ 来支配.我们无须对不能比较的量 σ 进行计算.即使进行了计算,所得到的 σ 值也会由于理论的不完善而存在相当大的误差.另一方面,σ 以待定参数形式出现的式(13.23)这一简单的表达式可以从包含将大小为 x 的分子从一相转移到另一相的自由能变化这一更为一般的考虑中推导出来.因此,我们可以基于这一方程式来处理.

令 V 和 V' 表示平衡时两相的体积.留在稀相中组分 x 的分数 f_x 为[2,12]

$$f_x = \frac{Vv_x}{Vv_x + V'v_x'} = \frac{1}{1 + \mathscr{R}v_x'/v_x}$$

其中 $\mathscr{R} = V'/V$.代入式(13.23),有

$$f_x = \frac{1}{1 + \mathscr{R}e^{\sigma x}} \tag{13.25}$$

进入浓相中的 x 组分的分数 $f_x' = 1 - f_x$ 为

$$f_x' = \frac{\mathscr{R}e^{\sigma x}}{1 + \mathscr{R}e^{\sigma x}} \tag{13.26}$$

这些简单的关系式足以说明聚合物分级的主要原理[2].

假设给定分子大小分布的多分散聚合物在一适宜温度下溶于大量的劣溶剂中.当降低溶液温度时,χ_1 增加,最终达到某一温度,在此温度下相分离发生了.假设原始溶液足够稀,以至于新形成的相比原始溶液浓的多.温度调节到恰好形成充足的但仍是少量的浓相.在建

---

① 聚合物分级技术已在第8章第242页之后的内容中作过讨论.

立定性图像之前,我们依靠图 13.2 所示的二元体系相图的形式,当然,要记住绘制的图像过于类似于二元体系所包含的风险.因此,假设原始溶液的浓度远低于沉淀温度 T_p 对浓度的作图中峰值所对应的浓度(如图 13.2).稀相(没有标上单撇号的相)是两相中较大量的相.参数 $\mathscr{R}$ 和 σ 可以通过 χ_1 以及分子量分布和稀释剂比例来测得.现在特别重要的是,根据式 (13.23),**每个聚合物组分在沉淀相含量更大**,即对所有 x,$v_x' > v_x$.然而,v_x'/v_x 随 x 以指数方式增加,这就是沉淀分级的基础,虽然效率可能并不高.如果稀相的体积比浓相大得多 ($\mathscr{R} \ll 1$),大部分较小的、不易区分的组分将保留在稀相,这仅仅是因为其较大的体积的缘故.尽管沉淀相的体积相对较小,由于较大分子组分在两相中的分配因子 v_x'/v_x 要大得多,引起较大分子组分选择性地转移到沉淀相中.

对于 $\bar{x}_n = 1000$、具有"最可几"的原始分子量分布(式(8.3))的聚合物,计算其组分在两相中分配的特征,并示于图 13.8 中最上面的曲线.下面三条曲线代表的是留在稀相中的聚合物组成,$w_x f_x$ 根据式(13.25)按照标明的三个 $\mathscr{R}$ 值来计算,其中 w_x 是 x 组分在原始分布中的质量分数.σ 的值调整到每个情况下在 $x = 2000$ 时 $f_x = 1/2$.被沉淀的每个组分的量 $w_x f_x'$ 可以通过原始分布曲线(w_x)与稀相($w_x f_x$)的差值来求得.分离虽然从不高效,但是当体积比 $1/\mathscr{R}$ 增加时,效率是提高的.

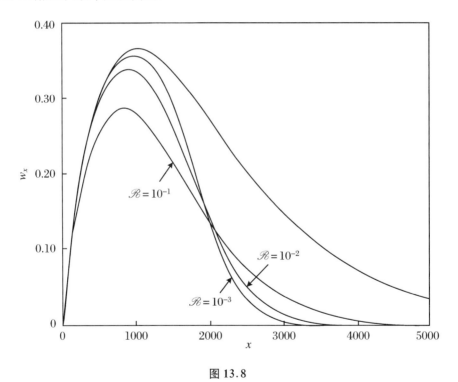

图 13.8

最上面的曲线为聚合物的质量分数(w_x)分布曲线,在给定的 $\mathscr{R} = 10^{-3}$、10^{-2} 和 10^{-1} 的条件下计算其沉淀分级情况.相应的 σ 值分别选为 3.456×10^{-3}、2.303×10^{-3} 和 1.151×10^{-3},使得每个情况下在 $x = 2000$ 时有 $f_x = 1/2$.

正如在第 8 章中已经指出的,只有当体系非常稀时,才有可能获得较小的 $\mathscr{R}$ 值.溶液的起始浓度应该远低于沉淀温度 T_p 对 v_2 的作图中峰值所对应的浓度.否则,需要分离的相在浓度上将是相似的,因此在数量上也相似;或者,如果起始浓度大于峰值对应的浓度,沉淀相的体积实际将要大于稀相的体积(即 $\mathscr{R}>1$). 峰的位置主要取决于较高分子量的组分;[3] 因此作为一个粗略的规则,我们可以预测峰值大致位于 $v_2 = 1/x^{1/2}$(参见式(13.4')),其中 x 会比作为总体的聚合物的质量平均值稍大. 因此,对于分子量在 10^6 左右的聚合物,x 将是 10^4 的量级,实施分级的溶液起始浓度应该远低于 1%,最好不要超过 0.1%.

在一般的分级中,一次沉淀获得一个级分,第一级分的分布为 $w_x \cdot f'_x(1)$,第二级分为 $w_x \cdot f_x(1) \cdot f'_x(2)$,第三级分为 $w_x \cdot f_x(1) \cdot f_x(2) \cdot f'_x(3)$,等等. 其中 $f_x(1)$、$f_x(2)$ 等,以及 $f'_x(1)$、$f'_x(2)$ 等是之前定义的第一次、第二次等沉淀分级的分离因子. 因此,给出每一步的 $\mathscr{R}$ 和 σ 值,每个级分的分布及数量就可以计算出来. Schulz[12] 的计算采用不常见的体积比 $\mathscr{R} = 10^{-3}$,其结果示于图 13.9. 即使在这些条件下,分级也不可能是高效的,级分间是相互交叠的. 然而,结果表明图 13.9 中给出的任一级分中重均分子量和数均分子量的差异不超过几个百分点. 在几乎所有的要求下,近乎巧合的是所需的是不同平均值的级分,而不是字面上的对窄分布级分的限制.

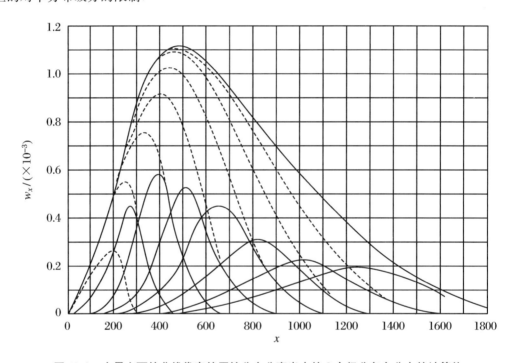

图 13.9　由最上面的曲线代表的原始分布分离出来的 8 个级分各自分布的计算值

虚线表示的是经 $\mathscr{R} = 10^{-3}$ 的逐次分级后留在稀相的聚合物分布. 由逐次分级得到的虚线曲线间的差异求得的每个级分的分布用实线来表示.(Schulz[12])

之前的讨论特别适用于来自单一组分溶剂中的分级,为获取连续的级分,温度要适当地逐步降低. 实际上更为常见的是在恒定温度下向含有聚合物和溶剂的稀溶液中逐渐滴加沉淀剂. 类似的关系式在这里也是适用的,但是在非溶剂-溶剂-聚合物三组分体系中寻找类比是必要的(参见图 13.4). 在沉淀相中的非溶剂-溶剂比要明显地小于稀相中的. 这一差异将反映在 σ 值上. 与分级效率问题更为直接相关的是,平衡时两相间溶质组成的关系与上面考虑的单溶剂体系中的情况有着明显的不同.事实上,我们可以预测目前这一情况下沉淀相中聚合物的浓度更大,因此 $\mathscr{R}$ 值更小,并且沉淀剂与溶剂的溶解性相差越大,这一方向的趋势便越强.至少在这一基础上,对于溶剂-沉淀剂混合物,可提出更为有利的分级条件.然而,似乎还缺少对与这一预测相关的明确证据的报道.

最后,我们已假设分离出来的两相都是无定形的.特别地,我们并没有考虑沉淀相中聚合物是半结晶的可能性.正如在第 8 章中已经指出的那样,当聚合物的熔点很高时,将表现出大不相同的行为,因此可能是因为聚合物易于结晶而引起沉淀的发生.已给定的方程式与这种情况无关.

13.2　半结晶体系的相平衡

13.2.1　聚合物中晶态的特征

具有足够规整链结构的聚合物几乎总是易受自身构型上有序性(通常称为结晶)的影响.在结晶条件下,高分子链的轴彼此平行而形成链束.每个单独的分子可能充分伸展,或形成不太伸展的螺旋构象.无论哪种情况,不仅相邻分子的轴彼此平行,而且相邻链上的取代基排布在横向层上.此外,**纤维轴**上两个不同间距横截面的 X 射线衍射图案揭示了垂直于链轴上的两个周期性,由此可以推断,分子链围绕长轴的旋转角符合一个规整阵列.因此,聚合物晶体可以具有简单分子所形成的晶体的那种三维空间的规整性.关于晶胞,聚合物的重复单元起着相当于简单有机化合物晶体中分子的作用.除了高分子可以贯穿晶格的许多相连的晶胞外,在晶胞水平上高分子晶体结构完全可以类似于单体化合物的晶体.

从更高层次的形态来看,聚合物中的有序有时候不被认为是真正的结晶,因此存在显著的不同.首先,宏观单晶体,如果有过的话,也是很少由高聚物形成(某些蛋白质除外).此外,聚合物可能从不完全结晶,亚微观的微晶似乎嵌在剩余的无定形基体中.结晶部分的比例根据结晶条件的不同而不同,它可以从仅有百分之几到某些情况下的 90% 以上.结晶的完善程度也会不同,如果不采用合适的退火处理,完善程度还可能相当低.基于衍射线宽度的 X 射线衍射技术难以区分小微晶与晶体缺陷.如果把衍射线宽度全部归于微晶的有限尺度,这样测出的尺寸大致为 100~200 Å.取向纤维和薄膜的小角 X 射线衍射[13,14]揭示了大致这个量级的结构周期性,它可直接与微晶的尺度相关[13].

许多聚合物中存在的有序排列是否可以认为是真正的晶态结构的问题最终归结为把晶区作为独立的相是否合理的问题.运用的标准本质上是热力学的,它要求任一指定性质(如化学位)在这个相是一致的,仅取决于温度和压力(假定是**纯晶相**).而缺乏有序性的晶区性质不仅与温度和压力有关,而且与有序度有关.此外,如果微晶非常小,它的性质将由于界面层超额自由能而发生明显的改变,如同极小液滴的蒸气压由于表面张力或表面自由能而增加.

现在,根据晶区的形成条件,可以制得介于完全无定形液体与完善晶体之间的介晶态,这是众所周知的.如果聚合物迅速地从熔体冷却到远低于熔点的温度,则仅能观察到少许弥散的 X 射线反射,相邻链的侧向间距难以分辨[15,16].而另一方面,如果聚合物在比熔点低得不多的温度下退火,或是一开始就让聚合物在靠近熔点的温度下长时间结晶,那么反射是尖锐的,结果显示较高的有序度和较大的微晶平均尺寸.考虑到无定形与或多或少有序的高分子链共同存在,以及中间有序度可容易地测得,已经频繁地得出结论,具有完整的有序度范围是典型的半晶态聚合物特征.如果这一描述普遍适用的话,提及晶相将毫无意义.

聚合物的结晶过程由于要求每一个参与的分子链中的许多连续单元必须系统地进入同一微晶而变得复杂起来.与分开的单体分子不同,一个聚合物单元并不能以与同一条链上其他单元完全不相关的方式自由地进入指定的微晶.因此,聚合物晶体的生长(和成核)是一个缓慢的过程[17].显然,介晶态是亚稳态,是在排布许多单元达到更为完善的配合所需时间与较大过冷度引起结晶所需的强大驱动力之间折中而形成的.①退火改善结晶有序的完善程度(除了增加结晶度之外)的实验事实明确地表明这是正确的.这还表明实际上聚合物的规整有序晶态在有利条件下是可以实现的,并且给定实例中有序结构的完善程度与热处理有关.高有序度,除了其他方面以外,一定意味着有序扩展到一个相当大的范围.从晶区向无定形区域转变的晶体边界区域对高度有序态下的总体结晶材料的构成是可以忽略的.具有中间有序程度的边界区域的熔点应该比高度有序的内部区域来得低.如果晶粒非常小的话,由于表面自由能,熔点还应该更低.从实际目的来看,达到完善晶态的程度可以通过熔点的尖锐程度和重现性来评价.

聚合物的熔融转变可以方便地通过测量体积随温度的膨胀来观察.对聚(N, N'-癸二酰哌嗪)观察的结果示于图 13.10,对聚己二酸癸二醇酯的观察结果示于图 13.11 最下方的曲线.通过体积的异常增加来表征的熔融过程,大多在 10 ℃ 范围内发生,且在 ±0.5 ℃ 范围内可确定的某一温度下突然结束.显示的数据是以小的增量(如 1 ℃)逐渐升高温度,然后维持温度不变直至体积恒定来测得的.直到熔融完成的温度,这一过程大约需要 24 h,该温度可作为样品的熔点 T_m.晶粒越不完善,熔融便越不稳定,较为稳定的晶粒可以通过这一升温程序而形成,即采用的条件提供了充分的重结晶机会.不论采取哪种观察方法,快速的熔融过程通常得到的熔点偏低,误差在 10 ℃ 或更多.

在众多条件有利于平衡时,大多数熔融过程在一定范围内完成,支持了晶相的概念,尽管是个细分的概念,但具有大致统一的性质.(因此,按照一般标准,在所描述条件下熔融的晶粒虽然小,但是它们并没有小到由于表面自由能而引起稳定性明显减小.)可以肯定的是,在低于 T_m 多达 10 ℃ 的温度下,出现了明显的预熔融过程,表明即使以可达到的最慢加热速率加热,仍然留存有低稳定性的晶粒.当我们考虑到增加部分结晶聚合物的结晶度在结构上的困难时,这就可以理解了.只有在已有晶粒间伸展的高分子链部分才有可能进一步结晶,而这些部分在长度上是有限的,且位置是受限的.因此形成额外大的完善晶粒也许是完全不

---

① Bekkedahl 和 Wood[18]对橡胶的观察结果验证了关于不完善程度取决于过冷度的观点.他们发现橡胶结晶的温度越低,熔融范围(指快速熔融)也越低.其他结晶聚合物也表现出相同的行为.

可能的.已有晶粒的进一步生长也会遇到类似的困难.当熔融过程进行时,这些限制减弱了,除了高分子自身结构上的不规则以外(如共聚单元或链末端),最后熔融的晶粒不仅应该是最完善的,而且在这一方面不再受到限制.熔融过程的突然完成与这一观点是一致的.因此我们认为,对于一个假想的宏观完善晶体,在通常描述的缓慢升温条件下熔融完成的温度 T_m 非常接近于平衡熔点.真正的平衡熔点与测定值之间的差异也许不会大于确定后者时的实验不确定性.

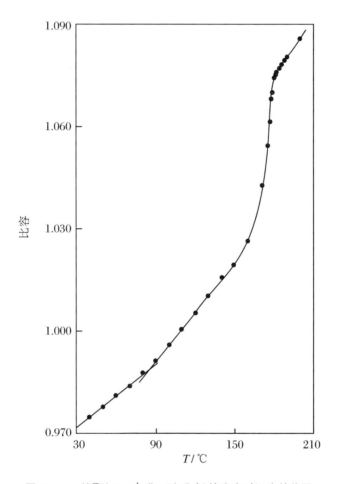

图 13.10　纯聚(N, N'-癸二酰哌嗪)的比容对温度的作图

$T_m = 180 \sim 181\,°C$. 一个二级转变出现在 $T_g = 82\,°C$. (Flory、Mandelkern 和 Hall[19])

13.2.2　熔点降低理论[21]

在液相与晶相聚合物间达到平衡时,两相中聚合物重复单元的化学势必须相等,即 $\mu_u = \mu_u^c$.满足这一条件的温度被称为熔点 T_m,其值当然取决于液相的组成.如果液相中含有稀释剂,T_m 则被认为正是饱和溶液指定组成时的温度.如果是纯的液相聚合物,$\mu_u \equiv \mu_u^0$,其中 μ_u^0 表示标准状态下的化学势,按照处理溶液的惯例,取相同温度和压力下的纯液体为标准状态.因此,在纯聚合物的熔点 T_m^0,有 $\mu_u^0 \equiv \mu_u^c$.如果聚合物含有杂质(如溶剂或共聚单元)的话,μ_u 将小于 μ_u^0.因此在温度 T_m^0 下向聚合物中加入稀释剂后,μ_u 将小于 μ_u^c.为了重新建立

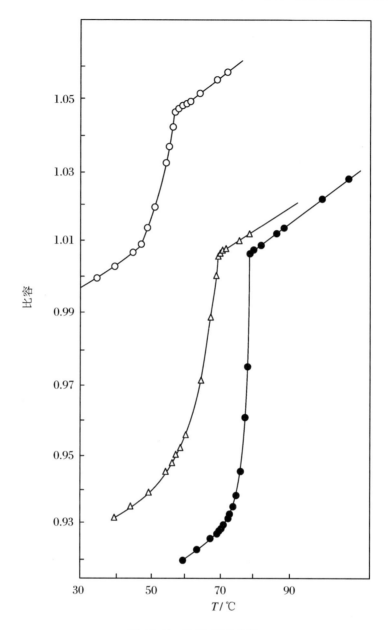

图 13.11 比容-温度曲线

纯聚己二酸癸二醇酯，●；与 60% 的二甲基甲酰胺的混合物（$v_1 = 0.603$），○；与
18% 的二苯醚的混合物（$v_1 = 0.180$），△. (Mandelkern、Garrett 和 Flory[20])

平衡条件 $\mu_u = \mu_u^c$，仅需要较低的温度 T_m.

根据处理熔点降低和推导溶解度与温度关系式所熟知的热力学步骤，可以推导平衡温
度与液相组成间的定量关系式. 晶态聚合物与溶液中聚合物单元间的平衡条件可以重新
写为

$$\mu_u^c - \mu_u^0 = \mu_u - \mu_u^0 \tag{13.27}$$

也就是说，晶相重复单元的化学势与标准状态下重复单元，即同一温度和压力下**纯液相**聚合
物的化学势间的差异，必须等于相对于相同标准状态下溶液中聚合物单元化学势的降低. 出

现在式(13.27)中左边的前一种差异仅仅是熔融自由能 ΔF_u 的负值.因此可以写为

$$\mu_u^c - \mu_u^0 = -\Delta F_u = -(\Delta H_u - T\Delta S_u)$$

式中,ΔH_u 和 ΔS_u 分别为每个重复单元的熔融热和熔融熵.这个关系式表示为下式更好:

$$\mu_u^c - \mu_u^0 = -\Delta H_u \left(1 - \frac{T}{T_m^0}\right) \tag{13.28}$$

其中,假设比值 $\Delta H_u^0/\Delta S_u^0$ 在 T_m^0 到 T 的温度范围是恒定的,由于当 $T = T_m^0$ 时,$\mu_u^c - \mu_u^0 = 0$,因此 $\Delta H_u^0/\Delta S_u^0$ 等于 T_m^0.我们还需要一个 $\mu_u - \mu_u^0$ 的表达式,以表示液相中单元的化学势由于其中稀释剂的存在而引起的降低.为此,我们可以使用式(12.34′),该式是通过对混合自由能表达式(12.23)求导数而导出的,随后对分子量无穷大的情况作了适当简化.把式(13.28)和式(12.34′)代入式(13.27),并且用混合物平衡熔点 T_m 替代 T,可得到

$$\frac{1}{T_m} - \frac{1}{T_m^0} = \frac{R}{\Delta H_u} \frac{v_u}{v_1} (v_1 - \chi_1 v_1^2) \tag{13.29}$$

上式将 T_m 与用稀释剂体积分数 v_1 所表示的组成联系起来.量 $1/T_m - 1/T_m^0 = (T_m^0 - T_m)/T_m T_m^0$ 大致与稀释剂引起的熔点降低成正比.根据式(13.29),它取决于每个单元的熔融热 ΔH_u 以及单元与稀释剂的摩尔体积比,此外还与相互作用参数 χ_1 有关.表示平衡溶解度 v_2 与温度的关系式可以通过用 $1 - v_2$ 来替代 v_1 并解二次方程式而导出.

　　式(13.29)与经典的熔点降低和简单分子溶液的溶解度表达式密切相关.例如,对于理想溶液,$\mu_2 - \mu_2^0 = -RT\ln N_2$,$N_2$ 是结晶组分的摩尔分数(如果考虑熔点降低,那它就是溶剂的摩尔分数,如果把结果制成溶解度表格,那它就是溶质的摩尔分数).如果把这一关系式与式(13.28)结合,我们得到理想溶液的溶解度表达式:

$$\frac{1}{T_m} - \frac{1}{T_m^0} = -\frac{R}{\Delta H_2}\ln N_2$$

其中,ΔH_2 是主要组分 2 的熔融热.如果溶液仅含有很小部分的组分 1,则 $\ln N_2 \approx -N_1 \approx (v_1/v_1)/[(1-v_1)/v_2] \approx v_1 v_2/v_1$.因此

$$\frac{1}{T_m} - \frac{1}{T_m^0} \approx \frac{R}{\Delta H_2} \frac{v_2}{v_1} v_1 \tag{13.30}$$

对于理想溶液,$\chi_1 = 0$.因此当含有少量非晶组分时,描述聚合物-稀释剂体系的式(13.29)和经典理想溶液的熔点关系式归结为相同形式.事实上,有可能在更普遍的基础上推导出适用于任一两组分体系的形式,包括其中一种组分(或两种,见下文)是聚合物单元的体系[①].其他组分无论具备什么性质,仅需假设它在体系中是无规分布的.因此我们可以把式(13.30)作为式(13.29)在高度稀释时的特殊形式,并不用考虑在前面章节推导式(12.34′)时所作假设的有效性.

　　引起 T_m 降低的组分可能是聚合物本身的某一构成部分.一共聚物含有可结晶的 A 单元和不能结晶的 B 单元,两种单元沿着链无规分布,根据下面关系式,显然[21]后者应该会引起前者熔点的降低:

---

　　① 　为此,我们仅需要指定一稀释度,以确保组分 1 的活度与其浓度成正比.应用 Gibbs-Duhem 方程式得到式(13.30).

$$\frac{1}{T_{\mathrm{m}}} - \frac{1}{T_{\mathrm{m}}^0} = -\frac{R}{\Delta H_{\mathrm{u}}} \ln N_{\mathrm{A}} \tag{13.31}$$

式中,N_{A} 是无规共聚物中 A 单元的"摩尔"分数. 这一表达式归结为式(13.30),适用于含有一小部分 B 单元,且 $v_1 = v_{\mathrm{B}}$ 的情况. 类似地,具有一定长度的高分子链的端基似乎不会出现在晶粒中[21,22],因此可以看成外来组分. 这样的话,就可以推导出熔点与聚合度间的关系式. 对于分子量分布符合最可几分布的聚合物,得到下列关系式:

$$\frac{1}{T_{\mathrm{m}}} - \frac{1}{T_{\mathrm{m}}^0} = \frac{R}{\Delta H_{\mathrm{u}}} \frac{2}{\bar{x}_n} \tag{13.32}$$

其中 $\bar{x}_n$ 是数均聚合度. 这个方程式同样地在分子链很长时归结为式(13.30)[1]. 因此,对于熔点,稀释剂、共聚单元、端基在各自浓度低时,应该具有等效的作用. 鉴于结晶聚合物熔融热的通常数值,少于1%摩尔分数的杂质对 T_{m} 不会产生可观的影响. 因此,聚合度超过100的聚合物的熔点不会明显小于分子量无穷大的聚合物的熔点.

13.2.3 实验结果

采用前文所描述的测定纯聚合物的膨胀计法测定了聚酯与两种稀释剂的混合物比容,结果示于图 13.11 上方的曲线[20]. 确实可以预料到[21],熔融范围比所观察的未经稀释的聚合物稍宽,但是在熔融过程的终点,出现了明确的转折,使得足以在 $\pm 1\,^{\circ}\mathrm{C}$ 范围内定义 T_{m}.

根据式(13.29),$1/T_{\mathrm{m}}$ 对稀释剂浓度 v_1 作图的起始斜率应该与熔融热 ΔH_{u} 成反比;如果可能出现弯曲,则应预示着 χ_1 的大小. 以这种方式测得的三丁酸纤维素酯的结果示于图 13.12. 在这种情况下,由于热降解,并不能直接精确地测量熔点 T_{m}^0,因此 $T_{\mathrm{m}}^0 = 206 \sim 207\,^{\circ}\mathrm{C}$ 是采用外推法得到的.

一旦测得 T_{m}^0,其他两个参数将更容易通过以 $(1/T_{\mathrm{m}} - 1/T_{\mathrm{m}}^0)/v_1$ 对 v_1 作图而推断出来. 或者考虑到 χ_1 与温度成反比,且重新参照式(12.21'),我们可以以这个量对 v_1/T_{m} 作图.[2]图 13.13 是以这种方式处理三丁酸纤维素酯在三种不同稀释剂中的结果[23]. 根据式(13.29),截距应该等于 $(R/\Delta H_{\mathrm{u}})(v_{\mathrm{u}}/v_1)$,而相互作用能常数 $B = \chi_1 RT/v_1$(参考式(12.21'))可以通过斜率来计算. 表 13.1 给出了在六种不同溶剂中测得的结果. 不同溶剂中所测得的熔融热数值的一致有力地支持了这种方法. 其他体系所得到的类似结果进一步确认了这一方法. 对于指定的聚合物,B 值可用来对溶剂的性质进行分类. 表 13.1 中所列的 B 值是正的,表明其中有三种溶剂是三丁酸纤维素酯的劣溶剂,其他三种在实验误差范围内是中性的,没有一种溶剂与聚合物之间呈现有利的相互作用.

---

① 式(13.31)和式(13.32)仅适用于外来单元(共聚单元 B 或端基)沿着高分子链无规分布的情况[21]. 如果共聚物的 A 单元和 B 单元趋向于以分开的序列出现,则熔点降低值将低于式(13.31)所给出的值;如果它们趋向于沿着链与 A 单元交替出现,则减少了结晶所需的充足 A 单元长序列,在指定平均组成情况下,降低值将超过式(13.31)的计算值.

② 考虑到涉及较小的绝对温度范围以及测定 $1/T_{\mathrm{m}} - 1/T_{\mathrm{m}}^0$ 的准确性有限,对以 v_1 或 v_1/T_{m} 作为横坐标变量的区别几乎不作说明.

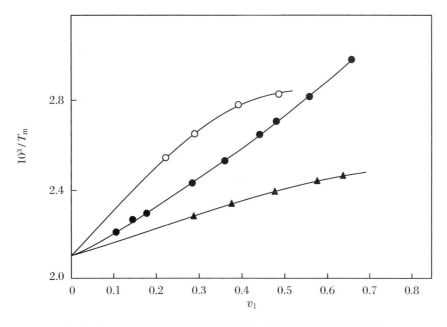

图 13.12　三丁酸纤维素酯的熔点倒数对稀释剂体积分数的作图

二苯甲酮，●；对苯二酚单甲醚，○；月桂酸乙酯，▲. (Mandelkern 和 Flory[23])

表 13.1　从三丁酸纤维素酯与稀释剂混合物的熔点测定而得到的熔融热和相互作用能常数[23]

稀释剂	$\Delta H_u/(\text{cal/mol})$	$B/(\text{cal/mL})$
三丁酸甘油酯	2800	0.0
二苯甲酮	2900	0.0
对苯二酚单甲醚	2800	2.8
邻苯二甲酸二甲酯	2800	1.2
苯甲酸乙酯	3200	0.0
月桂酸乙酯	3100	1.0

熔融热 ΔH_u 的物理意义值得特别关注，它表示的是熔融 1 mol **结晶**单元所需的热量，并不是指熔融给定半结晶聚合物中相应结晶部分的熔融潜热 ΔH_u^*. 已经定义晶区与无定形聚合物共存的最高温度为熔点 T_m，其降低值必定依赖于 ΔH_u，而不是 ΔH_u^*. 这一点蕴含在热力学推导中[21]. 熔融热 ΔH_u 并不能直接通过量热测定来得到. 对熔融样品所需热量的测定给出的是 ΔH_u^*，当然其数值取决于结晶度，而结晶度很难准确地单独测出. 另一方面，ΔH_u^* 与 ΔH_u 的比值应等于所给样品的结晶度. 因此，与量热测定相结合，熔点降低测定还提供了一种确定结晶度的方法.

表 13.2 给出了多种聚合物的熔融热和熔融熵（$\Delta S_u = \Delta H_u/T_m^0$，此式中 T_m^0 以 K 为单位）. 除了聚乙烯，采用 n-石蜡烃(高级烷烃)的熔融热外推法得到更为准确的 ΔH_u 以外，其他各体系则采用熔点降低方法. 考虑到所列重复单元在尺寸和结构上的差异，每个单元的熔融热 ΔH_u 和熔融熵 ΔS_u 的数值在很宽范围内变化并不令人意外. 据推测，对熔融熵的主要

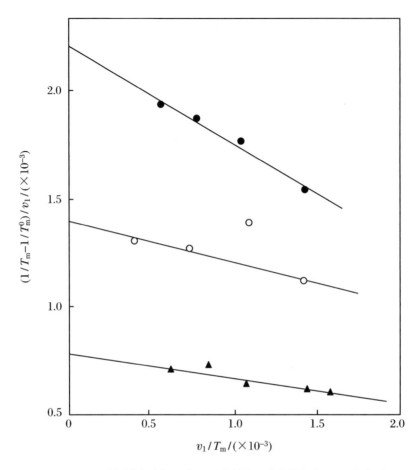

图 13.13 三丁酸纤维素酯与三种不同溶剂的混合物的$(1/T_m - 1/T_m^0)/v_1$
对 v_1/T_m 的作图

对苯二酚单甲醚，●；邻苯二甲酸二甲酯，○；月桂酸乙酯，▲. (Mandelkern 和 Flory[23])

贡献是熔融时链段排布时构象数的增加,因此,ΔS_u 的数值应该随着单元中独立取向基元数目的增加而增加.如亚甲基单元和聚癸二酸癸二醇酯单元分别含有 1 个和 22 个单键,为了建立比较这些多样化单元结果的基础,我们可以用 ΔS_u 除以每个重复单元中可以发生内旋转的这些单键数.所得到的数据列在表 13.2 最后一列,它们是非常接近的,大部分都在 1.5 ~2.0 cal/K.三丁酸纤维素酯的这一值较大,可能是由于丁酸酯取代基的解取向起着主要的贡献,虽然在每一个较大的单元里,只有两个单键允许内旋转.

表 13.2　聚合物的熔融热和熔融熵

聚合物	重复单元	$T_m/℃$	ΔH_u /(cal/unit)	ΔS_u /(cal/K · unit)	每个键的 ΔS_u/(cal/K)
聚乙烯	—CH_2—	约 140	785	1.90	1.90
氧化聚乙烯[17]	—CH_2—CH_2—O—	66	1980	5.85	1.95

续表

聚合物	重复单元	$T_m/℃$	ΔH_u /(cal/unit)	ΔS_u /(cal/K·unit)	每个键的 ΔS_u/(cal/K)
聚三氟 氯乙烯[24]	—CF₂—CFCl—	210	1200	2.50	1.25
聚己二酸 癸二醇酯[20]	—O(CH₂)₁₀O—CO(CH₂)₄CO—	79.5	10200	29	1.60
聚癸二酸 癸二醇酯[22]	—O(CH₂)₁₀O—CO(CH₂)₈CO—	80	12000	34	1.55
聚(N,N'-癸二 酰哌嗪)[19]	—N(CH₂—CH₂)₂N—CO(CH₂)₈CO—	180	6200	13.7	1.25
三丁酸纤维 素酯[22]	—(C₆H₇O₂)(OCOC₃H₇)₃—	207	3000	6.2	3.1
聚氯丁二烯[25]	—CH₂—C(Cl)=CH—CH₂— 反式	80[a]	2000	5.7	1.9

a 熔点是通过外推到假想的纯反式聚合物而得到的[25].

　　根据在前一章(参见式(12.9′))建立的高分子溶液似晶格模型,每摩尔链段的解取向熵是 $R\ln[(z-1)/e]$.如果链中连续的单键群被视为独立的链段,需要取配位数约 6 的数值才能与测得的熔融熵相适应.然而,这一相关性及其含义不应过于看重,因为可能还有除了链构象的无序性以外的其他因素对熔融熵产生可观的贡献.例如,伴随着体积的增加,必然还需考虑熔融时相邻单元相对位置的变化.

　　如果在与结晶聚合物混合的稀释剂中包括一些相当劣的溶剂,相图上除了液相-晶相边界曲线外,还可能会呈现液-液相分离.图 13.14 和图 13.15 为实例.关于前者,Richards[26]研究的聚乙烯-二甲苯体系仅出现了晶-液线,其中二甲苯是一种相当良的溶剂.当劣溶剂硝基苯或乙酸戊酯用作稀释剂时,两条曲线描述了均相区域的界线.其中一条曲线(AB 或 AB′)代表了晶-液平衡,而另一条曲线(BC 或 B′C′)明确了液-液相平衡.依照相律,交叉点 B 和 B′为临界点.图 13.15 中上面的曲线为聚 N,N'-癸二酰哌嗪(聚酰胺类)-二苯醚体系的类似结果[19].考虑一混合物,其中聚合物浓度低于液相线与固相线临界交叉点的浓度.① 当混合物开始处于一足够高的温度时,它是完全均相的.当降温时,可以明显看到先于结晶而发生的液-液相分离,用空心圆来表示.进一步降温,结晶将在同一温度(临界温度)发生(在

———————————

　　① 图 13.15 中液-液曲线上最大值的临界浓度发生在比讨论过的其他体系(图 13.2 以及图 13.14)更高的浓度,至少与此种聚酰胺的分子量相对较低有关.

413

更稀的浓度范围也是很明显的），与这个范围内稀释剂的比例无关.根据相律，这一不变的状态当然是必要的，因为除了形成晶相，两个液相也是存在的.

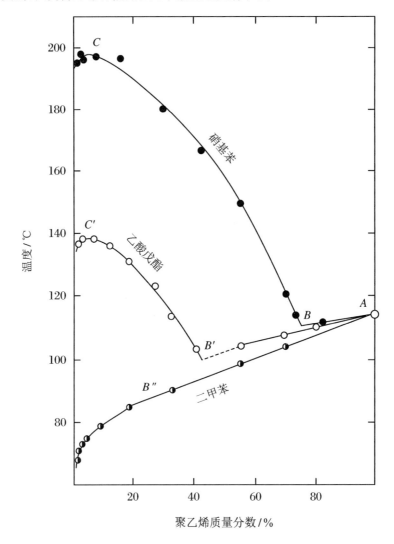

图 13.14 聚乙烯与三种稀释剂体系的相图（Richards[26]）

之前已明确肯定，有效分级需要液-液相分离，我们可以推断出，硝基苯和乙酸戊酯应该是通过依次降低温度对聚乙烯进行分级的适宜溶剂，性能较良的二甲苯应避免用作分级溶剂.事实上，相图的特征就可以作为使用指定溶剂进行分级的效率的判据（参见第 8 章，245页）.沉淀温度对浓度作图的曲线如果单调上升，则明确表示出现了结晶分离；如果在低浓度时通过一极大值，实际上液-液相分离是确定的，且这种溶剂可认为是符合分级使用要求的.

图 13.14 和图 13.15 中的曲线可以被看成是溶解度对温度的作图.然而需要注意的是，当聚合物超出其溶解度时，溶解相混有结晶相.甚至在聚合物可以沉淀出来的更稀溶液中，"沉淀物"也将包含一些无定形聚合物和稀释剂.简而言之，这些曲线在确定可溶解的聚合物总量与温度的关系上是有帮助的.

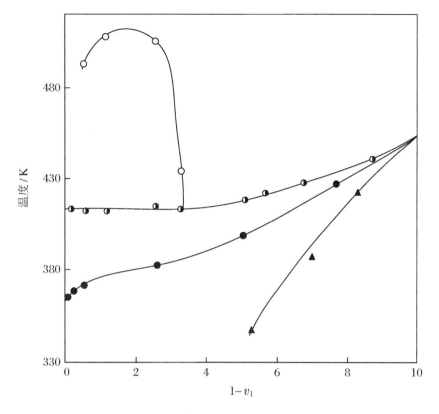

图 13.15   聚 N,N'-癸二酰哌嗪与几种稀释剂的相图

间甲苯酚,▲;邻硝基甲苯,●;二苯醚:◑,结晶;○,液-液分离.(Flory、Mandelkern 和 Hall[19])

13.3   网状结构的溶胀

像硫化橡胶这样的三维网状结构聚合物虽然不能完全分散在所接触的液体中,但是可以吸收大量液体.在这些条件下发生的溶胀过程与溶剂自发和类似的线形聚合物混合而形成通常的聚合物溶液一样,溶胀的凝胶实际就是一种溶液,虽然它是弹性的而不是黏性的.因此,熵的增加可以通过溶剂的扩散而使聚合物体积增加来产生.这个用稀释熵来表示的混合趋势可以通过稀释热(或最邻近相互作用自由能)得到加强($\chi_1 < 0$ 时)或减弱($\chi_1 > 0$ 时).当分子网吸收溶剂而溶胀后,连接网络的分子链需要呈现伸展的构象,因此产生了一个类似于橡胶中弹性回缩力的力,其作用与溶胀过程相反.随着溶胀的进行,这个力加强,同时稀释的力减弱.最终,当两种力保持平衡时,就达到了溶胀平衡.

溶胀平衡与渗透平衡间有着紧密的相似之处.分子网的弹性响应可以理解为作用于溶液或溶胀凝胶的一种压力.在平衡状态,这个压力足以增加溶液中溶剂的化学势,使其等于围绕溶胀凝胶的溶剂的化学势.因此,分子网结构起着溶质、渗透膜和压力产生装置等多重作用.

13.3.1 溶胀理论[27,28]

纯溶剂与初始纯的、无定形的、不受应力(即各向同性)的聚合物分子网混合的自由能变化 ΔF 可认为包含两部分:通常的混合自由能 ΔF_M 以及由于分子网扩张而产生的弹性自由能 ΔF_{el}.因此我们可以写出

$$\Delta F = \Delta F_M + \Delta F_{el} \tag{13.33}$$

ΔF_M 的表达式可以由式(12.22)得到,但需考虑到高分子的数量 n_2 为零,这是因为在分子网结构中已不存在单独的高分子.因此

$$\Delta F_M = kT(n_1 \ln v_1 + \chi_1 n_1 v_2) \tag{13.34}$$

类似于橡胶的形变过程,溶胀中的形变过程除了考虑实际的与溶剂的混合,必须在不引起分子网内能明显变化的情况下进行.因此 ΔF_{el} 与 $-T\Delta S_{el}$ 相等,而代表与分子网构象变化相关的熵变 ΔS_{el} 由式(11.41)给出.如果用 α_s 表示一维扩张因子(参见第 11 章),再根据各向同性溶胀的条件 $\alpha_x = \alpha_y = \alpha_z = \alpha_s$,且参照式(11.41),有

$$\Delta F_{el} = \frac{kT\nu_e}{2}(3\alpha_s^2 - 3 - \ln \alpha_s^3) \tag{13.35}$$

其中 ν_e 是分子网的有效链数.

溶胀凝胶中溶剂的化学势为

$$\mu_1 - \mu_1^0 = N_A \left(\frac{\partial \Delta F_M}{\partial n_1}\right)_{T,P} + N_A \left(\frac{\partial \Delta F_{el}}{\partial \alpha_s}\right)_{T,P} \left(\frac{\partial \alpha_s}{\partial n_1}\right)_{T,P} \tag{13.36}$$

式中,N_A 是阿伏伽德罗常量.为了得到 $\partial\alpha_s/\partial n_1$,我们注意到

$$\alpha_s^3 = \frac{V}{V_0}$$

其中,V_0 是松弛的分子网体积,即当交联结构引入无定形体系时聚合物所占据的体积(参见第 10 章),而 V 是溶胀凝胶的体积.通常,交联结构已经引入未溶胀聚合物中.假设就是这样的情况,V_0 将代表未溶胀聚合物的体积,且有 $V_0/V = v_2$.进一步假设混合是在没有引起体系总体积(聚合物加上溶剂)发生明显变化的前提下进行的:

$$\alpha_s^3 = \frac{1}{v_2} = \frac{V_0 + \frac{n_1 v_1}{N_A}}{V_0} \tag{13.37}$$

由此得到

$$\left(\frac{\partial \alpha_s}{\partial n_1}\right)_{T,P} = \frac{v_1}{3\alpha_s^2 V_0 N_A}$$

通过对式(13.34)和式(13.35)微分求出式(13.36)中另两项导数,并用摩尔数表示 ν_e,可以得到[28]

$$\mu_1 - \mu_1^0 = RT\left[\ln(1-v_2) + v_2 + \chi_1 v_2^2 + v_1 \frac{\nu_e}{V_0}\left(v_2^{1/3} - \frac{v_2}{2}\right)\right] \tag{13.38}$$

式(13.38)右边前面三项表示的是 $\partial\Delta F_M/\partial n_1$,它相当于式(12.26)在聚合物分子量无穷大时

(即 $x = \infty$)的 $\mu_1 - \mu_1^0$. 后一项则是考虑分子网结构的弹性响应而引入的对化学势的修正[①]. 根据关系式 $\ln a_1 = (\mu_1 - \mu_1^0)/RT$, 溶剂的活度 a_1 也是由式(13.38)指定的.

如果由式(13.38)计算的化学势差值 $\mu_1 - \mu_1^0$ 对 v_2 作图, 将会发现, 由于弹性项的贡献是正的($\nu_e > 0$), 在低于某一聚合物浓度 v_{2m} 的所有浓度下, 化学势 μ_1 都超过纯溶剂的 μ_1^0. 换句话说, 对于 $v_2 < v_{2m}$ 的组成, 活度 a_1 将大于 1. 因此, 这一区域如果是以某种方式形成的, 代表的则是不稳定的区域, 它将自发地渗出纯溶剂, 直到凝胶中的浓度增加到 v_{2m}, 此时活度等于 1. 溶胀的凝胶再与周围的纯溶剂达到平衡. 因此, v_{2m} 代表的是**溶胀平衡**时的组成, 此时的浓度为溶剂活度为 1 的浓度(>0), 也即在此浓度下 $\mu_1 = \mu_1^0$. 为了确定这一组成, 我们令式(13.38)中的 $\mu_1 - \mu_1^0$ 为零, 由此得到[28]

$$- \left[\ln(1 - v_{2m}) + v_{2m} + \chi_1 v_{2m}^2\right] = v_1 \frac{\nu_e}{V_0}\left(v_{2m}^{1/3} - \frac{v_{2m}}{2}\right) \tag{13.39}$$

或采用在第 11 章中使用过的术语(参见式(11.28)和式(11.30′)), 则

$$- \left[\ln(1 - v_{2m}) + v_{2m} + \chi_1 v_{2m}^2\right] = \frac{v_1}{\bar{v}M_c}\left(1 - \frac{2M_c}{M}\right)\left(v_{2m}^{1/3} - \frac{v_{2m}}{2}\right) \tag{13.39′}$$

其中, M_c 是每个交联单元的分子量, M 是初始分子量. 我们能够记起, 因子 $1 - 2M_c/M$ 表达的是对链端引起的交联网不完善性的校正. 对一个完善交联网($M = \infty$), 它化为 1. 这些方程式的左边代表的是由于聚合物与溶剂的混合所引起的化学势降低值, 而右边给出了由于网的弹性响应而引起的化学势增加值. 后者相当于由于平衡时产生的渗透压 π 而导致的化学势增加值 πv_1.

通常习惯采用**溶胀比** q, 即结构溶胀后与溶胀前的体积比 V/V_0. 因此有 $q = 1/v_2$. 溶胀平衡时, 我们可以用 q_m 代替 $1/v_{2m}$, 下标 m 表示最大溶胀, 或溶胀平衡. 当交联度不高时, 也即 M_c 的值为 10000 或更大, 良溶剂体系中的 q_m 值可以超过 10. 因此 $v_{2m}^{1/3}$ 比 $v_{2m}/2$ 大得多, 作为一级近似, 与前一项相比可以忽略后一项. 作类似的近似, 式(13.39)左边级数展开式中的高次项可以略去. 因此, 溶胀平衡方程式可以化为如下结果[27], 其中 $v_{2m} = 1/q_m$:

$$q_m^{5/3} \approx \frac{V_0}{\nu_e}\frac{\frac{1}{2} - \chi_1}{v_1} \tag{13.40}$$

或者根据式(13.39′), 有

$$q_m^{5/3} \approx \bar{v}M_c\left(1 - \frac{2M_c}{M}\right)^{-1}\frac{\frac{1}{2} - \chi_1}{v_1} \tag{13.40′}$$

这些化简后的关系式让我们更为清晰地观察到平衡溶胀比 q_m 与 χ_1 表示的溶剂性能以及交联程度之间的关系. 由于在推导式(13.40)和式(13.40′)时引入了近似, 这些定量表达式

---

① 直到不久前[28], 式(13.38)括号中最后一项还是错误地写为 $(v_1 \nu_e/V_0)v_2^{1/3}$. 这一错误是由于使用了不正确的弹性熵和自由能表达式, 其式(13.35)中的 $\ln \alpha_s^3$ 被遗漏了. 这一项考虑的是 $\nu_e/2$ 个有效交联链在体积 $V_0 \alpha_s^3 = V$ 中的分布熵.

这里给出的处理与第 11 章中的橡胶弹性一样, 是为链端以四官能团连接在一起(即常规的交联)的分子网而建立的. 对于以 f 官能团连接的分子网, 仅需要用 $2v_2/f$ 替代式(13.38)中的 $v_2/2$.[28]

仅适用于良溶剂中的低交联度分子网.

在第 11 章中已证明,被拉伸的分子网产生的回缩力也取决于交联度.因此有可能通过联立弹性与溶胀方程式而把结构参数项 ν_e/V_0 消去,然后建立平衡溶胀比与达到伸展 α(不要与溶胀因子 α_s 相混淆)时回缩力间的关系式.按此方式,我们由式(11.44)①和式(13.39)得

$$\tau_\alpha = - \frac{RT\left(\alpha - \dfrac{1}{\alpha^2}\right)\left[\ln(1 - v_{2m}) + v_{2m} + \chi_1 v_{2m}^2\right]}{v_1\left(v_{2m}^{1/3} - \dfrac{v_{2m}}{2}\right)} \tag{13.41}$$

其中 T 指应力测试的温度.如果平衡溶胀比非常大($v_{2m} \ll 1$),我们可以引入在导出式(13.40)时采用的近似.则有

$$\tau_\alpha \approx RT\left(\alpha - \frac{1}{\alpha^2}\right)\frac{\dfrac{1}{2} - \chi_1}{v_1 q_m^{5/3}} \tag{13.42}$$

这个方程式引起我们对已为大家所接受的一系列硫化橡胶在指定溶剂中的平衡溶胀程度与回缩力或拉伸时的"模量"之间的反比关系的关注. q_m 与"弹性模量"的 3/5 次方近似地成反比的关系已经得到证实[29,30].

在由式(11.44)导出式(11.41)时,我们实际上已认可前者能有效地表示回缩力对链伸展的依赖关系.在第 11 章中所引用的实验结果显示这一理论关系式并不正确,令人忧虑.所导出的式(13.41)和式(13.42)的定量局限性就不容忽视.在推导式(13.41)时采用半经验的应力-应变关系式(11.50)以替代式(11.44),可以预料到将与实验结果符合得更好.

13.3.2　非离子型交联网溶胀的实验结果

在良溶剂中,溶胀平衡时的溶胀度总是随着交联度的增加而减小[29—32].根据式(13.39′)和式(13.40′),它还随着初始分子量 M 的增加而减小.事实上,$q_m^{5/3}$ 与交联网不完善因子 $1-2M_c/M$ 之间的定量比例关系已经得到证实[29].平衡溶胀比对交联网结构的依赖关系并不需要进一步探究.我们将重点放在对 q_m 与回缩力 τ 之间的关系的讨论.后一个量与用 ν_e/V_0 或用 M_c 和 M 表示的交联网结构之间的关系已在第 11 章作了详细讨论.因此,q_m 与结构之间的关系隐含在 q_m 与 τ 之间的关系的讨论中,对其单独处理则是不必要的重复.

图 13.16 给出的系列多重链接聚酰胺的结果[33]说明了平衡溶胀比与拉伸的未溶胀样品的平衡回缩力之间的关系.溶胀测试是 30 ℃下在间甲苯酚中进行的;回缩力是 241 ℃下用未溶胀聚合物在所标示的几个不同伸长比 $\alpha = 1.4$、2.0 和 3.0 下测得的.这些数据覆盖的交联度(ν_e)范围大约是 6 倍.大致按照式(13.42)作 log-log 图.按照这一关系式,在实验误差范围内这些点虽然成直线,但是负的斜率比关系式所指定的 5/3 要稍大一点.所画的线实际是略微弯曲的,因为它们是根据更为精确的关系式(13.41)计算得来的,而不是根据式(13.42).

① 式(11.44)中出现的总体积 V 被认为是 V_0,因为在弹性形变过程中体积假定是保持不变的.

　　由于前面提到的函数 $\alpha - 1/\alpha^2$ 的不足,每一个伸长比 α 下的一套数据点就需要设定不同的 χ_1 参数值.当 $\alpha = 1.4$、2.0 和 3.0 时,这些 χ_1 值分别是 -0.90、-0.73 和 -0.56.如果函数 $\alpha - 1/\alpha^2$ 用一个可以反映应力-应变曲线形状的经验式替代,单一的 χ_1 值就足以在实验误差范围内表达所有的数据.式(13.41)的局限性与应力-应变曲线未作解释的特征相关,并不是溶胀行为所特有的,这是这里主要关注的问题.图 13.16 中描述八官能交联聚合物的虚线(实心圆)是对应用于这个例子[①]的式(13.41)适当修正后计算得来的,采用的是同一参数 χ_1 值.

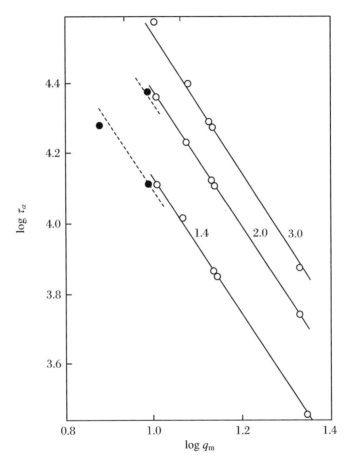

图 **13.16**　241 ℃下几种多重链接聚(ε-己内酰胺)在所标示的
　　　　几个不同伸长比(α)时的平衡回缩力 τ_a(lb/in^2)与
　　　　30 ℃下这些聚合物在间甲苯酚中的平衡溶胀比 q_m
　　　　之间的关系

　　　　○ 为四重链接聚合物;● 为八重链接聚合物.所画的线是根据式(13.41)计算
　　　　得来的,对八官能情况作了适当的修正(虚线),对每一伸长比指定了一 χ_1 参
　　　　数值.(Schaefgen 和 Flory[33])

　　图 13.16 中每一伸长比下的实验点与理论预测的 q_m 和 τ_a 之间的相互关系符合得很

---

① 　参见 417 页脚注.

好.对硫化橡胶作类似比较时[29,30,34]也能支持上述结果,这些结果表明,伴随溶胀的各向同性膨胀而引起的弹性响应与没有(可察觉的)膨胀的拉伸所引起的弹性响应有着独特的相关性,因此它们有着共同的根源.也就是说,同一交联网承担这两个过程.通常假设的相邻链间的"链接键"可能已被认为对弹性回缩力有贡献,但在溶胀剂存在时作为永久链接肯定是不起作用的.q_m 与 τ_a 之间的相关性证实了如下观点:这样的键对橡胶类的弹性同样不做贡献,无论是哪一比例下的平衡.

根据这些结果,在同一溶剂中对一系列化学相关的交联网结构的溶胀实验可用于不同结构交联度的测定,至少这是一种相对方法.当然,相同的信息也可以通过弹性测试来获得.然而,平衡溶胀通常更易于测试,因此这种方法可能是首选.

相同交联网结构在不同溶剂中的溶胀度提供了简便地表示每种溶剂对指定化学类型聚合物的溶剂性能的指数.在这样的系列测试中,结构因子 ν_e/V_0(参见式(13.39))是固定的,溶胀的 $q_m = 1/v_{2m}$ 仅取决于已知的溶剂摩尔体积 v_1 和未知的参数 χ_1.基于对线形聚合物模拟物溶液的热力学测试结果,如果为某种溶剂指定一 χ_1 值,这样就能计算出 ν_e/V_0 的表观值,而 χ_1 值就可以从任一其他溶剂的 q_m 值推算出来.这一方法已被广泛使用[30,32,34].这样获得的参数绝对值可能受到质疑,但是对这一方法能把不同溶剂对于给定的聚合物以适当的顺序分类,很少有人持有怀疑态度.

在应用溶胀方法确定溶剂-聚合物相互作用时,加上对相互作用参数 χ_1(此参数采用热力学方法对选定的溶剂中的线形聚合物模拟物测定而得到)的依赖性,消除在前面段落提到的必要的校准,这显然是可取的.ν_e/V_0 的独立测定是优先考虑的.考虑到诸如在第 11 章中讨论的网缠结等不完善因素对交联网弹性响应的贡献,使用由定量合成分析确定的 ν_e/V_0 值有可能会带来错误.结果已表明,所观察到的回缩力总是倾向于比那些由结构中实际有效链的 ν_e 数值所计算的值要稍大些.因此,为了求出相互作用参数,需要采用考虑到这样偏差后经校正的 ν_e 值.如缺少以任何其他方式引入这一校正的方法,我们可以采用弹性实验测定 τ_a[30],再根据式(11.44)可以计算 ν_e/V_0 的表观值.由于函数 $\alpha - 1/\alpha^2$ 的偏差,ν_e/V_0 表观值的意义仍然不明确,即所得结果在一定程度上取决于 α 的数值,而回缩力的测定与此相关.Gee[36]的结果表明溶胀交联网的应力-应变行为与这一函数符合得更好.因此,ν_e/V_0 的表观值可以通过溶胀交联网的弹性响应来测定,其意义将清晰一些(参见第 11 章附录 B 中的式(B11.4)).

Gee[30]应用这一方法测定了天然橡胶在不同溶剂中的相互作用参数 χ_1.他使用了几种硫化橡胶.当在石油醚中溶胀时,每一种橡胶的 ν_e/V_0 有效值是通过在固定负荷下测定橡胶的伸长来确定的.然后,让样品在其他溶剂中溶胀到平衡,根据在每种溶剂中的溶胀比 q_m 来计算 χ_1 值.在每一种溶剂中几种硫化胶的平均 χ_1 值列在表 13.3 中①,并与对未硫化橡胶和某些同种溶剂的溶液的蒸气压测定所得到的 χ_1 值作了比较.虽然结果符合得并不比蒸气压方法中的实验误差来的差,但是也并不是令人惊奇的.

---

① Gee[30]采用的是早期版本的式(13.39),其中 $v_{2m}/2$ 项从右边项中删除.因此,尤其对于劣溶剂,χ_1 值显得太大.

表 13.3　溶剂与天然橡胶的相互作用参数[30]

溶剂	χ_1（由 q_m 方法）	χ_1（由蒸气压方法）
四氯化碳	0.29	0.28
三氯甲烷	0.34	0.37
二硫化碳	0.425	0.49
苯	0.395	0.43
甲苯	0.36	0.42
石油醚	0.54	0.43
乙酸正丙酯	0.62	
乙酸乙酯	0.78	
丁酮	0.94	
丙酮	1.37	

13.3.3　离子型交联网的溶胀[37,38]

如果组成交联网的高分子链含有可离子化基团,由于高分子链上分布着电荷,溶胀力可以大幅度地增加.离子交换树脂就是这种类型的,但是我们将主要涉及交联密度远小于通常值的离子型交联网.这里以交联的聚丙烯酸[39]和聚甲基丙烯酸[39,40]作为例子较为适当.当用氢氧化钠部分或完全中和时,高分子链上带负电荷的羧基由于静电斥力将引起交联网扩张.如果羧酸根离子是唯一的离子,这种静电排斥作用将占据优势.然而,这种非常大的静电斥力有可能永远不会实现,这是因为其他离子(如钠离子,以及来自所存在的其他电解质的离子(包括来自溶剂的离子,如来自水的 H^+ 和 OH^-))必然是存在的.与缺少这些离子时相比,这些离子通过屏蔽链上的固定电荷,极大地减弱了静电斥力.

在溶胀的离子型交联网和周围电解质之间发生的离子及溶剂的交换示于图 13.17,其中链所带电荷看成正电荷.显然溶胀的离子凝胶与周边的平衡类似于唐南(Donnan)膜平衡[41].聚合物自身起着膜的作用,阻止带电取代基扩散进入外部的溶液,这些带电的取代基大体上是在凝胶中无规分布的,就像是在普通溶液中一样.由这些固定电荷的存在而产生的溶胀力可以认为是溶胀压力,或者说在典型的唐南平衡中穿过半透膜的净渗透压力.对这个力的定量处理可以采取两种方式.不管是哪种方式,我们首先引入凝胶内外迁移离子间的平衡条件.根据第一种方法,凝胶内部与其周围之间的电势差可以通过考虑离子平衡来计算.根据凝胶的电荷密度和它相对于外部溶液的电势,很容易计算库仑能,再由库仑能可以得到扩张力.在第二种方法中,定性来看,由于固定电荷的吸引作用,凝胶内的**迁移**离子浓度总是大于凝胶外的.因此,里面溶液的渗透压将超过外部溶液的渗透压.扩张力可以等同于两个溶液渗透压的差值.两种方法得到相同的结果.这里采用后一种方法[38].

假设聚合物包含的取代基在溶剂中能完全离解成带有 $z_-\varepsilon$ 电荷的阴离子 A^{z-} ,其中 ε 是电子电荷.这些电离基团的比例相当于使得高分子的每个结构单元平均带上 $i\varepsilon$ 正电荷,其中 i 是离解度乘以高分子链上阳离子基团的化合价.令平衡时溶胀凝胶中这些固定电荷的浓度为每单位体积 ic_2 法拉第常数,这里 $c_2 = v_2/v_u$,其中 v_u 是一个结构单元的摩尔体积.进一步假设与交联聚电解质处于平衡的外部溶液的体积远大于凝胶的体积,且含有浓度为 c_s^* 的强电解质 $M_{\nu_+} A_{\nu_-}$.这个电解质完全离解成 ν_+ 个阳离子 M^{z+} 和 ν_- 个阴离子 A^{z-}.当然应满足 $\nu_+ z_+ = \nu_- z_-$.通常,外部溶液中强电解质的阴离子与聚电解质凝胶的阴离子是相同的.

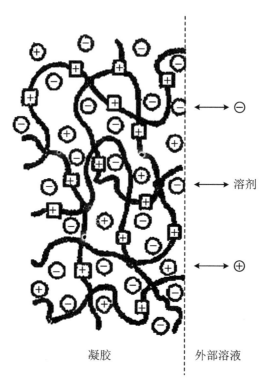

图 13.17 与电解质溶液处于平衡的溶胀离子凝胶示意图
固定电荷用 ⊞ 来表示.

最初,凝胶不包含 M^{z+} 阳离子,因此部分阳离子趋向于从外部溶液扩散到凝胶中,以在两相间建立独立的离子平衡.然而,凝胶中即使是无法检测到的、极少的阳离子过量也将产生相对于周边溶液较大的正电位.由于阳离子的迁移趋势而产生的电位将从外部电解质中吸引阴离子 A^{z-},它们与阳离子一起被带进凝胶中.如果以其他方式建立大的静电位,阴离子的迁移量与阳离子的迁移量将是严格相等的,从化学计量意义上来看,近似是可以忽略不计的.采用这一电中性条件,我们不再对存在于凝胶与外部溶液间的电位差(如膜电位)作进一步要求.我们足以观察到,最终在作用于阳离子和阴离子上不均等的扩散力间找到一个折中点,且在这一平衡状态,迁移进入凝胶中的电解质浓度是 c_s.迁移进入凝胶的阳离子和阴离子浓度分别如下,其中后者也包括那些从聚合物中解离的阴离子:

$$c_+ = \nu_+ c_s, \quad c_- = \nu_- c_s + \frac{ic_2}{z_-} \tag{13.43}$$

平衡时凝胶中总迁移离子浓度 $c_+ + c_-$ 必然超过外部溶液中的离子浓度 $c_+^* + c_-^* = \nu c_s^*$,其中 $\nu = \nu_+ + \nu_-$.这必然导致驱使溶剂从较稀的外部溶液进入凝胶的渗透压差.(我们暂且忽略了聚合物本身的渗透作用.)假设对于稀溶液,由于迁移离子浓度差异引起的渗透压 π_i 近似为(参见本章附录 B)

$$\pi_i = RT(c_+ + c_- - c_+^* - c_-^*) = RT\left[\frac{ic_2}{z_-} - \nu(c_s^* - c_s)\right] \tag{13.44}$$

在任一聚合物浓度 c_2 下,由于前面考虑的聚合物-溶剂相互作用及相关联的交联网的弹性响应,还将有另一渗透压 π_0.按照通常的关系式 $\pi = -(\mu_1 - \mu_1^0)/v_1$,我们可以根据式(13.38)计算 π_0.在平衡时,由所有溶质效应引起的总渗透压必须为零,即 $\pi_i = -\pi_0$.因此根据式(13.44)和式(13.38),我们得到平衡时

$$\frac{ic_{2m}}{z_-} - \nu(c_s^* - c_s) = \frac{1}{v_1}\left[\ln(1 - v_{2m}) + v_{2m} + \chi_1 v_{2m}^2\right] + \frac{\nu_e}{V_0}\left(v_{2m}^{1/3} - \frac{v_{2m}}{2}\right) \tag{13.45}$$

在前面的方程式中使用了两个不同的聚合物浓度 c_2 和 v_2,是依照表示电解质浓度的习惯,即采用体积摩尔浓度(或质量摩尔浓度).在式(13.45)中,用关系式 $c_{2m} = v_{2m}/v_u$ 来替代,可以最低程度地减小混淆.

还需要求取 $c_s^* - c_s$ 的值.因为不会有明确的常规性溶液,我们只考虑一些特殊的情况.首先,假设与属于高分子以及出现在凝胶中的反离子浓度 ic_2/z_- 相比,外部电解质浓度 c_s^* 非常小.这样式(13.45)中左边的第二项与第一项相比可忽略.此外,在这种情况下形成的非常大的离子渗透压将使得 v_{2m} 的值非常小,这样证明了对右边式子作稀溶液近似(参见如式(13.40))是合理的.这种情况下平衡关系式化为

$$\frac{iv_{2m}}{z_- v_u} = \frac{\nu_e}{V_0}v_{2m}^{1/3} - \left(\frac{1}{2} - \chi_1\right)\frac{v_{2m}^2}{v_1} \tag{13.46}$$

如果 $v_u = 100, v_1 = 100, z_- = 1, i > 0.1, 1/2 - \chi_1 \leqslant 0.2$,式(13.46)中的最后项可以忽略,进一步近似,有

$$q_m^{2/3} \approx \frac{\dfrac{i}{z_- v_u}}{\dfrac{\nu_e}{V_0}} \tag{13.47}$$

对于松散的交联凝胶,由于 $v_u \ll V_0/\nu_e$,在没有可参比的其他电解质浓度情况下,这个方程式预测了相当可观的电离度 i 下可产生非常大的溶胀比.

图 13.18 是 Katchalsky、Lifson 和 Eisenberg[40] 所研究的采用二乙烯基苯交联的聚甲基丙烯酸凝胶在水中的溶胀度近似值对中和度的作图.即使很小的中和度所产生的显著效果也与理论是一致的.q_m 随着中和度而迅速接近最大值表明了交联网链的充分伸展并不令人意外.第 11 章的弹性理论基于关于链长分布的 Gaussian 近似,而这里给出的溶胀关系式就是从弹性理论导出的.这个近似在伸长大致超过完全伸展长度的一半时就不被认可了.因此,在不添加电解质的情况下,对于带较多电荷的聚电解质凝胶溶胀的定量处理需要引入包括朗之万反函数[40,42]在内的链长分布函数(参见第 10 章附录 B).

有趣的是,Breitenbach 和 Karlinger[39] 对用少量二乙烯基苯交联的聚甲基丙烯酸凝胶的溶胀作了类似的观察,并发现这种凝胶在较高中和度时解体.显然,渗透(或静电)力可以足够大到引起碳碳键的断裂.他们还观察到,少到只有 0.01 N NaCl 就足以引起明显的退溶胀作用.

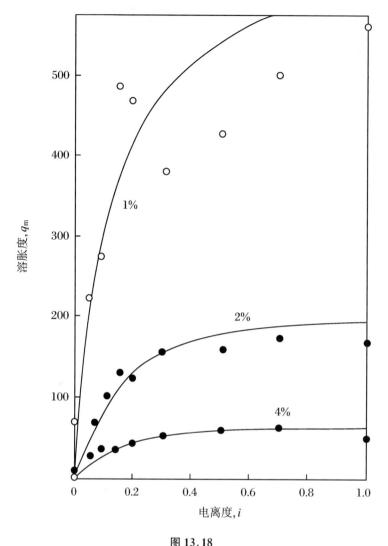

图 13.18

通过甲基丙烯酸与 1%、2% 和 4%（上面的、中间的、下面的曲线）的二乙烯基苯共
聚而制备的聚甲基丙烯酸凝胶的平衡溶胀比 q_m 对采用氢氧化钠的中和度 i 作图
（Katchalsky、Lifson 和 Eisenberg[40]）

与上面的考虑相反的情况是 $c_s^* > ic_2$，凝胶内外迁移电解质的浓度差值 $c_s^* - c_s$ 与抗衡
离子的浓度 ic_2/z_- 相当. 因此离子渗透压 π_i 大幅度地减小. 这种情况下 $c_s^* - c_s$ 的计算（参
见本章附录 B）给出了由于迁移离子而产生的渗透压：

$$\pi_i \approx RT\,\frac{(ic_2)^2}{2wvc_s^*} \tag{13.48}$$

其中 c_s^* 是外部溶液中的电解质浓度，$w = z_+z_-$ 是电解质的化合价相关因子. 定义离子强度
S^* 为 $S^* = vwc_s^*/2$，式（13.48）可以重写为如下形式：

$$\pi_i \approx \frac{RT(ic_2)^2}{4S^*} \tag{13.48'}$$

引入平衡条件 $\pi_i = -\pi_0$，并依旧用式（13.38）来表示 $-\pi_0$，在溶胀平衡时，有

$$\frac{\left(\dfrac{i v_{2m}}{v_u}\right)^2}{4 S^*} \approx \frac{1}{v_1}\left[\ln(1-v_{2m})+v_{2m}+\chi_1 v_{2m}^2\right]+\frac{\nu_e}{V_0}\left(\nu_{2m}^{1/3}-\frac{\nu_{2m}}{2}\right) \tag{13.49}$$

在高分子的稀溶液中,如果外部溶液的电解质浓度相对较大(不一定是合适的),近似有

$$q_m^{5/3} \approx \frac{\left(\dfrac{i}{2 v_u S^{*1/2}}\right)^2+\dfrac{\dfrac{1}{2}-\chi_1}{v_1}}{\dfrac{\nu_e}{V_0}} \tag{13.50}$$

注意到 i/v_u 是指未溶胀交联网上固定电荷的浓度,可以看到重要的变量是这一浓度与外部溶液离子强度平方根的比值. 因此溶胀比的 5/3 次方应该随着固定电荷的平方以及外部溶液离子强度 S^* 或浓度 c_s^* 的倒数的增加而增加. Vermaas 和 Hermans[37]对纤维素黄原酸酯凝胶的研究结果似乎证实了后一结论. 在离子强度与未溶胀交联网固定电荷浓度之比(i/v_u)很大的极限条件下,式(13.49)和式(13.50)中的离子项化为零,溶胀关系式还原为不带电荷交联网的关系式. 从物理角度看,可以作另一种解释,即迁移性聚电解质离子对固定电荷的有效屏蔽抑制了库仑斥力,或者是太过量的小分子电解质抑制了迁移离子浓度的不平衡.

附录 A 对由溶剂和单一聚合物组分所组成的两组分体系相图的稳定单相极限线的计算[2]

将式(12.26)代入条件(13.1)的第一式,式(12.32)代入条件(13.1)的第二式,可以得到

$$\ln\frac{1-v_2'}{1-v_2}+(v_2'-v_2)\left(1-\frac{1}{x}\right)+\chi_1(v_2'^2-v_2^2)=0 \tag{A13.1}$$

以及

$$\frac{1}{x}\ln\frac{v_2'}{v_2}+(v_2'-v_2)\left(1-\frac{1}{x}\right)-\chi_1(v_2'-v_2)\left[2-(v_2'+v_2)\right]=0 \tag{A13.2}$$

令 $\gamma=v_2'/v_2$,后一方程式可重排成式(13.10).式(A13.1)和式(A13.2)消去 χ_1,得到

$$\left(1-\frac{v_2'+v_2}{2}\right)\left[\ln(1-v_2')-\ln(1-v_2)\right]+(v_2'-v_2)$$

$$=-\frac{v_2'+v_2}{2x}\ln\frac{v_2'}{v_2}+\frac{v_2'-v_2}{x} \tag{A13.3}$$

式(A13.3)左边的对数作级数展开,合并相关项后给出方程式的左边:

$$\frac{(v_2'-v_2)^3}{2}\left(\frac{1}{2\cdot 3}+\frac{2v_2'+2v_2}{3\cdot 4}+\frac{3v_2'^2+4v_2'v_2+3v_2^2}{4\cdot 5}+\cdots\right)$$

假设 v_2' 很小,右边括号里的量非常接近于 $(1-v_2'-v_2)^{-1}/6$,使用这一近似计算的相对误差为 $v_2'^4 x/50$. 把结果代入式(A13.3),得

$$\frac{(v_2'-v_2)^3}{12(1-v_2'-v_2)}=\frac{v_2'+v_2}{2x}\ln\frac{v_2'}{v_2}-\frac{v_2'-v_2}{x}$$

引入 $\gamma = v_2'/v_2$，化简为

$$\frac{(\gamma-1)^3 v_2^2}{12[1-v_2(\gamma+1)]} = \frac{\gamma+1}{2x}\ln\gamma - \frac{\gamma-1}{x} \qquad (A13.4)$$

解这个关于 v_2 的二次方程式，得到式(13.9).

附录 B　聚电解质凝胶中的 Donnan(唐南)平衡

用更为严格的方式考虑，溶胀凝胶中溶剂的化学势降低可以分为三项，分别代表由于聚合物与溶剂的混合、与迁移离子组分的混合以及交联网的弹性变形所引起的变化.可以表示为

$$\mu_1 - \mu_1^0 = (\Delta\mu_1)_p + (\Delta\mu_1)_i + (\Delta\mu_1)_{el} \qquad (B13.1)$$

本质上，假设凝胶溶液足够稀，前两项贡献具有加和性.第一项和第三项由式(13.38)给出.对于溶胀平衡，需要满足条件 $\mu_1 = \mu_1^*$，其中 μ_1^* 是外部溶液的化学势.引入式(B13.1)的条件，并把 $\mu_1^* - \mu_1^0$ 写为 $(\Delta\mu_1^*)_i$，则

$$(\Delta\mu_1^*)_i - (\Delta\mu_1)_i = (\Delta\mu_1)_p + (\Delta\mu_1)_{el} \qquad (B13.2)$$

其中，右边的项由式(13.38)给出.通常

$$\Delta\mu_1^* \equiv \mu_1^* - \mu_1^0 = gRT\ln N_1^*$$

其中，g 是渗透系数，N_1^* 是外部溶液中溶剂的摩尔分数.稀溶液中，$g \approx 1$，$\ln N_1^* \approx -v_1\sum_j c_j^*$，求和是对所有(离子)溶质组分浓度的加和.因此

$$(\Delta\mu_1^*)_i \approx -v_1 RT\sum c_j^*$$

类似地，在凝胶中有

$$(\Delta\mu_1)_i \approx -v_1 RT\sum c_j$$

其中求和仅包括**所有迁移**的溶质组分.将这些表达式以及式(13.38)代入式(B13.2)，得

$$RT\sum_j (c_j - c_j^*) = \frac{RT}{v_1}\left[\ln(1-v_{2m}) + v_{2m} + \chi_1 v_{2m}^2\right] + \frac{RT\nu_e}{V_0}\left(v_{2m}^{1/3} - \frac{v_{2m}}{2}\right)$$

$$(B13.3)$$

再看看与每升含有 c_s^* mol 电解质 $M_{\nu_+}A_{\nu_-}$ 的无限外部溶液达到平衡的情况，可以发现式(B13.3)等同于式(13.45).作为更进一步的平衡条件，需要电解质在凝胶内部和外部的活度是相等的.电解质的活度等于它离解的单个离子活度的乘积，这一条件可以表示为

$$a_+^{\nu_+} a_-^{\nu_-} = a_+^{*\nu_+} a_-^{*\nu_-}$$

或

$$\left(\frac{a_+}{a_+^*}\right)^{\nu_+} = \left(\frac{a_-^*}{a_-}\right)^{\nu_-} \qquad (B13.4)$$

426

照惯例作近似,活度与浓度相等,引入式(13.43)[①],得

$$\left(\frac{c_s}{c_s^*}\right)^{\nu_+} = \left(\frac{c_s^*}{c_s + \dfrac{ic_2}{\nu_- z_-}}\right)^{\nu_-} \tag{B13.5}$$

由于对额外的迁移电解质浓度感兴趣,在此引入变量 η,其定义如下:

$$\eta = \frac{c_s^* - c_s}{c_s^*}$$

这样,式(B13.5)可写为

$$(1-\eta)^{1+\nu_+/\nu_-} + Y(1-\eta)^{\nu_+/\nu_-} - 1 = 0 \tag{B13.6}$$

其中

$$Y = \frac{ic_2}{\nu_- z_- c_s^*} \tag{B13.7}$$

式(B13.3)左边表示由于凝胶内外迁移离子浓度的差异而引起的溶胀或渗透压 π_i,依照式(13.44)可写为

$$\pi_i = RT\left(\frac{ic_2}{z_-} - \nu\eta c_s^*\right) \tag{B13.8}$$

因此,由式(B13.6)来求出 η 值将允许对 π_i 做出详细说明,并可代入溶胀平衡方程式(B13.3)中.可惜的是,关键的方程式(B13.6)并不适用于常规溶液,因此我们不得不考虑特殊情况.

当 $Y \gg 1$ 时,即与聚合物离解出来的反离子浓度 ic_2/z_- 相比,外部的电解质浓度 c_s^* 很小,如果进一步限制为二元电解质,有 $z_+ = z_- = z$,且 $\nu_+ = \nu_- = 1$,$\nu = 2$,这样式(B13.6)经适当的级数展开后,为

$$\eta = 1 - \frac{1}{Y} + \frac{1}{Y^3} - \frac{2}{Y^5} + \cdots \tag{B13.9}$$

代入式(B13.8),得

$$\pi_i = RT\left\{\frac{ic_2}{z} - 2c_s^*\left[1 - \frac{zc_s^*}{ic_2} + \left(\frac{zc_s^*}{ic_2}\right)^3 - 2\left(\frac{zc_s^*}{ic_2}\right)^5 + \cdots\right]\right\} \tag{B13.10}$$

式(B13.10)代入式(B13.3)左边,给出这一情况的完整方程式.当 $c_2^* \ll ic_2/z$ 时,它可以化为式(13.46).

在另一种情况下,$Y \ll 1$,即与 $ic_2/z_-\nu_-$ 相比,外部的电解质浓度 c_s^* 相当大,适当的级数展开为

$$\eta = \frac{1}{\nu z_-}\frac{ic_2}{c_s^*} - \frac{1}{2w\nu^2}\left(\frac{ic_2}{c_s^*}\right)^2 - \frac{1}{3w^2\nu^3}(z_+ - z_-)\left(\frac{ic_2}{c_s^*}\right)^3$$
$$- \frac{1}{8w^3\nu^4}(2z_+^2 - 5z_- z_+ + 2z_-^2)\left(\frac{ic_2}{c_s^*}\right)^4 + \cdots \tag{B13.11}$$

其中,$\nu = \nu_+ + \nu_-$,$w = z_+ z_-$ 为化合价因子(这里 z_+ 不必等于 z_-).代入式(B13.8),并引入离子强度 $S^* = w\nu c_s^*/2$,得

---

① 这里没有考虑压力对离子活度的影响.很容易证明,即使在溶胀压力达到大气压的许多倍时,它的影响也是可以忽略的.

$$\pi_i = RT \frac{i^2 c_2^2}{4S^*} \left[1 + (z_+ - z_-) \frac{ic_2}{3S^*} + (2z_+^2 - 5z_+ z_- + 2z_-^2) \frac{(ic_2)^2}{16S^{*2}} + \cdots \right]$$

$$(B13.12)^{[38]}$$

Vermaas 和 Hermans[37] 得到与这个式子等同的关系式,但在级数系列中仅包含前两项. 还可以看到,如果 $z_+ = z_-$,级数系列中的第二项化为零,但是仍含有第三项. 在任何情况下,只要 ic_2/S^* 小于 1,式(13.48)即为有效的近似.

参 考 文 献

[1] Flory P J. J. Chem. Phys., 1942,10:51.

[2] Flory P J. J. Chem. Phys., 1944,12:425.

[3] Shultz A R, Flory P J. J. Am. Chem. Soc., 1952,74:4760.

[4] Krigbaum W R. 未发表.

[5] Shultz A R. Dissertation. Cornell University, 1953.

[6] Tompa H. Trans. Faraday Soc., 1949,45:1142; Bamford C H, Tompa H. ibid., 1950,46:310.

[7] Scott R L. J. Chem. Phys., 1949,17:268.

[8] Tompa H. 私人通信.

[9] Tompa H. Trans. Faraday Soc., 1950,46:970.

[10] Scott R L. J. Chem. Phys., 1949,17:279.

[11] Dobry A, Boyer-Kawenoki F. J. Polymer Sci., 1947,2:90.

[12] Schulz G V. Z. Physik. Chem., 1940,B46:137; ibid., 1940,B47:155.

[13] Meibohm E P H, Smith A F. J. Polymer Sci., 1951,7:449.

[14] Hess K, Kiessig H. Z. Physik. Chem., 1944,193:196; Fankuchen I, Mark H. J. Applied Phys., 1944,15:364.

[15] Fuller C S, Baker W O. J. Chem. Education, 1943,20:3; Baker W O, Fuller C S, Pape N R. J. Am. Chem. Soc., 1942,64:776.

[16] Bunn C W, Alcock T C. Trans. Faraday Soc., 1945,41:317.

[17] Mandelkern L, Flory P J. 即将发表.

[18] Wood L A, Bekkedahl N. J. Applied Phys., 1946,17:362.

[19] Flory P J, Mandelkern L, Hall H K. J. Am. Chem. Soc., 1951,73:2532.

[20] Mandelkern L, Garrett R R, Flory P J. J. Am. Chem. Soc., 1952,74:3949.

[21] Flory P J. J. Chem. Phys., 1949,17:223; ibid., 1947,15:684.

[22] Evans R D, Mighton H R, Flory P J. J. Am. Chem. Soc., 1950,72:2018.

[23] Mandelkern L, Flory P J. J. Am. Chem. Soc., 1951,73:3206.

[24] Bueche A M. J. Am. Chem. Soc., 1952,74:65; Hoffman J D. ibid., 1952,74:1696.

[25] Maynard J T, Mochel W E. 私人通信.

[26] Richards R B. Trans. Faraday Soc., 1946,42:10; Raine H C, Richards R B, Ryder H. ibid., 1945,41:56.

[27] Flory P J，Rehner J，Jr.. J. Chem. Phys.，1943,11:521.

[28] Flory P J. J. Chem. Phys.，1950,18:108.

[29] Flory P J. Ind. Eng. Chem.，1946,38:417；Chem. Revs.，1944,35:51.

[30] Gee G. Trans. Faraday Soc.，1946,42B:33；ibid.，1946,42:585.

[31] Staudinger H，Heuer W，Husemann E. Trans. Faraday Soc.，1936,32:323.

[32] Boyer R F，Spencer R S. J. Polymer Sci.，1948,3:97.

[33] Schaefgen J R，Flory P J. J. Am. Chem. Soc.，1950,72:689.

[34] Flory P J，Rabjohn N，Shaffer M C. J. Polymer Sci.，1949,4:225.

[35] Whitby G S，Evans A B A，Pasternack D S. Trans. Faraday Soc.，1942,38:269；Gee G. ibid.，1942,38:418；1944,40:468.

[36] Gee G. Trans. Faraday Soc.，1946,42:585.

[37] Vermaas D，Hermans J J. Rec. Trav. Chim.，1948,67:983.

[38] Flory P J. 未发表.

[39] Breitenbach J W，Karlinger H. Monatsh.，1949,80:312；Kuhn W，Hargitay B. Z. Elektrochem.，1951,55:490.

[40] Katchalsky A，Lifson S，Eisenberg H. J. Polymer Sci.，1951,7:571；1952,8:476.

[41] Donnan F G，Guggenheim E A. Z. Physik. Chem.，1932,A162:346；MacDougall F H. Thermodynamics and Chemistry. 3d ed. New York：John Wiley and Sons，1939:329.

[42] Katchalsky A，Künzle O，Kuhn W. J. Polymer Sci.，1950,5:283.

第 14 章　高分子在稀溶液中的构象和摩擦性质

　　稀溶液中的孤立高分子受到周边溶剂的渗透压作用,往往溶胀到较大的平均尺寸.这里,高分子的扩张与前一章快结束时所讨论的宏观三维网状结构的溶胀相类似.的确,把单个分子看成后者的亚微观原型是相当恰当的.高分子由相当大数目的单元或链段所组成,所有的组成单元虽然没有形成交联网状结构的形式,但是是以单一结构连接在一起的.如同网状结构中的链被溶胀而拉伸,但稀溶液中单个高分子的扩张程度要更大.可以肯定的是,在单个高分子区域中的链段密度要比一个典型的溶胀网络结构中的链段密度低,也正是由于这个原因,作用在链段上的渗透力要小一些.然而定性地看,这两种情况还是极为相似的.

　　当高分子由于溶剂的渗透作用而被溶胀时,分子扩张到概率较低的构象.弹性响应由此形成,就如同一个橡胶被拉紧或凝胶发生各向同性的溶胀.当达到平衡时,这个弹性力与使高分子溶胀的渗透力相抵消.回顾在前一章所采用的类比,单个分子可以看成由一大群链段所组成的微小热力学体系,其中链段受限在一个假想的可渗透溶剂的弹性膜中.当渗透压(随着体系被稀释而减小)与膜由于变形而产生的压力相等时,将达到溶胀平衡.在高分子中引入可电离的基团将产生类似于聚电解质凝胶中所遇到的效果.特别是在其他电解质浓度很小时,高分子尺寸将由于电荷的作用而极大地增加.

　　本章我们将对无限稀溶液中溶剂对高分子的溶胀作用作定量处理,特别是用因子 α 来表示由此引起的高分子一维尺寸的变化.溶液黏度、沉降速度以及扩散速率所反映的高分子在稀溶液中的摩擦特性直接取决于分子区域的尺寸.因此,这些特性与分子构象,也包括因子 α,是紧密相关联的.正由于这个原因,本章仍然对分子内热力学相互作用进行处理,并与对特性黏数和相关内容的讨论结合在一起.

14.1　分子内相互作用与平均分子扩展 [1,2] ①

　　高分子链由于分子内相互作用而引起的对构象的干扰也可以从一些不同的观点来考

---

　　① 分子内相互作用对高分子构象的影响一直是存在许多争议的话题,不需要在此作综述了.对这个问题的处理,除了下面章节中介绍的方法之外,读者还可参考 Bueche F. J. Chem. Phys., 1953,21:205 以及 Zimm B H, Stockmayer W H, Fixman M. J. Chem. Phys., 1953,21:1716.这些文章中也引用了有关这一主题的其他文献.

虑,这在第 10.3 节已作了详尽的阐述.我们已指出,由于两个链段不能占据相同的空间,这一明显的需求使得与按照无规飞行统计理论计算值相比,链将扩张为更大的体积.事实上,由于这个原因①,绝大多数没有考虑这种需求而进行的统计构象计算是不符合实际高分子情况的(实际高分子是由占有一定体积的单元所组成的).虽然高分子区域链段的平均密度可能非常小,例如约 1%,但是大量链段使得任意一对链段之间不发生接触的机会减小到一个极小的值.而相对较大比例的扩张构象将不受干扰,并与实际高分子情况相符合.因此,其平均尺寸将超出以无规飞行近似所得的计算值[1].由此引起的扩张还需进行修正,这样的修正取决于溶液中同一组分与不同组分间相互作用能的差异,这种差异决定了一个高分子的链段是倾向于与另一链段接近而作用还是与一个溶剂分子接近而作用.

一个链段被排除在另一链段所占据的空间外被认为是高分子溶液格子理论的基本考虑(参见第 12 章).实际上,刚刚概述的对分子内排除体积效应的统计处理与对本章开头所描述的链段-溶剂分子内相互作用的热力学(或渗透)处理是等同的.两者都能得到一样的结果.这里,我们采用更为普遍的后一种方法[2].这种方法已经运用在第 12 章,375 页,用以计算稀溶液中一对分子的排除体积.那里我们关注的是**分子间的**相互作用,即占用相同空间的属于不同高分子的链段间的相互作用;这里我们考虑的则是**分子内的**相互作用,即属于同一分子的链段间的相互作用.这些相互作用应该采用相同的参数(即第 12 章中引入的 ψ_1 和 κ_1,或 ψ_1 和 θ)来表征.由于涉及下文对分子构象的解释,这种论断的有效性最为重要,它几乎没有受到质疑,这是因为它最终化为最一般的假设,即两个链单元(或链段)无论是属于不同的高分子还是以迂回的方式连接在同一个高分子中,它们之间的相互作用是相同的.

以推导一对分子排除体积相并行的方法进行,我们考虑由一大群链段所组成的高分子,链段围绕着质心大致平均地按照高斯函数来分布(参见式(12.51)).②**无扰**高分子的这种空间分布就像存在于一般来说总体缺乏相互作用的情况,可以写为

$$x_j = x\left(\frac{\beta_0'}{\pi^{1/2}}\right)^3 \exp(-\beta_0'^2 s_j^2) 4\pi s_j^2 \delta s_j \tag{14.1}$$

其中,x 是总的链段数,x_j 是在离质心距离为 s_j、厚度为 δs_j 的球壳中发现的链段平均数.参数 β_0' 中的下标 0 表示它适用于无扰分布,因此有别于适用于实际分布的式(12.52)中的 β'.则有

$$\beta_0' = \left(\frac{3}{2\,\overline{s_0^2}}\right)^{1/2} = \frac{3}{(\overline{r_0^2})^{1/2}} \tag{14.2}$$

式中,$(\overline{s_0^2})^{1/2}$ 为无扰状态下对所有链段离质心距离平均所求出的均方根值,$(\overline{r_0^2})^{1/2}$ 为无扰均

---

① 这一陈述基于第 372 页曾经采用的观点,即稀溶液中的两个高分子避免其区域大范围地相互交叠.在大致呈无规构象的高分子链的区域,链段密度是 $x^{-1/2}$ 的量级,因此一指定的链段不与任一其他链段接触的概率大约是 $1-x^{-1/2}$.在整个无规飞行构象中不发生任何接触的概率是 $(1-x^{-1/2})^{x/2}\approx e^{-x^{1/2}/2}$ 的量级,这是一个非常小的量.

② 事实上,实际空间分布不是准确的高斯分布,但是对结果并没有明显的影响.

方根末端距.基于式(10.28),$\beta_0' = \alpha\beta'$,这里 α 表示分子内扩张因子[①],这将是下面理论要推导的量.实际高分子中,由于分子内相互作用,假设空间分布按照因子 α 均匀地扩张.在无扰状态下,占据 s_j 与 $s_j + \delta s_j$ 之间球壳的 x_j 链段按照因子 α 扩张后,占据的是 αs_j 与 $\alpha(s_j + \delta s_j)$ 之间、体积为 $\delta V = 4\pi\alpha^3 s_j^2\delta s_j$ 的区域.假设用 ΔF_{Mj} 表示在这一区域 x_j 个链段与 n_{1j} 个溶剂分子的混合自由能,其中[②]

$$n_{1j} = \frac{4\pi\alpha^3 s_j^2\delta s_j(1 - v_{2j})N_A}{v_1} \tag{14.3}$$

且 v_{2j} 是高分子的体积分数,N_A 是阿伏伽德罗常量.一个高分子的所有链段与溶剂的总混合自由能将包括每个体积元的 ΔF_{Mj} 之和以及与分子构象改变相关联的自由能变化 ΔF_{el}.与式(13.33)相似,有

$$\Delta F = \sum_j \Delta F_{Mj} + \Delta F_{el} \tag{14.4}$$

平衡时,$(\partial\Delta F/\partial\alpha)_{T,P} = 0$.这一导数可以改写为

$$\frac{\partial\Delta F}{\partial\alpha} = \sum_j \frac{\partial\Delta F_{Mj}}{\partial\alpha} + \frac{\partial\Delta F_{el}}{\partial\alpha}$$

由于 ΔF_{Mj} 是指具有统一平均链段密度的小体积元内链段的混合,且链段属于预先指定质心的同一高分子,溶剂化学位 $\partial\Delta F_{Mj}/\partial n_{1j}$ 必然对应于局部的"过量"化学位 $(\mu_{1j} - \mu_1^0)_E$,在第 12 章中对于这样的情况已给出了公式(参见式(12.41)、(12.43)、(12.43′)).因此有

$$\frac{\partial\Delta F}{\partial\alpha} = \sum_j (\mu_{1j} - \mu_1^0)_E \frac{\partial n_{1j}}{\partial\alpha} + \frac{\partial\Delta F_{el}}{\partial\alpha} \tag{14.5}$$

引入式(12.43′)(仅仅规定了化学势与稀溶液中浓度平方之间必然存在的关系),有

$$\frac{\partial\Delta F}{\partial\alpha} = -RT\psi_1\left(1 - \frac{\Theta}{T}\right)\sum_j v_{2j}^2 \frac{\partial n_{1j}}{\partial\alpha} + \frac{\partial\Delta F_{el}}{\partial\alpha} \tag{14.5′}$$

由式(14.3),并考虑到 v_{2j} 比 1 要小,则有

$$\frac{\partial n_{1j}}{\partial\alpha} \approx \frac{12\pi\alpha^2 s_j^2\delta s_j N_A}{v_1}$$

此外

$$v_{2j} = \frac{x_j V_s}{4\pi\alpha^3 s_j^2\delta s_j} = xV_s\left(\frac{\beta_0'}{\alpha\pi^{1/2}}\right)^3\exp(-\beta_0'^2 s_j^2)$$

其中,V_s 是一个链段的体积,则 xV_s 是一个高分子的体积;$xV_s = M\bar{v}/N_A$,其中 M 是聚合物的分子量,$\bar{v}$ 是比容(或偏比容).把这些关系式代入式(14.5′),并用积分替代求和,对所有体积元从 $s_j = 0$ 到无穷大求取积分,且通过式(14.2)消去 β_0',由此得到[2]

$$\frac{\partial\Delta F}{\partial\alpha} = -6C_M kT\psi_1\left(1 - \frac{\Theta}{T}\right)\frac{M^{1/2}}{\alpha^4} + \frac{\partial\Delta F_{el}}{\partial\alpha} \tag{14.6}$$

式中,参数

---

① 这里使用的 α 相当于第 13 章中处理交联凝胶使用的各向同性溶胀因子 α_s.为了简化起见,下标被删除了.

② 值得注意的是 x_j 是指**无扰状态下**第 j 层球壳离质心的距离.随后的求和(式(14.4)和式(14.5))和最终积分也是对 s_j 而言的,而不是第 j 层球壳离质心的实际距离 αs_j.

$$C_{\mathrm{M}} = \frac{27}{2^{5/2}\pi^{3/2}} \frac{\bar{v}^2}{N_{\mathrm{A}}v_1} \left(\frac{\overline{r_0^2}}{M}\right)^{-3/2} \tag{14.7}$$

这与出现在描述稀溶液热力学性质的分子间相互作用理论中的符号是一致的(比较式(12.64)).

确定弹性自由能 ΔF_{el} 要基于链两端均方根距离的变化用表示空间分布一维尺寸扩张的相同因子 α 来反映的假设. 正如处理交联结构的溶胀(参见第 13 章), 我们再次引入橡胶弹性理论(参见第 11 章)来求这一项. 这里情况有所不同的是, 链的末端不受限制, 即链末端不需要在交联连接点与其他链末端相接触. 回顾一下, 变形网状结构构象的概率 Ω 分两步来计算(参见 333 页). 第一步与末端到末端向量分布的变换有关, 第二步与在适当的交叠处不同链上四个末端基团的出现相关. 这里只包括了第一步, 第二步在单个分子问题中没有相对应的内容. 因此, 我们所需求的变形自由能为 $-kT\ln\Omega_1$, 其中, Ω_1 由式(11.38)取 $\nu=1$ 时得到, 这是因为高分子只包含了一个弹性单元或链. 这样,

$$\Delta F_{\mathrm{el}} = kT\left[\frac{3}{2}(\alpha^2 - 1) - \ln\alpha^3\right] \tag{14.8}$$

且有

$$\frac{\partial\Delta F_{\mathrm{el}}}{\partial\alpha} = 3kT\left(\alpha - \frac{1}{\alpha}\right) \tag{14.9}$$

代入式(14.6), 并令其等于 0, 可得到

$$\alpha^5 - \alpha^3 = 2C_{\mathrm{M}}\psi_1\left(1 - \frac{\Theta}{T}\right)M^{1/2} \tag{14.10}^{[2]}$$

这个结果与交联网状的溶胀方程式(13.39)是类似的. 它主要基于这样的假设: 链段之间的分子内相互作用与一团彼此没有连接在一起的粒子云的相互作用是相同的, 但是具有与由粒子线形序列所组成的分子中平均径向密度分布相同的径向分布.

式(14.10)让我们直接关注到分子扩张因子 α 的许多重要特征. 首先, 可以预测, α 随着分子量增加而缓慢增加(假设 $\psi_1(1-\Theta/T)>0$), 甚至当分子量非常大时也没有上限. 因此, 高分子的均方根末端距 $\sqrt{\overline{r^2}}$ 应该比与分子量平方根成正比的变化要更快一些. 这一结论是根据无规线团构象理论得到的, 因为**无扰**均方根末端距 $\sqrt{\overline{r_0^2}}$ 与 $M^{1/2}$ 成正比(参见第 10 章), 而 $\sqrt{\overline{r^2}} = \alpha\sqrt{\overline{r_0^2}}$.

其次, α 还取决于热力学相互作用, 用 $\psi_1(1-\Theta/T)$ 来表示, 该项也等于 $\psi_1 - \kappa_1$(参见第 12 章, 375 页). 对于指定的 M, 这一项越大, α 值越大. 因此, 正像应该已经预料到的, 溶剂性质越良, 高分子的"溶胀"程度越大. 反过来, 溶剂性质越劣, 高分子尺寸越小. 通常情况下, ψ_1 是正的, 且在劣溶剂中, Θ 也是正的. 因此, 在劣溶剂中, $\alpha^5 - \alpha^3$ 以及 α, 将会随着温度降低而减小. 在这一点上, 劣溶剂性质可以劣到什么程度而仍然允许溶液以一个稳定的均相稀溶液存在并设置一个实际的相分离界限是不可忽视的问题. 在第 13 章中, 我们已经了解到, Θ 表示的是在一给定的劣溶剂中高分子分子量无穷大时与溶剂的最低共溶温度. (Θ 由 ψ_1 和 κ_1 导出, 也像这两个参数一样为常数, 表征给定溶剂-高分子对的特征, 与高分子的分子量无关.) 当高分子的分子量较大时, 临界共溶温度 T_{c} 将略低于 Θ, 且直到略低于 T_{c}. 几摄

氐度的温度下,在稀相中仍能保持有可测试量的聚合物(参见图 13.2).因此,实际上,$\psi_1(1-\Theta/T)M^{1/2}$ 将决不会比 0 小很多,于是 α 将不会比 1 小很多.正如我们将在后面所讨论的(参见 14.3.3 小节以及表 14.4),虽然在良溶剂中分子扩张到超出其无扰尺寸($\alpha=1$),然而在劣溶剂中将与其他分子结合而形成一个独立的浓相,并明显地收缩到其无扰尺寸以下($\alpha<1$).

根据式(14.10),在某种劣溶剂中,当温度 $T=\Theta$ 时,$\alpha^5-\alpha^3=0$,α 必然等于 1,且与分子量 M 无关.也就是说,当 $T=\Theta$ 时,**分子尺寸不受分子内相互作用的干扰**.这个结论对于解释稀溶液中高分子特征是至关重要的.这是由于在这一温度下,起着扩张高分子作用的链段间体积排斥效应与促使高分子链段紧密接触、因而使高分子呈更为紧缩的构象的正混合能(或标准状态下的自由能)之间恰好达到平衡.正如在第 12 章(381 页)在对分子间相互作用讨论时所指出的,Θ 温度相当于非理想气体的 Boyle(玻意耳)温度,在此温度下相当宽的压力范围内,$pV=RT$.因此,当 $T=\Theta$ 时,直到百分之几的浓度下,都能满足 $\pi/c=RT/M$,意味着一对分子链段间的净相互作用为零,其原因与上面的陈述完全一致.Θ 温度的广泛意义是显而易见的.

值得提及的另一个问题与式(14.7)定义的 C_M 相关.这个量与溶剂的摩尔体积 v_1 成反比.从 C_M 中提取出 $1/v_1$,这样在式(14.10)中有一项因子 $\psi_1(1-\Theta/T)/v_1$,参考式(12.45)和式(12.46),$\psi_1(1-\Theta/T)/v_1$ 等于 $(1/2-\chi_1)/v_1$.因此,$\alpha^5-\alpha^3$ 应该与 $1/2v_1-\chi_1/v_1$ 成正比.又根据式(12.21'),χ_1 与相互作用密度和 v_1 的乘积成正比,这样,对于摩尔体积逐渐增加的系列溶剂,这一表达式中第二项可以看成是常数,但另一方面在溶剂与给定化学结构类型的高分子间相互作用上是热力学等效的.对于这样的系列溶剂,α 将随着 v_1 的增加而减小,这是由于表达式中第一项是减小的.现在考虑到高分子存在于没有添加溶剂的无定形聚合物中.每个单独的高分子分散在由同种高分子所组成的"溶剂"中.χ_1 必然为 0,且 v_1 很大.因此,α 将非常接近于 1.也就是说,在没有稀释的无定形聚合物中,高分子本质上是处于无扰状态的.因此,对橡胶弹性的统计处理不需要考虑分子内相互干扰来作修正.得到这一幸运结论的物理原因是容易理解的:本体聚合物中(以及浓溶液中)的高分子之间虽然相互干涉,但是并没有使尺寸扩张,因为自身相互作用的减小被与相邻分子相互作用的增加所补偿.

14.2　溶液中高分子的摩擦特性

14.2.1　自由穿流分子[4,5]

图 14.1 表示的"珠簧"模型便于对高分子链的流体力学性质进行讨论.它是由一串珠子所组成的,每个珠子对周围介质的流动产生流体力学阻力,而连接珠子的弹簧不产生阻力.由于高分子相对于介质的运动,链上的珠子 i 对周围介质施加的力 ξ_i 可以表示为

$$\xi_i = \zeta |u_i - u| \tag{14.11}$$

式中，u_i 表示的是珠子 i 的矢量速度，u 表示的是假设这个特定珠子(唯一)不在的情况下，周围介质在珠子中心位置的速度. 从此以后，表示流速之差的量 $|u_i - u|$ 将简单地写为 Δu_i. ζ 是一个珠子的摩擦系数，表示的是力与速度之比. 如果珠子是球形，根据 Stokes(斯托克斯)定律有

$$\zeta = 6\pi \eta_0 a \tag{14.12}$$

其中，a 是珠子的半径，η_0 是介质的黏度.

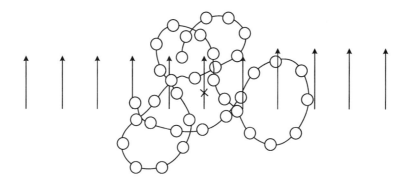

图 14.1　平移穿过溶剂的自由穿流分子
已标出溶剂相对于高分子链的流速.

暂且我们考虑珠子的摩擦作用非常小的情况，即 Stokes 定律中半径 a 很小. 我们假设这种作用非常小，以至于周围介质的运动受高分子相对于介质运动的干扰是非常微弱的. 这样，高分子的摩擦作用相对较容易处理，因为介质中每处的速度可以近似看成为相等的，与不存在高分子的情况几乎是一样的. 溶剂流过高分子时几乎(但是不是完全)不受干扰，因此，在这种情况下自由穿流的说法是合适的. 在式(14.11)中所需的流速之差 Δu_i 就简单地定义为一边是分子的运动，另一边是介质的无扰流动.

如果分子的运动是平移，就像离心场中的沉降，每个珠子的速度是相同的，且在自由穿流情况下，每个珠子相对于溶剂的流速之差 Δu_i 是相同的，好像是分子作为一个整体时的(相对)平移速度 u. 图 14.1 对这种情况给出了说明. 力的总和为

$$\Xi = \sum \xi_i = \sum \zeta \Delta u_i = x \zeta u$$

式中，x 是珠子的数目. 分子作为整体时摩擦系数为

$$f_0 = \frac{\Xi}{u} = x\zeta \tag{14.13}$$

其中，下标 0 特指无限稀释. 摩擦系数 f_0 直接与自由穿流分子的链长 x 成正比. 因此，由式(7.40)所定义的沉降常数 s_0 应该与分子量无关. 鉴于摩擦系数和相关的沉降、扩散常数是相关的，只要自由穿流条件符合，分子的形状是不重要的.

发生在黏性流动中的运动包括了剪切作用，溶液中不同流层以不同的速度移动. 较大的高分子无法通过调整其运动而与穿过它的溶剂分子的每一液层的速度保持一致. 这种情况用图 14.2 来描述，其中矢量代表的是液体相对于分子质心的无扰速度. 令速度梯度为 γ，也就是说无扰液体从图中左边向右边每移动 1 cm，速度改变 γ cm/s. 显然，液体对分子施加了

一个扭矩,使得分子发生转动,如图中弧形箭头所示.然而,当分子转动时,图中上部和下部的链段移动穿过该场,产生新的摩擦作用.根据动态稳定性条件,要求作用在分子上的扭矩总和为零,得到如下结论:分子将以等于剪切梯度一半的角速度 ω rad/s 旋转,即 $\omega = \gamma/2$,以找到一个折中点.很容易得到,在这种情况下,如此转动的分子中的任一点相对于流动溶剂的速度是 $s\gamma/2$,其中 s 是这一点离分子质心的距离.

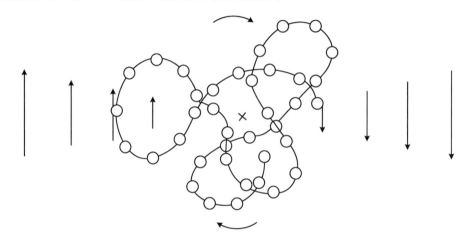

图 14.2 溶液黏性流动中的自由穿流分子

已标出溶剂相对于分子质心(×)的流动以及分子作为一个整体的转动.

在自由穿流情况下,$s\gamma/2$ 也就是珠子附近、离质心距离为 s 处介质的相对速度.因此,作用在珠子上的摩擦力是 $\zeta s\gamma/2$.珠子作用产生的能量耗散率是力与速度的乘积,即 $\zeta(s\gamma/2)^2$.单位时间内被分子耗散的总能量将由每个珠子的相关项之和给出,即

$$\frac{\zeta\gamma^2}{4}\sum s_j^2 = \frac{\zeta\gamma^2}{4}x\,\overline{s^2}$$

式中,$\overline{s^2}$ 是珠子离质心的均方距离.但是溶液的整体黏度等于能量耗散率除以剪切速率的平方.因此,假设溶液足够稀释,不同的高分子间没有明显的相互作用,高分子溶质对黏度的贡献为 $(cN_A/M)\zeta x\,\overline{s^2}/4$,其中的 cN_A/M 是每立方厘米溶液中的高分子数,c 表示溶液的浓度,用 g/cm³ 作为单位.这样,总黏度为

$$\eta = \eta_0 + \frac{cN_A}{M_0}\frac{\zeta\,\overline{s^2}}{4}$$

式中,$M_0 = M/x$,为一个珠子的分子量.因此,对于自由穿流分子,特性黏数 $[\eta]$,即无限稀释时 $(\eta - \eta_0)/\eta_0 c$ 的极限值,应为

$$[\eta] = \frac{\zeta N_A}{\eta_0 M_0}\frac{\overline{s^2}}{400} \tag{14.14}$$

为了转化为特性黏数的常用单位 100 mL/g,分母中引入了因子 100.对于线形高分子,$\overline{s^2}$ 正比于 $\overline{r^2} = \alpha^2\,\overline{r_0^2}$.因此,如果忽略分子内相互作用对链构象的影响是合理的话,则特性黏数应该正比于分子量.[4,5]因为 $\overline{\alpha^2}$ 通常随着 M 增加而缓慢增加,所以自由穿流的线形高分子的特性黏数应该比分子量的一次方增加得稍微快一些.

顺便提一下,应该注意到,在自由穿流近似中,一个完全伸直的棒状分子的特性黏数应取决于分子量的**平方**[4,5],其中 $\overline{s^2}$ 正比于长度的平方. 在避开这一近似、更为准确的处理中[6],对 M^2 的依赖性可以通过一因子进行调整,该因子则取决于与链长相比的链有效厚度(或沿着链的珠子密度).

14.2.2　等效圆球模型

根据自由穿流近似,可以推测,摩擦系数 f_0 应该随着分子量一次方增加而增加,而特性黏数对分子量的依赖性应该稍大于一次方. 实验结果显示,两个量随着 M 变化的方次比预测的小 0.4~0.5. 对问题的进一步研究使人们对自由穿流近似产生了严重的怀疑. 即使摩擦系数 ζ 比在尺寸上与链单元相当的球形珠子的预期值的 1/10 还要小的情况,溶剂在高分子量无规线团内的运动也一定受到明显的影响.

与不存在高分子时同样位置的溶剂介质的速度相比,一个靠近实际高分子质心的溶剂所获得的速度将是更接近于高分子的速度. 根据之后引用的证据,可以得到结论,即位于高分子内部的溶剂几乎与高分子珠子保持一致地移动,就好像是与高分子绑在一起的(但是肯定不是绑在一起的). 由此得到**等效流体力学圆球**的概念,其中溶剂是不能穿过的,并将显示与实际高分子一样的摩擦系数 f_0,或是同样地增加了黏度. 如果用 $\mathscr{R}_e$ 表示这个等效圆球的半径,根据 Stokes(斯托克斯)定律,有

$$f_0 = 6\pi\eta_0\mathscr{R}_e \tag{14.15}$$

根据爱因斯坦黏度关系式有

$$\frac{\eta - \eta_0}{\eta_0} = 2.5\,\frac{n_2}{V}\mathscr{V}_e$$

式中,n_2/V 为单位体积中的分子数,$\mathscr{V}_e = 4\pi\mathscr{R}_e^3/3$. 或者可以写为 $n_2/V = cN_A/100M$,其中,c 是以 g/100 mL 表示的浓度,有

$$[\eta] = 0.025N_A\mathscr{V}_e/M \tag{14.16}$$

这个较为明显的简单处理有一个严重的不足:$\mathscr{R}_e$ 的值依然不能定量确定. 多位研究者几乎凭着直觉得到,对于线形高分子链,$\mathscr{R}_e$ 应该随着均方根末端距 $\sqrt{\overline{r^2}}$ 增加而增加,或更为普遍地,无论对于线形的还是支化的高分子,都随着珠子离任一高分子质心的均方根距离 $\sqrt{\overline{s^2}}$ 增加而增加. 如果毫无异议地接受这一假设,则 f_0 正比于 $M^{1/2}\alpha$,$[\eta]$ 正比于 $M^{1/2}\alpha^3$. 这些结论可能是正确的,但是推导结论的前提留下许多不能回答的疑问. 这就需要一个更为透彻的对流体力学相互作用的研究.

14.2.3　具有较大摩擦相互作用的实际高分子链[7,8]

我们首先讨论较为简单的一种情况,即分子平移穿过溶剂. 然而,我们考察的是溶剂相对于分子的运动. 从这个意义上来说,靠近分子的质心处,溶剂几乎是静止的,但是往外,速

度是增加的.①最终可能在离分子外缘一定距离处,达到周边介质的无扰相对速度,在此之前,溶剂速度将经过一最大值.(最大值的出现只不过是由于一些溶剂的运动被分子减缓了.这种减缓必然由其他部分溶剂运动的加速来补偿.相应的加速在液体介质通过刚性球体的运动中发生.)这种情况在图14.3中作了说明,但没有标出前面提到的最大值.因此,平移区域存在于离分子质心一定距离范围内,其中溶剂相对于分子的速度从零增加到一个接近于外围值的数值,且在这个区域以及更远处,由于高分子链单元或珠子与溶剂之间速度的差异,能量是有消耗的.平移区域可取决于珠子的数量和空间分布以及珠子的摩擦系数 ζ.因为摩擦系数 ζ 正比于 η_0,采用一个与 η_0 无关的量 ζ/η_0 来表示更好.因此,在层流情况下,流动模式以及流动分子的穿透厚度将与介质的黏度 η_0 无关.在珠子或链段的数量和空间分布保持不变的情况下,假设比值 ζ/η_0 随着珠子的直径或可能随着珠子的形状而改变.如果 ζ/η_0 逐渐减小,溶剂流动而产生的穿透将逐渐靠近质心,最终导致自由穿流情况.如果 ζ/η_0 增加,穿透的厚度将减小,当 ζ/η_0 的值足够大时,只有分子的外缘能被流动所渗透.当然,液体流动受分子的干扰将明显地延伸到分子以外的区域.

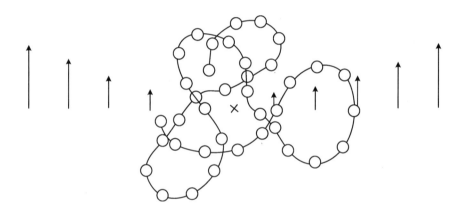

图14.3 在相对于分子的溶剂流动的干扰下,一个链分子的平移(例如沉降)

考虑到链段密度随着离分子质心距离的平方而呈指数减小,一旦比值 ζ/η_0 大到足以使流动线无法进入分子内部区域(更为密集的区域),则随着比值 ζ/η_0 进一步增加,液体流动而产生的穿透深度的变化可能就非常缓慢了.因此,这就逼近了流动模式对 ζ/η_0 相对不敏感的条件.此外,对于由整个分子所引起的能量消耗,由于 ζ/η_0 增大而导致的围绕(和穿过)分子流动模式的扩大,将被也是由于珠子浓度随离质心距离增加而递减所引起的阻止流动的珠子数减少而补偿.由此,我们得到重要的结论,**当 ζ/η_0 足够大时,整个分子的摩擦系数 f_0(η_0 恒定的条件下)应该与一个珠子的摩擦系数 ζ 无关.**

通常,分子的摩擦系数与下列几个量相关:分子的"尺寸",可以用珠子或链段离质心的均方根距离 $\sqrt{\overline{s^2}}$ 来表示;珠子的数目 x;珠子的分布特征;以及 ζ/η_0.它将直接与介质的黏度成正比.因此,我们关注 f_0/η_0 对上述变量的依赖关系.这一量具有长度的量纲,因此立即使

---

① 虽然我们设法避开 Debye 和 Bueche[7] 提出的由统一链段密度所组成且球外链段密度为零的球体模型,但是这里的讨论还是遵循了他们所给出的更为定量的处理.

人想起这一量与 $\sqrt{\overline{s^2}}$ 直接成正比关系. 如果目前注意力仅限于具有等效空间分布(例如高斯分布)的分子,显然,在分子尺寸 $\sqrt{\overline{s^2}}$ 不变的情况下,增加珠子数 x 将与增加已有珠子的尺寸,也就是增加 ζ/η_0 具有同等的效果. 因此,在有充足的内部流动阻力情况下,假设 $\sqrt{\overline{s^2}}$ 保持不变,分子的摩擦系数 f_0 不仅与 ζ/η_0 无关,也与 x 无关. 基于上述考虑,分子摩擦系数应该服从下面形式的关系式:

$$\frac{f_0}{\eta_0} = \sqrt{\overline{s^2}}\,\phi\left(\frac{\zeta}{\eta_0}, x, \sqrt{\overline{s^2}}\right)$$

其中,ϕ 是一个无量纲的函数,当 $\sqrt{\overline{s^2}}$ 保持不变,ζ/η_0 和 x 增加时,它逐步趋近于一上限值. 考虑到增加 ζ/η_0 和增加 x 的效果是相当的,具有长度量纲的这两项的乘积可以代表它们在函数中的形式,且这一乘积表达了分子总的阻碍流动的能力. 由于函数 ϕ 必须是无量纲的,可以假设它依赖于无量纲的变量 $x\zeta/\eta_0\sqrt{\overline{s^2}}$. 因此,基于量纲分析,我们可以得到结论,分子的摩擦系数可以表示为如下形式:

$$\frac{f_0}{\eta_0} = \sqrt{\overline{s^2}}\,\phi\left(\frac{x\zeta}{\eta_0\sqrt{\overline{s^2}}}\right) \tag{14.17}$$

式中,ϕ 具有上述的极限特性. 它必然也取决于珠子围绕质心分布的外形. 然而,对于几乎所有感兴趣的高分子,这一分布大致是相同的. 例如,对于无规线团状的线形高分子,其分布近似为高斯分布,甚至一个中等支化的高分子也可以呈现类似的珠子空间分布.

至关重要的是,指定类型高分子链的特性只能通过比值 ζ/η_0 所表示的某个珠子的有效尺寸进入关系式(14.17). 当总的内部流动阻力 $x\zeta/\eta_0$ 足够大时,这一因素的效果甚至不再存在. 因此,考虑这一极限情况,对于几乎所有感兴趣的实际情况(参见 14.4 节),分子摩擦系数应该仅取决于尺寸 $\sqrt{\overline{s^2}}$,与高分子的特征无关. 相应地,有

$$\frac{f_0}{\eta_0} = P'\sqrt{\overline{s^2}} \tag{14.17'}$$

式中,P' 表示式(14.17)中函数 ϕ 的极限值. 只要链段空间分布是类似的(例如近似为高斯函数),则所有高分子在所有溶剂中应该是相同的. 在处理线形高分子时,均方根末端距 $\sqrt{\overline{r^2}}$ 通常用作尺寸的量度. 因此我们优先采用如下关系式,其次才是式(14.17'):

$$\frac{f_0}{\eta_0} = P\sqrt{\overline{r^2}} \tag{14.18}$$

根据式(10.14)关于高斯分布的 $\overline{s^2}$ 与 $\overline{r^2}$ 之间的关系,$P = P'/\sqrt{6}$.

Kirkwood 和 Riseman[8] 通过详细的流体力学处理,得到下面的关系式:

$$\frac{f_0}{\eta_0} = \sqrt{\overline{r^2}}\left[2^{5/2}(3\pi)^{-3/2} + \frac{\eta_0\sqrt{\overline{r^2}}}{x\zeta}\right]^{-1} \tag{14.19}$$

根据导出式(14.17)的量纲考虑,认可应具有上式形式:$\sqrt{\overline{r^2}}$ 替代 $\sqrt{\overline{s^2}}$,括号内表达式的倒数对应函数 ϕ. 根据式(14.19),摩擦系数的倒数应该是 $(\overline{r^2})^{-1/2}$ 的线性函数,其斜率为 $1/\eta_0 P$,

这里

$$P = \frac{(3\pi)^{3/2}}{2^{5/2}} = 5.11 \tag{14.20}$$

截距等于 $1/x\zeta$. 截距的重要性当然取决于与 $1/P$ 相比 $\eta_0 \sqrt{\overline{r^2}}/x\zeta$ 的大小. 假设 Stokes(斯托克斯)定律可用来估算 ζ, 即 $\zeta/\eta_0 = 6\pi a$, 这里 a 是珠子的半径. 对于 a, 合理的值是 5×10^{-8} cm; $(\overline{r^2}/x)^{1/2}$ 约为 10^{-7} cm, 其中的 x 是在均方长度为 $\overline{r^2}$ 的链上具有上述尺寸的珠子数. 对于一个给定系列的同系物, 暂时把 $\overline{r^2}/x$ 看成常数, 由式 (14.19) 可以得到

$$\frac{f_0}{\eta_0} \approx \frac{\sqrt{\overline{r^2}}}{0.2 + \dfrac{0.1}{\sqrt{x}}}$$

在感兴趣的分子量范围, x 超过 10^2, 通常 x 超过 10^3. 因此式 (14.19) 的分母中第二项应该比第一项小得多, 因此式 (14.18) 可以认为是合理的近似表达式.[①]

当珠子尺寸与一个溶剂分子相当时, 由 Stokes(斯托克斯)定律来估算 ζ 是将推导的连续介质经典方程应用于一个分子现象, 这种应用是存疑的. 上面使用的 ζ 值可能有相当大的错误. 因此, 忽略式 (14.19) 中第二项是否合理, 需要在实验中得到真正的检验. 也应该注意到, Kirkwood-Riseman 理论(包括下面将要讨论的他们的黏度理论)是基于如下假设而建立的, 即分子的流体力学相互作用如同它的热力学相互作用, 与孤立珠子的云分布情况是等效的. 对实际分子, 更好的近似是认为由具有大致均一的横截面的圆柱体所组成, 其中构象为无规弯曲状. 云模型代表真实高分子链行为的准确性目前仅可以通过实验数据分析来判断.

关于部分穿透线团对黏度影响的解释与摩擦系数的相类似, 因此不必再作详细的讨论. 假设分子表现为刚性的, 其旋转的角速度为 $\omega = \gamma/2$. 靠近内部的溶剂具备附近链段的速度, ζ/η_0 越大, 被周边液体发生的分子穿流就越少. 由 ζ/η_0 增加而引起的对溶剂的干扰又由于经受溶剂反向流动的链段数的减少而得到补偿. 这种情况下, 由 Kirkwood-Riseman[8] 理论得到

$$[\eta] = \left(\frac{\pi}{6}\right)^{3/2} \frac{N_A}{100} X F(X) \frac{(\overline{r^2})^{3/2}}{M} \tag{14.21}$$

其中, $[\eta]$ 以通常的单位 dL/g 来表示.

$$X = \frac{(6\pi^3)^{-1/2} x\zeta}{\eta_0 (\overline{r^2})^{1/2}} \tag{14.22}$$

$F(X)$ 是 X 的函数, 其值已由 Kirkwood 和 Riseman 列成表. 这样, 特性黏数首先取决于体积除以分子量的比值 $(\overline{r^2})^{3/2}/M$. 其次, 取决于函数 $XF(X)$, 其中相同的变量也出现在关于摩擦系数 f_0 的式 (14.17) 的函数 ϕ 中. 当 X 足够大时, 也即当 $x\zeta/\eta_0$ 足够大时, $XF(X)$ 趋近其极限值 1.588. 采用前面的方式估算 $x\zeta/\eta_0$, 得到的结论是, 对于分子量超过约 10000 的

---

① 上述解释与 Kirkwood 和 Riseman 给出的结论明显不同, 他们预测式 (14.19) 的括号中第二项的贡献重要. 在处理特性黏数时, 他们的错误在于忽视了分子扩张因子 α, 导致珠子的摩擦系数 ζ 比我们采用的几乎小两个数量级. 因此他们为那一项假设了一个相对较大的数值.

聚合物,$XF(X)$应该达到或趋近其极限值.因此,与式(14.17)相类似,我们可以写出

$$[\eta] = \Phi \frac{(\overline{r^2})^{3/2}}{M} \tag{14.23}$$

其中

$$\Phi = 0.01588\left(\frac{\pi}{6}\right)^{3/2} N_A = 3.62 \times 10^{21} \tag{14.24①}$$

与摩擦系数理论中的参数 P 类似,除了要求高分子的空间形态具备无规线团的特征外,Φ 被看作是**与给定高分子链特征无关**的常数.

根据式(14.18),高分子应该具备一个半径与均方根末端距($\overline{r^2})^{1/2}$(或($\overline{s^2})^{1/2}$)**成比例的等效圆球**(比较式(14.15))的摩擦系数.类似地,根据式(14.23),其对黏度的贡献应该与体积正比于($\overline{r^2})^{3/2}$的等效圆球(比较式(14.16))相同.与式(14.17′)相类比,可以写成

$$[\eta] = \Phi' \frac{(\overline{s^2})^{3/2}}{M} \tag{14.23′}$$

此式除了适用于线形高分子,也近似适用于许多非线形高分子.这里 $\Phi' = 6^{3/2}\Phi$,这是因为对于无规线形链状高分子,$\overline{s^2} = \overline{r^2}/6$.

14.3 实验结果处理:非离子型聚合物的特性黏数[2]

根据上述解释,特性黏数是与溶液中高分子的有效体积和其分子量的比值成正比的.特别是(参见式(14.23))这一有效体积表示为与无规高分子链一维尺度(如均方根末端距)的立方成正比.为了得到影响特性黏数的基本因素,需要把($\overline{r^2})^{3/2}$分解为它的构成要素($\overline{r_0^2})^{3/2}$和α^2.这样,式(14.23)可以改写为

$$[\eta] = \Phi\left(\frac{\overline{r_0^2}}{M}\right)^{3/2} M^{1/2}\alpha^3 \tag{14.25}$$

对于一给定单元结构的线形高分子(参见第 10 章),$\overline{r_0^2}/M$ 与 M 无关,这样,上式可以写成

$$[\eta] = KM^{1/2}\alpha^3 \tag{14.26}$$

式中

$$K = \Phi\left(\frac{\overline{r_0^2}}{M}\right)^{3/2} \tag{14.27}$$

如果前面对高分子流体力学效应的分析是合理的,K 应该为一常数,与高分子分子量和溶剂性能都无关.然而,它可能随着温度有所变化,这是因为无扰分子尺寸$\overline{r_0^2}/M$ 可能随着温度而变化,$\overline{r_0^2}$随着自由内旋转受到的阻碍程度而改变,而通常这一效应是取决于温度的.式

---

① 如果粒子的形状不对称,正如 Kirkwood[9] 所指出的,推导式(14.21)的理论需要进行修正,纳入旋转扩散的贡献.而对于我们所假定的球状对称分子,旋转扩散当然就不需要考虑了.

(14.26)、式(14.27)和式(14.10)用于通常的特性黏数处理就足够了.

14.3.1 在 Θ 点的特性黏数以及 K 值的估算

通常情况下,特性黏数应该是取决于分子量的,这不仅是因为式(14.26)中的 $M^{1/2}$ 项,而且还因为 α^3 项也依赖于 M.这个由分子内相互作用所引起的对尺寸扩张的影响可以通过适当地选择溶剂和温度而消除.特别地,在理想溶剂或者说 Θ 溶剂中, $\alpha = 1$,式(14.26)化简为

$$[\eta]_\Theta = KM^{1/2} \tag{14.26$'$}$$

事实上,如果高分子对溶液黏度的贡献正比于其线性尺度的立方, Θ 溶剂中的特性黏数就应该正比于分子量的平方根.分子内相互作用对构象的影响通过溶剂介质的选择而消除,因而单独考察流体力学影响成为可能.

特性黏数通常在 Θ 点附近随温度变化迅速.因此,需要通过实验基本准确地确定这一温度,最好在一二摄氏度范围内.可以通过在劣溶剂中一定温度范围内的渗透压或光散射测定来推算 Θ 点. Θ 点可定义为第二维利系数为 0 的温度.另一个更为合适的方法是测定一系列涵盖较宽分子量范围的级分样品的临界共溶温度.将这些临界共溶温度外推到分子量无穷大时的温度即为 Θ 点,所用方法之前在第 13 章已作过介绍.(参见式(13.7)和图 13.3.)重要的是,在沉淀测定中发生的是液-液相分离,而不是结晶沉淀(参见第 13 章).如果黏度测定在比例适当的溶剂与非溶剂混合物中进行,所需的 Θ 点相对于三元体系(非溶剂-溶剂-无限分子量聚合物)的临界点(参见 397 页),在这一温度下,第二维利系数为 0,分子呈无扰的平均构象.这个温度也可以通过对一系列聚合物级分样品的沉淀数据进行外推来确定.[10,11]

四个聚合物-溶剂体系在各自的 Θ 温度下的特性黏数测定结果示于图 14.4.这四个体系和它们的 Θ 温度分别是:聚异丁烯-苯体系为 24 ℃,聚苯乙烯-环己烷体系为 34 ℃,聚二甲基硅氧烷-丁酮体系为 20 ℃,纤维素三辛酸酯- γ -苯丙醇为 48 ℃.每一体系中,聚合物级分取尽可能宽的分子量范围.通过 log-log 双对数作图且按理论斜率 1/2 来绘制直线.四种情况下,在实验误差范围内均是符合的.其中,聚异丁烯和聚苯乙烯的分子量涵盖了从几千到几百万的非常宽的范围.对于 $M = 10000$ 以下的组分,其符合在一定程度上是偶然的,因为这时的链还没有长到符合获得有效构象的统计要求.此外,在较低的分子量范围,所假设的有效流体力学体积与 $(\overline{r^2})^{3/2}$ 之间的比例关系逐渐变得不可信.根据 Kirkwood-Riseman 理论,当分子量低时,式(14.21)中的 $XF(X)$ 应该已降到其极限值以下, K 值在低 M 时的减小体现了这一点.尽管在低 M 时对理论存有疑虑,但是至少在上述两方面,实验结果表明,在分子量低到几千时, $[\eta]_\Theta$ 对 $M^{1/2}$ 的正比关系还是相当准确的.换句话说, K 保持为一常数,本质上与 M 无关.所假设的有效流体力学体积与一维尺度 $(\overline{r^2})^{1/2}$ 的立方之间的比例关系被证实在一定程度上超出了预期.

表 14.1 给出了不同溶剂中的 K 值.它们是通过测定在 Θ 条件下已知分子量的不同级分样品在指定的溶剂或溶剂混合物中的特性黏数得到的(参见式(14.26$'$)).当然, K 值相当于图 14.4 中所作直线的截距.根据式(14.27), K 值与 $(\overline{r_0^2}/M)^{3/2}$ 成正比.由于这个量仅取

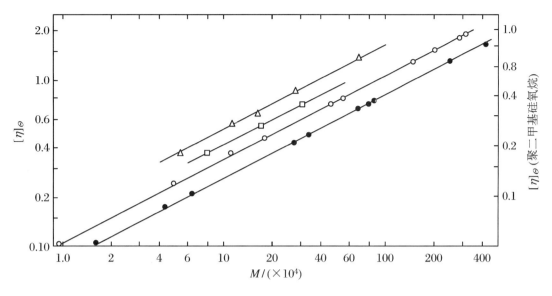

图 14.4 几种聚合物系列的 $[\eta]_\Theta$ 对 M 的双对数作图

聚异丁烯-苯体系,在 24 ℃,○;[12,13]聚苯乙烯-环己烷体系,在 34 ℃,●;[11,14,15]纤维素三辛酸酯-γ-苯丙醇体系,

在 48 ℃,□;[10]聚二甲基硅氧烷-丁酮体系,在 20 ℃,△(右边坐标范围).[16]所有的直线均按理论斜率 1/2 来绘制.

决于主链上键的尺寸和绕键内旋转的自由度,K 值至少在一级近似上应与溶剂无关.研究得最为广泛的聚苯乙烯似乎证实了这一结论.除了随着温度升高有个明显的降低,K 值几乎不与溶剂特性相关.然而,未作解释的、由其中两种混合溶剂测得的 K 值之间的小差异在某种程度上可能比主要由求 Θ 点的不确定性造成的实验误差还要稍微大一点.① K 值随温度变化的趋势可以合理地归结为 $\overline{r^2}/M$ 随 T 的变化.因此,这种对自由内旋转的阻碍效应,即总是使链呈现较自由内旋转更大的扩张构象的效应,似乎可以通过温度的增加来减小.聚苯乙烯在不同溶剂中测得的 K 值的相似性在更早期的工作中[17]已预先考虑到,结果显示,不同的非溶剂-溶剂混合物中靠近沉淀点的特性黏数几乎不受所用混合溶剂的影响.

表 14.1 在不同溶剂中测得的 K 值

聚合物	溶剂	Θ/K	$K/(\times 10^{-4})$ (当 $T=\Theta$ 时)
聚苯乙烯[11]	环己烷(0.869)-四氯化碳(0.131)	288	8.45
聚苯乙烯[11]	甲苯(0.476)-正庚烷(0.524)	303	8.6
聚苯乙烯[11]	丁酮(0.889)-甲醇(0.111)	303	8.05
聚苯乙烯[13,15]	环己烷	307	8.2

① 应该注意到,相同温度下在不同 Θ 溶剂中高分子链平均尺寸 $(\overline{r_0^2})^{1/2}$ 的小差异可以理解为溶剂对一个键相对于链中前一键的平均排布的特定影响.这意味着溶剂对绕主链价键自由内旋转的限制的一种效应.这种效应还不能确定.可以假设很小.

聚合物	溶剂	Θ/K	$K/(\times 10^{-4})$ (当 $T = \Theta$ 时)
聚苯乙烯[a]	甲基环己烷	343.5	7.6
聚苯乙烯[11,16]	乙基环己烷	343	7.5
聚异丁烯[12,13]	苯	297	10.7
聚异丁烯[12]	苯乙醚	359	9.1($\pm$0.5)
聚异丁烯[12]	苯甲醚	378.5	9.1($\pm$0.5)
聚二甲基硅氧烷[16]	丁酮	293	8.1
聚二甲基硅氧烷[16]	苯乙醚	356	7.9

a　E. T. Dumitru 和 L. H. Cragg,私人通信.

对于聚异丁烯,结果显示 K 值随温度升高的减小值虽然不大但是是可观的. 对于聚硅氧烷,尽管在两种不同的 Θ 溶剂中 Θ 温度有 63 ℃ 的温差,但 K 值在实验误差范围内是一致的.

在很宽的分子量范围内,Θ 点测得的特性黏数与 $M^{1/2}$ 的正比关系为前面章节中解释特性黏数正比于一维尺度(如 $\sqrt{\overline{r^2}}$)这一基本前提提供了坚定的支持. 当然,这一结论是基于 Θ 点时 $\overline{r^2} = \overline{r_0^2} \sim M$ 的前提建立的,这一前提也是通常考虑时似乎是必然的一个条件(参见 14.1 节). 此外,正如理论将预测的,$(\overline{r^2})^{3/2}/M$ 与 $[\eta]$ 之间的比例因子(即 Φ)与溶剂无关. 我们还需要考察对于不同类型聚合物测得的这一因子数值.

14.3.2　通用参数 Φ,线形高分子的无扰尺寸

如果 $\overline{r^2}$ 是根据聚合物级分样品的稀溶液光散射非对称性测定来得到的,结果按照要求外推到无限稀释时(参见第 7 章),另外特性黏数是**在同一温度下同一种溶剂中**测得的,并假设分子量也是已知的,则采用式(14.23)就可以计算出 Φ. 以这种方式得到的数据汇总于表 14.2 中. 由于 $(\overline{r^2})^{1/2}$ 的测定的最好准确度为 $\pm 5\%$,这个量再立方后,Φ 的测定的不准确性就是不可避免的了. 尽管如此,在几个实验室中针对不同体系得到的 Φ 值却惊人的一致,有力地支持了不同体系的 Φ 值相同的观点,当然前提是假设高分子符合无规线团的构象. 目前 Φ 的最佳值为 $(2.1 \pm 0.2) \times 10^{21}$,其中,$r$ 用 cm 来表示,M 用分子量的单位,$[\eta]$ 的单位是 dL/g.

表 14.2　得到 φ 值的数据结果汇总

聚合物	级分数	$M/(\times 10^5)$ (或范围)	$\Phi/(\times 10^{21})$ (以及平均偏差)
聚苯乙烯—丁酮[18]	9	2.3~17.6	2.30(±0.25)
聚苯乙烯—二氯乙烷[18]	5	5.2~17.8	1.95(±0.20)
聚苯乙烯—甲苯[18]	2	16.2	2.6
聚苯乙烯—苯[7]	1	10	2.0
聚甲基丙烯酸甲酯—丙酮[19]	4	7.5~14	2.2
聚甲基丙烯酸甲酯—丁酮[19]	4	7.5~14	2.0
聚甲基丙烯酸甲酯—氯仿[19]	4	7.5~14	2.2
聚异丁烯—环己烷[20]	2	5.1~7.2	2.2
聚异丁烯—正辛酸乙酯[20]	1	6.6	2.6
聚丙烯酸—二氧六环[20]	4	8.4~14	2.2

采用上述方法测定 Φ 值,重要的是使用经仔细分级的样品.如果样品涵盖了相当大范围分子量的组分,所需测定的式(14.23)中的 $(\overline{r^2})^{3/2}$ 和 M 的平均值属性就显得很重要了.很容易证明[20],具有一定分子量分布的 $(\overline{r^2})^{3/2}$ 数均值在这个方程式中应该与 $\overline{M}_n$ 相关联使用.如果样品是明显不均一的,通过光散射不对称性方法测得的 $\overline{r^2}$ 的 z-均值将使得 $(\overline{r^2})^{3/2}$ 超出所需的 $(\overline{r^2})^{3/2}$ 数均值.这样引入的误差只能通过用 $\overline{M}_w$ 来替代式(14.23)中的 $\overline{M}_n$ 而得到部分补偿.根据对由表 14.2 数据对应级分的残余不均一性所引起的误差量级的粗略估算[20],可以得到结论:Φ 的真实值大约比上述平均值大 15%~20%.后者应用于按照类似的传统方法准备的其他级分样品是合适的,实际的数值可能是约 2.5×10^{21},单位同上.这比 Kirkwood-Riseman 理论由式(10.24)所得到的理论值 3.6×10^{21} 稍微小一点.差异的原因不太清楚.与摩擦系数相关的参数 P 的理论值与实验值的高度一致性(参见 453、454 页),使得用它来表示流体力学理论的不准确性的可能性大大减小.

如果 Φ 的通用恒定性得到承认,仅通过特性黏数和分子量就可以计算溶液中高分子的平均尺寸.更重要的是,可以由 K 值计算高分子的无扰尺寸.这样,利用式(10.27),就可以得到反映一个给定同系列高分子链特征的量 $\overline{r_0^2}/M$,给定同系列含有特定的单元(或特定组成共聚物中的单元).如上所述,这一比值取决于键长和键角以及内旋转受阻程度,它也取决于每个链键的分子量 M_0.(例如,参见式(10.24),对于完全由长度为 l 的相同键所组成的单链.就目前的目的而言,链中键数设为 M/M_0,按照目前的标记法,式(10.24)中的 $\overline{r^2}$ 就应该用 $\overline{r_0^2}$ 来替代.)采用上面给出的 Φ 值所得到的计算结果列在表 14.3 中的第四列.这一列中,$(\overline{r_0^2})^{1/2}$ 是对应于分子量为 10^6 的数值,以 Å 作单位.其中的绝对误差是由于 Φ 值有不确定性.如果 Φ 值的恒定性超出实验测定的不确定性(这有可能是正确的),所给出的 $(\overline{r_0^2}/M)^{1/2}$ 除了绝对准确性外,其相对值则是有意义的.

表 14.3　由 K 值计算的无扰末端距

聚合物	温度/℃	$K/(\times 10^{-4})$	$(\overline{r_0^2}/M)^{1/2}/(\times 10^{-11})$ （根据 K 值计算）	$(\overline{r_{0f}^2}/M)^{1/2}/(\times 10^{-11})$	$(\overline{r_0^2}/\overline{r_{0f}^2})^{1/2}$
聚异丁烯[12]	24	10.6	795	412[a]	1.93
聚异丁烯[12]	95	9.1	757	412	1.84
聚苯乙烯[11,14]	约25	8.3	735	302[a]	2.44
聚苯乙烯[11,14]	70	7.5	710	302	2.35
聚甲基丙烯酸甲酯[20]	30	6.5	680	310[a]	2.20
聚丙烯酸[20]	30	7.6	710	363[a]	1.96
天然橡胶[21]	0~60	11.9	830	485[b]	1.71
古塔波胶[21]	60	23.2	1030	703[b]	1.46
聚二甲基硅氧烷[16]	20	8.1	730	456[c]	1.60
三丁酸纤维素[22]	30		2000[d]	408[b]	4.9
三丁酸纤维素[22]	90	12.7	845	408	2.07
三丁酸纤维素[10]	130	8.2	730	408	1.80
三辛酸纤维素[22]	48	12.9	850	366	2.3
三辛酸纤维素[22]	140	11.3	810	366	2.2

a　取 $l=1.54\,\text{Å}$、$\theta=109.5°$ 得到的计算值.

b　由适当的键长和键角得到的计算值.

c　取 $l=1.65\,\text{Å}$、$\theta_1=110°$、$\theta_2=130°$，由式(10.25)得到的计算值.

d　分子量为 220000 的级分由光散射不对称性得到的数值[22].

　　为了比对，表 14.3 中还列出了在绕每个单键自由内旋转的假设下所计算的 $(\overline{r_0^2}/M)^{1/2}$（参见第 10 章）.这里赋予键长和键角适当的数值.由 K 值计算的平均线性尺度与自由内旋转假设条件下的平均线性尺度之比列在最后一列.实测的末端距在不受远程相互作用影响的情况下总是比内旋转完全不受限制时要大.某种形式的空间效应可能有相应的作用.优先排除相继键可能呈现的更为紧缩的排列，因为这样的排列往往用空间不可能的方式叠加相邻的取代基.甚至在聚亚甲基链中，由于亚甲基间的排斥作用（参见第 10 章，297 页），**反式**的（伸展的）排列在能量上优于通过旋转 ±120° 获得的**左右式**构象.在含有更多取代基的链中，空间相互作用将加倍，但是并不总是以这种方式来使完全伸直链形式最为稳定.例如，在聚异丁烯链中，一对甲基取代基位于交替的碳原子上，在所有构象中 1,4 对碳原子上的氢之间的排斥作用很严重，在完全伸直的平面锯齿形构象中也是如此（参见第 6 章）.因此相继的单元序列采取一种折中的排列方式，既不完全伸展也不紧密蜷曲.

　　与这一解释相一致的是，伸直单元，如古塔波胶中异戊二烯的**反式**单元使链的无扰长度与假设链中所有单键均能自由内旋转时的尺寸更为接近.大致来说,我们可以认为与宽度相比,这一单元是长的,这是由于双键的存在以及大取代基的缺乏.因此,蜷曲的构象所受到的相邻单元间空间相互作用的束缚较少.类似地,在聚二甲基硅氧烷链中,较长的 Si—O 键(Si—C 键也是)和氧原子上较大的键角极大地减小了甲基间的空间相互作用,因此,与结构类似的聚异丁烯相比,其主链更接近于自由内旋转时的尺寸.

也考虑过温度对减小 $(\overline{r_0^2}/M)^{1/2}$ 的效应.大多数情况下,它随温度的变化很小;对于聚二甲基硅氧烷,这种变化看上去是可以忽略不计的(参见表 14.1).在这方面,在表 14.3 所列的聚合物中,三丁酸纤维素是异常的.高温下,$(\overline{r_0^2}/\overline{r_{0f}^2})^{1/2}$ 值基本正常,[1]采用不同分子量的级分所得到的 K 值的一致性表明服从上文提出的黏度关系式.[10]然而,在无热溶剂(比如三丁酸甘油酯)时,当温度降低时,特性黏数迅速增加,分子量为 220000 的级分在 130 ℃ 和 0 ℃ 之间特性黏数增加了 3 倍以上.[10]分子尺寸随温度的变化通过表 14.3 中的 $(\overline{r_0^2}/M)^{1/2}$ 值来反映.这样,在 30 ℃,分子量为 220000 级分的 $(\overline{r_0^2})^{1/2}$ 超过了链最大伸长的 1/2.这样的分子不再能表示为链段的球状对称分布了,更不能是无规线团,因此前面对黏度的处理也就不再成立了.特别是摩擦阻力比具有相同末端距的无规线团明显要小,因此,Φ(以及 K)的表观值也应相应地小一些.Newman[22]的光散射不对称实验结果表明,$[\eta]M/(\overline{r^2})^{3/2}$ 确实小于测得的无规线团状高分子的 Φ 值(参见式(14.23)).

其他纤维素衍生物,比如硝酸纤维素和乙酸纤维素,还给出了反常的低柔性的实例.[23]例如,三硝酸纤维素链在分子量低于约 100000(聚合度小于 300)时,尺寸超过了链最大伸长的 1/2.较长链中适当地增加链弯曲的机会,分子便趋于呈现无规线团的特征,当分子量超过 400000 时,$[\eta]M/(\overline{r^2})^{3/2}$ 值逐渐接近正常值 $\Phi \approx 2 \times 10^{21}$,以此作为上限值.[22,23]

实际上,纤维素的伸展形式在能量上明显低于其他形式.为了说明所需量级的能量,有必要假设在相继单元(包括它们的取代基)间有某种特定的相互作用.呈伸展构象的择优排列中,这些相互作用可以固定单元间的醚键 $C \overset{O}{\diagup \diagdown} C$.另一方面,在三辛酸纤维素酯中,温度系数小,$(\overline{r_0^2}/M)^{1/2}$ 取一"正常"数值(参见表 14.3),较大的取代基显然抑制了可引起伸展构象的相互作用.

14.3.3 分子扩张因子 α 和特性黏数对分子量的依赖关系

通过采用已知分子量的级分样品在 Θ 溶剂中特性黏数的测定,已经确定了 K 值,且结果显示,K 值虽然在某种程度上与温度相关,但通常是不依赖于溶剂的,我们现在可以根据良溶剂中测得的特性黏数来推算体积扩张因子 α^3.可以利用式(14.26)来推算.实际上,我们是按照 $\alpha^3 = [\eta]/[\eta]_\Theta$ 来推算的,其中 $[\eta]$ 是在给定溶剂中的特性黏数,$[\eta]_\Theta$ 是相同温度下同一聚合物级分在理想溶剂中的特性黏数(直接测定或由 K 值来计算).以这种方式得

---

① 丁酸取代基比列出来的其他聚合物中的基团要大,但是按比例来看,并不比纤维素的结构单元来的大.模型显示,围绕着纤维素环的三个丁酸单元并没有聚苯乙烯中苯基的障碍大.

到的 α^3 值列在表 14.4 中,包含若干个聚异丁烯级分-环己烷体系和聚苯乙烯级分-苯体系的结果.分子内扩张因子 α^3 明显地随分子量增加而增加.由此得到一个重要的结论,即分子内相互作用可以随分子量增加而无限度地改变分子尺寸,与本章开始所给出的理论是相符的.

表 14.4 α^3 与分子量的关系

$M/(\times 10^3)$	$[\eta]$	$\alpha^3 = [\eta]/[\eta]_\Theta$	$(\alpha^5 - \alpha^3)/M^{1/2}/(\times 10^{-2})$
30℃,聚异丁烯-环己烷体系[12,13]			
9.5	0.145	1.39	3.5
50.2	0.47	1.96	4.9
558	2.48	3.10	4.7
2720	7.9	4.46	4.6
20℃,聚苯乙烯-苯体系[15]			
44.5	0.268	1.55	2.5
65.5	0.356	1.70	2.9
262	1.07	2.54	4.3
694	2.07	3.03	4.0
2550	5.54	4.22	4.3
6270	11.75	5.73	5.0

根据式(14.10),列在表 14.4 中最后一列的 $(\alpha^5 - \alpha^3)/M^{1/2}$ 本应不依赖于分子量.但是涵盖较宽范围的变化是显然的.这些结果和类似结果示于图 14.5.[13] 低分子量时,对恒定值的偏离不予考虑,其原因是这样的分子包含的链段太少,以至于不能合理地采用在推导式(14.10)时所假设的云分布.在较高分子量时的变化看上去是真实的,表明式(14.10)中的函数 $\alpha^5 - \alpha^3$ 仅是大致正确的.为了证明这一关系式的正确,应该指出的是,图 14.5 中所用的对数范围包括了异常大的分子量范围.在通常感兴趣的分子量范围($5 \times 10^4 \sim 10^6$)内,式(14.10)给出了很有用的近似.事实上,特性黏数可以通过式(14.26)和式(14.10)在很宽的分子量范围和温度范围内相当准确地计算出来.[12,24]

对于线形聚合物,特性黏数通常可以近似地用下面的经验关系式来表示(参见第 7 章):

$$[\eta] = K'M^a \tag{14.28}$$

这并不与目前的解释不符,其原因是式(14.10)中所建立的 α 对 M 的依赖关系在相当宽的 M 范围内可以表示为幂律关系 $\alpha^3 \sim M^{a'}$.式(14.28)中的指数 $a = 1/2 + a'$.溶剂越良,式(14.10)中的右边项就越大,所需的指数 a' 也就越大.如果式(14.10)中的右边项足够大,与 α^5 相比,α^3 可忽略不计,这样就有 $\alpha \sim M^{1/10}$.于是,$a' = 0.30$,$a = 0.8$.按照无规线团状线形聚合物理论,这是上面的经验关系式中指数 a 的上限.在 Θ 点,$\alpha = 1$,$a' = 0$,$a = 0.5$.这是一个虚拟的下限,因为相当劣的溶剂(比如在相当低的温度下)将不能再溶解聚合物了.实验测得的特性黏数与经验方程式中的指数 a 对溶剂依赖性的预测符合良好.[12]

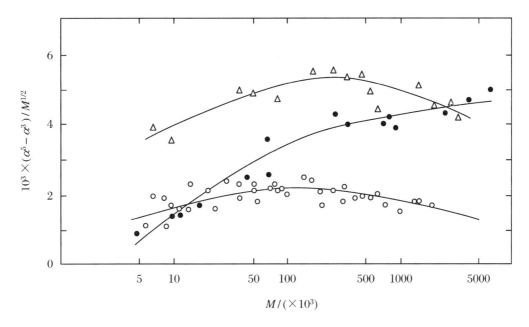

图 14.5　几种聚合物-溶剂体系的 $(\alpha^5 - \alpha^3)/M^{1/2}$ 对 $\log M$ 的作图

聚异丁烯-环己烷体系，△；聚苯乙烯-苯体系，●；聚异丁烯-二异丁烯体系，○.

14.3.4　特性黏数-温度依赖关系以及热力学参数

温度变化可以通过改变 K 和 α^3 来影响特性黏数.除了纤维素衍生物的平均构象随温度显示异常快速的变化外,式(14.26)中后面这些因素的变化可能是主要的.在极良溶剂中,稀释热(κ_1)是负的,且 ψ_1 是常规的(即正值),Θ 将是负的,根据式(14.10),α 应该是随着温度增加而减小的.在无热溶剂中($\kappa_1 = 0, \Theta = 0$),α 应该与温度无关,而在劣溶剂中($\Theta > 0$),α 应该随着温度增加而增加.很明显,根据式(14.10)这种增加在 $T = \Theta$ 附近应该最为迅速.在远离 Θ 的温度下,α 的温度系数相对较小.最终,分子量越大,α 随温度的变化应该越显著.这些根据式(14.10)的推断通过大量的特性黏数的温度系数测定而得到很好的证实.[12] 图14.6是高分子量的聚异丁烯级分在几种溶剂中的特性黏数对温度的作图.在劣溶剂苯和甲苯中,特性黏数增加迅速,但是当温度远高于 Θ 温度时(分别是 24 ℃ 和 -13 ℃),增速变缓.环己烷中,在所研究的温度范围内,特性黏数几乎不依赖于 T.较小的正值 Θ 温度(和 κ_1)的影响被 K 值随温度的减小而几乎完全补偿.二异丁烯显然是比环己烷劣的溶剂,但是它的温度系数表明其 Θ 温度(和 κ_1)较低.显然,溶剂性能不完全由相互作用能所决定,熵参数 ψ_1 也是重要的变量(参见下文).

为了分开对影响特性黏数温度系数的因素进行定量的讨论[2],通过在 Θ 溶剂中的测定(其 Θ 温度涵盖感兴趣的温度范围),K 首先被确定为温度的函数.扩张因子 α^3 可以通过给定溶剂在温度 T 下的特性黏数的测定来得到.如果式(14.10)中的 C_M 不依赖于温度,$(\alpha^5 - \alpha^3)/M^{1/2}$ 对 $1/T$ 的作图应呈线性关系.然而,按照式(14.7)的定义,C_M 与 $(\overline{r_0^2}/M)^{-3/2}$ 成正比,因此随着温度而变化的趋势与 K 值的变化相反.为了避开这种复杂性,仅需要以 $(K_T/K_0)(\alpha^5 - \alpha^3)/M^{1/2}$ 对 $1/T$ 作图,其中 K_T 是温度 T 时的 K 值,而 K_0 是某

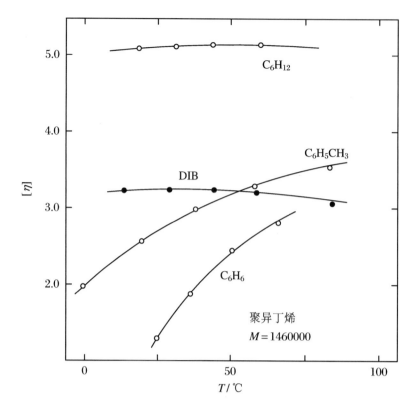

图 14.6　在四种溶剂中,高分子量聚异丁烯级分的特性黏数对温度的作图

四种溶剂分别为环己烷、二异丁烯(DIB)、甲苯和苯.曲线是根据理论计算得到的.(Fox 和 Flory[12])

一个参考温度下的 K 值.[12]图 14.7 就是聚异丁烯在几种溶剂中的这种图线.由斜率得到 $2C_{M,0}\psi_1\Theta$,其中 $C_{M,0}$ 表示参考温度下的 C_M(图 14.7 中为 0 ℃).横坐标上的截距位于 $T = \Theta$.依照这样的特性黏数对温度依赖性的测定方法,得到溶剂-聚合物体系的 $C_M\psi_1$ 和 Θ 温度.图 14.7 中的结果显示,在苯中的几个聚异丁烯级分落在同一条直线上,足以表明在涵盖 10 倍的分子量范围内 $(\alpha^5 - \alpha^3)/M^{1/2}$ 函数是适用的.

现在,如果根据式(14.7)来计算 C_M,由前文的分析结果可以得到几种溶剂中的稀释熵参数 ψ_1.同时,根据得到的 Θ 温度,稀释热参数 $\kappa_1 = \Theta\psi_1/T$ 也就可以计算出来了.扼要重述,α^3 的值结合 $M^{1/2}$,立即得到 $C_M\psi_1(1-\Theta/T)$.假定式(14.7)给出的 C_M 值是正确的,这样就可以估算总的热力学相互作用 $\psi_1(1-\Theta/T)$,其值等于 $\psi_1 - \kappa_1$.在温度系数已知的情况下,这个量就可以分解为它的熵和能量成分.

按照上述方法推算的聚异丁烯[12]和聚苯乙烯[15,24]的热力学参数列入表 14.5 中.我们回想一下,采用明确的方法(即渗透压或光散射测定(参见第 12 章))对稀溶液进行传统的热力学测定,要获得这些基本参数是有一定困难的.黏度法测得的结果如果有可能与后者相比[25]似乎要小约 1/2.应该记住,表 14.5 中所给数值的意义是建立在假设理论计算的 C_M 值是正确的前提下.虽然给出的理论**形式**被所提及的不同实验很好地证实,但是并不能就断定参数 C_M 值的绝对量级是真实可信的.如果导出式(14.10)的假设使得 C_M 值失真,那么

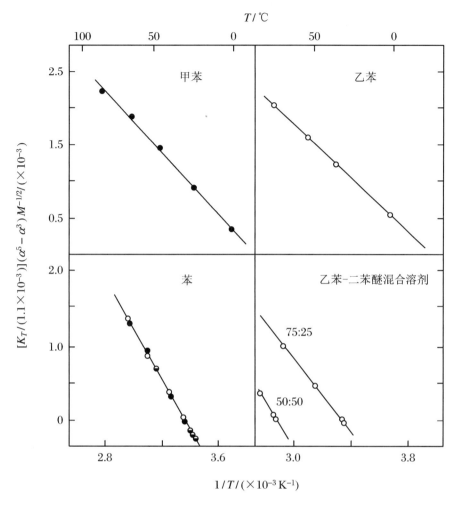

**图 14.7　根据聚异丁烯级分在三种纯溶剂和乙苯-二苯醚混合溶剂中的特性黏数进行
扩张因子-温度的数据处理**

级分的分子量分别为 1.88×10^6、1.46×10^6 和 0.180×10^6，分别用 ○、● 和 ◒ 来表示.(Fox 和 Flory[12])

相对意义仅应该归因于黏度法得到的热力学参数.在这种限制下,黏度法提供了一种相当简
单的、评估聚合物与溶剂之间热力学相互作用的方法.

表 14.5　由特性黏数及其温度系数计算的热力学参数

溶剂	Θ/K	ψ_1	25 ℃ 的 κ_1
聚异丁烯[12]			
苯	297	0.15	0.15
甲苯	261	0.14	0.12
乙苯	251	0.14	0.117
环己烷	126	0.14	0.059

溶剂	Θ/K	ψ_1	25℃的 κ_1
聚异丁烯[12]			
二异丁烯	84	0.056	0.016
正十六烷	175	0.094	0.055
正庚烷	0	0.035	0
2,2,3-三甲基丁烷	0	0.047	0
聚苯乙烯[16,24]			
环己烷	307	0.13	0.134
苯	100	0.09	0.03
甲苯	160	0.11	0.06
二氧六环	198	0.10	0.07
乙酸乙酯	222	0.03	0.02
丁酮	0	0.006	0
2-庚酮	210	0.05	0.04

我们将看到,体系不同,稀释熵(用 ψ_1 表示)的差异很大.这与基于格子排列的考虑而建立的理论是相违背的,按照这一理论,ψ_1 值应该近似为 1/2,且几乎与体系无关.对于聚苯乙烯-丁酮体系,稀释熵近似为零,也就是说,丁酮是劣溶剂,并不是因为不利的相互作用能,而是因为低熵.[15] 显然,正如第 12 章所强调的,最邻近的相互作用既对能量有贡献又对熵有贡献.我们将注意到,从熵的观点来看,环状溶剂几乎无一例外地比无环溶剂更为有利.

14.4 实验结果处理:摩擦系数

根据本章开头提出的理论,得到高分子在无限稀释时的摩擦系数 f_0 应该与它的一维尺度成正比的结论.这一结果反映在式(14.18)中,P 被看成通用参数,类似于处理黏度时的 Φ,使我们想起适用于球体的 Stokes(斯托克斯)定律.与描述特性黏数式(14.26)和式(14.27)的表示方式相类似,改写这一方程式为

$$\frac{f_0}{\eta_0} = K_f M^{1/2} \alpha \tag{14.29}$$

式中

$$K_f = P \left(\frac{\overline{r_0^2}}{M} \right)^{1/2} \tag{14.30}$$

式(14.29)、式(14.30)和式(14.10)可以用来解释摩擦系数,其方式与用在特性黏数上的完全类似.这样,为了得到 K_f 等的值,就可以测定 Θ 溶剂中的 f_0(根据沉降实验或扩散实验,

外推到无限稀释时).不用这一步骤,我们还可以将测得的摩擦系数与特性黏数相比较,好处是已建有黏度的关系式.从式(14.18)和式(14.23)中消去 $\overline{r^2}$,得到[26]

$$\frac{f_0}{\eta_0} = P\Phi^{-1/3}(M[\eta])^{1/3} \tag{14.31}$$

实际上,此式仅意味着平移的有效流体力学半径(也就是指摩擦系数)**正比于**剪切情况下有效流体力学体积的立方根,后一项与 $M[\eta]$ 成正比关系,而并不意味着有效球体具有相同的尺寸.[①]基于特性黏数的观察,对式(14.31)的认可需要对摩擦系数处理的拓展进行证实,特别是证明基本的关系式(14.18)是合理的.

在无限稀释时的沉降系数 s_0(参见式(7.40))可写为

$$s_0 = \frac{M(1 - \overline{v}\rho)}{N_A f_0} \tag{14.32}$$

其中 $\overline{v}$ 是聚合物的偏微比容,ρ 是溶剂的密度.根据式(14.31),有

$$s_0 [\eta]^{1/3} M^{-2/3} = \frac{\Phi^{1/3} P^{-1}(1 - \overline{v}\rho)}{\eta_0 N_A} \tag{14.33}$$

因此,上式左边对于仅链长不同的一系列聚合物级分样品求的量应该与 M 无关.表 14.6 中列入了涵盖非常宽分子量范围的聚甲基丙烯酸甲酯[27]和聚异丁烯[28]不同级分样品的结果,在实验误差范围内符合这一预测.同样,几种其他体系的不太多的沉降实验结果也证实了上述预测.[26]引入 $\overline{v}$、ρ 和 η_0 的数值,根据式(14.33)由 $s_0 [\eta]^{1/3} M^{-2/3}$ 的平均值便可以计算 $\Phi^{1/3} P^{-1}$ 的值.表 14.7 中汇总了几种聚合物-溶剂体系的数据.对包括合成多肽和纤维素衍生物在内的不同种类聚合物,数据的一致性使得我们很难对由简单理论所得到的必要合理性持怀疑态度.取 2.5×10^6 作为 $\Phi^{1/3} P^{-1}$ 的最佳值,且 Φ 取值为 2.1×10^{21},则 P 的实验值为 5.1,与 Kirkwood 和 Riseman 理论计算的数值(参见式(14.20))很好地符合.

表 14.6　两种聚合物级分的沉降系数

$M/(\times10^4)$	$[\eta]_{20℃}$	$(s_0)_{20℃}/(\times10^{-13}\,s)$	$s_0[\eta]^{1/3}M^{-2/3}/(\times10^{-17})$
聚甲基丙烯酸甲酯-丙酮体系[27]a			
744	5.95	107	50.5
321	3.19	69	46.3
142	1.85	48.5	46.7
61.1	0.90	36.5	48.8
30.6	0.62	25.2	47.4

---

① 对同样半径为 $\mathscr{R}_e$ 的硬球而言,如果在平移和剪切时的分子摩擦效应是等效的,我们可以通过式(14.15)和式(14.16)消去 $\mathscr{R}_e$,得

$$\frac{f_0}{\eta_0} = 0.474\times10^{-6}(M[\eta])^{1/3}$$

即 $\Phi^{1/3} P^{-1} = 2.11\times10^6$,比测定值稍小(参见下文).显然,相同的等效圆球不能同时应用于 f_0 和 $[\eta]$,但是这样的巧合不需要通过这里的处理来解决.

续表

$M/(\times 10^4)$	$[\eta]_{20℃}$	$(s_0)_{20℃}/(\times 10^{-13}\,s)$	$s_0[\eta]^{1/3}M^{-2/3}/(\times 10^{-17})$
聚甲基丙烯酸甲酯-丙酮体系[27]a			
14.8	0.348	18.8	47.0
7.72	0.188	14.1	44.3
聚异丁烯-环己烷体系[28]			
142	4.89	4.45 ± 0.20	6.0 ± 0.3
67.2	2.87	3.33 ± 0.11	6.2 ± 0.2
17.2	1.12	1.94 ± 0.04	6.5 ± 0.2
8.67	0.706	1.49 ± 0.02	6.8 ± 0.1
3.09	0.342	0.925 ± 0.01	6.6 ± 0.2

a 表 14.6 和表 14.7 中聚甲基丙烯酸甲酯的数据为 Meyerhoff 和 Schulz[27a] 测定的结果, Fox 和 Mandelkern[27b] 给出解释.

表 14.7 几种聚合物-溶剂体系的 $\varphi^{1/3}P^{-1}$ 值[26—28]

聚合物	溶剂	$\varphi^{1/3}P^{-1}/(\times 10^6)$
聚苯乙烯	丁酮	2.6
聚苯乙烯	甲苯	2.3
醋酸纤维素	丙酮	2.7
聚肌氨酸	水	2.3
聚异丁烯	环己烷	2.5
聚甲基丙烯酸甲酯	丙酮	2.6
平均值		2.5 ± 0.1

我们简要地检查一下对柔性高分子链摩擦系数处理所得到的一些较为重要的结论. 很显然, 由式(14.29)和之前根据式(14.10)讨论的 α 随 M 的变化, Θ 溶剂中摩擦系数 f_0 随 M 变化的指数应为 1/2, 且在良溶剂中这一指数略大于 1/2. 假设初始的式(14.18)适用, 则指数无论如何都不会大于 0.6. 假设 a 是特性黏数经验方程式(14.28)中的指数, 则有

$$f_0 \sim M^{1/2+a''} \tag{14.34}$$

通过比较式(14.29)与式(14.26)便可容易地观察到, 式中 $a'' = (a-1/2)/3$. 沉降系数(式(14.32))随 M 变化的指数通常小于 1/2, 即

$$s_0 \sim M^{1/2-a''} \tag{14.35}$$

实验结果与这一关系式相符合,[27,28] 但是沉降系数的不准确使得无法精确地估算这个经验指数. 类似地, 无限稀释时的扩散系数为

$$D_0 = \frac{kT}{f_0} \tag{14.36}$$

应与 $M^{0.5} \sim M^{0.6}$ 成反比.

柔性高分子稀溶液的扩散和沉降测定可以用来确定分子尺寸 $(\overline{r^2})^{1/2}$ 和扩张因子 α. 然而, 单独由黏度测定就可以以较高的精确度且较为轻松地获取同样的信息. 而对于在像蛋白质中比较常见的各向异性粒子, 沉降速度测定与特性黏数测定结合起来, 就可以得到有效粒子尺寸和形状等重要信息.[29]

14.5　线形聚电解质

14.5.1　一般特征[30]

通过在高分子链上引入离子取代基, 该物质综合了电解质和聚合物的性质. 它们的溶液显示较大的电导率, 热力学测试进一步提供了离子解离的证据. 稀溶液中聚电解质分子的构象由于带电基团间的静电排斥力而被极大地扩张, 这种对构象的影响也体现在非常大的特性黏数上. Fuoss 及合作者[30] 对聚(4-乙烯吡啶)与丁基溴形成的季铵盐阳离子型聚电解质进行了广泛的研究. 这一产物

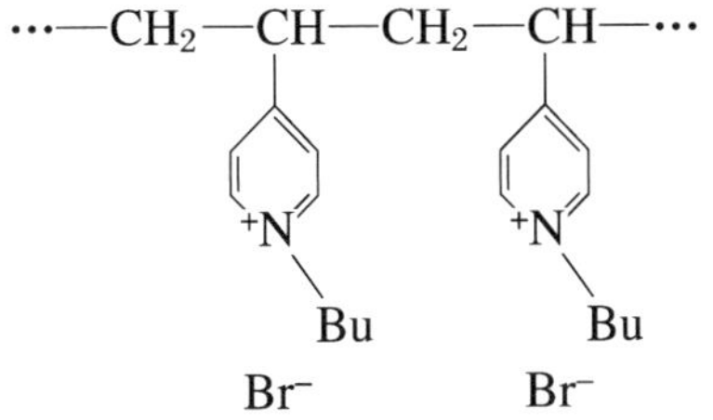

$$\cdots—CH_2—CH—CH_2—CH—\cdots$$

类似于带一个取代基且每一个芳香环的**对位**位置带一个正电荷的聚苯乙烯. 它是一种强电解质, 季铵离子仅通过静电力吸引溴离子. 单体类似物溴化丁基吡啶在高介电常数的介质中完全解离. 聚丙烯酸钠

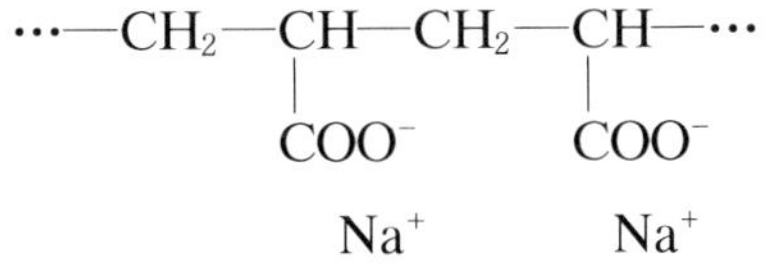

$$\cdots—CH_2—CH—CH_2—CH—\cdots$$

则是一种阴离子型聚电解质的例子.

　　无限稀溶液中的聚电解质分子可以看成第 8 章中所讨论的交联的立体网络结构的聚电解质凝胶的微观类似物. 因此, 溶液中单独的聚电解质分子与溶胀的聚电解质之间的关系类似于溶液中不带电荷的高分子与溶胀的有相似化学组成的宏观交联网状结构之间的关系. 后一个类比在本章开头曾经提及. 为了给出定性的解释, 我们也可以用一个假想的弹性膜来替代单元连接在一起的高分子链的受限影响. 高分子链单元将受限在这个膜内, 至少部分单元可以带上电荷.

　　为了明确起见, 我们可以考虑一种阳离子型聚电解质, 这样链单元将带上正电荷. 与链单元相结合的反离子, 即属于聚电解质的可迁移离子, 可以透过假想的膜进入外部的溶液,

但是这样就在高分子区域留下了剩余的**净**正电荷.由于这种净电荷的存在,分子内的势能相对于周边有所增加,阴离子的进一步迁移将受到抑制.最终达到一平衡状态,势能恰好足以维持分子内外区域(即假想的膜两侧)离子浓度的差异.①我们暂且假设中性条件可以应用到溶液中单个分子,即分子内正电荷过剩的量相比于总的(固定)电荷可忽略不计,这样问题就归结为假想膜两侧的唐南平衡.根据在聚电解质凝胶中的发现,聚电解质中迁移性反离子对膜施加的渗透压也许是非常大的.②如果大量链单元电离的话,高分子因此将充分扩张.向溶液中添加盐可以使分子内外的离子浓度达到均衡,因此将减小渗透扩张的力.

补充说一句,我们通常习惯性地把这种扩张归结为高分子链上净电荷(正电荷)间的静电排斥力,这是由于反离子迁移到了外部溶液.[30]可以发现,由于分子内迁移性离子的过量而产生的渗透力必须与当分子与周边达到平衡时的静电排斥力相等.因此,原则上讲,每一个观点都是令人满意的.当然两者相互关联.如果没有迁移性反离子,分子中就不会产生净电荷;如果分子上没有电荷,也就没有过量的迁移性离子保留下来而施加渗透压.

对于立体网状结构的聚电解质凝胶之类的宏观体系,化学计量的中性条件总是成立的,把它应用到无限稀溶液中的聚电解质分子而受到质疑是有理由的.在具有宏观尺度的聚电解质凝胶中,极小的过剩电荷被视为发生在表面层(凝胶是导电的),这与表面电势变化迅速的假设是一致的.然而这种变化从来不是真正的迅速的,因为必须通过一个延伸到一定深度的层来发生,此深度为 Debye-Huckel 离子氛的厚度 $1/\kappa$ 的量级,这里的 κ(不要与 κ_1 相混淆)随着周边溶液中离子强度的平方根而增加.在层内则缺乏反离子(如对于阳离子型聚电解质,反离子就是阴离子).与一般的立体网状结构凝胶的尺寸相比,$1/\kappa$ 总是非常小的,表面层中对电中性的偏离并不能明显改变整体凝胶中的离子浓度.然而,对于聚电解质分子,这一条件并不总是成立.例如,在含有电解质的水中,离子强度若达到 10^{-4} mol,$1/\kappa \approx 300$ Å,占了高分子"尺寸"(即 $\sqrt{r^2}$)相当大的部分,甚至在高分子发生较大程度的扩张时也是如此.在这个表面层内,相当大比例的迁移性离子已经迁移到外部溶液.因此,通常当把分子作为整体考虑时,只有在 $1/\kappa$ 小于 $\sqrt{r^2}$ 时,化学计量的中性条件才是成立的.当聚合物浓度非常低又不添加小分子聚电解质时,这一条件将不成立.但从另一方面说,甚至只是添加少量的电解质,减小了 $1/\kappa$ 值,并使得分子内外的迁移性离子浓度均等,这一条件就是适用的(参见426页对聚电解质凝胶的讨论).

现在我们来考虑一个由聚电解质和溶剂所组成的较浓溶液在不添加小分子电解质(即盐)的情况下的稀释过程.当浓度较大时,聚电解质分子相互交叠,不能提供迁移性反离子离开给定分子区域的动因.当溶液被稀释时,出现了没被高分子占据的区域.稀释程度越高,与已被高分子占据的区域体积相比,这种区域的体积将越大,就有更多的迁移性反离子从高分

---

① 关于实际高分子,我们当然应该考虑的是分子内某一点的势能,因为势能是从中心径向减小的,取决于固定电荷的空间分布(类似于链段密度,常常近似为高斯分布)以及反离子的情况.然而,就目前的定性讨论而言,我们仅考虑分子"内"的势能.

② 高分子链单元也对渗透压有贡献.这种贡献与不带电荷的聚合物相当,通常远小于迁移离子施加的渗透压.

子区域扩散进入介于两区域间的纯溶剂区域.同时,迁移性反离子的渗透力使得高分子链扩张,这样,未被占据的区域体积大大地减小.或者我们可以把分子的扩张归因于迁移性反离子迁出而引起的净电荷数增加.稀释一直持续,直到高分子不再可能充满整个体积.继续稀释可以使得更多的反离子迁移出高分子区域.随着净电荷逐渐增加,反离子进一步迁出将会逐渐变得困难.在大部分反离子迁出前,充分稀释可能是需要的.计算表明[31],相当少的净电荷——每十个单元不到一个净电荷——就足以使分子扩展成完全伸直构象.因此,如果较大部分单元带有离子基团,早在分子解离出绝大多数反离子之前,就可能已经接近完全伸展形态.

图 14.8 是聚(4-乙烯-N-丁基吡啶溴)-乙醇溶液以及它的不带电荷的初始聚合物聚(4-乙烯吡啶)-乙醇溶液的渗透压测试结果[32].前一体系的 π/c 值(注意,坐标范围是不同的)比后一体系大得多,且随着稀释而**增加**.有效离解到溶液中的溴离子起着独立渗透单元的作用,与任一种强电解质离解的离子的作用方式一样.因此它们对渗透压有贡献."从渗透压力计角度来看,那些与聚正离子静电结合的反离子仅是大分子的不易区分的组成部分,不是独立的动力学单元."[①]当浓度减小时,较大部分反离子摆脱高分子链静电场的影响,因此 π/c 值增加.在图 14.8 中实验结果所覆盖的范围,10%～20%的阴离子起的是自由离子的作用.当然这种区别应该解释为程度而不是种类.也就是说,单个离子既不是完全自由的也不是完全束缚的,瞬间状态可能在这两种极端情况之间变化.

如果 0.61 N 溴化锂被添加到聚电解质溶液和渗透膜另一边的溶剂中,可以观察到图 14.8 中的数据点降到最低(坐标下和左).[32]此时的线团内外阴离子浓度如此靠近以至于高分子链上的溴离子迁移到线团外的趋势极小.因此,渗透压是正常的,感觉上就是每个聚电解质分子仅以一个渗透单元做基本的贡献. π/c 的截距比初始的聚乙烯吡啶截距要小,这是由于每个单元上增加了一个丁基溴分子而使得高分子的分子量增加了.

电导实验进一步揭示了溶液中聚电解质的本质.Wall 及合作者[33]对聚丙烯酸在水中的迁移研究表明,几乎全部的电流是由少数的聚丙烯酸离解的氢离子传输的.后者的高流动性和前者与本体(即较大的摩擦系数)相关的较少电荷说明了这一结果.用氢氧化钠与酸部分中和,使得聚离子传输的电流比例大幅增加.[34]此外,在较高中和度时近乎占总数一半的钠离子与聚阴离子一起移向阳极室.在此基础上,就有可能区分以正常方式向阴极迁移的"自由"钠离子与被带向阳极的"束缚"钠离子.这种区分无疑是表观的,而不是真实的,因为钠离子的迁移趋势必须以一种连续变化的方式而变化,且取决于它们相对于聚阴离子的位置,这里的聚阴离子在 Wall 及合作者[34]的实验条件下可能已经呈高度伸展形态.尽管如此,略显随意的区分还是有意义的,因为它提供了直接的证据,表明一些迁移性离子可以有效地摆脱聚离子电场的影响,而同时另有一些似乎被保留了下来.当中和度超过 1/4 时,大约一半的电流是由聚阴离子-钠离子聚集体输送的,其所带的净电荷等于离子基团数与保留的钠离子数间的差异.[34]当中和度越高时(1/4 或更大),这样定义的净电荷数就越多,因此外加电场施加在聚离子上的力更大.因此,尽管聚离子的体积大,它迁移的速率与简单离子的速率

---

① 引自 Fuoss[30].

相当.

Cathers 和 Fuoss[35]的结果显示,聚(4-乙烯-N-丁基吡啶溴)的电导系数随着介质的介电系数增加而增加.迁移性的溴离子从分子静电场中移走的能量随介电系数增加而减小.因此,"自由"离子数和聚离子上的净电荷数应该增加.两者均使得电导系数增加.[30]

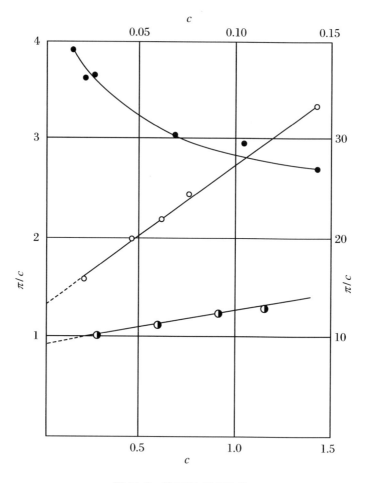

图 14.8 渗透压-浓度比值

π 的单位是 g/cm², c 的单位是 g/100 mL.聚(4-乙烯吡啶)-乙醇溶液,○,坐标左和下;聚(4-乙烯-N-丁基吡啶溴)-乙醇溶液,●,坐标右和上;相同聚合物-0.61 N 溴化锂乙醇溶液,◑,坐标左和下.[30,32]

14.5.2 聚电解质的特性黏数

聚电解质稀溶液的黏度呈现出特有的浓度依赖性,有别于非离子型聚合物.对于后者,比浓黏度 η_{sp}/c 随浓度增加而逐渐增加;然而对于聚电解质,比浓黏度随着稀释而显著增加,在高度稀释时,可以达到不带电荷的聚合物的特性黏数的许多倍.图 14.9 中曲线 1 是已见报道的各种聚电解质结果的代表,例如,果胶酸钠[37]在水中、聚甲基丙烯酸钠盐[38]在水中、聚酰胺[39]在甲酸中(质子被放置在一些酰胺单元上).在浓度约 1%时,分子紧密接触,并有部分交叠.它们没有明显扩张,增比黏度近乎正常.当溶液稀释时,高分子不再能充满整个空间,一些迁移性离子迁移到中间区域.而聚合物区域形成的净电荷引起高分子链扩张.随着进一步稀释,这一过程继续,扩张力增加.正如前面所述,在高度稀释时,许多迁移性离子脱离高分子链,这种力可以轻易地大到使链充分伸展到其最大长度.测得的 η_{sp}/c 值随着稀释而发生的大幅增加与这些考虑是一致的.虽然事实上这不可能发生,但是曲线几乎趋近于纵坐标了.

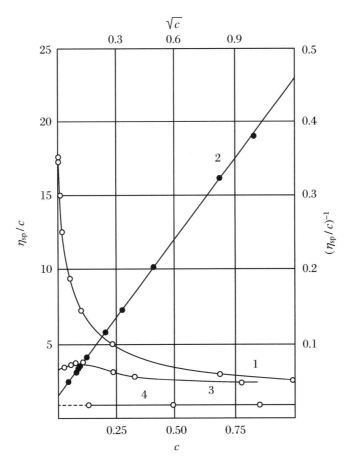

图 14.9　聚(4-乙烯-N-丁基吡啶溴)在水溶液中的比浓黏度

曲线 1,纯水中;曲线 3,0.001 N KBr;曲线 4,0.0335 N KBr.曲线 2 用曲线 1
的数据按式(14.37)作图.上边和右边坐标仅适用于曲线 2.(Fuoss[30,36])

　　理论上对聚电解质溶液黏度-浓度关系式的处理将包括当超出使用高斯近似范围时对高度伸长链的繁琐的统计以及在带上许多电荷时更为困难的静电相互作用问题.看来从理论上找到满意的解决方法几乎是没有希望的.然而,Fuoss 的研究表明,通过使用下列经验方程式可以对实验数据进行圆满的处理[36]:

$$\frac{\eta_{sp}}{c} = \frac{A}{1 + Bc^{1/2}} \tag{14.37}$$

式中,A 和 B 是常数.实际上,$(\eta_{sp}/c)^{-1}$ 对 $c^{1/2}$ 作图得到直线如图 14.9 中的曲线 2.当然,对方程式的偏离是否发生在比测试浓度还要低的浓度下只是一个猜测.在较高浓度下符合良好表明,外推到 $c=0$ 可能是合理的.如果假设是这样,A 表示的就是特性黏数 $(\eta_{sp}/c)_{c\to 0}$. 几个体系中获得的 A 值随分子量变化的幂次接近 2 次方[30,38—40],与对充分伸展的高分子的特性黏数的预测是符合的.

添加溴化钾(图 14.9 中的曲线 3 和 4)抑制了迁移性反离子脱离高分子链向纯溶剂区的扩散,因此用这种方式可以消除低浓度时 η_{sp}/c 值的增加.[30]低浓度的溴化钾(曲线 3)对较高浓度的高分子溶液作用较小,其中聚合物上的溴离子浓度超过了所添加的盐浓度.当聚合物浓度减小时,所添加的盐对抑制迁移性反离子脱离高分子链向纯溶剂区的扩散变得有效,η_{sp}/c 值不再增加.这样就解释了曲线上最大值的出现.维持电解质总浓度不变,即当聚电解质浓度增加时,减少添加的盐,可以使最大值消失.[41]

在总迁移性离子浓度非常低的溶液中,虽然已避开了对呈高度伸展形态的聚电解质分子的理论处理,但是,对于添加电解质时不太伸展的高分子,已提出似乎合理的理论.[42,43]这个理论仅仅是对本章较前部分建立的适用于不带电荷的分子的分子内相互作用理论的拓展.高分子区每个体积元被认为与外部溶液达到唐南平衡,其中溶液中所含电解质的离子强度为 S^*,迁移性离子的渗透作用按照聚电解质凝胶的处理方式来考虑(422 页及其后).式(14.5)可以再次被采用,但是必须再加上离子的渗透作用一项到化学势的表达式中,离子浓度根据与外部平衡的条件来确定.照此方式,可得到下面的表达式:[43]

$$\alpha^5 - \alpha^3 = 2C_M\psi_1\left(1-\frac{\Theta}{T}\right)M^{1/2} + \frac{2C_I i^2 M^{1/2}}{S^*} + \cdots \tag{14.38}$$

其中

$$C_I = \frac{3^3 \cdot 10^3}{2^{9/2}\pi^{3/2}}\left(\frac{\overline{r_0^2}}{M}\right)^{-3/2}N_A^{-1}M_0^2 \tag{14.39}$$

i 是每个分子量为 M_0 的高分子单元所带电荷数.式(14.38)中第一项相应于之前的式(14.10).它的作用通常要比离子项的作用小.后一项预示了 $\alpha^5 - \alpha^3$ 对 $1/S^*$ 的线性依赖关系.实验[44]似乎证实了这一结果.然而,当 i 值较大时(即接近 1),观察到的效果比方程式所预测的小得多.这看起来可能是由于高分子内的离子受到高分子链上较大电荷密度的限制作用,导致其渗透作用没能全部实现.

参 考 文 献

[1] Flory P J. J. Chem. Phys., 1949,17:303.

[2] Flory P J, Fox T G, Jr.. J. Am. Chem. Soc., 1951,73:1904; J. Polymer Sci., 1950,5:745.

[3] Debye P, Bueche F. J. Chem. Phys., 1952,20:1337.

[4] Huggins M L. J. Phys. Chem., 1938,42:911; 1939,43:439.

[5] Debye P. J. Chem. Phys., 1946,14:636; Hermans J J. Physica, 1943,10:777; Kramers H A. J. Chem. Phys., 1946,14:415.

［6］Kirkwood J G，Auer P L. J. Chem. Phys.，1951，19：281.

［7］Debye P，Bueche A M. J. Chem. Phys.，1948，16：573；Brinkman H C. Applied Sci. Res.，1947，A1：27.

［8］Kirkwood J G，Riseman J. J. Chem. Phys.，1948，16：565.

［9］Kirkwood J G. Rec. Trav. Chim.，1949，68：649.

［10］Mandelkern L，Flory P J. J. Am. Chem. Soc.，1952，74：2517.

［11］Shultz A R. Thesis. Cornell University，1953.

［12］Fox T G，Jr.，Flory P J. J. Am. Chem. Soc.，1951，73：1909；J. Phys. Colloid Chem.，1949，53：197.

［13］Krigbaum W R，Flory P J. J. Polymer Sci.，1953，11：37.

［14］Krigbaum W R，Mandelkern L，Flory P J. J. Polymer Sci.，1952，9：381.

［15］Fox T G，Jr.，Flory P J. J. Am. Chem. Soc.，1951，73：1915.

［16］Flory P J，Mandelkern L，Kinsinger J，et al. J. Am. Chem. Soc.，1952，74：3364.

［17］Alfrey T，Bartovics A，Mark H. J. Am. Chem. Soc.，1942，64：1557；Cragg L H，Rogers T M. Can. J. Research，1948，B26：230.

［18］Outer P，Carr C I，Zimm B H. J. Chem. Phys.，1950，18：830.

［19］Bischoff J，Desreux V. J. Polymer Sci.，1953，10：437；Bull. Soc. Chim. Belg.，1952，61：10.

［20］Newman S，Krigbaum W R，Laugier C F，et al. 待发表.

［21］Wagner H L，Flory P J. J. Am. Chem. Soc.，1952，74：195.

［22］Newman S. 私人通信.

［23］Newman S，Flory P J. J. Polymer Sci.，1953，10：121；Doty P M，Schneider N S，Holtzer A. J. Am. Chem. Soc.，1953，75：754；Badger R M，Blaker R H. J. Phys. Chem.，1949，53：1051；Stein R S，Doty P M. J. Am. Chem. Soc.，1946，68：159.

［24］Cragg L H，Dumitru E T，Simkins J E. J. Am. Chem. Soc.，1952，74：1977.

［25］Krigbaum W R，Flory P J. 待发表.

［26］Mandelkern L，Flory P J. J. Chem. Phys.，1952，20：212.

［27］(a) Meyerhoff G，Schulz G V. Makromol. Chem.，1952，7：294；Schulz G V，Cantow H-J，Meyerhoff G. J. Polymer Sci.，1953，10：79；(b) Fox T G，Mandelkern L. J. Chem. Phys.，1953，21：187.

［28］Mandelkern L，Krigbaum W R，Scheraga H A，et al. J. Chem. Phys.，1952，20：1392.

［29］Scheraga H A，Mandelkern L. J. Am. Chem. Soc.，1953，75：179.

［30］Fuoss R M. Faraday Society Discussions，1951，11：125；另见 J. Polymer Sci.，1954，12：January.

［31］Katchalsky A，Künzle O，Kuhn W. J. Polymer Sci.，1950，5：283.

［32］Strauss U P，Fuoss R M. J. Polymer Sci.，1949，4：457.

［33］Wall F T，Stent G S，Ondrejein J J. J. Phys. Colloid Chem.，1950，54：979.

［34］Huisenga J R，Greiger P F，Wall F T. J. Am. Chem. Soc.，1950，72：2636.

［35］Cathers G I，Fuoss R M. J. Polymer Sci.，1949，4：121.

［36］Fuoss R M，Strauss U P. Annals N. Y. Acad. Sci.，1949，51：836；J. Polymer Sci.，1948，3：246.

［37］Pals D T F，Hermans J J. J. Polymer Sci.，1948，3：897.

[38] Oth A, Doty P M. J. Phys. Chem., 1952,56:43.

[39] Schaefgen J R, Trivisonno C F. J. Am. Chem. Soc., 1951,73:4580; 1952,74:2715.

[40] Katehalsky A, Eisenberg H. J. Polymer Sci., 1951,6:145.

[41] Hermans J J, Pals D T F. J. Polymer Sci., 1950,5:733.

[42] Hermans J J, Overbeek J Th G. Rec. Trav. Chim., 1948,67:761.

[43] Flory P J. J. Chem. Phys., 1953,21:162.

[44] Flory P J, Krigbaum W R, Shultz W B. J. Chem. Phys., 1953,21:164.

主要符号一览表

a	特性黏数与分子量经验关系式中的指数.(第7章和第14章)
a	一对相互作用的高分子质心之间的距离.(第12章)
a_1，a_2	分别是溶剂和溶质的活度.
A，B	官能团，也是聚合物或共聚物的单元.
A	功函.
Å	埃(单位，1 Å $= 10^{-8}$ cm).
A_p，A_t 等	应用于链增长、链终止等的 Arrhenius 方程中的频率因子.(第4章和第5章)
A_1，A_2，A_3	以浓度 c 为函数的渗透压维利展开式中的系数.(第12章以及之后各章)
B	内聚能(或自由能)密度参数(第12章和第13章)
c	浓度，通常单位是 g/cm^3，但有时候(特别是在有关黏度测定时)单位是 g/100 cm^3).在第3章中相当于单位体积中官能团的浓度.
c_i	聚合物单元的摩尔浓度.(第13章)
c_s，c_s^*	分别是聚电解质中和周围介质中，盐的摩尔浓度.(第13章)
$\tilde{c}$	真空中的光速.
C_M，C_S，C_P	分别是单体、溶剂和聚合物的链转移常数(k_{tr}/k_p).(第4章、第5章和第9章).
C_M	聚合物稀溶液热力学关系式中的参数.(第12章和第14章)
D，D_0	分别是在有限浓度和浓度趋于零时的扩散系数.
e	自然对数的底数.
e_1，e_2	共聚物竞聚率的"Q，e"方案中的极化常数.(第5章)

463

E 内能.(第 11 章)

E_p, E_t 等 链增长、终止等反应的活化能.

f 由引发高分子链的引发剂释放的初级自由基的分数.(第 4 章和第 5 章)

f 结构单元的官能度.(第 8 章和第 9 章)

f 与一给定的变形(通常是伸长)有关的弹性力.(第 11 章)

f, f_0 分别是在有限的浓度和在无限稀释时聚合物分子的摩擦系数.(第 7 章和第 14 章)

f_1, f_2 分别是在共聚过程单体混合物中单体 1 和 2 的摩尔分数.(第 5 章)

f_x, f'_x 分别是分级过程中留在稀相和浓相中 x 聚体的分数. $f'_x = 1 - f_x$. (第 13 章)

f_i 当近邻的位置已知是空格时一个给定的晶格被填满的期望值.

$\bar{f}_i$ 晶格被占据的平均期望值.(第 12 章)

$F, \Delta F$ 分别是吉布斯自由能和自由能的变化.

ΔF_{el} 弹性形变的自由能变化.

ΔF_M 混合时的自由能变化.

ΔF_u 每摩尔聚合物单元的熔融自由能.

F_1, F_2 由组成为 f_1 的单体混合物形成的聚合物增量中单体单元 1 和 2 的摩尔分数.(第 5 章)

g 将第三维利系数 Γ_3 与 Γ_2^2 联系起来的因子.(第 7 章和第 12 章)

g 支化高分子均方尺寸与相同分子量的线形高分子均方尺寸之比.(第 10 章)

H 热函或焓.

ΔH_M 混合热.

$\Delta \bar{H}_1$ 稀释热.

$\Delta H_f, \Delta H_p$ 分别是生成热和聚合热.

ΔH_u 每摩尔聚合物单元的熔融热.

H 浊度-浓度比值与分子量相关联的参数.(第 7 章)

i 聚电解质中每个聚合物单元的电荷数.(第 13 章和第 14 章)

i_0 在含有 N 个质点的体积为 V 的溶液中,在角度 θ 处的散射光强.

（第7章）

i_θ^0	不对称性校正后的散射光强.
I_0	入射光强.
$\mathrm{I},[\mathrm{I}]$	引发剂及其浓度.（第4章和第5章）
I_{abs}	在光化学聚合反应中吸收的光强.
J	见式(12.55).
k	玻尔兹曼常数（为避免与速率常数混淆，可使用 $\boldsymbol{k}$）.
k,k'	反应速率常数.对应单位为 mol(或相等当的量)、L、s.
$k_{\mathrm{d}},k_{\mathrm{i}},k_{\mathrm{p}},k_{\mathrm{tr}},k_{\mathrm{t}},k_{\mathrm{z}}$	分别是引发剂分解、热引发、链增长、链转移、链终止和阻聚的反应速率常数.
$k_{p\mathrm{P}}$	二烯类聚合物单元添加到一自由基的速率常数.（第9章）
k_{11},k_{12} 等	由第一个下标表示的自由基类型与第二个下标表示的自由基类型的共聚增长常数.（第5章）
K	理论特性黏数关系式 $[\eta]=KM^{1/2}\alpha^3$ 中的常数.
K_f	与摩擦系数 f_0 有关的相应常数.（第14章）
K'	经验特性黏数关系式 $[\eta]=K'M^a$ 中的常数.
K^*	瑞利散射比与分子量相关联的参数.（第7章）
l	在含有多官能团单元的一个非线形聚合物中双官能团单元的数目.（第9章）
l	键长.
$\ln,\log$	分别是自然对数和以10为底的对数.
L,L_0	弹性变形试样的长度及其松弛长度.（第11章）
m	一个粒子或聚合物分子的质量.
$\mathrm{M},[\mathrm{M}]$	单体及其浓度.
$\mathrm{M}_1,\mathrm{M}_2,[\mathrm{M}_1],[\mathrm{M}_2]$	共聚反应中单体1和2以及它们的浓度.（第5章）
$\mathrm{M}_x,\mathrm{M}_y$	x 或 y 单元的非活性聚合物.
$\mathrm{M}_x\cdot,\mathrm{M}\cdot$	大小为 x 的和任何大小的链自由基.
$[\mathrm{M}\cdot]$	链自由基的总浓度.
M,M_i	分子量和组分 i 的分子量.
$\bar{M}_n,\bar{M}_w,\bar{M}_\eta$	分别是数均、重均和黏均分子量.

M_0	聚合物链单元的分子量.
M_c	交联单元的分子量.因此也是完整交联网状结构中每条链的分子量.
n	在非线形聚合物分子中多官能度单元的数目.(第 9 章)
n	聚合物链中长度为 l 的实际键的数目.(第 10 章)
$\tilde{n}, \tilde{n}_0$	溶液和纯溶剂的折光指数.
n_1	溶液中溶剂分子的数目.(第 12~14 章).
n_2	溶液中溶质(聚合物)分子的数目.(第 12 章和第 13 章)
n_i	溶液中聚合物组分 i 的数目.
N	粒子数(第 5 和第 7 章).所有尺寸的聚合物分子总数目(第 8 章和第 9 章).初始分子的数目(或物质的量).(第 11 章)
N_0	体系中结构单元的总数.
N_A, N_B	体系中官能团 A 和 B 的数目(或物质的量).(第 3 章、第 8 章和第 9 章)
N_x, N_i	x 聚体和聚合物组分 i 的数目(或物质的量).
$\mathcal{N}_1, \mathcal{N}_2, \mathcal{N}_i$	溶液中溶剂、(总的)聚合物或聚合物组分 i 的摩尔分数.(第 7 章和第 12 章)
$\mathcal{N}_x$	聚合物分布中 x 聚体的摩尔分数.(第 8 章和第 9 章)
N_A	阿伏伽德罗常量.
p	缩聚物的反应程度,或缩聚物或加聚物链的延续概率.
p_c	初期凝胶化时的临界反应程度.
p_A, p_B	基团 A 和 B 的反应程度.
P	压力.
P	摩擦系数 f_0 与分子尺寸 $\sqrt{r^2}$ 相关联的参数.(第 14 章)
$P(\theta)$	表示在角 θ 处由于粒子内干涉而导致的散射强度衰减的因子.(第 7 章)
q	体积溶胀比.
q_m	与纯溶剂达平衡时的体积溶胀比,即最大溶胀比.(第 13 章)
r	体系中基团 A 和 B 的比率(N_A/N_B).(第 3 章、第 8 章和第 9 章).
r	在扇形辐射的光聚合中黑暗与光照间隔之比率.(第 4 章)

r, $\sqrt{\overline{r^2}}$, $\sqrt{\overline{r_0^2}}$	聚合物链的末端距、它对所有构象的均方根末端距和无扰均方根末端距.(第 10～14 章)
r_m	聚合物链的最大伸展长度(即轮廓长度).
$\boldsymbol{r}$	连接聚合物链末端的矢量.
r_1, r_2	共聚反应中单体的竞聚率.(第 5 章)
R	摩尔气体常数.
R_i, R_p, R_t	加成聚合的引发速率、增长速率和终止速率(单位为 mol/(L·s)).
R_θ, R_θ^0	在角度 θ 处的瑞利散射比以及不对称性校正后的瑞利散射比.(第 7 章)
$\mathscr{R}$	平衡时两液相的体积比.(第 13 章)
$\mathscr{R}_e$	聚合物分子的等效流体力学半径.(第 14 章)
s, $\overline{s^2}$	从聚合物链质心到特定单元的距离,以及对所有单元这个距离的平方的平均值.(第 10 章以及之后各章)
s, s_0	在有限浓度和在无限稀释时的沉降系数.(第 7 章和第 14 章)
S	熵.
ΔS_M	混合熵.
ΔS_M^*	从构象考虑并忽略最近邻相互作用影响而计算得到的混合熵.(第 12 章)
$\Delta \overline{S}_1$, $\Delta \overline{S}_1^*$	上两项的稀释熵.
S^*	离子强度(摩尔).
$[S]$	溶剂或转移剂的浓度.
t	时间.
T	绝对温度(K).
T_g	玻璃化温度.
T_m, T_m^0	熔点,纯聚合物的熔点.
T_p, T_c	分别是沉淀温度(液相分离)和临界共溶温度.
u	排除体积.(第 12 章)
$\boldsymbol{u}$	在沉降中聚合物分子的平移速度.(第 14 章)
U_M, U_A, U_P	分别是单体、攻击自由基和产物自由基的共振稳定能量.(第 5 章)

$\bar{v}$	聚合物的比容.
$v_1 , v_2 , v_x , v_i , v_{2m}$	分别是溶剂、溶质(聚合物,包括全部的组分)、x 聚体、组分 i 的体积分数以及交联网在溶胀平衡时聚合物的体积分数.
V	体系或变形(溶胀)的聚合物网状结构的总体积.
V_0	未变形的(未溶胀的)聚合物网状结构的体积.(第 11 章和第 13 章)
$V_1 , V_2 , V_i , V_x , V_s , V_u$	分别是溶剂、聚合物、聚合物组分 i、x 聚体、聚合物链段以及重复单元的**分子体积**.
$\mathbf{v}_1 , \mathbf{v}_2$ 等	溶剂、聚合物等的摩尔体积.
$\mathscr{V}_e$	聚合物分子的等效流体力学体积.(第 14 章)
w_x , w_i	x 聚体和组分 i 的质量分数.
w_s , w_g	溶胶和凝胶的质量分数.
w	化合价因子,$z_+ z_-$.(第 13 章)
Δw_{ij}	与分子 i 和分子 j 的一对链段之间接触有关的相互作用自由能的变化.
$W(x,y,z) , W(r)$	一个聚合物链末端距的密度分布函数和径向分布函数(通常是高斯函数).
x	在一个给定的聚合物分子中结构单元的数目(第 1~12 章),或分子中的链段数(第 12 章以及之后各章).
x_i	在组分 i 中链段的数目.(第 12 章以及之后各章)
$\bar{x}_n , \bar{x}_w$	单元或链段的数均和重均值.
X	单体取代基.
$y , \bar{y}_n , \bar{y}_u$	一个给定的初始分子中的单元数,以及整体分布中的重均和数均的单元数.
z	结合在一个给定的非线形分子中初始分子的数目.(第 9 章)
z	晶格的配位数.(第 12 章)
z_+ , z_-	阳离子和阴离子的化合价.(第 13 章)
z_β	不对称系数,即在 $90° - \beta$ 处的散射强度和 $90° + \beta$ 处的散射强度之比率.(第 7 章)
Z,Z·	阻聚剂或缓聚剂以及它们的自由基.

$[Z],[Z\cdot]$	阻聚剂或缓聚剂以及它们的自由基的浓度.
α	光学极化率.(第7章)
α	支化概率.(第9章)
α_c	交联网初现的 α 临界值.
α	表示由于溶剂-高分子相互作用而导致的高分子一维尺寸形变的因子,即 $\alpha=(\overline{r^2}/\overline{r_0^2})^{1/2}$.(第10章、第12章和第14章)
α	因伸长而引起的交联网状结构的变形,即 $\alpha=L/L_0$.(第11章和第13章).
$\alpha_x,\alpha_y,\alpha_z$	表征以笛卡尔坐标作参考的一般均匀形变的因子.
α_s	表示因各向同性溶胀导致的交联网一维尺寸形变的因子,即 $\alpha_s=(V/V_0)^{1/3}=1/v_2^{1/3}$.(第13章)
α_T	热膨胀系数.(第12章)
β	支化概率 α(式(9.20))的特征函数,或交联指数 γ(式(9.48))的特征函数.
β	表征聚合物链末端距高斯分布的参数.(第10章以及之后各章)
β_0	无扰状态下表征聚合物链末端距长度高斯分布的参数.
β',β_0'	在高斯近似中链段相对分子质心的分布中相应的参数.
γ	交联指数,即体系中每个初始分子(作为一个整体)交联单元的数目.(第9章)
Γ_2,Γ_3	渗透压维利展开式中的系数(见式(7.13)和(12.76)).
$\varepsilon,\varepsilon_0,\Delta\varepsilon$	介质、溶剂的光学介电系数以及它们的差值.(第7章)
ε	在一个初始分子中交联单元的预期数.(第9章)
ζ	聚合物链的元素或链珠的摩擦系数.(第14章)
η,η_0	黏度,纯溶剂的黏度.
η_r	相对黏度,等于 η/η_0.
η_{sp}	增比黏度,等于 η_r-1.
$[\eta]$	特性黏数(单位为 $100~mL/g$).
θ	透射光与散射光之间的夹角.(第7章)
θ	加聚反应中单体到聚合物的转化程度.(第9章)
θ	高分子链中接连的键之间的夹角.(第10章和第14章)

Θ	在一个给定的劣溶剂-聚合物体系中服从范托夫定律时的"理想的"温度,$\Theta = \kappa_1 T / \psi_1$.
κ	可压缩性系数.(第 11 章)
κ_1	由溶剂分子和高分子之间相互作用能再除以 kT 得到的参数.(第 12 章以及之后各章)
λ, λ'	在真空和在折光指数为 $\tilde{n}$(或 $\tilde{n}_0$)的介质中的波长.
$\mu_1, \mu_2, \mu_x, \mu_i$	分别是溶剂、聚合物(包括所有的组分)、x 聚体和一个高分子单元的化学位(即偏微摩尔自由能).
μ_1^0 等	标准状态下(纯液体在所有情况下)的化学位.
$(\mu - \mu_1^0)_E$	溶剂的超额(即非理想)化学位.
ν	动力学链长.(第 4 章和第 5 章)
ν	在一个产生泊松分布的体系中每个生长中心结合的单体数.(第 8 章)
ν	交联或支化单元的数目(或物质的量)(第 9 章和第 11 章).因此也是在一个完整的网状结构中链的数目.(第 11 章).
ν_e	在实际交联网中有效链数(或物质的量).(第 11 章和第 13 章)
ν_i	把第 i 个高分子排布到已有 $i-1$ 个高分子排布在其中的晶格中的排列方式数.(第 12 章)
ν_+, ν_-, ν	给定电解质离解成的正离子数、负离子数和总离子数.(第 13 章)
ξ	缩聚物重复单元中键的数目.(第 8 章)
ξ	与热力学参数有关的变量.(第 12 章,见式(12.56))
π	渗透压.
$\prod$	乘积符号.
ρ	乳液聚合过程中,水相中自由基产生的速率.(第 5 章)
ρ	溶剂介质的密度(特别是用于沉降速率方程).(第 7 章和第 14 章)
ρ	交联度(或支化度)或交联密度(或支化密度),也即交联单元在整体中的分数.(第 9 章和第 11 章)
ρ', ρ''	分别是溶胶和凝胶组分的相应的量.(第 9 章和第 11 章)
ρ	在一给定体积元 δV 里的链段密度,以单位体积的链段数表示之.
ρ_k, ρ_l	同上,但为高分子 k 和 l 的链段密度.(第 12 章)

σ	在分级的各相之间支配分离聚合物组分的参数(式(13.23)).
$\sum$	加和符号.
τ , τ_s	自由基的寿命以及在静态下的自由基寿命.(第4章)
τ , τ^0	用光散射测定法测定的浊度以及经不对称性校正的同样的参量.(第7章)
τ	拉伸橡胶的平衡回缩力(对应单位未变形横截面).(第11章)
τ_a	同上,但指伸长为 α 时的量.
φ	高分子链绕一个单键的内旋转角.(第10章)
Φ	联系特性黏数与分子尺寸 $\sqrt{r^2}$ 的参数.(第7章和第14章)
χ_1	表示溶剂与高分子链最近邻相互作用自由能再除以 kT 的参数.(第12章及之后各章)
χ_{ij}	表示在多组分体系中组分 i 与组分 j 相互作用自由能再除以 kT 的参数.
ψ_1	表征聚合物稀释熵的参数.
ω	角速度.(第7章和第14章)
ω_x , ω_x'	出现在非线形缩聚物大小分布函数中的组合因子.(参见式(9.18)和式(9.34))
ω_i	链末端距矢量 $\boldsymbol{r}_i$ 的概率密度.(第11章)
Ω	总构象数.

定价： 168.00元

ISBN 978-7-312-04425-0

选题编辑/肖向兵
责任编辑/杨　凯
封面设计/刘俊霞